Johann Kaspar Bundschuh

Geographisches, statistisch-topographisches Lexikon von Franken

Johann Kaspar Bundschuh

Geographisches, statistisch-topographisches Lexikon von Franken

ISBN/EAN: 9783741166761

Hergestellt in Europa, USA, Kanada, Australien, Japan

Cover: Foto ©Klaus-Uwe Gerhardt /pixelio.de

Manufactured and distributed by brebook publishing software (www.brebook.com)

Johann Kaspar Bundschuh

Geographisches, statistisch-topographisches Lexikon von Franken

Geographisches
Statistisch-Topographisches
Lexikon von Franken

oder

vollständige alphabetische Beschreibung

aller im

ganzen Fränkischen Kreis

liegenden Städte, Klöster, Schlösser, Dörfer, Flekken, Höfe, Berge, Thäler, Flüsse, Seen, merkwürdiger Gegenden u. s. w.

mit genauer Anzeige

von deren

Ursprung, ehemaligen und jezigen Besizern, Lage, Anzahl und Nahrung der Einwohner, Manufakturen, Fabriken, Viehstand, merkwürdigen Gebäuden, neuen Anstalten, vornehmsten Merkwürdigkeiten u. s. w.

Erster Band.

Ulm, 1799.

Im Verlag der Stettinischen Buchhandlung.

Vorrede.

Wenn die Verlagshandlung, wegen der Gleichheit mit den seit einigen Jahren in ihrem Verlag heraus gekommenen Wörterbüchern von Schwaben, Bayern, Obersachsen, der Schweiz, Frankreich ꝛc. nicht darauf bestanden hätte, die nämliche Aufschrift auch für Franken beyzubehalten; so würde ich aus wahrer inniger Ueberzeugung geschrieben haben: Versuch eines vollständigen topographisch - statistischen Wörterbuchs des Fränkischen Kreises. Ich bin mir zwar der vielen undankbaren Arbeit und des großen Zeitverlustes, den mich dieses Wörterbuch gekostet hat, nur allzuwohl bewußt; nicht weniger der manichfachen Unterstützung, die ich durch den regierenden Herrn Reichsgrafen von Rechtern; den hochpreißlichen Orts-Vorstand des Ritter = und dermaligen Directorial Kantons Rhön und Werra; Herrn Hofrath, Donner

in

in Thurnau; durch Herrn Hofkammerrath J. Barth in Eichstädt; Herrn Hofkammerrath Schneidawind in Bamberg; Herrn Diakonus Roth in Nürnberg; Herrn Hofrath Herwig in Schillingsfürst; Herrn Raths-Assessor G. D. Nusch zu Rothenburg ob der Tauber; Herrn Professor Göß in Ansbach; Herrn Tertius Raab in Neustadt an der Aisch; Herrn Pfarrer Erb zu Lindenhardt; Herrn Pfarrer Wolfhardt, den Jüngern in Heiligersdorf; Herrn Marschkommissarius Schwarz zu Ermershausen; Herrn Pfarrer Nenninger in Waltherßhausen; Herrn Regierungs-Sekretär Neeser zu Rüdenhausen; und viele meiner Freunde in- und außer Würzburg, die nicht genennt seyn wollen, genossen habe: allein ich erkenne auch nur allzuwohl die Mängel und Gebrechen, die diesem Versuche, freylich grbstentheils ohne meine Schuld, noch ankleben. Die Schuld davon liegt, theils am Mangel guter Vorarbeiter; theils an mir gemachten Versprechungen, durch welche man mich lange Zeit hinhielt, und am Ende sich unter dem Vorwand: „nach dem Frieden zu Rastadt kann man erst geographisch-statistische Notizen ohne Gefahr mittheilen" seiner so feyerlich gethanen Zusagen zu entbinden wußte. Kenner werden beym Gebrauch dieses Wörterbuchs, bey den Lücken über diesen und jenen Gegenstand, wohl merken, wohin diese Aeußerungen zielen. Namentlich davon zu reden, verbietet die Bescheidenheit.

Indessen verdienen die oben gerühmten Gönner und Freunde meiner topographisch-statistischen Bemühungen um so mehr Dank, daß sie mit rastloser Bestrebsamkeit wirkten, mich soweit zu unterstützen, als es Zeit und Umstände gestatteten. Ich bitte angelegenst, gznft, daß auch für die Zukunft ihr Eifer nicht erkalten möge; denn bey Werken der Art sind Berichtigungen und Ergänzungen unvermeidlich. Mit gleicher Bitte wende ich mich an alle meine Landsleute, die hier zu berichtigen und zu ergänzen vermögend sind. Auch die kleinste und unbedeutend scheinende Berichtigung soll mir willkommen heißen. Dieß ist der einzige Weg, auf welchem endlich etwas vollständiges in diesem Fache geliefert werden kann. Mit den Herren Kunstrichtern pflegen einige neuere Schriftsteller auch gern in ihren Vorreden sich zu unterhalten. Ich habe mit den furchterlich scheinenden Herren weiter nichts besonders zu reden, als sie zu bitten: thun sie ihr Amt, wie Männern ziemt, gewissenhaft. Wer das mühsame und weit umfassende einer solchen Arbeit aus Erfahrung kennt, wird sich wohl hüten, den Mann um Kleinigkeiten willen zu hudeln. Mir ist's ernstlich darum zu thun, weiter zu kommen; jede Zurechtweisung, Berichtigung und Ergänzung soll mir also wahrhaft willkommen heißen.

Die Schreibart wird in manchen Artikeln von der übrigens herrschenden auffallend verschieden seyn. Ich habe sie mit Fleiß für jetzt beybehalten, um den anschaulichen Beweis zu geben: daß dieses Wörterbuch nicht bloß aus den vorhandenen Hülfsmitteln verfertiget sey, sondern daß die allermeisten Beschreibungen nicht nur allein von mir, sondern von verschiedenen Personen an Ort und Stelle aufgenommen worden sind.

Die Korrektur der 6 bis 7 ersten Bogen ist leider nicht mit dem Fleiße besorgt worden, die das Publikum zu erwarten berechtigt ist. Ich bitte und hoffe daher, die Fehler des Korrektors werden nicht mir zur Last gelegt werden. Künftig wird auf meine Vorstellung, was auch schon bey den übrigen Bogen geschehen ist, die Verlagshandlung sich eines geschicktern und fleißigern Korrektors bedienen. Es ist freylich schon oft von den Kunstrichtern kritischer Journale gerügt worden, daß man korrekter drucken soll; bisher leisteten aber viele unserer teutschen Officinen hierin noch sehr wenig. Mögen mit dem 19ten Jahrhunderte hierüber bessere Zeiten eintreten!

An der Fortsetzung dieses Werks soll, den sichern Zusagen der Verlagshandlung zu Folge, unausgesetzt fortgedruckt werden; so daß der zweyte Band zu Michaelis stärker seyn soll, als der jetzige. Das Manuscript ist wenigstens ganz in Ordnung und der Verzug liegt nicht an mir. Schweinfurt, den 26 März 1799.

M. J. K. Bundschuh.

A.

A.

Aalfeld, Alfeld, nürnbergisches Dorf, im Amt Lherspruk, eine starke Meile davon, an der Salzbachischen Gränze, hat 34 Unterthanen und eine eigene Pfarrkirch, welche ein eichstädtisches Lehen, und dem h. Bartholomäus gewidmet ist. Hier entspringt der Rohrbach oder Aalfelderbach, welcher die Gränze gegen die Neuburgische Pfalz scheidet, biß er in den Ehrrenbach fällt.

Zur Pfarre Alfeld gehören 1) Thalheim, dessen Kapelle im J. 1424 von Peter Tezel und Frau Gertraud, erbauet und den Aposteln Petrus und Paulus geweihet worden ist, und 2) zum Waller, welche Kapelle der St. Margareth gewidmet ist, lange Zeit öde lag, aber im J. 1725 wieder erbaut wurde.

Die übrigen eingepfarrte Orte sind: 1) Obzenberg oder Obzelsberg, 2) Pollanden, 3) Selbolzstätten, 4) Birlzhofen, 5) Willersdorf, 6) Hofstätten, 7) Kürsperg oder Cürsperg, 8) Ozenberg, 9) etliche Mühlen, nehmlich a) die Hauben-Mühle,

b) die Wezels- oder sogenannte Schwarze-Mühle, c) die Rosenmühle oder sogenannte Pickelmühle, d) die Regels- und e) Klaren-Mühle, oder die sogenannte Ober- und Unter-Fuchs-Mühle.

Aalfelderbach, s. Rohrbach.

Abb, eichstättischer Weiler von 3 Unterthanen, liegt bey Sommersdorf im Altmühlgrunde zur linken Seite dieses Flußes, 1 1/2 Stund von Herrieden gegen Osten, und gehört zum dortigen Stadtvogtey- oder Probstamt, welches die Gemeindherrschaft, und den Hirtenstab allda hat.

Abbtsgereut, Ohne falsch Abbskreut, bayr. Dorf im Neustädter Kreise, zu dessen Kammer und Justizamt auch die Einwohner gehören, eine Stunde von Mbuch-Steinach, wohin die Luther. Einwohner gepfarrt sind.

Abenberg, eichstättisches Amt im Obern Hochstifte, bestehet aus einem Pflegamte, zu welchem, als den

den geringsten, gewöhnlich der älteste Hofkavalier (weil die Pflegämter durch die Wahlkapitulation dem Adel ausschlüßig vorbehalten sind,) befördert wird, und welches auch schon längere Zeit mit keinem eigenen Pfleger besezt, dem ohnehin ganz nahen Pflegamte Wernfels einverleibt war, dann aus einem Kastenamte, welches die Jurisdictionalien und Polizey mit dem Pflegamte gemeinschaftlich, die Kammeralien aber größten Theils allein besorget — endlich aus einem Gerichtschreiber, der zugleich Zöllner und Stadtschreiber ist.

Dieses Pflegs- und Kastenamt gränzt an die ansbachischen Oberämter Roth gegen Morgen, Schwabach gegen Mitternacht, Windsbach gegen Abend, und gegen Mittag an das eichstättische Pflegs- und Kastenamt Wernfels Spalt, doch nicht ganz unmittelbar, so, daß es eigentlich isolirt, und rings umher von ansbachischen Aemtern umgeben ist.

Die Länge desselben beträgt etwas über- und die Breite etwas weniger, als eine halbe deutsche Meile, die Volksmenge aber 1000 Seelen (*). Die Unterthanen dieses Amts sind in 39 Ortschaften zerstreut, worunter ein Munizipalstädtchen, 5 Pfarrdörfer, 1 Filialkirchdorf, 29 Weiler, und 3 einzelne Mühlen sind.

Die Lage ist abwechselnd, Ebenen, Hügel, Waldungen, Felder, und Hopfengärten, der Boden ist sehr sandig, eben deßwegen mager, und zum Getreidbau schlecht, doch werden alle Getreidsorten, wiewohl eben nicht

*) S. Hirschings allgemeines Archiv für die Länder- und Völkerkunde. I. B. S. 129.

so häufig, und mit unter viele Kartoffeln, auch jährlich gegen 250 Zentner Hopfen gebaut, welcher, der Güte nach, dem berühmten Spalter-Hopfen fast gleich kommt. Die Viehzucht ist aus Mangel guter Wiesen ganz gering, und das Amt zeichnet sich überhaupt mehr durch Industrie seiner Unterthanen, wozu solche die Undankbarkeit des Bodens zwingt, als durch Vortheile der Natur aus, welche sich ganz stiefmütterlich dagegen bezeugte.

Zu diesem Amt gehören auch folgende 11 Herrschaftliche Weyher:

1. Der Obzenhafnerweyher.
2. Der Stollnweyher, dessen sich der Schnepfenmüller in Abenberg zum Mahlen zu bedienen das Recht hat.
3. Der Ziegelweyher.
4. Der Wiesenthalerweyher.
5. Der Hochschlägl.
6. Der Stadtweyher.
7. Der Rohrweyher.
8. Der Ranckenweyher.
9. Der Neuweyher.
10. Der Posenauerweyher, und
11. Der Salenweyher.

Diese Weyher bilden sich durch Brunnenflüsse und beständige Quellen, und werden nicht nur allein zur Fischerey, sondern auch theils von der Stadt- oder den Dorfsgemeinden zur Viehetränke, welchenwegen sämmtliche Hirten jährlich einen sogenannten Tränkfisch erhalten, theils zur Wässerung benuzt, auch thun sie bey entstehenden Feuersbrünsten in dem Städtchen um so bessere Dienste, als bey Mangel des Wassers manchmal selbst die Bräuer solches zum Biersieden aus diesen Weyhern hohlen müssen.

Abenberg, auch Kleinamberg

Abenberg

häufig genannt, welches aber mit **Kleinabenberg**, oder, wie es in ältern Urkunden heißt, **Wenigen Abenberg** — einem nach Abenberg gehörigen Weiler von 6 Unterthanen, nicht verwechselt werden darf, ist ein eichstättisches Munizipal-Städtchen — 10 Stunden Westnordlich von Eichstädt, und 2 Stunden von Spalt, zwischen Roth, und Windsbach gelegen. Es hängt ganz an einem Berge. Oben steht ein Schloß, des Pflegers Wohnung, von dessen beyden Seiten die Stadtmauern auslaufen. Der eichstättische Bischof, Konrad der zweyte, ein Edler von Pfeffenhausen ließ zu Ende des 13ten Jahrhunderts diese Mauer aufführen, und mit einem Graben umgeben. Unter den hundert und etlich und dreyßig Gebäuden dieses Städtchens zeichnet sich aus die Pfarrkirche zu St. Jakob mit einem Freyhofe, und dieser mit einer Mauer umgeben, nebst dem Pfarrhofe, welcher sammt den Getreidkästen domkapitlisch ist, und dem Frühmeßhause, dann das Kasten- und zugleich Rathhaus, welches sammt den Dokumenten in den 40ger Jahren bey dem Schwedenkriege ein Raub der Flammen geworden ist.

Uebrigens ist ein eigenes Schul- und ein Armenhaus, auch ein gemeines Bräuhaus allda, in der Vorstadt aber ein Benefiziatur, das Zoll- und ein eigenes Gasthaus.

Im vorigen Jahrhundert stund hier eine Glas- und Spiegelfabrik, Schleif- und Pollir-Mühlen, welche jährlich einen sehr schönen Profit, von mehr als 40000 Thaler abwarf, und den Ruhm ihrer Fabrikate bis Hamburg erstreckte. Sie gieng aus Furcht eines localen Holzmangels zu Anfang dieses Jahrhunderts ein; dagegen werden itzt allda eine Menge Näh-Nadeln von dem dasigen 15 & 16 Meister starken Handwerk der Nähnadelmacher Profeßion fabrizirt, nur wäre diesen arbeitsamen, meist armen Leuten, welche keine eigene Manufaktur bilden, sondern nur Façon-Arbeiter einer nürnbergischen Fabrik sind, ein eigner Unternehmer zu wünschen, damit sie nicht so ganz von den ausländischen Fabriken abhangen dürften.

Auch verfertigt man allda, und in der Gegend leinene ordinaire schwarze Kanten oder Spitzen.

Uebrigens gereicht es diesem Städtchen gewiß zur Ehre, daß 3 Aebbte des ehmals so berühmten Cistercienser-Klosters Heilsbronn, nemlich die Aebte Schopper, Wagner, und Johann Welsing gebohrne Abenberger waren.

Das dortige Schloß war die ehemalige Residenz der Grafen dieses Namens, welche in ihrem Wappen zwey silberne rechtsehende über einander gesetzte Löwen mit rothen ausgestreckten Zungen im blauen Felde, und auf dem Helme zwey blaue geschlossene Büffelshörner in einer Krone führten. Graf Friederich der erste von Abenberg, welcher im Jahre 1183 zu Erfurt um das Leben gekommen, hinterließ einen Sohn, Friederich den zweyten, der im Jahre 1230 unvermählt gestorben ist, und eine Tochter, die sich mit Friederich dem 2ten, Burggrafen von Nürnberg vermählet hat, und durch welche diese Grafschaft nach ihres Bruders bers Tod auf die Burggrafen von Nürnberg gekommen ist. Burggraf Konrad der 3te von Nürnberg aber verkaufte solche noch im nemlichen Jahrhundert, im Jahr 1296 an das Bisthum Eichstätt unter dem Bischof Reimbolt, einen Edlen von Mühlenhart. Einzelne Güter kaufte das Bisthum Eichst. in den folgend. 14. u. 15ten Jahrhten. Von verschiedenen Besitzern, als dem Götz Hocker, Hans v. Mörnsheim, Conrad Gegg, und einem gewissen Reginold nach und nach dazu. 1469 wurden von Burkard und Arnulph v. Seckendorf ihr Erbgut zu Abenberg mit allen dazu gehörigen Gütern, Lehen, Wiesen, Aeckern, Weihern, Gärten und Hölzern im Ofang u. Kaltenbach in und bey Ubenberg gelegen, erkauft. 1569 vertauschte man dem Andr. Mueßmann einige Güter in Dürrenmungenau gegen einige Güter in Abenberg. 1628 brachte man auch die dortige Ziegelhütte nebst der Leimengrube und dem Steinbruche käuflich an sich. Das Wappen des Städtchens ist ein in der Mitte vertical getheilter Schild im rechten Felde den Vogel Greif, im linken, gegen welchen der Greif den Rüken wendet, einen Bischofsstab.

Abenberg, eichstättische größtentheils im Amte Abenberg selbst gelegene Forstey, welche folgende Waldplätze in sich schließt.
1. Birkenschlag.
2. Bischofs-Eggert.
3. Brunwald.
4. Dannerbrnn.
5. Dechendorfer oder Weitsamuacher Wald.
6. Eilnlohe.
7. Gemünder Schlägl.
8. Hagerhölzl.
9. Hedenlohe.
10. Hohenreuth.
11. Kalchofen.
12. Kloster Deichen.
13. Lekbenberg.
14. Saukopf.
15. Schottenleiten.
16. Thiergarten.
17. Zigeuner-Brünlein. (.)

Ueber diesen Forst ist ein eigner Förster, der in Abenberg wohnt, und dem oberländischen Ober- und Forstamte untergeordnet ist, aufgestellt.

Abenberg, Weiler im ehemaligen bayerisch. Kloster Amt Münchsteinach, wohin auch die Einwohner pfarren, gehört jetzt zum Justiz-Amt Neustadt an der Aisch.

Aberefeld, wirzburgisches kathol. Kirchdorf im Amte Mainberg von 48 Häusern und 187 Seelen. Sie sind nach Marktsteinach gepfarrt. Die Markung enthält 1500 Morgen Ackerfeld, 100 M. Wiesen, 150 M. Waldung von Eichen, Buchen, Aspen und Birken. Die Nahrung ist Ackerbau, die Einwohner stehen gut. Den Zehnt hat Wirzburg. Es wohnen hier auch 6 auf dem Lande gewöhnl. Handwerker. Die Schäferey war eine aus 380 Stk. bestehende der Gemeinde zuständige Zucht-Schäferey. Sie ist in Erbpacht überlassen. Der Viehstand ist im J. 1798. 60 Ochsen,

(*) Da die Waldplätze, welche besondere Namen führen, solche meistens schon von alten Zeiten her zu nicht, oder wenigstens nicht viel verändert, bis nun beybehalten haben, so ist deren Kenntnis, um sich in älteren Urkunden zu finden, ein wesentliches Erforderniß.

Ochsen, 25 Stiere, 50 Kühe, 42 Kälber. Durch die Seuche der vorhergehenden Jahre fielen hier 118 Stück.

Aberöfelder Mühle, (die) eine oberschlächtige Mühle mit einem Mahlgang, nicht weit von dem Dorfe dieses Nahmens im Wirzb. Amte Mainberg. Es ist eine Schutzmühle.

Aberfeld, Weiler im deutschmeisterl. Oberamte Ellingen, unfern der schwäbischen Retzat.

Ablaßmühle, einzelne eichstädtische zum Vizedom- oder Stadtprobstenamt gehörige Mühle mit einem Leinschlage, und einer besondern Sägmühle, eine halbe Stunde ober dem Pfarrdorfe Emsing, im Amte Titting Raittenbuch an der Anlauter.

Absängermühl, einzelne Mühle im Bambergischen Gerichte und Amte Marktleugast.

Absberg, Deutschherrischer im Oberamte Ellingen liegender Flecken mit einem eigenen kleinen Landbezirke im Anspachischen Kreise Gunzenhausen. Hier ist eine katholische und lutherische Pfarrey, welche leztere aber alle Jura stolae nebst dem Zehnten auch von katholischen Einwohnern erhält. Wegen dieses Fleckens hat der deutsche Orden Sitz und Stimm beym Ritter-Orte Altmühl, welcher jezt die Landeshoheit des Königs von Preußen anerkennen müßen.

Absdorf, bambergisches Dorf bey Mittelebrach im Amte Ebrach, 1 1/2 Stunde von [...] entlegen. Es besteht [...] Häusern, wovon [...] der Hofkammer, 1 der Pfarr[...] und 17 dem Abte [...] Michelsberg zu Bamberg [...] sind. Die beyden [...] dem Amte, leztere

der Abtey vogtbar. Das Amt Burgebrach übt die Hoheitsrechte daselbst aus. Es enthält 107 Seelen, hat 2 Pferde und 103 Stücke Rindviehes. Der Boden ist gut, und bringt alle Gattungen Getreides reichlich hervor.

Abtschwind, Abtswind, ansehnlicher mit einem Graben umgebener Flecken am Fuße des Steigerwaldes, eine Stunde von dem Brandenburgischen Städtchen Prichsenstadt an der Straße von Schlüsselfeld nach Kitzingen. Die Ganerben sind: (Schwarzenberg) Castell-Rüdenhausen, die Abtey Ebrach und das adeliche Damenstift zu St. Anna in Würzburg.

Der Pfarrsaz hängt von dem Seniorat des gräflichen Hauses Castell ab, unter dessen Consistorio der evangelisch-lutherische Pfarrer steht. Dieser wird von der Gemeinde besoldet. Die Lage des Orts ist eben und der Boden von guter Beschaffenheit; daher die Einwohner verschiedene Getraidarten, Obst und Wein bauen.

Neben dem Bauernstande, der sich mit der Viehzucht beschäftigt, befinden sich auch daselbst mehrere Handwerksleute.

Der Weinbau befördert den Wohlstand des Orts sehr und die ansehnliche Gemeind-Waldung gewährt den Einwohnern wesentliche Vortheile.

Nicht weit von hier am Abhange des Steigerwaldgebürgs sind einige große Steinbrüche, aus welchen ein grauer leicht zu bearbeitender, doch sehr dauerhafter Sandstein in beträchtlicher Menge gebrochen wird. In der Gegend ist fast keine Kirche,

Kirche, oder sonst ein ansehnliches Gebäude, wozu diese Brüche nicht die Bausteine geliefert hätten.

Achermühl, (die) liegt jenseits der Aisch, bey Ipsheim, 1/2 Stunde von Windsheim.

Acholshausen, würzburgisches Dorf eine Stunde von Ochsenfurth, gegen Königshofen im Gau gelegen. Es steht unter Würzburgischer Landeshoheit, gehört aber nebst der Vogtheylichkeit dem Stifte Haug zu Würzburg. In dem daselbst befindlichen Schlosse hat der Stift haugische Amtmann seinen Sitz.

Achthel, richtiger Achthal. s. Obr- und Unter-Achthal.

Ackermannshof, einzelner Hof, im ehemaligen Oberamte jetzigen Justizamt Gefrees, die Einwohner pfarren nach Stein.

Ackersreuth, bayreuthisches Dorf in der ehemaligen Amtshauptmannschaft, jetzt Kammeramt Wohnsiedel, gehört den Herren von Kaltenbach.

Adelheim, nürnbergischer Weiler im Amte Altdorf, wohin es pfarrt, nicht weit von Unter-Rieden, welches zwey Bauernhöfe hat.

Adelhofen, evang. lutherisches Pfarrdorf, eine Stunde von Uffenheim gegen Aub, von 43 Unterthanen. Es gehörte sonst nach Burgbernheim in das Kapitel, nach der jetzigen Eintheilung aber ist es nach Uffenheim gewiesen worden, zu dessen Kreise es auch gehöret. Castell-Rüdenhausen hat einen Theil des hiesigen Zehnten.

Adelmannsberg, einzelne eichstättische, zum Amte der Landvogtey gehörige Ziegelhütte sammt einem Kalkofen, Wohnhause und Stallungen, eine halbe viertel Stunde von Wettstetten gegen Lenting, ganz an der bayrischen Gränze hinaus, indem der Markstein am Kalkofen ansteht, seitwärts Ingolstadt gelegen, wie sie denn auch gewöhnlich, und wirklich itzt wieder ein voriger Bürger nebenbey als Handroß (*) besitzt, und einen Beständner darauf hält.

Adelmannsdorf, Weiler im Ansbachischen Kameral-Amte Windspach, mit 4 dahin gehörigen Unterthanen, 6 sind Deutschherrisch und gehören in das Amt Eschenbach.

Adelmannsitz, nach andern Adelmannsgeses, Weiler im Bezirke des Anspachs. Kameral Amtes mit 10 dahin gehörigen Unterthanen.

Adelsberg, würzburgisches Filial Kirchdorf im Oberamte Homburg an der Wehrn, von 46 Häu-

(*) **Handroß** ist im Eichstättischen und so auch im Ansbachischen eine uralte Benennung derjenigen Höfes oder Guts, welches der Eigenthümer nicht bewohnt, sondern im Nebenbesitze hat, und zu seinem Hauptgut, das er schon besitzt und bewohnet, bauet, wovon der Name auch seinen Ursprung her hat, und weil dem Landsherrn sowohl als den Unterthanen daran gelegen ist, daß alle Güter mit Mannschaft wirklich besetzt, und nicht durch bloße Hirtsbotten, oder Beständer gebauet werden, so wurden mehrere Verordnungen deswegen erlassen. Siehe den Real-Index der Brandenb. Onolzbachischen Landes-Constitutionen, Ansbach Anno 1779. unterm Worte Handroß, Handlohn.

Häusern, 45 christliche und 13 Juden-Familien. Der Boden ist schlecht, doch werden alle Getreid-Sorten gebaut. Win-terwaizen und Hülsen-Früchte gerathen selten. Vorzüglicher Heydel- und Grundbirn. Der Schullehrer hat 32 fl. Gehalt. 1746 hatte er 32 Kinder.

In diesem Dorfe besitzt die Familie von Drachsdorf ein Castrum. Ihr gehören auch die Juden des Orts. Die Familie Mettin von Adelsberg, wovon noch verschiedene jetzt hier wohnen, hatte es verkauft; nach verschiedenen Besitzern kam es im J. 1753 an die von Drachs-dorf. Auf der Markung dieses Orts steht an der Landstraße gegen den Mann das wohlgebaute Wirzburgische Zollhaus.

Die Weinberge sind in übeln Zustande, wegen häufiger Wassergüsse, doch tragen sie in dieser Gegend den besten Wein. Die Wiesen sind dürr, die Wal-dungen auch gering, meistens Eichen und Birken. Erstere werden für die Lohmüller geschält, und von dem Erlös die Gemeinde-Ausgaben bestritten, das Holz selbst aber unter die Nachbarn ausgetheilt. Der Nahrungserwerb ist Feldbau, Tag-bau, Besenbinden und Spin-nen. An Handwerkern finden sich hier 2 Zimmerleute, 2 Schu-ster, 1 Drechler, 1 Büttner, 1 Mahlsteinmacher, 1 Schmidt. Gegenwärtig erstreckt sich der Viehstand nur auf 83; vor der Seuche auf 113. Die Schäferei immer zwischen 270 Stück enthielt, ist seit 6 Jahren verödet.

Adelsdorf, bey Neuhauß, bey dem Ritterort-Sinnmühl steuerbares großes GanzErbauDorf von 103 christl. und 47 Judenhaushaltungen, 6 sind Creilsheimisch, 1 Nürnbergisch, 2 Bayreuth'sch, 6 Winklerisch, 7 gräfl. Schön-bornisch, 70 Bibraisch, 9 Bam-bergisch. Der katholische Pfar-rer und Schulmeister sind auch bambergisch. Hier haben die Herren von Bibra ein Schloß und einen Beamten. Der Bo-den dieses Dorfs ist nicht der Beste, die Wiesen aber sind gut. An Waldungen ist Mangel. Man baut hier Waizen, Korn, Gerste, Hafer, Erbsen, auch etwas Hopfen. Die Viehzucht ist ansehnlich. Das Vieh selbst aber von mittlerer Gattung. Was außer dem eigenen Bedürf-niß an Früchten und Vieh ver-kauft werden kann, kommt nach Erlangen und Bamberg.

Adelsdorff, ehemals Adelmanns-dorff, im Kanton Altmühl, liegt 3 Stunden von Ansbach, besteht aus 3 Bayreuth, 2 frkthl. Crailsheimischen, Ney-länder Linie, 3 von Leonrodt-ischen und 4 von Eyblischen Unter-thanen. Die Dorfs- und Ge-meind-Herrschaft war vormals Bayreutisch, ist aber nun zum Fürstenthum Ansbach gezogen wor-den. Der Ort jenseit des Was-sers ist nach Weihenzell, der diesseits aber zu dem Mk. Dieten-höfer Kaplaney-Filial Warz-felden gepfarret.

Adelsdorf, liegt im Jenngrunde zwischen Neuhof und Wilherms-dorf, eine halbe Stunde vom er-stern entfernt, gehört ins Kam-meramt nach Neuhof, in die Pfarrey aber nach Mk. Erbach. Hält einige 30 Familien.

Adelsdorf, ein GanzErbendorf an der reichen Ebrach, im Bezirke des Wirzburgischen Oberamts Schlüsselfeld, wohin auch 26 Un-terthathanen gehören, die unter einem Bürgermeister stehen, und einen eigenen Wirzburgis. Steuer-Einnehmer haben.

Adelsheim, Städtchen im Ritter-Orte Ottenwald, an der Landstraße von Mergentheim nach Heidelberg, zwischen den kurpfälzischen Oberamts-Städtchen Borberg und Moßbach in der Mitte; diese Landstraße ward im Sommer 1797, unter dem Commando kaiserlicher Truppen von einer Stunde unterhalb Borberg an bis zum Ende der hiesigen Markung, wo sie auf die etwa 20 Jahren früher angelegte pfälzische Chaussee stößt, durch die angränzenden Landes-Bewohner schleunigst neu hergestellt. Es sind mehrere Wirthshäuser hier, worunter das zum Hirschen, worinn sich auch) die hier angelegte Kaiserl. Reichs-Post befindet, das beste ist. Die Zahl der Bürger beläuft sich auf 170, welche sich zum Theile vom Feldbaue und zum Theile von Handwerken nähren. Man baut Korn, Dinkel, Hafer, alle Gattungen von Gemüß; der Wiesenwachs ist beträchtlich; die wenigen Weinberge aber sind von geringem Belange; auch braut man hier ein ziemlich gutes Bier. Das Städtchen ist der evangelisch-lutherischen Confeßion zugethan und gehört in geist- und weltlicher Herrschaft der adelichen Familie von Adelsheim, derer Stammhaus es ist, gemeinschaftlich zu; sie besteht hauptsächlich aus drey Linien, wovon jede ihr eigenes Schloß hat. Die herrschaftl. Gerechtsame werden durch einen gemeinschaftlichen Konsulenten verwaltet; die Pfarrey-Einkünfte sind ansehnlich, besonders er-

hält der Pfarrer wegen der ausserhalb des Städtchen liegenden Kirche samt dem Gottesacker, vermuthlich vor der Reformation einer Kapelle mit einigen Meßstiftungen, einiges Getraid. von dem katholischen Städtchen Burken her, dafür muß er aber einigemale im Jahre dort predigen und Communiontag halten; auf dem Gottesacker sieht man einige neue geschmackvolle Grabsteine hier begrabener Herren von Adelsheim; die eigentliche Pfarrkirche aber befindet sich mitten in dem Städtchen dem Rathhause gegen über. In peinlichen Fällen steht das Städtchen nach gewissen, in einem unter der Regierung Kurfürsts Johann Philipp von Schönborn mit den in der hiesigen Gegend begüterten Mitgliedern des Kantons Ottenwald abgeschlossenen Recesse festgesetzten Normen unter dem Zentamt Burken im kurmaynzischen Oberamte Amorbach. Der Kanton Ottenwald hatte ehemals eine Zeitlang zu Adelsheim seinen Siz.

Adelshoffen, Reichsstadt-Rothenburgisches Pfarrdorf, welches hinnerhalb der Laubberg, 2 Stunden von der Stadt gegen Uffenheim liegt. Es hat jezt 26 Gemeindrechte oder 32 Mannschaften. 1714 zählte die Pfarrey 211 Seelen, und 1758, 314. Im Jahr 1323 ist es von der eine Stunde davon entfernten Pfarrey Gattenhoffen separirt worden; daher noch der Pfarrer zu Gottenhoffen 1/3 des großen und kleinen Zehents genießt, die übrigen 2/3 gehören dem Pfarrer zu Adelshoffen. Die baufällige Kirche ist 1716 renovirt und erweitert worden. Im franjüdischen Mordbrand 1689 wurden 10 1/2 Gebäude niedergebrannt. Es hat 54 Dienste und stellt 8 – 12 Wägen.

Adelſchlag, eichſtättiſches Dorf im Amte der Landvogtey, 1 1/2 Stunde von Eichſtätt gegen Neuburg gelegen, und von der dahin führenden Chauſſée durchſchnitten. Dieſer Ort gehört unter die älteſten Beſitzungen des Bisthums, und war auch mit in dem mit Bayern geſchloſſenen Vergleich vom Jahre 1305 begriffen.

Es iſt dort eine Tochterkirche von Meckenlohe, ein Schulhaus und ein ganz anſehnlicher Mayerhof, welcher immerfort eine halbe Mönat (*) bey Hof halten muß. Mit der Gemeindſchmidte, und dem Hirtenhauſe zählt Adelſchlag etlich und 30 Gebäude und Unterthanen.

Uebrigens hat dieſer Ort eine herrliche Flur, guten Getreidbau, feine Wieſen im Altmühlgrunde, ſchöne Viehzucht und guten Abſatz an Obſt, Geflügel und klein zehendbaren Früchten, wegen der Nähe der Reſidenzſtadt, auch eben deswegen wohlhabende Unterthanen, deren Weiber und Töchter aber auch ſchon eine Art von Luxus führen, und gleichſam den Uebergang von der ſtädtiſchen zur ganz ländlichen Tracht vorſtellen.

Adelſchlag, heißt auch die fürſtlich eichſtädtiſche Forſten im Amte der Landvogtey, deſſen, dem Oberforſt, und Wald-Vogteyamte in Eichſtätt untergeordneter Jbrſter ein herrſchaftliches Haus in Fillakkirch-Dorfe Adelſchlag beſizt, wovon dieſer große Forſt auch ſeinen Namen her hat. Er hängt mit dem Wiſenharder Forſt zuſammen, macht mit ſolchen über 1600 Jauchert (†) aus, und beide begreiffen folgende Plätze in ſich:

A 5   1. den

(*) Mönath, halbe Mönath muß der Mayerhof bey Hofe halten ꝛc. wenn ein Bauerhof 4 Pferde, und einen eigenen Knecht dazu mit Wagen und Geſchirr das ganze Jahr durch ganz frey, und nur allein auf ſeine (des Bauernhofs Köſten) bey der Hofbaumeiſterey zu derſelben alleinigen Gebrauch und Diſpoſition ohne mindeſte Vergütung verhalten muß, ſo heißt dieſes eine ganze Hof- oder Schloßmönath. Lezteres, vom Schloſſe St. Willibaldsburg, wo die Stallungen für dergleichen Mönathe ſind. — Wenn aber 2 Höfe nur zuſammen eine ganze ſolche Mönath ſtellen müßen, ſo muß jeder derſelben nur eine halbe Mönath halten. Dieſe große Scharwerk, — einzig in ſeiner Art — liegt nur auf dem Kloſter St. Walburg, dem Spittalamte, und einigen großen Maierhöfen von ſolchen Ortſchaften im Gäu, welche unter die älteſte Beſitzungen des Bisthums Eichſtätt gehören, und wovon man gar keinen Anlaufstitel mehr weis. — Vermuthlich waren die Beſitzer dieſer beträchtlichen Mayerhöfe, wozu große Wälder und viele Feldungen gehören, und denen noch heut zu Tage andere Unterthanen Frohndienſte leiſten, auch gewiſſe Abgaben jährlich reichen müßen, ehedem edle und die erſten Vaſallen der eichſtättiſchen Kirche, welche derſelben dafür mit einer ſolchen Mönath dienten.

(†) Ein Platz von 360 Quadrat-Ruthen.

1. den Wald bey Morizbrun.
2. die Morizbruner Ochsenweyde.
3. den Osterſee.
4. den Haſenwinkel.
5. den Hellerberg.
6. den Eglſeer Wald.
7. den Erhard Buck.
8. Den kleinen Theil hinter Morizbrun am Schaftriebe.

Adlanz, ehemaliger Schauenſteiniſcher Amtsort in der Landhauptmannſchaft Hof, gehört jetzt in das Kammeramt Naila und pfarrt nach Schauenſtein.

Adlitz, gewöhnlich auch Marlitz, Dorf mit einem Schloſſe im Bambergiſchen Amte Neunkirchen. Es beſteht ungefähr aus 7 Unterthanen, von denen 1 dem Hochſtifte, die andere dem Hauſe Brandenburg mit Unterthanspflichten zugethan ſind. Zwar Territorium und Landeshoheit wurde zwar hie und da in Anſpruch genommen: allein das Hochſtift Bamberg war im Beſitze, in dem es auch durch Reichsgerichtliche Mandate und Paritorien geſchützet wurde. Seit dem Regierungsantritte S. M. des Königs von Preußen über die beyden Fürſtenthümer Anſpach und Bayreuth ſucht man das Hochſtift mit Gewalt aus ſeinem bisherigen Beſitze zu verdrängen.

Adlig, Dorf im Anhornthale und dem Umfange des Bambergiſchen Amtes Pottenſtein, mit einem Schloſſe des Freyherrn von Seefried auf Buttenheim, nebſt der Dorfs- und Flurrherrſchaft, dem der größte Theil des Orts gehört, und hier ein eigenes Amt hält. Es ſind hier gleichfalls 2 Bambergiſche Unterthanen, die zum Amte Pottenſtein gehören, das auch über das geſammte

Ort die Zent ausübt. Ehemals gehörte es der Familie von Rabenſtein.

Adlizſtein, ein hoher Berg, eine viertel Stunde von dem Bayeriſchen Weyler Engelhardsberg, wo es die ausgebreiteſte Ausſicht hat.

Adolfhauſen, anſehnliches Hohenlohiſches Pfarrdorf zwey Stunden von Welckersheim, zu deſſen Amt es gehört. Es enthält ungefähr 500 Seelen und hat guten Feldbau, der durch den Fleiß der Einwohner immer mehr verbeſſert wird. In Urkunden wird es Otelveshuſen auch Ottelshuſen genannt; war damals nebſt dem bekannten Herbſthauſen, wo 1645 Türenne geſchlagen wurde, eine Tochterkirche von Hollenbach, wurde aber 1453 durch Biſchoff Gottfried zu Würzburg abgeſondert und zu einer eigenen Pfarrey gemacht. In einem Zeitraume von 9 Jahren übertrifft die Anzahl der Gebohrnen jene der Verſtorbenen nur mit drey Seelen.

Adolzfurth, Hohenloh-Schillingsfürſtl. Marktflecken, der Sitz eines Amtes. In Urkunden heißt es Adelhardsfurth. J. J. 1336 ertheilte Kaiſer Ludwig von Bayern für Grafen Kraft III. von Hohenlohe einen Begnadigungsbrief, vermöge deſſen der Stadt Adelhardsfurt die Rechte und Freyheiten gegeben werden, die die Stadt Hall hatte. Gleichwohl war dieſer Ort in ſpätern Zeiten ein Filial von der Pfarrey Unterheinbach und bekam erſt zu Anfang des vorigen Jahrhunderts ſeinen erſten Pfarrer. Der Nahrungsſtand beſtehet in Feldbau und Viehzucht, hauptſächlich aber in Weinbau, indem die daſigen Weine unter die

die vorzüglichen guten der Hohenzollischen selbst von Ausländern gerühmt werden. In der Herrschaftl. Wohnung des dasigen Beamten ist eine Kapelle, wo an Sonn- und Feyertagen katholischer Gottesdienst gehalten wird. Binnen 9 Jahren vermehrte sich die Volksmenge um 40 Personen.

Affalten, dem deutschen Orden zuständiges Dorf im Amte Kapfesburg, unfern dem Amtssitze.

Affalterbach, an der Schwarzach, ein Weyler, der in das ehemalige Amt Burgthann gehörte. Er ist in der Geschichte wegen der ehemaligen Niederlage berühmt, welche Prinz Casimir an der Seite Götzens von Berlichingen den Nürnbergern 1502 beygebracht hat; dabey befinden sich die Ruinen einer 76 Schuh hohen und 34 Schuh breiten Kapelle.

Affalterbach, Weyler, welcher 5 Unterthanen hat.

Affalterbach, nürnbergisches Dorf, im Amte Hilpoltstein an der Schwabach, ohnweit Neukirchen, es sind auch etliche Bambergische Unterthanen darinnen.

Affalterhof, Bayr. Hof im Culmbacher Kreise an den Gränzen der Herrschaft Thurnau. Die Einwohner pfarren nach Hutschdorf.

Affalterich, s. Effelderich.

Affalterthal, auch Afflerthal, Dorf im Anfange des Bambergischen ●●●● Leyrenfels mit einer evangelischen Pfarre, und von Engelthalischen, Nürnbergischen und ●●●gischen Unterthanen be●●●●●●. Letztere gehören zum ●●●●chen Amte Leyenfeld; ●●●● und Flurherrschaft steht ●●● ●●● Egglofstein, die Zent ●●● Bambergischen Amte Pottenstein.

●●●●●●, Dorf im jetzigen Kammeramte Bayersdorf.

Affaltern, nürnbergisches Dorf, des Amts Hersprug, an der Pegnitz, hatte eine Filialkirche von Kirch=Sittenbach, das aber zu einer besondern Pfarre errichtet worden, und von Artelshofen aus versehen wird.

Affennest, einzelner Hof von 2 Häusern und 6 Einwohnern in dem ehemaligen Kastenamte Bernstein, das nun zum Kammeramt Neicla geschlagen ist, und zum Kreisamt Hof gehört.

Affenthall eichstättischer Walddistrikt von etwas mehr als 100 Jauchert, ist von Eichstädt eine starke Stunde nordöstlich hinter Buchenhüll gelegen, und besteht in einem Thale, dessen hohe Seitenwände den kahlen Felsen ein romantisches Ansehen geben, besonders wenn wilde Wasser das Thal überschwemmen, weswegen eine Brücke darüber geschlagen ist, worüber eine halb chausseemäßig angelegte Strasse von Eichstädt auf Pfalldorf, und der ungleich kürzere Gehweg über den Berg in das Unterland führt.

Dieses Thales geschieht schon in einem Dokumente Kaiser Ludwig des Kindes vom Jahre 908 Meldung, daß darin ohne Wissen und Willen der Eichstättischen Bischöfe Niemand jagen, Holz fällen, sich des Geggerichts (*) anmaßen, oder sonst sich feindselig betragen soll.

Das

(*) **Geggerich**, Gegger, ist der gebräuchliche Nahmen der Schweinmastung mit Eicheln und Büchen mittelst Eintreibung der Schweine in Waldplätze) wo Eicheln und Büchen stehen. So übersetzt auch Faltenstein Cod. dipl. nro. X. lit. S. Jus porcos in silvis faginandi: das Recht die Schweine ins Bücherig zu treiben.

Das Holz dieses Thales gehörte einst dem Schottenkloster in Eichstädt, nun ist es zwischen der fürstlichen Kammer, und dem geistlichen Gefällamte, welchem die Güter des Schottenklosters einverleibt wurden, schon seit anderthalb hundert Jahren streitig.

Von der Seite gegen Wachenzell her kommt ein Thal, welches der Rappengrund genennet wird, imb eben so auch ein anderes von der Seite gegen Braiter, der Braitergrund genannt; weiter unten endlich ein drittes von Buchenthäll, welches den Nahmen Buchenthal führt in das Affenthal herein. Diese Thäler laufen so vereinigt bey der Baumühle ober Walting in den Altmühlgrund aus. Die Berghängen westsüdlich im Affenthale zwischen dem Braitergrunde und Buchenthal heißt die Vikarileiten.

Agmühle, einzelne eichstättische, zum Richteramt, oder eigentlich zum Munizipalstädtchen Grebling, wovon es nur einen Büchsenschuß weit wegliegt, selbst noch gehörige Mühle mit einem Leinstampfe an der Schwarzach.

Aha, in diesem, im anspachischen Oberamte Gunzenhausen gelegenen Pfarrdorfe, gehört der Bistumhof der eichstädterischen Kanonie Rebdorf.

Ahlbach, Weiler von 2 nürnbergischen Unterthanen, bey Wacheuroth im Bambergischen.

Ahlbach, das obere, Dorf im bayreutischen Gebiete, bey Neustadt an der Aisch, darinnen die Unterthanen Bambergisch, wohin es auch pfarrt.

Ahlbach ober, liegt 1 Stunde von Emstkrchen, hat viel Walbung und Weiher.

Ahlbach, das Untere, vermischtes Dorf, ligt gleich dabei, darinnen die Unterthanen bambergisch und anspachisch sind. Die Einwohner pfarren nach Emstkrchen.

Ahlesheim, deutschherrisches Kirchdorf von 68 deutschherrischen Unterthanen, 5 davon gehören in das Ansbachische Kameral Amt Gunzenhausen.

Ahornberg, bayreuthisches in das ehemalige Stadtrichteramt Münchberg gehöriges drey Stunden von Hof liegendes Kirchdorf, welches Burggraf Friederich IV. zu Nürnberg von Hansen von Sparneck im Jahr 1394 erkaufte. Es ist jetzt zum Kammeramte Münchberg geschlagen, das in den Hoferkreis gehört. Die Pfarrey daselbst gehört unter die Superintendur Münchberg. Dieser Ort brannte 1726 völlig ab. Es ist das erste Dorf unter den 7 Dorfschaften, hat 56 Häuser und 317 Einwohner, darunter verschiedene auf dem Lande gewöhnliche Handwerker sind. Es hat die Braugerechtigkeit und vertreibt jährlich über 700 Eimer Bier. Hier finden sich gegen 300 Stük Rindvieh, 100 Schaafe u. 50 Schweine.

Ahornes, auch **Marles**, bayreuthisches Dorf im Kameralamte Münchberg, wohin es auch pfarrt, 2 Stunden davon gegen Kupferberg gelegen. Es enthält 35 Häuser, darunter 1 Mühle ist. Der Einwohner sind 156. Hier ist auch eine Waarzollstatt.

Ahorneß-Mühl, liegt in dem ehemals zur Amtshauptmannschaft Culmbach gehörigen Vogtheyamte Helmbrechts, das jetzt in das Kammeramt Hof gehört.

Ahornthal, (das) ist bey den Geburg-Einwohnern sehr berühmt wegen seines fruchtbaren Bodens.

Es ist kaum einige Stunden lang, erstreckt sich von Kirchahorn bis Morzendorf rechter = und bis Popenbdorf linker Hand. Seine Breite ist nicht von großem Belang, weil sich die Erde in kleinen Hügeln empor hebt, und dann das Thal durch die höchste Berge einschließen läßt. Die Berge gegen Gilden bilden ein Dreyeck, und haben die weitesten Aussichten über mehrere um sich liegende Höhen. Man kann bemerken, daß diese triangulaire Bergreihe ihre Köpfe nach Nordwest richtet, als wenn sie der von dorther kommenden üblen Witterung Trotz biethen wollten. Gegen Gilden hinter sich wird das Land von der Pütrlach halb Zirkelsbrunn umschlossen, wo sich dann über denselben aus dem Geschichte eben so spitzige Berge erheben stellen. Das Erdreich auf der Höhe hat entweder steinigten oder sandigen Boden auf letzterm wird sehr viel Haidel gebaut, der nach Voigtland und Uhlroberg verführt wird; die steinigten Felder hingegen erzeugen trefflich Korn, vorzüglich aber und zu reichlicher Maaße die beste Gerste, die in Bayreuth ihre Liebhaber findet. Die hier diese Gebürge an Wasser Mangel müssen sich meist mit Cisternen oder Hüttenwasser behelfen. Das Gegenstück ist das lange enge Thornthal: es liegt im bambergischen Gebiethe und begränzt sich wie dem bayreuthischen nördlich, und dem oberpfälzischen auf der westlichen Seite. Das Thal ist wasserreich, die Wiesen bleiben immer feucht, geben aber das beste Futter im Uebermaaß, welches von Bergbewohnern in

Entfernungen von 3 — 4 Stunden weit gesucht, bestanden oder gekauft wird. Das Erdreich bringt nebst andern Getraidsorten den Waizen am vollkommensten hervor, auch fangen die Einwohner an, durch gesetzte Prämien des Herrn Grafen von Schönborn, und die werkthätige Beyspiele des Herrn Pfarrers Dauth zu Kirchahorn gereizt, sich auf den Kleebaum zu verlegen, der guten Fortgang hat, aber von den Bergbewohnern bey ihren dürren sandigen Boden, nicht nachgeahmt werden will. So wie das Thal außer Weinbau in allem fruchtbar ist, so stehet auch das Holz in üppigem Wuchs da; die Tannen gerathen wohl, und die majestätische Eichen, die sonst eine Seltenheit auf dem Gebürg sind, finden eben so häufige Liebhaber, als das Wiesenfutter.

Das Thal war meistentheils in ältern Zeiten, nebst den umliegenden Gegenden, denen verschiedenen, nun ausgestorbenen mehrern Linien derer Freyherren Groß von Trockau unterworfen; gegenwärtig haben dieselbe nur hie und da noch Unterthanen. Das mehreste besitzt anitze das Hochstift Bamberg, und das gräfliche Haus Schönborn, welches zu Weyer einen Beamten unterhält. Auch Bayreuth, die Grafen Voit von Rineck, Freyherrn von Brand, Seefried, das Kloster Michelfeld ꝛc. haben einige Besitzungen.

Ahrberg, eichstädtisches Amt im Oberlande, der erste Beamte desselben ist der Pfleger von Ahrberg Ohrnbau, zugleich Oberamtmann der Vogteyen Kronheim, Cybburg, und Königshofen. So ist auch der Kast-

net in Ohrnbau zugleich Stadtvogt allda, und Vogt in Königshofen, so wie der Vogt in
Kronheim, zugleich Kastenbeam-
ter allda, und Vogt zu Eibburg.
Das Kastenamt Ohrnbau hat
einen Gerichtschreiber, der in
Ahrberg 1 Stunde vom Kastenamte entfernt ist.

Seitdem das Herrieden und
Spalter Forstamt miteinander
vereiniget sind, ist der Sitz desselben in diesem Amte bestimmt,
das Oberforstamt aber bald diesem, bald jenem Pflegamte zu-
gegeben worden, auch sind in
diesem Amte 2 Förster, einer zu
Ahrberg, und der andere zu
Eibburg. Die Zollämter sind mit
den Immediatämtern vereinigt.

Das Pfleg und Kastenamt Ahrberg Ohrnbau gränzt gegen Norden an Triesdorf, und an die ansbachische Oberämter Windsbach,
gegen Nordost an Gunzenhausen,
gegen Ostsüd an Wassertrüdingen,
gegen Süden an Feuchtwang,
gegen Westnord, auf welcher
Seite es nur durch einen schmalen Streif von dem eichstädtischen Ober- und Kastenamte
Wahrberg Herrieden getrennt,
und also auch ganz hohirt ist.
Auch hängen damit nicht einmal
die dahin gehörige Vogteyen,
und selbst diese nicht einmal unter sich zusammen; denn Kronheim liegt Gunzenhausen westlich über 2 Stunden und hinter
Kronheim noch 1/2 Stunde Eibburg, Abnigshofen aber von
Ahrberg ebenfals 2 Stunden gegen Westen entfernt, und ist
die erste dieser Vogteyen vom
Gunzenhauser, die zweyte und
dritte aber vom Wassertrüdinger
Oberamte ganz umgeben.

Der Fratschbezirk dieses Amtes mag sich in der Länge auf
eine ganze, und in der Breite

auf eine halbe deutsche Meile
ungefähr erstrecken — Die Bevölkerung beträgt im ganzen
über 4400 Seelen*) und die Unterthanen gegen sechsthalb Hundert an der Zahl, sind in 64
Ortschaften zerstreut, worunter ein
Municipalstädtchen, 2 Marktflecken, 17 Pfarrkirchdörfer, 4
Tochterkirchdörfer, und 40 Weiler nebst 3 Schlössern sind.

Die Lage ist verschieden, bey
Ahrberg, und Abrigshofen bergig, bey Kronheim, und Eybburg wechseln Hügel, und Eb-
nen ganz Wellenförmig miteinander ab, und bey Ohrnbau ist
gegen Norden hin, dann längst
des Altmühlgrundes herab die
schönste Ebene. Die Herrlichsten Wiesen an diesem Flusse
sind eine wahre Vorrathskammer
des Heufutters für die ganze
umliegende Gegend, wenn das
Wasser nicht zur Unzeit austritt,
und befördern die Viehzucht ungemein, welche durch die Tries-
dorfer Schweizerey veredelt, eine der schönsten ist, und sich
vorzüglich durch Grösse, und
Stärke des Viehes auszeichnet.

Auch gibt es dort ansehnliche
Schäfereyen, welche durch Zer-
schlagung des herrschaftlichen
Schafhofes in Ahrberg, und
Vertheilung desselben unter die
Unterthanen noch mehr emporka-
men.

Durch den von allen diesem
Vieh gewonnenen Dünger wird
der Grad der Fruchtbarkeit auf
dem dortigen ohnehin guten, und
fetten Boden ungemein erhöht,
worauf alle Getreidearten in
Menge; und nebenbey noch
häufig

*) S. Hirching allgemeines Nachr.
für die Länder und Völkerkunde
I. Band, fol. 129.

[...] sehr schmackhafte Grundbirn, und vorzugsweis das beste Kraut gebauet wird, wie
denn auch eben deßwegen diese
Gegend den Namen des eigentlichen Krautlands führt, und
solches weit und breit herum
allenthalben Absatz findet.

Endlich sind auch in diesem
Amte 27 herrschaftliche Weyher,
wovon bey jedem insbesondere
das Weitere vorkommt.

Das eichstättische Forstamt
zu Ahrberg ist nun in das ahrberger und spalter abgetheilet,
und erstreckt sich über sämtlich 10
fürstliche Forsteyen des ganzen
Oberlandes, worüber eben so
viel Förster gesezt sind. — Gewöhnlich ist über beide Forstämter
ein Pfleger als Oberförster gesetzt, auch waren ehedem, ehe
die Forstinspectoren eingeführt,
und unter diese in der Folge die
weitschichtig auseinander gelegene
[...] getheilt worden, dem
[...] 2 berittene Oberför-
[...] beygegeben.

Obwohl die meisten derselben
[...] sogenannte Steckenförster sind
[...] die Jagt nicht zugleich mit
[...] besorgen haben, so kommen
[...] einst auch da meistens auf
[...] empfehlungen nur Jäger, und
[...] bediente als Förster an,
[...] sich bis auf etwa 10 Jah-
[...] fast Niemand im Lande auf das Forstwesen verlegte;
[...] seitdem aber die gute Ord-
[...] von dem Regenten einge-
[...] wird, daß derselbe keinen
[...] mehr anstelle, der nicht
[...] von der eigends aufgestell-
[...] commission geprüft, und
[...] erfunden worden,
[...] doch auch hie und
[...] bey den Ja-
[...] und Forstknechten,
[...] aufmerksamer auf

die Forstpflege, und hat man
Hofnung nach und nach gute
Forstmänner zu bekommen.

Ahrberg, eichstättischer Marktflecken samt einem Schloß, 11
Stunden etwas Westsüdlich ober
Eichstädt, und 4 Stunden von
Ansbach gegen das Ries zu gelegen. Das Schloß, der dermalige Siz des Pflegamtes, auf
einem mittelmäßigen Berge gebauet, und mit schönen Gärten
umgeben, giebt eine schöne Aussicht über den flach vor demselben liegenden Altmühlgrund.
Es war das Stammgut der
Schenken von Ahrberg, welche
das Erbschenkenamt beym Hochstift Eichstädt, und die Burghut dieses Schlosses sammt ihren
Besitzungen in dieser Gegend
vom Bisthume Eichstädt zu Lehen trugen. Sie sind einerley
Ursprungs und Herkommen mit
den Schenken von Hirschlach,
und Leutershausen, führten ins-
gesamt einen springenden Hirsch
in ihrem Wappen, und man
findet von ihnen noch einige Epitaphien in den Kirchen zu Ahrberg und Hirschlach. Im Jahre 1319 kaufte der eichstättische
Bischof Philipp von Rathsamhausen die Burghut Ahrberg dem
Rudeln von Dietenhofen, Konrad von Schenk, und Konrad
Hirschlachern um 200 Pf. Heller ab.
Im Jahr 1302 vermachte Friz
Tanner zu Ahrberg seine Besizungen allda und im Jahr 1454
verkauften die beyden Brüder
Wilhelm Schenken der Schenken
Hofstaat 1458 Elisabeth Fürn-
braiain ihre freyeigene Edel-
mannsbehausung sammt Zugehör;
1470, 1474 Hanß Milling zu
Ahrberg und Georg nebst Hauß
von Burck ihre Güter, endlich
1512 Pantraz Schenk, Erb-
schenk

schenk seinen Hofstatt und Güter zu Ahrberg dem Bisthume Eichstädt.

Auf diesem Schloße ist der durch seine Margaritha bekante Albert von Eib, auch der eichstättische Fürstbischof Franz Ludwig, ein Graf Schenk von Kastell gebohren. Es hat aber nicht das Schloß allein, sondern auch der Marktflecken selbst Männer aufzuweisen, worauf solcher stolz seyn kann, daß sie in seinen Mauern das Tageslicht erblikt haben, z. B. den Matthäus und Philipp Luchs, beyde Kanzler zu Eichstädt, die beyde Mozel, deren einer Generalvikar, der andere aber Kanzler in Eichstädt war; Seld, welcher zu Glunick, und Spindler, welcher zu Kremsmünster Abt gewesen ist, den Profeßor der Rechte Sutor zu Ingolstadt ꝛc.

Unter den etlich und 90 Gebäuden des Marktfleken zeichnen sich das Pfarrgotteshaus mit einer Kapelle außer seinem Vorhofe, der Pfarrhof, des Gerichtschreibers, Forstinspectors, und Försters, dann das Schul- und Kaplanhaus, die fürstliche Zehendscheure, und der ehmals herrschaftliche Schafhof vor andern aus.

Allenthalben in der Gegend herum ist der ahrberger Sommerkeller berühmt, welchen der Brauer Klinger allda, erst vor einigen Jahren angelegt hat, und den auch ansehnliche Gäste von Gunzenhausen, Spielberg, Triesdorst, und selbst von Anspach aus besuchen. Klinger brachte nemlich an dem nahgelegenen schattenreichen Berge verschiedene Spaziergänge und Lauben von Aesten zusammengebunden in einer freylich schwachen Nachahmung der englischen Gärten an; zur Abwechslung der Unterhaltung findet man Kegelplätze, und ober den Sommerkellern 2 Tanzböden, so wie alles doppelt gut angebracht ist, damit Gäste, die nicht gern beysammen sind, sich theilen können.

Eben diese viele Abtheilungen, wo sich jede Parthie von der andern trennen, und einzeln niederlassen kann, die prächtige Aussicht, welche sich mit jedem Schritte bergan erweitert, und, wie man die Spize des Berges gewinnt, auch rückwärts weit in das Ries hinauf öfnet, und das gute Sommerbier, reizen, nebst der reinen Luft, und angenehmen Gesellschaft die Leute vom hohen und niedern Stande allenthalben aus der ganzen Nachbarschaft rings umher, den Sommer über an diesem ländlichen Vergnügen öfters Theil zu nehmen.

Ahrberg, so heißt auch eine eichstättische im Amte Ahrberg Ohrnbau großentheils gelegene Forstey, dessen Förster in Ahrberg wohnet, wovon diese Forstey ihren Namen herleitet, und der vor Einführung der Forstinspektionen jederzeit einer der 2 Oberförster war; die vielen Waldplätze dieses Forstes führen die in alphabetischer Ordnung folgendes eigne Namen.

1. Bergbrünnlein.
2. Brunnschlag.
3. Eichelberg.
4. Eichelgarten.
5. Elebach.
6. Engelseer Grund.
7. Gunzenschlägl.
8. Hochestein.
9. Hoegelein.
10. Hopfengarten.
11. Kammergrund.
12. Abppelbuck.

13. Kreuzschlag.
14. Laurenzi Loch.
15. Mordlachen, die obere.
16. Mordlachen, die untere.
17. Mühlschlag.
18. Rosenwinkl.
19. Rumpf.
20. Säueuleiten.
21. Schanz.
22. Schenkenholz.
23. Spiegelberg.
24. Weise Berg.

Aich, Weiler im Anspachischen Kameralamte Windsbach, mit 25 dahin gehörigen Unterthanen.

Aicha, Aichach, kleines nürnbergisches Dorf im Amte Herspruck, liegt 2 Stunden davon gegen Sulzbach, hat 10 Unterthanen.

Aichach, Aychach, Aychath, eine Wiese bey dem eichstättischen Munizipalstädtchen Ohrnbau, welche laut Dokuments vom Jahre 1340, durch Vergleich von Dettingen an Eichstätt, unter Bischof Heinrich IV. einem Grafen von Würtemberg, gekommen ist.

Gleichen Namen führen auch schon von Alters her mehrere Waldplätze: so heißt z. B. im Brunslache, welchen Bischof zu Eichstätt Johann I. mit den Herzogen von Bayern Rudolph und Ludwig im Jahre 1305 wegen des Schlosses Hirschberg, und dessen Zugehör geschlossen hat: „Der Bischof hat auch behabt „den Wildpann auf des Bischofs „Lust von dem Ramensberg bis „auf die Aychath bey Nassenfels und bald darnach von Salzlachungen auf das Berchten „Aychath ꝛc. ꝛc.

Wie dann auch ein großer Holzdistrikt im Enteringet Forst von der Schalkenburg gegen Pfalldorf herein gelegen noch heut zu Tage Bernachet genannt wird.

Aichelberg, (auch **Eichelberg,**) Topogr. Lexic. v. Franken, I. Bd.

ein bayreutisches Dorf unweit Ipsheim, wohin es auch eingepfarrt ist, im Kammeramte Hobeneck, daselbst wohnen auch 3 Windsheimische Unterthanen. Dieses Dorf hat vor andern in der dasigen Gegend einen Vorzug wegen seines Obst — besonders Steinobstbaues, der einem Einwohner (Namens Treuheil) manches Jahr einige Hundert Gulden eintrug.

Aichelberg, Weiler im Ansbachischen Kammeramte Roth mit 9 dahin gehörigen Unterthanen.

Aichelberghof, Weiler im Ansbachischen Kammeramte Creilsheim, darinn sind 5 Ansbachische Unterthanen.

Aicheleiten, ein Bayreutisches Dorf in der Nähe des Flüßchens Steinach 1/2 Stunde von dem Dorfe Untersteinach im bayreuther Kreise.

Aichelhof, einzelner Hof im Bezirke des Ausbach. Justiz und Kameralamts Creilsheim.

Aichen oder **Aicha,** Weiler im Ansbachischen Kammer-Amte Feuchtwang mit 9 Ansbachischen Unterthanen.

Aichen, in das Kameralamt Bayreuth gehöriges Dorf.

Achenberg, ein von Unterthanen verschiedener Herrschaften, wovon 2 zum eichstättischen Pfleg- und Kastenamte Wernfels Spalt gehören, vermischter — ganz an einer Hänge am Holz 2 1/2 Stund ober Spalt, in der Fraische des gunzenhauser Kreises gelegener Weiler, ist evangelisch, und nach Gräfensteinberg gepfarrt; Pfersterheim hat die Gemeindeherrlichkeit, und den Hirtenstab.

Die 6 eichstättische aichenberger Meyerlein gehören zum Amt Ohrnbau.

Achen

Aichenbühl, Dorf im bambergischen Amte Scheßlitz.

Aichenklenberg, ist ein Dorf in der Grafschaft Limpurg, im Gaildorf-Wurmbrandischen Antheil.

Aichenmühle, (die) im Anspachschen Kameralamte Feuchtwang mit einem Unterthanen.

Aichenstätt, kleines nürnbergisches Dorf im Amte Velden.

Aichenzell, Weiler im anspachischen Kameralamte Feuchtwang am Flüßchen Sulz gegen Dinkelsbühl mit 10 Unterthanen.

Aichig, nach andern Eichig, bayreuthisches Dorf unter der Vogtey Lehenthal.

Aichig, noch ein bayreuthisches Dorf dieses Namens unweit Alt-Drosenfeld.

Aichich, auch Nichach, ein mit 3 eichstättischen zum Vogtamte Kronheim gehörigen, dann 5 ansbachischen, 1 bitringischen und 4 ritterschäftlichen Unterthanen gemischter Weiler, eine halbe Stunde von Kronheim gegen Süden gelegen.

Von diesem Weiler her wird der über 10 Morgen große, zum Vogtamte Kronheim gehörige und zwischen Aichich und Stetten gelegene Herrschaftliche Weyher, worinn benelte 2 Ortschaften die Tränke haben, der aichicher Weyher genannt. Er ist mit dem auch herrschaftlichen, zu eben diesem Amte gehörigen Aichweyher nicht zu vermischen, welcher ganz ein anderer nur 1 1/2 Morgen groß und am herrschaftlichen Walde bey Goldbühl gelegen ist.

Aichhof, ein eichstättischer in zwey Halbbauernhöfe zerschlagener Einödhof, zum Richteramt Ibging gehörig, liegt auf dem Art- oder Artberg, eine halbe Stunde von Ibging gegen Beylngries herauf.

Aichmühle, eine einzelne eichstättische überschlächtige Mühle, zwischen Ober- und Untermässing, gehört in das obermässinger Amt und wird von einer Bergquelle getrieben.

Aichswiesen, Hohenloh-Bartensteinischer Weiler von zehn Haushaltungen zum Ober-Amt Hohenlohe-Bartenstein gehörig. Es pfarrt nach Oberstetten, das ehemals zu Hohenlohe gehörte, gegenwärtig aber Rothenburgisch ist. Der Ort hat guten Feldbau und Viehzucht.

Aidenau, Weiler von 14 in das Kameralamt Kolnberg gehörigen Unterthanen, in dessen Fraischbistricte es auch liegt.

Aidhausen, Ohne nennt es fälschlich Echthausen. Ein gamerbliches katholisches Pfarrdorf im Wirzburgischen Oberamte Lauringen, wohin die wirzburgischen Unterthanen gehören, 4 Stunden von Schweinfurth; die Ritterschäftlichen Unterthanen steuern zum Kanton Baunach.

Außer Wirzburg sind die Gamerben die Herren von Truchseß und von Dalberg, und der deutsche Orden. Es sind hier 65 Häuser für Katholiken, 21 für evangelische, 13 haben Juden innen. Für die Katholiken, deren Seelenzahl 260 beträgt, ist eine eigene Kirche, den Lutheranern 114 an der Zahl, ist seither kein öffentlicher Gottesdienst gestattet worden. Sie halten sich theils zur Kirche in Nassach theils zu Friesenhausen. Die Juden besitzen daselbst eine Schule, und müssen dem katholischen Pfarrer die jura stolae entrichten. Ihrer sind 54. Hier sind 2 Wirthshäuser und eine Gemeind Badstube. Die Felder der Markung sind sehr ergiebig. Auf derselben ist ein sehr guter Sandsteinbruch.

Ailersbach, ein parificirtes Dorf 1 Stunde von Höchstädt, an der bairischen Gränze, mit allen landesherrlichen und Vogteylichen, auch Dorf- und Flurherrschaftlichen Rechten in das fürstlich Bambergische Amt Höchstadt gehörig, und ist zwischen dem Hochstifte Bamberg, und dem Hause Brandenburg Baireut 1538 ein Vertrag errichtet worden, wo unter anderen auch dieser Ort begriffen worden.

Allringen, ein katholisches Pfarrdorf an der Jagst im Deutschordischen Amte Aisenhausen.

Allsbach, Dorf im bambergischen Fraisch- und Territorium, Amtes Höchstädt, 1 1/2 Stunde von der Stadt gleiches Namens und 1 Stunde von Donnerstadt gelegen. Die Steuer, Dorfs-Gemeinde- und Flurherrschaft, so wie alle Lehenschaften mit der unmittelbaren Vogteylichen Gerichtsbarkeit ge———, dem Spitale zu Nürn———

A———(Aisch) ein Flüßchen. Sie ———Ursprung im Bayreu——— zwischen den drey Orten ———heim, Schwabheim und ———, eine Stunde von der Reichsstadt Windsheim auf ———hem Wiesengrund 8 — ——— ———tte von der Ansbacher Landstraße. Weil sie in einer völligen Ebne entspringt; so fließet sie sehr saul. Der dortige Boden ——— ———schaffen, wie die ganze ——— ——— um Windsheim. Es ist nämlich an manchen Orten kaum ——— Schuh tief Erde anzutreffen, darunter aber Felsen von Gypssteinen. Wie man denn mit——— ——— ——— die Aisch auf Gypsfelsen stehen kann, worinn sich ——— ———, Löcher finden, aus denen ——— Wasser hervorquillt. ——— sind zum Theil el-

nen, zu Theil anderthalb, auch 2 Schuh im Durchschnitte groß, mit Schlamm und Moos angefüllt. Durch dieselben kann man mit einer Stangen 4 — 6 Schuh tief hineindringen, bis man wieder auf Steinen anstößt. Gegen Mitternacht hin, nicht weit von den Hauptquellen sind noch 5 Nebenquellen, die sich durch einen Arm mit jenen vereinigen. Zusammen machen sie einen Fluß aus, der in einer halben Viertelstunde schon eine Mühle, die Aischmühle genannt, treibt. Er fließt hierauf an der Stadt Windsheim vorbey, und nimmt außer einigen Bächen, auch den Ehefluß und die Weisag zu sich zieht, Sonnerstadt und Lauf vorüber und ergießet sich sieben Meilen von ihrem Ursprung bei Brandenlohe in die Rednitz. Sie bedient auf ihrem kurzen Laufe gegen 100 Mühlen.

Aisch, Aysch, auch Asch, Aschenum. Dorf und Kirche, dann Mühle an der Aysch gelegen dem Herrn Grafen von S. Schönborn mit der Dorfgemein und unmittelbaren Vogtey-Herrschaft unterworfen, die Unterthanen steuern zum Ritterort Steigerwalde; jedoch befinden sich darinn vier dem Hohen Domkapitel zu Bamberg zugehörige Vogteyleute, die Zentgerichtsbarkeit so wie die Ausübung der Landeshoheit über die Domcapitulischen Vorteyleute gehört zum bambergischen Amte Bechhofen, die Kirche zur fürstlich bambergischen Pfarrey Adelsdorf, und wird der Schullehrer allda von Seiten des Vicariats zu Bamberg aufgestellt. Vier Domkapitliche, dann 42 gräflich Schönbornische Gemeindrechte sind m. d. Breunherrl. Hochgerechtigkeit in die fürstliche Gregelmark ein-

gefor-

geforstet. Feldbau und Wiesswachs ist sehr gut. Die Schifferen ist herrschaftlich, und erzielt dieser Ort von dem Fischfang aus der Aysch jährlich einen grossen Nutzen.

Aischloch. wird die Hauptquelle des Aischflußes genannt, die nahe an der Chaussee zwischen Ortenhofen und Schwebheim, oberhalb Windsheim, in einer Wiese ist. (s. Meusel in seinem Beitrage zur Hydrographie des fränkischen Kreises, in dem Journal von und für Franken IV. 4. Heft.)

Aischmühl, (die) liegt eine Viertelstunde von Aischloch entfernt bei Illesheim und pfarrt nach Schwebheim.

Ala, heißt der Bach, der bey Kleinhebing im Eichstättischen in die Schwarzach fällt. Er entspringt in der Gegend von Laystatt im Pfalznenburgischen, ziehet sich in das Ansbachische Amt Erauf, nimmt im Thalmössinger Grund herab mehrere Quellen, an denen zum Theil auch Mühlen stehen, von den zu beyden Seiten liegenden Bergen auf, und treibt viele Mühlen, wornach er sich ob der Steinmühle bey Kleinhebing mit der Schwarzach vereiniget, welche dort erst durch Vereinigung dieses Bachs mit den vom Kauserlacher Weyher herkommenden Gewässer ein eigentliches Flüßchen wird, und den eigenen Namen Schwarzach zu führen anfängt.

Albersdorf, bayreuthisches Dorf im ehemaligen Amte Streitberg das jetzt zum Bayer. Kreis und zum Kirchspiel Muggendorf gehört. Eine Stunde davon auf der Höhe ist ein grosser einige tausend Schritte im Umfang habender Platz berühmt, der die Heidenstadt genennt wird.

Albernborf, ein Weiler an der Neyat im Kameralamte Ansbach eine Stunde davon mit 21 dahin gehörigen Unterthanen, 2 sind Frembherrisch.

Albernhof, ist ein im Bayreuthischen Amte Streitberg, Fraisch und Centbarer, dann Gemeindsherrschaftlicher Jurisdiction gelegenes Dorf. Das Bambergische Amt Weischenfeld zählt allsort 4 häußliche Unterthanen, die der Weischenfelder Pfarrey lehenbar sind.

Albenhofen, Gamerben Dörfchen im bayreuthschen Territorium, zum Kammeramt Streitberg gehörig; dieses übt daselbst die hohe Jurisdiction, so wie auch die Dorf- und Gemeindsherrschaft aus; das Amt Ebermanstadt zält in demselben 5, das Bambergische Amt Weischenfeld 2, das Amt Streitberg 2, und die Familien von Staufenberg und von Leisdendorf zu Unterleiter 2 Unterthanen; von dem dortigen Gehäud gehören 2/4 zum Collegiastift zu St. Stephan in Bamberg, 1/4 dem Collegiastift zu Borcheim, und 1/4 dem Amt Streitberg; einem jeden Jehendinhaber stehts frey, seinen Antheil nach willkühr benützen.

Albersdorf, Adelberenborp dem Ritterort Baunach einverleibtes Dörfchen von 15 Mann zwischen Königsberg u. Ebern. Gegenwärtig besitzt es die Freyherrliche Familie von Greifenklau.

Albertsberg, im Bayreuthschen Kammeramte Mühlberg, pfarrt nach Hallerstein.

Albertsreuth, Weiler im Ansbachischen Kameralamte Schwabach mit 6 dahin gehörigen Unterthanen.

Albersreuth, bayreuthisches Dörfchen, das nach Weißdorf eingepfarrt ist, 1 Haus gehört dem Herrn von Lindenfels zu Bug, 2 dem Herrn von Podewils zu Weißdorf.

Albertshaussen, Dorf, Evangelischer Religion, im Ritterorte Ottenwald, einige Stunden von Würtzburg gegen Mergentheim zu. Es gehört in den Ochsenfurtergau und hat also die Probnere und Bewohner nach dem Schlage dieses Landstrichs. Die Herrn von Wolfskehl sind Besitzer und haben zu Ausübung der peinlichen Gerichtsbarkeit, womit sie von Würtzburg belehnt sind, hier ein Zenntamt.

Albertshausen, Würtzburgisches Dorf im Amte Aschach an der Fuldaischen Gränze. Es hat 57 Häuser. Einen Schullehrer mit 44 Gulden Besoldung, der im Jahr 1786 44 Schulkinder hatte.

Albertshofen, ganerbliches größtentheils evangelisch-lutherisches Pfarrdorf am linken Ufer des Mayns, eine Stunde oberhalb Kitzingen, Maynstockheim gegenüber. Wirzburg hat die Landeshoheit. Die Ganerben sind die Herrn von Bechtolsheim, das Bürgerspital zu Kitzingen, und der Rath daselbst. Erstere beyde haben dort ihre eigenen Schulzen. Die Eigenthümer der beyden Häuser, die dem Rathe daselbst gehören, werden als Bürger zu Kitzingen betrachtet. Mitten durch den Ort von Norden gegen Osten, hat die Cent zu Kitzingen ihre Gränzen. Am Centhause daselbst befindet sich der Grentzstein, welchen der Centrichter nicht überschreiten darf. Die Nahrungsquellen der Einwohner, die sich auf 128 Haus-

haltungen erstrecken, sind der Weinbau und der Handel mit Brennholz, wozu ihnen der nahe gelegene Forst des ehemaligen Klosters zu Kitzingen gute Gelegenheit darbietet. Den Pfarrer setzt Wirzburg und die Familie von Bechtrolsheim wechselsweise. Da die Besoldung sehr gering ist: so giebt Wirzburg alljährlich noch eine besondere Zulage. Die Katholiken stehen in pfarrl. Angelegenheiten unter dem von Bechtolsh. Pfarrverweser zu Maynsondheim. Der Kirche bedienen sich Lutheraner und Katholiken wechselsweise. Die Bechtrolsh. Unterthanen steuern zum Ritterorte Steigerwald.

Altershausen, bayreuthisches Dorf, unter die Kloster-Vogtey Münchsteinach gehörig, liegt 4 Stunden von Nenstadt an der Aisch gegen Schlüsselfeld.

Aldorf, eichstättisches Pfarrdorf, zum Pfleg- und Vogtamte Titting Raitenbuch gehörig, liegt 3 Stunden nordlich von Eichstätt in einem Thale; die Anlauter läuft durch das Dorf und treibt darinn eine Mahl- und Sägmühle. Von den 18 Unterthanen dieses Dorfes gehören 3 zum Domkapitlischen Richteramte zu Eichstätt, die übrige 15 aber nach Titting Raitenbuch. Nebst dem Gottes-Pfarr- und Schulhause ist auch allda ein herrschaftliches Forsthaus.

Laut eines Instruments vom Jahre 1312 tratt Rabeling von Erlingshofen für sich und seine Erben der eichstädtischen Kirche die Vogtey in Aldorf, und die Leibeigne beederley Geschlechts ab.

Aldorf, diesen Namen führt auch vom Pfarrdorfe Aldorf her, wo der Förster wohnt, der gegen 900 Jauchert große eichstättische el-dorfer

dorfer Forst, theils im Kaitenbucher, theils im Landvogteyamte gelegen.

Folgende Plätze haben ihre eigene Namen darinn: 1 der Alberg oder das Walzenthal. 2. Der Brunnenberg. 3. Der rothe Bühl 4. Die emsinder Leiten. 5. Die Furthleiten. 6. Das Herrenhölzl oder Urting. 7. Das Hirnstetter Högerloh oder Lindich. 8. Der kalte Schlag. 9. Das Kernthal. 10. Das Lindich. 11. Das Michlohe bey Kaldorf. 12. Die Pfaffenleiten. 13. Die Röthleiten, und 14. Die Rußleiten.

Alesheim, ein Evangelisch Lutherisch Pfarrdorf in der Fraisch des Ansbachischen Kreisamtes Guntzenhausen, mit 5 dahin gehörigen Unterthanen; 6 sind andern Herrschafften, 4 sind Eichstädtisch. Drey gehören zur Kavo in Rebdorf, einer aber zum Domkapitel-Kastenamte in Pleinfeld.

Alershaussen, Pfarrdorf im Jurisdiktionsbezirk des ehemaligen Ansbachischen Richteramtes Stauf mit 41 dahin gehörigen Unterthanen. 17 sind Fremdherrisch. Hier werden die gewöhnlichen Ehehaftgerichte im kleinen Gerichte gehalten. S. Eysolden und Thalmesingen.

Alfalter, hat eine Kapelle zu St. Katharina genannt, welche vorzeiten von einem Frühmesser versehen wurde. Im Jahr 1576 aber wurde diese Frühmesse zu einer Pfarrey gemacht, und mit Artelshofen (s. diesen Artikel) dergestalt vereinigt, daß an beyden Orten drey öffentliche Gottesverehrungen wechselsweise verrichtet werden soll. Eingepfarrt ist das Dorf Diestel- oder Oetzelbach (s. unten).

Algersdorf, ein Nürnbergisches an dem Flüßchen Sittenbach zwey Stunden von dessen Amt Hersbruck gegen Hohenstein gelegenes Dorf.

Algersdorf bey Emstirchen s. **Elgersdorf**.

Altershausen, Hohenloh-Langenburgischer Weiler von neun Haußhaltungen, worinn 41 Seelen sich befinden. Die Evangelisch-Lutherischen sind nach Herrenthierbach, einer Bartensteinischen Pfarrey, und die Katholiken, welches Bartensteinische Unterthanen sind, nach Simbrechtshausen, einem Würzburgischen Filial von Mülfingen eingepfarrt. Der Ort liegt in einem flachen Thale, durch welches ein kleiner Bach fließt, welcher bey Mülfingen in die Jagst fällt. Fruchtbau und Viehzucht nährt die Einwohner, daher befinden sich 28 Ochsen, 16 Kühe 29 Stück junges Rindvieh, 53 Schafe, und 16 Schweine daselbst. Hier wohnt auch ein Bartensteinischer Jäger.

Alladorf, Allendorf, an der Lochau, 3 Stunden von Bayreuth gegen Bamberg. Die Kirche ist ein Filial von Trummersdorf. Dieser Ort gelangte beym Ableben der Herrn von Truppach und Hörbegen an das Fürstliche Hauß Bayreuth.

Allartshausen, Allertshausen, zwey und eine halbe Stunde von dem Würzburgischen Amte Hofheim gegen Coburg, es steuert dem Kanton Bannach und gehört ganz der Familie von Altenstein zu Pfaffendorf. Ein Altes Schlößchen, 16 Begüterte und 7 Tropfhäuser oder Sölden, werden von eben so viel Familien bewohnt, die sich mit Feldbau nähren; wegen des laimigen, mitbin mittelmäßigen Bodens und magern Wiesenfutters sich im verhältnißmäßigen Wohlstand befinden, eine einfache Lebensart führen, gute, höfliche und gefällige Leute sind, und nach Maroldsweisach pfarren, welches 1 viertel Stunde davon gegen Westen liegt. Die Waldung ist beträchtlich und besteht aus Fichten, Tannen, Eichen, Birken und Buchen, die der Herr von Altenstein allein besitzt und hier einen Jäger durch der hält. Hier ist eine große Zehentscheur. Der Zehnt von den gewöhnlichen Feldfrüchten gehört theils der Dorfsherrschaft, theils der Universität Würzburg. Dieses Dorf ist von der 1796 und 97 fürchterlichen in dieser Gegend wüthenden Viehseuche verschont geblieben.

Alsfeld, ein katholisches Pfarrdorf im Würzburgischen Kapitel Nekarsulm.

Altendorf, melpringlisches Dorf in der Superintendur Salzungen von 57 Häusern und 170 Seelen auf der südlichen Seite der Werra. In demselben harte ehemals das Kloster Allendorf ein Gut nebst einer Schäferey, über dessen Thorringang man jetzt noch das ehemalige Kloster-Wappen, nebst einer Aufschrift sieht. Ohnfern diesem Dorfe ist der Erlensee.

Allerheiligen, eine Kapelle und Erbbegräbniß der ehmaligst ausgestorbenen Familie von Rinter. Im Ansbachischen Kammeral amte Schwabach, 5 Unterthanen steuren zum Ritterorte Altmühl.

Allersdorf, Bayreuthisches Dorf, 3 Bauern von Bayreuth gegen Ebermannsch, nach Bindlach eingepfarrt.

Altersdorf, Dorf im Bambergischen Amts Ebsweinstein, besteht aus ganzen und halben Gütt- und Frohnhöfen und einigen geringern Giltern, die sämtlich fürstliche Kastenleben sind.

Allersheim, Markt-Allersheim, ein Marktflecken, 3 Stunden von Würzburg gegen Mergentheim zu, im Ochsenfurter Gaue, den Herrn von Wolfskehl gehörig. Es ist eine Katholische Pfarrey, Würzburger Bißthums, Landkapittels Ochsenfurth daselbst; hier wohnen auch viele Juden. Die Cistercenserabtey Brombach hat hier einen Hof und den Zehnt. Die neuesten Teufeleyen, die der Aberglaube daselbst mit einigen schuldlosen Kindern zu treiben suchte, sind aus dem Fränkischen Merkur vom Jahr 1798 bekannt genug.

Allmannsgrund, ist der Name eines Thales im eichstättischen Landvogteyamte, welches sich zwischen der Pfallspainter Hirnboll, und den gungoldüüger Gemeindholz von Westen gegen Osten hinzieht.

Allmersdorf, ein eichstättischer zum Pfleg- und Kastenamte Sandsee Pleinfelg gehöriger Weiler eine Stunde von Sandsee gegen Spalt, mit einer Pleinfels der Tochterkirche, und 14 Haußhaltungen.

Das Holz bey Allmersdorf kaufte Eichstätt mit dem Schloß Sandsee im Jahr 1302 vom Graf Gebhard von Hirsperg.

Allmos, ein Nürnbergisches Dörfchen im Pflegamte Hippolstein, eine halbe Stunde davon woselbst einige Einwohner fürstlich Bambergische Kammerlehenbare Güter besitzen, die zum Bambergischen Amte Leyenfels steuerbar sind, das auch zur Aufrechthaltung der Lehensgerechtsame ausgewiesen ist. Ehemals gehörte es den

den Wildensteinern, Egglofflei-
nern und Oedringeln.

Almbranz, Bayreuthisches Dorf
im Kameralamte Mühlberg,
hat 23 Häußer und 122 Einwohner, ist nach Thorenberg eingepfarrt.

Almenrod, der Freyherrlichen Familien von Riedesel zugehöriges
Dorf von 40 Wohnungen und
etwa 200 Seelen im Gericht Engelrod.

Almenrod, Ritterschaftlicher Hof
von einer Wohnung, im Buch.
Quartier im Amte Lengsfeld.

Almershann, katholisches Pfarrdorf in der Nähe von Schmalkalden. Das Stift Neumünster zu Würzburg hat den Pfarrsatz. Der Pfarrer gehört in das
Kapital Bibyerthaun.

Almesbof, **Almußhof**, Dal-
mesbof, Nürnbergisches Dorf,
darinnen die Holzschuherisch-
Stromerisch- und Praunische
Schlösser u. Herrensitze sind. Die
dasige Erb-Schenk-Städte
gehört über 200 Jahre den Tu-
chern, einer Patrizierfamilie in
Nürnberg.

Almoshof, am Wiesentfluß im
Bambergischen Amte Zordsheim,
wo auch Nürnbergische Unterthanen sind.

Almosmühl, eine einzelne überschlächtige Eichstättische Mühle,
zum Amte der Landvogtey gehörig, und zwischen Pfinz, und
Inching 1 1/2 Stunde unter
Eichstätt nur einige Schritte von
der Altmühl weg gegen den links
anstoßenden Berg gelegen, wird
von dem aufgefangenen Waſſer
einer schwachen Bergquelle getrieben.

Dieser Almosmühle wird
schon in einem Documente vom
Jahr 1282 gedacht, wodurch
die Herren von Pfünzen ihre

Wiese bey gedachter Mühle dem
Bischof von Eichstädt für 12 Pf.
Haller verpfändeten.

Alsenberg, ein kleines Gut 1/2
Stunde vor der Stadt Hof im
Vogtlande zu deren Klosteramte
sie gehört. Sie besteht aus 4
Häusern und 24 Einwohnern.
Es ist auch eine Schäferey daselbst.

Alsleben. Adulofesleiba, ein katholisch Würzburgisches Pfarrdorf von 136 Häusern, 1 Stunde von Königshofen zu dessen
Oberamt es gehört, gegen Helds-
burg. Ehemals war die Kirche
eine Tochter von Unteressfeld;
der Pfarrer zu U. bezieht noch
alljährlich Zinsen und den lebendigen Zehent daher.

Der Schullehrer hat 109 Gulden Gehalt. 1798 hatte er 73
Schulkinder. Die Seelen Zahl
überhaupt ist 540. Der Ort
hat zwar Ueberfluß an Wasser,
aber Mangel an gutem Trinkwasser. Die Schaafzucht ist hier
gut, auch die Rindviehzucht. Sie
würde es noch mehr seyn, wenn
die Einwohner ihre sumpfigen
Wiesen zu verbessern wüßten.
Außer dem Orte liegt eine Kreuz-
kapelle, und 1/2 Stunde davon
gegen Heldburg eine Wallfahrtskirche, wohin während der letzten
Viehseuche viele Opfer und Meß-
stipendien geschleppt worden sind.

Alstadt, kleines kurfächsisches Dorf
im Antheil Henneberg, lieget 1
Stunde von Schleusingen, westwärts, und besteht nur aus 11
Wohnhäusern und 46 Einwohnern, die nach Lengfeld in die
Kirche gehen.

Altbayreuth, auch **Altenstadt
Bayreuth**, am kleinen Fluß Mi-
stel, liegt 1/2 Stunde von Bayreuth, wohin es auch pfarrt, ist
ein kleines Dorf mit einigen schönen Gärten und Landhäusern.

Alt-

Aebesingen, auch Belvegesing, ein Würzburgisches Dorf im Amte Aura-Trimberg von 48 Häusern, 26x Seelen. Hat einen eigenen Pfarrer, welchen der Oberpfarrer ein Domherr zu W. präsentirt, einen Kaplan, der die Filiale Bauchach und Neubesingen versiehet. Es hat 48 Schulkinder und zahlt seinem Schullehrer 73 fl. Bestallung. Der Boden ist vorzüglich gut, und ein getheilt in Getreidfelder, Wiesen und Waldungen, trägt reichlich Winter und Sommerfrüchte, mit unter Klee und Kartoffeln. Die Holzarten sind Eichen, Buchen, Birken und Aschen. Die Sitten der Einwohner sind gut, der Wohlstand und Handel mit Früchten und Vieh blühend. Dieser Ort litt aber merklich durch die Viehseuche.

Altorf, Aldorf, die Stadt in dem Nürnbergischen Pflegamte, welches davon den Namen hat, enthält 205 Feuerstellen ohne die öffentlichen Gebäude und die Vorstadt, und gegen 1800 Einwohner, ohne diejenigen, welche zur Universität gehören, gehört der Reichsstadt Nürnberg. Sie hat eine große Straße, die der Markt heißet, und unterschiedene kleine, welche aber durch häufige Mistpfützen unangenehm gemacht werden. Bey der Pfarrkirche, in welcher 41 Dörfer und Höfe eingepfarrt sind, nämlich 1) Altorf, 2) Adelheim, 3) Altersberg, 4. Altenthann, 5. Die An, 6) Struthon, 7) Burgtham, 8) Ernhofen, 9) Ebrestmühl, 10) Eibizenhof, 11) Grünsberg, 12) die Pappiermühle zu Hasenhausen, 13) Hambof, 14) Degenberg, 15) Lochnershof, 16) Luderkshelm, 17) Rauschelhof, 18) Ober-Thalmburg, 19) Unter-Mömburg, 20) Moßbach, 21) Penzenhofen, 22) Pettenhofen, 23) Proctenfels, 24) Tretahmühle, 25) Pühlheim, 26) Raschbach, 27) Richthausen, 28) Oberrieden, 29) Unterrieden, 30) Röthenbach, 31) Rüblinshof, 32) Schafhof, 33) Schleifmühle, 34) Stirzelhof, 35) Ungelstätten, 36) Weißenbrunn, 37) Winn, 38) Ober-Wellzleuten, 39) Unter-Welliglenten, 40) Winkelheid, 41) Ziegelhütte; ist allezeit ein Professor der Theologie Prediger, und die 2 Diaconi sind auch oft theologische Professores. Diese machen mit ihren Vicarien, den Pfarrern zu Rasch und zu Altenthann, das Altdorfische Ministerium aus. Das Schloß ist ein altes steinernes Gebäude mit zwey großen Höfen, in welchen der altdorfische Pfleger wohnt. Im J. 1575 wurde hier ein Gymnasium angeleget, das 1578 vom Kaiser akademische Freyheiten erhielt, 1580 eingeweyhet, und 1623 zu einer Universität erhoben wurde. Daher auch im Jahr 1723 das erste hundertjährige Jubiläum gefeyert wurde. Endlich ertheilte K. Leopold im Jahr 1696 noch das Privilegium, Doktoren der Theologie zu creiren; wodurch dann die Universität den andern völlig gleichgestellt wurde. Das Gymnasium war inzwischen nämlich im J. 1633 wieder nach Nilnberg zurückgenommen worden. Das schöne Universitätsgebäude bestehet aus einem drey Stockwerk hohen Mittelgebäude und zween Flügeln, enthält die beträchtliche Universitätsbibliothek, die Bibliothek, auch Kunst- und Naturalienkammer, die D. Christoph Jakob Trew der Universiidt geschenket hat, einen anatomischen Schauplatz und ein Laboratorium Chymicum; es ist auch auf dem Mittelgebäude eine Sternwarte. Ausserhalb der Stadt ist ein großer medicinischer Garten, der mit vielen seltenen und merkwürdigen ausländschen Pflanzen versehen ist, und wohl unterhalten wird. Die medicinische Facultät besitzt auch als ein Vermächtniß von dem ehemaligen Prof. Adolph, einen Vorrath von schönen und zum Theil sehr kostbaren chirurgischen Instrumenten. Altdorf ist ein alter Ort, dessen schon in Urkunden vom J. 912 gedacht wird. Er gehörte vor Alters zur kaiserlichen und Reichsveste, ward von K. Ludwig IV. im Jahr 1329 an den Grafen Emicho von Nassau versetzt, von dem Grafen kam er an die Burggrafen zu Nürnberg. Burggraf Albrecht gab ihn im J. 1396 seiner Tochter Anna mit, die an den pommerischen Herzog Suantibor vermählet wurde. Das Herzogliche Hauß verkaufte ihn nachher an den Pfalzgrafen Ruprecht, der damals Kaiser ward, und zu Anfang des Jahrs 1400 dem Rath zu Altdorf die Criminal-Jurisdiction in eben der Maße, wie sie die Sadt Amberg hatte, ertheilte. K. Ruprechts Enkel, Christoph, König von Dänemark, Schweden und Norwegen, der diese Stadt besaß, bestätigte ihr im Jahr 1445 ihre schon erhaltene Freyheiten und vermehrte solche. Die Stadt blieb bey den Pfalzgrafen bis 1504, da Pfalzgraf Ruprecht in die Acht erkläret, und unter andern Reichsständen auch der Stadt Nürnberg die Vollziehung derselben aufgetragen wurde, die auffer andern Orten auch die

Stadt Altdorf einnahme, die ihr, so wie alles Eroberte, zuerkannt wurde. Im Jahr 1507 bestätigte der Rath die Freyheiten der Bürgerschaft; und da man von Pfälzischer Seite, wegen der verlohrnen Orte in steter Anforderung stund, so wurde im Jahr 1511 zwischen dem Churfürsten Ludwig und seinem Bruder, Pfalzgrafen Friedrich, eines Theils, und der Stadt Nürnberg andern Theils, durch Johann, Landgrafen zu Leuchtenberg und Johann von Fuchsstein, als Pfälzischen, und Anton Tucher und Caspar Nützel, als Nürnbergischen Bevollmächtigten, ein Vertrag geschlossen, vermöge dessen Nürnberg, gegen Zurückgabe einiger Orte und Gerechtsame, und gegen eine Summe von 37,000 fl. und 1 oder 2 Stücke Geschütz, von 1000 fl. am Werthe, die Orte Altdorf, Hersbruck, Lauf, Pezenstein, Velden, Stierberg und das Kloster Engelthal, mit Pfälzischer Bewilligung, behalten und besitzen sollte. Um allen Irrungen vorzubeugen, wurde im Jahr 1523 ein anderweitiger Vertrag, betreffend die Gränze, Fraiß, der Wildbann und das Geleite, zwischen Pfalz und Nürnberg, errichtet, und die sie auch in dem 1511 mit dem Pfalzgrafen getroffenen Vergleich eigenthümlich behielt. Im Jahr 1448 wurde sie von Marggrafen Albrecht bestürmet und halb ausgebrennet. Im 16ten Jahrhundert ist sie einigemal eingenommen und 1553 von Marggraf Albrecht dem Jüngern größtentheils eingeäschert worden.

Der Hopfenbau macht einen Hauptzweig der altdorfischen Gärtnerschaft aus. Es ist auch in der Stadt eine Fabrik von Baumwollen- und Schafwollzeug vielerley

lerley Arbeiten verfertigen, wovon ein beträchtlicher Theil nach Spanien und dem spanischen Amerika geht.

Aldorf an der Bühler, Evangelisch=Lutherisches Pfarrdorf, das eigentlich der Reichsstadt Schwäbischhall gehört. Hohenlohe Schillingsfürst hat außer einem einzigen Unterthanen auch den Pfarrsatz daselbst. In einer Fuldaischen Urkunde v. 856 heißt es Ahlahdorp.

Alt=Drosenfeld, ein Bayreuthisches Filial Kirchdorf am rothen Mayn, liegt 1 Meile von Bayreuth gegen Culmbach. Die Einwohner pfarren nach Neudorfensfeld.

Altenberg, Eichstättisches zum Pfleg= und Kastenamte Kipfenberg gehöriges, und auf dem Berge eine Stunde ober Kipfenberg gegen Brunn hin ganz im Walde gelegenes Dörfchen mit einem Gottshause zu St. Gertrud, welches eine Tochter von der Kipfenberger=Mutterkirche ist, zählt 9 Unterthanen nebst einem Hirten.

Altenberg, ein vermischter Weiler von 5 Unterthanen im Justizamte Scholzburg.

Alten Leonau, eigentlich Hessisches ansehnliches zwischen Zeit und Steinau gelegenes Dorf. Es bezahlt aber, vermöge eines [...] Recesses an den Ritterort Röhn und Werra jährlich [...] hr. Steuer, weswegen [...] einen Platz erhält. Hessen [...] Landeshoheitliche Rechte [...] jure armorum et sequestrationis [...]

[...] im Bambergischen Amt [...] 1 Stunde vom [...] gleiches Namens Bamberg und an der Landstraße. Hier

sind 10 Senftenberger, 20 Bayreuthische, 5 Gräfliche und Freyherrliche vom Egglofsteinischen, 1 Freyherrliches von Kargisches Lehen, somit in allen 37 Häuser, und ungefehr 180 Seelen. Auf den Senftenberger Lehen hat das Amt Eggolsheim die Vogtey, so wie die Zent, Dorfs=Gemeind und Flurherrschaft im gesammten Dorfe. Auf den übrigen Lehen üben die Lehenherren die unmittelbare Vogtey aus. Altendorf pfarrt nach Eggolsheim. Der größere Theil des Zehends steht der Oberpfarrey Büttenheim, ein geringerer dem Spitale zu Vorcheim zu.

Altenseld, Fuldaischer Hof des Gerichts Eichenzell, von 2 Wohnungen und eilf Seelen, dem Buchischen Quartier steuerbar.

Altenfurth, ein Herrensitz, 1 1/2 Stunde von Nürnberg mitten im Walde liegend, besteht aus 8 bis 9 Morgen Wiesen, einigen Morgen Feldern, und verschiedenen Weyhern, welches alles mit einer großen zugeschnittenen Fichtenhele umgeben. Es befindet sich ein Förster daselbst, und seit 12 Jahren ein Chausseehaus, welches Nürnberg erbaut hat, und wo man Weggeld geben muß. In den Zeiten vor der Reformation besaßen solches die Aebte zu St. Gilgen (Egydien), einem Schottenkloster. In der zu Altenfurth befindlichen, und bis jetzt noch unterhaltenen Kapelle wurde den Holzern und Köhlern, welche sich in dem damals — dichten Reichswalde in hiesiger Gegend sich aufhielten, alle Sonn= und Feyertage Messe gelesen. Am Tage St. Jacobi, als an dem Kirchweihtage, hält sich der Abt mit einigen seiner Klosterleute den ganzen Tag über jähr=

jährlich daselbst auf. Die Aebte übten durch den dasigen Einsiedler Klosterlbrn (d. i. was jetzt Voit heißt) ihre Rechte daselbst aus. Vermög Kaisers Karl Privilegium vom J. 1371 durften sie pfandlos alle Tage mit einem Wagen aus dem Walde Holz fahren. Im J. 1490 wurde vom damaligen Abte ein neues Herrenhaus gebaut. Es ist ungewiß, ob sich die Kaiser so oft, als die Chroniken angeben, daselbst der Jagd wegen aufgehalten haben. Die Kapelle selbst ist in die Ehre der heil. Katharina und des heil. Johannes geweiht. In einer Bulle Pabst Urbans vom J. 1264 wird der Kapelle zu Altenfurth ebenfalls gedacht. Im J. 1453 gab Nürnberg dem Abt Georg ein Stük Land mehr vom Reichswald für eine jährliche Abgabe. Im J. 1421 verlieh Kaiser Sigismund dem Abt und Convent, daß kein Fürst noch Vogt sie oder ihre Güter oder der Kirche zu Altenfurth zugehörungen einige Herrschaft oder Gerichtszwang haben sollen, auch zu keinem Zwang nöthigen oder Dienst verpflichten sollen, sondern in allen Dingen frey und ausgeschlossen seyn. Mehrere Kaiser und Könige bestätigten dieses. Abt Friedrich vererbte im J. 1523 an Neuther, Burger in Nürnberg, einige Weyher. Nach der Reformation bekam das Landalmosenamt in Nürnberg die sämtliche Güter und Dokumente des Schottenklosters zu St. Gilgen. Die Original-Dokumente befinden sich im Archiv der Losungs-Stube. Das Landalmosenamt vererbte nachher Altenfurth. Gegen einen Kanon erhielten die Käufer von demselben die Vog-

teylichen Rechte, so, wie überhaupt die Rechte der ehemaligen Aebte. Die Familie der Haller und Nützel besaßen Altenfurth lange. Seit dem J. 1787 ist dieser Herrensiz ein Eigenthum einer Frau von Scheurl geb. von Haller. Durch die allzustarke Angreifung des Reichswaldes wurden oft auf eine sehr auffallende und willkührliche Art die so wichtigen alten Rechte, die denen des deutschen Ordens gleich sind, gekränkt. Der dasige Einsiedler der Aebte schenkte den Reisenden Bier; welches Bierschenke-Recht jetzt von den zeitigen Voiten daselbst unwidersprechlich ausgeübet wird, indem diese Voite von dem Amte Ferrieden selbst in verschiedenen Schreiben allezeit Wirthe zu Altenfurth genennet wurden.

Altenhofen, der Abtey Langheim gehöriges, und mit der Landeshoheit dem Hochstifte Bamberg zugethanes Dorf in dem Langheimischen Amte Tambach.

Altenkunstadt, Bambergis. Pfarrdorf. Die Einwohner gehören in Vogteysachen theils zum Amte Weißmayn, theils zur Abtey Langheimischen Kanzley. Die Zent übt das Amt Weißmayn. Die Pfarrey wird jederzeit mit einem Abtey Langheimischen Klostergeistlichen besezt, gehört zur Bambergischen Diöcese, und dem Landcapitel Lichtenfels.

Altenschlirf, der Freyherrl. Familie von Riedesel gehöriges Dorf von 55 Wohnungen und etwa 275 Seelen. Es ist hier ein eigenes Gericht, das außer Altenschlirf aus den 9 Dörfern Schlechtenwegen, Steinfurt, Heisberb, Jahmen, Wünschemoos, Bonnerod, Peitshain, Rhyberts,

Weibmes besteht. Die Unterthanen sind in diesem Gerichte sämmtlich dem Ritter-Ort Rhön und Werre steuerbar und werden zum Malu martier gerechnet, ob sie gleich an und um den Vogelsberg liegen.

Unterlangen, Bambergisches Dorf zum Domprobsteyamt Büchenbach gehörig, zwischen Büchenbach und Erlang, 1/2 Stund vom ersten und 1/4 Stund vom lezten entfernt auf der westlichen Seite der Regniz gegen Buchenbach.

Ufeld, evangelisch lutherisches Pfarrdorf der Grafschaft Wertheim, eine Stunde vom Kloster Triefenstein, an der Spessarter Landstraße nach Frankfurt. Es enthält 40 Haushaltungen und hat ein gutes Wirthshaus für Reisende.

[...], katholisches Kirchdorf [...] des Wirzburgischen [...] Ebern, eine Tochter [...] Vorbach.

[...], katholisches Kirchdorf [...] Würzburgischen Oberamt [...]hofen, besteht aus [...] 86 Häusern und 350 [...] Es darf mit einem [...] im Amte Münnerstadt [...] Althausen nicht verwechselt werden. Das Königshofer [...] liegt 1/2 Stunde von [...]stadt, in der Nähe [...]berges und läßt die [...] den jedesmaligen Ca[...] Königshofen verrichten. [...]schalle von Ostheim [...] Linie hatten hier [...] Ao. 1782 erfolgten [...] ein freyes Rittergut [...]güthöfe. Je[...] und 113 1/2 Acker [...] Ruthen Artsfeld; [...] und 24 Ruthen [...] ehemaliger

Weinbergen und 23 1/2 Äckers Holz. Die 2 verörbten Gülthöfe waren Ao. 1607 mit 15 Häusern bebaut und unter 40 Censiten getheilt, welche abgeben mußten und in ihren Kindern noch abgeben: 5 pr. Cent Handlohn, 6 fl. beständige Erbzinsen, 12 Schillinge Weck und Käse, 38 Faßnachthühner, 2 1/2 So Eier, 5 Pfund Unschlitt, 19 1/2 Malter Korn, 7 1/2 Malter Waizen, 28 Malter Hafer. Bis zum Jahre 1648 hatten die Rittergutsbesizer zu Althausen, deren Ansiz daselbst in Ruinen liegt, die Jurisdiktion über ihre Lehnleute, Würzburg hat sie ihnen aber genommen und die ritterschaftlichen Unterthanen mit Frohnden und Steuern belegt, so wie es auch die Marschalle von der Jagd depossidirte und ihnen 1 Acker freyer Beholzung aus dem Haßberge entzog. Diese Besizungen sind theils freyes Eigenthum, theils Hennebergisch. oder Sächsis. Lehen, deren Inhaber seit 1782 durch Heyrath die Freyherrn von Kalb zu Waltershausen sind. Vor den Marschallen waren sie in den Händen derer von Brand, Acht, Kohlhaas, Schott, Heßberg und anderer. — Der Oekonomiehof derer Herren von Kalb hat die Brau- Schenk- und Herbergegerechtigkeit.

Althausen, evangelisch-lutherisches Pfarrdorf des Deutschmeisterthums, zu dessen Amte Neuhaus es gehört.

Althausen, Aithason, zwischen Münnerstadt und der Stadt Lauringen zu des erstern Amte gehört dieses Dorf von 42 Häusern. Der Schullehrer hat 39 Gulden Gehalt, und 1786 hat er 46 Kinder.

Altheim

Altheim an der Aisch, ein Bayreuthisches Pfarrkirchdorf und Vogteyamt im Kammeramt Ipsheim, zwischen Neustadt und Ipsheim, vom erstern 1 1/2 Stunden entfernt. Der dasige Pfarrer stehet unter der Superintendur Neustadt an der Aisch.

Althinterhof, Deutschordenscher Weiler von 7 Unterthanen.

Alt-Batterbach im Bezirke des Bayreuthis. Kammeramts Neuhof, wohin auch die Einwohner eingepfarrt sind.

Altmannshausen, Wirzburgisches kath. Pfarrdorf von 23 Häusern im Amte Bibert, eine 1/2 Stunde von diesem Marktflecken gegen Molnbernheim an der Heerstraße von Nürnberg nach Wirzburg. Der Graf von Castell Rüdenhausen hat hier den Heuzehent und einen Unterthan auf einem beträchtlichen Gültshofe.

Der Schullehrer hat 9 fl. Besoldung. 1706 hatte er von diesem Orte und Spekfeld 45 Kinder. Die Einkünfte der Pfarrey betragen 400 fl. fränkisch. Hier wohnt auch ein Heerstraßenaufseher und Straßenzöllner. — Das Gericht besteht aus zweyen Mitgliedern. Der Boden der Markung ist größten theils schlecht, schweres nasses Feld. Gebaut wird meistens Dinkel und Hafer; Korn nie so viel, als die Bauern in ihre Haushaltung brauchen. Dagegen hat Altmannshausen viele und gute Wiesen. Auch an Waldung fehlt es nicht; ein Bürger macht von der Maaß, die ihm jährlich zufällt, 7 - 8 Schnitt, gegen 600 gute, und eben so viele Dornwellen.

Hier sind 4 Handwerker, nämlich 1 Schuster, 1 Schneider, 1 Schmied, 1 Müller auf einer Mühle gegen Müsbart zu, an dem Bache, der schwärts aus dem Dornheimer Walde gegen Osten, und unter Oberleimbach in den Bach fließt, der von Mschleinfeld kommt, und endlich in die Aisch fällt. Der Viehzustand ist gut beschaffen, der Bauer hat 2 Paar Ochsen, 3, 4, mancher 6 Kühe, nebst jüngerm Viehe zur Nachzucht, im Stalle. In der Flurmarkung dieses Dorfes hat das Bambergische Amt Oberscheinfeld mehrere Lehn und steuerbare Grundstücke.

Altmanosdorf Dörfchen im Wirzburgischen Amte Gerolzhofen, eine Stunde von demselbigen gegen Kloster Ebraih von 24 Häusern. Es hat mit Hundelshausen, Neuhaus und Helnachshof einen gemeinschaftlichen Schullehrer. Altmanosdorf hat mit Neuhof nach der Conscription von 1794, 85 Seelen.

Altmühl, die, einer der ansehnlichern Flüsse im Nordgau, entspringt im Unterlande des Bayreuthischen Fürstenthums bey Hornau, ohnweit dem Wildbade zu Burgbernheim, beyläufig in 49°15' nördlicher Breite, und in 32°11' der Länge. Gleich von seinem Ursprunge an richtet er seinen Lauf gegen Südosten über Leutershausen, Herrieden, Ohrnbau, Gunzenhausen, Treuchtling, Pappenheim und Sollnhofen. Nachdem er in dieser Gegend sich auf den 48°45' nördlicher Breite herabgelassen, wendet er seinen schlangenförmigen Lauf über Mernsheim, Dollstein und Eichstädt, unter dem fürstlichen Lustschloß Pflug wendet er sich gegen Nordost hinauf vor Arnsperg und Kipfenberg vorbey bis Kinting, wo er in einer Richtung gegen Osten von Beyds

Beyllgries und Dietfurt vorbey-
zieht, dann sich abermal gegen
Südost lenket, und unter Kel-
heim in die Donau stürzt, nachdem er von seinem Ursprunge an
wenigstens sieben und zwanzig
große deutsche Meilen, deren fünf-
zehen auf einen Grad geben, und
das Fürstenthum Eichstätt seiner
ganzen Länge nach durchgelau-
fen ist. Dieser Fluß nimmt auf
gedachtem Wege gegen 100 Quellen, Mühlbäche und kleinere
Flüßchen auf, die vorzüglichern
sind der Ordnung nach, wie sie
sich in der Altmühl von ihrem
Ursprunge an, ergießen:
1 Die Wieseth von Westen her
bey Dürnban. 2. Die Schambach oder der Kuffersheimerbach
von Osten her bey Dietfurt. 3.
Die Mbrach von Südwest bey
[...] 4. der Mühlheimer
[...]bach von der Südseite
[...] Grasheim bey Altendorf.
5. [...] mächtige, und unausge-
[...] Bergquelle in der Westen
[...] von Norden her. 6.
Die Schambach zwischen Arn-
[...] Gungolding von Sü-
[...] Die kurz vorher zu-
[...]fliessende Schwarzach und
[...], von Norden her bey
[...]. 7. Die Sulz ebenfals
[...], ohnweit Beyli[...]
[...] Endlich die Laber, auch
[...] der bey bayrisch
[...]. Und doch verdienet
[...] nicht einen höhern
[...] ben Flüßen Deutsch-
[...] fließt ganz sanft das-
[...] denn überhaupt träg,
[...] das faul, und der
[...] dem dasselbige mehr
[...] lauft, schlamicht ist.
[...] welches sie sich in ei-
[...] hat, ist, we-
[...] noch tief, und
[...] Stellen. Die

Fischerey dieses Flußes ist beträchtlich; denn man findet darinn
nach Blochs Benennung Weißfische, Rothaugen, Näßlinge 2
bis 2 1/2 Pf. schwer, Schitte
von 12 bis 15 Pf., Schubfische
vor 5 bis 8 Pf., Schusterfisch,
Pantenkarpfen, Schnelter, Gre-
se, Grundeln, Karauschen, Brach-
sen von 8 bis 10 Pf., Schleyen
von 4 bis 5 Pf., Karpfen auch
18 Pf. schwer, Spiegelkarpfen,
Barben, auch 13 bis 14 Pf. Meer-
grundel doch seltner, Steinbeiß-
ser, Gründling, Hechte auch zu
30 Pf. schwer, Potten, Perschin-
ge, Rutten zu einigen Pfunden
schwer, und vorzüglich schmakhafte Krebse sowohl Stein- als
Edelkrebse, von welchen manchmal 3 ein Pf. ausmachen. Dergleichen mußten im Jahr 1765
bis nach Insspruck zu dem Beyla-
ger des Großherzogs von Tos-
kana gebracht werden. Noch
mit beträchtlichern Nutzen bringt
aber dieser Fluß durch Belebung
einer Menge von Getraid- Sä-
ge- Lohe- und Gerbmühlen, auch
anderer Wasserwerke z.B. Papiermühle, Eisenhämmer, Waf-
fenschmiede, nebst 15 Mahlmühlen nur allein im Eichstättischen.
Er trägt im Eichstättischen etlich
und 30, und darunter 10 masfi-
ve steinerne, dann 2 große Hölzerne Brücken ohne Joche. Endlich ist die Altmühl auch sehr
wohlthätig für die vielen Wiesen,
durch welche sie sich schlängelt,
und wovon auch die Bergbewohner ihr Futter beziehen, indem
solche davon gewässert, auch mit
dem Schlamme dieses Flusses
gedüngt werden. Allein oft wird
dieser große Gutthäter derselben
auch ihr größter Feind, besonders
wenn er oben zu einer Zeit austritt, wo das Gras auf diesen
Wiesen

Wiesen niedergemäht, da liegt, und er solches wegführt, oder gänzlich verdirbt. Es scheinen sich aber manchmal die Wiesen dafür an den Flußeinwohnern zu rächen: denn eben dieses verdorbene und faule Heu wird, wenn es der Fluß aufnimmt, für Fische und Krebse tödlich. Im Jahr 17?o war dies der Fall, wo man viele Zentner todter Fische anfieng, und in Gruben versenkte, die Krebse aber sich sogar auf die Bäume am Ufer retteten. Angeführt zu werden verdient noch: daß sie einem von den sechs Fränkischen Ritterkantons den Nahmen giebt.

Altmühl, der Reichs Ritter Ort, s. Reichs Ritterschaft.

Altmühl, die, in der ehemaligen Bayreuthischen Verwaltung St. Johannes, die nun zum Kammeramte Bayreuth geschlagen ist. Die Einwohner pfarren nach Neunkirchen bey Bühl.

Altneuhauß. Eisenhammer im Bambergischen Amte Vilseck, besteht in einem Aufwurfe, Schmelzhammer, Bucher, Zereen- und Wellfeuer.

Alt Schauerberg. evangel. lutherischer Weiler im Bezirk des Bayreuthischen Kammeramtes Emskirken, wohin auch dessen Einwohner eingepfarrt sind.

Altersbausen, ein im Richteramte Stauf gelegenes Pfarrdorf dessen Mühle eichstättisch ist, und zum Pfleg- dann Vogtamte Titting Kaltenbuch gehört. Die dortige Pfarrey sprach der römische König Albert dem Bißthume Eichstätt im Jahre 1306 zu.

Alzheim, Dorf im Ebrachischen Klosteramte Sulzheim, 1 Stunde von dem Wirzburgischen Oberamte Gerolzhofen, hat vortrefflichen Getraidboden.

Altziegenrück, gemeinhin Alzerik, ein Bayreuth. Dorf bey Neuhof in das dasige Kammeramt gehörig.

Alzunahe, war ehemals nur eine kursächsische Glashütte im Amtheil Henneberg mit einigen Wohnungen und liegt 3 1/2 Stunde von Schleusingen gegen Frauenwalde. Sie wurde im Jahr 1691 mit Bewilligung Herzog Moriz Wilhelms zu Sachsen Naumburg, von dem Glasmacher Franz Wenzeln aus Hannover erbauet, und weil sie von der zu Stützerbach befindlichen Glashütte nicht weit entfernt war, bekam sie den Namen: Alzunahe. Insgemein nennt man sie auch von ihrem ersten Erbauer, die Franzenhütte. Sie ist überall mit Waldungen umgeben, und bekommt jährlich 200 Klafter Holz zur Treibung des Gewerbes. Dermalen ist sie aber völlig abgebrochen: Die Wohngebäude aber gehören mit den dazu geschlagenen Feldgütern dem Herrn Oberforstmeister von Häßler zu Schleusingen.

Alte Vestung, die, bey Ansdorf mit einem in das Ansbachische Kammeramt Cadolzburg gehörigen Unterthanen. Sie liegt auf einer ziemlichen Anhöhe. Man sieht nichts mehr, als Ueberbleibsel eines alten Gemäuers, nach dem bey jenem Platz eine Herrschaftliche Wildmeisters Wohnung erbaut wurde. Das Schloß selbst war das Stammhauß der Adelichen Familie von Berg, das im Städtekrieg zerstört wurde.

Altenbanz, Pfarrdorf der Abtey Banz und unter die Banzische Stifts- u. Klosterkanzley in erster Instanz gehörig, von wo es seine Berufungen an die Bambergische Regierung ziehet. In Staura

Altenburg

werden kann, war Heinrich, Ludwig I. Graf in Grapfeld, Ludwigs II. Oberster Feldhauptmann Herzog in Ostfranken, und Marggraf gegen die Böhmen und Soraber. Carl II. Maregräf in Nekkrien, Herzog im Lothringen blieb im Jahr 866 gegen die Normannen. Er hatte 3. Söhne, Adalbert, Adalhart und Heinrich. Adalbert ward von Arnulph zum Herzoge in Ostfranken und Marggrafen gegen die Böhmen, auch zum Kammerbothen dieser Provinz, so wie zum Grafen von Grapfeld, Taullfeld und Ratenzgau ernannt. Das Ostfränkische Babenbergische Grafengeschlecht entzweyte sich mit jenem Wetterauischen Grafengeschlechte, das gleiche Würden im West — oder Rheinischen Francken besaß, wie gleichzeitige Schriftsteller melden, darüber, welches vor dem andern das Vorzugsrecht hätte. Der Bischoff Rudolph zu Würtzburg aus diesem Geschlechte, nach der gleichzeitigen Geschichte, ein eitler und aufgeblasener Mann, suchte sich auf alle Art zu rächen. Unter der Regierung Ludwigs des Kindes brachte er es dahin, daß manche königliche Domänen der Gewalt und Aufsicht Adalberts entzogen, und dem Stifte Würtzburg zugetheilet wurden. Nun brach das Feuer aus. Adalbert zog gegen das J. 902 gegen Bischof Rudolph und seine Bilder, die Wetterauischen Grafen Eberhard, Gebhard und Conrad aus. Adalbert ward geschlagen, Heinrich blieb, und der dritte Bruder Adalhard ward gefangen, und nachher auf Geweiß Gebhards enthauptet. Auch von der andern Seite blieb Eberhard im Gefechte. Voll Begierde sich zu rächen fiel Adalbert in das Stift Würtzburg

burg und das westliche Francien, und verheerte alles. In einem neuen Gefechte im Jahr 905 überfiel Adalbert unversehens den wetteranischen Grafen Conrad, und tödtete ihn im Gefechte. Adalbert ward zur Verantwortung nach Tribur geladen. Er erschien nicht. Daher ward sein Schloß Theres belagert. Da man es nicht bezwingen konnte, so lockte Erzbischoff Hatto, Ludwigs des Kinds Vormund und Verweser des Reichs, Adalbert aus seinem Schlosse Babenburg unter der abscheulichen List, als wolle sich der König mit ihm im Lager vor Theres vergleichen. Adalbert ward dann gefangen genommen, nach Theres ab = und nach geschehener Einnahme von Babenburg zurückgeführt, und daselbst nach dem Urtheilsausspruche der Anführer aus aller deutschen Nationen als Majestätsverbrecher enthauptet. Noch wird jährlich am ersten May die schmähliche Hinrichtung Adalberts auf der Altenburg feyerlich begangen. Schloß und Stadt Babenberg kam nun an die Herzoge von Bayern. Als Heinrich II. von Bayern in die Acht erklärt wurde, so schenkte Otto II. seinem Sohne dem nachmaligen Kaiser Heinrich II. die Stadt Bamberg, und Nenbilin Uraha, oder den Distrikt zwischen den Flüßchen Aurach und Mittelbrach, worinn dies Schloß Babenburg lag. Nun wurden bey Errichtung des Bißthums von Heinrich II. an dieses alle seine Eigenthumsgüter und mehrere Reichsdomainen in Franken abgetretten. Die nachfolgenden Bischöffe hatten eine Zeit lang ihre Residenz auf diesem Schlosse, worinn auch Otto von Wittelsbach den Kaiser Philipp ermordete. Heutzutags wohnt auf der Altenburg nur ein Förster. Der Berg, worauf das Schloß liegt und in dessen Eingeweiden die Natur das Wasserbehältniß für viele Brunnen in der Residenzstadt schuf, beträgt gegen 18 Morgen im Umfang, und wurde erst im vorigen Jahre Urbar gemacht. Auf den benachbarten Hügeln wird Wein gebaut. Im Jahr 1702 ward das Fuder dieses einheimischen Weines aus dem Hochstiftskeller um 433 1/2 Thlr. verkauft. Einer dieser Weinberge ward im Jahr 1148 von Conrad, Domherrn zu Bamberg angelegt, um wie die Chronik sagt, die Nutzung seines Lebens zu gebrauchen. Das Schloß Altenburg gehört zu dem Ebermännischen und Kammerarischen Güterverwaltungsamte, welches aus den Dörfern Tutschengereuth, Mühldorf, Stegaurach, und Wildensorg besteht. Diese Dörfer fielen durch Aussterben der Ebermännischen und Kammerarischen Familien an die Bambergische Hof = Kammer, die vogteylichen Gerechtsame durch einen Verwalter ansüben läßt. Uebrigens stehen diese Dörfer in Hoheits und Steuersachen unter dem fürstlichen Amte Burgebrach.

Altenburg, bekannter unter dem Nahmen Raubberg — eine mit Häusern hoch hinauf besetzte Berghänge zwischen dem eigentlichen Frauenberg, und Schloßberg, bildet einen Theil der Vorstadt von Eichstädt gegen Süden. Sie leitet ihren Nahmen von der alten Ueberlieferung her, daß Wilibald der erste Bischof zu Eichstädt in eben dieser Gegend seine Burg, wovon man aber keine Spuren mehr sieht,

und

Altenbambach · Altenfelden

und den eigentlichen Plaz nicht angeben kan, gehabt habe, wo man denn auch noch bey einem **einen** kleinen Hauße den Plaz **zeiget**, wo er jedesmal inzwi**schen** ausgeruhet haben soll. Die **Etymo**logie des gewöhnlichen Na**mens** Randberg liegt schon im **Worte** selbst, man würde aber **den** Einwohnern allda doch Un**recht** thun, wenn man ihren mo**ra**lischen Karakter darnach be**stimmen** würde, indem kleine Holz- und Obstdiebereyen einiger weni**g**en nicht alle Bewohner dieser **Gegend** brandmarken können.

— **Das Land**vogteyamt hat allda **einige drey**ßig Unterthanen, weil **aber** die Jurisdiction darüber zwi**schen** diesen, und dem Vizedom**amt, dann** dem Stadtrath strei**tig ist, so** wurde solche ersterm nur **einstweil**en indeßen überlaßen.

...bach, ein churſächsisches **Dorf im** Antheil der Grafschaft **...berg** von 41 Feuerstätten **und** 263 Seelen, eine halbe **Stunde von** Schleusingen. Die **...de** besitzet ein ansehnliches **Gut** und den Genuß eines **...des**, welcher der Chur**... in** Oberaufsicht zu Schleu**singen zu** Lehen rühret. Eben **diese Ei**genschaft hat auch die da**selbst..hle**, die von einem klei**nen Bach** durch das Dorf fließenden **... getrieben** wird. Die Ein**wohner sind** in die Kirche zu St. **...** eingepfarrt.

..., Weiler im Be**sitz des ans**bachischen Kammer**amts ...**bach mit 5 dahin **gehörigen Un**terthanen, drey sind **...**

eine Stunde von Bay- **reuth. Hirschau** im Er**... Weil**er ist eine Po**stsation ... Eichstättischer zum**

Pfleg- und Kastenamte Mernsheim gehöriger — nur eine viertelstunde von Mernsheim gegen Osten gelegener Weiler. Der in Mühlheim entspringende, und daher sogenannte Mühlheimer Forellenbach fließt an diesem Weiler vorbey, und vereiniget sich gleich unter selbigem mit der Altmühl. Im Weiler selbst giebt es Niemand, als 7 Fischer. — An der Anhöhe steht nebst einem Beneficiaten-Hauße eine berühmte Marien-Wahlfahrts-Kirche, worin mehrere Epitaphien der Grafen von Pappenheim sind. Wieder eine viertel Stunde, unter dem Weiler gegen Osten, aber noch dahin gehörig, ist ein herrschaftlicher Eisenhammer, nebst einer neuerrichteten Waffenschmidte an der Altmühl, und dieser gleich gegenüber eine Papiermühle.

Vor ältern Zeiten stand auf dem Plaze des dermaligen Eisenhammers ein Drayzug.

Altenfelden, ein Weiler im Ansbachischen Kammeralamte Crailsheim..

Altenfelden, nach Fischers Beschreibung des Fürstenthums Ansbach 2 Thl. pag: 287. — ein in der Fraisch des Oberamts Roth gelegenes Eichstättisches Filialdorf von 17 Unterthanen, deren einige im Eichstätter Fraisch gelegen sind. Dieses Dorf liegt nah bey Allersperg, wohin es auch eingepfarrt ist. Das Eichstättische Kastenamt ist Zettendorf, welches 5 Stund davon entfernt ist, hat einen Unterthanen, und die Vogtey allda. — Die Gemeindeherrlichkeit aber das Pfalz-Neuburgische Pflegamt Hilpoltstein.

Ulrich von Sulzburg vermachte in seinem Testamente vom
Jahr

Jahr 1285 der Eichstätter Kirche alle seine Leute und Güter im Altenfeld, doch mußten die Einkünfte davon die erste 5 Jahre, in so weit sie zureichten, jenen dafür zur Schadloßhaltung überlassen werden, welche von ihm beraubt worden sind.

Altenfurt, ehemals Nützlisch, jetzt Hallerisch, eine zu Ehren des heil. Johannes und der heil. Catharina im Nürnberger Wald, eine Meile von der Stadt, wo die Straße auf Feucht gehet, befindliche Capelle, welche Kaiser der Große in Form und Größe seines Gezeltes, und also ohne Fenster und Löcher bauen lassen, und zwar an dem Ort, wo er um Nürnberg gejaget, dabey ehedem ein Einsiedler zu wohnen pflegte. Nahe bey Altenfurt ist die Nürnbergische Zollstätte.

Altengreuth, ein Weiler von 8 Haußhaltungen. Die Unterthanen gehören theils dem Hauße Hohenlohe Schillingsfürst; theils der Reichsstadt Rothenburg. Sie pfarren nach Brunst. Hier ist vortrefflicher Ackerbau und Wießwachs, auch viele Gemeindswaldung.

Altenhof, einzeln im Bambergischen Amte Pottenstein.

Altenkatterbach, im Gegensatze von Neu-Katterbach, ein Bayreuthisches Dorf im Neustädter Kreise.

Altenkreußen, ein Dorf im Bayreuthischen Gebiete und Zent, wo sich ein ins Bambergische Amt Weischenfeld eingehöriger Unterthan u. Hofbesitzer befindet.

Alten-Kunsberg, ein Ritterschaftliches dem Kanton Gebirg steuerbares Dorf unweit Creußen, am Rothen Main, ist das Stammhauß der Herren von Kunsberg.

Altenmühl, (die) im Ansbachischen Kammeramte Creglingen, eine Mühle mit einem Unterthanen.

Altenmünster, ein evangelisch-lutherisch Pfarrdorf eine halbe Stunde von dem Ansbachischen Städtchen Crailsheim, zu dessen Kammer und Justizamte es gehört an der Jagst. Ansbach hat hier 32 Unterthanen. Zwey sind frauenherrisch.

Altenmünster, ein Ganerben Dorf im Ritterorte Baunach drey Stunden von Schweinfurt und 1 Stunde von Stadt Laueringen, in einer getraidreichen Gegend. Es enthält 24 Nachbarn. Herr von Truckses zu Oberlaueringen ist Gemeinde-Herrschaft. Herr von Truckses zu Welzhausen hat auch einige Unterthanen daselbst. Die Kirche ist katholisch. Der Pfarrer gehört in das Würzburgische Landkapitel Müuererstadt. Man findet daselbst sehr wohlhabende Nachbarn.

Altenmuhr, ein ansehnliches evangelisches Pfarrdorf von 109 Gebäuden und 1 Herrschaftl. Schloß im Ritterkanton Altmühl von 430 Seelen. Es gehört der Freyherrlichen von Leutershelmischen Familie, die einen Beamten, einen Pfarrer und 2 Schuldiener unterhält. Der Boden ist fast durchgehends sandschüssig und nur ein wenig mit Lehmen vermischt, zum Theil auch naß. Der Wiesewachs ist vorzüglich. Man baut hier Korn, Gersten, Hafer. In guten Jahren wird erlangt von 6 Metzen Außsaat Korn, 2 St. 8 Mz. von eben so viel Gersten, 2 Smri, 8 Mz. von eben so viel Hafer 2 Sturi. Die Waldungen bestehen meistentheils aus Nadelholz. Hier giebt es viele Fische, Krebse, wilde Gänse und Enten. Man baut auch viel Obst, zu deren Absatz faſt die nahen Städte Ansbach, Schwabach, Gunzenhauſen, ꝛc. dienen. Die Viehzucht iſt beträchtlich. Man findet auch hier alle auf dem Lande gewöhnliche Handwerker.

Altenploß ſ. Alterbloß.

Alten Poppenreuth, Dörfchen im ehemaligen Vogteyamte Stainbach, wohin auch die Einwohner pfarren, jetzt gehört es in das Kammer- und Juſtiz-Amt Culmbach.

Altenreuth, bayreuthiſches Dorf bey Himmelcron, gehört in das ehemalige Amt Weydenberg, das jetzt zum Kammeramte Neuſtadt am Culm geſchlagen iſt.

Altenreuth, Dorf im Bambergiſchen Amte Wartenfels. Der Boden allda iſt von mittlerer Güte, doch ergiebig, der Wieswachs geringe und ſchlecht.

Alten-Schönbach, auch Alt-Schembach, ein evangeliſch-lutheriſches Pfarrdorf mit einem Schloß der Familie von Creilsheim Rüglänsder und Fröhſtockheimer Linie gehörig. Die Unterthanen ſteuern zum Rit. Orte Steigerwald. Es liegt eine Stunde von Brixenſtadt und eben ſo weit von Wieſenthau. Die Cent iſt Würzburgiſch und wird von Stadtſchwarzach aus verſehen. 1/3 der Einwohner ſind Juden. 1525 legten die aufrühriſchen Bauern Schloß und Kirche in die Aſche.

Alten Schwarmbach, ein Dorf, den Ritterorte Schön- und ..., zwiſchen dem Würzburgiſchen Oberamte Hilders und Reichsritterſchaftl. Städt-Tann, von dem es eine Stunde liegt. Es beſteht ... Wohnungen, und zählt ... Perſonen. Der Boden da... iſt ſandigt.

... Seelingsbach, gemeiniglich ...lyba, ein bayr. Weiler

bey Neuhof im Neuſtädter Kreiſe, wohin er auch ins Amt gehört.

Alten-Sittenbach, ein großes württembergiſches Dorf am Flüßchen Sittenbach, im Amte Hersprukt, 1/2 Stunde davon, hat eine Kirche, die ein Filial von Hersprukt iſt. In dem von Marggraf Albrecht zu Brandenburg geführten Krieg wider die Stadt Nürnberg, hat derſelbe im J. 1553 hier 105 Gebäude abgebrannt.

Altenſpeckfeld, Altſpeckfeld ein Weiler, pfarrt nach Ullmannshauſen, liegt davon eine Viertelſtunde gegen Druheim zu, und beſteht nur aus drei Höfen, die Wirzburgiſcher Hoheit im Amt Mkt. Bibert gehörig ſind. Zwey dieſer Höfe gehören der Carthauſe Illnbach, und einer nach Wirzburg.

Altenſtadt, iſt eigentlich eine Vorſtadt von Hof im Vogtlande. Sie gehört theils in das daſige Kaſten-, theils in das Kloſteramt. Jnr erſtern gehören 116 Häuſer und 1170 Einwohner; zu letztern 30 Häuſer und 258 Einwohner. 1791 zählte man hier 39 Pferde, 74 Stük Rindvieh, 15 Schaafe u. 74 Schweine.

Altenſtadt ſ. Bayreuth.

Alten-Stainbach, ein Bayreuthiſches Dörfchen unweit dem Marktflecken Stainbach, der in das Juſtizamt Culmbach gehört.

Altenſtein, ein neben den Ruinen des alten neuerbauten Meiningiſchen Schloſſes auf einem felſigten Berge am Thüringer Walde, worinnen der Juſtiz- und Rechnungsbeamte wohnen. Es iſt ein herzogliches Kammergut dabey.

Altenſtein, das Stammhaus der Freyherrlichen Familie dieſes Nahmens mit einer Evangeliſch Lutheriſchen Pfarrkirche, zwey Stunden von dem Würzburgiſchen

schen Südchen Ebern gegen Abnigshofen im Grabfelde. Es gehört mit dem Schloße gleiches Namens zum Ritterort Bannach. Ums Jahr 1203 empfieng Herbegen von Stein zum Altenstein die Altensteinischen Güter v. Hochstifte Würzburg zu Lehen, nachdem ein Fürst dieses Hochstifts das Schloß Altenstein belagert, erobert und eilf Herren von Altenstein hatte enthaupten lassen. Dieser Ort mit seiner ganzen Markung ist, vermöge Kaiserl. Diploms auch Lehnbriefs mit dem jure Asyli begabt, hat hohe und niedre Gerichtsbarkeit mit Halsgericht. 1778 wurden das letztemal zwey enthauptet und einige gebrandmarkt. Zu dieser Fraisch-Gerichtsbarkeit gehören auch **Pfaffendorf, Marbach, Gresselgrund** und **Allertshausen;** nebst einigen Centbefreyten Häusern zu **Pfarrweisach, Kralsdorf, Rabelsdorf** und **Eckartshausen.** Zu der Herrschaft Altenstein gehören 6 purifizierte Ortschaften, nehmlich: **Altenstein, Pfaffendorf, Marbach, Dockawind, Allerts-** und **Eckartshausen,** und folgende vermischte: **Junkersdorf, Rabelsdorf, Pfarrweisach, Brünn, Bischwind, Römelsdorf, Gresselgrund, Merlach, Gleißmuthhausen, Unterellnorf, Unfinden, Kleinsteinach,** und **Humprechtshausen,** ohne die sonstigen Lehenschaften. Diejenige Orte, worin Altenstein nicht selbst die Centgerechtigkeit hat, sind der Würzburgischen aber doch limitierten Cent in Ansicht der resp. 3 und 4 hohen Rügen unterworfen. Der einzige Besitzer und Eigenthümer dieser Herrschaft ist: **Christoph Franz Friedrich Adelbert Otto Johann Adam, des Heil. Römischen Reichs Banner und Freyherr von Stein zum Altenstein,** welcher sich unterm 10 Febr. 1701 mit seinem ältern Hr. Bruder mit 30000 fl. Rhn. abgefunden, und vermöge dieses brüderlichen Recesses ein Majorat mit demselben, als einzigen Agnaten, errichtet hat; jedoch so, daß die vom Kaiser Carl VI. bestätigten Freyherrlichen Stein-Altensteinischen, des Leipziger Universal-Lexikons 19. Bande S. 1603 1604 Einverleibten Familien Packten in ihren vollen Kräften bleiben.

Altenstein selbst besteht aus sehenswürdigen Ruinen eines auf Felsen erbauten alten Schlosses und 65 Häusern über welche es hervorragt, und in welchem man eine angenehme u. weite Aussicht gegen Bamberg, Schweinfurt und gegen das Grabfeld hat. In gleicher Entfernung von einer Stunde liegen zwey andere verfallene Bergschlösser: **Lichtenstein** und **Rauneck.** Jedes Haus in Altenstein hat ein Gemeinderecht, wozu ein sogenanntes Ebenberth und jährlich, nach Beschaffenheit der Umstände, etwas Holz und Reisig aus der sehr ansehnlichen Gemeinde-Walbung gehört. Auch die 5 Häuser, worüber der Graf Voit nur die Lehensvogteilichkeit hat, haben Antheil daran, desgleichen die 4 Ansäßigen Juden. Außer diesen sind noch 6 Judenhaushaltungen hier, und eine Synagoge. Im ganzen ist die Anzahl der Christen und Juden, alt und jung, auch die Ebene dazu gerechnet, 334. Die Beschaffenheit des Bodens ist eine der besten in der ganzen hiesigen Gegend

gend, ob er gleich sehr erhöht und bergicht ist. Er ist größtentheils schwarz, mit etwas Sand vermischt und fett. Seine Hauptbestandtheile sind kalchicht, und der Kalch ist vorzüglich gut, der sich besonders im Wetter gut hält; weil er gleich nach dem Verbrauch so fest wie der Stein selbst, wird. Dem Ansehen nach liegt es nur auf einem fast der höchsten Berge dieser Gegend, er wechselt aber auf seiner Fläche mit vielen Thälern und Ebenen ab, die mit so vielen Brunnen bepflanzt sind, daß gleichsam der ganze Berg einen Wald vorstellt. Die Bäume geben das vorzüglichste Obst, womit die Besitzer grossen Handel nach Sulz, und andern Gegenden treiben. Sie schaden dem Getraidebau gar nicht, denn unter ihrem Schatten wächst Roggen, Waitzen, Gersten, Haber sehr gut. Den Mangel an Wiesenfutter ersetzt man durch Klee. Da die meisten Gemeindeglieder vor einigen Jahren, das hiesige herrschaftliche Gut erblich, an sich genommen haben; so ist dadurch auch der Viehzustand merklich erhöht worden. Die Handwerker: Schlosser, Schmiede, Zimmerleute, Zunft- und Barchentweber, Schneider, Schuster, Wagner, Schreiner, Becker, Häfner, Büttner, u. treiben hier ihr Gewerbe.

Altenthal, Weiler im Bambergischen Amt. Wolfsberg am Fuß des Michelstriner Bergs unterhalb Altenhofs, besteht aus 2 Gütern. Der eine Unterthan gehört in das Bambergische Amt Wolfsberg, der andere in das hochadelige Rittergut Wolfersdorfische Herrschaft und Territorium zum Alte Wolfsberg.

Altenthann, hat 24 Unterthanen und eine Kirche, welche dem H. Veit gewidmet, der Pfarre Aldorf einverleibt ist, aber doch seit dem Jahr 1610 einen eigenen Pfarrer hat, der zugleich Vikar in Altdorf ist. Die Grundherren schreiben sich von diesem Dorfe. Paulus Grundherr hat 17 Unterthanen-Güter von Sebastian Spiegel zu Ulmersdorf u. Waßtenbach, Pfleger zu Heimburg, an sich gebracht, und den Rath zu Nürnberg Reversalien ausgestellt, daß sie zu ewigen Zeiten in Nürnberger Händen bleiben sollen; geschehen am 2 August 1535.

Altentrudingen, ein Evangelisch Pfarrdorf, im Anspachischen Kammeramte Heidenheim mit 50 dahin gehörigen Unterthanen. 6 sind freiherrschaftlich. Von obigen 52 liegen 32 in Wassertrüdinger Fraisch. Von den 4 Eichstättischen steuerbaren Unterthanen gehört einer zum Vogtamte Kronheim, 3 aber zur Vogtey Eibburg. Der Pfarrhof und Eradel allda gehört halb zum Domkapitelschen Kastenamte Wolferstatt und halb zum Waitzendorfer Verwalteramte.

Alten Trebgast, ein Bayreuthischer Weiler in der ehemaligen Verwaltung St. Johannes die jetzt zum Kammeramte Bayreuth geschlagen ist. Die Einwohner pfarren nach Neu-Emskirchen.

Altenweiler, Eisenhammer in dem Bambergischen Amt Bisseck, besteht aus einem Aufwurfe, Schmelzhammer, Becher, Jerrens und Wolfsauer.

Altenzell, war vor unsere entlichen Jahren ein beträchtlicher Einödshof im Ober- und Kastenamte Hirschberg Beilngries bey Aschbuch gelegen, wovon ausser dem ein-

einzigen Quellbrunnen keine Spur mehr übrig ist. Die Gebäude sind vollends eingegangen, und die Hoffelder zu den Eschenbuchern geschlagen worden, wovon der Altenzeller Zehend seinen Namen und solchen bis nun zu noch immer erhalten hat.

Altenzell, auch **Altenzell,** ein eichstättisches zum Pfleg = und Kastenamt Kipfenberg gehöriges Dorf von 16 Unterthanen, liegt auf dem Berg, eine halbe Stunde südlich hinter dem Schlosse Arnsperg, und ist schon in dem Vergleich enthalten, welchen Eichstätt mit Bayern im J. 1305 geschlossen hat. Nicht weit davon im Walde ist eine tiefe und weite Berghöhle, unter dem Namen Armthöhle bekannt, welche sich in einem Kallberge gebildet, an der Decke, und an den Wänden eine schwärzlichte Kruste, auch Zapfen vom Tropfsteine herunter hangend, und wieder mehrere Seitenhöhlungen hat, mit Einschlusse deren sie mehrere Klafter tief unter der Erde wohl über 100 Mann fassen würde, sie ist auch über 20 Schuh hoch und auf dem Boden liegen allerley Gebeine von Thieren allenthalben herum.

Altersberg, (der) im Ansbachischen Justizamte Feuchtwang mit 2 Ansbachischen Unterthanen.

Altersberg, ein kleines Dorf von 100 Seelen, in der Grafschaft Limpurg Solmsassenheimischen Antheils.

Altershausen, ein evangelisch = lutherisches Filialdorf 2 Stunden von Burghaßlach gehört zum Ritterort Steigerwald.

Altershausen, ein Ganerbendorf eine kleine Stunde von Königsberg gegen Zeil ist ganz Evangelisch = Lutherisch. Die Pfarrey daselbst wird von S. Hildburghausen besetzet, welche vor etlich und 20 Jahren neu errichtet worden. Ganerben sind 2: Würzburg und Sachsenhildburghausen. Es hat solches 50 Wohnhäußer, die gering und zum Theil ganz schlecht sind. Sachsen hat 38 Häußer zu Lehn. Die Einwohner sind meistens gering bemittelte und arme Leute, die sich von ihrem geringen Feldbau und Taglohn nähren müssen. Der Boden ist mittelmäßig und schlecht und eben so auch das Getreid darauf. Wießwachs ist gering, daher auch die Viehzucht nicht sonderlich ist. Es gehört übrigens zum gemeinschaftl. Amte Königsberg, wohin es, die zwey Hochgerichte jedesmal 3 Mann stellen muß.

Amannshöfe, auch **Amonshofe** heißen jene = Aemter, jetzt Höfe, deren Einkünfte ehedem zur Probstey des Stifts Herrieden gehörten, im Jahre 1538 aber mit päbstlicher Bewilligung von dem eichstättischen Bischof Christoph dem I. einem gebohrnen Reichsgrafen von Pappenheim zur bischöflichen Tafel gezogen wurden, und nun zum Stadtprobsteyamt Herrieden gehören, nach dem Bischoff Christoph II. von Westerstetten den Anrainern diese Höfe kurz vor dem Schwedenkriege vollends abgekauft hatte. Die alten Rechte und Gerechtigkeiten auch Verbindlichkeiten eines Amanns verdienten eine eigene Abhandlung, denn sie geweßen Renten, Gülten, Zinse, Frohnen, Zehenden und Lehen, mußten aber auch wieder dagegen diesen Unterthanen zu Essen und zu Trinken, dann ihrem Lehenherren gewisse Abgaben, besonders aber dem Kapitul zu Her=

ruhen am Aschermittwoche jedes Jahrs ein, und anderer 500 Heringe geben.

Es sind die 7 Tanmershöfe folgende: Lehrberg, Donbühl, Binzwangen, Ried (Großenried) Stadel, Henberg, und Egenhausen, wovon bey jedem unter seinem Namen in der Folge mehrers vorkömmt.

Ambuch, ein kleines Flüßchen in der dem Grafen Gieols gehörigen Herrschaft Thurnau.

Ameisbübel, Weiler im Bezirk des Bayreuth. Amtes Wunsiedel.

Ameisloch, im Bezirk des Bayreutischen Kammeramts Culmbach, pfarrt nach Purschdorf.

Ammelbruch, Pfarrdorf im Wassertrüdinger Kreise des Fürstenthums Ansbach. 24 Unterthanen sind Preussisch. Von den übrigen 21 ist einer der eichstädtischen Vogtey Königshofen steuerbar.

Amlingstadt, bambergisches kathol. Pfarrdorf im Amte Memelsdorf, das zum Bamberg. Kirchensprengel, und dem Landkapitel Eggelsheim gehört. Die Hoher und Dorfsherrschaft hierüber übt das Amt Memelsdorf allein aus. Dargegen die niedern, zwischen solchen, und dem Domkapitelam Amt getheilt ist. Der Boden alda ist für alle Getraidfrüchten empfänglich.

Amlishagen, ein evangelisch-lutherisches Pfarrdorf des Ritterorts Odenwald, bey Gerabronn, im Bezirke des anspachischen Kastenamts Crailsheim, mit einem Schloße, samt Vorhofe, Schloßgute und schönen Fischereyen, besonders an der Brettach, und der adelichen Familie Wollmershausen, als ein früh-hohenlohisches Mannlehen, Christoph Albrecht Wollmershausen hatte keine männliche Erben, es waren aber von demselben beträchtliche Verbesserungen am Lehen vorgenommen worden, man kam daher mit dem Lehenhofe überein, daß dieses auf dessen drey Töchter, wovon eine an den Grafen von Pappenheim, eine an einen Herrn von Klengel und eine an den Herrn von Holz verheurathet war, und auf ihre männliche Descendenten als ein neues Mannlehen vererbt werden solle, welches auch nach dessen Tode (M. Aug. 1708) würklich geschah. Als indessen die beyden ersteren Wollmershausischen Töchter (9. Dez. 1739 und 4. März 1745) ohne männliche Descendenz starben, erhielten die Herrn von Holz das Lehen allein. In neueren Zeiten nahm der Besitzer, Eberhard von Holz, an dem Guthe allerley Veränderungen vor, veräusserte die Schäfereyen, wollte die Patronats Rechte über die Pfarrey, nicht als Lehen anerkennen, re. Der Lehenhof erwirkte also einen Proceß gegen ihn, zu dessen Entscheidung Fürst Heinrich August zu Hohenlohe-Ingolfingen, damaliger Senior und Landesherrlichkeits-Verwalter des hohenlohischen Hauses ein heut zu Tage in allen deutschen Staaten fast allgemein außer Uebung gekommenes Mannengericht nach Ingelfingen ausschrieb, welches den Vasallen (15 Jul. 1788) in eine Lehenstrafe von 1000 Gulden verurtheilte.

Amerdingen, ein dem Ritter-Ort Gebürg einverleibtes Dorf, es gehört der Familie Schenk von Stauffenberg.

Ammerichshausen, auch Immerichshausen, kleiner dem Hochstifte Wirzburg zugehöriger katholischer Pfarrort. Er liegt auf einer

einer schönen Ebene. Eine Viertelstunde davon gegen Mittag fließt in einem angenehmen Thale am Fuße mehrerer dem Orte selbst zum Theile gehöriger Weinberge der Fluß Kocher vorbey. Er gränzt gegen Osten an Hohenloh Langenburg, gegen Süden an Kapferzell, gegen Westen an Ingelfingen und gegen Norden an das Städtchen Jagstberg; zu welchem Amte er auch gehört, zählte 32 Nachbarn, und überhaupt 227 Seelen im Jahre 1797. Viehzucht, Wiesen, Acker- und Weinbau sind die Hauptnahrung des Orts. Alle Nothdurft wird aus dem eine Stunde davon gelegenen Städtchen Künzelsau bezogen, wohin auch alle Produkte von Vieh u. Ackerbau verkauft werden. Kirche und Pfarrhauß sind 1614 vom Bischoffe Julius erbaut. Die Pfarrey ist reichlich fundiert, aber nach der Reformation wurden ihr alle Filiale untreu, wodurch ihr ein großer Theil Stolgebühr und Gerichtsbarkeit entgieng. Außer Frohn, Schatzung und Steuer bezieht das Hochstift weiter nichts vom Orte. Die Zehnten gehören der Pfarrey. Die Gemeinde selbst, als Gemeinde betrachtet, ist Irm.

Ammerndorf, ein Evangelisch Lutherisch Pfarrdorf am Flüßchen Bibert. 41 Unterthanen gehören in das Ansbachische Kameral-Amt Cadolzburg. Hier wird Hopfen gebaut, der dem Spalter und Böhmischen nicht nachgiebt, und jährlich 3 Tage lang ein Markt gehalten. Die hiesigen Müller liefern sehr feines Mehl und gutes Mehl, das weit verfahren wird.

Ammerszweiler, Dorf zum Hohenlohe-Bartensteinischen Amte Mainhard gehörig, wohin es auch pfarrt, von 43 Haushaltungen. Der Nahrungsstand ist Ackerbau Viehzucht, vornehmlich Holzhandel, aus eigenem sowohl als fremden Waldungen. Binnen 9 Jahren sind daselbst 28 mehr geboren, als gestorben.

Ammonsschönbronn, ein Weiler im Ansbachischen Kammeramte Feuchtwang, mit 6 dahin gehörigen Unterthanen.

Amosmühle, (die) im ehemaligen Oberamt Creußen.

Ampferbach, Bambergisches Kirchdorf und Filial der Pfarrey Burgebrach im Amte Schönbronn am Flüßchen Rauchebrach, ehe der Sitz eines Forstamts, das nun nach Burgebrach verlegt ist. Es ist eines der stärksten Ortschaften im Amte, zählt 20 Höfe, 38 Söldengüter, 30 Pferde, 60 Ochsen, 58 Kühe, 50 Stiere, 60 Kälber. Die Anzahl der Seelen belauft sich auf 340. Es hat einen sehr beträchtlichen Flur, vortrefflichen Feldbau, und guten Wießwachs. Eine Viertelstunde davon in dem sogenannten Hahnwalde sind noch die Ueberbleibsel des alten Schlosses Wildek zu sehen.

Amselmühle, einzelne Mühle im Kammeramte Neustadt am Culmen, pfarrt nach Weidenberg.

Ammannsdorf ein Sichstättisches zum Ober und Kastenamte Hirschberg Beylngries gehöriges Filial Kirchdorf, liegt 1½ Stund von Beylngries entfernt, auf dem Berg Oberkottingwerth, von welchem ein guter Stieg hinaufführt, an der Salzburger Chaussee gegen Schamhaupten hin. Das Gotteshaus St. Nikolaus Eine Tochter von der Mutterkirche in Kottingwerth, auch allda ein herrschaftlicher ...

Von den 19 Unterthanen dieses Orts gehören 12 zum Kastenamte Beylngrieß, die übrigen 7 aber zum Rittramte Thging.

Dieses Dorfes geschieht Erwähnung in dem Vergleiche des Eichstättischen Bischofs Johann I. von Dierpheim mit den Herzogen Rudolph, und Ludwig von Bayern vom Jahre 1305 über das Schloß Hirschberg, und dessen Zugehörungen, unter dem Nahmen Antalmanstorf, und in der Entscheidung des Römischen Königs Albert vom Jahre 1306 unter dem Namen Antalmans###

Im Wald, einzelner Hof, dessen Einwohner nach Bischofsgrün pfarren. Im Bayreuthischen Kammeramte Gefrees.

Andersohe Standerslohe und Anderslohe, sind die Namen drey ###schiedener Gegenden und An##### , und zwar erstere 2 im Mandlacher, leztere aber im Mospacher Flur des Eichstättischen ### - und Vogtamts Titting ####nbach, zwischen Emsing, ###, Mospach, und Mand### Es waren einst 3 verschiedene #######, welche diese 3 ##### ######, als sie aber im ##jährigen Kriege ruinirt und ###brannt worden, wurden sie nicht mehr auf diesen Plätzen ####, sondern die 2 erstern in ### Dorfe Mandlach, und ### in Mospach, oder etwa die ### dieser Höfe gleich zu an### bemeldten Dörfern ### ### so blieben die Namen als ### Gegenden zurück, die ###graphen am so Inter##### sind ### man sich sonst ### ### nicht finden ### man #### gar ### solcher Höfe ### die unter dem##### nicht mehr existiren.

Andorff, im Ritterort Altmühl, 1 Unterthan daselbst gehört der freyherrlichen Crailsheimischen Familie Rüglindischer Linie. Die Kirchenherrschaft ist Crailsheimisch die Dorfs und Gemeindherrschaft aber wechselsweise haben die Herren von Crailsheim mit Neuhof und Dietenhofen. Die übrigen Einwohner dieses Orts sind in allen an der Zahl 9 und sämtlich Bayreuthisch gehören in das Kammeralamt Neuhof. Das Weiler ist nach Unternbibert, einem halb Ansbachisch= und halb Crailsheimischen Ort gepfarrt, und hat eine Kapelle, worinn der Pfarrer zu Bibert des Jahres einmal (an der Kirchweih) predigen muß.

Anfelden, ein Weiler im ehemaligen Ober= jezig Justizamte Ansbach mit 20 dahin gehörigen Unterthanen.

Anger, ein Bambergisches Dorf 1 1/2 Stunde von Lichtenfels seitwärts der von Bamberg nach Sachsen führenden Landstraße. Die Vogteylichkeit über die Bambergische Abtey Langheim durch ihre Stiftskanzley, die Jentsteur und Hoheitsrechte das Bambergische Vogtey= und Steueramt Lichtenfels, nur über einen einzigen Einwohner hat das Bambergische Amt Weißmayn das Steuerregale.

Anger, im Bayreuthischen Kammeramte Gefrees im Wunsiedler Kreise, pfarrt nach Leyberg.

Anaerhof, auch Narbach genannt, ein Eichstättischer zum Vogtamte Anrach gehöriger Hof, liegt gleich bey dem Eichstättischen Pfarrdorfe Ebertsroth, und wird noch zu diesem Dorfe gerechnet, wie denn auch der Besitzer dieses Hofes mit seinem Viehe unter Ebertsroth treibt.

An=

Angerhof, (der) bey Dürrmenz im Feuchtwangischen Kreise des Fürstenthums Ansbach.

Angermühle, (die) im Bayreuthischen Kirchspiel Münchberg im Hofer-Kreise.

Angersbach, ein der Freyherrlichen Familie von Riedesel gehöriges Dorf von 180 Wohnungen und etwa 900 Seelen im Centgerichte Lauterbach. Es ist zwar dieses Gericht nach einem im Jahre 1713 mit dem fürstlichen Hause Hessen-Darmstadt eingegangenen Traktat seiner vorhinigen Eigenschaft der Unmittelbarkeit verlustigt u. der Landeshoheit und der Bestimmung des gedachten fürstlichen Hauses unterworfen worden. Es wurde jedoch der Kayserlichen und Reichs-Fiskal ad agendum et vindicandum contra transactionem non confirmatam aufgefordert.

Anhausen, an der Jagst, eine Stunde von Kirchberg gegen Crailsheim, ein verfallenes ehemaliges Kloster Augustiner-Ordens, von Leopold von Bebenburg im Jahr 1357 gestiftet, u. 1557 sākularisirt. Die Einkünfte wurden ehemals durch einen Ansbachischen Kasten-Amtmann verwaltet, jetzt ists zum Kammer und Justizamt Crailsheim geschlagen.

Anhausen, und das andere Thausen, ist ein in ältern Urkunden häufig vorkommender Ausdruck. Weil aber diese beyde Anhausen in der Zeitfolge durch eigne Bewahrzeichen von einander unterschieden, und etwa Kirchanhausen, das andere aber Badanhausen genannt wurde, so kommen auch beyde in der Folge unter diesen itzt dermaligen Nahmen vor.

Ankendorf, (s.) Lunkendorf.

Ankenhof, liegt bey Erlösdorf, wohin er Pfarrt, im Kammeramte Culmbach.

Unkenhof liegt bey Embskirchen, ist ein Bauerhof.

Anlauter, ein Bach, welcher zwar bey Siburg aus einem Berge entspringt, daselbst einige Weyher bildet, und wie er davon abfließt, schon die erste Mühle treibt, aber gleich unter Nersling, oder Gerstorf in das Eichstättische eintritt, und bis zu seiner Vereinigung mit der Schwarzach, dann gemeinschaftlichen Ergießung bey der Bäche in die Altmühl immer im Eichstättischen fortfließt, ist einer der nützlichsten Bäche im ganzen Lande, denn er führt viele schmackhafte Forellen, und und treibt nur im Eichstättischen allein 18 Mahlmühlen, wobey auch 9 Sägmühlen, und 2 Leinstampfen sind, dann mit der Schwarzach vereinigt, noch eine Mahl- und Säg- auch eine Papiermühle, obwohl er im ganzen nur einen Weg von etwa 6 Stunden macht. Er lauft vom Ursprunge an von Norden gegen Mittag, bey Titting wendet er sich gegen Osten in schlangenförmigen Krümmungen, unter Enkering nimmt er die von Norden herfließende Schwarzach auf, und fällt bey Kinding in die Altmühl.

Besonders ist es, daß, obwohl beyde Bäche, deren keiner und frisches Wasser schnell über ein kießliches Bett dahinrollt, viele sehr gute Forellen führen, sich doch keine derselben so allmähl verschließet, weil sie den trägen Gang, das hellgrüne Wasser, und den schlammigten Grund des Flusses Anspach oder Stolpach, den einheim[ischen ...]

ge⸺ Zeichnete Vetter diese Karte auch nach verjüngtem Maßstabe auf 4 Medianbogen mit größter Genauigkeit und ließ sie von Michael Kauffer in Kupfer stechen und abdrucken. Der Preis ist 40 kr. 1754 verjüngte Seuter zu Augsburg diese Vetterische Verjüngung nochmals und gab ihr den oben angezogenen Titel: Marchionatus Onoldini &c.

Von Landes-Abzeichnungen in dem landesherrlichen geheimen Archiv sind besonders zwey zu bemerken: 1) Unter der Regierung Georg Friederich des ältern vom Jahr 1560 biß 1580. 2) die vom Moriz Stieber Feldmesser zu Schwabach auf einigen 30 Blättern vom Jahr 1617.

Das Fürstenthum Ansbach liegt zwischen dem 49. und 50. Grade nördlicher Breite und 27 Grade 30 Minuten und 28 Grad 55 Minuten der Länge, und gehörte in den ältern Zeiten größtentheils zum Pago Rangove, oder Rangau, welcher dem alten Nordgau einverleibet war.

Die Gränzen dieses Fürstenthums sind gegen Mitternacht das Unterland des Fürstenthums Bayreuth, die Gefürstete Grafschaft Schwarzenberg, die Grafschaften Limburg-Speckfeld, u. Castell, gegen Morgen Bayreuthisches, Oberpfälzisches und Nürnbergisches Gebiet; gegen Mittag das Fürstenthum Oettingen, die Grafschaft Pappenheim, ein Theil von Eichstätt und Ellwangen, endlich gegen Abend das Bisthum Würzburg, Hohenlohe, die Reichsstädte Schwäbischhall, und Rothenburg ob der Tauber.

Von Morgen gegen Abend hat dieses Fürstenthum 14 teutsche Meilen in der Länge und von Mit-

Mittag nach Mitternacht 9 gemeindeutsche Meilen in die Breite. Fischer setzt den Flächenraum auf 54 Quadratmeilen, nach der Betterischen Karte beträgt er 71 Quadratmeilen. Die Wahrheit mag im Mittel liegen, oder sich der letztern Angabe nähern, wenn man die neuern Besitzergreifungen im Reichsritterschaftlichen, Schwarzenbergischen, Nürnbergischen u. s. w. dazu schlägt. Herr von Schlach im polit. Journal von 1792 S. 712 giebt für Bayreuth und Ansbach 145. Ortloff aber in seinem Handbuche S. 14 nur 138 Quadratmeilen an, welches meiner Behauptung sehr nahe kommt. Wegen der Vermischung mit fremden Gebieten ließe sich seither nichts genau bestimmen. Nach den neuesten Behauptungen der Landeshoheit wird sich diese Mangelhaftigkeit künftig heben.

Im J. 1785 zählte man 28734 Familien, deren jede zu 5 Personen gerechnet 143670 Einwohner oder Unterthanen geben. Hierunter sind auch die den Fraischgerichten unterworfenen, jedoch fremdherrischen Unterthanen oder Insassen, die man schon 1774 auf 6515 schätzte, nicht mitbegriffen, und noch weniger die in freundherrlichen, aber mitten im Fürstenthum gelegenen Jurisdictionsbezirken befindlichen Einwohner oder Hintersassen, welche Unterthanen man mit Inbegrif des Markts Fürth, wenigstens auf 50000 Seelen schätzen kann. Wie beträchtlich jedoch die Anzahl der sämmtlichen mediat Unterthanen jetzt sey, da seit 1796 der König von Preussen, als Burggraf von Nürnberg die Landeshoheit nicht nur so weit die Fraischgerichte gehen, sondern in dem ganzen vorbemerkten Bezirke des Burggrafthums über alle fremde Inmassen und Angehörige der benachbarten Stände in der Masse occupirt, daß das Privateigenthum, die Gerichtsbarkeit und die grundherrlichen Abgaben den Besitzern bleiben; die 1) Polizey, 2) Finanzen, und 3) Militärgewalt aber das Haus Preussen ausübt, müssen die bald zu erscheinenden Tabellen zeigen. Einigermassen läßt sich dieses schon daraus abnehmen, wenn man bedenkt, daß sie alle innerhalb den Landesgrenzen, oder dem vermarkten Burggrafthum liegende Güter und Hintersassen begreift, also 1) des Bisthums, Domcapitels, der Domprobstei und anderer Stiftungen zu Würzburg 2) die Bambergischen auf gleiche Weise. 3) die Nürnbergischen mit Ausnahme des Pflegamt Lichtenaushen versteinten Fraischdistrikts. 4) Die Eichstättischen, sowohl bischöflichen als die der Collegialstifter mit Ausnahme der versteinten 5 fraischen Distrikte, Arberg, Ohrnbau, Wahrberg, Herrieden, Landsee, Pfünfeld, Abenberg Wernfeld, Spalt; hingegen mit Einschluß der vermarkten Orte Weinberg und Großkellenfeld. 5) Die teutschordenschen mit alleiniger Ausnahme des versteinten Virnsberger Fraisch - Distrikts. 6) Die Pfalzbayerischen. 7) Die Reichsstadt Weissenburgischen, bis an die Mauern. 8) Die Hohenlohe - Bartensteinischen, u. Schillingsfürstlichen. 9) Die fürstlich - Oettingischen mit Oettingen und Spielberg sind Länder und resp. Unterthanen vertauscht und vorgenommen worden, die unter dem Artikel Wassertrüdinger Kreis

folgen soll. 10) Die Nörd-
lingenschen 11) Die Din-
kelsbühlschen bis an die innern Stadtthore. 12) Die Ellwangischen. 13) Die Lim-
burgischen, Gollhofen ausgenommen. 14) Die Rothen-
burgischen. 15) Die Schwä-
bischhallischen, ausserhalb der
Landwehr. 16) Die Gräflich Castellischen. 17) Die Schwarzenbergischen mit Einschluß
des Amts Michelbach an der
Lücke. (Lücken) 18) Die der
fränkischen Ritterschaft
mit Inbegrif der Stifter und
Aemter. Mit Hohenlohe Neuenstein, und der Grafschaft
Pappenheim sind particula-
ris = Vergleiche getroffen worden.

A. 1784 sind in den 10
Aemtern gewesen 17512 brandenburgische und 6850 fremd her-
rige Hausbesitzer, 8478 brandenburgische und 2720 fremdherrschaftliche Haußgenossen in
Summa . Von den Haus-
[...] bekannten sich 24197 zur
[...]isch = Lutherischen, 6 zur
[...] und 165 zur kathol.
Von den Hausgenossen
[...] zur Evangelisch-
[...], 15 zur Reformirten
zur katholischen Reli-
[...] allen diesen wurden
copulirt, und 5829
[...] 3015 Söhne, 2814
[...] eheliche, 90 unehe-
[...] Todtgebohrne. Ge-
[...]aber sind 3091 männlich
[...] und 2621 weib-
[...]eschlechts, welche bestan-
[...] Kindbetterinnen, 39
[...] Kinder von
[...]. 139 Kinder von 8 —
[...], 264 Personen von 16
[...] 386 von 30 — 45
[...] von 45 — 60 Jah-

ren, 590 von 60 — 70 Jahren,
550 über 70 Jahren. 5 Selbst-
mörder, 8 Ertrunkene, 6 Er-
frorne und 36 durch Unglücks-
fälle Umgekommene. Welch ein
auffallender Unterschied um jetzt
1798 statt haben muß, da ich dieses schreibe, wird sich weiter unten aus der Ansicht der Decha-
neyen und aller der Pfarreyen,
die ehemals zu denselbigen gerechnet werden sollen, leicht er-
messen lassen.

Ueber die Lebensart der Einwohner des Fürstenthums Anspach kann nichts genau bestimmt
werden, da sie sich nach ihren
Vermögensumständen richtet und
daher in verschiedenen Gegenden sehr verschieden ist. In dem
Crailsheimer, Ganzenhau-
ser und Uffenheimer Kreis
ist sie viel kostbarer als in den
übrigen. Der begüterte Bauersmann trinkt daselbst außer Bier
auch gewöhnlich Kaffee, und so
oft er die Stadt besucht, Wein
und verzehrt sein frisches Fleisch
und Zugemüß, während der Landmann in den übrigen Kreisen sich
glücklich fühlt, Bier trinken zu
können, sich mit Mehlspeisen,
Kartoffeln und Hülsenfrüchten be-
gnügt, und nur Sonntags Kraut
mit Fleisch ist. Gartengewächse
verzehrt der Einwohner überhaupt
wenig, außer die er selbst bauet,
als Bohnen, Petersilien, Röhren und solche, die ihm in spätern Herbst und Winter noch zur
Nahrung dienen können. Schwei-
nefleisch genießt er ungleich mehr
als Rindfleisch, und je fetter dasselbe ist, desto mehr behagt es
ihm. Daher schlachtet der begüterte Bauer gewöhnlich schon
zu Anfang des Winters ein,
und darauf noch einige Schweine und ein Stück Rind, salzt
das

das Fleisch ein, räuchert es, und macht es das ganze Jahr hindurch zur Speise. Auch die Kleidertracht richtet sich nach dem Wohlstand der Einwohner, und ist ebenfalls bey einigen kostbar, bey andern oft sehr dürftig. Die reichen Bauern in dem Crailsheimer, Gunzenhauser und Uffenheimer Kreis tragen feine Tücher zu Rock und Weste, kalblederne Stiefel, Schuhe und Beinkleider, silberne Knöpfe und Schnallen, öfters auch silberne Taschenuhren. Die Bauern in den übrigen Kreisen, leinerne oder barchetne Kittel, zwillerne und rindlederne Beinkleider, dergleichen Schuhe und mehrentheils in diesen und den Beinkleidern klemen. Das weibliche Geschlecht in jenen Kreisen sieht man häufig in seidnen Hauben, nicht selten mit kostbaren Spitzen, Kittelgen, und Schürzen mit seidenen Bändern; dagegen kleidet es sich in diesen mit leinenen und wollenen Zeugen und schlechten Kattunwaaren. In ihrem grösten Staat gehöret noch immer ein Rock von rothem wollenen Zeug in tausend Falten geworffen. Die Dörfer sind meist gross und freundlich, die Bauernwohnungen aus Holz oder Steinen geräumig und festgebauet, mit einem Hofplatz, den einige Nebengebäude umgeben, doch sind die Viehställe noch meist in den Häusern selbst angebracht. Die Grösse derselben ist verschieden; aber selten wird mehr ein Haus für den Landmann, der einen ganzen Hof besitzt, aufgeführt, das nicht aus drei bis vier Geschossen besteht. Strohdächer findet man nur noch an alten Gebäuden und Scheunen, alle neue müssen mit Ziegeln gedeckt werden. Die Wohnzimmer sind helle reinlich und fast durchgängig gebrettert. Zur Beleuchtung bedienen sich ihnen Oel oder Talglichter, weil der Gebrauch der Schleifsenlichter verbothen ist. Nach geschehener Arbeit geht der wohlhabende Bauersmann zum Bier und vergnügt sich mit einem Spiel oder mit Kriegsneuigkeiten und seiner Pfeiffe Tobak, die Frau mit dem Hausgesinde beschäftigen sich mit den häuslichen Arbeiten, nähen, stricken, spinnen etc. und vertreiben sich in den langen Winterabenden die Zeit durch scherzhafte aber eben nicht immer sehr unschuldige Vergnügungen. Indeß ist der Landmann noch mit weit wenigern Geist und Körper zerstörenden Lastern als der Bürger bekannt, und seitdem die Lotterien im Inn- und Ausland aufgehoben und verbotten wurden, (O! daß sie auf ewige Zeiten unterblieben wären!) seitdem der Landmann durch den theuren Verkauf seiner Früchte seit einiger Zeit ermuntert, seine Geschäfte fleißiger und verständiger betreibt, so beglückt ihn Reichthum und Wohlstand und häusliches Glück. Es sind deßwegen in dem Crailsheimer, Gunzenhauser und Uffenheimer Kreis Bauern von 20 — 40000 Gulden nicht selten zu finden. Der Körperbau der Einwohner des Fürstenthums Ansbach ist im Durchschnitt stark und gross, ihr Gesicht meist gut gebildet, ihre Farbe blühend und ein ——— Beweis ihrer Gesundheit und Mastigkeit. Sie leben zufrieden, ruhig und der Obrigkeit ergeben, selbst erhöhte Auflagen ertragen sie gerne, wenn sie mit ——— verschont werden; sind ehrlich, arbeitsam und sparsam; aber noch

noch immer mit vielen Vorur-
theilen beladen. Die Gespenster
und Hexen haben zwar nicht
mehr ihre goldne Zeiten, auch finden sie in Jrrlichtern nicht mehr
ungerechte Perlen und Feld-
steine; aber desto mehr gelten
bey ihnen noch die Quacksalber,
desto furchtbarer sind ihnen die
bösen Menschen, desto zuverläßi-
ger die sympathetischen Mittel.
Die physische Landesbeschaffen-
heit betreffend: so ist das Land
durchaus von fruchtbaren Bergen von mäßiger Höhe durchschnitten, hat schöne Thäler und
Auen, meist östliche, südliche und
südwestliche Abdachung, eine warme und gesunde Luft und ein
mildes und gemäßigtes Klima.
Im ganzen Lande findet man keine bedeutenden Moräste, keine
beträchtlichen Gebirge, so, daß
[...] die Luft nirgends faulen,
[...] der Gesundheit der Einwohner nachtheilig seyn kann, weswegen auch die Mortalität gering,
[...] Fruchtbarkeit groß ist.
[...] auch nach den verschie-
[...] den in dem kleinen
[...] Himmelsstrich verschie-
[...] ist größtentheils fett,
[...] nur wenig sandig und
[...] daher man auch im gan-
[...] wenig böse Plätze
[...] vor wenigen Jah-
[...] 11,853 3/4 Morgen
[...] sind seit einigen Jah-
[...] zu Feld und Wiesen be-
[...]

[...] bewässern das
[...] Ansbach viele grö-
[...] Flüße und Bä-
[...] Ursprung, Lauf und
[...] findet man unter fol-
[...] Die Altmühl,
[...] die große Aurach,
[...] Aurach, die kleine

Aurach, die Bibert, d. Breit-
bach, die Bretrach, der
Brumbach, der Edler,
der Ettenbach, der Far-
renbach, der Fembach, der
Flußeerbach, der Fischbach,
der Geröbach, die Gollach,
die Grundlach, die Holzbach,
oder Elze, die Jagst, d. Mim-
bach, d. Mhrenbach, od. Mbrach, das Nesselbächlein,
die Pegnitz, die Rezat, der
obere und untere Rothfluß, d.
Schwäbische Roth, die Roth
im Crailsheimer-Kreiße, die
blinde Roth, der Rothen-
bach, die vordere und hintere
Schwarzach, d. Steinach-
bach, die Sulz, die Talach,
die Tauber, die Wieseth, d.
Wbralz, d. Jtt, d. Zwerch-
wbraitz.

Unter die neuerer Zeit eingegangenen Weyher, die ausgetrok-
net, und in Feld umgeschaffen
worden sind, gehören auch der
Spital Weyher, und der Höfner
Weyher. Daher nur folgende
noch Merkwürdig sind.

1) Der Scheerweyher, bey
Schallhausen, der bey Feu-
ersgefahr in der Stadt Ansbach losgelassen wird.

2) Der Zellenfelder Wey-
her, bey dem Dorf Zellenfeld im
Wassertrüdinger Kreise, der auch
der Markgrafen Weyher genannt
wird.

3) Der Gunzenhäußer Stadt-
Weyher.

In ältern Zeiten war das
Fürstenthum Ansbach an mine-
ralischen Wassern berühmter als
jezt; wenn gleich manche Quelle
ihren Ruhm öfters mehr dem
Glücke, als der Güte zu danken
hatte.

Im Kreise Onolzbach.
1) Ju Brodswinden war

1544, wie die Urkunden ergeben, ein Wildbad, besonders gegen die Kräße gut zu gebrauchen, wovon aber nicht die geringsten Spuren mehr vorhanden sind.

2) In Wephenzell zeigte sich zum erstenmale 1680 eine Quelle, die D. Lälius nach einem vorhandenen Tractat für die Engbrüstigen gut fand, weswegen sogleich unter Markgraf Johann Friedrich eine Verordnung ergieng. Sie wurde auch anfangs stark besucht, und mit Erfolg gebraucht; aber jezt ist sie nur als ein sehr reines und erfrischendes Quellwasser bekannt.

Im Kreise Crailsheim.

1) Der Sauer oder Gesundbrunnen zwischen Crailsheim u. Roßfeld, der 1701 von Stadtphysikus D. Eckhardt entdekt und 1722 von Stadtphysikus D. Hofmann beschrieben wurde. Bis 1766 wurde er noch stark besucht; dann verminderte aber wildes Wasser seine medicinische Kraft.

2) Bey Onolsheim, eine Stunde von Crailsheim, war ehemals ein Wildbad, das jezt aber gänzlich verfallen ist.

Im Wassertrüdinger Kreise.

1) In Heldenheim, der so genannte Käßbrunnen, von welchem Obemeyer eine historisch medicinische Beschreibung 1679 in 4. herausgab. Nach dessen Bericht muß es ein berühmtes Gesundheits-Bad gewesen seyn. Von seiner Heilkraft hört man jezt nichts mehr, so sehr auch Fischer seine Gilte anpreißt, und dabey bemerkt, daß er, was man hineinwirft, mit einer diken steinartigen Rinde überzieht, wovon er vermuthlich seinen Namen hat.

2) Das Wildbad in Solenhofen, das im 10 J. Hunderte entdekt wurde, aber schon lange in Abgang gekommen ist.

Der Gesundbrunnen im Kloster Heilsbronn, von dessen Heilkraft aber aus den ältern Zeiten keine authentische Nachrichten vorhanden sind.

Gebirge.

Das Land ist ohne eigentliche Gebirge, nur gegen den Einfluß der Salz in die Wörniz an der schwäbischen Grenze erhebt sich aus einer Berggruppe der Hesselberg, den man für den höchsten in Franken hält. Von Röklingen aus braucht man bis eben an den 600 Fuß hohen Gipfel eine volle Stunde. Er wird in den kleinen und großen Hesselberg getheilt, davon der kleine auch Schlößleins-Buk genannt wird. Auf dessen Oberfläche sind noch Ueberbleibsel einer ehemaligen Burg, welche das Stammhaus der Familie von Lentersheim ist. Der große Hesselberg wird in drey Abtheilungen getheilt, als in den Röklinger, Ehinger, und Gerolfinger Berg. Auf dem Rücken des Röklinger Bergs findet sich die Ostwiese, davon man erzehlet, daß die Druiden am Ostermontage ein Kind geopfert haben, woher es, wenn es Druiden in Teuschland gegeben hätte, wahrscheinlich würde, daß aus Opferwiese entstanden sey Osterwiese. Die Aussicht auf demselben ist sehr schön, und man zählt über 300 Orte, die man beym heitern Himmel sehen kann. Das Gebirg ist zum Theil mit dikem Holz bewachsen, meistens aber mit Haßelnußstauden bedekt, wovon es seinen Namen haben soll, den aber andere von dem Gott der alten Teutschen, dem Hessus, Herßhirß, Heßel herleiten, der daselbst verehrt worden seyn soll.

Nach

nach diesem Gott, dem Mars der Römer, wiewohl Fallenstein unter Hessus den Gott überhaupt oder die Sonne verstanden wissen will, soll man auch den Dienstag (dies Martis) dieses Tag benannt haben. Fast in der Mitte des Bergs gegen Norden findet sich eine Höhle, die Gottmannshöhle oder Gottmannsloch genannt. Feyerlein und Reinhardt hielten sie ganz unrichtig für eine Drudenschale, Obberlein für ein Behältniß der Früchte und Stleber für einen Zufluchtsort gegen einbrechende Feinde. Die heutige Beschaffenheit läßt auf ihre Bestimmung keinen Schluß machen, indem sie jetzt nur eine runde Tiefe von drei Schuhen, die mit Gras überwachsen ist, ausmacht. Man erblickt auf dem ... auch noch einen Stein, ... dessen Oberfläche König Gustav Adolph im 30 jährigen Krieg gespeiset haben soll. Schäzbare Kräuter bieten nicht weniger dem Kenner der Botanik ein reiches Feld zu Untersuchungen an, und aufmerksamen Naturforschern ist es wahrscheinlich, daß der Berg vor Jahren durch einen vulkanischen Ausbruch entstanden sey, seiner schwarzen, schwefelichten Aschenerde, der Kalksteine Muschilien sowohl, als wegen brennbaren Bestand..., welche bei heiterm Himmel den Berg öfters in Rauch einhüllen, was vor 40 Jahren die Sage veranlaßt, der Hesselberg brenne. Berg ist übrigens eine Scheide der Donnerwetter, und unter dessen ... stehen die Wolken, so daß oft unter dem Bergespitze in die Höhe

fahren. Außer diesem Gebirge sind noch folgende Berge merkwürdig. 1) Der Burgberg im Kreise Crallsheim. 2) Der Dillberg im Gunzenhäuser Kreise. 3) Der Hunger, richtiger Hunnenberg und Matzenberg bei Roßtall. 4) Der Bretzenberg bei Feuchtwang. 5) Der Heidenberg im Kreise Schwabach. 6) Der Staufenberg, Landeckerberg und Augertsberg im Gebiete Stauf. 7) Der Wildberg im Kreise Uffenheim und 8) Der hohe Fels, auf welchem die Veste Willzburg liegt.

Die Produkte des Fürstenthums Ansbach sind mannigfach. Das Mineralreich liefert nützliche Mineralien im Ueberfluß. Töpferthon s. hierüber die Art. Heidenheim und Treuchtlingen; Ziegelthon, Kallsteine, einfärbig, gelber Marmor s. Solnhofen; grauer Marmor am Hesselberge, Mergel, ehemals Gyps, nun nichtmehr; denn die Gypsbrüche bey Neuses unweit Ansbach und in dem Kappenberg bey Weyhenzell sind eingegangen. Achat am Muckberge, Carniol. Erst vor Jahren wurde in der Gegend des Meeshofes, unweit Flachslanden Carniol entdeckt. Feuer und Kieselsteine von verschiedenen Arten, Mühlensteine Wetzsteine; Versteinerungen in vielen Gegenden, Steinkohlen bey Kloster Sulz, welche auch vor 1763 biß 1773 gefördert wurden; Torf, der sich bey Trießdorf er; der nicht in brauchbarer Güte fand seit der Resignation des letzten Markgrafen hat man darnach zu graben aufgehört. Schwefel am Hesselberge und andern salzigen Gegenden, Koch-Salz ist nicht hinlänglich. Im Jahr 1755 entdeckte er zwar bey Gerabronn

rabronn eine Salzquelle, aber sie ist doch noch nicht so ergiebig, daß dem Mangel an Kochsalz abgeholfen wäre, und wird es der darauf verwendeten unsäglichen Kosten ungeachtet auch niemals werden. Der Ersatz dieser Bedürfniße kommt für das Fürstenthum A. aus Schwaben und vorzüglich Bayern. Vitriol und Alaun bey Crailsheim, Salpeter in mehreren Gegenden, wo er durch das Salpetergraben gewonnen wird. Eisen findet sich in der Gegend von Burgthan und Hohentrübingen. Die übrigen edlern Metalle sind nach den Versuchen der der vorigen Jahrhunderte wohl vorhanden, aber ihre Bauwürdigkeit ist zur Zeit noch zweifelhaft.

Pflanzen und Kräuter, welche hier wild wachsen und Saamen tragen, hat Fischer in seiner Beschreibnug 1 Thl. 147 bis 190 in einem Schätzbaren Verzeichnisse geliefert. Aus dem Gewächsreiche zeichne sich nur aus Korn oder Roggen, Dinkel oder Spelt, Waitzen, Gerste, Hafer, Erbsen, Wicken, Linsen, Heidekorn, oder Buchweitzen, Hirsen im Ueberfluß, so, daß nächst dem Hochstifte Würzburg das Fürstenthum Ansbach die eigentliche Kornkammer von Franken genennt werden kann. Schon unter den Markgrafen waren im ganzen Lande mehrere Magazine angelegt, um auf jeden Fall vor Mangel gesichert zu seyn.

Die Sommer Getraidarten säet der hiesige Landwirth im März und April, die Winter Getraidarten aber 8 Tage vor oder nach Michaelis auf hohe und schmale Beete mit tiefen Furchen; damit im Frühling das Schneewasser leicht abläuft und die Erde nicht von der Saat weggeschwemmt wird, aus welchen Gründen auch die breiten Beete mit flachen Furchen nicht allgemein eingeführt werden können, wenn es auch schon durch das Zusammenpflügen von den 60000 Morgen Aeckerland einige 1000 Morgenlandes mehr zum Feldbau gewinnen dürfte. Man bedient sich hier zweyerley Pfluge zur Feldarbeit eines größern, Setzpflug genannt, zum Umreisen des Erdreichs und und eines kleinern Streichpflug genannt, womit der eingesäte Saamen umgeackert wird. Kartoffeln, oder wie sie hier zu Lande sprechen Erdäpfel erbaut man häufig. Vortheilhaft ist es, daß die ungesunden und leicht ausartenden sogenannten welschen Erdbirnen durch die schmakhaften Bayreuther Erdäpfel immer mehr verdrängt werden.

Der Seidenbau ist noch im Werden, s. deswegen den Artikel Roth, die Stadt.

Tabak wird in Cadolzburg Roth Schwabach und Windsbach stark getrieben. s. ermeldete Artikel darüber.

Der Flachs und Hanfbau, das Spinnen und Weben, so wie das Bleichen, der daraus verfertigten Waaren ist nach einer Verordnung vom 20 Julius 1796 jetzt ein vorzüglicher Gegenstand der Landesökonomie. Alle Aemter und Gutsherrschaften hatten diesem gemäß anzuzeigen 1) ob Hanf und Flachs gebauet wird, oder nicht 2) ob diese Materialien verarbeitet oder roh u. wo hin verkauft werden? 3) ob Leinenweber vorhanden sind, ob sie bloß örtlichen oder auch ausländischen Verschluß haben? 4) wie viel von ihnen jährlich ver-

verarbeitet wird? 5) ob Bleichen oder Gelegenheiten dergleichen einzurichten vorhanden sind? u. 6) ob Vorschläge zur Verbesserung des Flachs und Hanfbaues, der Leinenspinnerey und Weberey und der Bleichen zu machen sind.

Der Krapp oder der Färberröthe ist erst vor ungefähr 17 J. eingeführt worden, s. b. Art. Kloster Heilsbrunn, und ist noch im Steigen.

Der Obstbau wird mit jedem Jahre an Aepfeln, Birnen, Kirschen, Aprikosen, Pflaumen u. dergleichen stärker und besser betrieben; obgleich noch Geld für Baumfrüchte in das Bambergische geht. Aber der Küchengartenbau wird vernachläßiget, so, daß jährlich eine große Summe Geldes für das grüne Gemüß in das Nürnbergische ausfließt.

Mit dem Hopfenbau beschäftigen sich besonders die Einwohner gegend um die Städte Langenzenn, Gunzenhaußen, u. Schwabach, und gewinnen außer dem eigenen Bedürfniß fürs Ausland.

Wein wird nur in der Gegend des Mains und der Tauber besonders von Randersacker, Marktsteft, Sommerhaußen, Segnitz, Mindernheim und Prichsenstadt gebauet, wenn er geräth, giebt er oft manchem Rheinwein nicht nach.

Die Wälder betragen 69,226 Morgen. Hiervon sind 49,511 M. das Eigenthum der Landesherrschaft und 19,715 M. gehören den Gemeinden und Heiligen. Außer dieser Morgenzahl betragen noch die Gemeinden und Bauernhölzer oder jene, welche zu Höfen und Gütern gehören, eine ansehnliche Summe, so, daß man das ganze auf 86,000 M. annehmen kann. So spricht Fischer hierüber, und ihm nach Leonhardi. Der fränkisch Merkur v. d. J. S. 647 liefert ein Verzeichniß der in dem Außfräckischen Fürstenthum befindenden Domainen Waldungen nach der neuen Vertheilung in Kreise, das aufrichtigere Verhältniße führen würde, wenn es vollständig wäre. Es fehlt aber der Gunzenhäußer Kreis. Ich will es zur nähern Ansicht hieher setzen.

Verzeichniß der in dem Anspachischen Fürstenthume befindlichen Domainen-Forsten nach der neuen Vertheilung in die Kreise.

Kreis	Kameral-Amt	Morgenzahl den Morgen zu 360 Quadratruthen.	Anmerkungen
	Ansbach	5585	
	Colmberg	1563	
	Windsbach	4866	
		12413	Durch die Purifikation mit Oettingen verliehrt dieses Fürstenthum die Nördlinger und einen Theil der Anhauser Forsten; bekommt aber die Spielberger, dagegen, welche noch nicht gemessen ist.
	Wassertrüdingen	1503	
	Herrieden	3140	
		4823	

Kreis	Kameral-Amt	Morgenzahl den Morgen zu 360 Quadratruthen.	Anmerkungen.
Schwabach	Schwabach	2524	
	Cadolzburg	1660	
	Burgthan	2194	
		6378	
Uffenheim	Uffenheim	1919	
	Mainbernheim	566	
	Prichsenstadt	43	
		2528	
Crailsheim	Crailsheim	9271	Verliehrt einen Theil an Hohenlohe-Bartenstein, bekommt aber wieder Forsten, die noch ungemessen sind, dafür.
	Feuchtwang	3024	
		12295	
	Sum.	38457	

Die Waldungen bestehen aus Forchen, Föhren, oder Kiefern, Fichten und Tannen, und aus den meisten Bäumen und Sträuchern des Laubholzes. Seit der Königlich Preußischen Besitznehmung ist auch durch eine neue mustermäßige Forstordnung dieser Zweig der Staatsverwaltung in mehr Ordnung gebracht worden, besonders zum vortheilhaftern Wachsthum des Laubholzes. Es ist auch der so nachtheilige Wildstand von Hirschen und Rehen noch mehr vermindert und forstwirthschaftlich eingeschränkt worden.

Das Ansbachische Fürstenthum ist mit den futterreichsten Wiesen, die mehrentheils in angenehmen Thälern liegen, und durch die vielen Quellen und Bäche mit dem befruchtigten Safte befruchtet werden, gesegnet. Solche Auen in Thälern werden Grund- oder Bachwiesen, die an oder auf den Höhen gelegenen aber, Hochwiesen genennet. Viele solcher Wiesgründe können in jedem J. dreymal abgemäht, oder einges

erndtet werden. Zweymädig sind sie jetzt alle. Natur und Fleiß würken in diesem Punkte gemeinschaftlich. Gute Hauswirthe führen im späten Herbst und auch zu Anfang des Frühjahrs viel Dünger auf ihre Wiesen und lassen ihn den Winter über darauf liegen. Die Erde zieht in der Zwischenzeit die befruchtende Kraft in sich, bis die Wiese im Frühjahr wieder gesäubert wird. Die besten und futterreichsten Wiesen liegen an der Altmühl-Wörnitz-Zenn-Rezat-Rednitz-Jagst- und Bibert-Flüßen. Der gesegnete Wieswachs trägt das meiste zur Viehzucht bey, welche der größte Handlungszweig der hiesländischen Einwohner ist. Das Rindvieh ist groß, von starken Knochen, durch Schweizer-Art seit einigen Jahren sehr verbessert, mehrentheils rothbraun und scheckigt und außerordentlich dauerhaft. Vergnügen ist es, auf den Hutschaften große Viehheerden weiden zu sehen, die mit ihren anhängenden Glocken ein liebliches Geläute machen. Eine große Zahl der schön-

schönsten gemästeten Ochsen und Schaafvieche wird jährlich in das Ausland, besonders über Angspurg und Straßburg bis nach Frankreich getrieben, und durch deren Verkauf eine ansehnliche Summe Geld eingebracht. Ochsen von 22 bis 24 Ctr. kommen nicht selten vor.

Die Pferdezucht hat besonders der lezte Markgraf durch Einführung der schönsten Englischen Hengste auf verschiedenen beschäl-Stationen im Lande, wo die Einwohner ihre Stutten beschälen lassen mußten, veredelt. Er ließ auch selbst verschiedene Füllenhöfe errichten. Nur ist zu bedauren, daß die hiesigen Einwohner ihre an Schönheit den Englischen gleichkommenden Pferde zu jung zur Arbeit nehmen, womit sie dieselben doch bis zum vierten Jahr verschonen sollten. Der gemeinen Esel, statt der Pferde bedient man sich nur in den Gegenden gegen die Reichsstadt Rothenburg ob der Tauber. Schon seit 1789, also nicht erst unter Königlich Preußischer Regierung, wie einige irrig meinen, hat man sich die Verbesserung der Schafzucht ernstlich angelegen seyn lassen. Man ließ eine namhafte Anzahl ächter Spannischer Merino Widder und Mutterschaafe unmittelbar aus Spanien kommen, welchen unterwegs noch eine Anzahl Rossillonischer Mutterschaafe beygesellt wurde. Die spanischen Merino Widder wurden seitdem alle Jahre an die Unterthanen und Gemeinden, welche zur Spanischen Schaafzucht freywillig verstanden in den beyden Fürstenthümern Ansbach und Bayreuth zur Belegung ihrer grobwollig deutschen Mutterschaafe geliehen, wodurch die Verbesserung der innländischen Schaafzucht sowohl bereits gediehen ist, daß schon hin und wieder solch- veredeltes Schaafvieh in diesen zwey Fürstenthümern angetroffen wird, dessen Wolle theils so fein und reichhaltig ist, als die ächt Spanische selbst, theils der ächt Spanischen nicht weit mehr nachsteht, und theils durch die alljährliche Fortsetzung mit jedem weitern Veredlungs-Grade alle Jahre der ächt spanischen feinen Wolle immer näher kommt, bis sie jedesmal mit der vierten Generation das Ziel ganz erreichet. Was zur Erhaltung dieser Anstalt geschieht s. unten d. Art. Neuses bey Ansbach und Rothenhof im Bayreuthischen. Dieses Institut steht unmittelbar unter dem höchsten geheimen Landes-Ministerium und die Inspection auch Administration ist dem verdienstvollen Kriegs- und Domainen-Rath Lehner übertragen, auf den ich weiter unten öfter zurückkommen werde.

Die Schweinzucht fand von jeher in diesem Fürstenthum viel Widerstand, der herrschaftlichen Verordnung ungeachtet, daß Becker, Müller, Melber und Bierbrauer eine Schweinsmutter halten, und gesetztes Schwein eingeführt werden soll. Mangel nöthigte indeß die Unterthanen auch diesen Zweig besser zu betreiben, so daß sie jezt in Burgthan, Etauf und Gunzenhausen bedeutend ist, und in den Kreisen Wassertrüdingen u. Uffenheim anfangt beträchtlich zu werden. Es giebt daher in Gunzenhausen jährlich mehrere beträchtliche Schweinsmärkte.

Das Scharzwildpreth ist seit

seit mehrern Jahren völlig ausgerottet, und auch wegen des rothen Wildprets ist seit 1795 ein Königlicher Befehl ergangen, es überall wegzuschießen, wofür die Unterthanen für jeden Morgen Acker etwas Geringes zahlen.

Von den Vögeln, die in Franken nisten, findet man die allermeisten auch im Fürstenthum Ansbach. Man sehe das schätzbare Olevogtische Verzeichniß hievon im Fränkischen Merkur Jahrg. 1795. S. 130 ꝛc.

Zur Bienenzucht scheinen die hiesigen Einwohner im allgemeinen wenig Neigung zu haben. Ueberdies sind sie durch unausführbare Vorschläge zu versuchen verleitet worden, deren unglücklicher Ausgang sie vollends abgeschreckt hat. Von Fabriken und Manufacturen des Fürstenthums Ansbach kann ich hier nicht besonders handeln, ob es gleich einer weitern Ausführung zu bedürfen scheint; weil seit 25 bis 30 Jahren sich dieselbigen stark vermehrt haben. Somit dürfte man nur den Artikeln Fürth, der Hofmarkt Roth und Schwabach suchen um sich davon zu überzeugen; Neuerer Zeit findet man deren zu Ansbach, zu Bruckberg, zu Crailsheim, Jochsberg, Langenzenn, Leutershausen, Treuchtlingen, Wassertrüdingen. Von jeden dieser Einrichtungen soll besonders unter diesen Namen gehandelt werden. So wie ich von den acht Papiermühlen des Fürstenthums Ansbach unter den Namen Fichtenmühle, Friedrichsgemünd, Georgengemünd, Schwabach, Burgthan, Heidenheim, Weyhenzell, handeln werde. Der Pulvermühlen sind im Lande nur 2. s. Lehrberg und Burgthan.

Ein handelnder Staat ist das Fürstenthum Ansbach nicht, und wird es seiner kommerziellen Lage nach auch nicht werden, wenn gleich Stest zur Handlung sehr gut gelegen ist. Dennoch möchte der Activhandel mit dem Passivhandel das Gleichgewicht halten, u. wenn man noch den Transito Handel in Anschlag bringt, diesen übertreffen. Die vorzüglichsten Artikel, womit das Fürstenthum einen Exporten-Handel treibt, sind:

Getraid.

Der Getraidsabsatz ist nicht nur in der Ansbacher, Crailsheimer, Schwabacher und Uffenheimer Schrannen beträchtlich, sondern es wird auch ein starker Handel mit Korn, Waizen, Haber und Hülsenfrüchten in die Schranne nach Mkt. Stest, Mkt. Breit u. Ochsenfurth getrieben und in den dortigen Getraide-Märkten an fremde Käufer verkauft. Korn und Waizen wird auch stark nach Nürnberg verführt, und mit Korn oder dem sogenannten Mundmehl nach Schwaben und Sachsen Handel getrieben.

Wein werden in das Eichstätische, Thüringische und Sächsische; Hopfen in das Schwäbische, Elsasische und Sächsische, Tobacksblätter nach Bremen, Hamburg und Holland, Salpeter in das Oesterreichische häufig verschickt. Auch mit Holz, Bretter und Kohlen wird zu Burgthan Crailsheim und Roth ein nicht unbedeutender Handel in die benachbarten Länder getrieben.

Vieh:

Eine noch ergiebigere Quelle, die diesem Fürstenthum für die starken Summen hat, die es für Waaren des Luxus u. d. Pracht in das Ausland sendet, ist d. Viehhandel. Aus dem Ansbachischen

eine

aber auch Hohenlohischen werden eine Woche in die andere gerechnet, wöchentlich 110 Ochsen von den Anspacher Metzgern aufgekauft und nach Strasburg gebracht. Ein paar Ochsen kostete vor den Kriegszeiten, wo der Preis um die Hälfte gestiegen ist, 200 – 250 Gulden, wodurch also jährlich eine Summe von 400000 Thalern erlößt worden ist. Auch mit rohen Häuten, so viel deren nicht im Lande verarbeitet werden können, und ihre Anzahl ist um so geringer, weil es noch sehr an guten Gerbereyen fehlt, wird stark ins Ausland und besonders in Niederlande gehandelt. Der Hammel und Schaaf-handel ist besonders in den Städten Crailsheim und Uffenheim bedeutend, und wird es seit der veredelten Schaafszucht durch

spanische Widder täglich mehr, so wie der Wollenhandel auf den Wollenmärkten zu Uffenheim, Eysölden u. Roßfeld. Die Hammel gehen nach Straßburg; die Wolle meist in das Sächsische. Der Pferdehandel ist am stärksten im Kreise Anspach, und die beyden Roßmärkte zu Anspach übertreffen noch den Ellwangschen. Gewöhnlich sind 10 bis 1400 Pferde auf demselben. Die beträchtlichsten Viehmärkte im Fürstenthume sind: 1) Der Ansbacher, der den Dienstag jeder Woche gehalten wird. Es wurden vor den Kriegszeiten öfters schon jährlich 10 bis 12000 St. daselbst zum Verkauf gebracht, und gegen 8 bis 10000 Stück verkauft. Während des Französischen Kriegs erschienen nicht selten jede Woche 2 bis 300 Stücke,

Extract aus den Ansbacher Viehmarkts Protocollen vom Etats Jahr 1792 bis 1797 inclus.

		Geldbetrag
vom 1 Juny 1792 — ult. May 1793 sind verkauft worden.		268038 fl. 37 1/2 kr.
vom 1 Juny 1793 — ult. May 1794.		310575 fl. 10 1/2 kr.
vom 1 Juny 1794 — ult. May 1795.		309915 fl. 22 2/4 kr.
vom 1 Juny 1795 — ult. May 1796.		352057 fl. 9 3/4 kr.
vom 17 Juny 1796 ult. May 1797.		205609 fl. 55 1/2 kr.

Summa 1,446,196 fl. 16 kr.

Extract aus den Ansbacher Roßmarkts-Protocollen, von 1796 — 1798. Inclus.

Pferde wurden verkauft	Stück	Geldbetrag
Anno 1796. am ersten Roßmarkt.	678	76079 fl.
am zweiten Roßmarkt.	510	57183 fl.
Anno 1797 am ersten	804	101786 fl.
am zweiten Roßmarkt.	644	83713 fl.
Anno 1798 am ersten	758	80842 fl.
am zweyten Roßmarkt.	639	50646 fl.

Summa 459319 fl.

2) der Crailsheimer, der das Jahr viermale gehalten und gewöhnlich mit 3 bis 400 Stücken besucht wird.

3) Der Uffenheimer, der jährlich dreymale gehalten wird, und schon vor den Kriegszeiten eine Menge Ochsen und Kühe in die Mayn- und Tauber-Gegenden lieferte, so daß jährlich der Erlös 60000 bis 70000 Gulden betrug. Der Schweinsmarkt in Gunzenhausen wurde an den Freytagen des J. gehalten und von allen benachbarten Gegenden sehr stark besucht. Von Fabrik und Manufacturwaren sehe man hier besonders die oben angegebenen Fabrik und Manufactur:

1) Der Preußische Thaler, à
2) Der Preußische Gulden, à
3) Der Preuß. halbe Gulden, à
4) Der Preuß. 1/3 Gulden, à
5) Der Preuß. 1/4 Gulden, à

2) Daß es sich die Regierung sehr angelegen seyn läßt, die in jeder Landstadt so verschiedenen Maaße und Gewichte zu reguliren, und einförmig zu machen, und allen Betrug im Handel und Tausch zu vertreiben.

Der Steuerfuß im Fürstenthum Ansbach, der aus 1) der Kammersteuer, 2) der herrschaftlichen Steuer u. 3) einer Accißsteuer vor dem Autritt der Preußischen Regierung bestand, ist bis jetzt unverändert geblieben. Auch die andere Quelle der Einkünste, die Erbzinse, Gülten, Zehnten, Zölle, Handlöhnen und das Umgeld hat nur in sofern eine Veränderung erlitten, daß die Zölle und das Umgeld erhöht worden ist. Außerdem ist aber eingeführt worden, 1) eine neue Sportelcasse, 2) eine Ser-

plätze. Den Handel befördern auch die Dammwege im Lande ungemein. Fürst Christian Friedrich Karl Alexander hat von 1762 an auf die Anlegung derselben mehr als 820000 fl. gewendet und noch immer kostet deren Erhaltung u. Verbesserung 20000 fl. Vom Maaß Gewicht u. Münzfuße in den beyden Fürstenthümern Ansbach und Bayreuth soll unter dem Artikel Bayreuth das Fürstenthum, gehandelt werden. Hier ist nur zu erinnern:

1) Daß mit dem Autritt der Regierung des Königs in Preußen das Preußische Geld in beiden Fürstenthümern eingeführt worden ist:

1 fl. 45 kr. rhl. Währung
1 fl. 10 kr. —
— 35 kr. —
— 11 kr. 2 Pf. —
— 8 kr. 3 Pf. —

telsabgabe, und 3) die Wildsteuer.

1) Die Sporteln, oder die in Processen oder sonstigen Angelegenheiten aufgelaufenen Kosten bestehen 1) in den Gebühren im ordinären Proceß, 2) in den Gebühren in Wechsel und Executions-Processen, 3) in den Gebühren in Concurs und Liquidations-Processen 4) in den Gebühren, die nur in einigen Processen und bey besondern Umständen und Gelegenheiten vorkommen, 5) in den Gebühren bey Fiscalischen Untersuchungen, 6) in den Gebühren in Criminalsachen, 7) in Gerichtsgebühren, 8) in den Gebühren, in Lehensachen, 9) in den Gebühren in Vormundschaftssachen, 10) in den Gebühren in Consistorialsachen

[sachen, 11) in den Gebühren in Hypothekensachen, und [...] 12) in den Gebühren bey [...] Angelegenheiten der freywilligen Gerichtsbarkeit. Die nähere Bestimmung hievon [...] das Sportel Reglement vom August 1796. Die Ansetzung der Gebühren richtet sich im allgemeinen nach dem Object, welches dem Kapital, nicht den Zins und Kosten nach unter eine [...] folgenden Colonnen ge[...]wird, als:

17 1/2 fl. von 400 fl.
37 1/2 fl. bis 1000 fl.
67 1/2 fl. von 1000 fl.
100 fl. bis drüber.
[...] 200 fl. frey von allen
400 fl. Sporteln sind.

[...] der Fiskus in allen Sachen, [we]lchen er als Parthey anstritt, [...], dem Jura fika er[...], 2) die Landarmen und [milden] Anstalten, 3) die Re[...]lassen u. Salarien Kas[sen in] Saccoursen, wenn ihre [...] aus Processen [...], welche zur Zeit der Suc[cessions]eröffnung noch nicht abge[...], 4) Unteroffiziers [und] deren Ehefrauen, 5) [...], die Bauernhöfe be[...], wenn der Proceß diese Gü[ter be]trift, zur Hälfte, 6) die[jenigen], welche sich vorschrifts[mäßig zum] Kammerrecht quali[fiziren, 7) Pupillen, wenn [...] ihres Vermögens einmal zu ihrer Erziehung [...]

Die Servisabgabe ist diejeni[ge Geld]abgabe, welche zur Vergü[tung der] Walquartiere f. das im [...] stehende Militär, zum [...] der Bachschläfer, Ka[...] und zu andern [...] dem ganzen [...]

ward a) von dem Grund- und Gewerbe-Vermögen, und b) von den Geldbesoldungen der weltlichen Dienerschaft erhoben. Der Servis im ersten Falle richtet sich nach dem Steuerfuß, und davon sind befreyt, 1) die Neubauenden, wegen der ihnen zugestandenen Steuerbefreyung und Baugnade, so lange solche fortdauert, und insofern sie in der Folge noch bewilliget werden, 2) die mit Unglücksfällen betroffenen Güterbesitzer, welchen auf 3—4 und mehrere Jahre ihre Steuer erlassen worden ist. Im zweyten Falle müssen alle Civilbediente von ihren fixirten Geldbesoldungen Eins von Hundert Servisbeitrag zahlen, nur davon sind befreyt die in wirklichen Militärdienst stehende Personen, die Professoren, Kirchen- und Schulbediente.

c) Die Wildsteuer, ist diejenige Geldabgabe, die jeder Unterthan von seinen liegenden Gütern für die Ausrottung des Wildes und zur Erhaltung der Forstbediente zahlt. Sie beträgt von dem Morgen 2 kr. rhl.

Die Landesverfassung hat seit der Preußischen Regierung in diesem Fürstenthum eine ganz veränderte, aber sehr wohlthätige Gestalt erhalten.

A. Landesdicasterien. Im Jahr 1795 den 2ten Juli ergieng von Berlin aus ein königliches Patent, das die Organisation der Landeskollegien und die Verbesserung der Landesverfassung zur Absicht hatte, und durch ein zweytes vom 18. May 1797 eine nähere Bestimmung und Berichtigung erhielt. Diesem zu Folge wurden in der Provinzialstadt Anspach, 1) ein Landesministerium, 2) die Regierung

rung des ersten Senats, 3) die Regierung des zweyten Senats, und 4) die Kriegs- und Domainen-Kammer angeordnet.

a) Das Landesministerium hat die Oberaufsicht über die ganze innere Landesadministration der fränkischen Fürstenthümer Ansbach und Bayreuth, in allen Verwaltungszweigen. Nur die auswärtigen Angelegenheiten und Differenzsachen, so wie die Angelegenheiten des Fränkischen Kreises werden unter der Leitung und Aufsicht des Departements der auswärtigen Angelegenheiten zu Berlin besorgt, so wie der jedesmalige Großkanzler zur Gesezgebung in eigentlichen Justizsachen und der Chef des geistlichen Departements zu Berlin zu allen geistlichen Sachen conkurrirt. Damit ist zugleich ein Oberrevisions-Collegium verbunden, wohin auch von der Kammer-Justiz-Deputation zu Ansbach und Bayreuth die Acten zum Spruch eingeschickt werden, welches sodann seine Erkenntnisse zur Publikation an diejenige Kammerjustiz-Deputation, welche in der zweyten Instanz gesprochen hat, zurücksendet. Bei dem Landesministerium führt der Geheime Staats-Kriegs-Kabinets und dirigirende Minister Freyherr von Hardenberg das Präsidium, wobei noch zwey vortragende geheime Ministerial-Räthe und zwey wirkliche Geheime Krieges- und Domainen-Räthe angestellt sind.

b) Die Regierung des ersten Senats verwaltet, 1) die Justiz in bürgerlichen Sachen, und den dazu gehörigen Fällen, 2) in peinlichen Sachen, 3) das Depositenwesen, wie auch die Justizvisitationen bei den Untergerichten. In Rücksicht der Distraktion der Justiz und der Concurrenz in allem, was zur Gesezgebung in eigentlichen Justizsachen gehört, steht dieses Collegium zunächst wieder unter dem Großkanzler in Berlin; übrigens ist es dem Landesministerium unmittelbar untergeordnet, ausser daß die zu Rathsstellen in den Regierungen vorzuschlagenden Subjekte vorher sich der Prüfung der Ober-Examinations-Commission zu Berlin unterwerfen müssen. Dieses Collegium ist mit einem Präsidenten, zwey Directoren, sechs Räthen und drey Assessoren besezt. Ausser diesen sind dabei auch Referendare und Auskultatoren angestellt, die sich zu künftigen Justizbeamten bilden wollen.

c) Die Regierung des zweyten Senats hat zum Ressort 1) Lehensachen, 2) alle vormundschaftliche Sachen, und 3) als Consistorium die consistorial und geistliche Sachen, oder das gesammte geistliche Kirchen-Heiligen- milde Stiftungs- und Schulwesen, nebst der Aufsicht auf Kirchen und Schulen, und der dabei angestellten Lehrer und Diener. In Rücksicht der eigentlichen Religionssachen steht dieses Collegium zugleich unter dem Chef des geistlichen Departements in Berlin, dem auch die Anstellung der theologischen Lehrer auf der Universität Erlangen einzig überlassen ist; aber die Besezung der geistlichen und Schulstellen, wie die reformirten und lutherischen Kirchen und Schulangelegenheiten sind dem Landesministerium vorbehalten. So wie der erste Senat die Appellation in allen Untergerichtsprozessen formirt, so ist der zweyte Senat in der Regel die zweyte Instanz, wenn gegen die Urtel des ersten Senats in erster Instanz die Appellation erhoben wird. Bei diesem Collegium ist ein Präsident, 2 Director, 6 Räthe und 3 geistliche Consistorial-Räthe angestellt.

d) Dem Kammer-Collegium ist die Verwaltung der Königlichen und Staatseinkünfte übertragen, wie die Einrichtung und Aufsicht über die Landes-Polizey, insoweit sie den Statum oeconomicum, politicum und das interesse publicum betrift. Zu seinem Ressort gehören also, 1) Gränzstreitigkeiten der Königs-Unterthanen unter sich und zwischen den Königlichen Aemtern und Städten, 2) Abschoß- und Abzugssachen, insofern zwischen Kammern und Kammereyen oder hiesiger und Kammereyen darüber Irrungen entstehen, 3) alle Kriegs-Marsch-Einquartirungs- Proviant-Magazin und (?) - Angelegenheiten, 4) die Publication der Gesetze, Edikte und Verordnungen, welche solche Gegenstände der Staatsverwaltung betreffen, 5) die Ausübung der Verwaltung wie auch Besteuerung a) Contribution und b) Zollsachen, b) höhern und niedern Regalien, c) Lehnern und Do(?)sachen, wie auch Gerechtigkeits-Gefälle, 6) Die Verwaltung der Landes-Polizeysachen, Gewerbs-Zunft und Innungssachen, aller Handlungs- und Handwerkssachen, 7) die Aufsicht über alle im Staate vorhandenen nichtactual öffentlichen (?), Gesellschaften und

Corporationen, insofern solche nicht irgend einer andern Behörde anvertraut sind, über Städtesachen, als die Kammereyen derselben, das Stadt und Burg-Fürsten-Schuld-Creditis-Wesen und die Aufsicht über das Judenwesen, 8) endlich gehören zum Ressort dieses Collegiums auch alle Rechtsangelegenheiten und Prozesse, welche über die vorstehenden benannten Gegenstände des Kammeralrescripts vorkommen, weßwegen damit eine eigene Kammer-Justiz-Deputation verbunden ist. Bei diesem Collegium sind 1. Präsident, 1. Direktor, 10. Räthe, zwey Assessoren, einige Referendare und Musculatoren angestellt. Jedes dieser Collegien hat wieder verschiedene Unter-Departementer, darüber der Anspacher Adreßkalender vom Jahr 1796 Aufschluß ertheilen kann, und die daher hier keiner Erwähnung bedürfen. Dem Kriegs- und Domainen-Kammer-Collegium sind jetzt noch folgende einzelne Departements untergeordnet.

1. Die Haupt-Domainenkasse mit einem Rentmeister, einem Gegenschreiber und einem Buchhalter. 2. Die Hauptsteuerkasse mit einem Obereinnehmer, einem Gegenschreiber und einem Buchhalter. 3. Die Kammer- und Justiz-Deputations-Sportel-Schreibmaterialien-Verwaltung und Stempelkasse. 4. Die Landes-Getraid-Magazinskasse. 5. Die Beleuchtungskasse. 6. Die Almosenverwaltung. 7. Die Baudirektion. 8. Die Porzellanfabrik in Bruckberg. Das Burggräfliche Landgericht hat einen Landrichter und 5 Regierungsräthe aus beyden Senaten als Assessoren, einen Secretär, einen Registrator, und

und Kanzlist der zugleich Sportelnintendant ist u. 5 Prokuraturen und Advokaten. Das Medizinal-Collegium hat einen Präsidenten, 5 Medizinalräthe, einen Assessorn. Ausserdem gibt es noch 11 Stadt- und Landphysici, 11 Accoucheurs, und 11 Fraischchirurgi.

Der erste Senat zu Bayreuth besteht aus einem Präsidenten, einem Director und 7 Regierungsräthen und einem Assessor. Dabei sind noch angestellt 3 Criminal-Räthe, ein Depositalrentamt, 4 Secretäre, 1 Justizcommissär, 7 Registratoren mit Inbegriff der Reichs-Registratoren, ein Depositenkassetendant, ein Rendant und Controlleur der Salarien und Sportelnkasse, 4 Canzlisten, 10 Justiz-Commissarien und Notarien. Der zweyte Senat hat mit dem ersten gegenwärtig den Präsidenten gemein; außerdem einen Director, 4 Regierungsräthe und 4 Consistorialräthe. Ferner sind dabei angestellt 4 Secretaire, 2 Registratoren, 4 Rechnungsrevisoren, ein Calculator und 6 Canzlisten. Die Krieges- und Domainen Kammer besteht aus einem Präsidenten, einem Director, 9 Krieges- und Domainenräthe und 4 Assessorem. Noch sind dabei angestellt 8 Secretaire, 6 Registratoren, 12 Cammerreviforen, 12 Cammercanzlisten und 2 Journalisten.

Einzelne der bayreuthischen Krieges- und Domainenkammer unmittelbar untergeordnete Departements sind: 1. Die Haupt- und Domainen-Kasse. 2. Die Hauptsteuerkasse. 3. Das Hauptnaturalmagazin. 4. Die Münzdirection. Das Ritterlehngericht hat dermalen keinen Landrichter aber 4 Assessoren, 2 Sekretair

und einem Canzlisten. Das Medizinalkollegium mit dem Ansbachischen ein und den nemlichen Präsident, 8 Medicinalräthe und einen Assessor, endlich 5 Stadt- und Landphysici.

Das innere Rechnungswesen und die Verwaltung der Domainen haben die Kammerämter. Jedes Kammeramt besteht in der Regel aus einem ersten Kammeramtmann, als dirigirenden Einnehmer der Domainengefälle und Verwalter b. Landespolizey, 2) einem zweiten Kammeramtmann als Controlleur u. Actuar des ersten und Einnehmer der Steuergelder 3) 1 Assistenten und 4) 2 Copisten. Ein Justizamt ist mit einem ersten Justizamtmann und zweiten Justizamtmann und 1 Actuar besezt. Der Sprengel d. Kammeramts stimmt genau mit dem des Justizamts überein.

B. Die Untergerichte erster Klasse auf dem Lande. 1) die Kreise. Nach einem königlichen Patent vom 11. Juny 1797 ist die bisherige Eintheilung des Fürstenthums Ansbach in Oberämter aufgehoben, und das Land in sechs Kreise getheilt worden. Der Oberämter waren fünfzehn, als 1) Ansbach 2) Burgthann. 3) Cadolzburg. 4) Colmberg. 5) Crailsheim. 6) Ereglingen. 7) Feuchtwang. 8) Gunzenhausen. 9) Hohntrüdingen. 10) Roth. 11) Schwabach. 12) Stauf. 13) Uffenheim. 14) Wassertrüdingen. 15) Windsbach und Kloster Hailsbronn. Dazu gehörten noch 36 Unterämter. Beyde zusammen bilden die 6 Kreise auf folgende Weise:

A) Ansbacher Kreis.
1) Das Justizamt Ansbach; das bisherige vorige Stadt- und

Kastenamt, jetzt Rentamt, Vogtamt Lehrberg, Vogtamt Flachslanden, Bruck, und Bosenberg,
dann das Bayreuthisch Amt Boß-
hofen, so weit dessen Besitzungen
im dortigen Fraischbezirk liegen.

2.) Das Justizamt Leuters-
haufen, außer dem dort schon bestehenden Amte, das Amt Cöln-
berg, Ickshöberg, Brunst und den
im dasigen Oberamt Colmberg liegenden Theil des Amtes Sulz.

3.) das Justizamt Insingen,
im Kirchenburgischen Gebiet, behält seinen Umfang hinsichtlich d.
Niedergerichtsbarkeit.

4.) Das Justizamt Windsbach,
außer dem dortigen Kastenamt,
das Verwalteramt, Hallsbronn u.
Markendorf.

B.) Im Schwabacher Kreis.

5.) Das Justizamt Cadolzburg,
außer dem dort schon bestehenden
Amte, das Richteramt Roßstall,
das Vogtamt Langenzenn, mit
Ausschluß der Stadt und das
Verwalteramt Debersdorf.

6.) Das Justizamt Schwabach,
außer dem Schwabachischen Kastenamtlichen Bezirk, das Richteramt Schwend, Kornburg und
Wollersdorf.

7.) Das Justizamt Burgthal,
außer dem dasigen Oberamt gehörig, das Vogtamt, Schönberg und
Verwalteramt Burgtann.

8.) Die Grenzen des Justiz-
amts Wöhrd und Gostenhof werden demnächst desto näher reguliert
werden.

C.) Der Gunzenhauser Kreis.

9.) Das Justizamt Gunzen-
hausen, außer dem Bezirk des
dortigen Kastenamts, das Vogtamt Ahlsingen oder Weimersheim das Stiftamt Walzburg.

10.) Das Justizamt Roth, das
zeither damit verbunden gewesene Amt Gemünd.

11.) Das Justizamt Plauf,
außer dessen bisherigen Umfang,
das Vogtamt Beyern.

D.) In Wassertrüdinger Kreis.

12.) Das Justizamt Heidenheim, außer dem Bezirk der bisherigen dasigen Aemter. Das
Amt Solnhofen, Ostheim, Wettelsheim, Treuchtlingen, Berolzheim, und das von Oettingen ein-
getauschte Amt Spielberg, indem
es mit seinem versteinten Bezirke
im Oberamt Hohendruldingen oh-
nedies liegt. Die außer dem versteinten Distrikt liegenden dergleich-
chen Unterthanen fallen theils an
die Aemter Hohendruldingen und
Gunzenhausen.

13.) Das Justizamt Wassertrüdingen, außer seinem bisherigen kastenamtlichen Bezirk, die
Aemter Schwaningen, Wittelshofen und Rödingen. Das dahin
gehörige Amt Anhausen gehet größtentheils an Oettingen, aber die
verbleibenden Unterthanen fallen
theils an die Justizämter Wassertrüdingen und Heidenheim.

E) Im Crailsheimer Kreis.

14.) Das Justizamt Crailsheim,
außer dem bisherigen kastenamtlichen Bezirk, das bisherige Kastenamt Gerabronn, Wießenbach,
Un s und Lobenhausen, Goldbach
und Markertshofen.

15) Das Justizamt Feuchtwang,
außer dem bißherigen kastenamtlichen Bezirk, das Vogtamt Beth-
hofen und Zorndorf, Waizendorf,
Sulz, dann der von Hohenlohe Kar-
tenstein eingetauschten Ort Schnelldorf, und das von Oettingen abgetretene Amt Dürrwang.

F) Im Uffenheimer Kreis.

16) Das Justizamt Uffrnheim,
außer dem Bezirk des dortigen Kastenamts, das Kastenamt Kreglingen, Verwalteramt Reinsbronn u.
b. Bayreuthische Amt Frauenthal.

17)

17) Das Juſtizamt Mainbernheim, außer dem dortigen Kaſtenamt Kleinlangheim, Oberſchultheißenamt Mkt. Steft und die kleine Aemter zu Segnitz und Giebelſtadt.

16) Das Juſtizamt Prichſenſtadt behält ſeinem bisherigen Bezirk, mit Einſchluß des Vogtamtes Fürſtenforſt, jedoch bey letzterm bloß in Anſehung Civilgerichtsbarkeit, weil es rückſichtlich der Landeshoheit und der damit verbundenen Criminal‐Juſtizgewalt für auswärtig, als auf Caſtelliſchen Gebiet gelegen zu betrachten iſt.

Das Directorium eines jeden Kreißes iſt 1) mit einem Kreißdirector beſetzt, der im Allgemeinen a) die Aufficht u. Direction der geſammten Polizey des platten Landes eines jeden Kreiſes, wie ſolcher ſormirt iſt und die darinn gelegenen Ortſchaften befaßt, b) die Verwaltung aller auf das Militärweſen bezugnehmenden Angelegenheiten, welche den Civilobrigkeiten obliegen, oder woran ſie Theil zu nehmen ſchuldig ſind, c) das ſämmtliche Finanzen‐Kaſſen‐und Rechnungsweſen im Kreiſe, ſo weit ſie Kammer es ihm überträgt, und ſo in ſeiner Inſtruction beſtimmt iſt, beſorgt. Die ſpeciellere Darſtellung des Reſſorts eines Kreißdirectors erhellt aus der zu Berlin d. 12 April 1797 erſchienenen Inſtruktion für die Kreißdirectoren im Fürſtenthum Ansbach. 2) Mit einem Kreißcommiſſarius, der außer den Marſchſachen vorzüglich die beikommiſchen Sachen des Kreiſes zu beſorgen hat, die dahin einſchlagenden Tabellen fertigt, die dem Kreißdirectorium von der Kammer aufgetragenen blomiſchen Kommiſſionen vollzieht, und bey Handwerks und Fabrikſachen concurrirt. 3) Mit einem Kreißſecretär, der die Berichte und ſonſtigen Kreißerpeditionen expedirt, die Protocolle führt, die Kreis‐Regiſtratur verſieht, und die Sportel und Schreibmaterialien führt. 4) Mit einem Kreiß‐Calkulator, der die ſämtliche bey dem Direktorium vorkommenden Kaſſen und Rechnungen führt, und die Reviſion aller Kaſſen u. Rechnungsſachen im Kreiße verſorgt. 5) Mit einem Kreißphyſicus, 6) einem Kreisſchirurgus, 7) einem Kreisconſulteur, 8) einem Kopiſten, 9) einem Kreißausreuter, 10) einem Boten.

C) Die Untergerichte erſter Klaſſe auf dem Lande a) Die Stadtgerichte.

Nach eben dieſem K. Patent vom 11 July 1797 ſind auch in den Städten Ansbach 2) Gunzenhauſen 3) Schwabach 4) Crailsheim 5) Feuchtwang 6) Uffenheim, und 7) Waſſertrüdingen, ſämtliche Stadtgerichte angeordnet worden. Bey jedem dieſer Gerichte iſt ein Director, ein oder zwey Räthe, davon im letztern Falle der erſte bey dem Magiſtrat zugleich Konſulent oder Stadtſindikus iſt, ein oder zwey Secretäre oder Aktuarien angeſtellt. Dieſe verwalten in Verbindung mit den hergebrachten Rathsmännern oder dem Magiſtrat im Allgemeinen 1) das Juſtizweſen 2) das Militärweſen und 3) das Finanzweſen in den Städten, davon die nähere Beſtimmung eine von Berlin aus den 12 April 1797 ergangene Inſtruktion enthält. Für die übrigen Gefälle aber iſt aber

ist den Städten ist überdies ein
eigener Rendant angestellt. Die
Polizey in den Städten, als
eine so weitläufige Branche ist gewöhnlich noch einem eigenen Polizey Direktor, einem Polizeyinspek-
tor, einigen Marktmeistern,
die aus den Rathsmännern bestehen, und einigen Polizeydie-
nern zur Verwaltung übergeben.
Diesen liegt daher ob, sich eine
genaue Kenntniß des Stadt-Di-
strikts u. der Einwohner zu verschaffen, und strenge Aufsicht auf
Bevölkerung, Erziehung, den
Gesundheitszustand, die Sicherheit, das Privatvermögen, das
Handwerkswesen, das Fabrik- u.
Manufaktur-Wesen, die Handlung, Erwerbsarten, u. die Bequemlichkeit der Einwohner zu
haben.

D) Die Geistlichen Aemter.
Die Eintheilung der Geistlichen
Aemter im Fürstenthum Ansbach
ist an und für sich nach der Verfassung noch die nemliche,
welche unter Markgrafen Georg
Friedrich getroffen worden ist.
Sie sind bis jetzt in die 9 De-
chaneyen 1) Crailsheim 2)
Feuchtwang 3) Gnnzen-
hausen 4) Langezenn 5)
Leutershausen 6) Schwa-
bach 7) Uffenheim 8) Was-
sertrüdingen 9) Weimers-
heim eingetheilt, haben aber
zum Theil beträchtlichen Zuwachs
bekommen, wie nachfolgendes Verzeichniß ergiebt.

I. Die Dechaney Crailsheim.
1) Die Stadtpfarrey Crailsheim mit dem Filial Ingersheim
und 3 Kaplanen, als dem sogenannten Stiftskirch Kaplan und
dem Vorstadt Kaplan. 2) Altenmünster 3) Amlishagen
4) Bergbronn 5) Elrichshau-
sen 6) Gerabronn mit dem Fi-

lial Rückershagen 7) Goldbach
8) Gröningen mit dem Filial Bronnholzheim 9) Grü-
belhardt mit dem Filial Spaich-
bühl 10) Hohenhard 11)
Hengfeld 12) Jagstheim
13) Leukershausen mit dem Filial Bergershofen 14) Marien-
Kapell 15) Michelbach an der
Halde. 16) Michelbach an
der Lücken 17) Onolzheim
18) Oberspeltach 19) Plofelden
20) Rechenberg 21) Roßfeld
22) Roth am See mit dem Filial Mußdorf 23) Sattelborf
mit dem Filial Neidenfels 24)
Scheinbach 25) Tiefenbach
26) Triensbach mit dem Filial
Lobenhausen 27) Walthan
28) Wallhausen 29) Werschgers-
hausen mit dem Filial Weiperts-
hofen 30) Wießenbach mit dem
Filial Englertshausen.

In dieser Dechaney wären
also gekommen 10 Pfarreyen u.
3 Filiale. Dagegen fehlen nach
dem Addreßbuche von 1796: O-
bernsbach und Schmalfelden.
Ersteres stund nur deßwegen unter den Immediat Pfarreyen im
Addreßbuche; weil sie eine außerhalb dem Gebiete liegende Patronats Pfarrey ist; letzteres ist
durch Tausch an Hohenlohe Neuenstein gekommen.

II) Die Dechaney Feuchtwang.
1) Die Stadtpfarrey mit zwey
Kaplänen 2) Aromelbruch 3)
Bryterauau mit dem Filiale zum
Hauß 4) Deutlein 5) Dorf Gütin-
gen 6) Dorf Kemmathen 7) Illen-
schwang 8) Lariedey 9) Lebenzel-
tingen 10) Lustenau 11) Michelbach 12) Moßbach 13) Ober-
ampferbach 14) Schopfloch 15)
Simibronn mit dem Filial Bern-
hardtswinden 16) Sulz 17) Un-
terrampfarbach mit dem Filial
Hannsdorf 18) Weidelbach 19) Wie-

Dieſelb 20) Wildenſtein 21) Wittelshofen mit dem Filial Dürren 22) Wildenholz.

Zu dieſer Dechaney iſt nichts gekommen, als das Filial Hapnsdorf und Wildenholz. Dagegen fehlen die Pfarreyen Brettheim, Dibach, Oeſtheim und Reubach; ſie ſtehen aber unter der Rubrik der außerhalb dem Gebiete liegenden Patronats-Pfarreyen. Frankenhofen iſt dagegen an Oettingen gefallen.

III) Dechaney Gunzenhauſen.

1) Gunzenhauſen mit dem Filial Unterwurmbach und 2 Kaplaneyen 2) Absberg 3) Aha 4) Aleßheim 5) Auernheim 6) Gerolzheim mit dem Filial Mürbiſchhauſen 7) Dannhauſen 8) Dittenheim 9) Döckingen 10) Dornhauſen 11) Gräfenſteinberg mit dem Filial Brombach 12) Gundelsheim und Wachenhofen 13) Haundorf 14) Hechlingen mit einem Kaplan 15) Heidenheim mit einem Kaplan, der zugleich Pfarrer zu Degersheim iſt. 16) Kalbenſteinberg 17) Kurzenaltheim 18) Laßbenſebel 19) Mainheim 20) Merkendorf mit dem Filial Hirſchlach 21) Alt u. Neuenmuhr 22) Pflaumfeld 23) Plofeld 24) Sammenheim 25) Sauſenhofen 26) Theilenhofen 27) Trometsheim 28) Unteraſpach 29) Wachſtein 30) Wald 31) Weidenbach mit dem Filial Reidendorf 32) Windsfeld.

Zu dieſer Dechaney ſind 3 Pfarreyen gekommen: Absberg, Kalbenſteinberg, Alt und Neuenmuhr nebſt dem Filial Brombach.

VI) Dechaney Langenzenn.

1) Langenzenn, mit dem Filial Roſendorf und Seckendorf a. einem Kaplan 2) Ammernorf 3) Burgfarrnbach 4) Caboltsburg mit einem Kaplan 5) Fach-

6) Füth mit zwey Kaplänen 7) Goſtenhof, beſteht aus 2 Pfarrſtellen 8) Großen-Habersdorf, mit dem Filial Vinzenzenbronn 9) Großennaslach, mit d. Filialen Ketteldorf und Trübendorf 10) Kirchfarrenbach, mit Filial Hirſchneuſes 11) Laubendorff mit dem Filial Dürrenbuch 12) Obermichelbach 13) Poppenreuth 14) Roßſtall, mit den Filialen Buſchſchwabach, Battendorf u. Waidersdorf 5) Seulerdorf und Jautendorf 16) Weſtenberg 17) Wilhermsdorf, mit Kaplaney und Filial Reichhardswinden 18) Zirndorf, mit dem Filial Oberaspach.

Adelhofen, Egnarhofen, Langenſteinach und Walmersbach ſind von der Bayrenthiſchen Superintendur Burgbernheim zur Dechaney Uffenheim gezogen worden; Hohn am Berge, Reundorf und Mönchsontheim ſind Patronarépfarreyen.

V) Dechaney Leutershauſen.

1) Leutershauſen, mit einem Kaplan 2) Auerbach 3) Bingwang, mit dem Filial Endolzhofen und Stetteberg 4) Brodswinden 5) Buch am Walde und Frommetsfelden 6) Colmberg 7) Eggenhauſen mit dem Filial Unterzenn 8) Elpersdorf 9) Eyb 10) Flachslanden 11) Gaſtenfelden, mit dem Filial Hagenau 12) Geßlau 13) Jochsberg 14) Lehrberg, mit dem Filial Gräfenbuch, dießſeits des Waſſers und Heßlabronn 15) Mitteldachſterten, mit dem Filial Berglein 16) Neunkirchen 17) Oberdachſtetten 18) Oberſalzbach, mit dem Filial Gräfenbuch 19) Obernzenn 20) Rügland 21) Schalkhauſen 22) Sommersdorf 23) Unternbibert 24) Weißenkirchberg

in der Brunst 25) Wernspach 26) Weyherzell, mit den Filialen Forst und Moratneustetten 27) Biedersbach 28) Windels=bach, mit dem Filial Braunolds=felden.

In dieser Dechaney sind ge=kommen fünf Pfarreyen, als: Eggenhausen, Obernzenn, Rüg=land, Sommersdorf, Wiebers=bach. Dagegen fehlen gegen sonst Brettensfeld, Hausen, Lohr, In=singen und Sachsen.

VI) Dechaney Schwabach. 1) Schwabach, mit dem Filial Dies=tersdorf u. 3 Kaplaneyen 2) Al=tenmuhr 3) Barthelmesaurach 4) Bertholdsdorf 5) Büchenbach 6) Kammerstein 7) Dürrenmungenau 8) Eckersmühlen. 9) Eybach. 10) Ever mit dem Filial Unter=Ferri= eden 11) Fischbach 12) Feucht 13) Gossenberg u. Petersgemünd 14) Gosthof, ebenfalls mit zwey Christstellen, wie oben. 15) Gun=zenfelden 16) Heilsbronn 17) Kapp 18) Kornburg 19) Kolm 20) Leimburg 21) ...dorf 22) Neubettels= ...dorf 24) Rasch 25) ...rach 26) Ritersbach 27) ... mit dem Filial Kortens= 28) Roth, mit dem Filial ...hofen und Kaplaney 29) ...bach bey St. Wolf= Schönberg 31) ..., mit dem Filial Neb= ...ch 32) Wallesau 33) ...ngenau, mit den Filia= ...bach und Winkel= ...) Weißenbronn, mit dem ...arr 35) Wendelstein ...pach, mit einem Kap= ...öhrb, mit einem ...er Dechaney sind ge= ...chen Pfarrer und ...

VII) Dechaney Uffenheim. Uffenheim, die Stadt, und Hospitalpfarrey, welche der Kap=lan versieht 2) Adelshofen 3) Archshofen 4) Buchheim und Pfaffenhofen 5) Bullen=heim 6) Creglingen, mit den Filialen Niederrembach u. Stark=dorf u. zwey Kaplänen 7) En=heim 8) Equarshofen 9) Ergersheim 10) Emershofen u. Kudelshofen, nebst dem Filial Neuherberg 11) Freudenbach 12) Geckenheim 13) Gnotsstadt 14) Gollach = Ostheim 15) Gülchs=heim 16) Hemmersheim 17) Herrnbergtheim. 18) Hoffstetten, mit dem Filial Brühl 19. Ho=hefeld 20) Holzhausen, mit den Filialen, Auernhofen und Sim=merthofen 21) Ippesheim 22) Kleinlangheim 23) Langen=steinach 24 Maynbernheim, mit einem Kaplan, der zugleich Pfarrer zu Michelfeld ist 25) Martinsheim und Oberikelsheim 16) Mannstockheim 27) Mohl=bach u. Habelsheim 28) Neu=zenheim 29) Obernbreit 30) Prichsenstatt 31) Reinsbronn 32) Reusch 33) Schernau und Neuses am Berge 34) Sees=heim u. Custenlohr 35) Segnitz 36) Eickershausen 37) Steft 38) Tauberzell 39) Ulsenheim u. Uttenhofen 40) Unterikelsheim und Geißlingen 41) Waldmanns=hofen 42) Walmersbach 43) Weldhaußen 44) Wiebelsheim.

In dieser Dechaney sind drey=zehn Pfarreyen gekommen, als: 1) Adelshofen 2) Archershofen 3) Bullenheim 4) Equarshofen 5) Geckenheim 6) Hemmersheim 7) Ippesheim 8) Langensteinbach 9) Neuzenheim 10) Reusch 11) Schernau u. Neuses am Berge 12) Walmersbach 13) Wiebels=heim.

VIII.

VIII.) Dechaney Waſſertrüdingen.

1) Waſſertrüdingen, mit einem Kaplan 2) Altendrüdingen 3) Beyerberg 4) Burck 5) Dornbach 6) Clingen 7) Geilsheim, mit dem Filial Schobbach 8) Geralfingen 9) Hohendrüdingen 10) Hüſſingen 11) Königshofen, mit den Filialen Bechhofen und Sachsbach 12) Lentersheim 13) Oberwürzbrüsheim 14) Oſtheim 15) Polſingen 16) Räckingen, mit einem Kaplan 17) Schwaningen, mit dem Filial Oberſchwaningen 18) Stetten 19) Urſsheim, mit dem Filial Trendel 20) Weſtheim 21) Wernitzoſtheim und Rudolſtetten.

Bey dieſer Dechaney fehlt Alersheim. Anhauſen iſt mit dem Amte u. den beiden andern Pfarrſtellen an Dettingen durch Vergleich übergegangen.

IX.) Die Dechaney Weimersheim.

1) Weimersheim 2) Alfertshauſen, mit dem Filial Tiefenbach 3) Bergen 4) Bubenheim 5) Burgſalach 6) Emmetsheim, mit dem Filial Holzingen 7) Ettenſtadt, mit den Filialen Geyern und Renth 8) Eysölden NB. 9) Holzingen 10) Hottingen, mit dem Filial Hörlbach 11) Katzenbochſtadt 12) Offenbau 13) Neuslingen 14) Oberhochſtadt 15) Schwimmbach, mit dem Filiale Wangen 16) Solenhofen, mit dem Filial Uebermatzhofen und St. Johannes, Kapelle in Langen-Altheim 17) Thalmansfeld 18) Thalmeſſingen, mit den Filialen Aue und Rappmannsburg 19) Treuchtlingen 20) Wettelsheim 21) Weyboldshauſen 22) Wülzburg.

Zu dieſer Dechaney kamen vier Pfarreyen, als: 1) Bergen 2) Burgſalach 3) Schwimmbach 4) Thalmannsfelden.

Katholiſche Pfarrſtellen ſind durch die Puriſizierung 24 unter die Kirchengewalt des Fürſtenthums Brandenburg Onolzbach gekommen.

I. Im Ansbacher Kreis 1) zu Burgoberbach mit der Kaplaney, 2) zu Eſchenbach, 3) zu Mitteleſchenbach, 4) zu Neuſtetten, 5) zu Rauenzell, 6) zu Veitsaurach.

II. im Schwabacher Kreis.
7) zu Wilhermsdorf.

III. Im Gunzenhauſerkreis.
8) zu Absberg, 9) zu Cronheim, 10) zu Clingen mit dem Filial Ottmansfelden, 11) zu St. Veit mit dem Filial Veits-Zell, 12 † Rbrtenbach, 13) z. Stopfenheim mit dem Filial Dorſchbrunn, 14) zu Braunfeld.

IV. Im Crailsheimer Kreis.
15) Durrwang, 16) zu Elpersroth, 17) zu Laſtenau, 18) zu Strümpfach, 19) zu Weinberg.

V. Im Waſſertrüdinger Kreis.
20) zu Ordsheim 21) zu Großlellrafeld, 22) zu Halsbach 23) zu Spielberg, 24) zu Treuchtlingen.

Das Militär, das gegenwärtig im Fürſtenthum Anspach iſt, beſteht aus dem Infanterieregiment von Laurens, davon zwey Bataillons in der Stadt Ansbach, und das Grenadier-Bataillon in Crailsheim garniſonirt, und einem Huſarenbataillon von 5 Esladron unter der Aufſicht des Generallieutenants Fürſten von Hohenlohe. Das Infanterieregiment iſt noch nicht vollzähig, ſondern erſt ungefähr 1200 Mann ſtark. Es hat 2 Oberſten, 1 Commandeur, 4 Majore. 5 Capitäne, 6 Staabs-Capi-

Capitains, 10 Premierlieutenants, 31 Seconblieutenants, 8 Fähnrichs und einige Junkers, 1 Regimentsquartiermeister, 1 Feldprediger, 1 Adjutant und 1 Reg. Chirurgus. Von dem Husarenbataillon liegt eine Esksdron in Anspach, die übrigen viere sind in die Landstädte vertheilt. Diesem stehen vor: 3 Commandeure, 2 Rittmeisters, 3 Staabs-Rittmeisters, 2 Premierlieutenannts, 11 Seconblieutenants, 5 Cornets, einige Junkers, 1 Regg. Meister, 1 Auditeur und 1 Reg. Chirurgus. Indeß soll zuverläßigen Nachrichten gemäß in kurzem noch ein Infanterieregiment, und ein Husarenbataillon in diesem Fürstenthum errichtet werden.

Seit 1794 ist im Fürstenthum Anspach auch eine Brandversicherungsgesellschaft errichtet. Von 1793 bis 1794 betrug laut der gedruckten Tabelle der Werth der eingeschätzten Gebäude 14,934,425 fl. Rhl. — Als das Burggrafthum Nürnberg getheilt wurde, sind bey dem Fürstenthum unterhalb Gebirgs noch Erbämter geblieben, neml. das Erbkämmerer und Erbschenkenamt: Jenes verwalten die Herrn von Eyb, dieses die Herrn von Seckendorf. Es könnte zwar dieses Fürstenthum, auch das Erbmarschallamt und Erbschultheißenamt besetzen, und eben sowohl das Fürstenthum oberhalb durch vier Erbämter vergeben. Sind aber unbesetzt. Von Knechten auf Reichs-u. Kreis-Reichsbeymonaten, Kammerziel, Reichscontingent soll beym Artikel Bayreuth, das gehandelt werden.

Die Stadt, Onoldum L. ehemahls die Residenz der Markgrafen, jetzt die Hauptund Provinzialstadt des fränkischen Fürstenthums, Unterhalb-Gebürgs, liegt in einem sehr anmuthigen, mit futterreichen Wiesen versehenen Thale, wird an der nordlichen Seite von der Rezat und an der Mittagsseite vom Holzbach umflossen, und von ihren vier mit Alleen begrenzten Hauptstraßen führt die gegen Morgen nach Nürnberg, die gegen Mittag nach Augspurg, die gegen Süd-West nach Stuttgard und die gegen West-Nord nach Frankfurt.

1) Bis in die Mitte des 14ten Jahrhunderts war Anspach ein unbedeutender Ort in pago Ringowe, der seine Entstehung dem Gumbertskloster zu verdanken hat. Dieses Stifts Stifter war Gumbrecht oder Gumbert ein Sohn des Herzogs Gosbert des Zweyten und Stammvater des Grafen von Rothenburg. Im J. 750 gründete er das Stift zu einem Benediktiner Mönchskloster. Gegen die Mitte des eilften Jahrhunderts wurde es in ein Chorherrenstift verwandelt und 1563 secularisirt. 1139 war zu Anspach bereits eine Pfarrkirche, und 1259 kommt es schon in Urkunden unter der Benennung Civitas vor. Im J. 1331 erkaufte Burggraf Friedrich IV. diese Stadt und Amt nebst dem eingegangenen vesten Schlosse Dornberg von dem Grafen Ludwig von Oettingen für 23000 Pfund Heller. Schon seit 1306 wurden in Anspach Landtage gehalten. 1634 wurde sie von den kaiserl. Soldaten besetzt und zugleich das ganze Fürstenthum nebst den angrenzenden Landen sequestrirt und eine kaiserl. Interimsadministration angestellt, wel-

he aber nur ein Jahr dauerte. Die Stadt hat einigemal und besonders 1719 großen Brandschaden erlitten.

2) Wurde 1794 aus königlichem Auftrag durch d. k. wirkliche Kriegs- und Domainen-Rath Lehner errichtet, mit dem Privilegium: „alle Gattungen geblümten und ungeblümten Pigner, Nanking, Wadis, Elamoises, Mousselins, Schnupf- und Halstücher, Barchent, dann andere halbseidene und baumwollene oder auch halbseidene mit Leinen verbundene oder baumwollene mit Leinen durchschossene fabrikmäßige Waaren zu verfertigen." Diese Fabrik hat sich nach und nach durch viele Schwierigkeiten dermaßen empor geschwungen: daß ihre Waaren jezt im Auslande einen guten Abgang finden und weiter versendet werden. Die Waaren sind gegenwärtig sehr gut und schön, und zeichnen sich zugleich durch schöne Appretur und halbbare ächte Farbe aus. Ein gleiches gilt von der Tuch-Manufactur, seit dem man lernte die im Lande erzeugte feine spanische Wolle im Lande zu verarbeiten, da vorhin Niemand damit umgehen konnte. Man hat dazu eine Art von künstl. Fluß angelegt, um sie vom Schweis und Schmutz zu reinigen, und richtige feine Walker gebildet. Man verfertiget daher jezt aus dieser ächt spanischen Wolle sowohl, als auch aus der bey deutschem Schafvieh veredelten feinen Wolle, feine Tücher von allen Farben und Sorten, die jezt an Feinheit, Güte, schöner Appretur, schönen und haltbaren ächten Farben und übrigen guten Eigenschaften fast den niederländischen, französischen und englischen nicht nachstehen. Diese durch Hr. Kr. R. Lehner zu Stand gebrachte feine spanische Wollen-Manufactur ist die erste im fränkischen Kreise. Beyde Lehnersche Fabriken beschäftigen jezt schon über 300 Menschen, theils an Meistern, Gesellen, jungen Kindern, theils an Wollen-Sortierern, Wäschern, Kartetschern, Spinnern, Webern, Rappern, Appretirs, Faktors und dergl. Unter den Wollenspinnern sind 30 Kinder aus dem Anspachischen Waisenhause, die auf Kosten der Tuchmanufaktur abgerichtet wurden, und jezt dem Waisenhause einen alljährlichen Arbeitslohn zur Einnahme verschaffen, der vorhin nie war.

Sie hat 15 öffentliche Gebäude, 2 Hauptkirchen, 1 katholisches Bethhaus, 4 Thore, 994 Wohnhäuser und 15 Gassen und Strassen.

Die vorzüglichsten öffentlichen Plätze der Stadt sind: der Schloßplatz, der obere Markt, wo ein schwer mit einem eisernen Gitter umfaßter Brunnen mit einer künstlich gearbeiteten meßingenen Statue geziert steht. Sie ist nicht in völliger Lebensgröße, aber in voller Rüstung mit Harnisch, Helm und Schwerdt gearbeitet. Dieser Brunnen wurde 1515 gebaut, 1673 neu vergoldet. 1780 mehr in die Mitte des Markts versezt, neu aufgebaut und vergoldet. Der untere Markt ist ebenfals mit einem 1746 erbauten schönen laufenden Brunnen geziert worden, welchen man noch über dieses mit einer den Markgrafen Carl Wilhelm Friedrich vorstellenden Büste verschönert,

den zeichnen sich aus das Residenz-Schloß der ehemaligen Markgrafen. Von 1713 bis 1732 wurde es neu erbaut, nachdem von dem ältern Schloße 1710 der mittägliche Theil in die Äsche gelegt worden war. Carl Wilhelm Friderich fieng den Bau an u. unter der Vormundschafts-Regierung der Markgräfin Christiane Charlotte 1725 und in den folgenden Jahren erweiterte man den Plan beträchtlich, indem diese Fürstin ein b. hiesigen Landschaft von ihr vorgeschoßenes Kapital von 50000 fl. widmete; damit das Land durch die großen Unkosten nicht zusehr beschwert werden sollte. Es ist nach Italischem Geschmak gebaut, gehört, ob es gleich noch nicht völlig ausgebaut ist, zu den schönsten Residenz-Schlössern in Deutschland, u. hat 4 Stokwerke.

Das ehemalige Kanzley-Gebäude. Es ist 1563 aus dem vormaligen Kapitelhauße und Kreuz-Gäubde- Stifts zunächst an dem Chorgange d. Stifts-Kapitularen des Stifts-Kirche eingerichtet worden. Das 1531 erbaute Land-haus zwischen dem obern und untern Stadtte. Ein freystehendes 3 Geschoß-hohes Gebäude, wovon ein Theil zu den Sitzungen des käiserlichen Land-Gerichts, und ein anderer Theil für die Hofapotheke und das Laboratorium bestimmt ist. Das seit 1631 sehr erweiterte Rath-Haus. Das Gesandtenhaus, in einer der schönsten Gegenden der Stadt, in einer neuen Anlage. Das Jägerhaus seit 1725. Das im Italienischen Geschmack aufgeführte Opern- und Komödienhaus gehört der Herrschaft, samt aller Juris-

diction zu, ist von allen Beschwerden befreyet, und kann nie durch Schenkung, Kauf, oder auf andere Weise veräusert werden. Die Fronveste oder das Gefängniß für Verbrecher. Die Getraidschranne nach der neuen Anlage. Außerhalb der Stadt findet man die zwischen dem ehemaligen Porcellain Manufacturhauße und der Schloß-Vorstadt 1724 angelegte Infanterie-Caserne. In der Schloßvorstadt ist das große herrschaftliche Brauhaus und das artige Schießhaus. Hinter der wohlangelegten Jägergaße ist der schöne und große Hofgarten. Er nähert sich am meisten dem Franzöfischen Gartengeschmake, u. ist 1727 angelegt worden. Unter andern Sehenswürdigkeiten findet man daselbst zwischen einer außerordentlich schönen 1724 gepflanzten Lindenallee 1550 Schritt lang gut eingerichtete Mailbahn. An derselben findet man auf der einen Seite ein außerlesenes Buschwerk von Buchenhecken, auf der andern aber außer einem weitläufigen Parterre zwey artige Lindenwäldchen und zwischen demselben ist in den Sommermonaten der zur Orangerie bestikkte Plaz. Der Fürstliche Küchengarten hat ebenfalls einen beträchtlichen Umfang, und ein Treibhaus.

Die Beleuchtung ist wenigstens in den Hauptstraßen vortreflich, die Luft rein und gesund, der Boden um die Stadt leimigt und fett, fruchtbar für Viehzucht und Akerbau, aber fast zu stark für Gartengewächse. Die Anzahl der Einwohner wird mit Inbegriff des Militairs und der Judenschaft nicht zu hoch berechnet, wenn man diese auf 14000

14000 erwähnet. Der Boden um Ansbach trägt die besten Getreidesorten, als Korn, Dünkel, Waizen, Gerste und Hafer. Auch werden Hülsenfrüchte und Kartoffel gebaut; nur an Gartengewächsen ist noch grosser Mangel. Die Ansbacher erhalten diese größtentheils aus dem Nürnbergischen, das Kraut ausgenommen, welches nur einige Stunden von der Stadt in großer Menge gebaut wird. Manufacturen und Fabriken enthält die Stadt fünfe, 1 die Wollen, Zeuch und 2) die Tuchmanufakturen des Herrn Kriegs= und Domainen Rath Lehner, 3) eine Fayence, 4) eine Spielkarten und eine Bleiweis=Fabrik. Die Baum= und Schafwollen=Zeuch=Manufactur mit ihren erforderlichen weitläufigen Spinnereyen, deren nähere Beschreibung im fränkischen Merkur von diesem Jahre S. 341 ic. zu finden ist.

Die Fayence=Fabrik ausserhalb der Stadt, die Herrn Commerzienkommisär Popp angehört, besteht aus einem Arbeitshauß und einem kleinen Vorraths=Hauße. Sie beschäftiget täglich 10 bis 12 Personen, u. hat guten Verschluß besonders nach Schwaben. Auch ist das Porcellan gut und dauerhaft, und verdiente noch größern Absatz zu finden. Die Spielkartenfabrik, wenn sie anders den Namen einer Fabrik verdient, liefert jährlich 12 bis 14 Tausend Stücke französischer u. 6 bis 7 Tausend Stücke Teutscher Karten. Sie liefert aber ihre Fabrikate nur in die Hände der hiesigen Kaufleure, die sie dann Stückweise verkaufen. Die Bleyweis=Fabrik wurde im Jahr 1791 von Karl u. Handelsmann Georg Andreas Ballenberger errichtet, mit einem ihm auf 25 Jahre lang ertheilten Privilegio exclusivo. Sie liefert gutes Bleiweiß, das selbst von Auswärtigen gesucht wird. Außerdem u. der vom Kaufmann Schellhaß 1794 errichteten Lehnsiederey befinden sich von Fabrikmäßigen Handwerkern in Ansbach noch, 7 Strumpfwirker, 5 Strumpfstrider, Hutmacher, Korbgerber, die gegenwärtig einen starken Fabrikationsverkehr haben, 3 Weißgerber, 6 Seiler, die sehr gute und schöne Waaren verfertigen, 11 Gürtler, 2 Kammacher, 2 Spengler, Darmsaitenmacher, 11 Knopfmacher, Portenmacher, 14 Drechsler, worunter sich Oberhäußer durch seine mechanischen Arbeiten und Musikalischen Instrumente besonders auszeichnet, und 26 Webermeister. Auch an Künstlern hat Ansbach keinen Mangel, u. mehrere sind darunter, die im Auslande berühmter als in ihrem Vaterlande sind. Man zählt 5 Mahler, 7 Gold und Silberarbeiter, 6 Kleinuhrmacher, 4 Tapezierer, 1 Medailleur, 9 Architekten, einige Ebaktenmacher, Bildhauer und Instrumentenmacher. Unter den Mahlern zeichnen sich Professor Naumann durch seine Historienstücke u. Portraite aus, und Schwabada, durch seine Frucht, und Gesellschaftsstücke, unter den Kleinuhrmachern Wegler durch seine Flötenuhren, die er zu 800 bis 900 Gulden häufig ins Ausland versendet, unter den Tapezierern Popp, der auch ein sehr künstlicher Uhrmacher, und überhaupt in Mechanischen Sachen ein Landstadtkünstler ist, und Müller, und unter den Architekten Agel, berühmt

rühmt durch seine meisterhaften Risse und Entwürfe am vortheilhaftesten aus. Von den vielen geschätzten Tonkünstlern, von denen sonst Ansbach einen seltenen Vorzug hatte, leben nur noch Jäger u. Schwarz als Meister in ihrer Kunst. Eigentliche Großhändler oder Niederleger gibt es in dieser Stadt nicht; dagegen zählt man 16 Ausschnitthandlungen mit allen Sorten v. Wollenen feinen und geringen Tüchern, Seiden, Baumwollen u. Gallanteriewaren, 4 Lederhandlungen, 16 Specereihandlungen, 3 Eisenhandlungen, 40 bis 50 Krämer. Auch hat die Stadt 4 Messen, zwey Wochenmärkte, 2 Roßmessen und jede Woche einen Viehmarkt. Unter die Sehenswürdigkeiten Ansbachs gehörte ehemals das Münzkabinet, das aber seit einem Jahr nach Berlin gebracht worden ist. Das fürstliche Archiv, das erst kürzlich eine treffliche Einrichtung erhalten hat. Vorzüglich ist darin eine Sammlung von Reichstags-Acten, die über 400 starke Bände in Folio enthält und eine Sammlung von Preisarten vom 15 Jahrhundert bis jetzt, über 400 solcher Bände stark. Nicht minder sehenswürdig ist noch 1) die herrschaftliche Bibliothek, die ohngefehr 15000 Bänden begreift und einen wahren Schatz alter u. seltener Drucke verwahrt, viele schätzbare Ausgaben u. Manuskripte von Griechischen u. Lateinischen Classikern, besonders für das historische Fach sehr gut und an den Produkten der Litteratur ist kein Mangel. 2) Des Gymnasiums Bibliothek, die ohngefehr — enthält, und in der Litteratur und Kunst

geschichte schätzbare Werke verwahrt. Naturalien u. Kupferstichsammlungen sind in Ansbach nicht vorhanden, aber desto ansehnlichere Privatbibliotheken, die nicht wenig zu Verbreitung solider Kenntnisse in dieser Stadt beygetragen haben. Durch milde Anstalten zeichnet sich diese Stadt vor vielen Städten Europens vortheilhaft aus. Außer 8 milden Stiftungen, 1 Armenhauß und 3 Lazarethen sind noch vorhanden, 1) das sogenannte Seelhaus, 2) das Wittwenhaus, 3) das Kindererziehungshauß, 4) das Waisenhaus und 5) das Hospital. Das Seelhaus hat die wohlthätige Absicht, armen und gebrechlichen Personen weiblichen Geschlechts auf Lebenszeit, wie erkrankte Dienstboten und Handwerkspursche, bis zu ihrer Genesung Pflege und Unterhalt zu verschaffen, nur mit dem Unterschied, daß erstere außer einem wöchentlichen Allmoßen, noch zur bestimmten Zeit eine stiftungsmäsige Abgabe an Geld, Brod Bier und Fleisch erhalten. Zwei Frauen haben das Geschäfte, die Kranken zu pflegen, und drei Zünfte besitzen bereits daselbst für ihre kranken Handwerkspursche eigne Betten. Das Wittwenhauß ist die milde Stiftung einer Oberhofmeisterin v. Nenhaus, gebohrnen von Hund. Die Absicht, welche diese bei der Stiftung 1728 an Tag legte, war, daß 10 Wittwen, jede gegen 40 Jahre alt, worunter zwei Pfarreswittwen seyn können, und außerdem 2 ledige Frauensperson, freie Wohnung, die in 1 Stube und Kammer besteht, und jährlich 25 Gulden von einem deponirten Kapital von 5000 fl.

erhalten sollten, unter der Bedingung, daß sie fleißig die Bethstunden besuchen, und den Kranken hülfreiche Hände leisten. Jede aufzunehmende Person muß aber 2 Gulden zur Bestreitung des Bauwesens, und alle, welche diese Wohlthaten geniessen, jährlich miteinander 3 Gulden zur Unterhaltung des Gebäudes beitragen. Die Aufsicht darüber hat jederzeit ein beweibter Mann. Wenn eine Wittwe nicht länger als 3 Jahre die Wohlthat geniesset, so fällt ihre Verlassenschaft nach Erlegung von 7 Gulden an ihre Verwandten zurück. Das Erziehungshauß ist erst seit 1773 errichtet, und hat die wohlthätige Absicht dem Betteln armer Kinder zu stewern. Die Anzahl der jetzt aufgenommenen Kinder besteht aus einigen dreißig, männlichen und weiblichen Geschlechts. Sie genießen nicht nur freie Kost und Kleidung, sondern auch von verschiedenen Lehrern Unterricht in der Religion, im Rechnen, und Schreiben, und müssen ihre Nebenstunden zum Wollen und Baumwollenspinnen anwenden. Bei zunehmendem Alter kommen die Knaben zu Handwerkern und Professionisten in die Lehre, und werden noch überdies vom Rathe frey gelernt. Die Aufsicht hat ebenfalls ein beweibter Mann. Die wichtigste milde Anstalt ist unstreitig das Waisenhaus. Es ist ursprünglich die Stiftung einer ehemaligen Obervögtin, Frauen von Crailsheim, in seiner gegenwärtigen erweiterten Gestalt aber das Werk mehrerer Menschenfreunde, vornehmlich einiger Herren Markgrafen von Ansbach. Die Zinsen von 50000 Gulden Kapitalien, einige in Pacht gegebene Holzfälle, und

eine jährliche, im ganzen Fürstenthum zu erhaltende Collekte sind die vornehmsten Mittel, wodurch diese Anstalt gegenwärtig eine Anzahl von 60, aus rechtmäsiger Ehe erzeugten Waisen sowohl männlichen als weiblichen Geschlechts, von ihrem siebenten Jahre an, bis, was die Mädchen betriffe, zu ihrer Tauglichkeit in Magddienste, die Knaben aber bis sie als Handwerkspursche ihr eignes Brod verdienen können, nicht nur gänzlich erhält, sondern auch jedem Kinde bei seinem Austritt aus derselben die Summe von 15 Gulden zu seiner Ausfertigung mitgiebt. Dieses Institut, wie alle milden Stiftungen, steht unter dem Oberdirektorium der königlichen Regierung Senat II. dabei sind aber noch angestellt ein Prediger, der die Erziehung und den Unterricht der Waisenkinder besorgt, und den bffruelichen Gottesdienst versieht, 2) ein Verwalter, der die Aufsicht über das Ganze hat, die ökonomischen Geschäfte verrichtet und der königlichen Regierung darüber Rechnung ablegt, 3) ein Kantor, der nicht nur den Schulunterricht ertheilt, sondern auch für alle Lebensbedürfnisse, für die Aufführung und ihre Erhohlung sorgt, und 4) zwey Waisenmütter, denen die Reinlichkeit des Hauses nach der Kinder, die Wäsche und Betten, die Zubereitung der Speisen, die Pflege der Kranken und die Unterweisung der Kinder in allen häuslichen Arbeiten und Geschäften obliegt. Für die Kranken sind Aerzte aus der Stadt besoldet, und besondere Krankenstuben mit allen nöthigen Bequemlichkeiten eingerichtet vorhanden, wo die Patienten genau

nach

nach der Aerzte Vorschrift behandelt werden. Gesundheit des Körpers, Aufklärung des Geistes, so weit sie für diese Klasse von Menschen möglich und zweckmäßig ist, Bildung des Herzens und gewöhnliche Angewöhnung zur nützlichen Thätigkeit, sind die Hauptzwecke, worauf bey diesem nützlichen Institute hingearbeitet wird. Auch wird für hinlängliche und wohlzubereitete Kost gesorgt, so daß die Kinder in der Woche dreimal Fleisch und alle Tage einen Schoppen Bier und dreimal des Tages wohl ausgebackenes Brod, an Festtagen Braten und weisses Brod ausser dem Gemüße, und den Hülsenfrüchten bekommen. Der Unterricht in der Schule und Kirche ist zweckmäßig, und man sieht dabei vorzüglich dahin, daß die Knaben gut rechnen und einen vernünftigen Brief schreiben lernen. Unter den Lehrstunden arbeiten die Knaben spanische Wolle aus dem königlichen Lagerhaus aus Geld; die Mädchen spinnen für das Bedürfnis des Waisenhauses Schaaf- u. Baumwolle, oder Flachs und Werg, auch nähen und stricken sie, und die Grösseren werden zum Bettmachen, Waschen, Kochen und andern Handarbeiten gebraucht, wie die großen Knaben zu Gartenarbeiten angehalten. Nach vollbrachter Arbeit machen sich sämmtliche Kinder in dem großen Garten durch allerlei Uebungen die erforderlichen Bewegungen, und an Sonn- und Feyertagen wird ihnen verstattet, ihre Anverwandten zu besuchen. Das zweite Hospital in Onolzbach ist 1697 unter Markgraf Georg Friedrich gestiftet. Zur Unterhaltung dieser An-

stalt dienen die Einkünfte von 18 ansehnlichen Bauernhöfen, einigen Zehenten, Waldungen und eignen Gütern, die jährlich bei 4000 Gulden abwerfen. Es hat seinen eignen Verwalter, der auch zugleich die ökonomischen Geschäfte des Wittwen- und Waisenhauses besorgt, und zwey Pfleger, davon der eine aus dem Rathe, der andere aus der Gemeinde gewählt seyn soll. Ohngeachtet dieses Institut bei seiner Stiftung nur auf 12 Personen männlichen und weiblichen Geschlechts berechnet war, so gewährt es doch jetzt schon 45 Abgelebten Unterhalt und Bequemlichkeit. Die Pfründer werden 1) in Einkaufs- und 2) in Gnadenpfründer abgetheilt, davon die ersteren nach Verhältniß ihres Vermögens und anderer günstiger Umstände bei ihrer Aufnahme ein gewisses Einkaufsgeld erlegen müssen. Die Gnadenpfründer werden ganz umsonst aufgenommen, dafür fällt aber auch ihr Vermögen nach dem Tode dem Institut zu. Jede Person erhält täglich ein halbes Maas Bier, wöchentlich zwey vierpfündige Laib Brod, zwen Pfund Rindfleisch und eine gute Mahlzeit Kraut; alle vierzehn Tage aber ein halbes Maas Schmalz, eben so viel Erbsen und Mehl, ein Viertelmaas Salz und eben so viel Gersten und Linsen, auch einiges Geld für Wein und Gewürz. Endlich wird ihnen noch an bestimmten Tagen des Jahres eine stiftungsmäßige Abgabe an Brod, Fleisch, Bier, Wein, Gemüße und Geld gereicht, so daß der Genuß eines Pfründers, der im Hospital seine Wohnung hat, jährlich sich auf ungefähr 200 Gulden beläuft. In der Conventstube halten sie täglich drei Male ihre Bethstunden; vierteljährig aber wird darinn von den zwei Stadtskaplanen den Früh- dern die Kommunion ertheilt. Auch hat dieses Institut seine Krankenstube, einen eignen besoldeten Arzt und Chirurgus aus der Stadt, wie seinen eignen Bäcker.

Die vorzüglichste Wissenschaftliche Anstalt in Ansbach ist das illüstre Gymnasium, das von dem vorletzten Markgrafen als dem Stifter, und dem Letztern als dem Verbesserer den Nahmen Karl Alexandrinum führt. Es besteht aus 6 Klassen, und hat 8 öffentliche Lehrer, 3 Professoren, 1 Konrektor und 4 Präzeptoren, die 4 Tage in der Woche in jeder Klasse fünf, Mittwochs und Sonnabend aber nur drey öffentliche Lektionen ertheilen. Außer diesen hat das Gymnasium auch einen Inspektor, einen französischen Sprachmeister, einen Schreib- und Tanzmeister. Die Schüler, die auf dem Gymnasium wohnen, werden in Alumnen und Kostgänger eingetheilt. Die Anzahl der Alumnen besteht aus 36, die Anzahl der Kostgänger aber ist unbestimmt. Die Alumnen genießen freye Kost, freye Wohnung und noch andere kleine Wohlthaten; der Kostgänger hat aber nur die Wohnung auf dem Gymnasium frey. Für die Kost zahlt der Kostgänger Mittags und Abends jährlich 90 Gulden, die aber sehr retaillé und gut ist. Zum Essen ist ein eigner Saal vorhanden; zum Morgen und Abendgebeth versammlen sich die Schüler in der sechsten Klasse, und im Winter halben Jahr nach dem Abendgebeth täglich 2

Stunden in der fünften und sechsten Klasse, wo sie sich bei freyem Lichte auf die Lektionen des kommenden Tages vorbereiten. In allen diesen Fällen hat der zeitige Inspektor die Aufsicht, der zugleich die Stelle eines Collaborators vertritt. Die Pflege kranker Schüler besorgt in einer eigends dazu bestimmten Wohnung die zu dieser Absicht bestellte Krankenwärterinn, wo die Patienten strenge nach der Vorschrift des vom Institut besoldeten Arztes oder Chirurgus behandelt werden. Halbjährig werden unter dem Vorsitz der Königlichen Deputation öffentliche Prüfungen gehalten, und jährlich am Geburtstage des Königs unter diejenigen Schüler Prämien ausgetheilt, welche sich in Wissenschaften und Künsten auszeichnen. Ein andres wissenschaftliches Institut ist die Tochterschule, welche im Jahr 1795 Herr Candidat Reuter errichtet hat. Die Anzahl der Schülerinnen beläuft sich auf ungefähr 20, welche von dem Vorsteher derselben in Verbindung mit einigen anderen Personen in der Antropologie, Geschichte, Physik, Naturgeschichte, Geographie und Religion, in der Arithmetik und Geomtrie, in der teutschen u. französischen Sprache nach Maaßgabe ihres Alters Unterricht erhalten. Außer diesem ist noch eine Lesebibliothek, eine wohl eingerichtete Buchhandlung, eine mit stattlichen Privilegien versehene Buchdruckerey und 8 Buchbinder vorhanden.

Die herrschende Religion ist seit den Zeiten Markgrafs Georg des Frommen in dieser Stadt die Evangelisch-Lutherische.
Zur

Zur Belehrung und Erbauung in derselben sind die Stadt- Stifts- Waisen- und Kasernenkirche errichtet. Der Stadtkirche stehen 1 Stadtpfarrer, 1 Archidiakonus, 2 Diakonen und ein Mittagsprediger; der Stiftskirche 1 Stiftsprediger und 2 Diakonen, und jeder der beiden andern Kirchen ebenfals 1 Prediger vor. In der Stadtkirche wird alle Sonntage früh von einem der 3 Kaplane und nach 8 Uhr von dem Stadtpfarrer der Gottesdienst mit einer Predigt gefeiert, und um 12 Uhr, wie auch an einigen andern Tagen Katechisation für die Jugend vom Mittagsprediger gehalten. In der Woche ist jeden Dienstag früh daselbst Predigt, und an den übrigen Tagen Bethstunde, Sonnabends Nachmittag aber Beichtvesper. Diese Kirche ist die Hauptkirche; daher gehören dahin alle geistlichen Verrichtungen, ausgenommen die bei Hofofficianten, und es werden daselbst alle herrschaftlichen Befehle abgelesen. In der Stiftkirche ist ebenfals alle Sonntage nach 8 Uhr und nach 2 Uhr Predigt und Gottesdienst. Man nennt letztern die Abendstift, und an Festtagen wird auch eine Abendstadt zu gleicher Zeit gehalten. Montags, Dienstags und Mittwochs früh um 10 Uhr ist daselbst Bethstunde; aber am Freitag jeder Woche eine Predigt. In der Waisenkirche wird jeden Sonntag Nachmittag um 1 Uhr Predigt, und an dem nemlichen Tage Vormittags Kinderlehre gehalten. In der Kasernenkirche feiert man jeden Sonntag um 9 Uhr den Gottesdienst mit einer Predigt; der Nachmittag aber um 1 Uhr ist

zum Unterrichte der Kinder bestimmt. Alle geistlichen Verrichtungen bei der Infanterie, die auch ihren eigenen Kirchhof hat, kommen übrigens dem Kasernenprediger zu. Den Katholiken ist die freie Religionsübung erst seit 1775 verstattet. In dem Bethhaus der Katholiken, deren Anzahl sich kaum auf 150 Glieder belauft, wird alle Sonn- und Festtage um 9 Uhr das Amt und darauf die Predigt, Nachmittags um 2 Uhr Katechisation und Bethstunde verrichtet. Messe aber wird alle Tage gehalten. Auch um viel geringer ist die Anzahl der Reformirten, für welche jährlich zweimale gewöhnlich in einem Zimmer des königlichen Schlosses von dem reformirten Schwabachischen Geistlichen der Gottesdienst versehen, und das Abendmal administrirt wird. Die Anzahl der Juden besteht aus ohngefähr 60 Familien oder 400 Seelen, die erst seit 1746 eine Synagoge, ein gutgebautes und geräumiges Gebäude haben. Jeder Jud, der sich in Anspach ansäßig machen will, muß für den Schutzbrief 60 Reichsthaler und mit den übrigen Unkosten, ungefähr 160 Gulden rhn. zahlen. Teutsche Schulen sind übrigens in Anspach bis jetzt nicht mehr als acht, 3 in den 3 Vorstädten und 5 in der Stadt selbst.

Schon oben ist erwähnt worden, daß diese Stadt der Sitz der Landes-Collegien sey. Neben diesen bestehen noch 1) das kaiserliche Landgericht 2) das Gaynische Administrations-Collegium, 3) das Medicinal-Collegium 4) das Stadtgericht mit dem damit verbundenen Magistrat, 5) das Justizamt, 6) das Kam-

Kammeramt, in welches das ehemalige Stift und Kastenamt verschmolzen worden sind, 7) die Hauptsteuercasse und 8) das königliche Büreau. Das bei diesen Gerichten angestellte Personale ist noch nicht völlig bestimmt, und kann daher auch nicht vollständig angegeben werden. In dem am Fuße der Stadt liegenden Kammerforster Berge will man, nach einem Ausschreiben vom J. 1645 edle Metalle entdeckt haben.

Ansbach der Kreis. Er begreift mehr als das ehemalige Oberamt Ansbach. Das ehemalige Oberamt begrief: a) das Stiftamt Ansbach. Es hatte mit der hohen Gerichtsbarkeit nichts zu thun, wohl aber übte es die Vogteylichkeit bey seinen eingehörigen Unterthanen. Es begrief blos die Unterthanen des 1513 säkularisirten Stifts des h. Gumbert. b) das Hofkastenund Stadtvogtheyamt Ansbach. Ersteres hatte im ganzen Oberamte die fraischliche Gerichtsbarkeit. Leytteres hatte die hohe Obrigkeit in der Stadt und in einem zwischen derselbigen und dem Hofkasten Amte recessirten gewissen Distrikte der Ansbachischen Vorstädte zu besorgen. c) Das Vogtamt Lehrberg. d) das Vogtamt Birckenfels, das mit ersterem einen und eben demselbigen Beamten hatte. e) die Vogteyämter Flachslanden, Biebert, Sneckberg, Oestenberg, die wie Lehrberg und Birckenfels dem Hofkastenamt zu Ansbach einverleibt waren, aber auch wie jene einen eigenen Beamten hatten. f. Weihenzell, ebenfalls gedachten Hofkasten Amte zu Ansbach einverleibt. Es wurde aber seiner Geringfügigkeit wegen nur

von dem dasigen Wildmeister versehen.

Der jetzige Kreis Ansbach ist in 4 Justiz- und Kameralämter eingetheilet, wovon sich der Bezirk des einen genau so weit, als des andern erstreckt. 1.) Das Justiz- und Kameral Amt Ansbach begreift das bisherige Stift und Kastenamt, jetzt Rentbey Amt; das Vogtamt Lehrberg, Flachslanden Bruck und Oestenberg; dann das Bayreuthische Amt, Bonnhofen, so weit dessen Besitzungen im dortigen Fraischbezirke liegen. 2) Das Justizamt Lentersbausen, ausser dem dort schon bestehenden Amte das Amt Colmberg, Jochsberg, Brunst und dem im sonstigen Oberamte Colmberg liegenden Theil des Amtes Sulz. 3) Das Justizamt Insingen im rothenburgischen Gebiete behält seinen Umfang hinsichtlich der niedern Gerichtsbarkeit. 4) Das Justizamt Windsbach, ausser dem dortigen Kastenamte, das Verwalteramt Hailsbronn und Merkendorf. Die Grenzen dieses Kreises sind also, gegen Morgen der Schwabacher Kreis, gegen Mittag die im Altmühlgrunde gelegenen Eichstädtischen Lande, der Gunzenhauser Kreis, und das im Crailsheimer Kreis liegende Justizamt Feuchtwang, gegen Abend Hohenlohe-Schillingsfürst und das Reichsstadt Rothenburgische Gebiet, gegen Mitternacht das Schwarzenburgische, das Deutschordische Amt Virnsberg und der Neustädter Kreis des Fürstenthums Bayreuth.

Die Lage dieses Kreises wechselt zwischen Anhöhen und Thälern, die ungemein futterreich sind; weil es nicht an kleinen Bächen

Bächen und Flüssen mangelt, die sie wässern. Außerordentlich dürre Sommer erzeugen also hier erst einen Futtermangel.

Der größte Fluß des Oberamts ist die Rezat, welche hier noch von geringer Bedeutung ist, und die Mendühl. Die Fischerey erstreckt sich bloß auf Weiher, worunter der große Höfer und Scheerweiher eine beträchtliche Menge von Hechten und Karpfen liefern.

Der ansehnlichste Wald, die untere, mittlere und obere Fruchtlach bey Ansbach. Er faßt allein 1541 Morgen in sich und ist mit den schönsten Fichten, Tannen, Eichen, Buchen und einigen jungen Schlägen bewachsen. Diese Holzsorten finden sich auch in den übrigen Waldungen. Die Domainen Forste dieses Kreises erstreckten sich allein auf 12413 Morgen.

Der Boden besteht hier beynahe durchgängig aus einer schwarz braunen fetten, schweren Erde. Nur gegen Triesdorf und Marktflachslanden ist er mit vielem Sande gemischet. Es werden hier alle in Franken gewöhnliche Getraidearten gebaut, Kraut und Rüben aller Art, auch Kartoffeln. Durch den leichten Absatz ihres Ueberflusses in Ansbach und den benachbarten Landstädten verschaffen sich die Landbewohner eine beträchtliche Einnahme.

Die Bienenzucht ist hier noch in der Kindheit. Besser steht es mit der Pferdezucht. Der beste und blühendste Nahrungszweig der ländlichen Einwohner ist die Rindviehzucht. Die Fabriken bestehen bloß in der feinen Porzelanfabricke zu Bruckberg, und denen zu Ansbach, s. Stadt Ansbach.

Die Tracht des Landbewohners, der freylich wie überall nach dem Maaße seiner Entfernung von Städten und vorzüglich Residenzen zu beurtheilen ist — besteht an Wochentagen beynahe durchgehends in einem schwarzen zwillichenen Kittel, an Sonntagen aber und bey festlichen Ereignissen in einem schwarz tuchenen Rock und dergleichen Wammes, das beynahe eben so lang, als der Rock selbst ist. Unter diesem trägt er noch einen röthlichteren Brustlatz (Weste) mit silbernen oder versilberten Knöpfen und über demselben einen gestickten oder rothtuchenen Hosenträger, schwarzlederne kaum an den Unterleib hinreichende Hosen und einen kleinen randen auch dreyeckigen Huth. Die Weibspersonen tragen bey solchen Gelegenheiten hohe seidene Hauben mit weißen Spitzen, seidene musselinene oder cattunene Halstücher, braune oder schwarze Kittelchen mit weisen Knöpfen und mehrentheils braune lange Röcke, die in unzählige kleine Falten gelegt sind. In den Wochentagen bedeckt beynahe durchgängig ein runder schwarzer Filzhut den Kopf der Weiber und Mädchen. Im allgemeinen steckt das Landvolk noch tief im Aberglauben und bedarf höchstnöthig besserer Seelenpflege in jedem Betrachte.

Das Wassergericht, oder Wasser Grafen Amt, dessen Beysitzer gemeinglich Wassergrafen genennt werden, und aus geschwornen Wassermüllern und Mühlärzten bestehen, besorgte das ehemalige Ansbachische Hofkastenamt. Der Beysitzer sind außer dem Richter sechs. Es ist dieses Gericht schon 400 Jahre alt. Entstehet nun, in einem

nem oder dem andern Amte dieses Fürstenthums oder auch bey benachbarten ausherrischen Aemtern über Mühl- und Wassergebäude, Stemmungen, Eichpfahlschlagung, Abwägung des Gefälls, Wässerungen ꝛc. einiger Streit, oder wird eine neue Mühle erbauet: so ist es von ältern Zeiten an, Nothwendigkeit und Gewohnheit, daß die Obrigkeiten oder deren Beamte bey dem Ansbachischen Hofkastenamte um die Abordnung des Wassergrafen Gerichtes ansuchen, nach dessen Ankunft die streitenden Partheyen durch Handgelobung versprechen müssen, sich bey den erfolgenden Aussprüchen zu beruhigen. Neuerlich wird dieses Versprechen nicht immer gehalten. Sonst muste jeder, der sich dem Ausspruche dieses Gerichtes widersetzte, der Herrschaft 20 Goldgülden Strafe und jedem Wassergrafen ein ländisch Kleid und Taffent zu einem Wamms geben.

Ansbach, wirzburgisches katholisches Filial-Dorf von der Pfarrey Steinfeld, im Amte Rothenfels eine Stunde davon ostwärts, von 54 Häusern. Das Kloster Neustadt hat hier einen beträchtlichen Bauernhof.

Der Schullehrer hat 79 Thlr. Besoldung, 1791 hatte er 37 Schulkinder.

Ansbacherhof, auf den Landkarten Ospachhof. Ein Bauernhof im Bezirk des Wirzburgischen Oberamtes Ansbach gegen Uffenheim.

Anwanden, Weiler zwey Stunden von Nürnberg gegen Irrndorf mit 3 Ansbachischen in das Kammeral Cadolzburg gehörigen Unterthanen, vier sind Nürnbergisch.

Apfelbach, bayreuthisches Dorf im Erlangerkreis, 2 Stunden von Gräfenberg gegen Streitberg.

Apfelbach, katholisches Pfarrdorf, gehört in das Deutschmeisterliche Amt Neuhaus.

Apfelhof, s. Ober-Apfelbach.

Appelhof, war einst ein Einödhof im Eichstättischen Pfleg- und Kastenamte Kipfenberg eine viertel Stunde von Schelldorf entfernt, wovon nur die Distanz der ehemaligen Aeker mehr zu sehen sind, und wo man alles mit Holz überwachsen ist.

Appenberg, geringes Dorf von 5 Unterthanen und einem Herleeger eine halbe Stunde von Osten zum Gräflichen Giechischen Amte Thurnau gehörig, die Einwohner pfarrt nach Melkendorf.

Appendorf, Bamberg. Dorf, im Amte Baubach.

Appenfelden, Schwarzenbergisches Dorf im Amte Geiselwind auf dem Steigerwalde 1 1/2 Stunde von da, und eben so weit von Schwarzenberg, pfarrt nach Geiselwind, hat einen Schullehrer, Schultheißen und Förster. An Sonn- und Feyertagen besorgt ein Franziskaner aus Kloster Schwarzenberg den Gottesdienst.

Appensee, Weiler im Bezirke des Ansbachischen Kammeralamts Crailsheim mit 7 Ansbachischen und 5 fr. Unterthanen.

Appenstätten, auf den Landkarten der Oppenstätterhof, ein eichstättischer zum Pfleg- und Kastenamte Obermässing gehöriger, und in der Fraisch des ehemaligen Richteramts Stauf gelegener, dann in 2 halbbauernhöfe, und also auf 2 Besitzer zerschlagener Hof. Dieser Hof gehörte einst dem Domkapitul in Eichstätt, welches denselben unter Bischof Wilhelm von Reichenau im Jahr 1484 an das Bisthum gegen Zehnten

den unter mehrern andern Gütern vertauschet hat.

Appenstättenhof f. Appenstätten.

Apperthal, eichstättisches Thal im
Amte Beilngries zum Alpfenber-
ger Forst gehörig. Es ziehet sich
vom Altmühlgrunde unter Kinding
in das sogenannte Altholz hinein.

Archenbrunn, Brünnlein zwischen
Moritzbrunn und Weißenkirchen,
erstern östlich, und letztern südlich, gleichsam im Dreyecke damit gelegen, wovon der gegen
1500 Jauchert große, im Landvogteyamte gelegene Stadtforst,
der nächste an der Residenzstadt,
der sich am Berge gegen West-
osten hinziehet, seinen Namen
her hat, und auch der Archen-
brunnerforst genannt wird, wie
dann auch einst das Forsthaus des
Stadt oder Archenbrunner Försters
allda gestanden hat. Nur drey
Plätze desselben haben eigene Namen, als der große Wald, der Platz
auf der Wascherten, und das
Fürstenwäldlein im Engelthal.
Im großen Walde führen wieder
einzelne Gegenden eigene Benennungen, als der Katharinen-A-
cher, der Schneckenberg, das
Schweinthal, das Flößlein, der
Wermuthsbühl, das Wolkerthal,
das Pelzerfeld, das Tafele, der
Herreschlag, das Hengsteig, der
Luderbug, die Fischer-Leithen,
das Lazareth-Gesteig.

Archsbofen, Weiler am Flüßchen Sulz im Ansbachischen Kameralamte Feuchtwang mit 17
dahin gehörigen Unterthanen.

Archshoffen, Dorf von gemischter
Herrschaft, durch dessen Areal
sich die Rothenburgische Landes-
grenze ziehet. Es liegt an der
Tauber drey Stunden von der
Reichsstadt Rothenburg gegen
Creglingen; hat 54 Gemeindrech-
te, darunter sind 19 rothenbur-

gische[*], (nebst der Hollermühle)
30 Adeliche (jetzt von Oettinger)
und 5 Brandenburg-Preußische
Unterthanen, unter welchen auch
Juden sich befinden. Die Dorfsherrschaft, Fraisch, vogteiliche Gerechtigkeit und Gerichtshaltung
sind gemeinschaftlich, weßhalben
die Verträge von 1525 1565 und
1617 die nähere Verhältnisse bestimmen. Den Pfarrer setzen
die Herren von Oettinger. Schon
805 wurde es ein Dorf genannt.
Im Jahr 1398 haben der St.
Meister Ulrich von Leuterßheim,
und das Haus Brandenburg O-
nolzbach Archshoffen gemeinschaftlich besessen. 1460 hat Teutsch-
orden seinen Antheil am Dorf
und das ganze Schloß dem Herold von Rain für 2300 fl., und
dieser hat hierauf den halben Theil
an den Gütern und das Schloß
an seinen Bruder Adam von
Rain für 1600 Goldgulden verkauft. Diesen halben Theil erhielt Rothenburg 1462 Jure bel-
li, trat ihn aber an Adam von
Rain wieder ab. 1463 hat Rothenburg den andern halben Theil
vom Herold von Rain käuflich
an sich gebracht. 1648 ist den
1 Merz das dem Johann Ludwig Lochinger allein zuständig
gewesene Schloß Archshoffen bey
Gelegenheit des Durchmarsches der
Armee des General von Gößen
ganz eingeäschert worden. Bie-
dermann sagt in einem Manuscripte: „das reiche im vorig Jahrhundert erloschene Geschlecht Es-
benheim habe diese Herrschaft besessen und beßwegen das jus stan-
di in comitiis Cantonis Ottenwald gehabt."

Arm-

[*] Fischer in seiner Topographie von
Ansbach giebt zusammen 2 Ansbachische Unterthanen an.

Armbach, (die) ein Flüßchen. Sie entspringt im Meiningischen Amte Frauenbreitungen, fließet nach Langenfeld und Salzungen, und daselbst vor dem Nappenthore in die Silge.

Arnhöchstädt, auch Arnshöchstädt, Bambergisches Dorf, zwey Stunden von Hochstädt gegen das Bayreuthische Städtchen Markt Dachsbach, wohin die evangelisch Lutherischen Einwohner gepfarrt sind.

Arnhofen, Nürnbergischer Weiler im Bezirke des Ansbachischen Justiz-Amtes Burgthann unweit Abgerdorf.

Arnleuben, ist ein Eigenthumshof im Thörnthale. Die jetzigen Besitzer sind die Freyherren von Groß. Da die Hofgüter theils vererbt, theils verpachtet sind; so befinden sich jetzt nur 3 Bauernwohnungen allda. Die Cent und pfarrlichen Verrichtungen gehören nach dem Bambergischen Städtchen Portenstein und Gößweinstein, eine Stunde davon.

Arnoldsreuth, im jetzigen Kammer-Amte Bayreuth, ehemaliger Verwaltung Schretz ins Kirchspiel Lindenhardt gehörig; liegt im Pfälzischen streitigen Gebiete und hat 7 Häuser, 5 Scheunen, 31 Einwohner.

Arnsberg, eichstättischer Marktflecken samt einem alten Bergschloße, zum Pfleg und Kastenamte Kipfenberg gehörig; liegt am Altmühl-Grunde hinab, 4 Stunden von Eichstätt, und ½ Stunde noch oberhalb Kipfenberg. Bischoff Wilhelm von Reichenau kaufte das Schloß, und die Herrschaft Arnsperg mit allen Zugehörungen am 14300 fl. Rheinisch vom bayrischen Herzog Albrecht im Jahre 1475 zum Bisthum Eichstätt. Falkenstein (Cod: dipl: Nr. 346 pag: 301) in seinen nordgauischen Merkwürdigkeiten I. Theil 52 Kapitel fol. 212 aber erzählt, dieses Schloß samt dessen Zugehör auf folgende Art an das Hochstift gekommen.

„Das ohnweit Pyrbaum in der Obern-Pfalz gelegene Schloß und Städtlein Allersberg gehörte sonst den Herren, nunmehro Reichsgrafen von Wolfstein, welche es von dem Hochstifte Eichstätt zu Lehen trugen. Georg von Wolfstein versetzte aber das Schloß und Städtlein Allersberg anno 1455 ohne Wissen und Willen des Bischoffs zu Eichstätt an Herzog Ludwig von Landshut. Als nun der Bischoff diesen Georg von Wolfstein nach Eichstätt zur Verantwortung rief, er aber nicht erschien, so wurde ihm und seinen Agnaten alles Recht auf Allersberg durch eine Sentenz abgesprochen, die Execution desselben aber auf geschehenes Anrufen durch ein kaiserliches Rescript vom 28 Juny 1474 eben diesem Herzog Ludwig von Bayern aufgetragen, welcher im Jahre 1475 das Schloß Allersberg mit einigen Truppen zu Roß und Fuß einnahm, und den Georg von Wolfstein mit seiner ganzen Familie gefangen hinwegführte. Damit aber indessen dem Hochstifte Eichstätt Genugthuung geschehen möchte, übergab Herzog Ludwig demselben das Schloß Arnsperg, welches er Zeithero als ein Unterpfand von demselben inne gehabt, nebst der Jagdbarkeit im Weißenburger Walde, soviel dem Herzog wegen Heideck darinn gehörig war, und die ihm über das Schloß und Dorf Unterstall gebührende Jurisdictionsgerechtigkeit ließ er auch nach,

nach, und hub den völligen Lebensverband auf." S. des Herrn Prof. Köhlers zu Altdorf hist. genealog: der Herren Grafen von Wolfstein pag: 237.

Das Schloß, welches rechts v. der Altmühl auf hohen steilen Felsen gerade aufgeführet ist, war anfänglich das Stammhaus einer adelichen Familie, die sich davon schrieb; denn schon in einem Documente von 1189 kömmt Herr Gottfried von Arnsperg und in eben demselben Hadebrand und Rudger von Arnsperg als Zeugen vor. Darnach kam dieses Schloß an die adeliche Familie von Frauenberg, und wurde in der Folge ein sehr angenehmes Lustschloß der Fürstbischöffe von Eichstätt; denn rukwärts gegen Bayern hat es die schönste Ebene und Waldungen in der Nähe, vor sich den anmuthigen Altmühlgrund, und der gegenüber stehende Berg scheinet sich ordentlich zu neigen, um die Aussicht darüberhin nicht zu benehmen.

Ewig Schade ist es, daß man dieses Schloß, wovon nur ein Nebengebäude mehr von dem pflegeamtlichen Oekonomie Bestandner bewohnet wird, so ganz eingehen ließ, dessen Einsturz noch dazu durch Mangel der Unterhaltung und natürliche Zerstöhrung der Grundfelsen, welche an dieser ganzen Bergseite sich anlösen, und in mächtigen Massen herabstürzen, noch mehr befordert. er mag nun über Kurz oder Lang erfolgen, für den am Fuße desselben gelegenen Markt immer äusserst gefährlich ist.

Es hat derselbe etlich und dreyßig Unterthanen, und ebensoviel Gebäude außer der Sebastiani Kirche, einer Filial von Gungelding, dem herrschaftlichen Heu-

stadel, und einer Ziegelhütte. Die Chaussee von Eichstätt nach Hirsperg gehet durch den untern Theil des Marktes.

Arnshausen, Würzburgisches Dorf im Amte Ebenhausen. Es hat 61 Häuser, einen Pfarrer, Schultheißen, Schullehrer, mit 74 Gulden Gehalt, der 1796 48 Schulkinder hatte. Das Erdreich ist mittelmäßig, und benutzet zu Aecker, Wiesen, Waldungen und etwas wenigen Weinbergen. Die Wälder bringen Eichen, Birken und Aschenholz hervor. Von einem Korn erndtet man 11 ein. Waitzen, Korn, Haber, Hülsenfrüchten, Flachs, verschiedene Gemüßarten, auch Kartoffeln werden auf der Markung gebaut. Die Hauptnahrung der Einwohner bestehet im Getraidhandel und Viehzucht. Der Viehzustand blühet, und hat nichts durch die Viehseuche gelitten. Die Bewohner sind gut gesittet, nähren sich ziemlich wohl. Es hat ein einziges Wirthshaus, welches das Privilegium eines Bauzolles genieset.

Arnstein, das Würzburgische Amt, gränzt gegen Morgen an das Amt Werneck, gegen Abend an das Amt Karlstadt, gegen Mittag an das Amt Proselsheim und Rimpar, gegen Mitternacht aber an das Amt Aura Trimberg und das Fuldaische Amt Hammelburg. Seine Länge ist 5 und seine Breite 3 Stunden. Ausser den schönen Ebenen in diesem Amtsbezirke gegen Morgen und Mittag ist die Gegend meistens hügelich und bergig. Das Amt zerfällt der Lage nach in 4 Theile, das obere Amt, das Reichthal, den Bach- und Wehrn Grund. Zum oberen Amte

Amte gehören die Orte: Mühlhausen, Hansen bey Fährbrück, Rieden, Eßleben, Opferbaum, Erbshausen, mit Sulzwiesen; zum Reichthale: Greßthal, Prebersdorf, Rutschenhausen, Schwemmelsbach, Kaisten, zum Bachgrunde: Hundsbach, Obersfeld, das Amt Bücholb; zum Wehrngrunde: Gänheim, Binsbach, das Städtchen Arnstein, Heugrumbach, Reuchelheim mit Marbach, Mildesheim mit Dattensol, Halsheim, Binnsfeld. Die Wehrn, die das Amt gerade in der Mitte durchschneidet, fließet durch schöne Wiesengründe; bey Rieden befindet sich ein 130 Morgen großer See, welcher seinen Ursprung aus dem bekannten Elchelberge nimmt. Die Seen bey Bucholb sind eingegangen und nun zu Getraidfeld angebaut. Das obere Amt ist ein Theil vom Schweinfurter Gau, und bauet vorzüglich alle Arten von Getraide. Das Reichthal hat gute Wiesengründe und vieles Obst, ist aber nicht durchgehends so bemittelt, als die übrigen Theile des Amtes. Der Bachgrund hat mittelmäßigen Wein und Getraidbau, auch ziemlich Holz, woran sonst das Amt, das Städtchen Arnstein etwa ausgenommen, großen Mangel hat. In Arnstein bestehet eine eigene Holz-Innung, die Leimenländer genannt, welche einen eigenen Schultheißen wählet, der die in ihrem Holze verübte Holzfrevel rüget, jedem Mitgliede jährlich 1/2 auch 1 Morgen Holz zutheilet ꝛc. ꝛc. Sonst bauet das Städtchen, wie der ganze Wehrngrund, vielen und guten Wein.

ungeachtet des strengen und gar nicht ergiebig scheinenden Bodens, vieles Getraid und guten Hanf. Der Wein wird nach Hessen, Sachsen und Fuld ausgeführt; in der Hauptstadt des letzteren Landes hat ein Mudesheimer Bürger eine beständige Weinniederlage. Die Rindviehzucht stand vor der 1796 Rindviehpest in einem vorzüglichen Wohlstande. Das Amt bestehet nach der allgemeinen würzburgischen Verfassung aus einem Oberamtmanne, Amtskeller und Amtschreiber; die Gefälle der fürstlichen Hofkammer sind verhältnißmäßig nicht gar beträchtlich; das Domkapitel zu Würzburg hat beynahe alle Zehenden im ganzen Amte, und mehrere andere geistliche Stiftungen haben darinn viele Gülten. Das Dorf Eßleben alleine hat 18 Gültherren. Unter die Gerichtsbarkeit des Amtes gehört auch der große Kramschatzer Wald; der Oberjäger zu W. ist Forstmeister darüber, hat aber eben so wenig, als der Arnsteiner Amtskeller, etwas mit der Einnahme der Forstgefälle zu thun: sondern diese wird durch einen Waldgenichtschreiber besorget; über diesem Wald sind außer dem 1 Wildmeister und 4 Jäger aufgestellt. Im Amte Arnstein existirt übrigens noch ein gedoppeltes Zentgericht, das Arnsteiner und das Eichelberger, unter einem und eben demselben Zentgrafen; zu jenem, welches zu Arnstein im Engelwirthshause geheget wird, gehören die sämmtlichen Ortschaften des Amts im Reichthale, Wehrn und Bachgrunde, das Hangische Probstey Amts-Ort Kramschatz, die Ort Alt u. Neu Weinsgesang, Burghausen und Schwebenrieth im Amte Aura Trimberg, das ehemals den Jesuiten gehörige Ort Veit, und der ritterschafftliche Hof Rappertzenn; zu diesem das ganze obere Amt und die Ortschaften Bergtheim, Burggrumbach und Pleichfeld im Amte Proselsheim. Das Amt Büchold hat sein eigenes peinliches Gericht.

Arnstein, Städtchen und der Sitz des würzburgischen Amtes Arnstein und Büchold, am Flusse dem Wehrn, 2 Stunden von Werneck gegen Karlstadt zu, am Abhange eines Berges, gelegen, daß es die Gestalt eines Amphitheaters hat. In dieser [...] nimmt das Schloß, wo der [Ober]amtmann wohnet, die oberste Stelle ein; in den Schloß[gärt]en und Zwingern hat der [...] Oberamtmann von Quad, [...] um das Schloß her schöne [...] mit vortreflicher Baum[zucht] angelegt. Verschieden vom [Sch]losse ist die Wohnung [des Amts]kellers, welcher zugleich [...] und Stadtschultheiß ist. [Das R]athhaus ist ein massives [Gebä]ude, welches unter dem [Kaiser] Karl Philipp ge[bauet wur]d. Der Stadtrath be[steht aus d]em Ober= und Unter[bürgerme]ister, welche von 3 zu [3 Jahr]en aus dem Rathe ge[wählt] werden, aus 10 Personen [besteht, d]er über die Bürger alle [Strei]t und in den Fällen, [welche] innerhalb der Mauern ge[schehen,] übt die peinliche Ge[rechtig]keit aus. Der Stadt[schreib]er hat im Stadtrathe [Sitz, aber] nur eine bloß consultati[ve Stim]me. Ferner wohnen [alda] von dem Bischoffe Franz [Ludwig 1]705 zuerst für die Aem[ter Arnst]ein u. Werneck aufge[stellter Amts]= u. Zent= Physicus,

1 Zentchirurg, 1 Amts=, Stadt= und Zentschreiber, 1 Spitalverwalter, welcher zugleich Administrator der Julliusspitälischen Gefälle im Arnsteiner Amtsbezirke ist, und 1 Waldgegenschreiber, welcher auch Oberaccisor, Oberzöllner und Spitalgegenschreiber ist. Sonst zählt man im Städtchen etwa 250 Häuser, 3 Wirthshäuser, worunter das zum Löwen für Reisende das beste ist, und 12 Judenhaushaltungen, die einzigen im ganzen Amte. Die wenigen Künstler und Handwerker arbeiten für das Städtchen, und die umliegende Gegend. Die Stadtkirche stehet zunächst unter dem Schlosse; auf ihrem Hauptthurme wohnt ein Thürner u. nächst daran ein Küster. Der Pfarrer wird vom Domkapitel zu Würzburg ernennet und hat einen Kapellan; die reiche Beneficiats= oder Frühmesserstelle ist unbesetzt und wird vom Pfarrer um eine geringe Summe Geldes versehen, die übrigen Gefälle ziehet die Fürstbischöffliche geistliche Regierung zu höheren Zwecken ein. Die eigentliche Pfarrkirche liegt westwärts vom Städtchen jenseits der Wehrn in einem angenehmen Wiesenthale, heißt Sondheim und ist uralt; man gehet dahin durch eine schöne neu angelegte Allee von Obstbäumen; von Ostern bis Allerheiligen wird bey gutem Wetter der Gottesdienst in dieser Kirche gehalten, und man sieht darinn viele merkwürdigen Grabsteine, vorzüglich von der Hattenischen Familie; Gropp hat die Innschriften derselben zum Theile in seine Collect. script. Würcebnrg. aufgenommen; der Kirchhof dienet den Bewohnern von Arnstein zum Begräbnißplatze und hat ebenfalls meh=

mehrere sehenswerthe Grabsteine; vorzüglich verdienet derjenige genennet zu werden, welcher sich auf dem Grabe einer gewissen Cordula Becklnn befindet. Diese Matrone starb im vorigen Jahrhunderte und machte ein eben so vernünftiges, als beträchtliches Vermächtnis zur Besoldung der hiesigen Lehrer und zur Unterstützung armer Studierenden oder Handwerkslehrlinge, welches heute noch unter der Pflege des Raths bestehet. Die gute Stifterinn stehet dafür bey dem gemeinen Volle im Rufe einer **belehrten Hexe**. Das Klsterhaus bey der Sondheimer Kirche ist nun eingefallen. An der Schule lehret ein Rector, ein Schullehrer und eine weibliche Lehrerinn. Der Industriegarten ist aus dem Journale von u. für Franken B. V. S. 493 und 716 bekannt. Das Spital ist das schönste Gebäude im ganzen Städtchen, hat eine kleine Kirche und ist vom Bischoffe Moritz zu Eichstätt aus dem Geschlechte von Hutten im Jahre 1550 reichlich gestiftet. Daher die Pfründen theils von Würzburg, theils von dem jedesmaligen Bischoffe zu Eichstädt und der Familie von Hutten vergeben werden. Das Städtchen hat 2 Vorstädtchen:

1) Das nordwestliche, hart am Städtchen, halb diesseits und halb jenseits der Wehrn, etwa von 50 Häußern, worunter eine Färberey, zwey Bierbrauereyen, ein Wirthshaus, 1 Mühle mit 1 Backhause und 1 Ziegelbrennerey sind. Die Bewohner desselben sind Bürger im Städtchen.

2) Der südliche, theilt sich in 2 Theile, a) der untere Theil gehört in das Spital und stand bisher unter der Gerichtsbarkeit

des Spitalverwalters, nun aber ist er dem Amte untergeben, b) der andere Theil heißt **Bettendorf**, wird als ein eigenes Amtsort betrachtet, hat seinen eigenen Schultheißen und etwa 50 Nachbarn, doch sind auch einige bürgerliche Häuser dort. Unterhalb dieses Vorstädtchens liegt noch eine zu Arnstein gehörige Mühle. Ferner gehört zum Städtchen der eine halbe Stunde davon entlegene Hof Faustenbach von 2 Bauern, welche alle bürgerliche Lasten und Rechte mit Arnstein haben.

Konrad v. Trimberg übergab den Ort 1291 dem Hochst. Würzburg. In den Bauernunruhen 1525 ließ Bischoff Conrad von Würzburg auch hier auf seiner berüchtigten Fahrd 9 Mißvergnügte niedermetzeln, der 10te entlief seinem Peiniger von der Richtstatt. 1587 vertrieb Bischoff **Julius** von **Würzburg** in seiner bekannten Protestanten=Hetze vollends alle noch hier wohnende Einwohner, welche der Reformation anhiengen. Im goldgiedn Kriege ward Arnstein von den Schweden geplündert; wegen der Befreyung von diesen Gästen wird im October ein Dankfest, genannt Maria de Victoria, mit vieler Pompe und einem überaus großen Zusammenlaufe des Volkes gefeiert. 1796 litt der Ort beym Vorrücken der Franzosen, und noch mehr bey ihrem Rückzuge. Nach dem Vorgange bey Würzburg am 3ten September warf sich Jourdan mit seiner Armee dahin, zwey Häuser werden damals im südlichen Vorstädtchen abgebrannt. Arnstein ist der Geburtsort **Johann Fapfer's**, Professors zu Augsburg, bekannt durch seine daselbst 1608 herausgegegebene Uebersetzung Friedrich Grisons, und des berühmten Verfassers der Geschichte der Deutschen Michel Ignatz Schmidt und seines Bruders, des durch die Herausgabe seines Thesaur. juris can. und Institut. jur. eccl. unter den katholischen Canonisten berühmten Weihbischoffes zu Speyer, Anton Schmidt.

Arnstein Arolstein, Arnesta, Arnostenum, Arnolditenum. Dorf mit einem verwüsteten Schlosse, zwey Stunden von Weißmayn gegen Bamberg im Amte Scheßlitz. Die Pfarrey gehört zum Bambergischen Kirchensprengel, und unter das Landkapitel Lichtenfels. 1345 wurde es von Grafen Johann zu Truhendingen erkauft.

Dieser Ort ist dem Hochstiffte Bamberg mit der Landeshoheit und allen Ordnungen von Gerichtbarkeit unterworfen. Die Unterthanen nähren sich durchaus vom Feldbaue, und haben einen mittelmäßigen Nahrungsstand. Arnstein hat auch in älteren Zeiten ein besonderes Amt ausgemacht, bis solches dem Amte Scheßlitz einverleibet worden.

Arnoldshausen, ein zum Marktflecken Döbra im Ritter-Orte Rhön und Werra gehöriger Hof. Er bestehet aus 3 Häusern und 19 Seelen, die nach Döbra pfarren.

Arnshofen, ein mit einem Wassergraben, einer Aufziehbrücke, Zahnthurm und Mauern versehenes Schloß, an welchem die Kapelle, St. Jakob genannt, deren Meß-Pfründe ein Lehen von Ulrich von Rüsselbach war, und im Jahre 1476 den 11 Jul. zu einer Pfarrkirche gemachet wurde, und 3 Dörfern, das erstere in dem Heppbrucker, das andere

in dem Velbner Gebiete gelegen, ganz, bis auf etliche Unterthanen in dem leztern, Ebnerisch. Der Pegnitzfluß scheidet die Herspruckische und Veldensche Obrigkeit.

Die eingepfarrten Dörfer sind: Enzendorf und Harrenbach.

Artzbach, Kloster im Bezirke des Würzburgischen Oberamtes Ipphofen, eine Stunde von Schwarzach gegen Rödenhausen.

Die Herren von Eyb und Haberkorn hatten daselbst ehemals zum Kanton Steigerwald steuerbare Güter.

Artzbach. Reichsstadt Rothenburgischer Weiler, welcher innerhalb der Landheeg, 3 1/2 Stunde von der Stadt gegen Dünkelsbühl liegt, 10 — 12 Gemeindrechte hat, und nach Erzberg eingepfarrt ist. Der kleine Zehenden auf den Gütern gehört zur Hälfte dem Spital zu Rothenburg, zur Hälfte der Pfarren Criberg, welcher auch der Getraidzehend zuständig ist. Der Weiler wurde 1406 mit Gailnau von Rothenburg erkauft. Er hat 31 1/2 Dienst, †) und

F 4 stelle

†) Heißt in Rothenburg so viel als die Schuldigkeit, nach welcher Landleute in hiesiger Gegend im Verhältnis ihrer dem Hofe anklebender Güter zum Besten des Staats Fuhrdienste, die mehrentheils in herrschaftl. Holzfuhren bestehen, liefern müssen. Wer von den Unterthanen 8 Morgen dergleichen Güter besitzt, ist mit einem solchen Dienst belastet. Derjenige also, welcher 24 Morgen baut, hat 3 solche Dienste u. s. w. Die Dorf Schultheißen, hier und da auch die Dorfshauptleute, sind von diese Dienst

stellt 12 Wägen †). Unweit Arzbach ist eine unterschlächtige Mühle, welche 2 Mahlgänge 1 Gerbgang und 1 Sägwerk hat.

Arzberg Aeremontum, Marktflecken im Kreisamte Wunsiedel, an der böhmischen und oberpfälzischen Gränze, 1 Meilen von Eger und an der Flittersbach und Roßlau, wovon der erstere am Marktthore und zum Theil durch den Marktflecken fließet, die letztere aber von Abend her an der Mittagsseite von Arzberg vorbeyströmet, und, nachdem sie die sogenannte große Mühle getrieben hat, sich mit dem Flittersbach vereiniget. Der Marktflecken, welcher 158 Häuser und 1132 Einwohner hat, war ehemals der Sitz des Amtrichters, und eines Umgeld = Zoll = Fleisch = und Aufschlag = Einnehmers und hat gute Nahrung. Denn obschon ein Theil des Marktfleckens auf einem so steilen Felsen liegt, daß man bisweilen von demselben bequem auf die Dächer steigen könnte, so hat doch der unermüdete Fleiß der Einwohner viele Stellen dieser steilen Anhöhen in fruchtbare Gärten umgeschaffen, ausser welchen sie überdieß noch starken Garten = und Obstbau treiben. Ein anderer Theil der Einwohner treibet Handwerke, worunter sich die **Lebküchen = oder Pfefferküchenbäcker, Roth = und Lohgerber, die Weißgerber u. Wagner** auszeichnen, ferner ist die **Spinnerey und Weberey** beträchtlich und der Gewinn von der durch den Ort gehenden Regenspurger Landstraße, von dem

Dienstleistung befreyet. Gleichwohl sind aber doch diese Freydienste auch unter der jedesmal angegebenen Zahl von Diensten begriffen. Ein Umstand, der bemerkt zu werden verdienet; weil man so mit der Zahl der Dienste auf die Morgenzahl der den Höfen anliebenden Feldungen schließen kann. Außer diesen dienstpflichtigen Gütern kann der Unterthan noch mehrere eigene (walzende) besitzen, welche hierbey nicht in Betrachtung kommen.

†) Nehnliche Bewandtniß hat es mit dem Ausdruck: der Ort stellt so viel Wägen. In Fällen, die nicht eben unter die gewöhnlichen zu zählen seyn möchten, z. E. in jetzigen Kriegszeiten wurde Rothenburg nicht wenig mit Fuhren beschweret, um die Bagage von einem Ort zum Andern zu schaffen ꝛc. Diese Fuhren leisten die Landleute, und

hat jedes Dorf und Ort in Gemeinschaft eine gewisse bestimmte Anzahl Wägen hiezu zu stellen. Mehrere Ortschaften sind hier in Concurrenz, und machen eine **Station** aus. Werden zum Beyspiel 12 Wägen von der Station gefordert, so stellt jedes dazu gehörige Ort verhältnißmäßig seine Anzahl Wägen, und wird hiebey eine gewisse Ordnung und Tour beobachtet, so daß keinem Ort eine zu große Ueberlast hieben zugehet. In so fern diese Wägen bey den Ortschaften permanent sind, und in so fern die Angabe der Beträchtlichkeit der Ortschaften in Rücksicht deren Gewerben und ihrer Beschäftigungen noch abgehet, schienen mir solche Notitzen immer nicht ganz unwerth zu seyn. Was Vieles auch mit Mühe nicht erhalten werden kann, erhält das sonst Minderbeträchtliche immer einigen erhöheten Werth.

dem starken Bergbaue, von den unerschöpflichen Steinbrüchen, von der Alaunhütte und von den Mahlmühlen nicht minder groß. Denn die hiesigen Müller liefern vorzüglich weißes und feines Mehl aus dem hier hergebrachten sehr dünnschälligen Regenspurger und Nürnberger Waitzen.

Arzbauisen, Arnhausen, ein dem Grafen von Schönborn zustehendes Dorf im Amte Wiesentheid. Oberhalb desselben befindet sich eine Mahl- und Schneid-Mühle, welche dem Grafen von Castell Rüdenhaußen gehört.

Arzlohe, Arzloe, kleines nürnbergisches Dorf im Amte Herspruck, 3 Stunden davon gegen Hohenstein.

Aschach, Würzburgisches Oberamt. Es grenzt gegen Norden an die Würzburgischen Oberämter Bischofsheim vor der Rhön und Neustadt an der Saale, gegen Morgen auch noch an Neustadt, und das Oberamt Münnerstadt, gegen Mittag an das Oberamt Kissingen und Aura Irmberg, gegen Abend machet es die Grenze des Hochstifts Würzburg gegen die Fuldaschen Oberämter Hammelburg und Brückenau. In dieses Amt gehören 28 Dörfer, als Swerttshausen, Aschach, Bolter, Burkardroth, Frauenroth, Gefäll, Großenbrach, Hasenbach, Hohn, Kascach, Kleinbrach, Langenleiten, Lauter, Poppenroth, Premich, Riedenberg, Roth, Sandberg, Schlimpfhof, Schmalwasser, Stangenroth, Strinach, Waldberg, Waldfenster, Wollbach, Zahlbach. Des Amtes sind: ein Amtmann, ein Amtskeller welchen beygeordnet ist ein Amts-Gegen-Cent-
und Amtsschreiber. Dieses Ober-Amt hat mit Kißingen einen Amts und Centphysikus, der gewöhnlich in Kißingen wohnet, aber einen eigenen Amts- und Cent-Chirurgus.

Hauptnahrungsquellen der Einwohner sind: im südlichen Theile des Amtes etwas Weinbau, u. Viehzucht; der Ackerbau ist nicht so vorzüglich, als in dem untern Theile des Bisthums; dagegen sind sie hier reicher an Waldungen, vorzüglich Eichen zu Taubholz.

Die Obstkultur nimmt sehr zu. Die Einwohner des Amtes sind nicht durch Weichlichkeit und Kleiderputz verwöhnt, wie viele Einwohner des Ochsenfurter und Schweinfurter Gaues. Sie tragen grüne Kittel von selbst gemachten Zeug, wie ihre Nachbarn die Bewohner an der Rhöne und weiße leinene Hosen. Die Weibspersonen kleiden sich ebenfalls in sogenannten Petermann. Im nordöstlichen Theile des Amtes fangen sie schon an den Kopfschmuck wie im Fuldaschen zu tragen, d. h. die Haare in ein Paar lange Zöpfe geflochten, die über den Rücken hinab hängen, oben um den Kopf ist ein blutrothes Band gebunden. Die Strümpfe an Festtagen sind hellgrün oder hochroth; um den Hals hängen einige Schnure großer gelber Perlen von Bernstein.

Aschach auch Waldaschach an der Saale, ein Würzburgisches Amts-Städtchen zwischen Kißingen und Boller, den beyden bekannten fränkischen Gesundbrunnen, hat seinen eigenen Pfarrer. In alten Urkunden, wo es häufig vorkommt, heißet es Aschaha oder Ascoba. Im Jahre 867 gelangte

langte es durch Schenkung zum Theil an das Stift Fulda. Von diesem an die Grafen von Henneberg. Von Aschach nannte sich eine Linie derselben im 13ten Jahrhunderte. Endlich kam es an Würzburg. Im 16ten Jahrhunderte residirten einige Bischöffe von Würzburg zur Jagdzeit daselbst. Das alte Schloß war 1525 von den aufrührischen Bauern verbrannt worden. In dem Verzeichniß der im Bauernkriege beschädigten Schlösser ist es bey Theophilus Frank nicht bemerket. Fürst Conrad von Thüngen und seine Nachfolger haben es erbauet.

Der Ort hat 100 Häuser, einen Rektor und Cantor. Die Kinder von Großenbrach gehen dahin in die Schule. Ihrer waren im Jahre 1745 an der Zahl 121. Es werden auch jährlich einige Vieh- und Krämermärkte daselbst gehalten.

Asbach, (der) nimmt unweit Adolzhausen im Hohenlohischen seinen Ursprung, und ergießt sich bei Elpersheim in die Tauber.

Asbach, Aspach, brandenburgischer Weiler, in welchem 5 rothenburgische Gemeinderechte. Außer dem ist jeder Unterthan seiner Herrschaft vogt-gericht- u. schätzbar. Er pfarret nach Hengstfeld, in welche Pfarrey auch der Jehend gehöret. Das Schloß besaß vor Zeiten Cunz von Bernheim, und ist 1490 von Brandenburg und Windsheim zerstöret worden.

Aschbach evangelisch lutherisches geringes Pfarrdorf auf dem Steigerwalde, steuert zum Ritterorte Steigerwald u. gehöret der Familie von Pölnitz zu Würzburg, die hier ein Schloß und einen schönen Garten hat. Die Kapuziner haben hier ein Hospitium.

Aschbach, bei Waldthann, ein Weiler im Bezirke des Ansbachischen Kameral Amtes Creilsheim gegen Feuchtwangen.

Aschenhausen, evangelisch-lutherisches Pfarrdorf, das die Herren von Speßhardt von Henneberg zu Lehen tragen. 1 1/2 Stunden von Nordheim und 4 Stunden von Meiningen. Das Schloß hat rings umher Gräben. Die Unterthanen steuern zum Ritterorte Rohn und Werra.

Aschenhof, adeliches Gut zwischen Albrechts- und Bettshausen, vormals der Aschenberg genannt, gehörte in ältern Zeiten zum Kloster Frauenbreitungen, von welchem es die vorigen Besitzer zu Lehen getragen haben. Als nach dessen Secularisirung die Lehensherrlichkeit an die Grafen von Henneberg übergieng, wurde die adeliche Familie von Eralach damit beliehen, und kam nach verschiedenen Abwechselungen seiner Besitzer, unter welchen die Herren von Brand, Auerochß, Diemar, Speßart und Hanstein erscheinen, an die Herren von Buttler. Der gegenwärtige Besitzer dieses Guts ist der Weinhändler Krüger zu Benshausen, der es im Jahr 1791 um 5100 Thlr in 20 Gulden Münzfuß öffentlich erstanden hat.

Aschenrod, gehört dem Julius-Hospitale zu Würzburg, ist aber zum Canton Rhön und Werra steuerbar. Es enthält gegen 80 Seelen, und liegt zwischen dem Würzburgischen Amte Homburg an der Wehrn und dem Fuldaischen Amte Hammelburg. 1 1/2 Stunden von letzterm Städtchen gegen Westen.

Aschfeld im Jahr 796 hieß es Ascfelda, katholisches Pfarrdorf des Würzburgischen Domkapitels im im Bezirke des Würzburgischen Amts Karlstadt am Mayn gegen Gemünden.

Aspach, eichstättischer, mit ansbachischen und nürnbergischen Unterthanen vermischter, an der Gränze gegen Roth hin gelegener Weiler, von den 2 eichstättischen Unterthanen allda gehört einer zum Pfleg- und Kastenamte Abenberg, der andere aber zum Frauenkloster Marienburg.

Aspach, das Obere und Untere, zwey meistens nürnbergische Dörfer, 1 Stunde von Nürnberg an der Regnitz, es sind einige k. Preußische und ein deutschordenscher Unterthan darinnen.

Aspachhof, s. Ansbacherhof.

Aspuch, eichstättisches, zum Ober- und Kastenamte Beylngries gehöriges, 2 Stunden von Beylngries südlich auf dem Paulushoferberg zwischen Irferstorf, und Dietersdorf gelegenes Filial Kirchdorf, von 19 Unterthanen. Das Gottshaus allda ist eine Tochter zur Mutterkirche in Kirchbuch.

— Im Vergleiche Dokumente zwischen den Herzogen Rudolph und Ludwig von Bayern, dann dem eichstättischen Bischoffe Johann I. das Schloß Hirschberg, und dessen Zugehörungen betreffend vom Jahre 1305 kömmt dieser Ort auch schon unter dem Namen Eschwenbuch vor.

Asperhofen, Asperzhofen, Aschbofen nürnbergisches Dorf unter Harspruck, bey Kirchensittenbach, dahin es auch eingepfarrt ist, hat 16 Unterthanen.

...ofen, Dorf mit einem Schlosse ... Ottenwald, an ... zwischen dem markte m... ... Städtchen Wechmühl ... ...dachsen ...bey an der Mitte, zunächst

an dem Hartheuser Walde, ehemals der adelichen Familie von Herda, nun den Herren von Ellerichshausen gehörig. In dem besagten Walde befindet sich an der Straße nach Heilbronn auf einem sehr angenehmen Platze ein einsames nach Assumstadt gehöriges Wirthshaus, der Habichtshof genannt, wo der Reisende gut bewirthet wird.

Astheim, in der Volkssprache Ostheim, Oste (Marktastheim) katholisches Pfarrdorf und Karthäuserkloster am rechten Maynufer Stadtrollach gegenüber, an der Spitze eines schmalen Erdstrichs, der wie eine Halbinsel vom Mayn umkreiset wird, und nur von Abend her zugänglich ist.

Von der Karthause ließt man in J. P. Ludwigs Geschichtschreibern vom Bischoffthume Würzburg: „Und eben in itzt angeregtem 1414 Jahr hat Herr Er-„klinger von Selnsheim *) zum „Stephansberg und Anna von „Bibra in dem Dorf Ostheim „am Mayn ein Karthaus an-„gefangen zu bauen, das Dorf „Ostheim und andere mehr Zinns, „Gült u. Güter**) daran gegeben, „und die Karthaus nach dem ge-„meldten Dorf Ostheim genennt." Das Kloster heißt pom Mariae (Mariäbrücke).

Die Karthäuser sind noch die Dorfsherrschaft. Sieben Mönche leben hier mit dem Prior; sonst waren 12 Mönche 6 Klosterdiener und Knechte, 2 Mägde, 40 Morgen Weinberge, 60 Morgen

*) Ein Schwarzenbergisches Dorf.
**) J. B. zu Donnersdorf im Amt Gerolzhofen.

gen Waldungen, 80 M. Wiesen, 250 M. Ackerfeld.

Eine Maynmühle unterhalb dem Dorfe mit 4 Mahlgängen, giebt dem Kloster jährlich 100 Mltr Korn und Waizen Pacht.

Das dabey befindliche sogenannte Loch im Wöhrd, durch welches alle Fahrzeuge des Mayns passiren, und eine Abgabe entrichten müssen, soll jährlich 300 Gulden frl. Pacht einbringen.

Das Dorf enthält 81 Häuser, 327 Seelen, die Meisten leben vom Weinbergsbaue, 16 Handwerksleute, 60 Schulkinder, 110 Stücke Vieh, 100 Morg. Getreidfelder, meistens mit Zwetschgenbäumen besezt, 120 M. Wiesen, 100 M. Hutwasen, mehrere hundert Morgen Weinberge.

Der hiesige Wein mag mit dem Fahrer eins seyn. Das Juder 1797er Most wurde zu 180 Rthlr verkauft. Er wird, wie der Fahrer, des sandigen Bodens wegen bald trinkbar. Die fürstliche Familie von Schwarzenberg, als Abkömmlinge des obenwähnten Stifters, hat in der Klosterkirche noch ein Familienbegräbniß. 1764 wurde noch ein junger Fürst, Anton Johann Fidel, der zu Würzburg studirte, und in seinem 18ten Jahre starb, dahin begraben.

Attenbrunn, eichstättische, zum Pfleg- und Kastenamte Dollnstein gehörige Mühle, 1/4 Stunde ober Obereichstätt gegen Braitenfurt hinauf gelegen, mit einem Gange, ganz nahe an der Altmühl, wird aber nicht von diesem Fluße, sondern von einer Bergquelle getrieben. Die Güter, welche die Kanonie Rebdorf hier hatte, tauschte der eichstättische Bischoff Wilhelm von Reichenau 1466 gegen den Zehend zu Dollnstein ein.

Attenfeld, ein von Eichstätt an Neuburg vertauschtes, von Eichstätt aus rechts an der neuburger Chaussee im Walde gelegenes zur Pfarrei Egweil gehöriges Filialkirchdorf, worinn das eichstättische Domkapitel 2 Unterthanen hat.

Attenhofen, eichstättisches zwischen Plankstetten und Greding 1 1/2 Stunde von Beylngries westnördlich auf dem Laubertshofer Berge gelegenes Dorf, machet mit dem Kirchdorfe Laubertshofen, wovon es nur eine Ackerlänge weit entfernt ist, eine Gemeinde aus, von dessen 16 Unterthanen 11 eichstättisch sind, nemlich 5 zum Ober- und Kastenamte Hirschberg Beylngries, 5 zum Richteramte Greding, und 1 zum Klosterrichteramte Plankstetten gehörig, von den 5 übrigen aber 3 nach Sulzburg, und 2 nach Hilpoltstein gehören.

Unter dem Namen Hättenhofen kömmt dieser Ort schon vor im Vergleich Eichstätts mit Bayern vom Jahre 1305, und in der Entscheidung des römischen Königs Alberts vom Jahre 1306, das Schloß Hirschberg und dessen Zugehörungen betreffend.

Attenkreut, ein auf hohenlohischem Gebiete liegender Weiler, von 5 Gemeindrechten, von welchen 4 Rothenburgischen Besitzern gehören, 1 ist Hohenlohisch. Jeder Unterthan ist seiner Herrschafft vogt-, gericht- und schäzbar. Die Fraischgerechtigkeit ist Hohenlohe-Schillingsfürstisch, wie auch der Zehend, wovon jedoch 1/3 der Pfarrer zu Brunst hat, wohin der Weiler eingepfarrt ist. Der

Der Ort leistet Rothenburg 8 Dienste und stellt 2 Wägen.

Arzberg, eigentlich Arzberg, von den zur Arzney dienlichen guten Wurzeln und Kräutern, welcher wegen dieser Berg von jeher berühmt war, also genannt, liegt zwischen Beylngries und Ihging bergestalten ganz isolirt da, daß ersteres an dessen westlichen, letzteres aber an dessen östlichen Fuße sich anlehnt, und an beiden Seiten des Berges in 2 ganz flachen Bögen ein Weeg nördlich und der andere südlich von Beylngries nach Ihging, auch über Dietfarth auf Regensburg führet, der südliche ist bis Kötriugwörth schon, *** die Straße von Regenspurg herauf bis Hemau chaussirt; wür= *** von beiden Seiten mit der Chaussirung gar gegen einander *** bunden, so würde eine aller= *** vortheilhafte Verbindung *** Chausseen miteinander *** , auch ein ganz neuer *** mit Eichstätt eingelei= *** können.

*** Anhöhe des Berges, *** in der Länge eine, und in *** Breite eine halbe Stunde be= *** und worauf der Pfennings= *** dann der in 2 Halbbauern *** schlagene Eichelhof stehet, *** die prächtigste Aussicht, *** man den ganzen Rand *** umgehet, immer um *** Gleider ist, als sie sich *** benachbarte Berge er= *** welche von mehreren Thä= *** schwitten sind, die eine *** Aussicht eröffnen.

*** ein im Bambergischen *** Amte Jdith, gelegen

*** , Dorf im Bamber= *** Dilberl.

*** der Iy, ein Wei= *** Kammerants

Ganzenhausen, mit 9 dahin gehörigen Unterthanen.

Au, (die) oder der Aubach entspringt 1/2 Stunde von Thurnan unweit Ober-Mbnrichan an der Hohlfelder Straße, am Fuße der basigen Berge. Sie fließet durch beyde Möbrichau, Berndorf, Tharnau, vereiniget sich hierauf mit dem von Casendorf kommenden Quellbache, ziehet nach Häbschdorf und Pattenfeld und fällt nicht weit davon in den von Bayreuth kommenden rothen Mayn. An der Quelle sind unter ihrem Sande viele Versteinerungen befindlich, wovon schon manches Contingent zu den ansehnlichsten Naturalien-Kabineten geliefert worden ist. Der jetzige Vorrath ist daher gering. Ihr äußerst kaltes Wasser verträgen nur Forellen.

Au oder Aw, Filialkirchdorf im ehemaligen Jurisdiktionsbezirke des Ausbachischen Richteramts Stanf eine Stunde davon mit 30 dahin gehörigen Unterthanen. Alda hat auch das Domkapitel zu Eichstädt zwey Unterthanen, die in das Domkapitel. Richteramt zu Eichstädt gehören.

Aub, das Würzburgische Amt. Es wird größtentheils von dem Flüßchen Gollach bewässert, und bestehet nur aus 7 Dörfern. Sie sind Gülchsheim, Hemmersheim, Lipperichshausen, Oellingen, Pfallenheim, Rorbheim, Sächselbach. Die Grenzen des Amtes sind gegen Osten Limpurg-Speckfeld, gegen Norden das Deutschmeisterische, gegen Westen eben dasselbige und ein Theil des Würzburgischen Amtes Röttingen gegen Süden der Ansbachische Kreis Uffenheim. Der Boden des

des Amtes ist gut, ob er gleich nicht so vortrefflich ist, als jener der hintern Gegend des Ochsenfurter Gaues. Die gewöhnliche Getraidarten sind Roggen, Waizen, Dinkel, Gersten, Hafer und alle bey uns üblichen Gattungen v. Hülsenfrüchten. Kartoffeln werden wenig gebauet, und sie sind hier von keiner besondern Güte. Gelbe Rüben gehören hier unter die Seltenheiten. An Waldungen hat das Amt fast gänzlich Mangel, was davon vorhanden ist, giebt nicht das beste Holz. Man klagt über den Boden, auf dem die auf das sorgfältigste angepflanzten Holzsorten ausarten sollen. Die Wiesen sind, den Gollachsgrund ausgenommen, nicht sehr vorzüglich. Diesem Mangel suchet der Landmann durch den Anbau des Klees abzuhelfen. Er verdiente immer noch mehr erweitert zu werden, um das Getreid zu ersparen, das jezt noch auf die Viehmastung verwendet wird. Im allgemeinen ist der Wohlstand der Einwohner groß, daher mag aber die Widersetzlichkeit und Hartnäckigkeit der Einwohner gegen alles, was neu ist, seinen Ursprung haben. Künstler, Manufacturen und Fabriken sind hier nicht anzutreffen. Der Ackerbau ist das Hauptgewerbe.

Der Würzburgische Fürst, Julius Echter von Mespelbrunn, hat sich um das Amt Aub besonders verdient gemacht. Verheerende Kriege und üble Haushaltung mancher Bischöffe brachten einen großen Theil dieses Amtes, so wie mehrerer Anderer in fremde Hände. Julius löste verschiedene wieder ein; andere erkaufte er zu denselbigen. Die von ihm hierzu verwandte Summe betrug 9166 fl. 4 tt. 4 Pf. Zu öffentlichen Gebäuden in diesem Amte verwendete er 1171 fl. 4 tt. 20 Pf.

Aub, ein Ganerben Städtchen am Flüßchen Gollach, zwischen Uffenheim und Ochsenfurt. Die Truchsesse von Balderöheim besaßen ehemals den vierten Theil dieser Stadt, ein anderes Viertheil aber die Herren von Rosenberg. Als erstere ausstarben, trat Würzburg in ihre Besitzung, und durch ein kaiserliches Decret gelangte 1624 dieses Stift auch zum Besitz des Rosenbergischen Antheils, ob es gleich pfälzisches Lehen war. So weit Honn. Nach einer andern Nachricht der dasigen Gegend soll statt der Herren von Rosenberg Hohenlohe Besitzer gewesen seyn. Man bemerket auch in diesem Städtchen noch oft das Hohenlohische Wappen. Endlich kam das Städtchen wieder an Bamberg, als Lehenherrn, worauf es Würzburg gegen BurgEbrach von Bamberg eingetauscht habe. So viel aus Abgang näherer archivalischen Nachrichten, zu welchen hier nicht vorzubringen ist. Ein Viertheil der Stadt sammt dem ganzen Schlosse daselbst gehörte noch im J. 1515 dem Ritter Jörg Truchseß von Balderöheim, welcher seine Besitzungen gegen eine bestimmte Geldsumme zu Lehen auftrug. Ein anderes Viertheil der Stadt war ein Lehen des Pfalzgrafen bey Rhein. Die andere Hälfte der Stadt gehörte noch im J. 1481 Philipp dem ältern zu Weinsberg, der, sie gleichfalls als Rittermannlehen von dem Stifte zu empfangen, gegen eine Summe Geldes aufgab. Im Bauernkriege hielt es die Stadt mit den Aufrührern, sie wurde daher gleich andern Orten von dem Bischoffe zu Würzburg hart bestraft. Die Lage des Städtchens ist ganz bergicht; es hat 152 Häuser, 160 164 Bürger, worunter 15 Juden. Haushaltungen begriffen sind: 5 Haushaltungen davon sind Würzburgisch, und 10 Teutschherrisch. Leztere stehen unter dem Amtmann zu Gelchsheim. Man hat hier wenige Wiesen, dafür aber reichet die geringe Anzahl der Morgen das beste Futter ab. Auf dem guten Boden wird vorzüglich Korn und Waitzen gebauet, auch etwas Dinkel und Hafer. Der Haupt-Nahrungs- und Erwerbsstand der Einwohner bestehet in der Betreibung der Handwerke, welche hier zahlreich, nur den Rothgiesser und Blechner ausgenommen, vorhanden sind, und an Bedürfnisse sowohl, als der Annehmlichkeit frohnen. Vor andern trift man hier mehrere Zucker an, welche sehr starke Nahrung finden. Künstler ist ein geschickter Bildhauer. Der Viehstand ist eben wegen zahlreichen Handwerkstandes nicht beträchtlich. — Würzburg besizt 3 Theile des Städtchens, und der teutsche Orden 1 Theil. Das geistliche Personal bestehet aus 1 Stadtpfarrer, 1 Caplan, und aus 2 Kaplänen, das weltliche aus einem Würzburgischen und Teutschherrischen Beamten, (welcher leztere zu Teutschherrischen Rossbrunn, 1/2 Stunde von Ach ein Sitz hat), und 1 Keller, 1 Spitalverwalter, 1 Teutschordischen Stadtschulteiß, und 12 Stadträthen, wovon 9 aus den Würzburgischen, 3 aus den Teutschherrischen Bürgern gewählet werden. Der Stadtphysikus und der Stadtschreiber sind allezeit das viertenmahl Teutschherrisch. Es sind allda 2 Schulen, eine Knaben- und eine Mädchen-Schule: die Lehrer von beyden aber sind gering besoldet, und weil das Städtchen ganerblich ist, läßt sich noch nicht so bald eine Erhöhung der Besoldung der Lehrer hoffen. Das dasige Spital ist sowohl seiner herrlichen Fundation, als der guten innern Einrichtung wegen eines der ersten nach dem Juliusspitale in Würzburg. Es unterhält nebst einem Hausvater und etlichen Haushälterinnen 24 Pfründner, welche mit allem, was zum Lebensunterhalte gehöret, wohl versehen werden. Die Wohnung des Stadtpfarrers war ehemals die Wohnung eines Probsten aus dem Burkards-Stifte zu Würzburg, da wo dieses Stift noch nach der Regel Benedicts lebte. Der Probst mußte zugleich auch etliche Conventualen unterhalten, welche die Seelsorge von Anh. und den benachbarten kleinen Ortschaften versehen mußten. Vor dem nördlichen Thore ist ein Aneybachisches Zollhaus. Unter den merkwürdigen Männern, welche dieses Städtchen hervorbrachte, stechen Johann Böhm, Georg Franz Neller, Professor des Kanonischen Rechtes in Düsseldorf, des berühmten Trierischen Weihbischofs Hontheim vertrautester Freund und Mitarbeiter des bekannten Justus Febronius, und der noch lebende Schmidt, Hofrath und Professor der Medizin zu Wien, hervor. Die Einwohner dieses Städtchens sind zwar vor den Bewohnern anderer Landstädtchen nicht geschickt; dafür aber ist ihr Haus auch weit größer, obgleich ihr Wohlstand im Durchschnitte kaum mittelmäßiger ist. Andächteley ist in dem Charakter der übrigens gewesten und muntern Einwohner unverkennbar.

Aub, bei Elpersdorf, ein Weiler im Kameral Ansbach mit 9 dahin gehörigen Unterthanen.

Aub, ehemals Auve, in der gemeinen Sprache Tra, Trä, katholisches Kirchdorf im Würzb. Oberamte Königshofen, 1 Stunde davon zunächst den Haßbergen gelegen. Es hat 56 Häuser, die von 196 Seelen bewohnt werden, und pfarrt nach Untereßfeld. Die Kirche daselbst, der Fürst Bischoff, der Graf Ingelheim und der Probst zu Wechtersdwinkel besitzen den Zehent. Im Orte sind auch 2 Schuster, 3 Schneider, 1 Schmidt. Jeder Einwohner ist sein eigener Bäcker.

Aubstadt, dieses ansehnliche und dem Canton Rhön Werra einverleibte protestantische Pfarrdorf liegt eine Stunde von der Vestung Königshofen im Grabfelde, und zwar nordwärts, auf dem Wege nach Mellrichstadt. Es bestehet dermalen aus 151 Wohnhäusern und 3 Mahlmühlen. Leztere liegen eine halbe Stunde davon abwärts, an der Milz. Nachbarn zählt Aubstadt 136, und Seelen 629. Im 9 Jahrhunderte hieß der Ort Ibistadt. Schannat hat in den Fuldaischen Traditionen die ältesten Nachrichten von diesem Dorfe aufbewahret, und zwar sub No. 496. 517. 544. In spätern Zeiten wurde es Aufstadt, Owestadt, oder Eibstadt geschrieben, und in der heutigen Bauernsprache heißt es Obst, oder Uberst. Der Lehnshafters und Be-

sitzungen daselbst gehabt habe oder noch habe, wird man aus folgenden Nachrichten ersehen können: a) 1199 bewilligte Bischoff Hartwich zu Eichstädt, daß der Henneberg. Graf Pappo zu Irmelshausen die dem Stifte Eichstädt lehnbare Riedwiese bei Aubstadt dem Kloster Veßra zueigne, und nimmt dagegen 5 Huben Landes zu Adelsleben von ihm zu Lehen an. S. Schultes dipl. Geschichte des Hauses Henneb. b) 1261 schenkte Graf Herrmann von Henneberg dem Kloster zu Veßra 1/3 des Zehenden zu Aubstadt. Gruner opuscul. c) 1276 gab Graf Conrad von Wildberg seine Einwilligung, daß Volkmand von Herbilstadt 1/6 des Aubstädter Zehends an das Kloster zu Veßra verkaufen durfte. d) 1292 ließ es Bischoff Mangold zu Würzburg geschehen, daß ein Herr von Marschall zu Marisfeld 1/3 des Aubstädter Zehends, welcher Würzburg. Lehen war, nach Veßra verkaufen durfte, und nahm dafür 2 Huben zu Marisfeld als Lehen an. e) 1308 consentirte Bischoff Andreas zu Würzburg, daß Berrhold von Bibra den vom Stifte zu Lehn tragenden 1/6 Zehend zu Aubstadt dem Kloster Veßra zueignen und dem Stifte dafür ein halbes Vorwerk zu Berkach mit 2 Pfund Hellern zu Lehen machen durfte. f) 1317 besaßen die Grafen von Henneberg zu Aubstadt das Einzugsrecht, und die anderseitigen Freiherren von Wallenstein eine Hube. g) 1320 ertauscht das Kloster Veßra von dem Nonnenkloster St. Michael im Walde einige Güter zu Aubstadt, gegen andere zu Gleichamberg. h) 1390 lebten gewisse Gebrü-

Gräber Namens Heinrich und Conrad von Ybstadt, welche zur Verbüßung ihres an einem Weltgeistlichen, Namens Ludwig von Steinbach, verübten Mordes, dem Kloster Beßra jährlich 2 Pfund Wachs von ihrem Allodium versprachen. 1) 1332 bewilligte es Bischoff Heinrich zu Wirzburg, daß Meinherr von Ascha dem Kloster Beßra 15 Talente und 4 1/2 Huben Feldes zu Aubstadt anwenden durfte. 1) 1348 versetzte die Gräfin Jutta von Henneberg Aubstadt an Heinrichen von Königshofen. 1) 1355 hatte Apel von Milz 2 Huben zu Aubstadt. Sein Sohn Conrad verkaufte sie 1370 an einen Herrn Häulein zu Kißingen rc. So verschiedene Lehenherren hat Aubstadt noch immer.

2) Ordentliche Kirchenpatronen, rechtm. Erb- und Gerichtsherrn zu Aubstadt sind: die Freiherr von Bibra zu Irmelshausen, ——— Bibra, Brünnhausen u. ———

——— Gülten und Zinsen haben ——— zu erheben: die Besitzer ——— Schlosses Breitensee, Walbuchheim und Irmelshausen, ——— Oburghäuser Höfe zu Gollenhofen, das deutsche Haus ——— ———stadt, ein Bürger der Stadt Schweinfurt rc.

Den ganzen Zehenden hebt ——— seit der Sæcularisation Klosters Beßra) das ——— Wirzburg. Wie beträchtlich sey, kann man ——— schließen, daß derselbe ———gegen 120 Malter Korn 60 ——— Waizen 30 ——— Gerste 16 ——— Hafer ———beträgt.

gen eine namhafte Summe Sackgetraid an die Einwohner des Ortes. Inclusive dieses Jehendgetraides, welches bisher aus 200 Maltern bestand, erhalten die verschiedenen Lehensherrschaften jährlich gegen eilfhundert Malter Gült aus Aubstadt. Sehr viel! und doch verkaufen die Einwohner immer noch eine beträchtliche Quantität Getraides. Aubstadt hat vielleicht in ganz Franken die gesegnetsten Felder. Nur mehrere Wiesen und größere Waldungen wären dem Dorfe zu wünschen. Jenem Mangel suchet man seit einigen Jahren durch den Futterkräuterbau abzuhelfen, auch kauft man auswärts vieles Futter. Aubstadt hat übrigens noch einen nicht unbedeutenden Obstbau. Unter anderen gibt es hier viele Blut- Zeller- u. Wallnüsse, die sehr aufgekauft werden. Ein Becker, ein Sattler, einige Schneider, Böttcher, Schreiner rc. sind die einzigen Handwerker in Aubstadt, die übrigen Einwohner nähren sich vom Ackerbaue, und sind in Ansehung ihrer Sitten merklich cultivirter als ihre Nachbarn, woran der dermalige Pfarrer, Herr Siegmund Gottlieb Weinmann großen Antheil hat. Was es mit der hiesigen Pfarrei für eine Bewandnis habe, davon siehe bei Obchelm. In und bei Aubstadt könnten die Wege besser seyn, da es nicht an Stänen fehlet. Die Gemeindecasse hätte hinreichende Einnahmen zur Bestreitung ihrer Ausgaben, wenn sie nicht bei den jährlichen Gerichtstagen größtentheils verschmauset würden. Die Gerichte versehen dermalen gemeinschaftlich der Herr Gerichtshalter Joch zu Irmelshausen und Herr Gerichtsrichtshalter Neuberg zu Brunn= hausen. Die Unterthanen zu Aubstadt haben unter andern die Last, ihre Herrschaften in Kutschen fahren zu müssen, so oft und wohin sie sich verreisen wollen, auch müssen sie in Jermelshausen Holz zur Frohnde machen, und in der Erndte helfen. Würzburg hat einen Zoll im Dorfe. Das herrschaftliche Wirthshaus ist nicht ohne Bequemlichkeit für Reisende.

Nahe an der sogenannten Aubstädter Linsenmühle lag noch im Jahre 1438 ein dem Kloster Weßra und der adelichen Familie von Waltrathausen oder Walterthausen zinsbares Kirchdörfgen Namens Wenigen = Ottilhausen, oder Ottllebshausen. Das größere Ottilhausen heißt heut zu Tage Adelmannshausen oder Dörfles, und liegt 1/4 Stunde von Aubstadt. Man findet nirgends auch nur die mindeste Nachricht, wenn und wie Wenigen = Ottilhausen wüste geworden sey. Der Sage nach bestand es aus 12 Einwohnern, welche sich erschlagen hätten. In dem an der Aubstädter sogenannten Blöße hinziehenden Wäldgen liegen kleine Erdhügel, welche Grabmäler deutscher Helden zu seyn scheinen.

Aue, s. Traab.

Auerbach oder Auerbruch, evangluther. Pfarrdorf im Kameralamte Colmberg mit 4 dahin gehörigen Unterthanen an der Altmühl, eilf sind Ritterschaftlich.

Auerbruch, im Kameral Amts=Bezirke Neuhof im Neustädter Kreise.

Auernheim, evangelisch lutherisches Pfarrdorf im Wassertrüdinger Kreise des Fürstenthums Ansbach auf dem Hainen Kamp,

von 46 Zrobachischen Unterthanen und 20 Freindherrischen. Die dortige Kirche liegt auf der höchsten Höhe des Hainencamps und dem Augenmaaße nach höher, als die Veste Wülzburg. Die Luft ist daher in dieser Gegend sehr kalt. Man hat hier gemeinhin 4 Wochen früher Winter und 4 Wochen später Frühling, als in dem benachbarten Altmühlgrunde. Das Dorf liegt an der Südseite des Berges, und hat einen natürlichen Witterungskalender; denn sieht man Morgens oder Mittags gegen Südost die Gebirge, welche Tyrol von Bayern scheiden: so erfolgt eine schnelle Veränderung des Wetters und gemeiniglich ein warmer Regen. Die Aussicht von diesem Berge ist übrigens unbeschreiblich schön. Nicht weit vom Dorfe liegt der Süß oder Theuerbrunn, welchen der gemeine Mann — wie auch anderwärts ähnliche Theuerbrunnen — für einen untrüglichen Witterungs= und Aernteprophten hält. Sein Fließen oder Nichtfließen soll über Theuerung oder Wohlfeilheit entscheiden. Die Ursachen sind natürlich. Der Brunnen liegt in einem tiefen Thale, zwischen 2 hohen mit Holz bewachsenen Bergen nur einige Ruthen ober, als der Fuß des Berges eigentlich ist. Wenn daher im Frühjahr der Schnee durch ein Thauwetter plötzlich schmilzet oder wenn in andern Monaten starke und anhaltende Regengüße erfolgen: so quillt dieser Brunnen mit ungemeinem Gerausche hervor. Wahrscheinlich hat der Berg, an dessen Fuß der Brunnen sich befindet, eine große Höhle oder einen Wasserfall; denn auf der entgegengesetzten Seite des Berges giebt es es mehrere immer überfließende Quellen, die aber alle viel tiefer liegen, als die Oeffnung des Theuerbrunnens auf der Mittagsseite. Wenn also durch plötzliches Thauwetter oder durch anhaltende Regengüsse die innere Höhe des Berges bis an die obere auf der Mittags Seite befindliche Oeffnung des Theuerbrunnens ansteigt: so muß dieser allerdings wegen des starken Abfalls mit großem Geräusche hervorbrechen und sobald das Wasser in der Höhle wieder eine Höhe unter der Oeffnung erreichet, auch wieder aufhören zu fließen. Sobald daher dieser Brunnen in einem Jahre oft und stark überläuft: so müssen vorher viele und starke Regengüsse erfolgt seyn. Nun aber sind dergleichen nasse Jahre allen Feldfrüchten äußerst nachtheilig und verursachen Mißwachs, und durch dasselbige Theuerung: so daß aus einer natürlichen Ursache dieser unschuldige Brunnen einen schädlichen Aberglauben veranlaßt, und zum Wetter zu. Vernte Propheten, wie mehrere in Franken, geworden ist.

*******hofen, Kirchdorf an der *********ischen Grenze gegen das ***zburgische Amt Aub. 3: Untern*****then gehören in das Ansbachische Kameral Amt Uffenheim.

*******hofen, Weiler im ehemaligen Bayreuthischen Kloster Amt Frauenthal im Neustädter ****.

*******berg, ein altes Schloß bey Hilters gelegen, davon noch so viele Ruinen übrig sind, daß *** sich einen Begriff von seiner ehemaligen Größe und Fe***** machen kann. Von diesem Schlosse, welches ehemals die ******gischen Burgmänner, ******mannen, bewohnten,

wurde das Amt Hilters sonst auch Amt Auersberg genennt. Von diesem Schlosse schreibt sich noch eine adeliche Familie in Franken. 1354 erbauete Bischoff Albrecht von Würzburg allhier ein Schloß.

Auf dem Fall, Mühle unter Haunritz, zum Nürnbergischen Amte Herspruck gehörig.

Auffalterbach, alte Kapelle jenseits der Schwarzach, deren Kirchtage Schuz im J. 1502 vieles Blut gekostet hat, und zwar am Tage St. Veits.

Auffkirchen, ehemaliger fürstlich Oettingen Spielbergischer Marktflecken, Schloß und Oberamt in der Grafschaft Oettingen Spielberg. Es enthält 94 Gebäude, 1 Widdumhof, 94 bürgerl. Eigenbesitzer, 26 Hausgenoßen und 64 Professionisten. Vormals war es eine Stadt und hatte einen eigenen Adel, der ums Jahr 1280 vorkommt. Es war auch, eine Zeitlang ein Reichsdorf, durch den zwischen Preußen und Oettingen getroffenen Ländertausch kam es an Preußen.

Aufsees, am Flüßchen Aufsees. Das Stammhaus der bekannten Familie dieses Namens. Es liegt vier Stunden von Bamberg gegen Bayreuth und stehet unterm Ritterort Gebirg.

Aufsees, (die) entspringet bey Königsfeld im Bambergischen Oberamte Hohlfeld, durchkreuzet die Bamberger und Nürnberger Landstraße nach Bayreuth und stürzet sich bey Beringersmühl auf einer Wiese aus einer ungemein starken Quelle von dieser Seite in die Wisent, da, wo kurz darauf die Puttlach von der andern Seite in dieselbige fällt.

Aufstetten, würzburgisches katholisches Pfarrdorf zwischen Abtingen

gen und Ochsenfurth von 38 Häusern, in welchen 226 Seelen wohnen. Das Ritterstift zum heiligen Burkard in Würzburg besetzet die Pfarrey. Der Schullehrer hat 65 fl. fränk. Gehalt. 1790 hatte er 24 Schulkinder. Die Bewohner haben mit den Röttinger Bürgern gleiches Bürgerrecht. Ihre Markung enthält 450 Morgen Ackerfeld, 40 M. Wiesen, 7 M. Weinberge, 35 M. gemischtes Holz, 12 M. Gärten. Der Zehenden ist theils Ansbach- und Hohenlohisch, theils gehört er zur Pfarrey. An Handwerkern findet man hier 4. Die Schäferey ist in Erbbestand gegeben.

Augel, Weiler im Kameral-Amte Culmbach; die Einwohner pfarren nach Burschdorf.

Augsfeld, Alrchdorf zwischen dem bambergischen Amte Zeil, und dem würzburgischen Amte Haßfurth. Das Hochstift Würzburg hat die Dorfsgemeind- und Flurherrschaft allda, jedoch übet das Hochstift Bamberg auf seinen alldort befindlichen Lehen alle Landeshoheitsrechte und die Vogteylichkeit aus. Es ist zum Theil erst in neueren Zeiten durch Kauf von der Reichsadelichen Familie von Fuchs an das Hochstift Bamberg gekommen, weßwegen auch noch von den Anthischen Lehen und von den sogenannten Goldguldenlehen jährlich von dem bambergischen Steueramte Zeil die Rittersteuer zum Kanton Baunach entrichtet wird. Die Kirche ist ein Filial zur Pfarrey Zeil, welche einen besondern Provisor dazu hält. Die Lage dieses Dorfs in einer weltschlägtigen Ebene, welche, sozusagen, eine einzige Wiese ausmachet, ist die Ursache der starken Viehzucht und des beträchtlichen Wohlstandes der dortigen Einwohner. Hiezu kommt, daß in diesem Dorfe weder von Seiten Bambergs noch Würzburgs Landesverordnungen und Sperren bekannt gemacht werden, auch von den dasigen sowohl bambergischen als würzburgischen Wirthen kein Umgeld noch Acciß bezahlt wird, so daß dieses Dorf gewissermassen als ein Freydorf betrachtet werden kann, welches den Innwohnern zu grossem Vortheile gereichet. Bamberg hat allda bey 200 Morgen Wiesen, wovon das Heu meistens nach Bischoffsheim oder Zeil zur Füllenfütterung kommt. Den Ueberschwemmungen des Mains ist der Ort, seiner ebenen Lage wegen, sehr ausgesetzt.

Auhausen. Ahausen, auf der Veterischen Karte fälschlich Anhausen, evangelisch lutherisches Pfarrdorf und ehemaliges Kloster, in einer sehr angenehmen und ebenen Gegend an der Wörnitz, 2 Stunden von Wassertrüdingen, zu dessen Kammeramte es gehört, mit 116 Unterthanen. Im Jahre 958 stiftete Graf Ernst von Truhendingen und dessen Schwager Hartmann von Lobbenburg zu Ehren der Jungfrau Maria hier ein Benediktiner Kloster. Kaiser Karl der Vierte begnadigte im Jahre 1354 das Kloster Auhausen mit der vorzüglichen Ehre, daß die dasigen Aebte jederzeit des Kaisers und Reichs Kapläne seyn und heißen sollten. Bey der Kirche ist eine Ritter Kapelle, worinn noch viele merkwürdige Grabsteine zu sehen sind. Velt Erasmus Hofmann beschreibe sie in seinen Annalib. Menster. Locor. sacr. Burggravianus No. rit I 1617 umständlich. Auf einer Grabschrift vom Jahre 1550 heißet dieses Kloster Wöruitz-Anhausen, vermuthlich zum Unterschiede des Klosters Anhausen an der Jagst. 1608 ist hier die in der Kirchengeschichte berühmte evangelische Union von vielen Churfürsten und Fürsten abgeredet, aufgerichtet und unterschrieben worden. Der Saal, wo dieses geschah, ist jetzt ein Getraide Magazin. Zur Zeit der Reformation ließ es Markgraf Georg säkularisiren und setzte einen weltlichen Verwalter dahin. S. P. F. Spieß kurze Untersuchung der durch das erloschne Geschlecht der Dynasten von Lobdenburg geschehenen Stiftung des ehemaligen nun aber säkularisirten Benediktinerklosters Aubausen an der Wörnitz im Fürstenthum Onolzbach gelegen in Mensels Geschichtsforscher I Theil S. 184. Jetzt ist es an Oettingen vertauscht. Die Vertauschte soll zur Uebersicht [...]tträdingen dem Kreise [...]thums Ausbach gegen [...]

[...]of, (der) unweit der Jagst [...] Crailsheimischen Kreise des [...] Ansbach mit zwei [...]

[...]of, [...] im Bezirke des Ans[...] Kameral Amtes Gun[...]hausen.

[...]of, (der) im ehemaligen [...]lschbezirke des mit dem Frei[...] Scheul von Geyern gemein[...]lichen Amtes mit 2 Ans[...]ischen Unterthanen.

[...]of, s. Trogelsdorf.

[...]mühle, 1. Die obere Aumühle, [...]chstädtische zum Vizedom[...] gehörige Mahl- und Säg[...], liegt eine Viertelstunde [...] Eichstädt an der Altmühl [...]schen 2 Brücken, wohin von [...] aus ein doppelter, we[...] der Allee sehr angenehmer,

auch mit steinernen Ruheplätzen versehener Spazier- und Fahrweeg führet. 2. Die untere Aumühle, eine ebenfals zum Vizedomamte gehörige Mahlmühle ohne Säg, liegt gleich unmittelbar unter der obern Aumühle etwas seitwärts rechter Hand zwischen beiden aber eine den Weiß- und Rothgerbern in Eichstätt gehörige Lohmühle, welche das Lohe von Eichstätt aus auf der Altmühl dahin führet. 3. Auch ist eine Aumühle im Pfleg- und Kastenamte Naßenfels, nämlich eine von Naßenfels dreyviertelstund gegen Wollertshofen hin gelegene Mahlmühle an der Schutter.

Aumühle, (die) liegt unweit Königshofen im Grabfelde und gehört dem deutschen Orden unter der Commenthurey Münnerstadt.

Aumühl, (die) im Kameral-Amte Ansbach an der Rezat.

Aumühle, (die) im Ansbachischen Kameral-Amte Creilsheim, mit 1 Unterthanen.

Aumühle, (die) eine bayreuthische Mühle, deren Einwohner nach Burgbernheim pfarren.

Aumühl, einzeln, mit der niedern Bothmäßigkeit der Abtey Langheim, mit der Landeshoheit dem Hochstifte Bamberg zugethan, und zum Amte Tamsach gehörig.

Aura ein zur Herrschaft Taun gehöriges, 2 Stunden von der Stadt Tann aus, gegen Süden zu gelegenes Dorf, das aus 8 Häusern bestehet u. 31 Personen zählt. Es ist das äußerste Tannische Dorf und grenzt an das Amt Hilters u. das Ritterschaftlich Rosenbachische. Der Boden ist sandigt.

Aura, Uracum, Auricum, ehemaliges Mannskloster Benediktiner Ordens an der Saale, 2 Stunden von Hammelburg gegen Aschingen. Es war 1105 von Graf

Ernst

Ernst von Trimberg gestiftet, im Bauern-Kriege 1525 aber abgebrannt. In den noch übrigen Gebäuden wohnt der Amtskeller. Seine Kellerei ist eine der einträglichsten im ganzen Hochstifte.

Aura, katholisches Pfarrdorf im Würzburgischen Amte Aura Trimberg, das 67 Häuser hat, in welchen 394 Seelen wohnen. Der Schullehrer hat 23 fl. frk. Gehalt; 1794 hatte er 94 Schulkinder. Der Boden ist mittelmäßig, in Getraid-Felder, Wiesen und Waldungen abgetheilt. Die Getraidfelder tragen Winter- und Sommerfrüchte von guter Art. Die Einwohner bauen auch viel Grundbirnen. Die Holzarten sind: Eichen, Aschen, Birken, und etwas Buchen. Die jungen Buchenstangen werden im Frühjahre geschälet, und die Rinde an die Lohemüller und Gerber verkaufet. Das Jagd- und Forstwesen besorget ein Revierjäger.

Aura, auf den Landkarten Aurach, Dorf und Schloß im Bisthum Würzburg am Flüßchen Sinn, 2 Stunden von Gemünden an der Saale. Es ist der Sitz eines Ober-Amtes und darf mit Aura-Trimberg, auch einem Würzburgischen Oberamte an der Saale, nicht verwechselt werden. Der Verwechselung vorzubeugen, heißet es daher oft Aura im Sinngrunde. Es hat mit Gemünden einen Ober-Amtmann gemeinschaftlich, aber einen eigenen Amtskeller, ob es gleich nur aus drey Dörfern: Aura, Mittelsinn und Obersinn bestehet. Hier wohnet ein Forstmeister und ein ganerbschaftlicher Centgraf.

Aurach, eichstättisches Vogtamt im Oberamte Wahrberg, und der obere Theil vom ganzen Amte Wahrberg Herrieden grenzt gegen Mitternacht an das Oberamt Ansbach, gegen Abend aus Leutershauser Vogtamt, gegen Mittag an das Oberamt Feuchtwang, und gegen Aufgang an das Kastenamt Herrieden, hat einen eigenen Vogt, und zählet gegen 3000 Seelen, dessen Unterthanen, gegen 500 an der Zahl, sind in 37 Ortschaften, worunter nebst einem Bergschlosse, ein Marktflek, 5 Pfarrdörfer, und 31 Weiler, dann Mühlen sind, zerstreuet. Die Gegend ist abwechselnd, doch meistens eben, hat einen guten Boden, der aber nicht tief gehet, sondern bald auf Letten aufstoße, und eben, weil dieser Letten das Wasser nicht leicht durchläßet, ist die Nässe ein gefährlicher Feind des dortigen Feldbaues, dem die Industrie der Einwohner durch Abzugsgräben sorgfältig entgegenarbeitet. Uebrigens ist dort ein herrlicher Getraidbau, und eine vorzüglich schöne Viehzucht, eine Folge der guten Wiesen. Man sieht allenthalben schöne Heerden von Schafen, welche durch Flammländische veredelt wurden, auch zeichnen sich mehrere Orte dieses Amtes durch die Bienenzucht aus.

Aurach, eichstättisches Pfarrdorf zum Ober- und Vogtamt Wahrberg Aurach, auch zum Theil zum Kastenamt Herrieden mit Steuer, Gült, Zehenden ꝛc. gehörig; liegt 1½ Stunden von Eichstätt westlich, und von Herrieden eine starke Stunde entfernt, am Fuße des Berges, auf dessen Anhöhe das Oberamts-Schloß Wahrberg stehet. Am Ende des Dorfes gegen Wahrberg befindet sich ein kleines mit einem Graben umgebenes Schloßlein, nun,

mehr

nicht des Pflegers Wohnung, ehemals ein adeliches Sitz deren von Mörsham oder Mörnsheim, von welchen im Jahre 1510 Bischoff Gabriel von Eyb zu Eichstätt solchen samt Zugehörungen von den Vormündern Hansens von Mörnsheim 1517 und von Eberhard von Mörnsheim 1520, dann von Burkhard zu Wollmershausen und dessen Gattin, einer gebohrnen Adelmännin von Adelmannsfelden 1523 gekaufet hat. Leztere verkaufte außer ihren Gütern zu Aurach auch 38 Morgen Holz und 2 Weyher zu Westheim.

Die Pfarrkirche zu St. Peter alda hat den schönsten Thurm unter allen Dörfern des Oberlandes; er wurde im Jahre 1746 vom Grunde aus mit par gehauenen Steinen und einem Kosten-Aufwande von 5000 fl. aufgeführt, hat ober der Latern eine Kuppel von schwarzen Uffenheimer Schiefern, und eine hübsche Uhr. Nebst dem Pfarrgotteshaus ist noch das Heinzl Kirchlein, das Pfarr-Kaplan und Schulhaus, dann das Gasthaus zur Sonne unter den Gebäuden zu bemerken. Mitten durch das Dorf, worinn auch ein eichstättischer Zoll ist, gehet die von Nürnberg über Anspach auf Feuchtwang eingeleitete Poststraße. Uebrigens sind etlich und 90 Unterthanen allda, und darunter auch ein ansbachischer.

Aurach, Flüßlein, welches eine Breite von etwa 6 Schuh, und vermuthlich dem Pfarrdorfe Aurach den Namen gegeben hat, entspringet in der sogenannten Brunst bey Schorndorf im Hohenlohischen aus der Weyhermühle, nimmt mehrere fremde Bäche, und unter diesen auch den Rödlenbach, auf, ziehet sich ober Erkliche durch das Ansbachische,

tritt bey diesem Orte in der sogenannten Schweigen in die auracher Flur, und damit in die eichstättische Fraische, durchfließet die schweigen, und auer Gründe, und, nachdem es sich mit dem langen Auracher-Graben kurz vorher vereiniget hat, fällt es bey der Neumstädter Brüke unter Niederthurnbach in die Altmühl. So klein dieses Flüßchen ist, so leicht tritt es doch aus, und verbreitet sich gleich allenthalben ungemein.

Aurach, eichstättische Försterey im Vogtamt Aurach; der daselbstgesetzte und dem Ober-Bann Forstamte untergeordnete Förster wohnet in Aurach, und hat in seiner Försterey folgende Distrikte: 1) das Amonsholz, 2) das Bernthall, 3) die Geiselhauser Leiten, 4) den Grünerwald, 5) den Heusteig, 6) den Hösel, 7) den Hundsberg, 8) das Irrl, 9) den Köppel, 10) das Kreut, 11) den Roßkopf, 12) den Stadlerwald, 13) den Steckberg, und 14) den Waltersberg.

Eine andere mehr generelle Eintheilung dieses ganz zusammenhangenden Forsts ist diese: 1) der Stadler Wald, 2) der Kammerwald, und 3) der Köpelschlag.

Aurach, (die) größere, ein Flüßchen, das in dem ehemaligen Oberamte Markt Erlbach, nicht weit von Linden, beym Hobenecker Walde aus einem Weiher entspringt, bey Herzogen Aurach vorbeyfließet und endlich bey Bruck unterhalb Erlangen in die Rednitz fällt. An den Ufern derselbigen sind viele sogenannte Wöhrde oder Stauungen angelegt, wodurch die Einwohner vom May bis in den Oktober ihre Wiesen mit vielem Vortheile wässern können.

Aurach, (die kleinere) entspringet im Bambergischen bey Unterzell, ziehet über Ober- und Unteraurach vorbey, und verstärket bey Buch die Rednitz.

Aurach auf den Karten auch nur Aura genannt, entspringt in dem Ansbachischen Oberamte Weidsbach, nicht weit von Peters-Aurach, fließet zwischen Grißhof und Steinhof durch, kommt ferner auf Wollersdorf, Bertelsdorf, Rudelsdorf, Barthelmesaurach, Milbach, Ganchsdorf und Breitenlohe, nach ergießet sich endlich, nachdem sie unterwegs mehrere Bäche zu sich genommen hat, in die Rednitz. Von ihren Ufern gilt vorzüglich, was von der größern Aurach gesagt ist.

Aura Trimberg, auch gemeinhin **Trimberg,** ein Würzburgisches Oberamt, am linken und rechten Ufer der Saale. Es heißet Aura-Trimberg zum Unterschiede des Würzburgischen Oberamtes Aura im Sinngrunde. Seine Grenzen sind gegen Norden das Würzburgische Oberamt Aßingen und die Fuldaischen Ober-Aemter Brückenau und Hammelburg, gegen Abend eben dasselbige nebst dem Würzburgischen Oberamte Craßlern, gegen Mittag das Würzburgische Oberamt Werneck, gegen Morgen das Oberamt Ebenhausen. Es enthält einen Marktflecken: **Euerdorf** und das Schloß **Trimberg,** den Sitz des Oberamtmanns; der verrechnende Beamte wohnet in dem alten Klostergebäude **Aura,** einer gewesenen Benedictiner-Abtey, welche Fürst Bischoff Julius aufgehoben und die Klosterwohnche den Mönchen zu St. Stephan in Würzburg und zu Münsterschwarzach zugesellet hat. Das Kloster litt auch im Bauernkriege. Uebrigens hat das Amt 21 Dörfer: als Aura, das Dorf, Als-Beßlingen, Neu-Beßlingen, Burghausen, Elfershausen, Engelthal, Fuchsstadt, Garnaschach, Langendorf, Machtilshausen, Lehrberg, Oberthulba, Ramsthal, Schrebenrieth, Salzthal, Trimberg, Waßerlosen, Westheim, Wirmsthal, Witterhausen, Wölfershausen. Die Hauptnahrung der Einwohner bestehet in Wein und Obst-Getreid- und Kartoffelbau.

Aurau, Auraw, ein im Kammeramte Roth gelegener vermischter Weiler von 13 Unterthanen, wovon einer zum Pfleg- und Kastenamte Spalt gehöret, der im Jahre 1614 mit aller Vogteylichkeit vom Hans Ehemann Kastnern zum Amte angekauft wurde. Die beyden Ansbachischen Unterthanen gehören nach Roth, die übrigen Einwohner sind Nürnbergisch.

Aureatum, soll eine alte berühmte römische Pflanzstadt (Colonie) gewesen auf dem Platze, wo itzt der eichstädtische Marktflecken Ressenfels sammt seinem Schlosse stehet, gelegen, und von den Hunnen zerstöhrt worden seyn. Man fand allda viele alte römische Münzen, Sporrn, artig gebrannte Geschirr, Becher und dergleichen Hausrath. Von diesem Orte Ressenfels ist das alte Götzenbild, die Diana, welche itzt in der Bibliothek zu Reddorf stehet; sie ist etwa 5 Schuh hoch, auf einem Postamente in einer Nische und sammt dieser aus einem Stück Stein gehauen. Die rechte Hand legt sie auf die rechte Schulter, die linke um den Leib; an der rechten Seite springet ein Jagdhund ihre Hüfte hinan, zur linken stehet ihr ein Hirsch; am Postamente ist abermal ein Jagdhund angebracht, wie er einen Hirsch verfolget.

In eben dieser Gegend, nemlich aus Wollertshofen, nur eine Viertelstunde von Naffenfeld, stand auch an der sogenannten Teufelsmauer die römische Weegsäule von 1 Schuh vier Zoll im Durchschnitte, und 6 Schuhe 11 Zoll in der Höhe, welche nun ebenfalls zu Rebdorf in einem Ecke des Vorhofes frey unter einer Dachrinne dastehet, und einen bessern Platz verdiente. Endlich entdeckte man in Naffenfeld auch auf 3 Strieen römische Innschriften, unter deren eine diese Aufschrift führet:

DEO MERCURIO
CL. ROMANVS.
DVPL ALAE AVR
V S L L M.

Welche Aventin so liest:
DEO MERCVRIO
CLaudius ROMANVS.
DVPLæ ALAE AVReariæ
Vivus sibi Legit Locum
Monument.

oder wie Fallenstein will:
Solvit Libens Lætus Merito.

Marcellus, ein Schriftsteller des achten Jahrhunderts, und mit dem heiligen Wilibald noch gleichzeitig, nennet diesen schon einen aureatensischen Bischoff. Gollbert und der Ungenannte von Hasenriet, als gleichsam einheimische Schriftsteller, machen gegen das Ende des 12ten Jahrhunderts von den aureatensischen Bischöffen öfters Meldung. In der Vorrede zu dem Verzeichniß der eichstädtischen Bischöffe, welche der eichstädtische Bischoff Gundekar geschrieben, welcher von 1057 bis 1075 regierte, und im Rufe der Heiligkeit starb, nennet er auch einen Bischoff der aureatensischen Kirche. Im Dom zu Eichstädt stehet auf dem

Grabstein, welcher die Gruft, worinn mehrere eichstättische Bischöffe ruhen, bedeket, und schon mehrere Hundert Jahre in der Mitte der Kirche lieget, die Aufschrift:

Hic requiescunt ossa episcoporum aureatensis ecclesiae.

Im 14ten und 15ten Jahrhunderte kommt dieser Name gar häufig vor, und gleichwie Cluverius, Ortelius, Baudrand, Cellarius und viele andere, welche die ältere Geographie schrieben, das Aureat rühmen; so behaupten auch nebst Aventin, Caspar Bruschius, Johannes Eck, Wolfgang Lazius, Jakob Gretfer, Christoph Gruvold ꝛc. und aus den neuern Dobberlein, Fallenstein, Hafelman ꝛc. daß dieses Aureat in der Gegend von Eichstätt gestanden sey, nur in der Angabe des Ortes verschieden; denn Aventin giebt Naffenfeld, Bruschius Eichstädt selbst, Johann Eck Ingolstatt, weil Auresium zu Teutsch Goldstadt heißet, dafür an, einige meinen auch, es sey da, wo jetz Wessenkirch das herrschaftliche Domainengut ist, 1 Stunde von Eichstätt gegen Naffenfels, andere aber dort, wo jtzt die Willibaldsburg ober der Stadt Eichstätt ist, gestanden.

Gegen alle diese trat Professor Mederer zu Ingolstatt im Jahre 1780 auf, bewies ziemlich wahrscheinlich, daß die Buchstaben AVR in oben angeführter Innschrift nicht aureati, sondern Aureliae, Aurelianae, oder Aurianae (aleae) gelesen werden müssen, daß man in der ganzen Geschichte der römischen Alterthümer weder den Namen Aureat, noch ein Ort auch nur von einer ähnlichen Benennung finde, daß die aufgeführte Stellen

Stellen der ältern Autoren unterschoben, die jüngern aber durch die vorbemelte unrichtige Tabelegung des Aventins wären irre geführet worden. Indessen verdienet das Turracum, es mag nun wirklich jemals existiret haben oder nicht, doch immer eine ausführlichere Meldung, weil die Bischöffe zu Eichstätt sich davon schreiben, und dieser Name bey so vielen Schriftstellern vorkömt.

Aurenberg auch **Aurnberg**, bayrenthischer Weiler im ehemaligen Kloster Amte Himmelcron, das zum Culmbacher Kammer Amte gehört, von 4 Unterthanen.

Außen Breitenthann, s. Breitenthann.

Autengrün, Dörfchen von 10 Häusern und 92 Einwohnern, anderthalb Stunden von Hof im Vogtlande. Es besitzen es die Herren von Kotzau, in deren Amte Oberkotzau es gehört.

Autenhausen, gemeinhin Atenhausen, katholisches Pfarrdorf, das in das Würzburgische Kapitel Ebern gehört, und eine halbe Stunde von Geinund, von Littenau, von Merlach und Unterstadt in der Mitte an der Roh, die sich bei Geinund in der Rodach vereiniget. Unter den 66 Häusern des Dorfes sind 3 eigenthümliche Judenhäuser. Die ganze Judenschaft bestehet aus 14 Familien. Der Boden, welcher aus Sand und Melm bestehet, bringt Roggen, Waizen, Gerste, Haber ꝛc. mittelmäßig hervor. Klee und Hopfen wird jezt stark hier gebauet. Die Einwohner befinden sich meistentheils in gutem Wohlstande, nähren sich mit Feldbau und Viehzucht, und führen eine thätige, gesunde und einfache Lebensart. Sie verlohren von ihrer sonst zahlreichen Heerde 103

Stücke durch die Hornviehseuche. Das Dorf ist Bambergisch, der Langheimische Klosterhof Tambach hat aber auch viele Lehen hier.

Autenhausen, katholisches Pfarrdorf, der Abtey Langheim, und zu deren Amte Tambach, mit der Steuer und Landeshoheit hingegen zu dem Hochstifte Bamberg gehörig. Die Pfarrey gehört zur Würzburgischen Diöcese, und in das Landcapitel Ebern.

Azlbeld, Dorf im Bambergischen Amte Bilseck.

Azelberg, ein dem Herrn von Wahler zu Nürnberg gehöriges Schloß im Kammer Amte Bayersdorf, eine Stunde davon gegen Nürnberg. Es pfarrt nach Erlangen.

Azelsberg, Dorf mit einem Schlosse, der Familie von Wahler zu Nürnberg gehörig: aber mit der Zeit dem Amte zu Neunkirchen zugethan; wiewohl letztere von Seite Bayreuth in Anspruch genommen wird.

Azendorf, gräfl. Giechisches und mit der Zent zum Bambergischen Amte Weißmayn gehöriges Pfarrdorf.

Azendorf, gräfl. Giechisches zum Amte Thurnau gehöriges evangelisches Pfarrdorf von 30 Haushaltungen auf dem Gebirge, eine Stunde von Casendorf, 1 1/2 Stunden von Thurnau, im Bezirke des Königlich Preußischen Justiz-Amts Sandpareil gelegen. Es hat, wie viele andere Dörfer, auf diesem Gebirge kein anderes Wasser, als welches sich von Regen in Gruben (Hülen genannt) sammlet. Es sind daher, wegen des Wasser-Mangels, alle Gebäude und selbst die Kirche mit Wasserrinnen versehen; noch nicht aber geschieht dieß wegen des Vorzuges, den die

die Einwohner dem Regenwaßer vor dem Quell- und fließenden Waßer geben. Letzteres wird nach wenigen Tagen faul und unbrauchbar, da hingegen jenes in guten Kellern mehrere Monate frisch und trinkbar bleibet. Zum Beweise, daß dieses Getränke so wenig, als die rauhe Bergluft ungesund sey, dienet, daß die Leute dabey in der Regel recht alt werden; daß in diesem ganzen Jahrhunderte kein Pfarrer baselbst gestorben, und, obgleich noch Teſſeldorf und Kalbenhauſen dahin pfarrt, dennoch bißweilen in etlichen Jahren hinter einander gar keine Leichen geweſen ſind, wie das daſige wohlgeführte Kirchenbuch bezeuget. Da es auf dem Gebirge wenige oder gar keine Wieſen giebt, und der Kleebau wegen der Schafferey auch nicht viel bedeutet: so muß man gewiß über den daſigen beträchtlichen Viehſtand an Rind- und Schafvieh erſtaunen, auch wie über die reichen Bauern, die man hier und da antrifft. Hergegen ſind ihre Höfe um vieles größer, als die im Grunde, ſo wie das Gebirg Getraide beſſer iſt.

Zienhof, Weiler mit 6 Unterthanen im Bezirke des Kammer-Amtes Cadolzburg.

Zernroda, Hohenloh-Langenburgiſcher Weiler von 35 Wohnhäuſern und der anſehnlichen ganz von Stein gebauten herrſchaftlichen Zehntſcheuer. Die Anzahl der Einwohner iſt 177, welche nach Langenburg zur Kirche gehören. Es liegt auf der Ebene, doch fließt ein kleiner Bach durch, welcher bey Langenburg in die Jagſt fällt. Der häufige Kleebau nebſt die Viehzucht anſehnlich. Es befinden ſich allhier 2 Pferde, 65 Ochſen, 62 Küh, 28 St. junges Vieh, 104 Schaa-

ſe und 57 Schweine. Binnen 9 Jahren ſind hier 22 mehr gebohren, als geſtorben.

B.

Baad, Dorf im Bambergiſchen Amte Neunkirchen. Die dazu gehörigen Güter waren ehedem Eigenthum des vor Zeiten zu Neunkirchen befindlichen Kloſters, (S. Amt Neunkirchen) und gehören nun mit ihren Bebauern zu dem Kloſterverwaltungsamte zu Neunkirchen.

Baalſtatt, vermiſchter Weiler im Kammer-Amte Ansbach von 10 Unterthanen, wovon einer auch eichſtättiſch, und zwar zum Collegiatſtiftiſchen Steueramte Herrieden gehörig iſt.

Bach, Reichs-Ritterſchaftliches Dorf im Canton Gebirg. Es beſitzen es die Herren von Stauffenberg.

Bachenau, ein dem deutſchen Orden gehöriges katholiſches Pfarrdorf im Amte Heichlingen.

Bachhauſen, evangeliſches Pfarrdorf 1½ Stunden von Berching gegen Sulzburg oder Weidenwang gelegen. Wegen der dortigen Kapelle gab es in ältern Zeiten viel Streit. Sie war ein Filial zur Pfarre Weidenwang im rural Decanat Hilpolſtein. Rammungus von Schwobach Ritter behauptete, dieſe Kapelle ſey eine Pfarrkirche, und alſo auch das Patronatrecht darüber, er verlohr aber auf der im Jahre 1223 vom eichſtättiſchen Biſchoff Friedrich I. einem Edlen von Hamenſtamb zuſammenberuffenen Synode. Im Jahre 1294 wurde von Rom aus, wohin dieſer Streit gezogen worden iſt, der Probſt zu Rebdorf als Richter darüber delegirt; allein erſt im nächſten Jahrhunderte

derte darauf, nämlich im Jahre 1711 die Sache durch den Bischoff Philipp von Eichstätt verglichen. Im Jahre 1459 vermachten Hilpolt von Stein der ältere, und sein Sohn dem Kloster Plankstetten zu der von ihren Voreltern am Schliffenberg errichteten Kapelle, das Grab genannt, die Wyden zu Bachhausen, wie dann auch noch allda ein eichstättischer zum Klosterrichteramte Plankstetten gehöriger Unterthan ist.

Bachhofen, nach andern Backhsen, ein Bayreuthischer Weiler, unweit Bayreuth; die Einwohner sind nach Eckersdorf eingepfarrt.

Bachmühle, (die) im Anspachischen Kameralamte Burgthann, mit einem dahin gehörigen Unterthan.

Bad, Bambergisches Dorf, 3 Stunden von Bayersdorf gegen Gräfenberg gelegen, im Amte Neunkirchen.

Babanhausen, ein eichstättisches zum Ober- u. Kastenamte Hirschberg Beylngries gehöriges Dorf, von etlich und zwanzig Unterthanen; liegt eine halbe Stunde ober Berlngries im Altmühlgrunde, nördlich am Haunstetter Berge an. Es war vor Zeiten ein Bad allda, wovon der Ort den Unterscheidungsnahmen von dem andern Anhausen oder Kirchanhausen erst in der Folge erhalten hat: denn in ältern Urkunden heißet es nur Ahausen, (Anhausen) und das andere Ahausen.

Die Bergquelle, woher das Bad sein Wasser nahm, führet einige Kalktheile mit sich, und beym Ursprunge findet man Tufstrine. Diesen Ort übergab Graf Gebhard von Hirschberg im Jahre 1304 mit dem Schlosse Hirschberg unter dessen Ingehörungen auch der eichstättischen Kirche.

In dem Anno 1305 zwischen Eichstätt und Bayern dieser Uebergabe halber gemachten Vergleich stehet dieses Dorf ebenfalls unter dem Namen, das andere Ahausen, in der Entscheidung des römischen Königs Alberts vom Jahre 1306 aber als Ahausen.

Babendorf, vermischtes Dorf, worüber dem Bambergischen Amte Pottenstein die Zent zustehet, welche Befugniß aber Oberpfälzischer Seits angesprochen wird. Nebst der Zent besitzet genanntes Bambergisches Amt noch die Steuerbefugniß über 2 drittheile des Zehends, den das Gotteshaus zu Pottenstein beziehet. Die Einwohner sind theils Kurpfalz, theils Bayreuth, theils der Familie von Groß zugethan.

Babes, Dörfchen im Buchischen Quartier.

Bach'ingen, Hohenloh-Langenburgisches Pfarrdorf, eine halbe Stunde oberhalb Langenburg an der Jagst. Es gehörte ehemals zur Kaplaney von Langenburg, hat aber seit 1576 eine eigene Pfarrey. In ältern Zeiten hatte das Stift Neumünster zu Würzburg Theil an dieser villa, auch schrieben sich Hohenlohische Vasallen davon, die ums Jahr 1420 ausstarben. Es bestehet aus 4 öffentlichen und 46 Wohnhäusern, unter welchen ein Pfarr- und Schulhaus und eine Kelter sich befindet. In demselbigen wohnen 243 Menschen am Schluße des Jahres 1796. Binnen 10 Jahren übertraf die Anzahl der Gebohrnen die der Gestorbenen um 26. Es liegt im Thale an der Jagst, hat ansehnliche Früchte u. Weinbau, wie auch Viehzucht; denn es befinden sich allhier 10 Pferde, 60 Ochsen, 83 Kühe, 62 Stük junges Rindvieh, 203 Schaafe und

57 Schweine. Wegen der Nähe der Jagst sind daselbst von langen Zeiten her eine Färberey, ▓▓▓▓▓ und Wall. Merkwürdig ist die dasige im Jahre 1785 von dem Langenburgischen Hof-Zimmermann, Lorenz Sch▓▓▓, erbaute Brücke, ein Sprengwerk, statt der zuvor daselbst ▓▓▓ Jochbrücke. Sie hat ▓▓ Schuh in die Länge, und ruhet ▓▓ ▓▓ jenseits blos auf Mauern.

Bären▓▓▓▓, bayreuthischer Weiler ▓▓ ▓▓ ehemaligen Vogteyamte ▓▓▓▓▓▓es, das jetzt zum Kameral-Amte Münchberg gehört; ▓▓ Einwohner pfarren nach ▓▓▓▓▓rechts.

B▓▓▓▓▓, einzeln zu Marlesreuth ▓▓ ▓▓ bambergischen Amte ▓▓▓▓▓▓ gehörig.

B▓▓▓▓hof, oder Bernhof, Dorf im bambergischen Amte Bilsed.

Bär▓▓▓al, im Kameral-Amte ▓▓ ▓▓ die Einwohner pfarren ▓▓▓ ▓▓ Thüsbrunn.

Bahr, Bach im Grabfelde, der dem Sachsen-Oldburghausischen Flecken Behrungen, richtiger Bähr▓▓▓▓▓ den Namen giebt.

Babra, Baraha, Ritterschaftliches evangelisches Kirchdorf des ▓▓▓▓▓ Khrs und Werra, 2 ▓▓▓▓▓ von Mellrichstadt gegen Königshofen. Es liegt im Fraisbezirke des Würzburgischen Amtes Mellrichstadt. Die vogteyliche Gerichtsbarkeit nebst der ▓▓▓▓▓▓▓▓ Kirchenherrschaft gehört ▓▓ jedesmaligen Dorfherren ▓▓ ▓▓▓▓▓▓▓▓▓ gegenwärtig besitzt es ▓▓▓ ▓▓ von Stein zu Nordheim. Es bestehet aus 36 Häusern, ▓▓▓▓▓ 25 Familien ▓▓▓▓▓▓▓▓ Die Einwohner legen ▓▓▓ den Kleebau und ▓▓▓▓

▓▓▓▓ Bahres, vermischt ▓▓ Neustädter Kreis, ▓▓ ▓▓▓▓ Dachsbach, darinnen sich auch nürnbergische Unterthanen befinden; es ist nach Gutenstädten eingepfarrt, von dem es eine halbe Stunde entfernt ist; hat einige Judenfamilien.

Bailendorf, Dorf, eine halbe Stunde vom Bambergischen Städtchen Scheßlitz.

Baimbach, Beimbach, evangel. lutherisches Filialkirchdorf im Ansbachischen Kameralamte Crailsheim, 1 Stunde von Kirchberg gegen Rothenburg an der Tauber. Sonst hatte es 20 Ansbachische und vier Hohenloh-Neuensteinische Unterthanen. Durch den Landesvergleich vom 21sten Julius 1797, ist es ganz Ansbachisch geworden.

Bairischhöfstetten, Weiler des Ansbachischen Kameral-Amtes Rothenburg. 12 dahin gehörige Unterthanen.

Bairnfeindmühle, (die) Bayreuthische Mühle, 3/4 Stunden von Burgbernheim.

Balbach, das deutschordische Amt. Seine Grenzen sind gegen Morgen das Hohenloh-Neuenstelnische, gegen Abend das deutschordische Amt Neuhaus und die Stadt Mergentheim, gegen Mitternacht das Maynzische Oberamt Bischoffsheim an der Tauber, gegen Mittag die Besitzungen der ehemaligen Grafen von Hatzfeld, das jetzige Würzburgische Ober-Amt Haltenbergstetten. Die Tauber durchschneidet dasselbige. Der Boden trägt alle Gattungen von Getraid, Kern. An Gartenfrüchten und Obst gewinnen die Einwohner, besonders die zu Edelsingen, viel. Auch Wein wird in ziemlicher Menge gebauet. Zu diesem Amte gehören: die Dörfer Ober und Unterbalbach, Edelfingen, Löffelstelzen, Deibach, dann die Weiler Neckarstul, Neubrunn,

brunn, Holzbruß, Reiffeld, Boawiesen, Sailrheim.

Balbach, die Dörfer s. Ober- und Unter Balbach.

Baldersheim, nach Falkenstein in Antiquit. Nordgav. Tom. II. p. 153 Baldolvesheim in pago Gollachen; Würzburgisches Pfarrdorf von 82 Häusern im Amte Röttingen, welche von 300 Seelen bewohnet werden. Es giebt seinem Schullehrer 140 fl. Frk. Bestallung, 1796 hatte er 45 Schulkinder. Man zählt hier 2700 Morgen Ackerfeld, 150 M. Wiesen, 60 M. Weinberg, 110 M. gemischter Waldung, 50 M. Gärten. Der Viehstand ist zahlreich. Die Schäferey ist in Erbbestand dahingegeben. Der Zehend auf der ganzen Markung gehört dem Hochstifte. An Handwerkern zählt man 10.

Ballersdorf, Weiler im Anspachischen Kameral- Amte Cadolzburg mit zwey dahin gehörigen Unterthanen, einer ist Fremdherrisch.

Ballingshausen, auf den Landkarten gemeiniglich Billingshausen, ein würzburgisches Filialkirchdorf des Ober- Amtes Mainberg; der Pfarrer wohnt zu Eberzhausen. Es hat 41 Häuser, in welchen 206 Seelen wohnen. Die Flur- Markung enthält 1247 M. Ackerfeld, 180 M. Wiesen, 300 M. Waldung an Eichen, Buchen, Aspen, Birken, 4 M. Gärten. Die Einwohner nähren sich vom Akerbaue. Ihr Wohlstand ist gut. Der Zehend gehört zu 2/3 dem Hochstifte, 1/3 dem Kloster St. Stephan zu Würzburg. Hier finden sich auch 7 Handwerker. Die Schäferen, ein Würzburgisches Lehen, ist Pachtschäferey von 250 St. Man

zählt hier 320 Stük groß und kleines Vieh.

Balsbach, Hbrn Ballsbach, Erbachisches Dorf, 2 gute Stunden von Erbach gegen Darmstadt.

Balßen, oder **Rohrmühl**, (die) im Hohentrüdinger Kreise des Fürstenthums Unsbach, mit einem dahin gehörigen Unterthanen.

Bamberg, die Haupt- und Residenzstadt im Hochstifte gleiches Namens. Merian, Hbrn und neuerdings Probst im Journal von und für Deutschland haben von ihr eine Topographie geliefert. Neuere Prospecte von dieser Stadt haben, und zwar von der Westseite her, Werner u. Probst, 2 Augsburgische Künstler, von der Nordseite die Gebrüder Klirsch von Bamberg, und von der Ostseite die nämlichen Künstler herausgegeben. Ein Grundriß von dem Pfarrsprengel der obern Pfarrey, der die Hälfte der Stadt ausmacht, findet sich in der Beschreibung dieser Pfarre von Schellenberger 1787. Die Stadt Bamberg liegt unter dem 28° 37′ der Länge, den ersten Meridian auf der Insel ferro angenommen, und unter dem 49° 57′ der nördlichen Breite, am Regnitzflusse, unter dem 40° 48′ der Polhöhe, 14 Stunden von Nürnberg, 16 von Bayreuth, 10 Stunden von Koburg, 18 von Würzburg, 12 von Schweinfurt. Nach den 26jährigen Beobachtungen des Hrn. Pr. Jacobi verhält sich die Kälte zur Wärme wie 22, 7 zu 14, 4, oder beynahe wie 3 zu 2. In Rüksicht der Anbauer hat die Stadt 7 1/4 kalte 4 3/4 warme Monate Was die Winde betrifft, so ergab sich aus 7jährigen Beobachtungen das folgende mittlere Verhältniß.

E.

Bamberg

S.	N.	O.	W.
153, 5	105, 5	19, 0	45, 3
5, 1	3, 2	1, 6	1, 5

Die Gegend um die Stadt Bamberg gehört zu den schönsten Deutschlands. Diese Gerechtigkeit lassen ihr auch verwöhnte Reisende widerfahren. Sie liegt in dem Mittelpunkte Deutschlands, und Erdbeschreiber nennen sie das kleine Italien. Der Anblick der Stadt, wenn man vorzüglich von der Sächsischen Landstraße herkömmt, ist wegen ihrer vortrefflichen amphitheatralischen Lage, mit ihren vielen Thürmen und den hinter ihnen hervorragenden Bergkuppen unbeschreiblich schön. Die Stadt Bamberg ist älter als das Bisthum; ihre Erbauung verdankt sie den mächtigen Grafen von Babenberg, die auf einem Hügel unfern der Stadt ihre Burg hatten. Nach Hinrichtung Adalberts von Babenberg ward sie von dem königlichen Fiscus eingezogen, und von die Herzoge von Bayern. Herzog Heinrich II. in die Gewalt war, schenkte sie Heinrich II. dem Sohne des Gedachten, dem nachherigen Kaiser Heinrich II. oder dem Heiligen, und seine Gemahlin Kunigunde erhoben sie 1007 zum Sitze eines Bisthums. Die Stadt wird von der Regnitz zwei Mal durchschnitten. Dadurch entstehen drey Theile derselben. Der Theil, der an und auf mehreren Hügeln erbauet ist, der mittlere, zwischen den zwey Flußbetten, und der östliche Theil. Die zwey letztere liegen ganz eben. Das Pflaster der Stadt, welches zu den schönern Städten Deutschlands gezählet, ist von Sandstein und wird gut unterhalten. Sie enthält ungefähr 2000 Häuser, die mit Nummern bezeichnet sind. Die Merkwürdigkeiten des obern Theiles sind der Dom, von Bischoff Otto dem Heiligen 1110 erbauet, ein altes ehrwürdiges Gothisches Gebäude von 4 Thürmen und 2 Chören. In der Kirche ist merkwürdig: das marmorne Grab Kaisers Heinrich II. und seiner Gemahlin Kunigund, das Grab Klemens II. der zuvor unter dem Namen Suitger Bischoff von Bamberg war, das Grabmal Konrads III. u. s. w. Der Kirchenschatz ist sehr ansehnlich. Der Dom hat seinen eignen Pfarrsprengel und 2 Pfarrer, nämlich den Chorpfarrer für das gesammte geistliche Personale des Domstiftes, und den Pfarrer zu St. Veit für die übrigen Personen in der Burg, d. h. jenem Distrikte, in dem die Residenz und die Domherrenhöfe liegen. An das Dom stößt die Nagelkapelle, worinnen die Domherren begraben werden, und die wegen ihrer Epitaphien sehenswerth ist. Gleich bey der Kirche ist das Kapitelhaus, worin das Domcapitel seine Sitzungen hält. Hier ist die Domkapitelsbibliothek aufbewahret, die seltene Manuscripte besitzt, auch hält da das Consistorium oder Ehegericht seine Sitzungen. Dem Dome gegenüber stehet die Residenz, die den Namen Petersburg führet, der aber im gemeinen Leben nicht gebräuchlich ist. Lothar Franz, ein gebohrner Graf von Schönborn, Kurfürst zu Maynz und Fürstbischoff zu Bamberg, erbaute sie im J. 1702. Das Gebäude ist nach italienischer Art, 3 Geschosse hoch, aber unvollendet. In einem Theile der Residenz halten die beyden Regierungen die Staatsconferenz, das Zeit-
und

und Fraiſchgericht ꝛc. ihre Sitzungen, und hier ſind auch das Geheime, Kreis-, Lehen- und Regierungsarchiv aufbewahrt. Noch ſteht auf dieſem Platze, der am Fuße des Domes eine prächtige Ausſicht beherrſcht, die alte Hofhaltung, worinn dermalen der Marſtall und die Chaiſenhallen ſind. In dem obern Theile der Stadt liegt die obere Pfarrkirche, worinn ein ſchönes Schmerwerk aufbehalten iſt, das für ein Werk Albrecht Dürrers oder Veit Stoſens angeſprochen wird, ferner die St. Stephanskirche in der Form eines Kreuzes gebauet, mit 1 Collegiatſtifte von 1 Probſt, 1 Dechante, 8 Capitularen, 7 Domicellaren. Die Höfe dieſer Stiftsherren bilden einen eigenen Pfarrſprengel, dem der jedesmalige Stiftscuſtos vorſtehet. Auf einem andern Hügel des obern Stadttheiles ſtehet das Carmelitenkloſter, das ehedem ein adeliches Nonnenkloſter, zu St. Theodor genannt, war. Die Karmeliten beſitzen eine Bibliothek von ungefähr 14000 Bänden, darunter mehr als 200 Handſchriften, und viele merkwürdige Incunabeln ſind. Unfern deſſelben iſt das Seelhaus, eine Stiftung für arme Knaben. Auf einem andern Hügel ſtehet die Stiftskirche zu St. Jakob mit einem ſchönen Portale. Das an demſelben angelegte Collegiatſtift beſtehet aus 1 Probſt, 1 Dechant, 6 Capitularen, 2 Domicellaren. Unfern derſelben auf einem noch höheren Hügel liegt die Abtey Michelsberg mit der Kirche, in welcher das Grabmal Biſchoffs Otto des Heiligen eines gebohrnen Grafen v. Andechs iſt. Das Kloſter hat eine beträchtliche Bibliothek, und ſchöne Incunabeln. Von dieſem

Kloſter aus iſt die Ausſicht in eine lachende Ebene über alle Beſchreibung. Auf dem Gipfel dieſes Berges ragt die Kirche zu St. Getreu, eine der Abtey Michelsberg incorporirte Probſtey, hervor. Am Fuße der Abtey liegt das Aufſeeſiſche Seminar, eine Stiftung für arme Studenten, in der 24 Bamberger und 12 Würzburger in allem frey unterhalten werden. In der Ebene dieſes Stadttheiles befindet ſich das allgemeine Krankenhaus, eine Stiftung, die nach dem Urtheile aller Reiſenden einzig in ihrer Art iſt. Mit ihr ſind die 2 wohlthätigen Inſtitute für kranke Handwerksgeſellen und kranke Dienſtboten vereiniget. Seit dem 11. November 1789 bis zu Ende des Jahres 1797 wurden hier verpflegt 7262, und das Sterbeverhältniß war wie 30 zu eins. Das Spital hat eine kleine Sammlung von anatomiſchen Präparaten, eine Knochenſammlung und eine Apotheke. Einer der Unterärzten muß hier täglich den Stand des Barometers, Thermometers, und die Winde beobachten. Unfern des Krankenhauſes iſt die Frohnveſte. Hier ſind, in einer Abtheilung die Criminalarreſtanten, in einer andern die Züchtlinge und Sträflinge, in einer dritten das arme Kinderhaus, ein Inſtitut zur Erziehung einer Anzahl armer Waiſen; die Inſaſſen müſſen ihren Unterhalt zum Theile mit Glasſchleifen und Wollenſpinnen verdienen. Nicht iſt in dem Umfange dieſes Gebäudes die Spinnanſtalt Spinnſchule, die von Zeit eröffnet wird, am Unterricht im Baumwollesſpinnen zu [...] Noch iſt das Dom[...]

Franciskaner-Kloster in diesem Stadttheile zu bemerken.

In dem Flußbeete, der den obern Stadttheil von dem mittlern trennet, ist eine Insel, die aus 2 Theilen bestehet, deren einer Geyerswöhrd, der andere Mühlenwöhrd heißet. Auf dieser Insel stehet ein fürstliches Schloß, sammt einem Lustgarten. In dem Schlosse halten die Hofkammer, die Obereinnahme, und der Hofkriegsrath ihre Sitzungen. Der Garten ist für jedermann offen. Dieser Lustgarten war es, der der Gegend um Bamberg den Namen des kleinen Italien erwarb. Denn hier wurden ehedem die Orangeriebäume selbst im Boden gezogen. Diese Insel hängt durch mehrere hölzerne Brüken mit den beyden Stadttheilen, zwischen welchen sie liegt, zusammen.

Der mittlere Theil der Stadt hängt mit dem obern durch 2 steinerne Brüken zusammen, deren eine die obere, die andere die untere Brücke heißet. Letztere hat seit der großen Ueberschwemmung im Jahre 1784 ein hölzernes Joch. Zwischen diesen beyden Brücken in dem Flusse ist das Rathhaus gebauet. Die äussern Seitenwände sind mit architectonischen Zierrathen, Bildnissen römischer Konsuln, den symbolischen Vorstellungen der Weißheit, Gerechtigkeit u. d. gl. al fresco bemahlt. Auf dem Markte befindet sich die Stadtwaage, worinn auch der Sitz des Landgerichtes ist, die Universitätskirche, die schönste Kirche in der Stadt. Sie ist ohne Säulen gebauet, und die Kuppe zwischen dem Chore und der Kirche zieret ein sehenswerthes Gemälde eines architectonischen Säulenganges. Diese Kirche gehörte ehe dem Jesuiten, und an sie stößt auch ihr Collegium, das jetzt von einigen Professoren bewohnt wird, und worinn das Universitätsnaturaliencabinet und die Universitätsbibliothek stehen. Gleich dabey sind die Schulengebäude und das Hospitium, eine Stiftung für arme Studenten. An dem Gymnasium geben 5 Lehrer in der Religionslehre, der Religions-Welt-Naturgeschichte, der Erdbeschreibung, Rechenkunde, den teutschen, lateinischen, griechischen Sprachen, der Dichtkunde, Briefkunde, der Beredsamkeit und der Erfahrungsseelenlehre Unterricht. Die Leitung des Ganzen ist den Händen eines Directors übergeben, der mit Zuziehung sämtlicher Lehrer einen Schulconseß bildet, worinn über die sittliche und literdrische Bildung der Gymnasiumsstudenten Berathungen gepflogen werden. An der Universität sind dermal für die Theologie vier, für die Rechtsgelehrtheit sechs, für die Arzneykunde neun, und für die Philosophie sieben öffentliche, theils ordentliche, theils ausserordentliche Professoren angestellt. Sämtliche Professoren machen den academischen Senat aus, bey dem der beständige Rector magnificus, der jederzeit aus der Mitte des Domkapitels gewählet wird, den Vorsitz hat, die zeitlichen Decanen aber bilden unter Zuziehung des Universitätshausdirectors und des Universitäts Fiscals den engern Senat, welcher die Aufsicht über das Oeconomiefach der Universität führet. Zu Ende des Marktes liegt die St. Martinspfarrkirche, neben derselben 2 große öffentliche Gebäude, das Seminarium für jun-

Topogr. Lexic. v. Franken, I. Bd.

ge Weltpriester, und das Bürgerspital. In dem mittlern Stadttheile befindet sich auch das Nonnenkloster zu den englischen Fräulein, und das Capuzinerkloster. Bey dem ersteren sind, nebst einer Pensionsanstalt für Mädchen, 4 öffentliche Mädchenschulen angelegt. Von der freundlichen breiten Straße, die ihren Namen von dem Kapuzinerkloster trägt, kömmt man nach dem öfentlichen Schlachthause, der Schnellwaage, dem Krahnen und dem sogenannten Hochzeithause am Ufer des einen Regnizarmes. Der untere Theil des Hochzeithauses dienet zu einer öffentlichen Niederlage, und in einem Saale desselben ist die Ingenieur- und Zeichenakademie, die der Major Westen stiftete, und am 15ten December 1794 eröffnete. In einem andern Ende dieses Stadttheiles liegen das Clarisserinnenkloster, die Caserne, die Hauptwache, die Promenade.

Der äussere Stadttheil hängt mit dem mittlern durch 2 hölzerne Brücken zusammen. In diesem Theile, durch den eine einzige lange Gasse (der Steinweg) führet, liegen die vorzüglichsten Gasthöfe. Bemerkenswerth sind das fürstliche Jagdzeughaus, die Gebäude einiger milder Stiftungen, das Dominikanernonnenkloster zum heil. Grab, die Collegiatstiftskirche St. Gangolph, an der 1 Probst, 1 Dechant, 7 Capitularen und 4 Domikellaren angestellt sind, die Vorstadt Wunderburg. Um diesen Theil der Stadt ziehet sich die Gärtnerey herum. Der bambergische Gärtner ist die betriebsamste Volksklasse im Staate. Sie ist in eine Zunft verbunden, die 1747 in 386 Meistern bestand. Durch häufi-

ges Düngen und fleissige Bearbeitung zwingt er den Boden, 4 auch 6 Gemüsearten in einem Jahre zu tragen, und immer hat man das erfreuliche Schauspiel, daß 3 bis 4 Gemüsearten zu gleicher Zeit auf dem nämlichen Felde mitten unter einander hervorwachsen. Nebst dem Feldkohle, dem braunen, blauen und Blumenkohle, weißen, gelben, rothen, bayerischen und Kohlrüben, Wirsing, Spargel, Spinat, Bohnen, Zuckererbsen, Procoll, Skorzenerl, Meer- und andern Rettichen, Petersilien, Sellerie, Knoblauch, werden alle Salatarten und besonders Gurken und Zwiebeln in unbeschreiblicher Menge gebauet. Nebstdem legen sich die Gärtner auf den Anbau offizineller Pflanzen, als Anis von vorzüglich grobem und grünem Korn, Koriander, (Griegisch Heu, Kümmel, Senft, und den Süßholzbau. Die Süßholzärndte beträgt das Jahr etwas über 150 Zentner. Nebstdem ziehet der bambergische Gärtner alle Jahre von weissen Rüben 100, von gelben Rüben, Anis, Salat, Zwiebeln gegen 30 von jeder Art, von schwarzen Kümmel und Griegisch Heu gegen 20 von jeder Art, von Koriander gegen 15, von Rettichen 12, von Petersilien und Sellerie gegen 4 von jeder Art, und von Wirsing, Kohlrüben, weissem Kohle auf 3 bis 4 Zentner von jeder Art Saamen. Noch bereitet er gegen 20 Zentner Kanarienfaamen, und einigen Saamen von Senft und bayerischen Rüben. Einige derselben beschäftigen sich auch mit der Bereitung einer Art des Lazerizenfaftes, von dem jährlich einige Zentner abgesetzt werden. Sie führen das Jahr über mehrere hundert mit Gemüse beladene

Karren

Karren nach Koburg, Kulmbach, Bayreuth, Eger, Hildburghausen, Meinungen, Neustadt an der Aisch, Rothenburg, Schweinfurt, Windsheim, der Oberpfalz, und dem Würzburgischen. Auch setzen sie jährlich über 300 Zentner Saamen nach Nürnberg, Ungarn, Sachsen, Brandenburg, Frankfurt, Holland und England ab, und bringen dadurch über viertehalb tausend Gulden ins Land. Unbeschreiblich ist der Absatz, der mit Zwiebeln und Gurken in Holland gemacht wird.

Was die politische Verfassung und Eintheilung der Stadt betrifft; so weicht diese von der natürlichen ab. Der Theil der Stadt, der dem Stadtmagistrate untergeordnet ist, ist in 4 Viertel abgetheilet, und jedem ein Bürgermeister vorgesetzt. Noch bestehen aber 4 fürstliche, vom Stadtmagistrate unabhängige, Gerichte, das Gericht zu St. Stephan, St. Jacob, St. Gangolph und der Kaulberger Gerichtsbezirk; im letztern ist jedoch jederzeit ein Bürgermeister fürstlicher Richter. Nebstdem übt das Kloster Michelsberg eigene Gerichtsbarkeit über den um dasselbe herumliegenden District aus, und die Bewohner der Burg, als zum Hof oder Domcapitel gehörig, stehen unter der Gerichtsbarkeit des Hofes oder des Domkapitels. Daher entstehen in der Stadt Bamberg mehrere Untergerichte und Vogteystellen, die theils unmittelbar fürstlich, theils mittelbar sind. Die unmittelbaren fürstlichen Stellen sind entweder ordentliche, als die 4 Bürgermeisterämter in geringern Klagesachen, der Magistrat, die obengenannten 4 Richterämter, oder privilegirte Stellen, das Oberhofmarschallamt,

das Oberststallmeisteramt, das Oberstjägermeisteramt, der academische Senat, das Universitäts-Fiscalamt als ordentliche Stelle für die Studierende und zur Universität Angehörigen, das Universitäts-Hausverwaltungsamt als erste Stelle für die Unterbauten der Universität, das Militärgericht erster Instanz, die Instanz des Oberlandrabiners. Eben so theilen sich die mittelbaren Stellen in ordentliche und privilegirte. Von erster Art ist die Michelsbergische Stifts- und Klosterkanzley als erste Instanz eines gewissen Gerichtssprengels, der sich nicht nur allein über einen eigenen Stadtbezirk erstrecket, sondern auch mehrere klösterliche Vogteyunterthanen in den um die Stadt herumliegenden Dörfern begreift. Zu der zweyten Art gehören in Ansehung gewisser Klassen von Personen das hohe Domcapitel, desselben Mühlenamt, desselben übrige sowohl Gemein- als Privatoblei-Kasten- und Verwaltungsämter, die Kapitel der 3 Collegiatstifte St. Gangolph, Stephan, Jacob, derselben Kastenämter, und in Ansehung der Sachen das Abtey Michelsbergische Pforten oder Lehengerichte. Die Volksmenge der Stadt Bamberg wird auf 20,000 gerechnet, oder stehet mehr unter als über dieser Zahl. Nach 12jährigen Berechnungen ist die Mittelzahl der jährlichen Ehen 111, der Geburten 466, der Sterbefälle 523, und das Verhältnis der Lebenden zu den Ehen ist wie 166 zu 1, zu den Gebohrnen, wie 36 zu 1, zu den Gestorbenen wie 32 zu 1. Daher kann sich die Population nur durch starke Einwanderungen auf ihrer Höhe erhalten. Jedes 73te zur Welt gebrachte Kind ist ein

ein Todtgebohrnes. Industrie-Anstalten in dieser Stadt sind nebst dem Zucht- und Arbeits-hause und der öffentlichen Spinn-anstalt die Itz- und Cattundru-ckerey des Stadtraths Bißwanger, worinn, nebstdem daß fast alle Weber für diese Anstalt arbeiten, 4 Drucker und 150 Spinner be-schäfftiget werden, und wozu nebst einer Pflanzung von Färbe-kräutern, eine Krappmühle, ein Appreturcalander, eine Blaufärbe-rey von 2, und eine andere Fär-berey von 2 Kessel gehören, 2 Wachsbleichen, 1 Papierfärberey und Glätterey, 1 Stärk- und Pu-derfabrike, 1 Siegelwachsbrenne-rey, 1 Stuck- und Glockengieserey, 1 Brennstädte von irrdenen Röh-ren, die Schiffsbauerey. Unter den dermaligen mechanischen Künst-lern verdienen bemerket zu werden, Joachim Keller, der die einheimi-schen Feuerspritzen verbesserte, und in denselben zugleich Saug- und Druckwerk anbrachte. Christoph Schreiner brennt dauerhafte irr-dene Röhren zu Wasserleitungen, und gab durch sein Fabrikat Ver-anlassung, daß man stat der höl-zernen Röhren in Franken anfieng, sich der irrdenen zu bedienen. Eu-stach Linder arbeitet eiserne Tho-re und Balkone, die auch von Fremden der niedlichen Ausarbei-tung wegen gesucht und geschäzt werden. Ball arbeitet nicht nur in Cocos, Perlenmutter, Elfenbein und den edleren Holzarten, son-dern verfertiget auch die niedlich-sten Schnizarbeiten. Auch die schönen Einfassungen zu den Spie-geln verdienen erwähnt zu wer-den. Sie sind niedlich gearbeitet, prächtig und dauerhaft vergoldet. Hofbildhauer Kanim hat schon die geschmackvollsten Desseins ausge-führt. Gefälligere Formen und leichtere Ausführung wird man nicht so antreffen, wie in den Spiegelrahmen, die der erwähnte Kanim, und die Bildhauer Schau und Hofmann liefern. Eben so zeichnet sich der Bildhauer Wur-zer durch das Verfertigen prächti-ger Uhrgehäuse aus Alabaster aus.

Die vorzüglichsten Gemälde-sammlungen sind die Hornecki'sche, Guttenbergische und Schaumber-gische, und unter den Kupferstich-sammlungen die Carameische und Schrottenbergische. Was die bil-denden Künste angeht, so kann Bamberg folgende Meister auf-stellen. Die 3 Brüder Ghz, Stief-söhne des bambergischen Hofbild-hauers Degler, waren zu ihrer Zeit berühmte Bildhauer. Sie sämtlich erhielten Rufe in aus-wärtige Staaten; der erste an den polnischen Hof, der zweyte nach Bruchsal, der dritte nach Passau, wo sie überall als Hof-bildhauer angestellet wurden. Der lezte trat in Kriegsdienste Kai-sers Karl VII, und starb als O-berstlieutenant vom Geniecorps. Renkert, gleichfalls Hofbildhauer, ward als solcher nach Berlin be-rufen. Dietz, auch Hofbildhauer, verfertigte mehrere 1000 Statuen, darunter aber einige vortreffliche, die die Aufmerksamkeit und Be-wunderung aller Durchreisenden an sich zogen. Mutschelle ward in Moskau als Hofbildhauer an-gestellt. Krämer erfand eine Art von Fortepiano, und in den Or-geln die Verbesserung, daß die Ventile nicht innerhalb der Wind-lade, sondern auf dieselbe zu lie-gen komme. Marquard Treu lie-ferte Altarbildner, die mit vie-lem Beyfalle aufgenommen wur-den, auch schöne wohlgleichende Portraits, vorzüglich aber alte Abspie, die wegen ihres Fleisses und feurigen Colorits sehr gesuchet wurden, und fast alle ins Ausland wanderten. Johann Nicolaus Treu erhielt von der Academie zu Rom den grossen Preis, und legte in Altarblättern und historischen Gemälden im Geschmacke des Guido Reni die schönsten Proben von seinem Genie ab. Seine Gemälde zeichnen sich durch erhabenes Feuer, Stärke und kräftiges Colorit aus. Vorzüglich stark war er im Ausdrucke der Leidenschaft, durch welchen Zug sich sogar seine Portraite characterisiren. Marianne Treu, eine Portraitmalerinn in Miniatur, auch eine Blumenmalerinn in Oelmalerey war am stärksten in der Thier- besonders der Wildpretsmalerey. Von den lebenden Künstlern müssen erwähnet werden, Joseph Treu, Hofmaler und Director der Schönbornschen Gallerien. Er wählet sich lauter Gegenstände, die Schrecken und Verwunderung erregen, Seestücke, Landschaften, Stürme, die Wirkung eines Windbruches, den Sturm der Elemente, eine Nacht, wo durch geborstene Wolken ein Blitz fährt, und dem Anschauer ein Schiff entdecket, das an den Felsen scheitert, ein anderes, das vom Strade entzündet worden, und dessen Mannschaft sich mit Rettung ihres Lebens beschäftiget, Sujets, die er seinem Geiste bey seinem Aufenthalte in Holland einbildete. Sein Stil ist natürlich, kräftig und gefällig. Rosalie Treu ist eine vorzügliche Portraitmalerinn. Katharina Treu ist dermalen eine der stärksten Fruchtmalerinnen. Sie mahlt ihre Stücke vortreflich aus; besonders ist sie Meisterinn in der Darstellung des Helldunkeln. Im Jahre 1765 ward sie als Cabinetsmalerinn nach Mannheim berufen.

Wesen ist nicht nur als Stifter der Zeichen- und Ingenieuracademie, sondern auch als Künstler schäzenswerth. Die Erzeugnisse seines Geistes sind 2 Cabinete, deren das erste aus Zeichnungen, das zweyte aus Gemälden besteht. Die Zeichnungen sind eigene Erfindungen, und stellen gothische Ruinen vor. Fast unnachahmlich ist der Laubschlag, und die Luft täuschend ausgedrükt. Das Ganze ist mit malerischer Haltung ausgerüstet, und die Freiheit der Züge wechselt mit der Stärke eines französischen Stiches ab. Die Gemälde sind einzig in ihrer Art. Sie stellen die Natur in ihrer verschiedenen Situation und Periode dar. Um die Wirkung einer solchen Naturereigniß anschaulicher zu machen, ist das Ganze mit den Resten der römischen Alterthümer verbunden. Characteristisch ist der Laubschlag, die Manier ist vortrefflich, das Colorit sanft, blau und wieder stark dunkel, mit schmelzenden Lichtern verwebet. Joseph Dorn copirt so frappant, daß man mit Wahrheit sagen kann, sie seyen ihren Urbildern vollkommen ähnlich. Aber er ist nicht nur allein Copist bis zur gröbsten Genauigkeit, sondern er führet auch eigene Erfindungen mit gleich glücklichem Erfolge aus. In seinen Gemällden ist die Composition gut, das Ganze wohl erleuchtet, Leidenschaft, Haltung, Harmonie herrlich beobachtet, das Colorit schön und markigt, und mit Fleiß und Correctheit ausgeführt. Er erfand in Gesellschaft seines ältern Bruders, Caspar Dorn, der dermal in Bamberg der erste Schönschreibmeister ist, und auch gute Fortepiano verfertiget, die verlohren gegangene Kunst, Gold auf Pergament aufzulegen, das daß das Glätten und die Farben aushält. Michael Trautmann, Hofwachspoſierer, hat nicht nur in der Wachsbildnerey die nied- lichſten, und beſonders in Blumen die täuſchendſten Proben ſeiner Geſchicklichkeit geliefert, ſondern auch in Arbeiten des Meiſels Künſt- lertalent bewieſen. Peter Maſer verfertigte nach eigenen Ideen ei- nen Wagen, worinn man ſich auf der Ebene mit geringer Mühe fahren kann. Andere Beweiſe ſei- nes Erfindungsgeiſtes ſind der Windzeiger auf dem Krankenhauſe, und verſchiedene Arten holzſparen- der Oefen und Küchenheerde. Ehe verfertigte er eine Art von Moſerik, die einzig war. Er überzog nähmlich von Thon geformte Statuen mit einer Decke von den kleinſten Muſcheln und Schnecken, und beobachtete dabey alle Schat- tirungen von Farben ſo genau, daß man eine Statue anzuſchauen wähnte, die aus den Händen des Vergolders oder Lackierers gekom- men wäre.

In Abſicht auf die Anſtalten für wiſſenſchaftliche Bildung beſtehen nebſt dem Gymnaſium, der Aca- demie, den Bibliotheken und Na- turaliencabineten, 3 Verlagshand- lungen, und 2 Buchdruckereyen. Von öffentlichen Blättern erſchei- nen das Intelligenzblatt, die po- litiſche Zeitung, und ein über po- litiſche Gegenſtände raiſonnierendes Blatt, unter dem Namen Charon. So wie Bamberg die Ehre gebührt, die Erfindung der Buchdrucker- kunſt zu gleicher Zeit mit Mainz gewagt und durchgeſetzet zu haben; ſo hat es auch in Abſicht auf Ge- lehrſamkeit Männer in ſeiner Mit- te gehabt, auf die es ſtolz ſeyn darf. Albrecht Pfiſter druckte ſchon in den fünfziger Jahren zu Bam- berg eine pergamentene Bibel, die es an hoher Seltenheit ſelbſt der fürſtlichen bevoriþut, und an relativen innerm Werthe, und Behandlung von Seite der Preſſe den erſten Producten der Mayn- zer Künſtler ſo wenig nachgiebt, daß ſie ſelbe in mancher Hinſicht noch wohl gar übertreffen. Von ſeiner Preſſe ſind demal 10 Pro- ducte aufgefunden, worunter das bekannte Wolfenbüttliſche Fabel- buch, ſeither den Literatoren ein Räthſel, gehöret. Albrecht Pfiſter war nicht nur Formſchneider, Kupferſtecher, Schriftgießer, ſon- dern auch in den Ueberſetzungen, die er fertigte und druckte, be- währte er ſich als einen einſich- tigen, verſtändigen und geſchmak- vollen Mann. Er war Erfinder der Buchdruckerkunde, und druckte die erſte Bibel, die erſte Armen- bibel, die erſten deutſchen Bücher, und verzierte ſie zuerſt mit Holz- ſchnitten. Die übrigen Bamber- giſchen Buchdrucker, deren Werke unter die Incunabeln gehören, ſind wahrſcheinlich ein Sebaſtian Pfi- ſter, Magiſter Herolt de Bam- berga, der 1491 zu Rom druckte, Joh. Senſenſchmidt, Heinr. Pe- tzenſteiner, Hanns Briefmaler, Lor. Senſenſchmidt, Joh. Pfeuſt, Max Ayrer, Hanns Pernicker. Der dermalige Univerſitäts-Buch- drucker Klietſch iſt zugleich Schrift- gießer, Kupferſtecher, Form- und beſonders Münzſtempelſchneider, in welchem letztern Fache er Pro- ben von auſſerordentlicher Fein- heit und dem größten Fleiße ab- geleget hat.

Von den bambergiſchen Gelehr- ten verdienen ausgezeichnet zu werden, Luitpold von Bebenburg, bekannt unter dem Namen Ludolph von Babenberg, und Peters von Enda, Fürſtbiſchof zu Bamberg, Johann Schöner, öffentlicher Leh- rer der mathematiſchen Wiſſen- ſchaf-

ſchaften, Joh. Fhr. v. Schwarzenberg, Verfaſſer der bambergiſchen Halsgerichtsordnung, des erſten teutſchen Criminalgeſetzbuches, und Mutter der darauf gefolgten Carolina, Joachim Camerarius, Ser. Rüdinger, beyde Philologen, Chriſtoph Clavius, ein bekannter Mathematiker, Hartmann, Erfinder des ſogenannten Kaliberſtockes oder Artilleriemaaßſtabes, Virdung von Hartung, der zuerſt in Bamberg öffentliche anatomiſche Demonſtrationen in Gang brachte, Joſeph von Hahn, Verfaſſer des Chronici Gottwicenſis, Borris, Staatsrechtslehrer, Andr Seelmann, nachher Weihbiſchoff zu Speyer, Lorber von Störchen, Staatsrechtslehrer u. ſ. w.

Bamberg, (das Hochſtift) das kaiſerliche Hochſtift Bamberg gränzt gegen Norden an das Fürſtenthum Koburg und das Voigtland, gegen Oſten an das Fürſtenthum Bayreuth und das Gebiet der Reichsſtadt Nürnberg, gegen Süden an das Fürſtenthum Anſbach und die gefürſtete Grafſchaft Schwarzenberg, und gegen Weſten an das Hochſtift Würzburg. Eine Karte der Bambergiſchen Lande nach der zur Zeit der Errichtung des Hochſtifts gewöhnlichen Eintheilung in Gaue, Praedia und Villas und mit ihren in Urkunden vorkommenden Benennungen von dem Bambergiſchen Archivare Joh. Wilh. Herzberger iſt der berühmten Bambergiſchen Deduction über die Hofmarkt Fürth vom J. 1771 beygebunden. Eine der älteſten Zeichnungen des Hochſtifts entwarf Cornelius a Juddis gegen das J. 1593. Nach dieſer nahm im vorigen Jahrhunderte Johann Zweller mehrere Gezenden des Hochſtifts auf. Seine verfertigten Karten ſind im Landes Archive aufbewahret. Die Homanniſche und Lotteriſche Karten ſind die einzigen Special-Handkarten, die von dem Hochſtift erſchienen ſind. Da ſie ſehr unzuverläßig und unrichtig ſind, ſo entwarf Hr. DD. und Prof. Roppelt eine neue Specialkarte auf 4 Blättern, die auf Ausmeſſungen mehrerer Aemter beruhet, und in der Folge öffentlich erſcheinen wird. Das Hochſtift ſtellet kein geſchloſſenes Territorium dar. Normann, und nach ihm Hck, beſtimmen den Flächeninhalt auf 65 Quadratmeilen. Hofmann u. a. geben für die größte Ausdehnung in der Länge ungefähr 15, und für die größte Ausdehnung in die Breite ungefähr 10 Meilen an.

Die wahrſcheinliche Volksmenge mag 195000 Seelen betragen, und daher auf jede Quadratmeile 3000 zu rechnen ſeyn. Das Hochſtift liegt unter einem glücklichen Himmelsſtriche. Der Boden iſt einer der geſegnetſten und fruchtbarſten in Deutſchland. Der Ackerbau iſt zu einer vorzüglichen Höhe getrieben. Reichlich, und weit über das einheimiſche Bedürfnis wird Korn, Weitz, Dinkel, Haſer und Gerſte erzielet. Der Hopfenbau ward vermittelſt ausgeſezter Prämien zu der Höhe gebracht, daß man bald allen ausländiſchen wird entbehren können. Der fleißigere Anbau des Hopfen iſt für das Hochſtift und darum von außerordentlichem Nutzen, daß er aus öden Plätzen herrliche Hopfenanlagen ſchuf. Ueberhaupt iſt die beſſere Cultur des Bodens einer der hauptſächlichſten Augenmerke der gegenwärtigen Regierung. Eine beſondere Culturcommiſſion arbeitet an der Vertheilung der groſen Landesweiden, und der Urbarmachung öder Plätze. Eben ſo reichlich trägt der Boden Haitel, Hirſe

Hirſe, Schrotgetraide, Wicken, und der Kartoffel-Tabak-Hanf- und Flachsbau wird mit größter Thätigkeit betrieben. Auch ſind ſchon glückliche Verſuche mit dem Anbaue der nicht einheimiſchen kahlen Gerſte geſchehen. Der Obſtbau und die Baumzucht iſt eine reiche Quelle des Wohlſtandes für die Hochſtiftseinwohner geworden. Die vielen wichtigen Forſte ſind für das Hochſtift wahre Schätze. Ausgezeichnet iſt die Obſorge, die man für ihre Pflege trägt. Sämtliche Forſte ſind geometriſch ausgemeſſen, aufgenommen, in Hiebe eingetheilet, gehörig vermarkt, und die darinn befindliche Stämme und Holzarten genau aufgezeichnet. Um die Cultur der Forſte zu befördern, ſind in jedem Forſtamte mehrere Holzſaamen-Maſchinen errichtet, und jeder Revierjäger iſt verbunden, jede Art des Holzſaamens zu ſammeln, und auf der Maſchine zu bereiten, wofür er für jede eingelieferte Maaß 6 kr. frt. erhält. Die Wälder ſind mit Schwelzen, weiſſen und gemeinen Hirſchen, Rehen, Auer-Birk- und Haſelhühnern und andern Wilde, jedoch nicht zum Nachtheile des Landmanns, beſetzt. Wie wichtig die Forſte ſeyen, erhellet daraus, daß in dem Rechnungsjahre 1789 — 90 die 34 Forſtämter des Hochſtifs 192, 413 fl. 42 3/4 kr. frl., und eine reine Revenue von 100,450 fl. 18 1/4 kr. abwarfen, abgerechnet, daß an Dienſt-Beſtallungs und Gerechtigkeitsköbhlern im genannten Jahre nur nach Kammeranſchlage 68,380 Gulden, 11 kr. abgegeben wurden. Blühend iſt der Gemüsebau, vorzüglich um die Stadt Bamberg herum, und die bambergiſche Gärtnerey verdienet die ehrenvolle Erwähnung, mit der Geographen

und Reiſende davon ſprechen. In einigen Berggegenden wächſt Safran wild, und auch auf den Weinbau haben ſich einige Landämter geleget. Die Viehzucht im Hochſtifte iſt von größter Wichtigkeit. So beträchtlich ſie iſt, ſo iſt doch das Beſtreben des Landmannes, Vieh zu mäſten, noch weit größer. Es iſt gar nicht ungewöhnlich, ganze Heerden vom magern Rindviehe einzukaufen, ſie zu mäſten, und dann wieder fremden Schlächtern mit anſehnlichem Gewinne zu verkaufen. Die vielen prächtigen Auen, die zahlloſe Menge kleiner Bäche und Flüße, der beförderte Kleebau ſetzt ihn in Stand, dieſe Speculation mit dem glücklichſten Erfolge auszuführen. An den Orten, wo die Natur nicht ſelbſt Wieſen ſchuf, ſuchet man ihr durch künſtliche Wieſen das abzuzwingen, was ſie gutwillig herzugeben verſagte. Der Kleebau war dem Bamberger immer wichtig. Er baute ſchon von jeher, und noch ehe Schriftſteller denſelben ſo bringend empfohlen, häufig den ſogenannten Doldeen- oder Fleiſchblumenklee. Es parcette, Luzerner und Türkiſcher Klee iſt dem Landmanne nichts unbekanntes mehr. Die Hornviehzucht ſtieg daher auch auf eine ſchöne Stufe. Schon im Jahre 1763 zählte man 21,000 Stück Kühe. Wichtiger noch iſt die Viehmaſtung. Wäre der Landmann nicht ſo ſehr gegen die Stallfütterung eingenommen, das Vorurtheil für Brache nicht ſo tief gewurzelt, die ſo häufig Fremden zuſtehenden Hutgerechtigkeiten nicht ſo vielfältig; ſo könnte die Hornviehzucht noch um vieles erhöht, und für das Land vortheilhafter werden. Aber auch hier ſind ſchon Beyſpiele gegeben, die nach und nach

nach einem wohlthätigen Umschwung erwirken können. Der Bambergische Gärtner, und in der Gegend von Vorcheim weiß man nichts von Brache. Auch im Amte Höchstatt ist sie abgeschaft. Einzelne Oeconomen haben schon die Stallfütterung eingeführet, und mehrere Schäfereyen sind an die Unterthanen vererbet. Die Schweins- und Schaafzucht ist nicht unerheblich, und leztere wird noch mehr empor kommen, nachdem von Regierungs wegen der Mißbrauch untersaget ist, einheimische Schaafe mit Sächsischen zu beschlagen, zu welchem Ende eh mehrere Tausend Sächsische Schaafe herbey getrieben wurden, die den Sommer über von den Unterthanen ernähret werden mußten. Für die Pferdezucht sind die besten Vorkehrungen getroffen. Jeder Unterthan ist gehalten, seine Pferde durch Hengste aus dem Hofstalle belegen zu lassen. Es sind mehrere Stationen bestimmt, wohin sie der Hof zur Bequemlichkeit des Landmannes schaffen läßt. Auch auf die Bienenzucht leget man sich in einigen Gegenden, obgleich die dabey beobachtete Verfahrungsart nichts wenigers als Bienenpflege genennt werden kann. Das Hochstift ist von einer Menge Bäche und Flüße durchschnitten. Die schiffbaren sind der Mayn und die Regniz. Alle diese, und die vielen Teiche, die zur Fischzucht benuzet werden, liefern Karpfen von vortrefflichem Geschmake, Hechte, Forellen, Barben, Aesche, Grundel, Krebse, Aale, Lachsforellen von vorzüglicher Größe, Alante, Schleichen, Ruppen, Aalruppen, und mehrere Arten sogenannter Weißfische. Der Bergbau trug vom Jahre 1771 bis 1790 einschl. für die Kammer 9726 fl. und der Ertrag des ganzen Ausbringens war 112266 fl. 13 kr. wobey zu bemerken, daß die Ausbeute der lezten zehen Jahre jene der ersten um 84300 fl. 37 kr. übertraf, und die Kammer in den lezten 10 Jahren 8507 fl. 10 kr. mehr einnahm. Zwar ruhet der Bau auf Kupfer, so wie der auf Silber schon lange aufgegeben ward. Man hat aber ergiebige Eisenstein- und Kalkgruben. Es brechen gemeine und Alaunschiefer. Man findet Marmor, Serpentin, Gyps und Geriell- und mehrere Steine, die zu Wetz- und Schleifsteinen, und andern Werkzeugen zum Gebrauche der Künstler dienen. Dauerhafte Quader- Mühl- und Schleifsteine werden an mehrern Orten gebrochen.

Bamberg ist ein Akerstaat; daher hat sich die einheimische Industrie vorzüglich auf die Pflege des Bodens concentrirt. Diese Art der Betriebsamkeit schuf mancherlei ländliche Arbeiten, theils um die Erzeugnisse des Bodens zu veredlen, theils um sie zum Handel tauglicher zu machen. Daher entstand das häufige Obstdörren, die Bereitung des Essigs aus Obste, das Bereiten des Saamens, u. s. w. Bey dem allen ist auch der Kunstfleiß rege, und dabey haben zum Glüke die nothwendigsten und nüzlichsten, die Wollenmanufakturen, die Oberhand. Nach diesen kommt das Verfertigen der Linnen, das Verarbeiten hölzerner Geräthschaften, der Schiffbau, das Korbflechten. Im Hochstifte bestehen ferner: 1 Spiegelschleife, 1 Salpeterhütte, 5 Papiermühlen, 1 Papierfärber und Glätterey, 1 Stärk- und 1 Puderfabrike, 1 Stuhl- und Glockengießerey, 1 Zi z- und Cottonmanufaktur, 9 Eisenhämmer, 1 Marmor- und Serpentinschleise, 1 Steinfabrik, nebst mehrern Potaschensiedereyen, Siegelwachsfabriken, Ziegelbrennereyen, Vitriol- Schwefel- und Alaunwerken. Andere Artikel der Industrie sind: die schönen Spiegelrahmen, geschmackvolle Oefen, irdene Röhren zu Wasserleitungen, eiserne Thore und Balkone, alabasterne Uhrgehäuse, Reise- und Staatswägen, die sich sämtlich den Beyfall des Auslandes erworben haben. Das, was den Aktivhandel des Hochstifts mit dem Auslande ausmacht, ist der Ertrag des Bodens. Die Exportation davon ist ungeheuer. Unbeträchtlich ist im Vergleiche mit dieser der Absatz, der mit inländischen Fabrikaten u. Manufakturwaaren dahin gemacht wird. Mehrere von den Artikeln dieses Handelszweiges werden von Fremden an Ort und Stelle abgeholet; das übrige wird selbst verführet, oder auf geschehene Aufträge ins Ausland übermachet. Diese Art des Handels ist es, durch welche das Hochstift das Geld erwirbt, womit es die Befriedigung jener Bedürfnisse, die die Heymath nicht gewähret, dem Auslande bezahlen kann. Die Artikel dieses Handels sind: Getraide, Mehl, Brod, Hafer, Gerste, Malz, Hopfen, Hirse, Haidel, Haidelmehl, Hanf, Obst, gedörrtes Obst, Obstessig, Obstbäumchen, Holz, Holzsaamen, Gemüse, Säuereyen, Süßholz, Lakritzenkuchen, Wein, Bier, Klee, Mastvieh, Unschlitt, Lichter, Schaafe, Leder, Schnecken, Fische, Schiefer, Steinkohlen, Gestell- Mühl- und Schleifsteine, Tücher, Linnen, Wollenzeuge, Nußbaumholz, Flintenschäfte, hölzerne Geräthe, Pfähle, Bretter, Blöcke, Röhre, Arobe, Spiegel, Eisen. Ueber die Wichtigkeit einiger dieser Handelszweige mögen folgende Daten Aufschluß geben. Von Obstbäumen gehen des J. mehr als 50000 Stük zu Wasser ab. In dem Handel mit Commerzialholze rentiren gegen 372000,400000 fl. Jährlich werden über 300 Zentner Schmereyen von Gartengewächsen exportirt. Der einzige Handelszweig mit Süßholz bringet jährlich bey 1500 Thaler ein. Durch den Schmalzhandel werden 1600000 Rhn. Gulden eingebracht. Jährlich werden 3 bis 400 Zentner Karpfen ausgeführt, und dadurch über 2000 fl. vom Auslande bezogen. Jährlich gehen über 12000 fl. Steinkohlen ins Ausland, und nur zu Wasser werden 3-4000 Zentner Potasche ausgeführet.

Die Abgaben, die im Bambergischen entrichtet werden müssen, reduciren sich auf die Reallasten, die Steuern, und die Accisen. Die Reallasten kleben dem Grunde und Boden an, und daher entstehen die Erbzinse, Bergzinse, ic. Von den Steuern sind die Vermögensteuer, die Gewerbesteuer, das Rauch- u. Wegfrohngeld, u. einige Polizeysteuern eingeführt. Die Vermögensteuer wird auf folgende Art angesetzt. Das steuerbare Grundstück wird eingeschäzet. Von dieser Summe werden die Reallasten nach dem Maaßstabe 5 von 100 abgezogen. Jezt ergiebt sich der steuerbare Werth. Von diesem läßt man 2 Drittheile, sind es aber Häuser in der Residenzstadt, 3 Viertheile frey. Das übrige Drittel oder Viertel wird, und zwar jedes 100 fl. mit 2 fl. 24 kr. Contributions- und 48 kr. Quartiergeld, zusammen 3 fl. 12 kr. versteuert. Eben so calculirt man bey der Gewerbesteuer. Wer unter 100 fl. steuerbares Vermögen besitzt, zahlt 1, wer darüber besitzet ſiget, 2 fl. Rauchgeld. Jeder, der Rauchgeld zahlet, muß 12, hat er aber Anſpanne, 24 kr. Schanzgeld entrichten. Seit Chauſſeen durch das Hochſtift geführet werden, wird eine beſondere Abgabe unter dem Namen Wegfrohngeld abgefordert. Von Polizeyſteuern iſt das Keſſelgeld, 1 fl. vom Keſſel, eingeführet, das Brantweinbrennereyen entrichten müſſen. Die Städteinwohner ſind noch einigen Polizeyabgaben, als dem Wachtgelde, Brunnengelde ꝛc. unterworfen. Von Acciſen ſind das Umgeld auf Bier, Wein, Weineſſig, und die Fleiſchacciſe eingeführt. Nach Rießbeck betragen die ſämtlichen Hochſtiftseinkünfte 700000 fl. Das Militär beſteht in Friedenszeiten aus 2 Grenadier- und 6 Mousquetiercompagnien, 2 Artilleriecompagnien, den Invaliden- und Huſſarencommando. Veſtungen ſind im Hochſtifte 2: die beveſtigte Stadt Vorchheim, und die Citadelle Roſenberg ob Cronach. Das Contingent zu den fränkiſchen Kreistruppen beſtehet nach dem im ſiebenjährigen Kriege zu Grunde gelegtem Syſtem auf 153 Mann Cavallerie, die 1 Cüraſſier- u. 1 Dragonercompagnie, 200 Grenadieren, die 2, und 400 Mousquetieren, die 3 Compagnien bilden. Nach der neuen Organiſation der Kreistruppen, die aber Bamberg nicht annahm, iſt dem Hochſtifte zur Infanterie, und zwar 1 Diviſion Grenadier von 200, und 1 Bataillon Füſilier von 806 Köpfen zugetheilet. In Cronach und Vorchheim ſind noch 2 bürgerliche mit den regulirten auf gleichen Fuß geſetzte Artilleriecompagnien. Das Landregiment beſtehet aus 4000 dienſtbarer Mannſchaft, und dreitauſend vom Reſervecorps.

Der Reichsanſchlag beläuft ſich auf 437 fl. und das Kammerziel auf 718 Reichsthaler 53 1/2 kr.

Die Religion des Landes iſt die Römiſchcatholiſche; doch zählet das Hochſtift mehrere proteſtantiſche Unterthanen, und 6 dergleichen zum Kirchenſprengel gehörige Pfarreyen. Die Juden haben mehrere Synagogen im Lande, und in der Hauptſtadt eine eigene Inſtanz, wo Juden gegen Juden auftreten, und wo die Berufungen unmittelbar an die Regierung gehen. Was die catholiſche Geiſtlichkeit angeht, ſo bildet das hohe Domcapitel das glänzendſte Corpus derſelben. Es beſtehet aus 20 Capitularen, und 14 Domicellaren. Unter den erſten ſind 2 Prälaten, nämlich der Dompropſt und Domdechant, und nebſt dieſen ein Scholaſticus, Cuſtos und Cantor. Demſelben gehören die Aemter: Staffelſtein, Ebringſtadt, Burgellern, Fürth, Maynel, Büchenbach, und eine Menge zerſtreuter Vogtey- Lehen- Zehend und Gültpflichtiger Leute. Es hat das Recht hergebracht, daß der Fürſt nur aus ſeiner Mitte die Pröbſte der Collegiatſtifte, die Präſidenten der Dicaſterien, und die Oberpfarrer ernennen darf. Man muß von väterlicher und mütterlicher Seite 8 Ahnen probiren, und beweiſen, daß ſeine Familie ſchon über hundert Jahre in einem unmittelbaren Rittercantone begütert ſey, wenn man in dies erlauchte Collegium aufgenommen werden will. Ferner gehören zu dem Hochſtifte 4 Collegiatſtifte, 4 Benedictiner, 1 Bernardinerabtey, 3 Frauenklöſter, 9 Mannsklöſter, 5 Hoſpitien. Unter dieſen gehören 2 Abteyen, 3 Frauen- 8 Mannsklöſter, und 1 Hoſpitium spiritum zur Diöcese und Territorium, 1 Abtey, 1 Mannskloster, 1 Hospitium nur zum Territorium, und 2 Abteyen, 3 Hospitien nur zur Diöcese. Die landsäßigen Abteyen Michelsberg, Langheim, Banz besitzen mehrere geschlossene Aemter. Der Landclerus ist in 9 Landcapitel, das Eggolsheimische von 15 catholischen und 2 protestantischen, das Hallernborfer von 15, das Hoßfelder von 12 catholischen und 1 protestantischen, das Cronacher von 20, das Lichtenfelser von 11, das Steinklircher von 11, das Scheßlitzer von 17, und das Stadtstrenacher von 13 catholischen und 3 protestantischen Pfarreyen eingetheilt, wobey zu bemerken ist, daß die Städte Bamberg und Vorcheim unter keinem dieser Landcapitel begriffen sind. Auch stehet das catholische Religionsexercitium zu Nürnberg, Bayreuth und Erlang unter Bambergischer Diöcesanaufsicht.

Die Geistlichkeit zahlet, nebst der bischöfflichen Steuer und einer Taxe zum geistlichen Beamte, von allen ihren Eigenthumsgütern die landübliche Steuer, und von allen ihren Beneficien ein Subsidium charitativum. Was die Erziehung, Künste und Wissenschaften betrifft, so ist zur Bildung guter Lehrer für die Stadt, und Landschulen 1 Schullehrerseminar errichtet. In der Hauptstadt und einigen Landstädten sind eigene Mädchenschulen. Für die wissenschaftliche Bildung ist 1 Gymnasium und 1 Universität angelegt. Die Universitäts-Domcapitels- und Klosterbibliotheken, die Naturaliensammlungen in Bamberg, Banz, und Langheim, das allgemeine Krankenhaus, die Ingenieur- und Zeichenacademie, die

Gemälde und Kupferstichsammlungen bilden mannichfaltige Gelegenheit zur scientifischen, und artistischen Ausbildung dar. Der jedesmalige Hochstiftsregent wird von dem Domcapitel aus seiner Mitte durch unbedingte Stimmenmehrheit gewählt. Bey erledigtem bischöfflichem Sitze stehet die Ausübung der landesherrlichen Gewalt in allen Puncten, die keinen Verzug leiden, beim Domcapitel. Als Bischoff ist der Hochstiftsregent von aller erzbischöfflichen Gerichtsbarkeit befreyet, und dem Stule zu Rom unmittelbar unterworfen. Jeder Hochstiftsregent handelt daher als exemter Bischoff in seinem Sprengel wie ein Erzbischoff. Er hat das Recht, das Pallium zu tragen, und sich das erzbischöffliche Kreuz vortragen zu lassen. Zu diesen Vorzügen kann man gewissermaßen noch zählen das Recht, die in den päbstlichen Monaten erledigten Präbenden der 3 Collegiatstifte in der Residenzstadt zu verleihen, über welche er auch des Recht der ersten Bitte ausübt. Die Präbenden des Collegiatstifts zu Vorcheim besetzt der Fürst nach Willkühr, und beym Domcapitel ernennt er den Custos, Scholasticus, und Cantor, und verleihet auch jene Präbende, die er selbst besaß, ehe er zum Fürsten gewählt wird. Als Fürst handelt er dermal unabhängig von den Einwirkungen einiger Landstände, von deren Daseyn noch Ueberbleibsel in der Einrichtung des Obereinnahmscollegiums und dem Kamerumgeldamte anzutreffen sind. Bey jenem sitzen, nebst dem Abte von Michelsberg im Namen der Prälaten, ein Deputirter des Domcapitels, und des Stadtmagistrats zu Bamberg. Bey dem Kam-

Kammerumgeldamts ist ebenfalls ein capitelischer - und stadträthlicher Deputatus vorhanden. In Neuerungsfällen von Wichtigkeit wird von Seite des Fürstens die domcapitelische Einwilligung nachgehohlt. Diese Einschränkung der fürstlichen Machtvollkommenheit beruht nun in dem zwischen dem Fürsten und Domcapitel 1744 abgeschlossenen Haupt- und Grundrecesse, der dermal das wichtigste Staatsgrundgesetz ist. Eine andere Territorialnorm sind die Wahlcapitulationen, aus denen sich die ansehnlichen Befugnisse des Domcapitels herleiten, deren Ursprung sich in dem Condominium verliert, das alle teutsche Domcapitel aufstellten. In dem fränkischen Kreise ist der Fürst nach dem 1795 mit Brandenburg errichteten Staatsvertrage erster mitausschreibender Fürst und Kreisdirector, in den Versammlungen selbst aber alleiniger Director. Bey erledigtem bischöflichen Sitze verwaltet das Domcapitel das Directorialamt. Gleichfalls führet er in den Versammlungen der in Münzsachen correspondirenden Fränkischen- Schwäbischen- und Bayrischen Kreise das Directorium. Auf dem Reichstage hat er, nachdem Bsanz denselben mit mehr beschickt, nunmehr die fünfte Stelle im geistlichen Fürstencollegium. Die Bambergische Comitialgesandschaft muß bey jeder Sitzung gegen den Vorsitz des Teutschmeisters protestiren, der auch in den fränkischen Kreisversammlungen den Bischöffen nachsitzt, und von ihnen nur als Meister zu Mergentheim, nicht als Ordenshochmeister angesehen wird. Der Titel des Hochstiftsregenten ist: des heiligen römischen Reichs Fürst, Bischoff zu Bamberg. Das Wappen des Hochstifts ist

ein schwarzer Löwe im goldenen Felde, über dem ein silberner rechter Schrägbalken gezogen ist: diesem setzet jeder Fürst sein Geschlechtswappen bey. Nebst den oben bemerkten Staatsgrundgesetzen, und den mit allen angränzenden Nachbarn und innländischen Körperschaften geschlossenen Recessen, die die Quelle des einheimischen und nachbarlichen Staatsrechts sind, hat das Hochstift noch seine besondere Privatrechte, die entweder zur Zeit noch durch das Herkommen gegründet sind, wie das Lehenrecht, oder auf Anordnung der gesetzgebenden Gewalt gesammelt wurden, als das Landrecht, und die peinliche Gesetzgebung. Die höchsten Landescollegien sind, nebst dem geheimen Cabinete und der geheimen Staatsconferenz, die geistliche Regierung, das Consistorium, die Landesregierung, das Hofgericht, das Zent- und Fraischgericht, der Lehenhof, der Hofkriegsrath, das kaiserliche Landgericht, die Hofkammer, die Obereinnahme. Nebst diesen Dicasterien sind noch für einzelne Geschäftszweige folgende Commissionen niedergesetzt: die Schulcommission, die Oberarmeninstitutscommission, die Krankenhauscommission, die Krankengeselleninstitutscommission, die Bürgerspitalcommission, die aus der Mitte der geistlichen sowohl als Landesregierung niedergesetzte Examinationscommissionen, die Jagdcommission, die Polizeycommission, das Commerziencollegium, die Landescultercommission, das Bergcollegium, die Weg- und Baucommission. Angemerkt zu werden verdient noch, daß 4 Kurfürsten, als Böhmen, Sachsen, Pfalz, Brandenburg, des Hochstifts Erbbedienstete sind, die 4 sub-

fränkische adeliche Geschlechter mit den Erbämterämtern belehnen.

Die jetzige Eintheilung des Landes begreifet I. die Haupt- und Residenzstadt, II. die Landämter unter sich. Die Landämter sind entweder A) unmittelbare, oder B) mittelbare Aemter. Erstere stehen entweder unter einem Oberamtmanne, oder nicht. Unmittelbare Aemter, die 17 Oberamtleuten untergeordnet sind, find:

a) Oberamt Cronach.
Der Aufsicht des Oberamtmannes zu Cronach sind anvertraut
1) Vogteyamt Cronach.
2) ――― Nordhalben.
3) ――― Wallenfels.
b) Ober- und
4) Vogteyamt Vorcheim.
c) Oberamt Weißmayn.
5) Vogteyamt Burgkunstadt.
6) ――― Weismayn.
d) Ober- und
7) Vogteyamt Vilseck.
e) Ober- und
8) Vogteyamt Baunach.
f) Ober- und
9) Vogteyamt Burgebrach.
g) Ober- und
10) Vogteyamt Eggolsheim.
h) Ober- und
11) Vogteyamt Höchstadt.
i) Oberamt Kupferberg.
12) Vogteyamt Marktschorgast.
13) ――― Cuchenreuth.
14) ――― Stadtsteinach.
15) ――― Wartenfels.
k) Ober- und
16) Vogteyamt Lichtenfels.
l) Oberamt Marloffstein.
17) Vogteyamt Neunkirchen.
18) ――― Ebermannstadt.
m) Ober- und
19) Vogteyamt Neuhaus.
n) Oberamt Potrenstein.
20) Vogteyamt Obstweinstein.
21) ――― Pottenstein.
o) Oberamt Teuschnitz.
22) Vogteyamt Rothenkirchen.

p) Oberamt Wetschenfeld.
23) Vogteyamt Hollfeld.
24) ――― Wetschenfeld.
q) Ober- und
25) Vogteyamt Scheßlitz.
r) Ober- und
26) Vogteyamt Zeil.

Aemter, die unter keinem Oberamtmanne stehen, sind 8, und heißen:
27) Vogteyamt Bechhofen.
28) ――― Fürth am Berge.
29) ――― Hallstadt.
30) ――― Herzogenaurach.
31) ――― Oberscheinfeld.
32) ――― Memelsdorf.
33) ――― Schlüsselau.
34) ――― Zapfendorf.

Die sogenannten mittelbaren Aemter gehören dem Domcapitel, oder den landsäßigen Abteyen Michelsberg, Langheim, Banz; sie sind aber integrirende Theile des Hochstifts, und der Landeshoheit des Regenten unterworfen. Ihrer sind 13, wovon
35) die Vogteyämter Bächerbach.
36) ――― Burgellern,
37) ――― Dörlingstadt,
38) ――― Fürth,
39) ――― Maynoeck,
40) ――― Staffelstein, dem Domcapitel, dann
41) die Vogteyämter Kattelsdorf,
42) Gremsdorf, der Abtey Michelsberg, ferner
43) die Vogteyämter Langheim,
44) ――― Tambach, der Abtey Langheim, endlich
45) die Vogteyämter Banz,
46) ――― Buch am Forst,
57) ――― Gleusdorf, der Abtey Banz zustehen.

Die Bestandtheile dieser Aemter, so wie ihre Verhältnisse werden in den einzelnen Aemterbeschreibungen

gen angegeben werden. In dem Umfange des Hochstifts liegen 19 Städte, 19 Marktflecken, mehr als 1200 Dörfer und einzelne Höfe.

Bamhofen, Weiler im Feuchtwanger Kreise des Ansbachischen Fürstenthums.

Bammersdorf, Weiler im Kameral-Amte Ansbach, mit 2 dahin gehörigen Unterthanen. 5 sind Fremdherrisch.

Bammersdorf, Bambergisches Dorf im Amte Eggolsheim, eine Staude südostwärts vom Flecken gleiches Namens entlegen, besteht aus

    4 Vorcheimer Kasten-
    8 Eggolsheimer Gotteshaus-
    1 Vorcheimer Stifts Obley-
    2 Vorcheimer Spital-
    3 Vorcheimer Raths-
    3 Lüttenheimer Gotteshauslehen,
    2 freyeigenen Häusern,
    12 Stephaniter Stifts- und
    7 Domcapitl. Receptoratamtslehen, in allen aus

42 Häuser, und 205 Seelen.

Das Amt Eggolsheim hat nebst der Zent und Territorialhoheit auch die Vogtey auf allen diesen Lehen, welche nur von den Lehenherren der beyden letzern Classen in Anspruch genommen wird. Der Zehend gehört zur Hälfte dem fürstlichen Kastenamte Vorcheim, zur andern dem Dompropstey-Kastenamte zu gedachtem Vorcheim. Bammersdorf pfarrt nach Eggolsheim. In der Flurmarkung befinden sich Weinberge.

Banzenmühl, (die) im Gunzenhauser Kreise des Fürstenthums Ansbach.

Banzenweiler, Weiler im Ansbachischen Kammer-Amte Colmberg zum Fraisch-Distrikte Leutershausen gehörig. Ansbach hat hier 3 Unterthanen.

Banzenweiler, im Ansbachischen Kammeramte Feuchtwang mit 10 dahin gehörigen Unterthanen.

Banzenweiler, Weiler im Bezirke des Ansbachischen Kammeramts Creilsheim.

Barchfeld, Barchinafelden, großer hessischer Marktflecken in der gefürsteten Grafschaft Henneberg an der Werra, 2 Stunden von Herm-Breitungen gegen Salzungen. Das fürstliche Haus Hessen-Philippsthal und adeliche Geschlecht Stein haben hier ihre Gerichte.

Barnsdorf, nürnbergischer Weiler im Fraisch-Bezirke des ehemaligen Ansbachischen Oberamts Roth mit 3 Nürnbergischen Unterthanen.

Barte, (die) bestehet aus den drey Bächen, Jüchse, Bauerbach und Bibra, welche sich bey Neubrunn und Ritschenhausen mit einander vereinigen, und bey Untermoßfeld in die Werra fallen.

Bartenau hieß die alte Burg bey Künzelsau, wovon eine adeliche Familie, Vasallen von Hohenlohe den Namen führte. Auch die Herren von Stetten, so wie die Reichsstadt Schwäbischhall, hatten Theil an dieser Veste. Jene aber verkauften dieselbige an Hohenlohe im J. 1514. und diese im Jahre 1598.

Bartelmesaurach, Pfarrdorf im Schwabacher Kreise des Fürstenthums Ansbach. Die durchfließende Aurach theilet ehemals die Fraisch zwischen den beyden Oberämtern Schwabach und Windsbach. 17 Unterthanen sind Ansbachisch, 6 fremdherrisch.

Bartenstein, der gewöhnliche Residenz-Ort des Fürsten von Hohenlohe Waldenburg-Bartenstein. Es hat sich seit 30 Jahren zu einer

einer Anzahl von mehr als 1000 Seelen vermehret, die meistens aus herrschaftlichen Diener Familien bestehen. Die Grenzen sind gegen Morgen das Hohenlohe Ingelfingische Amt Schrolzberg, und das Gebiet der Reichsstadt Rothenburg; gegen Mittag das Hohenlohe-Langenburgische und Onsbachische; gegen Abend das Würzburgische, Deutschordische und Hohenlohe-Weickersheimische. Der Boden, wenn er gleich leimig und steinigt ist, bringet dennoch die besten Getraidarten hervor; auch Gartengewächse gedeihen durch sorgfältige Bearbeitung des Bodens. Die Hauptquelle, aus welcher die Einwohner zu ihrer Ernährung schöpfen, ist der Hof. Die nicht weit von hier entlegene sehr bequeme Hauptlandstraße nach Frankfurt und Augsburg macht die Lage sehr bequem und angenehm. Die herrschaftlichen und Landescollegien sind: ein fürstlicher Hof- und Justizrath, eine fürstliche Hofkammer, eine Landschaftscassa, ein Oberamt, dem das Unteramt Herrenzimmern einverleibet ist, und das 1796 von Preußen gegen das ehemalige Hohenlohische Amt Schneelldorf verwechselte Amt Werdeck. Diese 3 Aemter machen im Durchschnitte einen Bezirk von 6 Stunden. Außer den gewöhnlichen 3 Jahrmärkten ist auch im Jahre 1797 in dem 3/4 Stunden von hier an der Hauptstraße liegenden Dorfe Riebbach ein Viehmarkt, und nachher ein sogenannter Mußwiesenmarkt eingerichtet worden. Diese Benennung hat ihren Ursprung vom Markte, der in dem 3 Stunden von hier entlegenen Dorfe Mußdorf bereits über 100 Jahre,

8 Tage lang auf freyem Felde gehalten wird.

In Betreff der alten Burg Bartenstein finden sich keine ältern Nachrichten, als vom Ritter Friz von Seldenek, der im J. 1390 diese Burg mit allen ihren Zugehörungen, Dörfern, Weilern, Höfen, Mühlen u. s. w. an seinen Vetter Hannß von Seldenek, als frey eigen für 1100 fl. Rhn. verkaufte. In der Folge verkauften die von Seldenek, Rosenberg und Horneck von Hornberg, alle Vasallen von Hohenlohe, ihren Antheil an Hohenlohe und dieses trug im Jahre 1444 das Schloß Bartenstein, nebst dem Schloße Schillingsfürst, gegen Eignung der Stadt Meckmühl, welche Hohenlohe zugehörte, dem Hochstifte Würzburg zu Lehen auf. Auch müssen in altern Zeiten hohenlohische Vasallen, die sich von dieser Burg schrieben, ihren Sitz daselbst gehabt haben; denn man findet in den Dokumenten einen Gemod, Heinrich, Seyfried von Bartenstein.

Als im Jahre 1615 die Söhne des verstorbenen Grafen Georg Friedrich des Aeltern, zu Hohenlohe-Waldenburg die väterlichen Lande theilten, erhielt Georg Friedrich der Jüngere zu seinem Antheile Schillingsfürst und Bartenstein. Als hierauf dessen zwey Söhne Christian und Ludwig Gustav im Jahre 1670 das väterliche Land wieder theilten, erhielt Christian Bartenstein, und Ludwig Gustav Schillingsfürst. Endlich geschah 1688 eine gänzliche Abtheilung zwischen Schillingsfürst und Bartenstein. Beyde werden zwar jezt als ein Haus betrachtet, regieren aber nach beyden verschiedenen Theilen ihre Lande besonders. 1667 kannte sich Graf Christian nebst seinem Bruder Ludwig Gustav, zur kathol. Religion. Seine Gemahlin Lucia, eine Tochter des Grafen Hermann von Hatzfeld, war ohnedem katholisch gebohren. Nach seinem Tode 1675 wählte sich sein Sohn Philipp Karl 1699 einen Kapuziner zum Beichtvater, errichtete 1712 ein Kapuziner-Hospitium im Schloße und bestätigte dasselbige 1714 durch Regulirung eines bestimmten Unterhalts. In diese Zeiten fallen die merkwürdigen Streitigkeiten, die zwischen den Häusern Hohenlohe Waldenburg und Neuenstein wegen Einführung der kathol. Religion und Bedrängniß der Lutheraner in ihren Gerechtsamen geführt wurden. 1716 ward die katholische Kirche, ein sehr schöner Tempel, und 1737 der neue Kirchhof eingeweihet. Die zu Bartenstein sich befindenden evangelisch lutherischen Einwohner haben obliegende freye Religionsübung u. pfarren nach Ettenhausen.

Bartholomäuskirche, (die) von diesem ehemals berühmten Wallfahrts-Orte findet man nur noch Ruinen. Noch vor wenigen Jahren wurde am Bartholomäustage vom Muggendorfer Pfarrer hier Kirche gehalten und geprediget. Sie liegt unweit dem hohen Adlerstein in Bayreuther Fraisch an der Bambergischen Grenze.

Bartlwag, diesen Namen führt eine, außer der Westenvorstadt von Eichstätt liegende Gegend, in deren Mitte zwischen zwey Linden eine Feldcapelle, und in einiger Entfernung um dieselbe einige Häuser stehen. Das eigentliche Bartlwag fängt bey dieser Capelle an, und erstrecket sich zwischen der Chausée und der Wintershofer Berghänge herum gegen das

Topogr. Lexic. v Franken. I. Bd.

tiefe Thal hin, wo das Klosterrichteramt St. Walburg einige Unterthanen hat.

Bastanau, ehemals auch Walzenau, Weiler innerhalb Reichsstadt Rothenburgischer Landwehr, liegt 3 Stunden von der Stadt gegen Dinkelsbühl, und hat zwey Gemeindrechte, 3 Höfe, und 10 bis 12 Gebäude. Es ist nach Erzberg eingepfarrt, wohin auch der kleine Zehend gehört, der große Zehend wird dem Spital zu Rothenburg entrichtet. Die Hut wurde 1787 vertheilt. Rothenburg erkaufte den Weiler 1406 mit Gailnau, selbiger ist dann bb gelegen, und erst zu Anfang dieses Jahrhunderts wieder aufgebaut worden. Hat 4 Dienst und stellt 2 Wägen.

Bastheim, katholisches Pfarrdorf mit einem Schloße von 64 Häusern im Amte Neustadt an der Saale zwischen Melrichstadt und Bischoffsheim vor der Rhön. Den Namen von diesem Orte führt eine berühmte adeliche Familie in Franken, deren Ahnherrn Otto von Bastheim Dorf und Schloß von Bischoff Albrecht von Würzburg zu Lehen aufgetragen wurde. Die Unterthanen steuern zum Ritter-Orte Rhön und Werra. Der Schullehrer hat 68 fl. fr. Gehalt. 1786 hatte er 50 Kinder.

Baudenbach, Bayreuthisches Pfarrkirchdorf im gewesenen Klosteramte München-Steinach im Neustädter Kreis. Der Pfarrer steht unter der Superintendur Neustadt.

Baudenhard, einzelner Hof im Waßertrüdinger Kreise des Fürstenthums Ansbach.

Bauerbach, ein, der Freyherrlichen Familie von Wollzogen gehöriges, im Ritter-Orte Rhön und Werra

Werra gelegnes evangelisch lutherisches Kirchdorf 2 Stunden von Meiningen. Es pfarrt in den Marktflecken Bibra und enthält gegen 150 Seelen.

Bauerhof, einzeln im Bambergischen Amte Cronach.

Bauernmühl eine der Cisterzienser Manns-Abtey Eberach nach Mönchsontheim gehörige Mühle, von 2 Gängen, oder Mönchsontheim.

Bauersbach, ein Hohenloh-Schillingsfürstliches Dorf von 23 Haushaltungen im Oberamte Waldenburg; es pfarrt nach Eschenthal und ist ein durch Getraidbau und Viehzucht gesegneter Ort, den man insgemein, vorzüglich seines treffl. Wieswachses an dem Kupferberge wegen, eine Schmalzgrube nennt. In 9 Jahren sind hier 20 mehr gebohren, als gestorben.

Bauersberg, (der) ein ansehnlicher Berg im Bezirke des Würzburgischen Oberamtes Bischoffsheim vor der Rhön. Im Jahre 1764 ließ die Würzburgische Hofkammer hier auf Steinkohlen graben. Sie wurden bis Schweinfurt auf der Itre gefahren und alsdann auf dem Main weiter geschaft. Aus Mangel an Absatz ließe man damals die Werke wieder eingehen, wie neuerer Zeit die zu Eulzfeld und Ettleben wieder eingegangen sind.

Bauchloch ein Weiler im Kameralamte Culmbach. Die Einwohner pfarren nach Hutschdorf.

Baumfeld, ein eichstättlisches zum Landvogteyamte gehöriger Einödhof, liegt zwey Stunden von Eichstätt gegen Osten auf dem Berge zwischen Hofstetten und Hyhefen.

Unter dem Namen Babenvelde kömmt dieser Hof im Vergleiche vom Jahre 1305 vor, welcher zwischen Eichstätt und Bayern wegen des Schlosses Hirschberg und dessen Zugehörungen geschlossen wurde.

Baumfurth, einzelne Mühle und Gut an der Wiesent im Bambergischen Amte Ebermeinstein, gränzt an das Bayreuthische Ort Muggendorf.

Baumgarten, ein bayreuthisches Dorf, eine Stunde von Culmbach in dem Kreis-Amte Culmbach. Die Einwohner pfarren nach Lehenthal.

Baumgartensmühle, s. Hannarodermühle.

Baumhof, auch Siebhof, ein einzelner Hof im Ansbachischen Kameralamte Wassertrüdingen.

Baunach, Flüßchen, das auf dem Haßberge, unweit dem großen Dorfe Bundorf, entspringt, und einem der sechs Ritter-Cantone in Franken den Nahmen giebt, dessen meiste Güter an den Ufern dieses Flüßchens liegen. Es nimmt auf seinem Zuge verschiedene ansehnliche Bäche auf, und fällt endlich unterhalb des Bambergischen Marktfleckens Baunach in den Mayn.

Baunach, Ober- und Vogteyamt im Hochstifte Bamberg, ist von den Bambergischen Aemtern, Hallstadt, Rattelsdorf, dem Würzburgischen Amte Eltmann und den ritterschaftlichen zum Canton Baunach gehörigen Greifenklauischen, Rotenhanischen, Guttenbergischen und Großischen Gebieten umschlossen, zum Theile von leßteren durchkreuzt. Es hat ergiebigen Getreid- und Hopfenbau, erzeugt auch Hirsen, Haidel und Obst. Der Wieswachs ist vortrefflich, und der Kleebau ansehnlich, daher die Viehzucht nicht unbedeutend ist. Allein bey allem dem ist doch der Wohlstand der Einwohner auf einer niedrigen

gen Stufe. Fast sämmtliche Grundstücke sind den Kapitalisten in der Stadt Bamberg verhypothecirt. Die Ursachen sind mannigfaltig. — Das Amt leidet oft große Ueberschwemmungen. Viele Wiesen sind herrschaftlich, und sogar die Gemeindewiesen werden vom Hofe gepachtet, um hinlängliches Futter für die Hofpferde zu haben. Daher ist es sehr wohlthätig für dieses Amt, daß die Zahl der Hofpferde von dem nunmehr regierenden Fürsten beträchtlich vermindert wurde. Fast unbegränzt ist das Schafhutrecht, welches Fremde in diesem Amte ausüben. Deswegen ist die Viehmastung nur wenig bedeutend, und sogar die Schweinzucht aus einer unbegreiflichen Nachläßigkeit gesunken. Indessen hat das Amt einigen Handel mit Getreid, Kleesaamen, Hopfen, Unschlitt, Häsen, gedörrtem Obste nach dem Sächsischen und Vogtländischen. Wichtig sind die Forste dieses Amtes für das Hochstift und den Floßhandel, welchen aber die Amtsunterthanen verordnungsmäßig nicht selbst treiben dürfen. Die fürstlichen Forste warfen im J. 1789 eine reine Revenüe von 1135 fl. 41 3/4 kr. ab. Die Holzgerechtigkeiten, die Fremde in diesem Forste hergebracht haben, mindern seine Erträglichkeit. Das Flüßchen Baunach, nach welchem das Amt, der von ihm bespülte Grund, und ein fränkischer Rittercanton seinen Namen trägt, durchfließt dasselbe, und fällt bey dem Flecken gleiches Namens in den Mayn. Die ansehnlichen Fischereyen gewähren dem Amte beträchtliche Vortheile. Das Amt Baunach gehörte ehe dem mächtigen fränkischen Grafengeschlechte von Truhendingen, das in Ansehung dessen den Abt zu Fulda als Lehenherrn erkannte. Lampert von Brun erkaufte es von demselben 1385 um 700 Goldgulden, und kaufte sich auch 1388 von der Haldischen Lehensverbindlichkeit los. Nach der alten Verfassung wurde über dieses Amt ein Advocat, Schirmvogt, adelichen Geschlechtes, gesetzt. Eine seiner vorzüglichsten Geschäfte war nebst der Rechtspflege und Wahrung der Hochstiftsgerechtsame die Vertheidigung des vesten Schlosses Stufenberg. Nachdem dasselbe durch den Bauernkrieg zerstört ward, und überhaupt die Kriegskunde den Umschwung genommen hatte, daß eine Vertheidigung dergleichen Landschlösser von sich hinwegfiel, so zog sich der adeliche Schirmvogt in den nahe gelegenen Flecken Baunach herab. Er saß nun da als fürstlicher Amtmann zu Gericht, und erhielt den Vorsitz bey dem Magistrate dieses Marktfleckens im Namen des Fürstens, um über dasselbe, das ehe als Landstand eigene Autonomie hatte, die fürstliche Machtvollkommenheit geltend zu machen. Dieß ist der Ursprung der adelichen Amtleute oder Oberamtleute im Bambergischen. Daher rührt es, daß sonst, und zum Theile noch, die Oberamtleute sowohl in der gemeinen als Kanzleysprache nach diesen Schlössern benannt wurden, und das Amt Baunach auch das Amt Stufenberg hieß. Zur richtigern Kenntniß der Verfassung muß noch bemerkt werden, daß ein Bambergisches Oberamt nicht aus dem Gesichtspunkte einer Oberinstanz betrachtet werden darf. Der Oberamtmann und der Vogt zusammen machen die Behörde aus,

aus, und letzterer kann in Abwesenheit des ersteren alle Geschäfte für sich und ohne Rückfrage vornehmen, ohne jemand anders, als nun der Landesregierung unmittelbar verantwortlich zu seyn. Hingegen kann der Oberamtmann ohne Zuziehung des Vogts nichts entscheiden, und ist blos wie der erste adeliche Beamte anzusehen. In dem Amte Baunach ist den Händen des Vogts der ganze Umfang aller landesherrlichen Rechte und Gerechtsame anvertrauet. Er besorgt daher die gesammte Jurisdiction und die Staats und Kammereinkünfte. Das Amt hat Catholiken, Protestanten und Juden zu Einwohnern, von welcher letzten Classe 260 Haushaltungen vorhanden sind. Die Diöcesanrechte über das gesammte Amt stehen dem Hochstifte Würzburg zu.

Baunach enthält 1 Marktflecken, 10 purificirte, 2 mit fremden, jedoch die Landeshoheit anerkennenden, 5 mit Ausherrlichen Vogteyleuten vermischte Dörfer, 6 Höfe, wovon 1 einem landsäßigen Vogteyherrn hat.

Baunach, ein Marktflecken mit Stadtgerechtigkeit, der Sitz eines Bambergischen Ober- und Vogteyamtes, am Flüßchen gleiches Namens mit einem Schlosse. Nebst den fürstlichen vogteybaren Lehenleuten sind hier auch einige dergleichen Donnapelische und Greifenklauische anzutreffen. Ueber die fürstlichen und vornepulischen stehet dem Hochstifte Bamberg die Landeshoheit, über letztere, die dem Ritterkanton Baunach steuerbar sind, nebst der Gemeindeherrschaft nur die Zent zu. Die hiesige Pfarrey, zu welcher das Hochstift Bamberg den Pfarrer und Frühmesser prä-

sentirt, gehört zur Diöcese des Hochstifts Würzburg, das auch die 2 Caplaine unmittelbar setzt, und unter jene, welche Karl der Große zur Bekehrung der Slaven 823 durch den Bischoff Wolfger von Würzburg errichtete. Die Gegend um Baunach war in ältern Zeiten weit cultivirter. Die Bergkette ausserhalb des Marktfleckens, worauf die Edlen Zollner von Brand eine Burg hatten, war fruchtbar an Obst und Wein, nun hat ein schauerlicher Eichenwald die Reben verdrängt. Merkwürdig ist eine Kapelle, die Elenden Kapelle genannt, eines Erdloches wegen, welches man zu allen Zeiten voll Wasser antrifft. Das Wasser ist rein, beständig unbeweglich; man merkt weder durch aufsteigende Bläschen, oder sonst zitternde Bewegungen ein unterirdisches Emporquellen, noch irgend einen Aus- und Abfluß. Die Landleute, die mit äusserlichen Uebeln geschlagen sind, wallfarthen hieher, waschen sich und werden heil. Die Quelle stehet daher im Rufe der Wunder, ist aber noch nicht chemisch untersucht. Uebrigens theilte sich 1770 die Bergkette, und ein Theil davon versank. Baunach hält 6 Jahrmärkte.

Baunzenhof, (der) im Ansbachischen Kameralamte Creilsheim.

Bayersbach, kleines Dorf, welches den Freyherren von Guttenberg gehört und dem Canton Gebürg einverleibet ist; das Gericht Lengast übt hierüber die fraischliche Jurisdiktion aus.

Bayersdorf, ein bayreuthisches Städtchen 4 Stunden von Nürnberg nach Vorchheim zu, hat eine Mauer und einen breiten Wassergraben an der Rednitz, auf welcher im Jahr 793 Carl der Große in einem kleinen Kahne vorbey, und unterhalb Bamberg in den Mayn fuhr, als er an der Vereinigung der Altmühl mit der Rezat arbeiten ließ, um dadurch die Schiffahrt von der Donau aus in den Mayn zu bewirken. Im Jahre 1353 ertheilte Kaiser Carl IV, dem Markte Bayersdorf Stadtprivilegien am Magdalenatage und fertigte für die Burggrafen deswegen eine Urkunde zu Passau aus, welche 1355 am Ostertage zu Rom confirmirt und nachmals durch eine neue Urkunde bestätiget wurde. 1368 streiften im Städtekriege die Nürnberger an Mariä Himmelfahrt nach Bayersdorf, raubten es aus und verbrannten es. Unter der Regierung des Marggrafen Albrecht Achilles brannte Kunz von Kauffungen, der sächsische Prinzenräuber, 1449 als Söldner der Stadt Nürnberg, Bayersdorf abermals ab, und raubte es gänzlich aus. Am 22 May 1553 wurde die Stadt Bayersdorf wiederum von Claus von Eglofstein, Commandanten von Vorchheim, ausgeplündert, und mit dem Schlosse Scharfeneck in die Asche gelegt. Im Jahre 1634 kamen endlich die Vorchheimer, unter der Anführung des Obristen Schidiz, fast nach ganz vollendetem Wiederaufbaue aufs neue, und zerstörten nicht nur das bis unters Dach fertige massive Schloß, sondern auch die Stadt, deren Mauern er niederreißen und die Steine durch die Einwohner nach Vorchheim führen ließ.

Gegenwärtig hat Bayersdorf außer 3 Thoren, 4 landesherrlichen Gebäuden, als dem Amthaus, der Superintendur, der Caplaney und der Rectorwohnung, noch 156 größtentheils massive Bürgerhäuser, 1 Pfarrkirche und 1 Judensynagoge, an welcher der Oberlandrabbiner des Fürstenthums, oberhalb Gebürgs seinen Sitz hat, eine große Juden-Begräbnißstätte, in welche bis vor wenig Jahren selbst die Juden aus Bayreuth und der dasigen Gegend mußten gebracht werden, welche Entfernung mehr als 12 Stunden betrug, und 1150 Einwohner, worunter sich 195 Bürger und 345 Juden befinden, mit Einbegriff der Schutzverwandten, Weiber und Kinder. Die Juden nähren sich blos von der Handlung und Kleinkrämerey, welche sie ganz an sich gezogen haben. vorzüglich geht die jüdische Spekulation zu Bayersdorf auf die Studenten zu Erlangen. Mehrere Juden halten ihre Reitpferde, um alle Tage bequem und bald in Erlang zu seyn, das nur zwey Stündchen davon entfernt ist. Die christlichen Einwohner treiben neben den Handwerken Getreidebau, starken Tabaksbau und vorzüglich Meerrettigbau, indem der hiesige Meerrettig wegen seiner Güte und ungewöhnlichen Größe weit und zwar in die Rheingegenden und nach Holland verfahren wird. Der Wiesen- und Obstbau ist nicht minder einträglich. Der hier schon ziemlich aufgeschwollene und reissende Redniztfluß schlängelt sich angenehm durch bunte Wiesen hindurch und treibt an seinen beyderseitigen Ufern bis Vorchheim eine Menge zum Theil sehr großer Wasserschöpfräder. Durch die Radmaschinen wird der dürre sandige und brennende Boden der Wiesen beständig gewässert und feucht erhalten und die Besitzer dadurch in den Stand gesetzt, das beste Gras

Gras drey = auch wohl viermal des Jahres abzumähen. Auch auf solche von dem Flusse etwas entfernte Wiesen wird das Wasser durch hin und her gezogene Gräben vermittelst eines Schöpfrades gebracht, und dadurch nicht nur Fruchtbarkeit erzeugt, sondern dieselbe noch befördert. Auch die starke Passage aus und in das Oberland und andern Gegenden voll Franken verschaft den Einwohnern einigen Vortheil; und die Nagelschmiede verfertigen und versenden eine Menge verzinnte und unverzinnte Nägel, Gürtelstifte u. s. w. Vermöge eines vom Kaiser Rudolph II. im Jahre 1582 ertheilten Privilegiums hat das Keßler= oder Kupferschmidthandwerk hier einen Schöppenstuhl und ihre Reichszunftlade, weswegen sie alle sieben Jahre einen Jahrstag halten, welchen aber nur wenig benachbarte Kupferschmiede aus fremden Gebieten besuchen dürfen. Von den zwischen Bayersdorf und Erlangen am Zusammenfluß der Schwabach und Rednitz liegenden Papier= und andern Mühlen, Eisenhammer, Spiegelschleife und Foliengammer; s. Erlangen die Stadt und den Artikel Hüllsen oder Küchermühle. Ehedem wurde zu Bayersdorf oft das Burggräfliche Landgericht und 1624 ein fränkischer Kreiß=Congreß gehalten. Jetzt ist hier der Sitz eines Kameralamtes, das zum Erlanger Kreise geschlagen ist, einer Superintendur, einer Steuer= Accis= und Zolleinnahme. Auch befindet sich in der Nähe ein Kupferhammer. Die lutherische Geistlichkeit der Stadt besteht aus einem Superintendenten, dessen Kirchsprengel s. unter dem Artikel Bayreuth, das

Fürstenthum, und einem Diakonus. Der lezte Superintendent war der durch sein Buch „kirchliche Verfassung der heutigen, sonderlich der deutschen Juden 4 Th. mit 30 Kupfern, Erl. 1748 in 4to, so bekannte M. Bodenschatz. Mehr von diesem merkwürdigen Manne findet man im fränk. Merkur, Jahrg. 1794, S. 729 ic. ic. Ausserhalb der Stadt liegen an der Strasse nach Vorchheim die Ruinen des 1391 erkauften Schlosses Scharfeneck, welches ein Landhaus des ehemaligen Abts und mit grausenvollen Gefängnissen versehen war, daher es auch in den damaligen Zeiten das scharfe Eck hieß, und 1634 bis auf die heutigen Ueberreste zerstört wurde. Es hatte die Gestalt eines regelmäßigen Vierecks von 4 Stockwerken und einen 340 Schuh langen Vorhof.

Bayersdorf, Dorf im Bambergischen Amte Welßmann.

Bayersgrün, bayreuthisches Dorf, im ehemaligen Vogteyamte Schauenstein, das jetzt zum Kammeramte Naila geschlagen ist.

Bayerhof, (der) einzelner Hof im Würzburgischen Amte Maynberg. Die Flurmarkung enthält 300 Morgen, als: 160 Morgen Ackerfeld, 16 Morgen Wiesen, 24 Morgen Gärten, 100 M. Wald und Oedungen. Seit 5 Jahren besteht die Mittelzahl des Viehstandes 32 — 35 Stük, als: 14 Stüke zur Anspann, 7 Kühe, 9 Jährlinge und Kälber. Durch die Seuche giengen 13 Stüke zu Grund.

Bayreuth oder Culmbach, das Fürstenthum. Der letztere Nahme ist von der ehemaligen Residenz Culmbach, der erstere ist neuer und gewöhnlicher, oder wie

wie es von einheimischen Schriftstellern genennet wird: das Burggrafthum oder die Burggrafschaft Nürnberg unterhalb Gebirgs; (s. den Artikel Nürnberg Burggraffschaft,) liegt ungefähr zwischen dem 49ten Grade 15 Minuten und 50 Gr. 25 Minuten der Breite u. im 27 Grade 50 Minuten bis 29ten Grad 33 Min. der Länge. Der zerstreuten Lage wegen kann man es in allen seinen Theilen nicht ganz genau bestimmen; denn das Fürstenthum Bayreuth besteht aus dem Fürstenthume oberhalb des Gebirges und aus einem Theile der Lande unterhalb Gebirges. Gemeinhin nennt man daher ersteres das Oberland, und lezteres das Unterland.

Das Oberland gränzt gegen Mitternacht an die gräflich Reußischen Lande und an das Kursächsische Vogtland; gegen Mittag an das Gebiet der Reichsstadt Nürnberg; gegen Abend an das Hochstift Bamberg und einige Besizungen der Reichs=Ritterschaft. Gegen Morgen an die Ober=Pfalz, das Königreich Böhmen, und zwar an den Egerischen Kreis und an die Herrschaft Asch.

Das Unterland dagegen grenzt gegen Mitternacht an die gefürstete Grafschaft Schwarzenberg und die Lande des Hochstifts Bamberg; gegen Morgen an das Nürnberger Gebiet und den Schwabacher Kreis des Fürstenthums Ansbach, gegen Mittag an eben denselbigen und den Ansbacher Kreis, gegen Abend an den Uffenheimer Kreis, das Gebiet der Reichsstädte Rothenburg und Windsheim und an das Schwarzenbergische.

An guten Karten über dieses Fürstenthum sind wir eigentlich noch sehr arm. Die auf zwey Bogen vom Ingenieur=Hauptmann J. A. Riediger entworfene und von Seutter zu Augsburg in Kupfer gestochene Karte des Fürstenthums Bayreuth ist weder schön noch richtig. Eine andere zwar durch P. D. Longolius in vielen Stücken verbesserte, hat doch noch viele Fehler. Gegen die Enopfische Karte, wovon 1750 der erste Bogen und 1763 erst der zweyte Bogen, der das Bayreuthische Unterland enthält, erschienen ist, hat das Chur und Fürstliche Haus Brandenburg feyerlich protestirt. Im Sozmannischen Atlas von der Preussischen Monarchie in Quer folio ist die Karte von Ansbach und Bayreuth die 16te. Sie ist schön gezeichnet und gut gestochen, aber auch noch nicht auf die jezigen Besizergreifungen, Länder und Unterthanen Vertauschung berechnet.

Der lezte Markgraf Alexander ließ kurz vor seinem Regierungs Antrite das Land genau aufnehmen und durch den Ingenieur=Major Hofmann eine Karte daraus verfertigen, wovon ein Exemplar in Berlin und das andere im Bayreuthischen Archive liegt.

Aeusserst selten ist auch die vom Ingenieur Weiß gezeichnete Karte der sechs Aemter, weil sie nie in Kupfer gestochen wurde.

In den Angaben über Größe und Volksmenge der Culmbach Bayreuthischen Lande herrscht noch immer viele Verschiedenheit. Größe und Volksmenge der beyden

den Brandenburgischen Fürstenthümer in Franken sind nach v. Schirach und Ortloff schon oben unter dem Artikel Ansbach das Fürstenthum berührt worden. Genaue Bestimmungen sind für jetzt nicht möglich, bis die vorseyende Zählung vollendet ist, und vielleicht die darüber gefertigten Tabellen zur Kenntniß des Publikums gebracht werden.

Die wahre Größe des Flächen-Inhalts setzt Konsistorial-Rath Rapp in einem Programm vom 24sten Jun. 1790 auf 72 Quadrat-Meilen.

Die Volkszahl, die sich auf die Berechnung nach den Künethischen Kirchenlisten von den Jahren 1770 - 1779 gründet,

a) in der Landeshauptmannschaft
b) ————
c) ————
d) ————
e) ————
f) ———————— Creußen u. Pegnitz
g) Landshauptmannschaft Erlang ———
h) Landshauptmannschaft Neustadt an der Aisch
i) Oberamt Bayersdorf ———
k) ———— Hoheneck ————
l) ———— Neuhof
m) Amt Eschenau

Bayreuth	27,405 Seelen.
Culmbach	15,733
Hof	26,652
Wunsiedel	16,507
Gefrees	5,634
Creußen u. Pegnitz	7,382
	9,848
	12,696
	3,212
	4,479
	6,621
	577

Ueberhaupt 136,746 Seelen.

Im Oberlande also 99,313 Seelen.
Im Unterlande aber 37,433

Dabey muß man aber nicht vergessen, daß nur die immediaten Unterthanen des Fürstenthums, nicht aber die ritterschaftlichen Hintersaßen und die im Fürstenthume befindlichen ausherrschen Eingepfarrten in den amtlichen Tabellen aufgeführt worden sind, wovon man insgesammt ohne Uebertreibung auf die adelichen Hintersaßen auf 40000 - 50000 rechnen kann, so, daß immer 180000 gültig bleibt. Denn in den Kirchenlisten werden sowohl die immediaten Unterthanen und adelichen Hintersaßen, als auch die ausherrschen Eingepfarrten mit aufgeführt.

Bey einem Rückblick auf 100 Jahren bemerkt man leicht, in welchem Steigen sich die Volks-Menge befindet. Im Jahre 1686 zählte man im ganzen Lande 77,764 Seelen, als

ist eigentlich gewesen 180,918. Man nahm nemlich 1689 Copulirte, 0974 Gebohrne u. 5335 Gestorbene zur Mittelzahl an. Multiplicirte die erstern mit 108 und 109, die zweyten mit 26 und 28, und die dritten mit 30-33. Hierauf dividirte man mit 3, addirte die beyden Differenzen, dividirte darauf mit 2, und erhielt die angegebene Summe zum Resultat.

Die allerwahrscheinlichste Volksmenge war also in einer runden Zahl 180000, wornach 2500 Menschen auf eine Quadratmeile kommen, und in einem Hause 6 Menschen wohnen.

Nach einer 1787 vorgenommenen Zählung fand man

Residenz und Hauptmannschaft Bayreuth	18,985
Hauptmannschaft Culmbach ———	14,617
Hof ———	6744
Munsiedel ———	11,764
Neustadt an der Aisch ———	14,696
Münchberg, Stockenroth und Hallerstein ———	4611
Lichtenberg, Thierbach und Lauenstein	4412
Superintendenturen ———	1935

Eine neuere Berechnung ist:

Getaufte

	eheliche.		uneheliche.		
Jahr	männliche.	weibliche.	männliche.	weibl.	Summa.
1787.	3616.	3364.	230.	229.	7469.
1788 — 90.	10423.	9752.	605.	648.	21468.
1791 — 93.	10192.	9689.	717.	721.	21319.
1794 — 96.	10569.	10021.	717.	723.	22040.

Gestorbene

Kinder bis zum 12 Jahr.		Erwachsene.	
männliche.	weibliche.	männliche.	weibliche.
1670.	1381.	1071.	1284.
4913.	4176.	3546.	4112.
4514.	4069.	3652.	4034.
5169.	4369.	4142.	4568.

Summa.	Copulirte.	Communicanten.
5406.	1748.	243,794.
16747.	5224.	723,257.
16269.	5477.	712,339.
18269.	5419.	685,988.

Man sehe auch zu diesem Behufe die Artikel Erlang, Neustadt, Wilhelmsdorf, im Wörterbuche.

Nach den von dem Kammerherrn v. Meyern herausgegebenen Nachrichten von der politischen- u. ökonomischen Verfaßung des Fürstenthums Bayreuth S. 75. waren im J. 1758 im Fürstenthume Bayreuth 105,000 Einwohner.. Vor der Preußischen Besitzergreifung 180000. Was ist nun nicht durch den aufgestellten Grundsatz der Landeshoheit, überhaupt durch die Preußischen Besitzergreifungen in Franken, noch hinzu gekommen; und was läßt sich nicht für eine jährliche Volksvermehrung unter der Preußischen Regierung und Polizey erwarten? Da das Heyrathen erleichtert, der Zunftzwang vermindert, die Behandlung außer der Ehe geschwängerter Personen auf menschliche Grundsätze zurückgeführt wird, die Erziehung der Waisen = und Findelkinder eine so wichtige Angelegenheit des Staats geworden ist? Da den neuen Ansiedlern von allen Seiten Vorschub gethan wird, und die Einformigkeit und Behäubigkeit in dem Gange der Justiz und der Polizey überall neue Kraft und neues Leben verbreitet.

Die Lebensweise der Einwohner auf dem Lande, um diesen Artikel nicht mit Stillschweigen zu übergehen, theilt sich nach dem, was sich im Allgemeinen davon sagen läßt, wie das Land selbst. Sie ist anders im Oberlande, oder dem gebirgigen Theile; anders im Unterlande. Im Oberlande lebt der Landmann schlecht und sparsam, indem seine Kost aus Milch, Kartoffeln, Sauerkraut und Rüben, aus Gerstenmehlklößen, trockenen Erbsen und Linsen, Hasergrütze, Käse und wenig Gartengewächsen besteht. In das Haus wird selten geschlachtet. Butter auf Brod wird selten gegessen, und geräucherten Speck zum Brode finden die meisten ekelhaft. Nur an hohen Festtagen, in der Erndte und bisweilen an Sonntagen kauft der Landmann für sich und die Seinigen einige Pfund frisches Fleisch. Sein gewöhnliches Getränk ist Wasser, und nur bey schwerer Arbeit und in der Erndte hohlt er sich einen Krug braunes Hopfenbier aus der Schencke. Der Branntwein ist hier noch nicht so sehr im Gebrauch, wie anderwärts. Eben das gilt vom Caffe. Statt des Oels oder Unschlitt Lichts bedient er sich im Oberlande kieferner Spähne oder Schleußen. Weiber und Mägde gehen die meiste Zeit baarfuß und tragen die Schuhe bis an die Stadtthore in der Hand, wenn sie in dieselbige gehen. Die Mannsleute aber tragen mit Nägeln beschlagene Stiefeln, doch oft ohne Strümpfe. Hergegen im Unterlande ißt der Bauer durchgehends bfur Fleisch, schlachtet bisweilen ein Kalb oder Schwein, pöckelt sich Fleisch ein, genießet mehr Gartengewächse, trinkt Bier, Branntwein und bisweilen auch Wein und Caffe. Er kleidet sich auch besser. Zu seiner Beleuchtung brennt er Oel und Talglichter. In den Gebirges Gegenden sind Haferbrod und Kartoffeln von der besten Art die gewöhnlichsten Nahrungs-Mittel. Die hohen Berge und die großen und breiten Thäler machen, daß der Boden sowohl, als das Klima sehr verschieden ist. Das Oberland hat einen meist bergigten, leinigten und steinigten Boden, der aber doch gut angebaut ist. Bis an die Gipfel der Berge findet man wenig, oder gar keine Plätze, welche wüste liegen, und außer den Waldungen nicht zu Aeckern, Wiesen, oder Waideplätzen umgeschaffen und benutzt werden. Das Unterland aber ist sehr eben, sandig, laßartig und salpeterig, auch hat man hier den Sommer und die Erndte 8 bis 14 Tage früher, als im Oberlande. Ungeachtet aber das Land in vielen Gegenden so bergig ist und mager scheinet, so ist es doch überhaupt genommen fruchtbar, weil es gut bearbeitet wird, und bringt (Salz und Wein ausgenommen) fast alle Bedürfnisse hervor. Im Unterlande wächst zwar etwas Wein, er beträgt aber nicht viel, Wegen der Verschiedenheit des Bodens und der Lage hat man auch kein Beyspiel von einem allgemeinen Mißwachs. Denn wenn in heissen Jahren die Sonne das Getraide auf dem Sandboden gleichsam verbrennet, so kommt hingegen die Feldfrucht auf dem starken Boden, oder in dem mit Feldsteinen belegten Lande desto reiner und besser zur Reife. E-

ben

ben so verhält es sich mit den Wiesen. Die Bergwiesen bringen bey nassem Sommer noch einmal so viel Heu durch Hülfe der auf allen Bergen befindlichen Quellen; die Thalwiesen aber werden bey fehlendem Regen entweder durch die Bäche und Flüsse, oder durch die an diesen angelegten Wasser- und Schöpfräder gewässert. Im Oberlande pflügt man mehr mit Ochsen, im Unterlande aber mit Pferden. Im Oberlande werden hohe und schmale Beete mit tiefen Furchen geackert, theils wegen des schweren und steinigten Bodens, theils in der Absicht, damit das von den Bergen und von dem oft sehr hoch und bis in den Monat Merz liegenden Schnee kommende Wasser sich in die Furchen ziehen, besser abfließen, und die Erde vor der Saat nicht abschwemmen möge. Im Unterlande hergegen ackert und bestellt man die Felder wegen des ebenen und leichten Bodens, wie in den übrigen Fränkischen Provinzen. Wegen der langen Winter, wegen Kälte und Schneewasser wird das Winter- und Sommer-Getraid bey den hohen Beeten untergepflügt und mit der Sichel abgeschnitten; im Unterlande aber unter geegget, und oft mit der Sense abgemähet. Im Oberlande, wo man das Getraid unterpflügt, weiß man daher fast gar nichts von Regenwürmer, Schnecken und Mäusefraß; im Unterlande aber, wo man flach pflügt und den Saamen unteregget, hat man diese Plage mit andern Ländern gemein.

Das Hauptgebirg des Landes ist der Fichtelberg mit seinen Nebengebirgen, dem Schneeberg, dem Ochsenkopfe, der hohen Farnleiten, dem Todtenkopfe, dem hohen Ebssein, dem Loos oder Luchsberg, dem Schloßberge u. s. w. s. jeden derselbigen unter seinem eigenen Namen. Dasselbige gilt von den Seen, Teichen und Flüssen, als dem Fichtelsee, dem Brandenburger, dem Weißenstädter See, dem Mayn, der Saale, der Naabe, auch der Fichtelbergischen Waldnabe, der Eger, der Rednitz, der Pegnitz und der Bisch.

Unter den Producten verdient im Fürstenthume Bayreuth besonders das Mineralreich eine vorzügliche Aufmerksamkeit. Es ist ungemein ergiebig und der im Fichtelgebirge aufgenommene, unter die 3 Bergamts Reviere, Goldcronach, Wunsiedel und Naila getheilte Bergbau noch jetzt erheblich. Der Bergbau ward, insonderheit in dem Fichtelberge, schon sehr früh, wenigstens schon im 14ten Jahrhunderte getrieben. Bey Goldcronach waren Goldgruben und hier ehemals sogar 37 Werke gangbar. Die so sehr berühmte Fürstenzeche gab dort in den Jahren 1577 und 1578 einige 20 Mark reinen Goldes Ausbeute, und das ganze Bergwerk warf wöchentlich 2400 rheinische Goldgulden ab; allein durch die Einfälle der Hussiten und durch den schweren 30 jährigen Krieg kam das Bergwerk nachmals sehr in Verfall. 1619 gab Markgraf Christian eine eigene Bergordnung heraus, welche vielen Beyfall fand und noch befolgt wird; 1695 ward das Bergwerk wieder aufgenommen, und noch jetzt wird aus den dortigen 12 gangbaren

baren Werken auf Gold, Silber Kupfer, Antimonium, Eisen und Spießglas gebaut. Eisen ward überhaupt viel am Fichtelberge gegraben, und die Gruben haben ein ziemlich hohes Alter. Im ganzen Bergreviere befinden sich gegen 60 Berg- und Hüttenleute nebst verschiedenen Eisendrathziehern. Um Wunsiedel gewann man vormals auch Silber und Bley, auch ward dort Gold, und bey Weissenstadt Zinn geseift. In Weissenstadt selbst ist ein eigenes Zinngericht; jetzt sind in diesen Gegenden noch 19 Zechen gangbar, aber nicht stark belegt. Auf allen diesen Zechen haben 1790 gegen 70 Berg- und Hüttenarbeiter geförbert. Das Eisenbergwerk bey Naila ward schon 1477 wieder gewältigt, vormals brach dort auch Silber, Zinn und Bley; 1676 ward das Bergwerk wieder von neuem aufgenommen und seit 1697 von Gewerken betrieben; von 1715 bis 1767 hatte es, die Eisensteine nicht gerechnet, nach Abzug der Unkosten über 10000 fl. abgeworfen; und jetzt ist zwar der Bergbau hier noch im ganzen Lande am stärksten, denn es hat 5 gangbare Zechen und Fundgruben, aber es wird doch nur auf Kupfer und Eisen gebaut, und in allen diesen angeführten Districten arbeiten jetzt nur ungefähr 350 Berg- und Hüttenleute. Obgleich der Bergbau sehr viel von seiner ehemaligen Ausdehnung und reichen Ausbeute verlohren hat, so zieht er jährlich doch noch viel fremdes Geld ins Land. Der Verfall desselben rührt nicht daher, als wenn die Werke zum Grund ausgebaut wären, vielmehr ist bisher noch

das wenigste geschehen. Es ist noch Gold und Silber ansichtig, die niedern Metalle sind ohne Mangel, und andere Mineralien, als Alabaster, Crystall, Schiefer, Serpentinstein, Speckstein, rothe braune, weisse, gelbe Erde und Kreide, ja sogar sehr gute Walkererde sind im Ueberfluß da. An dem zum Bergbaue unentbehrlichen Holz fehlt es auch nicht. Uebrigens zählt man 16 Hammerwerke, worunter 2 hohe Oefen, 5 Blaufeuer, 4 Fabriken von weißem und schwarzem Blech, 4 Alaun und 2 Vitriolhütten und 1 Kupferwerk. Die sämmtlichen Bergwerke werden von Privatpersonen gebauet, und jedermann kann auf Erz schürfen, wenn er beym Bergamte einen Muthschein mit 1 Ggr. gelöst hat und von aller Ausbeute gebenden Gruben den Zehnten an das Bergamt entrichtet. Jetzt hat der Landesherr auch den Vorkauf aller edlen Metalle. Speck und Kreidensteine finden sich zwischen Obpfersgrün und Thiersheim, wovon Dosen, Büchsen, Pfeifen, Tabackstopfer und dergleichen gedrechselt und geschnitten werden. Er wird auch, wie Bleystift und Röthel, geschnitten und in Holz gefaßt, womit man auf Schiefer und Holz schreibt, auch von Kupferschmieden und andern auf Kupfer und Metall gezeichnet wird, man verführt ihn meistens nach Oestreich u. Ungarn. Es werden auch kleine Kugeln aus diesem Stein gedrehet, von Kindern als Schüsser zum Spielen gebraucht. Diese Schüsser, auch Klinker und Steinerten genennet, werden von Nürnberg aus ganze Kisten voll nach Holland, und von da nach Indien gesendet.

Gebrannt

Gebrannt heißt dieser Stein gewöhnlich Marmel. Ein Serpentinsteinbruch ist bey dem sogenannten Röhrenhof, man findet auch Serpentinstein bey Berneck, Gefrees, Conradsreuth, Zelle u. a. O. Seine Härte ist so, daß man Mörser, Reibschaalen, verschiedene Arten von Büchsen, Schreibzeuge und dergleichen daraus verfertigen kann. Schieferbrüche sind in den Lichtenstein'schen und Lauenburgischen Aemtern, und es können deren noch mehrere eröffnet werden. An vielen Orten des Fichtelberges findet man Karneole, große Stücke von Crystallen und andere Steine. Das Oberland ist überall reichlich mit Marmorbrüchen, durchgehends aber mit Sandsteinbrüchen, Kalch und Ölpfösteln, Töpferthon, und auch rother und gelber Kreide, und allen Arten von Baumaterialien versehen. Versteinerungen, als: Ammonshörner, Asteriten, Turbiniten, Judenßteine, Belemniten, Pedimiten, Rochensteine, nebst versteinertem Holze findet man z. B. in der Herrschaft Thurnau in großer Anzahl. Das übrige s. unterm Artikel Obermayngau. Unter den Mineralwassern und Gesundbrunnen ist das vornehmste das Wildbad zu Burgbernheim. Auch zu Steben im ehmaligen Oberamte Lichtenberg, ⸺ zum Kameral-Amte ⸺ geschlagen ist, und zu Si⸺ ⸺ sind Gesundbrunnen. ⸺ ter diesen Wörtern.

⸺ merkwürdigsten natürlichen ⸺len sind bey Muggendorf, ⸺reuth und bey Streitberg. s. diese Artikel.

Salpeter wird, wie in mehr ⸺ des Fränkischen Kreises, durch Graben in den Ställen und Stuben auf dem Lande zum größten Nachtheile der Eigenthümer gesucht und gefertiget, weil dieß gerade, ihrer Meinung nach, die leichteste Art ist, Salpeter da zu gewinnen, wo sie keine Mühe darauf verwenden durften. Dieses dem Lande so lästige als nachtheilige Salpeter-Graben stehet, vermöge eines Privilegiums, dem Culmbacher Pulvermüller zu, der dafür als Canon den Zehenden vom Pulver auf die Festung Plassenburg liefert.

Die Erzeugnisse des Pflanzenreichs sind in diesem Fürstenthume nicht weniger manichfach. Die Getraidarten und andere Feldfrüchte sind: Dinkel oder Spelt, Waizen, Korn oder Roggen, Gerste, Hafer, Erbsen, Linsen, Buchweizen, Wicken, Hirse, Kartoffeln, Hopfen, Flachs, Hanf, Tabak, Kraut, Rüben, alle Arten von Gartengewächsen und Obst. Der Dinkel, Spelt oder Spelz, der aber nur im Unterlande in Neustadt an der Aisch und Birkenfeld, am meisten im ehemaligen Oberamte Hohened, jetzigen Kameral-Amte Ipsheim, gezogen wird, giebt ein vortrefliches feines und weisses Mehl zum schönsten Backwerk, und wird ins Oberland, Vogtland, in die Pfalz, nach Sachsen und bis nach Hamburg häufig verführt. Besonders treiben die Müller um Erlangen starken Handel damit. Winter und Sommerweizen baut man fast im ganzen Land, so, daß bey guten Jahren auch einiger ausgefahren wird. So baut man auch in allen Aemtern Winter und Sommerkorn, Gerste und Hafer, aber,

aber, besonders im Oberlande, nicht hinreichend für das eigene Bedürfniß. Der Kornbau oder Roggen kommt indeß selten höher, als aufs 6te Korn, an vielen Orten sogar nicht aufs 3te Korn, vornemlich im Oberlande; im Unterlande fällt es immer etwas reichlicher aus. Die Ursache dieser geringen Ergiebigkeit wird von Sachkundigen Männern nicht sowohl in dem Boden gesucht, als in dem geringen Viehstande der allermeisten Gebirgs-Einwohner; im Mangel an Futterkräuter-Bau, der hier theils gar nicht, theils mit geringem Erfolge getrieben wird, und in den vielen Spann- und Handdiensten des Landmannes. Sie entziehen den Dünger und setzen ihn außer Stand, seinen Feldbau zur rechten Zeit zu besorgen. Eine der wichtigsten Ursachen, der allzustark gehegte Wildstand, fällt nun gänzlich weg, nachdem zur Verminderung des Wildes so ernstliche Maaßregeln getroffen wurden. Die glücklichen Folgen davon werden bald auch sichtbar werden, wie sie sich im Hochstifte Bamberg und Würzburg zu nicht geringer Freude der Menschenfreunde offenbarten, als unter Franz Ludwigs Regierung diese Pein des Landbauers in Wildgärten eingeschlossen, und das Uebrige fast gänzlich weggeschossen wurde. Erbsen und Linsen, ob sie schon und in Sanspareil und Kasendorf reichlich gebauet werden, reichen doch nicht zum eigenen Landes-Bedürfniß. Der Ersatz kommt meistens aus dem Bambergischen. Auf den Sandfeldern um Erlangen und Bayersdorf wird Hirse gebaut, und um Streitberg Buchweizen. Man pflegt auch in die Kornstoppeln weiße Rüben nach einmaligem Pflügen zu säen, und nennt sie Halmrüben, welche wie das Kraut, eingesalzen und eingelegt, und den Winter hindurch statt Sauerkraut gegeßen werden. Die Samen Kartoffeln zerschneidet man vor dem Einlegen ins Feld gemeiniglich, wie das auch in vielen Gegenden des südlichen Frankens gewöhnlich ist, und legt sie fast immer in die mit dem Pfluge gezogenen Furchen. Das abgeblühte Kraut der Kartoffeln, das man anderwärts in die Dungstätte wirft, oder dem Geis-Vieh streut, schneidet man auf dem Gebirge zur Rindviehfütterung ab. Der Flachs- und Hanfbau ist ungemein stark, vorzüglich der erstere. Das Hildesheimische und einige Gegenden im Zellischen bey der Stadt Uelzen ausgenommen, ist keine Gegend in Deutschland, wo so viel Flachs gezogen wird; der Hanfbau hingegen ist in Schwaben und in der Gegend um Straßburg weit stärker. Bey guten Jahren ist der Flachs hier auch wohlfeil, oft 10 bis 11 Pf. für 1 Rthlr. wofür man aber freylich keinen feinen und stark ausgehechelten Flachs verlangen kann. Aus dem Samen wird im Lande auch viel Lein- und Hanföl gemacht, und vieles davon auswärts verkauft. Die Landleute, welche den Flachs bauen, spinnen gewöhnlich den Winter über so viel, als sie zum häuslichen Gebrauche weben lassen wollen, und verkaufen dasselbe in und außer Landes. Aus dem Bambergischen kommen im Frühjahr viele Landleute nach Burgkdel mit Obst, wo es selten ist, und vertauschen es gegen Flachs und Garn. Der Tabaksbau wird im im Unterlande bey Erlangen, Bayersdorf, Dennenlohe, und in den dasigen Gegenden getrieben, weil er mehr einbringt, als der Getraidbau. Die Gilte desselben ist seinem Boden gemäß, denn da er mehrentheils auf blossem sandigen Grunde gebauet wird, so fällt er etwas rauh und leicht aus, doch werden jährlich gegen 50,000 Centner versendet. Der Beste, nemlich die schönsten, reinsten und hellgelben Blätter gehen nach Bremen, Holland und Hamburg bundweiße in große Fässer gepreßt, Mittelgut in Rollen, von 2 — 3 Pf. versponnen, wird nach dem Vogtland, nach Sachsen und Thüringen ausgeführet; der schlechteste aber gehet nach Bayern, Salzburg und Steyermark, in Kübeln von 1 1/2 Znt. Hopfen wird nur besonders im Neustädter Kreise gebauet, und das erst seit ungefähr 50 Jahren. Weil der Erfolg den Bemühungen sonderlich entsprach, und man dadurch den Böhmischen Hopfen entbehren lernte: so vermehrt sich der Anbau noch alljährlich. Doch reicht das, was gewonnen wird, noch nicht zum Ersatze des Bedürfnisses hin.

Die Cultur von Gartenkräutern und Obst ist im Oberlande nicht stark, im Unterlande aber ziemlich allgemein. Das Oberland erhält jährlich, ungeachtet bey Bayreuth und Culmbach ziemlich viel von beyden gezogen wird, dennoch eine Menge aus dem Bambergischen, sogar werden Nürnberg Spargel, Artischocken u. a. m. nach Bayreuth gebracht, auch das Unterland schickt Obst und Gartengewächse dahin, welches überdem jährlich viele 1000 Obstbäume zur Baumzucht verkauft. In den ehemaligen sogenannten 6 Aemtern des Oberlandes werden sogar die Zwetschgen oder Pflaumen und das späte Obst selten reif, daher die Einwohner die Holzbirnen und Holzäpfel, hier Huzeln *) genannt, abtroknen und speisen. Wiesen sind in beyden Theilen des Landes häufig. Die sogenannten Auen, oder die in der Tiefe liegenden Wasserwiesen, d. i. diejenigen, welche gewässert werden können, werden meistentheils 3mal gemäht. Im Unterlande hat man den Ertrag der Wiesen durch die an den Flüssen angelegte Schöpfräder ungemein vermehrt. In der Nachbarschaft von Bayreuth hat man die nassen und sauern Wiesen auch mit großem Vortheil durch die ausgelaugte Asche der Pottasche und Salzsiederereyen sehr verbessert.

Das Land besitzt einen großen Reichthum an Waldungen. In denselbigen ist ungemein viel Nadelholz, weniger Laubholz. Wenn die neuesten Vermessungen geendiget seyn werden; wird das Publikum vielleicht nach der im Preusischen über dergleichen Gegenstände

*) Eigentlich heißen in Franken alle getrokneten Aepfel und Birnen, ganz oder in Theile zerschnitten, von wildem oder von verädeltem Obste Huzeln, auch Schnitze, doch mit dem Unterschied: daß bey Leztern allezeit die Bestimmung ob von Aepfeln oder von Birnen hinzugesetzt werden muß. Unter Huzeln versteht man an den meisten Orten ganze getroknete Birnen, ohne dadurch gerade schlechtere Obst-Arten zu bestimmen. Schnitze sind Theile des Ganzen, ohne daß diese Bestimmung immer so genau in Acht genommen würde.

ſtände gewöhnlichen Offenheit, den Flächeninhalt derſelbigen erfahren. Die Ausfuhr auf Eiſen, die Hammerwerke, hohe Oefen, Glashütten ꝛc. koſten viel Holz, aber es ſtehet zu erwarten, daß die jetzige forſtmäßige Behandlung, verbunden mit dem faſt gänzlich verminderten Wildſtande, für die Zukunft die Waldungen in den vortreflichſten Zuſtand bringen werde.

Aus dem Thierreiche verdient die Pferde- und Rindviehzucht die erſte Meldung. Durch die Beſchäler aus den herrſchaftlichen Ställen iſt die Pferdezucht ſeit 25 Jahren ſehr verbeſſert worden, ſo, daß von den Bauern wenig fremde Pferde gekauft werden, wohl aber ſind von inländiſcher Zucht ſchon für viele 1000 fl. auswärts verkauft worden. Das gilt beſonders von dem Bayreuther, Erlanger und Neuſtädter Kreiſe. Weiter hinauf gegen die Gebirge behauptet die Rindvieh- beſonders die Ochſenzucht den Vorzug. Viele davon werden in das Nürnbergiſche verkauft. Die Butter in den Gebirggegenden gehört mit zu den wohlſchmeckendſten; aber im Lande wird keine eingeſalzen, ſondern man pflegt zum Wintervorrath braucht oder verſendet werden ſoll, wird, wie überhaupt in Franken, zuſammengeſchmelzt. Man nennt ſie alsdann Schmalz. Dieſe geſchmelzte Butter läßt ſich gegen 2 Jahre gut erhalten.

Die Verbeſſerungen der Schaafzucht im Ansbachiſchen, ſ. hierüber dieſen Abſchnitt im Artikel Ansbach, das Fürſtenthum, hat ſich neuerer Zeit auch auf das Fürſtenthum Bayreuth erſtreckt. Spaniſche und Rouſſillonſche Mutterſchaafe ſind dahin gebracht worden, und man hofft mit Grund gleich glücklichen Erfolg, als in Ansbach.

Mit der Bienenzucht iſt es nicht ſo weit, daß der Unterthan großen Nutzen davon hätte. Im Oberlande iſt ihr das rauhe Clima und um Wunſiedel der Mangel an Baumblüthen entgegen. Nach Leonhardi ſollen im ganzen Lande kaum gegen 3000 Bienenſtöcke oder Abrße angetroffen werden. Die vielen und zum Theil großen Teiche und Flüſſe enthalten eine Menge guter Fiſche. Der vornehmſte und größte iſt der Weiſenſtädter in dem Wunſiedler Kreiſe, der alle zwey Jahre gefiſcht wird, und vornemlich an Hechten, Karpfen, Barſchen u. ſ. w. einige 100 Centner Fiſche giebt. Die Perlenmuſcheln werden in einem aus dem Fichtelberge entſpringenden Bach ohnweit Berneck, Marktleuthen und Hohberg gefunden, und geben ungemein ſchöne und reine Perlen, die man oft dem orientaliſchen gleichſchätzt. Schade, daß ſie nicht in großer Menge gefunden werden. Zur Aufſicht über die Perlenfiſcherey iſt ein eigener Inſpector angeſtellt. Das Wildpret hat ſich, ſeit der Preußiſchen Regierung, wie ich ſchon mehrmals erwähnte, ungemein vermindert. Bey dem Elvogtiſchen Verzeichniſſe der Vögel, die in Franken niſten, ſ. Fränkiſchen Merkur Jahrgang 1795, wird man finden, daß beſonders im Bayreuthiſchen einige Vögel horſten, die ſonſt nirgends im Fränkiſchen Kreiſe gefunden werden.

Der Manufacturen und Fabriken kann ich hier nicht einzeln

einzeln gedenken, weil ich mich sonst wiederhohlen müßte. Erinnern will ich nur, daß der größere Theil dieser Gewerbe den französischen Flüchtlingen des vorigen Jahrhunderts, die Frankreich um der Religion willen verstieß, seine Aufnahme zu danken habe. Man sehe wegen der Manufacturen in Hüthen, Strumpfen, Handschuhen und Chaisen Erlangen, wegen allerhand Arbeiten in Marmor und Porzellan Georgen am See, wegen grünlicher und weißer Flaschen und Trinkgläser Bischoffgrün, Lauenstein, und andere, Hof wegen allerhand Arbeiten im Messing, vorzüglich einer Stück = und Glockengießerey, Papier, Flohr, Schleyer, Bayreuth wegen Potasche, Kienruß, Papier, Pergament, Pulver, Cattun, Tapeten, Ziz, Wunsiedel wegen Zeuge aller Art, Lauenstein wegen schwarz = und weißem Blech, Eisen, Vitriol, Alaun, Weidenberg und Berneck wegen Eisenbrath, Arzberg und Creussen wegen Topferwaare, Lanzendorf wegen Glanzleinwand und Streifschetter, Meyernberg wegen Wachstuch; Baumwollen Waaren werden auf mehrern Dörfern gemacht. In einigen Gebirgsgegenden klöppelt man Spitzen. Die Bierbrauerey ist eines der einträglichsten städtischen Gewerbe, wozu das Recht zugleich mit dem Bürgerrechte erlangt wird.

Der Münzfuß ist seither in den beyden Fürstenthümern Ansbach und Bayreuth sich gleich gewesen. Es ist der sogenannte 24 fl. Fuß. Gewöhnlich wird Buch und Rechnung in rheinischen Gulden geführt. Jeder enthält 60 Kreutzer. Man rechnet auch, zumal im Oberlande, nach fränkischen Gulden zu 15 guten Batzen oder 75 kr. Seit der Preußischen Besitzergreifung ist auch hier die Preußische Münze eingeführt. Buch und Rechnung wird in Thlr. Groschen und Pf. geführt.

Ueber Maaß und Gewicht in beyden Fürstenthümern ist bereits viel geschrieben worden. Man muß auch hier in die Klagen einstimmen, die über unser ganzes deutsches Vaterland geführt werden. Ueberall Verschiedenheit und äußerst selten, selbst bey den Männern, wo man es mit Zuverläßigkeit erwarten sollte, genau und richtig bestimmte Kenntniß des kubischen Innhaltes. Genauere und erwiesene Klagen hierüber finden sich im fränkischen Merkur Jahrgang 1794. S. 114 Das gewöhnliche Getraid Maaß zu Ansbach und zu Bayreuth ist der Simmra oder Simra. Man sagt gewöhnlich bey der rauhen Fracht, worunter man rohe Gerste, Hafer und Dinkel unausgehülset verstehet, sey er noch einmal so groß, als wie bey der glatten, d. h. geschrooteten Gerste, Hafer, beym Roggen, Waizen und beym unausgehülseten oder gegerbten Dinkel. In eben dem fränkischen Merkur wird S. 284 der kubische Innhalt also angegeben:

| Ansbach | Glatte Frucht
Rauhe Frucht | Simmra | 19882
37186 | Nürnberg. Cubik Zoll. |

| Bayreuth | Glatte Frucht } Rauhe Frucht } | Simmra | 29163 29383 | Nürnb. Cubikzoll. |

Diesem zu Folge wäre der Simmra zu Ansbach und Nürnberg in glatter und rauher Frucht einander gleich. Nach diesem Maaße werden auch alle andere im Fürstenthume Ansbach resolvirt, um sich in der Einnahme und Ausgabe darnach zu richten. In der glatten Frucht haben 1 Simmra 16 Metzen und 1 Metzen 16 Maaß; in der rauhen aber ein Simmra 16 große Metzen oder 32 kleine Metzen. Ein Metzen 1½ Maaß. Der Bayreuther Simmra ist um ein beträchtliches größer, als der Ansbacher, und die Verschiedenheit wäre zwischen glatter und rauher Frucht äusserst gering, doch verschieden von dem Verhältnisse des Simmra in glatter und rauher Frucht zu Bamberg, das also steht:

| Bamberg | Glatte Frucht } Rauhe Frucht } | Simmra | 4803 5048 | in Nürnb. Cubikzollen. |

Das Pfund zu Ansbach ist dem Nürnberger gleich. Es enthält 10608 Pfenninge in Assen Troys Gewicht. Das Pfund zu Bayreuth aber giebt der Fränkische Merkur auf 10,770 Pfund in Assen Troys Gewicht an, wornach sich also vergleichen 100 Pfund Bayreuther mit 101 1/2 Pfund Ansbacher. 100 Pfund Ansbacher mit 108 3/4 Pfund Berliner und 100 3/16 Pfund Leipziger. 100 Pfund Bayreuther mit 107/8 Pfund Berliner und 110 27/32 Pfund Leipziger.

Die Bayreuther Elle enthält 266 1/5 französische Linien, den Pariser Schuh zu 1440 Theilen gerechnet. Die Ansbacher abr. 272 fr. Linien. Beyde sind also geringer als die Nürnberger, die gewöhnlich zu 292 4/10 fr. Linien angenommen wird. S. Journal von und für Franken, B. 1. S. 288. Mit dem Getränke Maaß verhält sichs also: Ein Fuder hält 12 Eymer, der Eymer 66 Maaß, in jeder Landes-Stadt, Marktflecken und Amtsorte. Auf dem Lande herrschet hierinn große Verschiedenheit.

Die Landes-Verfassung, wie sie jetzt nach der neuen Preußischen Organisirung besteht, ist bereits oben unter dem Artikel Ansbach, das Fürstenthum, ausführlich beschrieben worden. Hier ist nur noch zu erwähnen:

Die neue Landes-Eintheilung. Das ganze Fürstenthum Bayreuth ist, wie Ansbach, in 6 Kreise getheilt. Sie sind:

1) der Bayreuther Kreis. Dazu gehört 1) das Kammer-Amt Bayreuth, 2) das Kammeramt Neustadt am Kulm. Zu erstern gehören, das Kastenamt Bayreuth exclusive des Amtes Creussen — das Stiftsamt Bayreuth, aber nur so weit, als dessen Unterthanen in dem Bezirke des Kammeramtes Bayreuth liegen. — Die Verwaltung St. Georgen, das Amt St. Johannis, Schurg, die Verwaltungen

tungen Glashütte, Emtmannsberg, Doun- und Eckersdorf,
Helmbrenth und Altenploß, Ram-
renthal. Zum Letztern aber auf-
ser Neustadt am Culmen die
Verwaltung Weydenberg. 3)
Das Kammeramt Pegnitz.
Dazu kommt das bisherige Kastenamt Pegnitz mit den Aemtern Lindenhardt, Plech und
Spieß, die Verwaltung Schna-
belweid, das Amt Creussen. 4)
Das Kammeramt Streit-
berg. Dazu gehören die Aemter und Verwaltungen, wie sonst.

2) Der Culmbacher Kreis.
Ihm sind einverleibt 1) das Kammeramt Culmbach. Es begreift
in sich das Kastenamt Culmbach mit der Verwaltung Burghaig, das dasige Klosteramt und
das Klosteramt Himmelcron,
so weit dessen Unterthanen in dem
Culmbacher Kammeramts Be-
zirke liegen. Die Vogtey Wirsberg und die Vogtey Seubelsdorf. 2) Das Kammeramt
Sanspareil. Dahin gehört das
Kastenamt Sanspareil und die
Verwaltung Easendorf.

3) Der Hofer Kreis. Er
besteht aus nachstehenden Kammerämtern. 1) Das Kammer-
amt Hof. Dieses umfasset das
seitherige Kastenamt Hof, das
Kloster- Pfarr und Pfründamt
alba, so weit die Unterthanen
in den Kastenamtlichen Bezirke
und in seinem andern Amte liegen. Die Verwaltung Fattigau,
die Vogteyen Rehau und Mar-
xreuth, dann die Verwaltungen Küpersreuth und Moschen-
dorf. 2) Das Kammeramt
Rauchberg. Dieses umgränzet
die ehemaligen Kasten-Aemter
————, Stockenroth und
————, das vorhin nach
————— Amt Helm-

brechts. 3) Das Kammeramt
Naila. Dahin gehören die ehemaligen Kammerämter Naila,
Schauenstein, Lichtenberg und
Thierbach, Selbitz, Schwarzenbach am Walde und Bernstein.
4) Das Kammeramt Lauenstein
und Raulsdorf.

4) Der Wunsiedler Kreis.
Dahin gehören 1) das Kammeramt Wunsiedel, welches alle
ehemaligen Verwaltungen der
vormaligen Amtshauptmannschaft
umfasset. 2) Das Kammer-
amt Gefrees. Dahin sind
bezirket das ehemalige Kastenamt Gefrees, die Verwaltung
Stein und Streitau, das vorhin nach Culmbach gehörig gewesene Amt Stambach, die Verwaltung Remmersdorf und das
Stadt-Vogteyamt Goldcronach.

5) Der Erlanger Kreis.
Er umfasset die Kammerämter
1) Erlangen, dahin gehört
Christian — und AltStadt-Er-
langen — Kastenamt Bayersdorf, Klosteramt Frauenaurach,
so weit dessen Unterthanen in
dem ehemaligen Kastenamte Bayersdorf lagen. Die Verwaltung
Eschenau. 2) das Kammeramt
Osternohe. Es bleibt, wie vormals.

6) Der Neustädter Kreis.
Er begreift 1) das Kammer-
amt Neustadt an der Aisch.
Dahin gehört das gegenwärtige
Kastenamt Neustadt an der Aisch
und das von dem letzten Mark-
grafen erkaufte Duboeufische
Gut Beerbach — das Kasten-
amt Dachsbach mit den Verwal-
tungen Uhlfeld, Birnbaum und
Rohensaas. Das Kloster-
amt Birkenfeld und das Klosteramt
Münchsteinach, so weit deren
Unterthanen in dem Bezirke des
neuen Kastenamtes liegen. 2)
K 3 Das

Das Kammer Amt Ipsheim. Dazu gehört das Kastenamt Ipsheim mit dem Schultheißen Amte Marktbürgel und Burgbernheim, dann die hier übergehende Vogtey Altheim und Kühlsheim, so weit die Unterthanen derselbigen in dem Oberamte Hoheneck gelegen sind. 3) Das Kammeramt Embskirchen. Dieses umfasset das gegenwärtige Kameralamt Embskirchen mit der Vogtey Hagenbüchach und das Klosteramt Münchaurach. 4) Das Kammeramt Neuhof. Es begreift das ganze Oberamt Neuhof mit Markt Erlbach und Dietenhofen mit Ausschluß des Amtes Bonnhofen, das nach Ansbach überlassen ist.

Die Geistlichkeit des ganzen obergebirgischen Fürstenthums steht unter 10 Superintendenten und einem Inspector. Erstere sind:

A.) Die Superintendentur Bayreuth.

Dahin gehören, außer den Geistlichen in der Stadt Bayreuth, die Pfarrer und Diaconi zu 1) St. Georgen. 2) Benck. 3) Bindloch u. Birck. 4) Bronn. 5) Bußbach. 6) Creussen und Capelle Seubiz. 7) Eckersdorf. 8) Emtmansberg. 9) Gesees. 10) Haag. 11) St. Johannes. 12) Lindenhart. 13) Mengersdorf. 14) Mistelbach. 15) Mistelgau, Irchersdorf und Glashütten. 16) Neunkirchen mit dem Filiale Stockau. 17) Neustadt am Culmen. 18) Neustädtlein am Forst. 19) Obernsees und Capelle St. Ruperti. 20) Pegniz, dann Capelle Buchau. 21) Plech, dann Capelle Riegelstein. 22) Schnabelweld. 23) Wendenberg, dann Filial Warmensteinach. 24) Wirbenz.

B.) Die Superintendentur Culmbach.

Dahin gehören, außer den Geistlichen in der Stadt Culmbach, die Pfarrer und Diaconi zu 1) Bernick und Filial Stein. 2) Bischoffsgrün. 3) Casendorf. 4) Drossenfeld, dann Filial Langenstadt. 5) Fischbach 6) Oerfrees. 7) Golderonach. 8) Harsdorf. 9) Himmelkron. 10) Hufschdorf. 11) Kirchleus und Filial Gössersdorf. 12) Lanzendorf. 13) Lehenthal. 14) Mangersreuth. 15) Mellenborf. 16) Nemmersdorf. 17) Ruggendorf. 18) Seubelsdorf. 19) Streitau. 20) Trebgast. 21) Trameröborf, 22) und Filial Alladorf. 23) Untersteinach. 24) Wiersberg. 25) Wonsees mit dem Filiale Sanspareil. Seit der neuen Einrichtung sind hinzugekommen a) Schwarzach und Wilmersreuth. b) Veitlahe.

C.) Die Superintendentur Hof.

Dahin gehören, ausser den Geistlichen in der Stadt Hof, die Pfarrer und Diaconi zu 1) Berg. 2) Bernstein am Walde. 3) Lautendorf. 4) Döhlau. 5) Eichicht. 6) Fröbsen und Blindenborf. 7) Gattendorf. 8) Gesell. 9) Gerolsgrün. 10) Hirschberg. 11) Jodiz. 12) Issigau. 13) Kbdiz. 14) Krebis, dann Filial Kemmiz. 15) Langman, dann Filial Theram. 16) Laurnstein, dann Filial Eberndorf. 17) Lichtenberg. 18) Ludwigsstadt, dann Filial Lauenberm. 19) Mißlareuth, dann Filial Münchenreuth. 20) Naila. 21) Oberkozau. 22) Pilgramsreuth. 23) Regniglosa. 24) Rehau. 25) Sachsgrün. 26) Schwarzenbach am Wald. 27) Selbiz, dann Filial Marlesreuth. 28) Ste-

Steben. 29) Steinbach. 30) Ibpen, dann Filial Isar. 31) Wiedersberg. 32) Zöbern. Hinzu ist gekommen Kaulsdorf.

D.) Die Superintendentur Münchberg.

Dahin gehören, außer den Geistlichen in der Stadt Münchberg, die Pfarrer und Diaconi zu 1) Ahornberg. 2) Conradsreuth. 3) Hallerstein. 4) Helmbrechts. 5) Leopoldsgrün. 6) Schauenstein sammt dem Filiale Dobern. 7) Schwarzenbach an der Saal. 8) Sparneck. 9) Stambach. 10) Weisdorf. 11) Zell.

E.) Die Superintendentur Wunsiedel.

Dahin gehören, außer den Geistlichen in der Stadt Wunsiedel, die Pfarrer und Diaconi zu 1) Arzberg, dann Filial Holzenberg. 2) Bernstein. 3) Brand. 4) Hochstadt. 5) Kirchenlamitz, dann das mit Selb gemeinschaftliche Filial Spielberg. 6) Marktleuthen. 7) Oberröslau. 8) Schirnding. 9) Selb und Filial Schönwald, dann das mit Kirchenlamitz gemeinschaftliche Filial Spielberg. 10) Thiersheim. 11) Thierstein. 12) Weißenstadt.

F.) Die Superintendentur Neustadt an der Aisch.

Dahin gehören, außer den Geistlichen in der Stadt Neustadt an der Aisch, die Pfarrer und Diaconi zu 1) Altheim 2) Baudenbach, dann Filial Hainbühl. 3) Bergel. 4) Dachsbach. 5) Diespeck. 6) Dottenheim. 7) Emskirchen. 8) Gerhardshofen, dann Filial Forst und Kestel. 9) Guttenstetten, dann Filial Reinhardshofen. 10) Hagenbüchach, dann Filial Kirchfembach. 11) Ickelheim. 12) Ipsheim, dann Filial Oberndorf. 13) Kaubenheim, dann Filial Berolzheim. 14) Lenkersheim.

15) Nesselbach. 16) Oberhöchstadt. 17) Ortenhofen. 18) Rüdisbronn. 19) Schauerheim, dann Birckenfeld. 20) Schornweisach, dann Pfarr Münchsteinach. 21) Steppach, dann Filial Limpach und St. Martins Kapelle. 22) Erlbach. 23) Uhlfeld. 24) Uerzersheim. 25) Westheim. Durch die Grundsätze der Landeshoheit sind hinzugekommen 26) Brunn. 27) Herrenmeuses. 28) Langenfeld. 29) Puschendorf. 30) Retzelsdorf. 31) Ulstadt.

G.) Die Superintendentur Bayersdorf.

Dahin gehören, außer den Geistlichen in Bayersdorf, die Pfarrer und Diaconi zu 1) Frauenaurach, dann Filial Kriegenbronn. 2) Hezelsdorf. 3) Hohenstatt. 4) Kaierlinbach. 5) Mährendorf. 6) Münchanrach, dann Filial Obereichenbach. 7) Mugendorf. 8) Osternohe. 9) Streitberg. 10) Thuisbronn. 11) Uttenreuth. Hinzu sind gekommen 12) Bruck. 13) Eltersdorf. 14) Gründlach. 15) Heroldsberg. 16) Kalchreuth. 17) Kraftshof. 18) Rückersdorf. 19) St. Jobst.

H.) Die Superintendentur Christian-Erlang.

Dahin gehören, außer den Geistlichen in Christian-Erlang, die Pfarrer und Diaconi zu 1) Alt-Stadt-Erlang. 2) Eschenau. Sie bestehet, wie vorhin, und von der Superintendentur Dietenhofen ist die Pfarrey Burglein zu dem Decanat Langenzenn gezogen worden, nebst den Filialen der hasigen Kaplaney Seibertsdorf und Unter-Schlauersbach.

I.) Die Superintendentur Dietenhofen.

Dahin

Dahin gehören 1) Dietenhofen nebst den Filialen Ebersdorf und Oberreichenbach. 2) Kleinbaßlach und Warzfelden, 3) Gottmansdorf. 4) Linden und Filial Jobstgereuth. 5) Markt Erlbach. 6) Neuhof. 7) Trautskirchen.

K.) Die Superintendentur Burgbernheim.

Dahin gehören, auſſer den Geistlichen zu Burgbernheim, die Pfarrer und Diaconi zu 1) Schneebheim. Statt der zur Dechaney Uffenheim gezogenen Pfarreyen Adelhofen, Eckarhofen, Langensteinach und Wallmersbach kamen hinzu 2) Illesheim, Kälsheim und Oberntief.

L.) Die Inspektion Redwiz in der zur Stadt Eger gehörigen Inspektion Redwiz.

Die herrschende Religion im Lande ist die evangelisch lutherische. Juden, Katholiken und Reformirte werden geduldet, und man gestattet ihnen die freye Religions-Uebung als den Reformirten zu Bayreuth, Erlang, Naila und Wilhelmsdorf; den Katholiken zu Bayreuth und Culmbach.

Zur Erlernung der Wissenschaften dienen die lateinischen Schulen zu Culmbach, Neustadt an der Aisch, Wunsiedel und Münchberg. Das Gymnasium zu Hof, das Collegium illustre zu Bayreuth, die Universität zu Erlangen nebst dem derselbigen einverleibten Gymnasium.

Die Abgaben, die von den Einwohnern erhoben werden, sind nach der neuen Organisation oben unter dem Artikel Ansbach das Fürstenthum angegeben worden; wohin ich hier verweisen muß, weil sie im Fürstenthume Bayreuth die nemlichen sind.

Von der Ritterschaft im Fürstenthum Bayreuth, die ehemals zu den Landständen dieses Fürstenthums gehörte, sich aber schon im 17ten Jahrhunderte von den Ständen trennte, ein eigenes Corpus bildete, mit einer eigenen Caſſa versehen, das gewiſſe Vorrechte behauptete, die aber unter der jetzigen Regierung ziemlich beschränkt wurden, soll unter dem Artikel Ritterschaft, die Vogtländische, gehandelt werden.

Beym Anfange des jetzigen Reichskrieges übernahm der Kö-nig von Preußen, wegen Ansbach und Bayreuth, die Kreis-Cavallerie allein, und stellte ein Regiment von 700 Mann. Die Cavallerie der übrigen Stände wurde in Infanterie verwandelt, die dadurch auf 4 Regimenter, jedes von 12 Compagnien und 1740 Mann, 8 Compagnien Grenadire, jede zu 10. Mann und eine Reserve Diviſion von 500 Mann anwuchs. Aber Bamberg und Würzburg widersprachen und stellten ihr Contingent auf den alten Fuß. Aus dieser und andern Ursachen ist das ganze Militair-System dieses Kreises in Unordnung gerathen und muß erſt neu organiſirt werden. S. den Artikel fränkischer Kreis.

Wegen des Fürſtenthums Bayreuth und Ansbach hat Preußen nun wieder zwey Stimmen im Reichsfürstenrathe. Nach dem mit Bamberg 1795 getroffenen Vergleiche soll das Kreis-Ausschreibamt und Directorium in Franken einerley Bedeutung haben, und letzteres nur bey verſammelten Kreise einen eigenen Gegenstand ausmachen. Beydes bleibt also zwischen Bambern berg und Brandenburg gemeinschaftlich und ungertrennlich. Bey versammleten Kreise aber hat Bamberg das Directorium allein, den Vortrag aller Geschäfte, den Entwurf aller Ausfertigungen und die Verwahrung der Kreisacten. Zu einem Römer-Monate giebt Anspach wie Bayreuth 329 fl. und zu einem Kammerziel 338 Reichsthaler 14 1/4 kr.

Als das Burggrafthum Nürnberg getheilt wurde, blieben das Erbmarschallamt und Erbtruchseßenamt bey dem Fürstenthume oberhalb Gebürges, weil daselbst die Familien, die diese Erbämter bekleideten, ihre Lehen hatten. Es besitzt aber dieses Fürstenthum vier Erbämter. Das Erbmarschallamt haben nach Absterben der Freyherren von Künsberg zum Wernstein, die von Künsberg zu Hayn; das Erbtruchseßenamt seit 1744 die Grafen und Herren von Schönburg; das Erbkämmereramt ist nach Abgang der von Lüchau jetzt noch nicht wieder besetzt; das Erbschenkenamt aber haben die Freyherren von Rotzau.

Markgraf Christian Ernst stiftete 1660 auf seiner Reise zu Bourdeaux, zum Andenken des pyrenäischen und olivischen Friedens einen Orden, der l'Ordre du brasselet de la Concorde genennet, und an einem blauen Bande um den linken Arm getragen wurde. Im Jahre 1710 erneuerte er diesen Orden, veränderte aber sein Zeichen, und erwählte dazu ein blau emaillirtes achteckigtes Kreutz, das auf jeder Seite in der Mitte eine goldene Platte hatte, auf deren einen sein und seiner Gemahlin Name, unter einer Crone und einem Fürstenhute in einander geschlungen, zu sehen waren mit der Umschrift: Constante Et Eternelle Sincerité. da die Anfangsbuchstaben eines jeden Worts ebenfalls die Namen anzeigten; auf der andern aber sah man zwischen zwey Oelzweigen, die durch zwey Cronen gestecket waren, das Wort Concordant. Zwischen dem Kreuz, das die goldne Platte umgab, waren zwey schwarze preußische und 2 rothe brandenburgische Adler zu sehen. Dieses Kreutz ward an einem blauen Bande um den Hals getragen. Markgraf Georg Wilhelm legte schon 1705 als Erbprinz den Grund zu dem Orden de la Sincerité, den er 1712 beym Antritt seiner Regierung völlig zu Stande brachte. Diesen hat Markgraf Friedrich 1744 erneuert, und er wird gemeiniglich der rothe Adler-Orden genennet. Das nunmehrige Ordenszeichen ist ein goldenes weiß emaillirtes Kreuz, das an einem ponceau-farbichten gewässerten Bande, vom Hals auf die Brust hangend, getragen wird. Eben genannter Markgraf hat auch 1750 Großkreutze gestiftet, die an einem ponceau gewässerten breiten Bande von der rechten Schulter zur linken Seite das beschriebene Ordenscreutz, das aber etwas vergrößert ist, und zwischen den Spitzen desselben Namen führet, tragen. In dem Stern, den die Ritter auf der Brust tragen, ist der brandenburgische rothe Adler und die Umschrift: sincere et constanter zu sehen. Der regierende Markgraf war des Ordens Haupt und Meister. Als der König von Preußen von den
beyden

bey den Fürstenthümern Ansbach und Bayreuth, Besitz nahm, hat er durch ein eigenes Patent vom 12 Jun. 1792 den rothen Adler Orden mit einigen Abänderungen erneuert und ihn zum zweyten Ritterorden des königlichen Hauses gemacht.

Der Bayreuthische Lehenshof ist einer der ansehnlichsten in Deutschland; ein großer Theil der unmittelbaren Ritterschaft nebst vielen aus dem Oberpfälzischen Adel, eine ansehnliche Zahl von Reichsgrafen erkennen den Markgrafen von Bayreuth als Lehensherren; man zählt beym Bayreuthischen Lehenshofe 250 Corpora oder Rittersitze im Fürstenthume selbst. — Von der Leibeigenschaft weiß man jetzt nichts mehr; vor 100 Jahren fand man noch im Unterlande Leute, welche Eigene hießen, die ohne herrschaftliche Erlaubniß weder heyrathen, Handwerke lernen, noch einige Handthierung treiben durften; Markgraf Christian aber sprach alle frey.

Der König ist Großmeister. Die Insignien bestehen in einem weißemaillirten mit acht Spitzen und einer Königskrone versehenen Kreuze, zwischen dessen mit zackiger Goldarbeit ausgefüllten Spitzen der brandenburgische rothe Adler und in der Mitte die verzogenen Anfangsbuchstaben des königl. Namens F. W. R. zu sehen sind. Dieses Kreuz wird an einen haubbreiten, an beiden Rändern mit einer schmalen weißen Einfassung und daneben mit einem daumbreiten orangefarbenen Streif versehenen, weißen gewässerten Bande als Cordon von der linken zur rechten Seite getragen. Der gleichfalls zu diesem Orden gehörige Stern ist von Silber gestickt mit acht Spitzen, und in der Mitte mit dem brandenburgischen rothen Adler geziert, welcher auf der Brust den Zollerschen Schild u. in den Klauen einen grünen Kranz mit der Umschrift: Sincere et constanter hält. Er wird an der linken Seite des Oberkleides an der Brust getragen. Der König erscheint öffentlich einmal damit und alle Ritter des schwarzen Adlerordens, als des ersten Hausordens, sind auch zugleich Ritter des rothen Adlerordens; tragen aber von letzterm blos das Kreuz an einem schmalen Bande von der Farbe des Kordons um den Hals. In Zukunft soll, Prinzen des königlichen Hauses, andere Souverains und regierende alte Reichsfürsten ausgenommen, niemand den schwarzen Adlerorden mehr erhalten, der nicht zuvor mit dem rothen Adlerorden bekleidet worden ist. Die Insignien erhalten die ernannten Ritter vom geheimen Cabinetssecretair des Königs, jezt H. Rietz den Jüngern, und bezahlen dafür dreisig Stück Friedrichsd'or.

Bayreuth, der Kreis; dazu gehört
1) das Kammer-Amt Bayreuth.
2) das Kammer-Amt Neustadt am Culm.

Zum erstern gehören
a) das Kasten-Amt Bayreuth exclusive des Amtes Creußen.
b) das Stifts-Amt Bayreuth, aber nur so weit, als dessen Unterthanen in dem Bezirke des Kammer-Amtes liegen.

c) die Verwaltung St. Georgen.
d) ——— Johannis.
e) ——— Schreetz
f) die Verwaltung Glashütten.
g) ——— Emtmannsberg.
h) ——— Donn-und Eckersdorf.
i) ——— Heinersreuth und Altenploß.
k) Ramsenthal.

Zum leztern aber außer
a) Neustadt am Culmen die
b) Verwaltung Weydenberg.

3) das Kammer-Amt Pegnitz. Dazu kommt
a) das bisherige Kasten-Amt Pegnitz mit den Aemtern: Lindenhardt, Plech und Spieß.
b) die Verwaltung Schnabelweydt.
c) das Amt Creussen.

4) das Kammer-Amt Streitberg. Dazu gehören, wie sonst:

Die Grenzen dieses Kreises sind gegen Mittag das Nürnbergische Gebiet und die Obere Pfalz, gegen Morgen ebendieselbige, gegen Mitternacht der Wunsiedler und Culmbacher Kreis, nebst der Herrschaft Thurnau, gegen Abend ebendieselbige, und das Bisthum Bamberg. Der Boden ist hier zum Getraidbau nicht immer der beste, besonders im Kammer-Amte Streitberg, desto reicher ist er an vielen sehenswürdigen Tropfstein- und andern Höhlen. Man sehe die Artikel: Oswaldshöhle, Bitzerloch, Wunderhöhle, Kühloch, Rosenmüllershöhle ꝛc. Die Wiesen sind zum Theil beßer, obschon zu wünschen wäre, daß dem Futterkräuterbaue mehr Aufmerksamkeit gewidmet würde. Den Waldungen stehet bey der neuen vortreflichen Forst-Einrichtung, wenn sie vor den Verwüstungen der Wald-Raupe bewahrt bleiben, ein gedeihlicher Zustand bevor. Fabriken und Manufacturen machten von jeher einen besondern Gegenstand der Betriebsamkeit unter den Einwohnern aus.

Bayreuth, oder Bareuth, lat. Baruthum, die Stadt, die erste unter den sechs Hauptstädten des Fürstenthums und die vormalige Residenz- und Hauptstadt der Markgrafen am rothen Main, worüber 2 Brücken führen, am Mistelbach und Sendelbach in einer niedrigen angenehmen Gegend, die auf einer Seite lauter Wiesen hat, und auf der andern Seite mit Bergen umgeben ist, die sich aber in ziemlicher Entfernung auch um den Wiesengrund herumziehen. Sie ist gegenwärtig, der alten, noch grostentheils vorhandenen Stadtmauer ungeachtet, eine mit 6 Thoren versehene offene, weitläufig auseinander gebauete, hier und da mit Alleen und Spaziergängen verschönerte Stadt, 4 Meilen von Erlangen, 11 Meilen von Nürnberg, 15 von Regensburg. Gegenwärtig ist zu Bayreuth der Sitz der ganzen Regierung dieses Fürstenthums, wie dessen Organisation unter dem Artikel Ansbach, das Fürstenthum, beschrieben worden ist, der Münze, eines Kreisdirectors, eines Kammer- und Justizamtes, und eines Postamtes. Die fahrenden und reitenden Posten sind im ganzen Lande dem fürstlichen Hause Thurn und Taxis dergestalt überlassen, daß dagegen

gegen die Landesherrschaft und gute Räthe in den ehemaligen vier ersten Collegien auf allen kaiserlichen Posten die Postfreyheit von ihren Briefen, die Kanzleyen aber im Lande gewesen. Die Hauptstraßen sind meistentheils regelmäßig, geräumig und gut gepflastert; aber unter denselbigen ist die grade, lange und breite Friedrichstraße die schönste, welche den Nahmen von ihrem Stifter, dem Markgrafen Friedrich erhelt, unter dessen Regierung Bayreuth den höchsten Flor erreichte. Der Marktplatz ist lang, aber auf einer Seite breit, und am andern Ende etwas schmäler. Die Häußer sind größtentheils regelmäßig, massiv und gut gebauet. In der eigentlichen Stadt Bayreuth sind nur 612 Häuser, ohne die vielen Hintergebäude; aber mit Einbegriff der Stadt St. Georg am See und den Vorstädten 856 Häuser, in welchen jetzt gegen 10000 Einwohner leben sollen.

Im 1797sten Jahre wird die Consumtion in der Stadt Bayreuth also angegeben.

Im 1797sten Jahre sind in Bayreuth

A) 35793 Meeß Waiz,
   19511 Meeß Korn,
   40486 Meeß Gerste,
   7885 Meeß Haber an den Getraidmarkt eingefahren und verkauft worden.

B) 26856 Meeß Waiz,
   24625 Meeß Korn, hat das hiesige Beckenhandwerk verbacken.

C) 6713 Meeß Waiz, wurden vom hiesigen Melberhandwerk vertrieben.

D) 1030 Gebräu Bier, sind gebraut und ausgezapft worden; ein Gebräu enthält 5 Nürnberger Era. Gerste und giebt 60 Ehner Bier.

E) Sodann sind
   881 Stück Rinder,
   91 Stück Kühe,
   757 Stück Schweine,
   1215 Stück Kälber,
   909 Stück Schöpfen,
   1665 Stück Lämmer,
   377 Stück Schaafe,
   137 Stück Böcke, vom hiesigen Mezgerhandwerk geschlachtet und ausgepfündt worden.

F) 247 Centner 34 3/4 Pfund Schmalz,
   134 Centner 32 3/4 Pfund Butter, und
   3210 Schock Eyer wurden an denen Wochenmarktstagen zum Verkauf anhero gebracht.

Des Nachts wird die Stadt durch Laternen erleuchtet. Die merkwürdigsten öffentlichen Gebäude sind:

Das alte Schloß oder die Sophienburg von des Erbauers, Markgrafen Christian Ernst Gemahlin also genannt, erhebt sich über die andern Gebäude mit der Schloßkirche majestätisch empor. Drey Seiten desselben machen drey Linien eines Quadrats aus, und einer von diesen Linien sind noch zwey angehängt, welche mit dem alten bey einer Feuersbrunst 1753 zum Theil noch erhaltenen Schlosse eine gleiche Proportion haben, und wovon die eine in einem rechten Winkel seitwärts, und an dieser die andere in dem nämlichen Winkel sich rückwärts zieht, und mit der Schloßkirche in Verbindung steht. Das alte Schloß ist größtentheils bewohnt

wohnt, und enthält eine Gewehrkammer nebst einer Kunst- und Naturalienkammer im untersten Theile desselben. Die gedachte Schloßkirche ist in einer langen Ovallinie helle, frey und nach einer simpeln Bauart erbauet, und enthält die fürstliche Gruft, in welcher die Leichen des Markgrafen Friedrichs und des letzten Zweiges seines Hauses, der Herzogin von Würtemberg, ruhen. Der Schloßthurm ist ungewöhnlich dicke, hat oben keinen Absatz, sondern nur ein niedriges Dach, nachdem er seinen obern Theil durch den Brand 1753 verlohren hat. Anstatt der Treppen hat er einen breiten Schneckengang, mit der Einrichtung, daß man hinauf fahren kann.

Das neue Schloß auf der ehemaligen Rennbahne ist 230 Schritte lang, zwey Stockwerke hoch, und mithin niedriger und nicht so weitläufig, als wie das alte, aber dabey weniger schön. Der dabey befindliche eben so lange, aber etwas weniger breite, freye, viereckige Schloßplatz, der auf beyden Nebenseiten mit Privatgebäuden und dem Schlosse gegenüber mit einer geraden Straße eingeschlossen ist, der in der Mitte desselben, dem Schloßportale gegenüber, angebrachte schöne Schloßbrunnen, und die unter dem Portale befindliche Hauptwache geben ihm eine heitere und feyerliche Ansicht. Aus dem Schloßbrunnen springt das Wasser in Bogen aus vier bleyernen Röhren, die aus dem Rachen von vier Seepferden ausgehen und sich nach den vier Weltgegenden richten. Unter jeder dieser Röhren steht auf dem Steine, welcher der ganzen Gruppe zur Grundlage dient, mit goldenen Buchstaben einer von den 4 Namen: Moenus, Sala, Egra, Naba. Mitten über den Seepferden steht die Statue des Markgrafen Christian Ernst in Lebensgröße zu Pferde, sehr stark vergoldet und geharnischt. Unter den Füßen seines Pferdes liegt ein Türke, weil der Markgraf gegen die Türken und Franzosen commandirt hatte, und beym linken Vorderfuße des Pferdes steht ein Zwerg von Golde mit einem blauen über ihm fliegenden Bande, mit der Umschrift: Pietas ad omnia utilis. An den vier Seiten des Postaments der Statue sind zwischen allerhand Armaturen auch Inscriptionen, welche des Markgrafen Christian Ernst und seiner Gemahlin rühmlichst erwähnen. Am obern Ende des Postaments endlich befindet sich die Inschrift:

PRINCEPS IS BONUS EST FONS, EX quo quatuor orbis Ad Partes Moenus, Naba, Sala, Egra ruunt.

Im Innern des Schlosses befindet sich eine schöne ganz mit Muscheln überlegte Grotte mit einem ebenfalls durch Muscheln verschönerten Bassin, in welches man das Wasser nach Gefallen laufen lassen kann. Eine gläserne Thür führt in den dunkelsten Bogengang des Hofgartens und erhöht die Einsamkeit dieser Grotte. Eines der schönsten Gebäude zu B. ist das ehemalige Kanzley-Gebäude, welches aus zwey zusammenhängenden, weitläufigen, von Quadersteinen erbauten Gebäuden besteht. Ueber jedem Portal hat man

man ein aus Stein gehauenes Symbol der Gerechtigkeit angebracht.

In dem weitläufigen, mit 4. Reihen Bogen übereinander erbauten Opernhause findet man alles vereiniget, was Bequemlichkeit und Pracht nur immer bey einem solchen Gebäude verlangen können, und man erblikt fast lauter reiche blendende Vergoldungen. Das Theater ist von einem sehr großen Umfang, so, daß man auf demselben noch ein kleineres für wandernde Schauspieler-Gesellschaften erbauet hat. Die Aufmerksamkeit der Reisenden verdienen ferner: das ganz massiv von ungewöhnlicher Länge und Breite erbaute Reithaus; die Caserne von 3 Stockwerken; die Münze; die alte Gothische Stadtkirche.

Von dem Gartenbau nähren sich hier viele Einwohner. Seit einigen Jahren hat auch ein Einwohner daselbst, Nahmens Weiß von seinem Garten aus in den Mainfluß neue Bäder errichtet, die in Ansehung der gesunden angenehmen Lage und des von allen unreinen Zugängen befreyten noch reinen Wassers und der guten Einrichtung wegen, allgemeinen Beyfall erhielten. Die hiesige Cotton und Zitzdrückerey liefert an Feine und Güte so schöne Waaren, wie die Sächsischen, hat aber keinen so starken Betrieb, wie die in Schwabach und liefert jährlich ungefähr nur 1000 Stük. Ferner ist hier eine Schnupf- und Rauchtabakfabrik, Porcellanfabrik, ansehnliche Ledergerbereyen, Pergamentmachereyen, eine Tabackspfeifenfabrik, welche auf jeden Brand 5000 Pfeifen brennet. Sie macht der Bräuche jährlich 6 — 8 und den

dazu benöthigten Thon gräbt sie zu Mistelbach unweit Bayreuth und zu Holzberg aus, und bringt durch Vermischung die hierzu nöthige Masse heraus. Eine halbe Stunde von der Stadt ist eine ansehnliche Pottaschensiederei, die starken Absaz in- und außer Landes hat. In der Stadt selbst wird ein sehr starker Getraidhandel getrieben. Auch findet man sonst viele geschickte Handwerker in der Stadt, als Strumpf- und Huthmacher, Lein- und Baumwollenweber, Tuch- und Zeugmacher, Drechsler, Tischler und Schmiede. u. s. w.

Die Herrschaft Bayreuth ist größtentheils 1248 nach Absterben des lezten Herzogs zu Meran an Burggrafen Friedrich II (I.I) gekommen; einen Theil derselben aber hat er auf andere Weise erlanget. Die jezige Residenz Bayreuth war damals noch ein ganz geringer Ort, und bedeutete weniger als das jetzige Dorf Altenstadt Bayreuth, welches nicht weit davon gelegen ist. 1430 wurde sie von den Hussiten eingeäschert und 1553, 1605, 1621 u. 1624 hat die Stadt große Feuersbrünste erlitten. Es ist hier eine Specialsuperintendentur. Das Gymnasium illustre hat Markgraf Christian Ernst 1664 gestiftet. Gegenwärtig lehren an demselbigen vier Professores, ein Professor der französischen Sprache und ein Adjunct. Am Seminarium sind angestellt, der Rector, der zugleich Adjunctus Gymnasii ist, ein Schreib- und Zeichenmeister, Stadt-Cantor und Stadtorganist. Es ist hier auch in der wohlgebauten Vorstadt, vor dem Friedrichsthor, ein Waisenhaus. Das Archiv ist

ist 1783 von Culmbach oder Plassenburg größtentheils hieher gebracht worden.

Bebert ist verdorbene Aussprache, s. Bettwar.

Bechbronn auch **Pechbronn**, Weiler in der Nähe des Bayreuthischen Marktfleckens Arzberg, wohin auch die Einwohner pfarren.

Bechgraben, Bayreuthisches Dorf im Kreis = Amte Culmbach, 2 Stunden von Bayreuth, pfarrt nach Neudrossendorf.

Bechhof bey Ellerichshausen. Weiler im Bezirke des Ansbachischen Kameral = Amtes Creilsheim.

Bechhof, (der) bey Hohnhard im Ansbachischen Kameral = Amte Creilsheim.

Bechhof, Weiler im Ansbachischen Kameral = Amte Feuchtwang.

Bechhofen, Amt im Hochstifte Bamberg. Es wird von den Bambergischen Aemtern Schlüsselau, Burgeberach, Vorchheim, Eggolsheim, dann von dem gräflich schönbornischen und mehreren Ritterschaftlichen zum Canton Steigerwald gehörigen Gebieten durchschnitten, und ist dahero kein geschlossenes Amt. Da seine Lage so mannigfaltig ist, so ist auch die Fruchtbarkeit des Bodens sehr abweichend. Im Ganzen aber erzielt es reichlich an verschiedenen Orten an Weitzen, Dinkel, und Gersten, mehrentheils aber an Korn, Haidel und Hirsen dann Obst, mit welchen Früchten es einen ziemlichen Verschluß, sowohl in innerm Lande, als nach der benachbarten Stadt Erlang hat; die Rindvieh = und Schaafzucht ist in einigen Orten sehr bedeutend, das Horn = und Schafvieh setzt es nach der Residenzstadt Bamberg, auch nach Erlang, Nürnberg und Würzburg ab. Die in diesem Amte erzielten Fische werden von den Bambergischen Fischern abgenommen, und nach den Mayn = und Rheingegenden geführt. Die Waldungen reichen nicht nur zur eigenen Bedürfniß an Brenn = und Bauholz hin, sondern es wird auch ein großer Verschluß, besonders von Brennholz, nach Bamberg und Erlang gemacht. Die Aisch = und reiche Ebrach durchfließen verschiedene Amts = Districte. Das Amt Bechhofen ist eines der ältesten und wegen seiner ausgebreiteten Jurisdiction der wichtigsten Hochstifts = Aemtern, und ein ehrwürdiges Ueberbleibsel der alten Rüeg = Cent= und Zentgerichte, welche das Jahr über viermal abgehalten werden. Zwar besitzet das Hochstift in dem Umfange des Amtes wenige unmittelbare Unterthanen, maßen die Mehreste zu anderen Vogteystellen gehören, aber da das Amt Bechhofen schon vom grauen Alterthüme her die Zentgerichtbarkeit über diese ausübte, so schuf sowohl die Handhabung dieses hohen Regales, als auch das in der Folge mehr entwickelte Landeshoheitssystem diese fremden Vogteyleute zu Landesunterthanen, die nunmehr, mit Ausschluß der Reichsritterschaftlichen, dem Hochstifte Steuer entrichten, und der Musterung, Heerfolge und Polizeygewalt unterworfen sind. In neuern Zeiten ward das vom Hochstifte erkaufte obere Schloßgut zu Hallerndorf zu diesem Amte geschlagen.

Das Amt Bechhofen besteht aus 20 Dörfern und 1 Einzeln. Davon sind 2 Dörfer mit Mediatunterthanen, und 13 Dörfer 2 Einzeln mit Ausherrischen vermischt

mischt. 2 Dbeſer ſind mittelbar, und in 4 Fremdherrischen übt es die Zent als Staatsdienstbarkeit. Nebſt dem hat das Amt Bech: hofen Unterthanen, und die mit dem Schönbornischen Schloſſe zu Hallerndorf gemeinſchäftlich zuſtehende Dorfs- und Gemeindeherrſchaft zu Schlattersdorf im Bambergiſchen Amte Vorcheim, und die Zent in dem dem Bambergischen Amte Schlüſſelau und den Grafen von Schönborn zugehörigen Orte Aibersdorf.

Bechhofen Pfarrdorf 4 Stunden von Bamberg und 1 Stunde von Pommersfelden entfernt. Der Sitz eines bambergischen Amtes. Dem hier aufgeſtellten fürſtlichen Zent- und Amtsrichter iſt die Ausübung ſämmtlicher Hoheitsrechte anvertraut. Die Pfarrey gehört zum Landkapitel Hallerndorf und zum Bambergiſchen Kirchensprengel. Dieſer Ort beſtehet in 38 Gemeindrechten, worunter 16 dem Hochſtiftiſchen Amte Schlüſſelau, 8 dem Markgräflich Bayreuthischen Amte Frauen-Aurach, einer dem Bambergiſchen Domkapitel mit der Vogteylichen Gerichtsbarkeit unterworfen. Die Dorf-Gemeind-Flur und Zentherrſchaft aber gehöret zum Amte Bechhofen. Der Flur dieſes Orts iſt an Korn, Hirſch und Haibel ſo ziemlich ergiebig. Der Wieswachs iſt ſehr gering, an Holzwuchs aber ſehr reichlich, und der Obſthandel gewährt den Einwohnern viele Vortheile. Sie haben die Brennholzgerechtigkeit in die Hochſtiftiſche Kregelmarktswaldung, und befindet ſich allda ein Hof, der ſogenannte Vierlingshof, welcher eine beträchtliche Schäferey- und Schenkgerechtigkeit innen hat.

Bechhofen an der Wiſet, Ansbachischer Marktflecken von 81 Unterthanen mit einem Schloſſe. Es ſteht unter dem Juſtiz- Amte Feuchtwang. Hier iſt eine Poſtſtation. Sonſt mag der Ort anſehnlicher geweſen ſeyn, denn das daſige gewöhnliche Siegel führt die Umſchrift: Sigillum zu Stadt Bechhofen. Nahe bey dem Orte iſt ein geräumiger Platz zum Begräbniß für die in dem Bezirke ſterbenden Juden.

Bechhofen, ein ganz Eichſtättiſcher zum Pfleg- und Kaſtenamte Abenberg gehöriger, auch nach Abenberg eingepfarrter Weiler von 11 Haushaltungen, liegt 1/2 Stunde von Abenberg gegen Schwobach zu. Dieſen Weiler, und jenen von Oberſteinbach, kaufte im Jahre 1296 mit dem Schloſſe und Städtchen Abenberg der eichſtättiſche Biſchoff Reimbott vom Burggraf Conrad III. um 4000 Pf. Heller.

Bechhofen an der Kraußheid, auch Kraußenbechhofen, Dorf in der Zent- und Territorium des Bambergiſchen Amtes Höchſtadt, wohin es auch mit der Dorfs-Gemeinde- und Flursherrſchaft gehöret. Die Vogteylichkeit und Lehenherrſchaft auf den Abtey-rieglichen Gütern allda ſteht dem Kloſter Michelsberg zu Bamberg, und dem Amte Höchſtadt gemeinſchäftlich zu. Pfarrt nach Grensdorf.

Bechhofen, eichſtättiſcher Wald-diſtrict im Amte Aurach am ſogenannten langen Stein, welchen der eichſtättiſche Biſchoff Gabriel von Eyb theils im Jahre 1508 vom Hans von Abrnsheim zu Aurach, theils im Jahre 1510 von des Gebhards von Abrnsheim Wittwe und ihres Sohns Vormund erkaufs hat.

Bechhofen, Weiler im Ansbachi-ſchen Kameral-Amte Windspach
an

an der Regat. 13 Unterthanen sind Ansbachisch, 5 aber Fremdherrisch.

Bechhofen vor der Mark, s. Absenbechhofen.

Bechlesreuth, Dorf im Bambergischen Amte Weißmayn.

Bechlesreuth, Ritterschaftl. Dorf im Umfange des Bambergischen Amtes Weißmayn, dem darüber die Zeit zusteht.

Bechmühle, s. Pechmühle.

Bechreuth, s. Pechreuth.

Bechlasreuth, kleiner zum gräflich Giechischen Amte Buchau gehöriger Weiler von 5 Haushaltungen, 1/2 Stunde davon gegen Buchau gelegen.

Beckenthal, Thal im eichstättischen Kasten-Amte Dollnstein. Es stoßt nordöstlich an den Peirenhard Dollnsteiner-Forstes, wovon es durch den Haumsfelder Gaugsteig getrennet ist.

Beckstein, katholisches Filialdorf von der mainzischen Pfarrey Absnigshofen an der Tauber, eine Stunde davon seitwärts, zum würzburgischen Amte Lauda gehörig. Hier wohnte ehemals eine adeliche Familie Horneck von Hornberg.

Beerbach, Bärbach, nürnbergisches im Amte Lauf, 2 Stunden von diesem Städtlein, liegendes Dorf. Die Herren von Welser haben die fraischliche, oberkirchenherrliche und andere hohe und niedere Gerechtsame. Im 13ten Jahrhunderte wohnte daselbst ein eigenes adeliches Geschlecht, das daselbst auf einer nun zerfallenen Burg wohnte und sich die von Beerbach nannte. Bey Bärbach und Daucherfreut sammelt sich ein Flüßchen, Eckenbach genannt, welches bey Eschenau und bey dem Schlosse Fug in die Schwabach fließt. Die Kirche zu Bärbach ist dem h. Egydius gewidmet, und seit dem J. 1520 eine Pfarrkirche.

Eingepfarrt sind: 1) Danchersreut, 2) Gros-Geschaid, 3) Klein-Geschaid, 4) Ober-Schöllenbach, 5) Unter-Schöllenbach, 6) Brandt, die Hälfte. Der hasige Pfarrer versieht, auch zugleich die Kirche des H. Johannes zu Neunhof, einem Marktflecken, den Welsern gehörig. Hieher sind gepfarrt, 1) Simonshofen, die Hälfte, 2) Geißreuth.

Beerendorf, ritterschaftl. Schloß und Dorf des Cantons Gebürg, ist den Herren von Wallenfels zuständig.

Beerenfels, ritterschaftliches Dorf im Kammeramte Pegnitz 2 Stunden davon gegen Erlangen, den Herren von Egloffstein zugehörig.

Beernhof, nürnbergischer Weiler bey Hohenstein, in des Amts Hilpoltstein Gebiet und Obrigkeit.

Behemstein, auch Beheimstein, oder Behenstein, ein altes Schloß bey und an der Stadt Pegnitz an der bambergischen Grenze, davon kaum noch Rudera vorhanden, erhielte im Jahre 1402 Burggraf Johannes von der Crone Böhmen, Hauptmann zu Auerbach dem von Schreynarz. Im markgräflichen Kriege brachten die Herren von Nürnberg im J. 1553 diesen Ort in ihre Gewalt.

Behlrieth oder Behlritt, Neilsriod. Meinungisches Pfarrdorf an der Werra, 2 Stunden von der Stadt gegen Südosten. Es hat 56 Häuser und 235 Seelen, liegt in einer schönen Gegend und hat gute fruchtbare Felder, welche viel Korn und Gerste und guten Flachs tragen. Die Wiesen sind auch sehr gut, aber es sind derselben zu wenig.

Das

Behlrieth

Das Rittergut daselbst gehört gegenwärtig dem Chur F. S. Kammer Commissionsrath Herrn Bleymüller. Es hat nicht allein die besten Aecker und Wiesen, sondern auch die schönsten Waldungen, so wie überhaupt das Dorf an schönen Waldungen keinen Mangel hat. Die vorzüglichsten Holzarten derselben sind: Roth Buchen und Fichten (Kiefer) auch etwas Tannen, Wachholder aber giebts in grosser Menge. Die meisten hiesigen Einwohner haben ihren eigenen Feldbau und Viehzucht, wovon sie ihre Nahrung haben und der Taglöhner sind gar wenige. Der auf dem Berge zwischen Behlrieth und Rohra liegende Hof gehört zum hiesigen Rittergut, er wird mit einem unschicklichen Namen Hofteich genannt, indem außer einem sehr tiefen Ziehbrunnen kein Tropfen Wasser dort anzutreffen ist. Man holt das Trinkwasser unten im Thal, in der Wüstung Bitthausen oder Bethausen, allwo ehedessen ein Bethaus oder Capelle nebst einer Einsiedlerswohnung gestanden. Der Platz davon gehört gegenwärtig zur dortigen Pfarrey. Der Ort Behlrieth soll seinen Namen von einem daselbst verehrten heidnischen Gotte Bel oder Biel bekommen haben. Siehe Weinrichs Kirchen und Schulenstaat Seite 714. Schon im 10ten Seculo soll zu Belritt eine Capelle neben dem alten Schlosse gestanden haben. Dieses Schloß wird in alten Briefen nur die Burg Belritt genennet, und hat sonst den Grafen von Bamberg zugestanden. Nach deren Abgang gedieh es durch kaiserliche Gnade an die Küchenmeister von Nortenberg, welche es bis Anno 1323 besessen. Weil aber diese Herren Ludwig dem Baier sich widersetzten und seinem Gegenkayser, Philipp dem Schönen, allen Vorschub auf der Burg Belritt thaten; so ließ Kayser Ludwig dieses Schloß durch Bertholden von Henneberg einnehmen, und gab es diesem Fürsten erb- und eigenthümlich. In der Folge wurde ein anderes aufgeführt, aber im Bauernkriege wieder zerstört. Das gegenwärtige soll ein gewisser Herr von Schoner gebauet und von den bedrängten Bauern viele Häuser und Grundstücke um weniges Geld dazu gekauft haben. In dem Besitze des eben gedachten Gutes befanden sich einst die Herren von Abrbitz ꝛc.

Behrungen, richtiger Bährungen, von dem vor dem Orte entstehenden Bächlein Bahr, ist ein schöner protestantischer Marktflecken, dem Herzog von Hildburghausen gehörig. Er liegt zwischen Römhild und Mellrichstadt, besteht aus 125 Häusern u. zählt 499 Seelen. Das hier befindliche Amt u. geistliche Untergericht hat das Dorf Queienfeld ganz, die Dörfer Berkach, Rentwertshausen u. Schwickershausen aber nur zum Theil, oder in Ansehung gewißer Befugniße unter sich; das Amt und die Adjunctur Behrungen ist daher klein. Jenem stehet dermalen der Hr. Rath und Amtmann Cyriaci, diesem aber der Hr. Adjunctus Johann Michael Tetzel vor. Beyde bilden das geistliche Untergericht. Vor der Reformation gehörte Behrungen zum Capitel Mellrichstadt im Bisthum Würzburg. Außer der Steuer an den Landesfürsten hat Behrungen beträchtliche Abgaben an benachbarte Klöster und katholische Pfarreyen zu entrichten.

Die fruchtbare Markung des Ortes ist von weitem Umfange. Ihr Durchschnitt von Osten bis Westen beträgt 1 1/2 Stunde, und von Süden bis Norden 1 kleine Stunde. Da die Wiesen dieses Ortes mit dem Artlande in keinem erwünschten Verhältniße stehen, so hat man seit 10 bis 12 Jahren den Bau verschiedener Kleearten eingeführt, doch ist dieser aus Vorurtheil bey weitem nicht so ausgebreitet, als es seyn sollte und könnte. Die Einwohner sind übrigens in guten Vermögensumständen, und im Ganzen sparsame Hauswirthe. Vor nicht langer Zeit hat ein hiesiger ehrwürdiger Bauer, Namens Lorenz Körner 700 fl. und der jetzige Schultheiß, Georg Gansbelwein 50 fl. zu dem schönen Endzweck legirt, daß von den abfallenden Interessen das Schulgeld bezahlt werden soll. Die Gemeinde-Casse hat von Holz, Gras ꝛc. schöne Einnahmen. Wenn ein neues Haus in Behrungen errichtet werden soll, so sind die Nachbarn einander so behülflich, daß es in kurzer Zeit fertig dasteht. An Handwerkern wohnen im Orte: 7 Schneider, 9 Schuhmacher, 4 Schreiner, worunter die Gebrüder Rußwurm treffliche Mobearbeit liefern, 3 Becker, 11 Leinenweber, 2 Zimmerleute, 1 Färber, 2 Hof- und 2 Nagelschmiede, 2 Holzdrechsler, 1 Maurer, 1 Sattler und Riemer, 1 Seiler, 2 Barbier, 4 Krämer.

Behrungen ist ein sehr alter Ort. Schannat hat im Trad. Fuld. No. 105. 140. 325. 400 Urkunden abdrucken lassen, welche ausweisen, daß der Ort schon im Jahre 795 vorhanden war. Er ist besonders deßhalb merkwürdig, weil von ihm, oder doch von dem bey Behrungen entspringenden Bächlein Bahr, welches bey Unterstreu in den Streufluß fällt, ein kleiner Untergau des Pagus Grabfeld seinen Namen erhielt, nämlich der Baringau. Er umschloß, so weit man bis jetzt dessen Grenzen kennt, die Dörfer Sondheim, (ein Römhildisches Amtsdorf) Nordheim im Grabfelde, Flabungen, Ostheim, Westheim, Elspe, Theotricheshus, Therdorf, Engitriches und Wolfoltesstrewa. Siehe Schannat am a. O. No. 88. 182. 237. 259. 368. 306. 312. 410 ꝛc.

Die Grafen in diesem Gau, so wie im Grabfelde überhaupt, waren hauptsächlich die Henneberger, welche besten darinnen liegenden Ortschaften theils als Kaiserlichen Beamten, theils als Eigenthümer vorstanden, und nach und nach die Kaiserlichen Ländereyen mit den ihrigen zu vereinigen wußten. In Ansehung des Ortes Behrungen kommen sie frühzeitig als Besitzer vor. Im Jahre 1277 erscheint in einer Urkunde ein Wolfram von Beringen. Schulthes bspl. Geschichte von Henneberg, Theil I. Pag. 454. 1317 trug Johannes von Milz von den Grafen von Henneberg 2 Huben in Behrungen zu Lehen. Anderer Grundstücke wegen war Dieterich von Kirch ihr Lehenmann. 1336 überließ Poppo von Henneberg seinem Vetter Berthold zu Schleusingen um 600 Pfund Heller das ganze Dorf Behrungen, namentlich den Kirchhof, das Gericht, Zehend ꝛc. 1453 kam Behrungen durch Tausch an die Römhilder Linie, aber nach deren Aussterben wurde es doch

doch wieder mit Henneberg Schleusingen vereinigt. So blieb es bis zum Jahre 1583, wo der lezte Graf von Henneberg starb, und Behrungen nun mit der Grafschaft Henneberg an das Haus Sachsen fiel. Nachdem sie von Meiningen aus 76 Jahre lang gemeinschaftlich regiert worden war, kam endlich 1600 eine Theilung zu Stande, vermöge welcher Behrungen an S. Altenburg fiel. Da dieses Haus bereits Anno 1672 ausstarb, kam Behrungen an Herzog Ernst den Frommen, und von diesem kam es Anno 1680 an seinen Sohn Heinrich, welcher seine Residenz in Römhild aufschlug. Als auch dieser 1710 starb, und keine Kinder hinterließ, wurde Behrungen Hildburghäusisch. Von der Zeit an hat der Ort Beamte, da vorher nur Amtskeller daselbst wohnten. Von 1565 bis 1568 lebte hier der nicht unbekannte lateinische Dichter Andreas Mergiletus als Pfarrer. Die Adjunctur wurde den 4 November 1723 errichtet. Den 25 April 1752 kam durch Flachs Feuer in Behrungen aus, welches 40 Häuser, 45 Städel, und viele Stallungen niederbrannte.

Noch ist zu merken, daß Behrungen mit dem Würzburgischen Dorfe Wolfmannshausen im Besitz einer zwischen ihren beyderseitigen Fluren liegenden Wüstung, Namens Eichelbrunn, ist. Diese Wüstung hat 3 Fluren, schöne Waldungen, und ist ganz steuerfrey. Da sie ehemals ein Filial von Mentzhausen war, so giebt sie noch jährlich 13 Malter Getraid an die dasige Pfarrey ab. Eichelbrunn hat in Behrungen und Wolfmannshausen einen Schultheißen, welche über die Gerechtsame dieses ehemaligen Dorfes wachen. Man vermuthet, daß es zur Zeit des großen Interregnums sein Ende erreicht habe.

Beickheim Dorf an der Steinach im Baraberzischen Amte Fürth am Berge, in jenem Theile des Amtes, der von dem Sachsenleburgischen Amte Neustadt an der Hayde und einigen Ritterschäftlichen Besitzungen eingeschlossen ist. Hier wird sehr viel gutes und gesundes Bier gebraut und weit verführt.

Beierberg. Pfarrdorf im Wassertrüdinger Kreise des Fürstenthums Ansbach von 59 Unterthanen, wovon 9 sammt der Kirche und dem Pfarrhofe zur eichstättischen Vogtey Königshofen gehören. Es hatten auch ehemals die Nonnen des Prediger-Ordens in Rottenburg von der Kirche in Beierberg einige Einkünfte zu erheben, aber nicht aus Schuldigkeit, sondern nur als ein Almosen, welches sie im Jahre 1299 schriftlich mit dem Anhange bekannten, daß sie lediglich gar kein Recht auf diese Kirche hätten.

Beylngries eines der beträchtlichsten eichstättischen Kasten-Ämter im Unterlande, gränzt gegen Westen an das eichstättische Pfleg- und Kastenamt Kipfenberg, westlich nördlich an das Richter-Amt Greding, und gegen Norden an das auch eichstättische Probstamt Berching, dann das Klosterrichteramt Blankstetten, nordöstlich durch die Herrschaft Hollnstein an das Schultheißen-Amt Neumarkt, doch so, daß nach dem Rezeß vom Jahre 1767 gegen das Fürstenthum der obern Pfalz Eichstätt ein geschlossenes Territorium hat, gegen Osten und Süden endlich an die bayerische Pflegegerichte Riedenburg und Dietfurth, und zwar an letzteres durch das im beilngrieser Fraisch gelegene Amt Ibging, dann Südwestlich an das bayerische Pflegamt Abſching. Dem Kaſten- und zugleich Stadtrichter-Amte Beilngries, welches zu dem D. beramte Hirſchberg gehört, iſt ein eigener Gericht-auch ein beſonderer Stadtſchreiber beygegeben, auch iſt das unterſtiftiſche Forſt- und ein Controll Mautamt allda. Es theilt ſich das Immediatamt in das Hirſchberger Gebiet, wozu 20 Ortſchaften und in das beilngrieſer Gebiet, wohin die anderen 21 Oerter gehören. Jedes dieſer 2 Gebiete hat ſeinen eigenen Amtsknecht oder Gerichtsdiener; beyde Gebiete theilen ſich wieder in einzelne Vogteyen oder Ebhaften, deren es in allen 7 ſind, unter ein, in jeder Ebhaft iſt ein Ebhaftsrichter und 12 Gerichtsſchöppen. Die Ebhaften werden alle Jahre zur Herbſtzeit gehalten, dabey die Landesgebothe verkündiget, die neue Unterthanen verpflichtet, die Ebhaftsrechte abgeleſen, und was zu Dorf und Flur zu verbeſſern iſt, mit den Gerichtsſchöpfen berathſchlaget und beſtimmt. Die Ebhaftsgerichte ſind folgende.

I. Die Stadt Beilngries hat eine beſondere Ebhaft, welche vor Alters ein Kammer-Gericht genannt wurde, und ſich über den ganzen Anno 1696 ausgeſtellten Burgfrieden erſtrecket.

II. Der Markt Kinding, wozu die Unterthanen zu Haunſtetten, die Ibſchiſchen genannt, gehören.

III. Die Hirſchberger Ebhaft von 13.

IV. Denkendorf von 3.

V. Irferſtorf und Paulashofen von 7.

VI. Kottingwörth von 9, und

VII. Küffenhill von 7 Ortſchaften.

Die Länge dieſes Kaſtenamtlichen Sprengels mag ſo, wie die Breite 4 Stunden betragen, und faßt über 5000 Seelen. Darinn liegen ein Munizipalſtädtchen, ein Marktflecken, ein fürſtliches Luſt-und Jagdſchloß, 11 Pfarr- und 16 Filial - Kirchdörfer, 7 Dörfer ohne Kirche, 3 Weiler, 1 Einödhof, und 1 einzelne Mühle. Nebſt den Kaſten-Amt Beylngrieſiſchen Unterthanen, welche gegen 800 hinlaufen, haben auch andere eichſtättiſche Aemter, als: Berching, Greding, Kipfenberg, Ibging, das Domkapitel und Kloſter Blankſtetten über 100 Unterthanen darinn, auch gehören etlich und 50 zu 12 verſchiedenen auswärtigen Herrſchaften und Aemtern.

Die Lage iſt mit abwechſelnden Anhöhen und Thälern durchſchnitten. Die Thäler ſind mit futterreichen Wieſen geſegnet, die Hängen größtentheils mit Wäldern beſetzt, die ſich zum Theil auch noch über die Anhöhen ausbreiten, zum Theil aber den Feldern und Hopfengärten Platz machen, zwiſchen welchen die Ortſchaften zerſtreut herum liegen. Der Boden iſt beynahe durchgängig gut, und ſchwere fette Erde, worauf alle Getraid-Gattungen, nebſt Linſen, Kraut, Erdäpfel, auch Flachs, und in 30 Fluren ſowohl im Thal, als auf dem Berge jährlich gegen 1000 Zentner Hopfen gebauet wird, und zwar von ſolcher Güte, daß ſelbſt die Böhmen beſonders den Berghopfen in dieſer Gegend auf-und anderswo für böhmiſches Gut verkaufen.

rebsen. Der Wieswachs ist vortrefflich, weil durch die Hauptthäler sich die Altmühl oder Sulz schlängelt, und die benöthigte Feuchtigkeit denselben mittheilet, nur wäre zu wünschen, daß die Fischgüter, so heißt man einen Zusammenhang von mehrern Morgen Wiesen, zerschlagen würden, damit mehrere Bergbewohner einige derselben an sich bringen, und also die Benutzung dieser Wiesen für den Feldbau vervielfältigen könnten. In eben den 2 Flüßen Altmühl und Sulz ist die Fischerey nicht unbeträchtlich, so wie die 3 in diesem Amte gelegene Forsteyen, Irferstorf, Döraborf und Haanstetten reich an groß und kleinen Wildpret sind. Die Rindviehzucht ist ein beträchtlicher Nahrungszweig der dortigen Unterthanen, auch fangen sie jetzt, durch eine herrschaftliche Stutterey ermuntert, nach und nach an, sich mehr auf die Pferdezucht zu legen; mit der Bienenzucht aber geben sich noch wenige ab. Die Chauffeen und Hauptstraßen, welche dieses Amt allenthalben durchkreuzen, machen es überhaupt sehr lebhaft, und bringen demselben manchen Verdienst ein.

Beilngries, eichstättisches Municipalstädtchen, und zugleich der Sitz des dortigen Ober- und Kastenamtes, liegt 10 Stunden unter Eichstätt ostnördlich zwischen der Altmühl, welche von Westen herkommt, und der Sulz, welche von der nördlichen Seite herkommt, und sich mit jener unter diesem Städtchen vereiniget, gleichsam im Mittelpunkte von 4 Thälern, welche der Arzberg gegen Osten, der Paulzehoferberg gegen Süden, der Altmühlberg gegen Westen, und der Küssen-

hälter-Berg gegen Norden gelegen, bilden. Beilngries war mit seinem dermaligen Jurisdictions-Umfange eine uralte Baunmarkung, den alten fränkischen Grafen von Babenberg gehörig, und fiel, als Adalbert, der letzte dieser Grafen, den 9 September 903 öffentlich enthauptet wurde, sammt dessen übrigen eigenen und Stammgütern dem Reiche heim, wo sie auch bis auf die Zeiten Kaisers Otto II. blieb, welcher den größten Theil benelter Allodialgüter, und darunter auch namentlich Beilngries (Bilingriez) seinem Enkel Heinrich II. einem noch 3 jährigen Prinzen des Herzogs oder Henrici Rixosi, dieser aber als König im Jahre 1007 dem von ihm errichteten Bisthume Bamberg schenkte. Gleichwie aus Bamberg dem Stifte Würzburg 150 Manses in und bey Meinungen zu einer Bezahlung abtrat, weil Würzburg dem neuen Bisthume Bamberg das Diöcesrecht über den Comitatum Ratenczowe, und einen Theil des Pagi Volcfeld überlassen hatte, so kam vermuthlich auch Beilngries per Concambium an Eichstätt, als im Jahre 1015 der eichstättische Bischoff Gundekar an Bamberg die Dibces bis an den durch Nürnberg fließenden Pegnitz-Fluß abtrat, wozu sich dessen Vorfahrer Meingoz, ein Graf von Lechsgemündt, durch seinen Vetter Abt see Heinrich II. durch nichts bewegen ließ. Eichstätt gab diese Markung sodann seinem bestellten Advokaten, einem Grafen von Hirschberg, zu Lehen. Beilngries war also nie bayerisch, und kam ursprünglich nicht von den Grafen zu Hirschberg an Eichstätt, sondern von Eichstätt an diese Grafen

Grafen, wie dann auch Graf Gebhard im Eingange seines Testamentes vom Jahre 1304, worinn er Beilngries wieder an Eichstätt übergab, anrühmet: qualia et quanta promotionis beneficia von der eichstättischen Kirche er und seine Vorfuhrer erhalten haben. Diesen Bannmarkt Beilngries, dessen Besitz durch den zwischen Eichstätt und Bayern im Jahre 1305 geschlossenen Vergleich, dann durch die Entscheidung des nemlichen Königs Albert vom Jahre 1306 dem Bisthume Eichstätt ganz gesichert worden ist, schuf Bischoff Wilhelm von Reichenau im Jahre 1485 zu einer Stadt um, (welche 2 schräg übereinander liegende Theile, zwischen welchen ein Bischoffsstab aufrecht steht, in ihrem Wappen führet) und ließ sie mit einer Mauer umgeben. Es befinden sich noch darinn 6 sogenannte Galgenhuben, außer demselben aber stund auf einem Hügel des Urtsperges das nun eingegangene Hochgericht. Das Städtchen faßt gegen anderthalbhundert Gebäude, worunter der Oberamtshof, das Rath-Kasten- und Gerichtschreiberey-Haus, nebst die Post sich auszeichnen, die Pfarr-nebst des Pfarrers Haus in der Stadt, die ehmalige Pfarrkirche, Pillkirchen genannt, auf dem ersten Absatze des Urtsperges gelegen, und mit dem Gottesacker umgeben, worinn nebst des Meßners Wohnung noch ein besonders Johannis- und ein Stephans-Kirchlein, beyde ohne Thurm stehen, dann die schöne Frauenkirche vor dem nördlichen Thore des Städtchens mit einer blechernen Thurmkuppel, endlich das gleich darneben liegende Franziskaner-

Hospitium sammt einer gewölbten großen Kirche verdienen ebenfals bemerkt zu werden. Es werden in letztern 4 bis 5 Priester, und auch 2 Layen-Brüder unterhalten; wenn diese Mönche nur einige der ersten Schul-Classen lehren müßten, so wären sie eine wahre Wohlthat für das Städtchen, von dessen Almosen sie großen Theils leben, und dessen Einwohner ihre Kinder nun schon von der ersten Schule an mit vielen Kosten, und was noch mehr anzuschlagen ist, unter fremden Leuten anderswo studieren lassen müssen. Dieses Hospitium dankt sein Daseyn einem reichen Bürger, Rumpf von Berching. Er wollte in den 1720 Jahren in dem Städtchen Berching mit Beyhülfe seines Vetters Georg Pettenkofers Franziskaner stiften, als aber dieser mit Gewalt daselbst Kapuziner haben wollte, auch für diese einen Bau auf seine alleinige Kosten führen ließ, so bat Rumpf den eichstättischen Fürst Bischoff, in dem 2 Stunden von Berching südlich gelegenen Städtchen Beilngries, Franziskaner stiften zu dürfen, damit er doch seinen Zweck auch erreiche, wozu er die Erlaubnis erhielt. In 2 Jahren ward der Bau fertig, und Franziskaner aus der bayerischen Provinz eingeführt, welche noch heute dieses Hospitium innen haben. Ferner verdienen das Schulhaus, das Stadtspital, das städtische Lazareth, das Frühmeß und Kaplan-dann des Forstmeisters-und Maurers Haus, einige Erwähnung, so wie auch, daß die Stadt mit einer massiven gut unterhaltenen Mauer und vielen kleinen, dann 2 höhern Stadtthürmen versehen, mit einem Graben, dessen

saulen

faulen Wasser man die unterlassene Säuberung und Mangel des behörigen Zuges ansieht, und der noch nützlicher ganz trocken gelegt werden solle, umgeben sey, endlich ein schöner Spazierweg sich rings um das Städtchen herum ziehe, so wie auch, daß allenthalben angenehme Gärten außer demselben mit Gartenhäusern angelegt, u. gute Obstsorten darinn zu finden seyn. Man zählt in Beilngries etliche u. 30 verschiedene Handwerker und Künste, darunter auch einen Mahler, Bildhauer, Goldschmid, Uhrmacher, Büchsenmacher, Gürtler und Buchbinder, Färber, Weiß- und Rothgerber, Flanellweber und Zeugmacher, an der Sulz aber, welche die östliche Seite des Städtchens bestreichet, die Netz-Unter- und Mittelmühle, deren leztere auch keine Säge führet. Gegenüber derselben am Fuße des Artsperges sind die Sommerkeller angebracht, man trift auch gewöhnlich gutes Bier, welches jeder Bürger allda zu bräuen das Recht hat, schönes Brod und vorzüglich gutes Fleisch an. Mitten durch die Stadt geht der Länge nach die Chaussee, welche östlich von Regenspurg, südlich von Salzburg, südlich von München vor dem untern Thor zusammen trift, bey dem obern aber westlich nach Eichstätt, und nördlich auf Terching führet, wornach sich leztere wieder in 2 Arme theilt, deren einer nach Nürnberg, der andere über Amberg nach Böhmen sich strecket. Dieser vielfache Straßenzug, durch die Briefpost und den Postwagen in Beilngries noch mehr belebt, macht das Städtchen sehr lebhaft, und gewährt dessen Einwohnern nebst dem Handel manchen Nahrungs-

verdienst. Dieser ist für die Wirthe und Bräuer ec. wohl das ganze Jahr durch am stärksten am Charfreytage, wo von der ganzen Nachbarschaft viele hundert Fremde dahin strömen, um die Prozession mit anzusehen, welche gewiß nur aus dieser gewinnsüchtigen Ursache allein noch mit allem alten Farren sich bis unnzu, zu nicht geringem Aerger der dortig aufgeklärten geistlich- und weltlichen Beamten, welche schon längst umsonst dagegen geeifert haben, erhalten hat, und immer noch mehr besucht wird, an je mehrern Orten solche nach und nach abkommen. Es verdiente einer eignen Beschreibung, wie die ganze Passion auf offnem Markte theatralisch aufgeführt, Christus mit Grenadiern nach neuester Facon montirt und bewaffnet, mit fliehenden Fahnen unter Trommel und Pfeiffen gefangen eingeführt, von einem Schindersknechte zu Pferd mit aufgestülpten Ermeln an einer schweren auf dem Boden lang nachstreifenden Kette geschleppt, und von den Juden auf die rechts und links in Reihen stehende Bauernmädchen hingeworfen werde; schußgerecht, denn es wird bey jedem Falle ein Salve aus kleinem Gewehr gegeben, nach dem Rang vor den Häusern der 3 Beamten niederfallen muß, wie die Landleute dabey weinen, auf die Knie niederfallen, und gerührt an das Herz schlagen. ec. Der gar vielen figürlichen Vorstellungen aus dem alten Testamente, und ihrer Reimsprüche nicht zu gedenken, welche mit dem Teufel, Tod, Adam und Eva anfangen, und bis auf Christi Zeiten fortgehen. Noch komischer ist es aber, wenn man nach dem Umgang,

Umgang, Teufel, Tod, Engel und Juden, lauter kleine Buben, auch kleine Christus und Muttergottes zusammen Schußen spielen, und dann wieder in der Kirche vor dem heiligen Grabe das Crucifix küßen siehet.

Beunbach ehemals Hohenloh-Kirchbergisches Pfarrdorf. In dem Vergleich mit Preußen vom Jahre 1790 ist es an das Haus Preußen gekommen und gehört in das Ansbachische Amt.

Beinerstadt, die Fluren dieses Gotha- und Saalfeldischen Dorfes im Antheil Henneberg grenzen gegen Morgen an Grimmelshausen, gegen Mittag an Erdorf, gegen Abend an Wachenbrunn und gegen Mitternacht an Themar. Es lieget größtentheils an einer steinigten Anhöhe und bestehet aus 35 Wohnungen, welche von 214 Seelen bewohnt werden. Vom Jahre 1788 bis 1793 zählet man 17 Ehen, 51 Kinder und 32 Gestorbene. Die dasige Kirche war schon vor der Reformation vorhanden, wurde aber im 30 jährigen Krieg von den Croaten (1634) verwüstet, und erst im Jahre 1653 wieder hergestellet. Sie ist ein Filial von Reurieth, dessen Pfarrer alle 2 Wochen allhier den Gottesdienst versiehet. Die übrigen Sonn- und Festtage wird solcher von dem Schuldiener besorget. Die Gemeinde Beinerstadt muß daher an den Bau- und Reparaturkosten des Pfarrhauses zu Reurieth den 3 Theil tragen. Beinerstadt gehört unstreitig mit unter die ältesten Dörfer des Amtes Themar. Schon in den Jahren 800 und 815 kommt es unter dem Namen: Beinherestad in 2 Urkunden vor, in deren eine die Aebtißinn Emhild zu Milz, und in der andern eine gewisse Fessa ihre dasigen Güter dem Kloster zu Fulda zueignen. Selbst König Ludwig II. besaß daselbst einige Reichsdomänen, und übergab solche einem seiner Ministerialen, Namens Megnifried, der aber nachher 889 auf dem großen Reichstage zu Frankfurt diese Güter, mit Genehmigung des Königs Arnolfs an den Abt Sigehard zu Fulda gegen andere Klostergüter vertauschte. Die Beinerstädter Fluren sind sehr weitläuftig, und fassen 2185 Ackerfeld, 27 1/2 Acker Wiesen, und 91 Acker Buschholz in sich. Die dazu gehörigen Felder liegen größtentheils auf den Bergen, und sind fast durchgängig mit kleinen Kalksteinen bedecket. Demohngeachtet ist der Erdboden, bey der fleißigen Cultur des Landmannes, nicht ganz unfruchtbar. Der Wiesenwachs ist schlecht, und stehet mit der großen Menge von Feldern in gar keinem Verhältnis. Dieser Mangel wird durch den Anbau der Esparsett sehr glücklich ersetzt, und man kann dieses nützliche Futterkraut für die allgemeine Quelle des verbeßerten Nahrungsstandes der dasigen Einwohner, die vormals in die tiefste Armuth versunken waren, ansehen. Das, von beyden herzoglichen Kammern aufgehobene, Hutrecht des Kammerguts Trostadt, welches diese Fluren mit 1000 Stück Schaafvieh zu betreiben hatte, träget das Meiste zur Aufnahme dieses verarmten Dorfes bey, weil der Landmann nunmehro in die glücklichen Umstände gesetzet ist, sein Eigenthum willkührlich und ohne Einschränkung zu benutzen, die Viehzucht zu vermehren und sich die ökonomische Vortheile zu verschaffen.

schaffen. Die Landesherrschaften besitzen hier den Sackzehend von allem und jedem Getraide. Vormals hatte der Windsheher oder Jäger zu Beimerstadt das Jagdlager, und die Einwohner waren verbunden, ihn, während seines Aufenthalts, ohnentgeldlich zu verpflegen. Dermalen ist diese Last in ein gewisses Geldquantum verwandelt. Ausserdem hat auch das kursächsische Amt Kühndorf von 7 1/2 Gut 7 Schuhe, und die von Todenwart von 3 Gut 32 1/2 Schuhe einige Geld- und Getraide-Erbzinssen zu erheben. In einem gewissen Districte der Beinerstädter Fluren steht den Rittergutsbesitzern zu Henfstädt die Niederjagd privative zu, welche durch besondere Jagdsäulen abgemarkt ist.

Beitenmühle, (die) hat 2 Einwohner im Ansbachischen Kameral Amte Erailsheim.

Beizenhard, eichstättischer gegen 600 Jauchert grosser mit Holz bewachsener Berg im Kasten-Amte Dollnstein, macht die Forstey Dollnstein aus, und liegt zwischen Dollnstein, Haunsfeld und Ried. Südwestlich lauft er in das Beckenthal aus, wodurch der Haunsfelder Steig geht, nordlich stösst er an den sogenannten Wagenstall, und östlich geht er in das Mittel- und Ströblthal aus.

Beizenhard, fürstlich eichstättischer Wald von mehrern hundert Jauchern, in Dollnstriner Amte und Forste gelegen.

Belderstroth, ansehnlicher Flecken, 3/4 Stunden von Waldenburg, zu dessen Ober-Amte er gehört und wohin er auch pfarrt, von 27 Haushaltungen, worunter ein herrschaftlicher Wildmeister ist. Den Nahrungsstand erhöhet der vortrefliche Ackerbau und Wies-

wachs mit jedem Jahre. Die Gemeinde besitzt auch Waldungen, und einige, aber unbedeutende Weinberge. In 9 Jahren hat sich die Volkszahl um 50 Seelen vermehrt.

Belgenthal, Weiler mit einem Schlosse 2 Stunden von Crailsheim mit 23 in dessen Amt gehörigen Unterthanen und 4 Hohenlohe-Neuensteinischen. Seit dem Landes-Vergleich vom 21 Jul. 1797 ist es ganz Ansbachisch.

Bellamühl, (die) im Ansbachischen Kameral-Amte Windspach.

Bellershausen, Hohenlohischer Weiler von 42 Haushaltungen in das Ober-Amt Schillingsfürst gehörig; in den ältern Zeiten war es ein Filial von Frankenau oder Frankenheim, unter dem Namen: Beldlinghusen. Seit der Religions-Veränderung des Hauses Waldenburg siedelten sich auch hier katholische Einwohner an, welche gegenwärtig einen eigenen Pfarrer aufgestellt erhielten. Die Taufhandlungen und Leichenpredigten der evangelisch-Lutherischen werden von dem Pfarrer zu Frankenau hier verrichtet. Die Kirche ist paritätisch. Bey dem fetten Boden, der das beste Getraid und Futter trägt, stehen die Einwohner sehr gut. Sie haben auch eigene Gemeinde-Waldungen. Seit 9 Jahren sind 22 mehr gebohren, als gestorben.

Bellhofen, nürnbergisches Dorf im Rothenburgischen Gebiet, ist nach Kirch-Rötenbach eingepfarrt, liegt 1/2 Stunde von Schnaittach.

Bellingsdorf, bayreuthischer Weiler im Fraischbezirke des Ansbachischen ehemaligen Richteramtes Rossstall.

Belmbrach, Weiler, eine halbe Stunde von Roth im Ansbachischen

schen Kameral-Amte Roth, mit 25 dahin gehörigen Unterthanen.

Belsenberg, Hohenloh-Langenburgisches Pfarrdorf von 5 öffentlichen Gebäuden, die Kirche, das ansehnliche fürstliche Keller-Gebäude, die Kelter und das Pfarr- und Schulhaus, zwischen Ingelfingen und Künzelsau. Es hat 76 Wohnhäuser, liegt in einem engen Thale, wo 5 Bäche zusammen kommen, die eine halbe Stunde davon in den Kocher fallen. Es sind in allem 346 Seelen daselbst. Der Hauptnahrungszweig ist der Weinbau, denn von hier wird viel Wein verführet. Nach diesem hat die Viehzucht den Vorzug vor dem Feldbau; es sind daher 3 Pferde, 37 Ochsen, 118 Kühe, 50 Stück junges Rindvieh, 160 Schaafe und 57 Schweine allhier. Götz von Belsenberg kommt zu Ende des 14 Jahrhunderts in Urkunden vor. Im Jahre 1307 waren Ingelfingen und Niederhall noch Filiale von Belsenberg.

Belzhag, ansehnliches Hohenloh-Schillings-Fürstliches Dorf in das Amt und zur Pfarrey Kupferzell gehörig, von 26 Haushaltungen. Sein Wohlstand durch Viehzucht, Feldbau und Viehhandel ist schon aus andern Schriften, vornehmlich aus den unsern Nachkommen auch immer schätzbar bleibenden Denkmalen des vortrefflichen Oekonomen, Pfarrer Mayers zu Kupferzell bekannt. Die Volksmenge wuchs hier in 9 Jahren um 36 Seelen.

Belzheim, Pfarrdorf, zum deutschmeisterl. Amte Oettingen gehörig, von 420 Seelen.

Belzhof, (der) im Ansbachischen Kameral-Amte Crailsheim.

Belzmannsdorf, Weiler im Ansbachischen Kameral-Amte Windspach, mit 2 dahin gehörigen Unterthanen.

Belzmühl, (die) im Kameral-Amte Ansbach.

Belzmühle, eichstättische Einödmühle zum Pfleg- und Kastenamte Sandsee Pleinfeld gehörig, und 1/2 Stunde nordlich von Pleinfeld gegen Ettin hin zwischen der Mantlesmühl und Weißleins-Mühle an dem Brönnbach gelegen.

Bemberg, Weiler mit einem alten ruinirten Schlosse, im Ansbachischen Kammer-Amte Crailsheim.

Bemfeld, eichstättisches zum fürstlichen Steueramte St. Walburg in Eichstätt gehöriges Pfarrdorf von etlich und 70 Gebäuden, liegt auf dem Berge 1 1/2 Stunde unter Hofstetten, und 3 Stunden von Eichstätt gegen Aufgang entfernt. Das Kloster St. Walburg hat allda einen eigenen Amtsknecht, der zugleich dessen Holzförster ist, dann ein Gemeindbad, und zugleich Schulhaus, das Amt der Landvogtey aber 2 Unterthanen, welche Bischoff Wilhelm von Reichenau im Jahre 1484 vom Domkapitul gegen Zehenden eingetauscht hat, auch wohnet daselbst ein fürstlicher Unterforster. Dieses Dorf ist auch in dem Anno 1305 zwischen Eichstätt und Bayern geschlossenen Vergleich enthalten. Im Jahre 1348 gab Nillas von Pragberg, Landrichter der Grafschaft zu Hirschberg, der Aebtissinn Sophie zu St Walburg einen Schutzbrief, daß der vom Markgraf Ludwig zu Brandenburg über sein Gericht zu Bemfeld gegebene Brief, ihrem Gotteshause an seinen Gütern und Gerichte zu Bemfeld unschädlich seyn soll. Eben derselbe erließ auch im Jahre 1356 einen Contumacialspruch zu Gunsten

sten dieser Uebrissinn gegen Sch (Gottfried) Pemwelder um das Gericht zu Bemfeld, und 100 Mark Silber, worauf derselbe Anno 1358 auf des Klosters Leut und Güter allda, auch auf das Gericht über solche, dessen er sich wegen des Markgrafen von Brandenburg und Herzogs in Bayern unterzogen hat, vollkommen Verzicht that. Im Jahre 1370 laufte die Aebrissinn Catharina zu St. Walburg vom Friedrich und Albrecht Jagg zu Nassenfels deren Vogtey zu Bemfeld, welche jährlich 72 Metzen Rocken, und eben so viel Haber, 1 Pf. Heller, alle Hochzeit 20 Weichös und 9 Faßnachtehennen giebt, mit allen Gülten, Diensten und Renten, um 585 Pf. Heller zum Kloster an, wornach der eichstättische Bischoff Raban ein Edler Scherd von Wilburgstetten den Lehensverband aufgehoben hat, in welchem diese Vogtey bisher gegen sein Bisthum gestanden hatte.

Benk, Dorf im Kameramte Münchsberg von 23 Häusern, worunter eine Lohmühle und 123 Einwohner.

Benk, bayreuthisches Pfarrkirchdorf, 2 Stunden von Bayreuth gegen Berneck, dessen Pfarrer auch in die bayreuthische Superintendentur gehört.

Bendhausen, dieser ansehnliche kursächsische Ort war ehedessen der Sitz eines kaiserlichen Centgerichts. Er liegt zwischen Kühndorf und Suhla an einem Bach, das Benshäuser Wasser genannt, und bestehet, die öffentliche Gebäude ausgenommen, in 196 Wohnhäuser und 1130 Einwohner. Unter letztern befinden sich 1 Bäcker, 3 Müller, 1 Nagelschmied, 1 Schlosser und 6 Hufschmiede. Auch giebt es hier viele Wein-

händler, unter welchen besonders Jacob Ernst Anschütz und Heinrich Kräger ein großes Gewerbe treiben, und viele Rhein- und Frankenweine in die sächsischen und brandenburgischen Lande verführen.

Die Dorfsobrigkeit bestehet in einem Amtsrichter und 12 Schöppen. Der Feldbau ist wegen der umliegenden Berge und Waldungen nicht ergiebig. Der Ort hat in vorigen Zeiten das Marktrecht erlanget, und es werden daselbst jährlich 3 öffentliche Märkte gehalten. Die Gemeinde besitzet eine Schäferey, ein, mit dem Brau- und Schenkrechte privilegirtes Wirthshaus, ingleichem eine Amtsknechtswohnung und ein Hirtenhaus. Ausserdem befinden sich allda 3 Mahlmühlen, 1 Eisenhammer und 2 Zeinhämmer.

Daß in Benshausen schon im 14ten Jahrhunderte, und vielleicht noch früher eine Parochialkirche erbauet gewesen, bezeuget eine Urkunde vom Jahre 1423, nach welcher Graf Wilhelm von Henneberg mit Zufriedenheit des dasigen Rectoris ecclesiae parochialis noch eine Frühmesserey (Primissaria) mit 2 Altären gründete, und solche mit verschiedenen Gütern und Einkünften zu Benshausen, Herpf und Rupperg ausstattete. Diese Stiftung wurde von dem Bischoff Johann zu Würzburg feyerlich bestätiget, und dem Grafen das Patronatrecht in der Maaße zugestanden, daß er im Fall einer Valanz zwar einen Priester ernennen, solchen aber dem Stifte zur Investitur präsentiren sollte. Zur Zeit der Reformation, wo sich das Würzburgische Diöcesanrecht allmählig verlohr, überließ Graf Wil-

Wilhelm VI. (VII.) von Henneberg der Gemeinde Benßhausen nicht nur die von ihm gestiftete Vikarey mit den darzu gehörigen Gütern, den Hof zu Herpf und die Wüstung Ruprechts bey Wasungen ausgenommen, sondern auch sogar die Priesterwahl, und zwar letztere mit der Bestimmung, daß sie ihm den erwählten Prediger zur Bestätigung vorstellen sollten.

Die gegenwärtige Kirche ist zu Anfange dieses Jahrhunderts neu erbauet worden, und besitzet ansehnliche Einkünfte. Der dasige Pfarrer muß alle 3 Wochen auch in dem Dorfe Ebertshausen den Gottesdienst versehen, dessen Kirche im Jahre 1654, als ein Filial, nach Benßhausen geschlagen wurde. Zum Unterricht der Jugend ist ein Cantor und ein Organist angestellt, von welchen jener die Knaben= und dieser die Mädchenschule zu besorgen hat. Neuerer Zeiten hat man ohnweit Benßhausen im sogenannten Grohlesgrund eine mineralische Quelle entdecket.

Benzenhofen, nürnbergisches Filialkirchdorf von Altdorf mit 9 dahin gehörigen Unterthanen. Am Sonntage werden hier von einem Studenten aus Altdorf Katechisationen gehalten, auch üben sich daselbst die Theologen im Predigen. Diese Einrichtung besteht seit 1691. Der Bau der Kirche ist 1400 angefangen und im J. 1403 vollendet worden.

Berbach, vermischter Weiler im Anspachischen Kameral = Amte Windspach zwischen Wassermungenau und Ober = Steinbach gelegen, darinn sind 8 eichstättische Steuer = und 3 Lehen = Unterthanen, letztere 3 und 1 von erstern gehören zum Kasten = Amte Wahrenberg, die übrige 7 aber zum Collegiatstiftischen Steuer = Amte in Spalt, der Jehend hingegen dem dortigen Collegiatstifte selbst.

Die Advokatie über Berbach hatte Burggraf Conrad der jüngere in Nürnberg vom Bisthume Regenspurg zu Lehen. Bey einem im Jahre 1294 aber zwischen Eichstätt und Regenspurg gemachten Tausch, trat Bischoff Heinrich von Regenspurg dieses dominium directum der Advokatie über Berbach an Bischoff Reimbot zu Eichstätt, einem Edlen von Mülhenhart unter andern auch mit ab.

Berbach, Beerbach, bayreuthisches Dorf des Kloster = Amtes Pirkenfeld ohnfern Waldbachsbach, 2 Stunden von Neustadt.

Bererobach, Weiler im anspachischen Kameral = Amte Colmberg, im Fraisch = Districte Leutershausen. Hier sind drey Anspachische Unterthauen.

Berching, eichstättisches = zum Ober = Amte Hirschberg gehöriges Probstamt im Unterlande, gränzt gegen Mittag an das Kasten = Amt Beilngries, und Kloster = Richteramts Blankstetten, gegen Abend an die eichstätinischen Aemter Grebing, Obermässing und Fettenhofen, gegen Mitternacht an die Grafschaft Sulzbürg, und gegen Aufgang durch die Herrschaft Holnstein an das Schultheißen = Amt Neumarkt. Dieses Probst=Amt, das älteste und erste Land=Amt im ganzen Fürstenthume Eichstätt, hat einen Gerichtschreiber, erstrekt sich der Länge sowohl, als Breite nach, kaum auf 2 Stunden, begreift nur 17 Orte in sich, darunter aber, nebst einem Munizipalstädchen, 15 Dörfer und nur ein Einöd=Schlößlein, zählt darinn über 2030 Seelen.

Seelen, und bey 400 Unterthanen. Wie im ganzen Unterlande, wechseln auch in diesem Amte immer Thäler mit sanft aufsteigenden Bergen ab. Der Boden ist gut und fruchtbar, wo man fast alle gewöhnliche groß und klein zehendbare Früchte, auch etwas Hopfen bauet. Da die Thäler meist gutes Futter liefern, so ist die Viehzucht großen Theils gut bestellt. Die Obst- Baumzucht nimmt auch mächtig zu, seitdem den Unterthanen unentgeldlich alle Jahre gegen 1000 Stück Stämme von den besten Obstsorten aus der Baum-Schule des Apotheker Hermansebers zu Berching abgegeben werden, von welcher im Stadtgraben von Berching angelegten Baumschule im fränkischen Merkur im 21 Stück des 1796 Jahrganges, so wie auch von den Versuchen Mehreres zu finden ist, welche dieser gemeinnützig und thätige Apotheker mit verschiedenen heilreichen Schmereyen, vielerley Sorten Tabaks, und mehrern Arten ausländischen Flachses angestellet hat.

Was die wilde Baumzucht betrifft, hat Berching eine eigne ganze Forstey.

An Mineralien kann dieses Amt einige ihm im ganzen Fürstenthume allein eigne Stoffen aufweisen; denn gleich an dem Fuße des hinter Berching westlich gelegenen Schießhüttenbergs findet man, wie sonst nirgends im ganzen Bisthume, Gypsnadeln, theils los, theils noch sternförmig in ihrer ganzen Crystallisation auf vitriollnischen Thon aufliegend, gelben klein getropften mit Eisenvitriol aus Leberkieß ausgewitterten gebirgenen Schwefel, so wie auch Schwefelkies aller Art mit weißem mehligten Eisenvitriol, grauen und weisgelben fein körnigen Wasser oder Leberkies, in weißen hin und wieder gelben wie Seiden glänzenden Nadeln, flockig crystallisirten Eisen- oder weißen Atlas-Vitriol, der beim Zinkvitriol ganz gleicht, welcher weiß ist, und in weißen glänzenden von einander abgesonderten Fäden anschießt, fernerer Belemniten, doch seltner und nicht so schön als bei Obermässing. Endlich ist auch in diesem Amte der incrustirende Hochbrunnen, wovon unter diesem Worte das weitere vorkommt.

Berching, eines der ältesten und schönsten eichstättischen Munizipalstädtchen, zum Ober- und Probstamte Hirschberg Berching gehörig, auch des leztern Sitz; liegt im Unterlande an dem Sulzflusse, 12 Stunden nordöstlich von Eichstätt in einem gar angenehmen Thale. Wie dieser Ort an Eichstätt gekommen, findet sich nirgends vor, und der allgemeinen Vermuthung, daß Eichstätt denselben mit dem Schlosse Hirschberg von dem dortigen Grafen bekommen habe, steht die Uebergabs-Urkunde dieses Schlosses entgegen, weil man darinn alle dessen Zugehörungen, darunter aber keinen Ort Berching oder auch nur von einem ähnlichen Namen ließe.

Der Verfasser der vertheidigten Landeshoheit des Bisthums Bamberg über das Amt Fürth vom Jahre 1774 führt unter den 6 vornehmen Oberten, welche König Heinrich II. seinem Stifte Bamberg laut Dokuments vom Jahre 1007, geschenket hat, die Abtey Uarigin in pago Nordgowe in Comitatu beringeri oben an, und behauptet, dieses sey das Berigin

rigin (das Landvolk spricht statt Berching noch heut zu Tage Bargin) oder Beringen am Sulzfluß, zeigt eben dieses Berching in seiner Charte vom XI Jahrhundert an, und unterscheidet das ehemalige Kloster Bergen bey Neuburg sorgfältig davon, welches in pago nono gowe in Comitatu Adalberti Comitis gelegen war, Berga genannt, und erst im Jahre 1019 von eben diesem Kbaige Heinrich II. dem Stift Bamberg übergeben wurde.

Auch stimmt die Tradition, daß auf dem Platz des rampfischen Gasthauses in Berching einst ein Kloster gestanden sey, welches vielleicht in dem nur eine Stunde davon entfernten Kloster Blankstetten in der Zeitfolge wieder auflebte, ganz damit überein, so wie auch der Name des dortigen Probstamtes, des ersten und ältesten Landamtes im ganzen Fürstenthume Eichstätt, vermuthlich davon noch herkömmt.

Nun gehört aber Berching dem Bisthume Eichstätt, und ist schon eine von seinen ältesten Besitzungen, wovon man den Ankunftstitul nicht einmal mehr ausfindig machen kann. Es ist also nichts natürlicher als die Vermuthung, daß auch Berching, wie das nur 2 Stunden davon ebenfalls an der Sulz gelegene Städtchen Heylngries von Bamberg an Eichstätt gegen Abtretung der Diöces blos an die Pegnitz in Nürnberg, welche ohnehin sogar außerordentlich schwer hielt, per Concambium gekommen, und von Eichstätt die Advokatie darüber den Grafen von Hirschberg übertragen worden sey; welches Recht der Advokatie in der Stadt Berchingen Graf Gebhard von Hirschberg dem Bischoffe und Ka-

pitel zu Eichstätt im J. 1296 in Art eines letzten Willens wieder abgetreten hat.

So lößte auch der eichstättische Bischoff Konrad II. ein Edler von Pfeffenhausen, jene 20 Pf. Heller, welche Heinrich Schenk von Hofstetten Anno 1297 von der dem Bischoffe in Eichstätt schuldigen Steuer der Stadt Berching als Lehen davon erkauft hatte, im Jahre 1300, im Jahre 1307 aber Bischoff Philipp von Rathsamhausen die jährlichen 30 Pf. Heller ein, womit Gottfried von Wolfstein, als Kastellan vom Schlosse Sulzbürg, vom Graf Gebhard zu Hirschberg auf die Steuer der Stadt Berching belehnt war.

Dieses Städtchen hat in seinem Archive stattliche Freyheits Urkuunden und viele Privilegien mit der Residenzstadt Eichstätt gemein, z. B. vom J. 1309 Privilegium Henrici Regis de non evocando extra muros, daß ein Bürger von Berching so wenig, als von der Hauptstadt Eichstätt selbst außer den Mauern der Stadt zu einem andern Gerichte dürft gezogen werden, so lang sein Richter die Justiz nicht versagt. Vom Jahre 1381 das Privilegium vom eichstättischen Bischoffe Raban, daß, wenn ein armer oder reicher Bürger der Stadt Berching einen Bürger oder wen andern entleibt, der Todtschläger und all sein Hab gegen dem Bischoff, dessen Amtleute, und Gericht bey allen den Gewohnheiten bleiben soll, als die Bürger der Stadt Eichstätt in alter Gewohnheit und Herkommen sind.

Im Jahre 1431 bestättigte Bischoff Albrecht II. von Rechberg gleich seinem Vorfahrern diesen der Stadt Berching vom Bischoffe Raban gegebenen Brief, und trug

die

die Uebereinkunft, daß auf seine Lebtag diese Stadt zu einer jährlich gewöhnlichen Stadtsteuer 100 gut ungarische Gulden geben, und das Umgeld, bis die von seinem Vorfahrer bestimmte Zeit ausläuft, selbst einheben, dann zu ihrem Nutzen anlegen soll.

Im Jahre 1434 ließ eben dieser Bischoff auf seine Lebenstage der Stadt Berching unwiederruflich das halbe Umgeld nach, welches zu ihrem Besten angewendet werden soll. ꝛc.

Die Stadt wird in die innere und äußere durch den Sulzfluß abgetheilt, deren jede mit 2 Thoren versehen, und mit einem Graben, in dessen mittägigem Theile die berühmte Hermansederische Baumschule angelegt ist, umgeben, und mit einer wohlerhaltenen Mauer eingeschlossen ist, auf welcher nebst den Thorthürmen, noch 12 kleinere ringsherum angebracht sind. Die innere Stadt hat eine große breite Hauptstraße von einem Thore zum andern, von welcher auf beiden Seiten mehrere Seitengäßchen auslaufen, und mitten durch die Hauptgasse geht ein kleiner ofner Kanal mit hellem Bergwasser, der zur Reinigkeit des Städtchens viel beyträgt; durch die äußere Stadt geht der Länge nach die Chaussee von Salzburg und München nach Franken und Böhmen. Unter den mehr als 200 Gebäuden dieses Städtchens nehmen sich aus das Rathhaus, zugleich des Gericht- und Stadtschreibers Wohnung, das Probstkaus, der herrschaftliche Zehendstadel und Getreidkasten, die Apotheke, das Merktische, des kapitlischen Kastneres- und das große rumpfische Gasthaus, dann das bürgerliche Zeughaus, und das gemeine Bräuhaus, welches dem eichstädtische

Fürst-Bischoff Gabriel von Eyb gemeinschaftlich mit dem Stadtrath zu Berching im Jahre 1501 um dem Abgange des Bierbräuens alida zu steuern, sammt Zugehör um 102 fl dergestalten vom Friedrich Mayer Bürgern alida gekauft hat, daß die Benützung so wie die Unterhaltungsbürde unter beide Käufer gleich vertheilt seyn soll. An geistlichen Gebäuden aber sind da, die Stadtpfarr- und in der äußern Stadt die mit einem Freyhofe umgebene Laurenzi Kirche mit einem einfältigen Thurm, das Spitalgebäude mit der heil. Geist Kirche, und in einer Entfernung von Berching das Lazareth mit dem Zcilliengotteshause, nebst dem Pfarrhofe. Kaplan- Schul- Seel- und Mesners-Hause, dann zwischen der innern und äußern Stadt ein Kapuziner-Kloster, welches erst in diesem Jahrhunderte von einem reichen Bilger der Stadt, Georg Petralofer, erbauet worden ist. Es wollte ihn ein anderer Bürger dieser Stadt Namens Rampf unterstützen; da sie aber nicht einig werden konnten, indem dieser Franziskaner dahin haben wollte, so übernahm dieses Geschäft Pettenhofer allein, und fieng im Jahre 1721 den Bau zu einem Hospitium an; es wurden anfänglich 6 Personen dahin gesetzt, weil aber Fürstbischoff Johann Anton von Freyberg haben wollte, daß ein Chor daselbst gesungen werde, wurde das Hospitium in ein Kloster umgeschaffen, in welchem jetzt 11 bis 12 Priester, 4 bis 5 Layen, und einige Kleriker unterhalten werden. Von eben diesem Fürstbischoffe erhielten sie auch die Erlaubniß, sich ein Bräuhaus errichten zu dürfen. Das Kloster und die Kirche, wohin eine an-

ge-

genehme kurze Allee führt, lieget hart an dem Sulzflusse.

Man findet in Berching etlich und 30 Künste, und Handwerker, darunter auch Bortenmacher, Goldarbeiter, Mahler, Lebzelter, Bildhauer sind, und einen Schuster, der gar artige Tabaksdosen von Leder verfertiget, ferner eine Ziegelhütte und an der Enlz, welche zwischen der innern und äussern Stadt fließt, die Thor- die Wirths- die Kreuz- die Stampf- und die Krausmühle.

Berching ist auch ein eichstädtisches Land-Decanat von 31 Pfarreyen, ferner ist allda ein eignes Landphysicat und ein eichstädtisches Mautamt, dann ein Forster; vor Zeiten waren Juden in Berching, welche aber schon im J. 1298 bey derselben bekannten großen vom Bauer Rindfleisch veranstalteten Verfolgung verbrannt und allda ausgerottet wurden; auch war noch zu Anfang und bis in die Mitte dieses Jahrhunderts ein starker Weinhandel allda, und trift das Sprichwort ganz ein, daß Eichstädt in Berching den besten Wein, in Bellngries das beste Fleisch, in Greding das beste Brod, und in Kipfenberg das beste Bier habe.

Endlich verdienet noch bemerkt zu werden, daß drey Aebte, nämlich Berchingen zu Windberg, Knoll zu Baumberg und Fleischmann, Prälat zu Blankstetten, so wie auch die letze Gebiktsirinn des ehemaligen Benedikiner Nonnen Klosters Bergen im Herzogthume Neuburg Catharina Habereiter, eine Befreundtin des Bruschius, in Berching gebohren seyn. Das Siegel der Stadt stellt das Brust Bild eines Abts vor, oder dessen Infal 2 Bischoffs oder Abtsstäbe über einander geschmukt sind.

Berching, bischöflich eichstädtisches Rural-Kapitel, begreift folgende Pfarreyen in sich: 1 Affalterbach, 2 Bayhausen, 3 Berching, * 4 Bellngries, * 5 Blankstetten, * 6. Breitenbrunn, 7 Daßwang, 8 Dietfurth, 9 Eichenhofen, 10 Eittenhofen, 11 Euning, * 12 Gimpertshausen, 13 Heimsberg, 14 Höhnlein, 15 Hermansdorf, 16 Itelhofen, 17 Kemnathen, 18 Revenbüll, * 19 Klapfenberg, 20 Kottingwert, * 21 Laymanstein, 22 Paulnshofen, * 23 Pollanden, 24 Stattdorf, 25 Staufersbuch, 26 Tarschofen, 27 Thalm, * 28 Velburg, 29 Waldkirchen, 30 Waltersberg, 31 Weiling, 32 Missing. Nur die 8 gesternleten Orte allein sind darunter eichstädtisch, alle übrige aber pfälzisch oder bayerisch. Die Seelenzahl sämmtlicher Pfarreyen steigt über 16000. Berching ist schon eines der ältesten Kapitel in der eichstädtischen Dilcks, und eines von jenen, welches sich auch dem Namen nach noch nach wie vor der Reformation erhalten hat.

Berchtheim, s. Herrenbergtheim.

Berchheim, Dorf, eine halbe Stunde von Weißmayn gegen Burgkunstadt.

Berenshausen, ein dem Bachischen Quartier steuerbares Dorf von 21 Wohnungen und etwa 165 Seelen im Amte Schilz.

Berg, bayreuthisches großes Pfarrkirchdorf in dem Kreisamte Hof, 2 Stunden von dieser Stadt gegen Lobenstein. Der Pfarrer und Caplan gehören in die Superintendentur Hof. Hier ist auch eine Zolleinnahme. 7 Häuser gehören in das Kastenamt nach Hof. Sie sind von 57 Einwohner bewohnt. Pfarrlehen sind 4 Häuser mit 36 Einwohnern. 23 Häuser von 118 Einwohnern gehören der Familie von Reitzenstein zu Habermannsgrün, und 21 Häuser, von 123 Seelen bewohnt, einem Herrn von Oberländer zu Rudolphstein.

Bergbronn, Weiler im Bezirke des Ansbachischen Kameralamtes Crailsheim gegen Dünkelsbühl.

Bergel, Birgel, Markt-Bergel, am Fuße eines steilen Berges, des sogenannten Petersberges, im Kastenamte Ipsheim, eine Stunde von Windsheim, ist ein sehr alter Ort und großer Marktflecken, der 1323 durch Vermittelung der Burggrafen von K. Ludwig Stadtrechte erhielt. 1281 hatte Friedrich von Hohenlohe das Gericht zu Bergel inne. Hier sind 2 Kirchen und der Sitz des Schultheißenamtes. Dinkel- und Haberbau ist vorzüglich ergiebig. Der Flecken ist lebhaft wegen der von Ansbach nach Uffenheim führenden Chaussee, die durch ihn gehet.

Bergelsdorf, oder Berglesdorf, Dörfchen im Bambergischen Amte Stadt Steinach. Dasselbe besteht aus einem einzigen Hofe nebst zweyen Hintersassen, welche dem Hofe wegen seiner Weitschichtigkeit zur Arbeit verbunden sind. Der Hof hat eine eigene Schäferey, beträchtliches Holz und so viel Feldbau, daß 5-6 Familien davon sich erhalten können und ist der Bambergischen Landeshoheit in allem unterworfen.

Bergen, Pfarrdorf im gewesenen Vogtamte Geyern mit 28 Ansbachischen und 29 ritterschaftl. Unterthanen.

Bergenweiler, Weiler im Kameralamte Ansbach mit 7 Unterthanen.

Bergfried, Dorf im Bambergischen Amte Vilseck.

Berghof, (der) im Ansbachischen Kameralamte Windsbach, mit einem dahin gehörigen Unterthanen.

Berglein, teutschordisches Filial-Kirchdorf im Bezirke des Ansbachischen Kreises. Es gehören 9 Unterthanen daselbst zu Ansbach. Die deutschordischen gehören in das Amt Virnsberg.

Berglein, bayreuthisches Dorf 1/2 Stunde von Münchsteinach.

Berglesdorf, Dorf im bambergischen Amte Cronach.

Bergmühle, eine eichstättische Mühle im Pfleg- und Vogtamte Titting Raitenbach, an der Anlauter.

Bergnersreuth, Weiler in der Nähe des Bayreuthischen Marktflecken Erzberg, wohin auch die Einwohner pfarren.

Bergnerzell, Weiler an der Obrach, 13 Unterthanen gehören daselbst in das Ansbachische Kammeralamt Feuchtwang.

Bergrheinfeld, gemeinhin Berg, katholisches ansehnliches Pfarrdorf von 150 Häusern am rechten Ufer des Mayns, Grafen Rheinfeld gegen über, eine und 1/4 Stunde von Schweinfurt an der Chaussee nach Würzburg. Es gehört dem Julius-Spital zu Würzburg, das hier einen eigenen Amtsvogt hält, der dem Spital jährlich über 15000 fl. fränk. jährlicher reiner Einnahme verrechnet. Hier wird viel weißes Kraut gebaut, das zum Einsalzen bis Würzburg und Königshofen verfahren wird. Mit den Pflanzen dieses Weißkrauts treiben die Einwohner starken Handel. Sie werden, ihrer Güte wegen, bis in den Jtz- und Bannachsgrund geholt, und in der ganzen Gegend selbst, so wie das Bergrheinfelder und Oberndorfer Weißkraut, allem übrigen vorgezogen.

Von

Man findet auch hier die auf dem Lande gewöhnlichen Handwerker, nebst einigen Schiffern, die mit Getreid einen sehr ansehnlichen Handel nach Frankfurt und Würzburg auf dem Mayn treiben.

Bergrothenfels, kathol. Filialdörfchen der Pfarrey Rothenfels im Würzburgischen Amte Rothenfels, von 64 Häusern, gerade oberhalb dem Städtchen Rothenfels auf einem Berge. Es gehört zur Rothenfelser Bürgerschaft und stellt zu dem dasigen Bürgerrathe 2 Rathsherren; es sind auch vier Juden-Haushaltungen hier.

Bergsheim, katholisches Pfarrdorf im Würzburgischen Oberamte Prosselsheim an der Chauffee links auf dem Wege von Schweinfurt nach Würzburg. 3 Stunden vom letztern Orte. Es hat 106 Häuser, liegt in einer der Getreidreichsten Gegenden, und so weit die Markung des Dorfs reicht, ist die Chauffee mit Obstbäumen besetzt.

Der Schullehrer hat 142 fl. Gehalt. 1788 waren 74 Kinder in der Schule.

Zwischen Bischoff Gerhard zu Würzburg und seinen Bürgern ists in dem Kirchhofe dieses Orts zum Handgemenge im Jahre 1400. 1100 Bürger wurden dabey erschlagen und 400 gefangen. Die Anführer wurden geurtheilt und ersäuft. Der Bischoff hatte zur Stillung dieses unter den Bürgern zu Würzburg gegen ihn entstandenen Aufruhrs die Burggrafen von Nürnberg angesprochen und sie auch Manns. Er mußte 12000 fl. bezahlen. Aus Mangel Geld war er gezwungen, den hohen Mit Antheil an der Bergest. Veste, u. Franken, L. Th.

Stadt Kitzingen gedachten Burggrafen zu verpfänden. S. Ludwigs Geschichtschr. S. 677.

Bergtshofen, Bayreuthisches Dörfchen, das nach Bergleim pfarrt, im Kameralamte Markt-Erlbach. Castell Rüdenhausen hat daselbst 3 Unterthanen und Lehngüter.

Beringersdorf, Peringersdorf, Bergnersdorf, an der Pegnitz, eine Stunde von Lauf, gegen Nürnberg mit einer Pfarrkirche. Daselbst sind 14 Mannschaften, theils Preußische, theils Adelich Geuberische Unterthanen. Die Herren Tucher besitzen auch daselbst ein Schloß, Unterthanen und das Kirchenrecht. Im Jahre 1552 warde es von Markgraf Albrechts Soldaten abgebrannt. Der Ort gehörte vor Alters denen von Braunek; Gottfried von Braunek hat ihn im J. 1323 den Burggrafen verkauft, von denen er an das Geschlecht der Peringsdörffer gekommen, welche aber bald ausstarben; von diesem aber an die Schürstaben.

Die alte Kirche ist im J. 1439 von diesen Schürstaben auf Kosten der Gemeinde erbauet und zur Ehre Maria Magdalena geweihet worden. Franz Schürstab verkaufte im J. 1514 die Mannschaften und das Kirchenpatronat an die Familie der Tucher. Christoph Wilhelm Tucher hat die Kirche ganz neu erbauen, und im J. 1719 einweihen lassen.

Beringersmühl, Bambergisches Dorf in das Amt Schweinstein gehörig, in einem Wiesgrunde, wo die Puttlach und Aebach in die Wiesent fallen. Oberhalb der sogenannten Schotterrsmühl ist bereits auch die Auffsees mit der Wiesent vereiniget. In diesem Dorfe ist eine Mahl- und Schneidmühle, auch eine Ziegelhütte.

Bey

Bey dieser Kirche man noch Mauern und den abgetragenen Thurm des ehemaligen Schlosses, welches denen von Hirschaid zuständig war. Vor Zeiten hatte das Dorf auch einen Eisenhammer.

Berlach, dieses protestantische Ganerbendorf liegt in dem Cent- und Fraischbezirke Meßrichstadt, und ist gegen Abend von den Fluren von Sondheim, gegen Mitternacht von der Nordheimer Markung, gegen Osten von den Quicenfelder und gegen Mittag von den Behrunger Feldern umgeben. Der Ort besteht aus 92 Wohnhäusern und einem freiherrlich von Stebischen Castrum. Mit Inbegriff der Kinder und Dienstbothen hat Berlach 330 christliche Einwohner. Die Judengemeine besteht aus 18 Haushaltungen, welche gegenwärtig 102 Seelen enthalten. Würzburg hat als Ganerbe 27, Hildburghausen 15, der Herr von Stein auf Nordheim 14, und die Freyherren von Kalb auf Walters= hausen 3 Unterthanen in Berlach. Die Würzburgischen Schutzjuden daselbst zahlen jährlich 8, die Hildburghausischen 6, und die adelich Kalbischen 4 fl. fränkf. Schutzgeld. Jeder Herr hat über seine Unterthanen die Jurisdiktion, doch werden alle Verbrechen, welche laut Kaiser Karls V. peinlichen Halsgerichtsordnung von dem Nachrichter am Leib und Leben gestraft werden sollen, von dem Centgerichte zu Meßrichstadt bestraft, die Delinquenten mögen nun Sächsische oder adeliche Unterthanen seyn. Der Pfarrer des Ortes, dermalen Herr Justin Sterisius, ist auch Parochus zu Schwickershausen. Er wird laut eines zwischen Sachsen und Würzburg am 20/10 May 1670 abgeschlossenen Vergleiches von der Gemeinde vocirt, durch den Herzog zu Hildburghausen oder dessen Consistorium mit Zuziehung der adelichen Ganerben dem Bischoffe zu Würzburg oder dessen Vicario in Spiritualibus, Inhaltê einer verglichenen Form, präsentirt, examinirt und nach Befinden approbirt und confirmirt. Nachdem er vorher versprochen, die capitula ruralia gleich andern Würzburgischen Pfarrern in Meßrichstadt zu besuchen, seine jura episcopalia und die Commenden zu lösen, die geistliche Schatzung zu erlegen ꝛc. ꝛc. wird er endlich nach einer ebenmäßig verglichenen Form von Würzburg mit der Pfarrey belehnet und damit zur Ordination nach Hildburghausen geschikt. Hildburghausen stellt ihn nun der Gemeinde vor, hat auf die Lehre und Wandel desselben die Aufsicht, und läßt durch seinen Adjunktus zu Behrungen die jährlichen Kirchenvisitationen zu Berlach halten. Die Würzburgische so wohl als andere Unterthanen besuchen in Ehe= und anderen dahin gehörigen Sachen das Consistorium zu Hildburghausen, und wenden sich in erster Instanz an das geistliche Untergericht zu Behrungen. Fornikanten und diejenigen Verlobten, welche sich den frühzeitigen Beyschlaf erlauben, werden von der Herrschaft, unter welcher sie sitzen, bestraft, aber die Cognition und Entscheidung über die dabei zuweilen unterlaufende Ehe= versprechung, defloration, agnition und alimentation prolium, wie auch die disciplina ecclesiastica gehören dem Hause Sachsen, die Inquisiten mögen auch diesem oder jenem Ganerben zu=

gehören. Der Schulmeister zu Berlach wird ohne alle Concurrenz der Samerbrn blos von der dasigen Gemeinde mit Zuziehung des Pfarrers gewählt, verpflichtet, eingewiesen, und jährlich — was eine große Barbarei ist — mit Darreichung einiger Groschen von neuem gedingt. Im Jahre 1308 bewilligte Bischoff Andreas zu Würzburg, daß Berthold von Bibra den vom Stifte zu Lehen tragenden 1/6 Zehenden zu Aubstadt dem Kloster Veßra zueignete, und nahm dagegen sein halbes Vorwerck zu Berlach mit 2 Pfund Hellern zu Lehen an. Im Jahre 1317 trugen die von Herbilstadt ein Vorwerk zur Berlach halb von Henneberg zu Lehen. Seit wie lange die Herren von Stein und Marschalle von Ostheim, welche leztern ao. 1782 von der Freyherrl. von Kalblischen Familie beerbt wurden, im Mitbesitz von Berlach sind, ist unbekannt. Das ansehnliche Steinische Rittergut ist seit einigen Jahren an Mennoniten verpachtet. Die Markung des Dorfes trägt schönes Getreide, hingegen haben die Eigenthümer derselben wenigen Wirswachs und gar kein Gehölz. Reisende finden hier 2 Wirthshäuser.

Der Commenthur zu Münnerstadt erhebt auch zu Berlach verschiedene Gefälle.

Berlag, bayreuthisches Dorf 2 Stunden von Streitberg gegen Pegnitz befindlich.

Berlertshofen, Filialkirchdorf, die Unterthanen desselbigen gehören 7 diesseits des Bachs, in das Ansbachische Kameralamt Feuchtwang. 14 jenseit des Bachs zur Jurisdiction des Erellsheimischen Kreises.

Berlaß, bayreuthisches Dorf des ehemaligen Amtes Hallerstein im Hofer Kreise, in die Kirchfarth Weißdorf gehörig. Es hat 9 Häuser und 58 Einwohner.

Berlezhausen, ein eichstättischer zum Pfleg- und Kastenamt Kipfenberg gehöriger Weiler von etwa ein Dutzent Gebäuden, liegt auf dem Berge zwischen Eierwang und Schafhausen. 3 1/2 Stunde nordöstlich von Eichstätt.

Berlichingen, insgemein Berlingen, ein katholisches Pfarrdorf von etwa 100 Einwohnern, an der Jagst, eine halbe Stunde unterhalb Kloster Schönthal, von wo aus ein angenehmes WiesenThal, das allenthalben mit schönen Weinbergen umschlossen ist, dahin führt; es gehört zum Theile der Abtey Schönthal und zum Theile der Familie von Berlichingen zu Jagsthausen. Die Berlichingische Unterthanen steuern zum Ritterorte Odenwald; die Steuer von der andern Hälfte der Unterthanen bezieht das Kloster Schönthal. Das Kloster Schönthal besetzt die Pfarren mit einem seiner Geistlichen, diese gehört übrigens unter die Würzburgische Diöces und das Landkapitel Buchen. Die peinliche Gerichtsbarkeit hat Kurmainz. Die Bewohner dieses Orts sind durchgehends gebildete Leute. Viele derselben, selbst Weibspersonen, haben als Musikanten England, die Niederlande und Frankreich durchreiset.

Bernalchet, in einem Documente vom Jahre 1305 Berchtenaychath genannt, ein über 1900 Jauchert großer eichstättischer Wald im Pfleg- und Kastenamte Kipfenberg zum Enseringer Forst des unterstiftischen Ober- und Forstamts gehörig, nimmt den grösten Theil der Bergkette zwischen Pfalln-

Pfalldorf, Kipfenberg, Grbstorf, Jbling und Enkering ein, und wird durch die von Pfalldorf auf diese Orte, und von einem derselben zum andern führende Wege allenthalben durchkreuzet. Vor dem östlichen Ende desselben zwischen dem Grbstorfer Fahrweg nach Pfalldorf, und dem Dorfe Jbling liegt das angenehme Silberthal, welches ganz die Gestalt einer Birne hat, dessen schmaler Theil gegen die Jblinger Hänge heraussteht.

Bernau, Weiler, eine Stunde von Dinkelsbühl, 14 Unterthanen gehören in das Justiz- und Kammeramt Feuchtwang.

Bernbach auch Berrenbach, Weiler im Ansbachischen Fraischbistrikte Langenzenn.

Bernbeck, bayrenthisches Dorf im ehemaligen Kasten- jetzt Kammeramte Pegnitz, 2 Stunden davon gegen Plech.

Bernbrunn, geringes deutschordisches Dörfchen im Amte Horneck.

Berndorf, gräflich Giechisches, eine Viertelstunde südwestlich von Thurnau gelegenes und zu dem dasigen Amte gehöriges evangelisches Pfarrdorf von 36 Unterthanen und 8 Heerbergen, mit einer schönen neuen Kirche, in welche noch die beyden Mönlchau, Leersau, nebst einigen sogenannten Einzeln, (Elubbhöfen) eingepfarrt sind. Es war in ältern Zeiten ein Filial von Thurnau, hatte aber eine Kapelle, wovon noch jetzt das daselbst befindliche Bauernhaus den Namen Kappel führt.

Berndorf, ritterschaftliches Dorf im Umfange des bambergischen Amtes Welsmayn, dem darüber die Zent zustehet.

Berndorf, Weiler im Kameralamte Ansbach, mit 19 dahin gehörigen Unterthanen.

Berneck, am weissen Mayn, ein gewesenes Oberamt und Städtlein in dem Kreisamte Culmbach, 4 Stunden davon gegen Wunsiedel. Es ist eine ganz im Kessel von 4 Bergen liegende sehr alte und nahrhafte Stadt. Ueber den Ursprung ihres Namens findet sich eine Abhandlung von Veiter im ersten Bande des Journals von und für Franken. Ausser den Handwerkern, worunter viele Lebkuchenbäcker sind, nähren sich die Einwohner vom Feld- und Obstbaue und von der Forellenfischerey. Hier befindet sich ein Postamt außer der Stadt, ein Eisendrathzug, eine weiße Vitriol- und Galannsiederey, und ein guter Serpentinsteinbruch. In dem aus dem Fichtelberg entspringenden und hier vorbeyfliessenden Bache ist eine Perlenfischerey angelegt, die sich auch über Rehau, Markleuthen und Hochberg erstreckt. 1783 wurden in Berneck 80 Stül große und mittelmäßige Perlen gefischt. Die Aufsicht über die Perlen führt ein eigener Landesherrlicher Inspektor. Die erste Gemahlin des Markgrafen Friedrich besaß eine artige Sammlung dieser Perlen.

Bey Berneck findet man nachstehende sieben Bäche. 1) den Mayn, 2) das Berreutther Wasser, 3) das Heinersreuther Wässerlein, 4) der größere Heinersreuther Bach, der in die Oelschnitz fällt, 5) die Oelschnitz, oder der bey Berneck in den Mayn fliessende Perlenbach, 6) die Anden zwischen dem Schloßberge und der Kirchleiten, 7) das Kimbser Wasser. 1730 litt die Stadt gar sehr durch Feuer. Von dem ehemaligen Vesten und Schlössern fern Berneck steht nach vorne am Abgange des so genannten Schloßberges bey Berneck ein uns gemein hoher viereckigter Thurm, und um ihn herum noch Trümmer einer uralten Veste, in Urkunden auch das Haus Berneck genannt, wo jetzt die Grillen und Molche, Lacerta, Salamandra — anstatt der ehemaligen Ritter von Wallenrode ihre Wohnung haben; und nach dem Anfalle von den Grafen von Orlamünd war hier noch die Wohnung des burggräflichen Amtmanns. Sie wurde im Hussiten und Bayrischen Kriege zerstört, und hernach wieder erbauet, allein nach der Erkaufung des weiter unten vorkommenden neugebaueten Wallenrodschen Burgstalls, welcher am obern Theile des Schloßberges liegt und zu größerer Sicherheit der Hauptveste von hinten und dem höhern Theile des Berges her erbauet worden ist. Man muß ihn aber von dem ganz alten Burgstalle, der dem Schloßberge gegenüber an der Kirchleuten lag, unterscheiden. Denn 1478 beließ der Churfürst Albrecht den Veit von Wallenrode mit dem Burgstall auf dem Ruck ob Berneck, unter der Bedingung, daß er ihn ausbauen und daselbst wohnen solle. Allein der Bau unterblieb eine Zeitlang, wie aus dem 1485 Dienstag vor Michaelis vom Hauptmann auf dem Gebürge, Sebastian von Seckendorf, erstatteten Bericht zu ersehen ist, und Veit von Wallenrode starb nachher bald nach angefangenem Baue und hinterließ das unvollendete Gebäude seinen 3 Thätern. Diese verkauften es 1499 an den Amtmann zu Stein, Albrecht von Wirsberg, für 1950 Gulden rheinl. Währung, welcher es ganz aus-

bauete, und am Montage nach St. Aegidi 1501 für 2000 Gulden rheinisch an den Marktgrafen Friedrich den Aeltern mit allem Zubehör überließ. Von dieser Zeit an erhielt es den Namen Hohenberneck, wurde die Wohnung des Amtmanns, und erhielt neue Verschönerungen nebst einer vortrefflichen Wasserleitung. Allein in der Folge verwechselten die Beamten diese Wohnung, theils wegen Unbequemlichkeit des Weges, theils wegen der Albertinischen Unruhen, mit einer andern in der Stadt, und auch diese Burg verfiel bis auf eine Hauptwand des Schlosses und die beträchtlichen Ueberreste der mit Thürmen gezierten Mauer. Zwischen dem Burgstalle und der Veste sieht man endlich noch die ganze Führung als Ueberbleibsel der von Veit von Wallenrode nach einer Zurückkunft von der zweyten ins h. Land gemachten Reiße 1480 erbauten St. Marienkapelle, von welcher erst zu Anfange dieses Jahrhunderts das auf einem Stelue über dem Eingange ausgebauete Marienbild in einer finstern Nacht gestohlen wurde.

Bernfels, ein bambergischer Ort mit einem verfallenen Schlosse, im Amte Leyenfels, worinn auch das Amt Wolfsberg Unterthanen hat. Das Amt Leyenfels hat die Dorfs und Flurherrschaft, und das bambergische Amt Portenstein die Zent.

Bernhaltermühl, (die) im Erellheimischen Kreise des Fürstenthums Anspach.

Bernhardswinden, vermischt. Weiler im Fürstenthum Anspach, von 26 Unterthanen, worunter 2 dichstädtische sind, deren einer zur Vogtei Königshofen, der andre aber zum fürstlichen Steueramte des Collegiatstifts Herrieden gehört.

Bern-

Bernhartsweiler, Filialkirchdorf den Alischüllischen Erben gehörig, eine Stunde von Dünkelsbühl im Bezirke des Crailsheimischen Kreises im Fürstenthum Ansbach.

Bernhek, ganz purifizirtes Bambergisches Dorf im Amte Neuhaus, worinn Bayreuth die Zent, Bamberg aber alle sonstige landeshoheitliche Rechte behauptet.

Bernhof, oder **Bärnhof**, Nürnbergisches Dorf, worinn 1 Unterthan mit einem ganzen Hofe bambergisch, und zum Amte Wolfsberg gehörig ist. Nach dem von Seite der brandenburgischen Fürstenthümer in Franken dermal aufgestellten Staats-Grundsatze nahm das ehemalige Bayreuthische Kasten-Amt Plech, welches jetzt zum Kammer-Amt Pegnitz geschlagen ist, dieses Dorf mit Militär in Besitz.

Bernhof, nürnbergischer Weiler an der Pegnitz, im Amte Velden, worinnen kurbayerische Unterthanen sind.

Bernlohe, Weiler an der Rednitz im Ansbachischen Kammeramte Roth mit 14 dahin gehörigen Unterthanen.

Bernreuth, Dorf im Bambergischen Amte Weißmayn.

Bernreuth, Dorf am Flusse Weißmayn, eine halbe Stunde davon. Es gehört dem Kloster Langheim, welches 1304 diesen Ort von Heinrich und Eberhard v. Schaumberg überkommen.

Bernsfelden, katholisches Pfarrdorf, das zum Deutschmeisterthum gehört, im Bezirke des Amts Neuhaus gelegen.

Bernshausen, ein dem deutschen Orden und dem Hause Hohenlohe Oehringen gemeinschaftliches Dorf; die deutschmeisterische Unterthanen gehören in das Amt Nitzenhausen.

Bernshausen, meiningisches Dorf von 29 Häusern und 114 Seelen. Es liegt im Amte Sand und gränzet auf der Nordseite an das Weimarische Dorf Dernshausen, es hat Felder, die theils aus Sand, Kies, und grobem Feld bestehen, sie sind aber sämmtlich von der schlechtesten Sorte, auch ist Wiesenwachs ist schlecht und gering; es ist also eines der schlechtesten Dörfer, zumal da sie keine Waldungen haben, denn die in dieser Gegend liegen, gehören S. Weimar. Nicht weit von diesem Ort liegt ein kleiner tiefer See, der auf einer Seite mit einem hohen steilen Rein umgeben ist, an welchem allerley Sträucher und Buschholz wächst, wenn es nun die Leute abhauen wollen, so müssen sie warten, bis bey harter Winterszeit der See mit dickem Eise belegt ist, sodann hauen sie es ab, und schleppen es auf dem Eise heraus.

Bernshofen, ganerbliches Dorf, eine kleine Stunde von Rauhels-au. Ganerben sind: der deutsche Orden, dessen Unterthanen in das Amt Nitzenhausen gehören, und die Familie von Stetten.

Bernstein, das ehemalige Bayreuthische Kameral-Amt, das nun zum Kammer-Amte Naila geschlagen ist, liegt im Kreis-Amte Hof. In dem ganzen Aemtchen befinden sich 94 Häuser und 553 Einwohner, welche gegen 400 Stück Rindvieh, 110 Schweine und gegen 60 Stück Schaafe halten. Außer den gewöhnlichen Handwerkern findet man auch daselbst 2 Handelsleute, 1 Potaschensieder, 1 Tuchmacher, 1 Zeugmacher. Viele Einwohner ernähren sich von Wollen- und Baumwollenspinnen. Felder und Wiesen sind hier besser, als in dem benachbarten Schwarzbach;

folg-

folglich auch die Viehzucht. Die Einwohner stehen mit 14650 fl. Rhn. in der Brandverſicherungs-Geſellſchaft, und hatten 1791. 1230 fl. Conſens-Schulden. Die ganze Verwaltung Bernſtein gehörte ehehin der Familie von Reitzenſtein. Als der letzte Beſitzer Chriſtian Ernſt von Reitzenſtein 1752 ohne männliche Leibes-Erben ſtarb; ſo fiel es dem Hauſe Brandenburg Bayreuth heim.

Bernſtein am Walde, Bayreuthiſches Kirch-Dorf von 29 Häuſern, einem Pfarrer und 173 Einwohnern, fünf Stunden von Hof. Das Wirthshaus hat die Braugerechtigkeit, den Verlag über das ganze Gericht, und vertreibt an 600 Eymer Bier jährlich.

Bernſtein bey Wunſiedel. Pfarrkirchdorf, wohin Ober- und Unter-Waltherdgrün eingepfarrt ſind.

Bernswend, eigentlich Bernhardswinden, Filial-Kirchdorf im Waſſertrüdinger Kreiſe des Fürſtenthums Ansbach, von 14 dahin gehörigen Unterthanen. 11 ſind fremdherriſch.

Beroldsheim, auch Berolzheim, Bayreuthiſches Dorf im Amte Hohneck bey Windsheim, welche Stadt 15 Unterthanen hier hat.

Berolsheim, katholiſches Pfarrdorf im Würzburgiſchen Landkapitel Buchheim.

Berolsheim, Ansbachiſcher Marktflecken, ehemals der Sitz eines Verwalter-Amts, liegt gegen Pappenheim zu, nicht weit von der Steinmühle unter Waſſertrüdingen, zu deſſen Kirche es jetzt gehört, zwiſchen Heidenheim am Hahnenkamp und Weiſſenburg am Nordgau. Es hat ungefähr 125 Häuſer, 450-660 Einwohner, zwey Kirchen und einige verfalle-

ne Schlöſſer. In den älteſten Zeiten gehörte es einer adelichen Familie von Berolsheim, deren Sohne es 1332 an den Ritter, Erkinger Seit, verkauften. Nach Verlöſchung der Seitiſchen Familie kam Berolsheim an die Herren von Veſtenberg. Auch die Grafen von Truhendingen und die Adelichen von Salach und von Holzingen hatten Güter und Gefälle daſelbſt und bereits vor der Reformation das Haus Brandenburg einige Unterthanen. 1667 gelangte der Ort ganz an Markgraf Albrecht. 1783 brannte der Ort bis auf 40 Häuſer ab. Durch die Wohlthätigkeit der Ansbachiſchen Brand-Verſicherungs-Geſellſchaft waren die Einwohner im Stande, alle ihre Brandſtätten wieder recht ſchön zu bebauen.

Berobrunn, Berolzbrunn, Brantbaih, Weiler auf Hohenlohe-Schillingsfürſtiſchen Territorium, welches von Rothenburg 1406 mit Gailnau erkauft worden; es iſt nach Wörnitz eingepfarrt. Die Unterthanen ſind brandenburgiſch, und nach dem Amte Sulz vogt- und ſchatzbar, die Fraiſch Hohenlohiſch. Vom Zehenden gehört die Hälfte nach Sulz, die Hälfte der Pfarrey Wörnitz im Rothenburgiſchen Gebiet.

Bertlsdorf, Weiler im Fraiſchbezirke des ehemaligen Ansbachiſchen Richter-Amtes Roßſtall. 1597 verkaufte ihn Wolf. Balth. von Seckendorf an Markgraf Georg Friedr. von Brandenburg.

Bertolsdorf, Pfarrdorf im Ansbachiſchen Kameralamte Windsbach, am Fiſchſchen Jurach, mit 24 Unterthanen.

Beſenmühl. (die) im Ansbachiſchen Kameralamte Gunzenhauſen.

Beſſingen, ſ. Alt-Beſſingen und Neu-Beſſingen.

Beskleßmühl, Reichsstadt Rothenburgische oberschlächtige Mühle, welche zwischen Wettringen und Reichenbach liegt, 2 Mahlgänge und 1 Gerbgang hat.

Bestenheid, evangelisch lutherisches Filial-Dorf der Stadtpfarrey Werthheim, von 24 Haushaltungen, in der Grafschaft Werthheim eine kleine halbe Stunde unterhalb Werthheim, am Maine, auf der Werthheimer Seite.

Bestleßmühle, (die) Hohenloh-Schillingsfürstische Mühle unweit Bellershausen mit schönen Feldern.

Betlmansleiten, mit Holz bewachsene lange Berghänge im eichstättischen Pfleg- und Kastenamte Alpfenberg, bey Attenzell zum Schellderfer Forst gehörig, und ganz von Attenzeller Hofhölzern umgeben. Ist mit dem im eichstättischen Amte der Landvogtey gelegenen, und zum Pfinzer Forst gehörigen Waldplatze, der Bettlman genannt, nicht zu vermischen.

Bettenburg, Rittersitz der Herren von Truchseß zu Wetzhausen, zwey Stunden von Königsberg gegen Coburg, zum Ritterorte Baunach gehörig. Der jetzige Besitzer hat den boden Berg dieses alten Schlosses nebst dem daran grenzenden Wald mit ungemeinen Kosten urbar machen, und mit romantischen Einrichtungen verzieren lassen. Die Anlagen bezeugen den Wohlstand des unverheuratheten Besitzers eben sowohl, als den feinen Geschmack desselbigen. Freundliche Aufnahme und seltene Gastfreundschaft des adelsfränkischen Ritters machen die späteste Erinnerung aller, die ihn noch besuchten, zu einem entzückenden Andenken, das sich gewöhnlich in Dank und Achtung gegen den seltenen Mann auflößt.

1248 nach Ausgang des Schlüsselburgischen Geschlechtes fiel dieses Schloß dem Stifte Bamberg zu, von welchem es an die Familie von Truchseß kam.

Bettendorf, s. Arnstein das Städtchen.

Bettenfeld, evangelisches Pfarrdorf innerhalb Reichsstadt Rothenburgischer Landwehre, eine Stunde von der Stadt gegen Kirchberg gelegen. Vor einiger Zeit hatte es 15 Gemeinbrechte, darunter waren 6 Brandenburgische, 2 Adeliche und 7 Rothenburgische Unterthanen; jetzt sind daselbst noch einige mehr. Jeder Unterthan ist seiner Herrschaft schatzbar. Die fraischliche Gerechtigkeit ist Rothenburgisch. Die Pfarrey besetzt Ansbach, und stund bisher unter dem Decanat Leutershausen. Der große Zehend gehört zu 2/4 den Herren von Seefried, und 1/4 nach Ansbach in das Kastenamt Insingen. Es hat 8 Dienste und stellt 4 Wagen. Gegen Bettenfeld hin an der Sandtauber liegt eine Papiermühle, die sehr gutes und gesuchtes Papier liefert. Desgleichen eine Hammerschmiede.

Bettenhausen, großes volkreiches Meiningisches Dorf im Amte Maßfeld, liegt 2 Stunden von Mehlungen gegen Südwesten an der Herpf und gränzet an des Eisenachischen Amts Lichtenberg Dorf und Marktflecken Helmershausen. Es ist mit einer Mauer umgeben und hat 109 Häuser, in welchen sich 516 Seelen befinden. Vor dem dreyßigjährigen Kriege war das dasige Pfarrspiel so volkreich, daß man noch einen Caplan anstellen mußte. Spangenberg meldet, daß Ao. 1241 zwischen Graf Bertholden von Henneberg, und dem Kloster

ster St. Andreas bey Fulda, um den Wiederkauf bey Bettenhausen ein Vertrag errichtet worden sey. Siehe auch Schulthes dipl. Geschichte des Hauses Henneberg, Th. 2, S. 135. Ohngeachtet der Größe und Weitläuftigkeit des dasigen Ackerfeldes ist doch der Getraidbau wenig beträchtlich, denn die meisten Aecker auf der Ost- und Süd-Seiten des Dorfes bestehen aus schlechten rothen Kies und sind noch dazu durch viele starke Gewitter-Güße, die von jeher zum öftern in diese abhängige Felder eingefallen sind, so sehr zerrissen worden, daß ein großer Theil davon völlig unbrauchbar ist. Auf der andern Seiten des Dorfes sind sie etwas besser, doch sind der schlechtern auch weit mehr als der bessern, daß also im Ganzen von diesen Feldern keine reiche Ernde zu hoffen ist. Was den Wieswachs betrifft, so könnte derselbe nach Beschaffenheit des Bodens viel besser seyn; allein die Wiesen waren von jeher, in Ansehung der Kultur sich selbst überlassen, und erst zu jetzigen Zeiten saugen mehrere Wiesenbesitzer durch das rühmliche Beyspiel des dasigen Herzogl. Forstbedienten und geschickten Oekonomen, Hrn. Abels, an, auf die Verbesserung ihrer schlechten Wiesen zu denken, und durch dieselbe sowohl, als auch durch den häuffigen Anbau der Esparcette, als wozu ihre schlechten Felder noch am besten zu gebrauchen, ihre Viehzucht merklich zu erhöhen, wie sie es denn auch seit einigen Jahren schon ziemlich weit hierinn gebracht haben. Auch in Ansehung der Baumzucht erweisen sie sich sehr geschäftig und pflanzen aller Orten, wo es sich nur thun läßt, allerley Gattungen von Kern- und Steinobst. Außer dem Ackerbaue und der Viehzucht nähren sich die meisten Einwohner von Flachs und Baumwollenspinnen, als wozu Jung und Alt geschickt und geneigt ist, überdieß sind 5 Ziegelbrenner und 3 Hafner hier, die ihre Gewerbe sehr stark treiben. Unter andern Handwerkern sind die Weber die zahlreichsten und machen nicht allein viel Leinentuch, sondern auch viel Barchend.

Zur Bettenhäuser Flur gehören folgende Wüstungen: 1) Ottenhausen, auf der Seite nach Rupperts zu, hat zwar nicht den besten Ackerbau und Wieswachs, aber die Waldungen haben wenig ihres gleichen; sie sind besonders reich an schönen Bau Fichten (Kiefer) 2) Rughards und 3) Neidhards, welche beyde nicht viel sagen wollen. In die Bettenhäuser Kirche, welche vorhin zum Sprengel des Abtes zu Fulda gehörte, sind eingepfarrt, 1) Trebes, ein Dörflein an dem Abhang des Gebabergs, hat 10 Häuser 77 Seelen. Es ist nicht weit davon ein Erdfall, das Trebeser Loch genannt, es ist ziemlich groß im Umfang und hat die Gestalt eines umgekehrten Kegels und ist ringsherum mit Holz bewachsen bis auf den Boden. Es liegt ganz nahe am Herpfer Wege. 2) Hutsberg oder Heftenhof, ein Hof am Fuße des Berges, auf welchem noch die Ruinen von dem alten Schlosse Hutsberg zu sehen sind. Die da herum liegende große Waldung gehört Herzoglicher Cammer, und 3) Schmersbach, ein Hof und Rittergut, so dem Herrn von Wildung zusteht; er liegt in einer waldigten Gegend, in der es sehr viele Querhähne bühne giebt. Bey diesem Hof ist auch ein merkwürdiger Teich. Er hat keinen sichtbaren Zufluß von irgend einer Quelle, weder von außen noch von innen und fließt doch beständig Wasser aus demselben. Die Ursache ist wohl die Beschaffenheit des da herum liegenden Bodens, denn derselbe ist beständig feucht, wie ein getrunkter Schwamm, übrigens wird der Teich alljährlich gefischet und bringt gute Beute.

Bettenhofen, eichstättisches zum Pfleg = und Kastenamt Nassenfels gehöriges Pfarrdorf, liegt 3 Stunden von Eichstätt, nicht weit von der Schutter zwischen Mühlhausen und Nassenfels, von letzterm etwa 1 1/2 Stunden entfernt.

Auf dem Berge oben steht, nebst dem Pfarr = und Schulhause, die Kirche, welche weit und breit herum gesehen wird, und es ist ein Sprichwort in der Gegend: Mache mir nichts weis, ich kenn schon Bettenhofen, liegt die Kirche auf dem Berg. Das Dorf am Fuße dieses Berges zählt etliche 20 Gebäude, und Unterthanen, wovon 7 zum Domkapitlischen Richteramt in Eichstätt, alle übrige aber zum Kastenamt Nassenfels gehören. Dieser Ort ist ebenfalls in dem Vergleich begriffen, welchen Eichstätt mit Bayern im Jahre 1305 geschlossen hat.

Bettenhofen, Pettenhofen, nürnbergisches Dörfchen des Amtes Altdorf, 1 Stunde davon.

Bettingen, Deutschmeisterisches Dorf am Neckar, 1 1/2 Stunden von Gundelsheim, in das Amt Horneck gehörig.

Bettingen, Dorf bey Ulm, das die Nonnen zu Söflingen und der deutsche Orden mit einander in Gemeinschaft besitzen. Die deutschmeisterischen Unterthanen stehen unter dem Obervogte zu Ulm.

Bettingen, evangelisch lutherisches Pfarrdorf mit 2 Filialen, Urfar und Lindelbach, in der Grafschaft Werthheim, in der Nähe des Mayns, zwey Stunden von Homburg am Mayn.

Bettstadt, im Jahre 788 Botolfstatt, im Bezirke des Würzburgischen Amtes Ebern gegen Eltmann. Es besteht aus 15 Unterthanen, steuert zum Ritter = Orte Baunach, und gehört den Herren von Guttenberg. Es gehörte ehemals Appeln von Stein, welcher es 1503 an Moriz von Guttenberg zu Guttenberg verkaufte.

Bettwar, nach hiesiger Mundart Böbe, Reichsstadt Rothenburgisches Pfarrdorf innerhalb der Landshegg, welches an der Tauber eine Stunde von Rothenburg gegen Creglingen liegt. Es hat 23 bis 25 Gemeindrechte, und die Pfarrey zählte im Jahre 1745, 264 = und 1775, 277 Seelen. Der Getraid = Zehend gehört dem Pfarrer des Orts, der Wein = Zehend dem Spital zu Rothenburg. 1483 erkaufte es Rothenburg von dem Küchenmeister zu Nordenberg. Zunächst dem Orte lieget die Oel = und Bossenmühle.

Beurfelden, Erbachisches Dorf, 2 kleine Stunden von Erbach gegen Werthheim.

Beutelohe, Weiler im Ansbachschen Kreise des Fürstenthums Ansbach, mit 6 dahin gehörigen Unterthanen, 3 sind Ritterschaftlich.

Beutelmühl, (die) im Ansbachschen Kameral = Amte Gunzenhausen.

Beutelsdorf, Dörfchen im Bambergischen Amte Herzogen = Aurach

Beutlingen

rach, eine kleine Stunde davon, besteht aus blos Bambergischen Unterthanen, in ohnstreitiger Zent und Landeshoheit. Von 6 Häusern ist ein einziges Guth dem Vorcheimer Spital lehenbar, worüber jedoch das Amt Herzogen-Aurach auch die niedere Vogteylichkeit und Theilungsgeschäfte, nebst Markung auszuüben hat.

Beutingen, großes Pfarrdorf, weswegen es auch Langenbeutingen genennt wird, eine Stunde von Oehringen, wohin es gehört. In Urkunden heißt es Buttingen (Buttinga im Brettachgau) weil vermuthlich die alten Herren von Büdingen, oder nach der ältern Schreibart von Buttingen, Besitzer davon waren. Im Jahre 1591 kam es mit allen Gerechtigkeiten völlig an Hohenlohe. Nächst dabey hatten die Herren von Neydeck ihr Stammschloß, deren der lezte des Stammes, Sigmung von Neydeck im Jahre 1588 sich selbst entleibte. Die Seelen-Zahl der Einwohner beläuft sich gegen 730. Seit 9 Jahren sind 78 mehr gebohren worden, als gestorben. Uebrigens ist in diesem Orte viel Industrie. Die Haupt-Nahrungszweige sind Ackerbau und Viehzucht, auch Weinbau und Handwerksgewerbe.

Bey dem Weyher, Hof im Bucchischen Quartier unweit Gersfeld, wohin die Einwohner pfarren.

Beyerlbach, Weiler im Bezirke des Crailsheimischen Kreises im Fürstenthum Ansbach.

Bezendorf, Weiler im Fraischbezirke des ehemaligen Ansbachischen Richter-Amtes Roßstall.

Bezenhof (der) im Crailsheimischen Kreise des Fürstenthums Ansbach.

Bezenstein, Pezenstein, Nürn-

Bezenstein

bergisches Amt, Städtlein und Schloß, sechs Stunden von der Stadt gegen Bayreuth, 2 Stunden von Hiltpoltstein gegen Auerbach. Den Markt Pezenstein und das dabey gelegene Schloß Stierberg, brachte Kaiser Karl IV. im Jahre 1355 an die Krone Böhmen, da es vor Alters seinen eigenen Adel hatte.. Nachher kam es an die Grafen von Leuchtenberg. Um das Jahr 1400 hat Peter Haller, Bürger zu Nürnberg, Albrecht, Landgraf zu Leuchtenberg, und Johann, seinem Sohne, 2100 fl. geliehen, wofür sie ihm das Schloß Stierberg, nebst dessen Zugehörung Pfandsweise einräumten, und weil der Rath zu Nürnberg dem Haller zu dieser Pfandschaft 500 fl. geliehen hat, so hat er der Stadt Nürnberg das Oefnungs-Recht darauf verschrieben. Damals gehörte Pezenstein noch den Landgrafen zu Leuchtenberg, nachher aber kam beydes an die Pfalzgrafen und Herzoge in Bayern, und von diesen an die Stadt Nürnberg. Das Schloß Stierberg hat ein Niedergericht und eine Wildbahn; die Obrigkeit gehört nach Pezenstein. Bey dem Schlosse ist ein Weiler, welcher 10 Unterthanen hat. Der Markt Pezenstein ist im bayerischen Krieg ausgebrannt worden; der Rath zu Nürnberg aber hat den armen Leuten Vorleben gegeben, daß sie solchen wieder aufbauen konnten. Im Jahre 1536 wurde eine Mauer um den Markt geführt, und nachher ein tiefer Schöpfbrunnen gegraben, welcher 46 Klaftern tief ist. Der Bau wurde im Jahre 1543 am 12 Junius angefangen, und im Jahre 1549 vollendet. Der Markt enthält 57 Unterthanen und 7 außerhalb

ſerhalb der Mauer. Ehemals gehörte die daſige Pfarre nach Büchel. Die neuerbaute Kirche daſelbſt iſt im J. 1748 am 15 Sonntag nach Trinitat. eingeweihet worden. Eingepfarrt ſind: 1) Pezzenſteln, 2) Hüll, wo das Jahr über ſechsmal geprediget werden ſoll. Dieſer Ort ſollte eigentlich die Pfarre ſeyn, wie denn die Pezenſteiner noch daſelbſt ihre Begräbniße haben. 3) Weidenſees, 4) Mergnes, 5) Hungar, 6) Claußberg, (Taßberg) 7) Eckenreut, 8) Weiganz, 9) Hezendorf, 10) Stierberg, 11) Raiperögſee, 12) Münchs, 13) Leupoltſtein, 14) Krötenhof, 15) Otreuberg.

Betzmannsdorf, iſt Bayreuthiſch und 1/2 Stunde von Culmbach, am weißen Main.

Betzmannsdorf, Weiler von 2 Unterthanen unweit dem Ansbachiſchen Flecken Kloſter Heilsbrunn.

Bibert, (die) darf mit dem Flüßchen Biebert im Ansbachiſchen Kameral-Amte Caboltzburg nicht verwechſelt werden. Sie entſpringt auf dem Steigerwalde unfern des Schwarm- oder Schwanbenberges, lauft bey dem Würzburgiſchen Städtchen Bibert vorbey und ergießet ſich oberhalb Neuſtadt in die Aiſch.

Biberbach, eichſtättiſches zum Ober- und Kaſtenamte Hirſchberg Beylingries gehöriges Filialkirchdorf von Blankſtetten, liegt zwiſchen Beylngries und Blankſtetten, vom letztern nur 1/4 Stunde entfernt, im Sulzgrunde. Von den 27 Unterthanen gehören 17 auf Sulzburg, 9 nach Beylngries und 1 nach Blankſtetten. Auch iſt ein fürſtlicher Unterförſter allda.

Biberg, auch das Hirnſtätter Walzenthal genannt, iſt ein mit Holz bewachſenes langes Thal in der eichſtättiſchen Forſten Altorf zwiſchen den Götzlharder- und Hörlhof, es gehet der Weeg von Altorf nach Wachenjeſt durch.

Biberck, eine Gegend bey Eitensheim im ſogenannten Gäu zum eichſtättriſchen Landvogteyamt' gehörig, wo ehedem 2 Höfe ſtunden, deren Zugehörungen, ſeitdem jene ganz eingegangen ſind, zum Dorf Eitensheim geſchlagen wurden.

Biberswehr, Biberswöhrd, Weiler unweit dem Bayreuthiſchen Städtchen Creuſſen. Die Einwohner pfarren in die Hauptkirche dieſes Städtchens.

Bibra, proteſtantiſcher Marktflecken im Canton Röhn Werra, liegt an der Grenze des heutigen Grabfeldes zwiſchen Meiningen und Römhild. In jede von dieſen Städten hat man aus Bibra 3 Stunden. Dieſer Ort hat 82 Häuſer, eine anſehnliche Pfarrkirche, ein bewohnbares Schlößgen, und eine in Ruinen liegende Burg. Einwohner ſind da: 342 chriſtliche und 68 jüdiſche. Jene nähren ſich meiſtens vom Ackerbaue, welcher hier ſehr ergiebig iſt, doch fehlt es auch nicht an Handwerkern. Unter andern wohnt ein geſchickter Hornbrechsler da. Die Ortsherrſchaft iſt die bekannte Familie von Bibra, welche von jeher im fränkiſchen Kreiſe ſehr ausgebreitet war, noch anſehnliche Güter hat, und manchen um das Vaterland verdienten Mann unter ihren Vorfahren aufweiſen kann. 1357 erhielt ſie die Anwartſchaft auf die Würzburgiſche Untererbmarſchallſtelle, alternirte darinnen eine Zeitlang mit der Familie von der Kehre, und nachdem dieſe im Mannsſtamme erloſchen war, fiel die gedachte

dachte Würde an die Familie von Bibra allein, deren jedesmaliger Senior dieselbe mit den davon abhangenden Emolumenten zu genießen hat. Ihr Stammhauß ist dieses Bibra. Der Rath u. Bibliothekar Walch in Meiningen hat, vermöge eines von der Bibraischen Familie erhaltenen Auftrages die Geschichte und Genealogie dieses zahlreichen Hauses vor wenigen Jahren gesammelt, und sie sollte billig gedruckt werden, da sie manche fräulischen Verhaudlungen und Vorfälle mehr aufklären würde. Man liest beynahe keine Hennebergische und Würzburgische alte Urkunde, in welcher nicht Herren von Bibra als Zeugen, oder in einer andern Eigenschaft vorkämen. Sie theilen sich in verschiedene Linien. Zween aus dieser Familie waren Bischöffe zu Würzburg. Laurentius von Bibra von 1495 bis 1519 und Conrad von Bibra von 1540 bis 1544. Jener ließ 1499 das große opus Missaticum corrigiren, und durch M. Georg Reyßern neu drucken, auch bewirthete er Luthern auf seiner Reise nach Worms sehr freundlich. Kurz vor seiner Besteigung des bischöfflichen Stuhls, nämlich 1492, ist die ansehnliche Kirche zu Bibra erbauet worden. Sie war lange Zeit Mutterkirche von mehreren Filialen, deswegen wurde sie größer gebaut, als es für Bibra ohne Filialisten jetzt nöthig ist. Sie hat aus den Zeiten des Pabsthumes noch mehrere Seitenaltäre und viele Bibraische adeliche Grabmäler. Folgende Innschrift verdient wegen des schlechten Lateins, das man im 15ten Seculo hatte, aufbewahrt zu werden: Anno Domini 1494 Anthonius de Bibra pernoctavit in vico Euerbache una cum CX equestris in vigilia Nicolai Ep. et permanserunt ibi usque in diem Nicolai circa vesperas, quo recesserunt, et dies Nicolai erat in Sabbatho, et mane sequendi, h. e. die dominica mane obsedit castellum, quod dicitur Meynbernheim, pertinens ad coronam regia Bohemie, cum magno exercitu et spoliarunt castellum et capta sunt omnes cives in eodem cum adjutorio multorum nobilistarum et peditum de Thungen et Hutten. — In der Sakristei befinden sich verschiedene seltene Drucke von Kirchenvätern, Mißalien und in das Canonische Recht einschlagende Bücher, welche Kilian von Bibra, Domherr und Doktor Juris, dahin gestiftet hatte; sie sind aber von unwissenden Leuten so zerfleischt, daß man darüber weinen möchte. Es waren meistens Prachtausgaben. Das in Ruinen liegende Schloß hatte einen sehr tiefen Graben, viele Thürme und hohe Mauren, so daß es in ältern Zeiten ziemlich vest gewesen seyn muß. Weinrich im Hennebergischen Kirchen- und Schulenstaat erzählt: dieses Castrum sey zu Ende des dreysigjährigen Krieges, 1647, von feindlichen Partheien mit Sturm erobert und zerstört worden; allein in dem nicht weit davon aufgeführten neuen Schloßgen ist ein Stein mit der Nachricht eingemauert: daß das alte Schloß 1525 von den Bauern in dem Bauernkriege verwüstet worden sey. Bey dieser Catastrophe mag freylich die Bibraische Familie, wie Weinrich sagt, manches schätzbare Dokument verlohren haben, doch befindet sich noch immer ein an-

ansehnliches Archiv, in dem vom alten Schlosse stehen gebliebenen hohen Thurme. Die dortigen Herren von Bibra werden von Kaiser und Reich mit einem Zolle in der Bibraischen Markung beliehen, und dürfen 2 Jahrmärkte in diesem Dorfe halten. Sie haben es — wie in mehreren anderen Dörfern ihres Geschlechts hergebracht, daß sie die Unterthanen in Kutschen fahren müssen, wohin sie wollen. Dieß macht eine beträchtliche Ausgabe und Geschäftsstöhrung, wenn der Herr des Dorfes nicht edel denkt. Auch an andern Frohnden fehlt es nicht. Der Unterthan darf kein Ei, kurz, nichts Eßbares verkaufen, ohne es vorher seiner Herrschaft angeboten zu haben. Seit wenn dieses aufgekommen ist, ist unbekannt. Die Besitzer des Dorfes haben sehr beträchtliche Waldungen und Jagden bei Bibra, und kein geringes Schloßgut. Den Zehenden erhebt die gut dotirte Pfarrey sogar von den herrschaftlichen Gütern. Der jetzige Herr des Dorfes, Herr Joseph Hartmann Freyherr von Bibra, ist Würzburgischer Capitular und stirbt folglich ohne Kinder. Nach seinem Tode fällt alles, was er hat, an seine evangelischen Vettern in Höchheim und Brünnhausen. Diese Herren haben schon jetzt einige Renden und Antheile an Bibra. Die Lehensherrschaft ist Henneberg. Siehe Schulthes diplom. Geschichte diefes gräflichen Hauses, Theil II. S. 150.

Biebelried, katholisches Pfarrdorf im Würzburgischen Cent - Amt Kitzingen an der Landstraße dieses Städtchens nach Würzburg. Das daselbst befindliche alte Schloß war ehmals ein Sitz der Tempelherren. Jetzt gehört es, nebst der Nieder - Gerichtsbarkeit, in die Kommenthurey des Malthefer - Ordens zu burg.

Bieberach, stark bewohnter evangelisch - lutherischer Marktflecken, dem deutschen Orden zuständig, zu dessen Amte Kirchhausen er gehört.

Bieberbach, Dorf im Bezirke des Bambergischen Amtes Wolfsberg, 2 Stunden von Streitberg gegen Nürnberg, worinn nebst Ritterschaftlichen - und Nürnbergischen Unterthanen 5 Bambergische sitzen, welche ehemals zum Rittergute Wichsenstein gehörten. Die Dorfs - Gemeind - und Flurherrschaft stehet sämmtlichen Herrschaften, die darinn Unterthanen haben, cumulative zu.

Bieberbach, Weiler im Anspachischen Kameral - Amte Feuchtwang, mit 7 dahin gehörigen Unterthanen.

Bieberbach, bayreuthisches Dorf des Kreis - Amtes Wunsiedel, 2 Stunden von Thiersheim.

Bieberehren, Würzburgisches katholisches Pfarrdorf von 102 Häusern, in welchen 574 Personen wohnen, im Amte Röttingen an der Tauber. Es kam mit Reichelsberg 1390 durch Austausch von Bamberg an Würzburg. Hier sind 1332 M. Aeckerfeld, 114 M. Wiesen, 336 M. Weinberge, 115 M. Waldg. 60 M. Garten. Den Zehend auf der Markung hat das Collegiatstift St. Stephan zu Bamberg. Die Schäferey ist halb Erbbestand, halb eigenthümlich. Der Schullehrer hat 108 fl. Frk. Gehalt, da die Kinder von Klingen dahin zur Schule gehen; so waren deren 1796. 60. Hier sind 26 Handwerker.

Bie-

Biebergau, Würzburgisches zum Cent-Amt Kitzingen gehöriges Kirchdorf mit einem Schlosse an der Heerstraße von Würzburg gegen Bamberg, 2 Stunden von Würzburg, und eben so weit von Dettelbach. Die Universität zu Würzburg hat darinnen einen Schultheißen, auch der Maltheser-Orden besitzt einige Lehen daselbst. Ehemals steuerte es zum Kanton Steigerwald, und gehörte der Familie von Fuchs zu Birnbach. Es enthält 29 Christen- und 9 Juden-Haushaltungen, die Christen pfarren nach Euerfeld.

Biebersfeld, im Ritter-Orte Ottenwald bey Münken.

Biebert, (die) mittelmäßiger Fluß; er entspringt an der Bayreuthischen und Ansbachischen Grenze bey den Weilern Schmalenbühl und Heidlingen. Sein Lauf ist schnell. Außer verschiedenen andern Bächen nimmt er die Metloch auf und bey Zirndorf einen von Egersdorf, unweit Cadolzburg, herkommenden Bach. Wo dieses Flüßchen bey Alzenberg in die Rednitz fällt, ist es ungefähr 12 Schuh breit. Er hat Weißfische in Menge. Man findet auch Hechte und Barben darinne.

Biebert, auch Marktbibert, das Würzburgische Ober- und Centamt. Es grenzt gegen Morgen und Mittag an das Würzbergische, Bayreuthische und Ansbachische, gegen ... an die Grafschaften Lim... Castell, gegen Mitternacht wieder an das Schwarzenbergische, die Grafschaft Castell, und den Steigerwald. Das ... größtentheils eben, hat ... mehr kiesartigen ... Boden. Hier wird ... Hafer gebauet. In Heu

und Nachheu wird so viel gewonnen, daß die angrenzenden Gegenden von hier aus versehen werden können. In diesem Oberamte sind viel Seen, die theils zu den fürstlichen Kammergütern gehören, theils den Orts-Gemeinden eigen sind. Die Waldungen bestehen größtentheils aus Laubholz und sind beträchtlich. Viele Eichstämme werden außer Landes verfahren, übrigens nähren sich die Einwohner größtentheils vom Feldbaue. Man findet hier auch Sand- und Eichen-Steine. 1 Städtchen, 6 Dörfer, 3 Weiler gehören zu diesem Ober-Amte.

Biebert, auch Marktbibert, Würzburgisches Städtchen an der Landstraße von Würzburg nach Nürnberg, 5 Stunden von Kitzingen und drey von Neustadt an der Aisch. 1390 wurde der Ort von Bamberg an Würzburg vertauscht. Die Bürger, deren 220 sind, nähren sich größtentheils von Feldgütern, doch findet man unter ihnen auch einige Professionisten. Hier wohnt ein Ober-Amtmann, Keller, Zentrichter und Forstmeister. Die Pfarrkirche ist vom Bischoffe Julius erbauet.

Bieg, Weiler im Ansbachischen Kameral-Amte Colmberg, mit 10 dahin gehörigen Unterthanen.

Biegenhof, einzelner Hof an der Regnitz, im Bambergischen Amte Haustadt, pfarrt in die obere Pfarre der Residenzstadt Bamberg und hat seinen eigenen Flur, der an die von Haustadt und Dörflein anstößt.

Biegersgut, Weiler im Bezirke des Culmbachischen Kreises. Die Einwohner pfarren nach Kirchleis.

Bielberg, oder Buhlberg, beträchtlicher Hof bey Hohenek nach Ipshelm ins Amt gehörig.

Bind-

Biengarten, ein den Herren von Erellsheim zugehöriges Dorf, in der Cent Höchstadt, wo dieses Bambergische Amt die Cent als eine Staatsdienstbarkeit ausübt. Die Einwohner pfarren nach Kairlindach.

Biengarten, Bayreuthisches Dorf des ehemaligen Amts Hallerstein, nunmehr des Kammer-Amtes Miluchberg von 16 Häusern und 69 Einwohnern.

Bierberg, Einzeln im Bambergischen Amte Cronach, ward im 30jährigen Kriege den 19 May 1634 von den Culmbachischen Völkern abgebrannt.

Bieringarn, ein katholisches Pfarrdorf im würzburgischen Landkapitel Buchen, eine halbe Stunde oberhalb Kloster Schönthal, an der Jagst, am Eingange in ein schönes Wiesenthal. Die Abtey Schönthal ist Vogteyherrschaft; 2/3 des Orts gehören dem Kloster seit den ältesten Zeiten; 1/3 gehöret der adelichen Familie von Werdenau, es steuert dieses 1/3 zum Ritter-Orte Ottenwald. Das maynzische Amt Krautheim hat über das Dorf die Landeshoheit und die peinliche Gerichtsbarkeit. Der Pfarrer ist ein Schönthaler Kloster-Geistlicher, und wohnt in dem hiesigen Schlosse des Klosters. Der Antheil des Klosters wurde 1631 durch Kauf erworben.

Bildhausen, Cisterzienser Mannsabtey, 6 Stunden von der Reichsstadt Schweinfurt und 2 von dem Würzburgischen Landstädtchen Münnerstadt, in einer Getraid- und holzreichen Gegend. Dermalen besteht es außer dem Abte aus 38 Mönchen. Nach dem Vermögen des Klosters, es hat bey dem Rückzuge der Franzosen 1796 ungemein gelitten — sucht der jetzige Abt Nivardus die Klostergebäude, die Bibliothek, und was dahin Bezug hat, immer zu erweitern und seinen Untergebenen Liebe zu den Wissenschaften einzuflößen. Das Kloster wurde von 1156 von Pfalzgraf Hermann am Rhein gestiftet. Hermann starb als ein Layenbruder zu Ebrach und wurde nach seinem Tode zu Bildhausen begraben. Die ersten Mönche stammten von Ebrach. Graf Bertold zu Henneberg schenkte dem Kloster eine reiche Fastenspeise, nehmlich den Zehenden von dem im Meiningischen Lande befindlichen Hermannsfelder See. Die zur Fischerey kommenden Patres musten ehemals den Anwesenden Wein und Gewürz mitbringen. Das ist nun verglichen und das Kloster erhält jetzt eine gewisse bestimmte Summe an Fischen, die mehrere 100 Centner betragen sollen.

Bilfershausen, im Bezirke des Würzburgischen Oberamtes Werneck, 2 Stunden davon gegen Gmünd.

Billingshausen, evangelisch lutherisches Pfarrdorf, der Grafen von Castell-Remlingen, unfern dem Marktflecken Remlingen.

Billingspach, Hohenloh Langenburgisches Pfarrdorf 2 Stunden von Langenburg, von 4 öffentlichen und 50 Wohnhäusern. Es liegt auf der Ebene, doch eine trigt. Es leben allhier 325 Seelen; 1 Bauer und 1 Köhler gehören dem Herrn von Gösten. Die Nahrung ist Feldbau und Viehzucht, welche lettere sehr ansehnlich ist, so, da außer 5 Pferden, 110 Ochsen, 105 Kühe, 80 Stück junges Rindvieh, 24 Schaafe, u. 70 Schweine sich allhier befinden.

nebst dem fürstlichen Jägerhause, eine schöne herrschaftliche Zehendscheuer daselbst anzutreffen. Der Ort war sonst mehrerer Bedeutung. Die Herren von Hartenstein waren in ältern Zeiten Besitzer, auch die bekannten Süßel von Mergentheim waren daselbst begütert. Ertenhausen bey Bartenstein pfarrte dahin, bekam aber 1334 seine eigene Pfarrey. In einem Zeitraum von 10 Jahren sind der Gebohrnen 28 mehr, als der Gestorbenen.

Bimbach, Biunbah, Bünbah, evangelisch-Lutherisches Pfarrdorf des Kantons Steigerwald nahe bey dem Würzburgischen Städtchen Ober-Schwarzach mit einem Schlosse, dem Stammhaus der freyherrlichen Familie Fuchs von Bimbach, das zu Anfang dieses Jahrhunderts zum drittenmale wieder neu erbauet worden ist. Es enthält 30 Wohnhäuser, ohne Scheunen und Nebengebäuden, 1797 wohnten 129 Seelen darinn. Die Kirche ist 1566 erbauet. An öffentlichen Gebäuden findet man sonst noch daselbst ein Amt- Pfarr- und Schulhaus, nebst einer Gemeindeschmiede. Bey dem Beamtenhause ist ein schöner herrschaftlicher neu angelegter Garten. Der Boden ist sehr verschieden, aber doch größtentheils gut; Korn, Waitzen, Gerste und Hafer werden am häufigsten gebauet, hier und da auch Dinkel und Flachs. Weinberge sind nur wenige, hingegen eine vorzügliche Meyerey, Gemeind- und 2 herrschaftliche Waldungen, wo Eichen, Buchen, Fichten und Tannen wachsen. Auch der Wieswachs ist gut. Die durch Bimbach fließende Schwarzach treibt in einem Laufe von nicht gar zwey vollen Stunden, als von ihrer Quelle bis zu ihrem Einflusse in den Mayn, 13 Mühlen, und friert nie zu. Von diesen Mühlen treibt sie eine im Ort, und eine ¼ Stunde davon. Bimbach gehörte ehemals dem adelichen Geschlechte Lemlein. Als Götz Lemlein starb, übertrug das Stift Würzburg, dessen Lehen es ist, das Dorf an Dietrich Fuchs, Rittern, 1504. Andere Nachrichten sagen, er habe es gekauft. Bis 1509 hatte er auch die übrigen Orte an sich gebracht, die das Bimbacher Amt ausmachten, als: Brünnau, Neudorf, Eschenau, einen Theil von Düttesfeld, Dampfach, Donnersdorf, Ebersbrunn, Geusfeld, Ober-Schleichach, Rügshofen, Unter-Schleichach, Westheim, Wüstfiel. In der Folge theilten sich die Fuchse in eine Gräfliche und Freyherrliche Linie ab. Erstere besaß die Herrschaft Bimsbach. Sie starb bald aus, dadurch kam Bimbach wieder an die letztere, welche ihren Hauptsitz zu Burg Preppach im Ritter-Orte Baunach hatte. Das Justiz- und Kameral Fach zu Bimbach wird von einem daselbst befindlichen Beamten besorgt.

Bindloch, Bayreuthisches Dorf mit einer der dasigen Superintendentur einverleibten Kirche, 2 Stunde von Bayreuth gegen Berneck. Seit 1766 ist die Kirche schön neu erbaut mit einem Thurme und prächtigem Altare, Orgel, Taufstein. Man findet hier schöne Stucatur-Arbeit, Mahlereyen und Vergoldungen.

Binnsfeld, Binitzfeld, Würzburgisches katholisches Pfarrdorf von 60 Häusern im Amte Arnstein an der Wehrn, eine Stunde ober-

oberhalb Thüngen. Sein Schullehrer hat 43 fl. Bestallung. Im J. 1794 hatte er zum Unterrichte 40 Kinder. Es hat 2 Mühlen. Hier wohnt ein fürstlicher Wildmeister, die Hofkammer hat viele Wiesen da. Eine erloschene Familie von Binsfeld hatte nach dem Jnnhalte des Arnsteiner Saalbuches hier ihr Stammhaus.

Binsbach, katholisches Filial-Dorf von der Pfarrey Gänheim im Würzburgischen Amte Arnstein, zwischen Arnsteln und Gänheim, seitwärts von der Wehrn. Es hat 28 Häuser. Einen Schullehrer mit 40 fl. frk. Bestallung. Im Jahre 1798 harte es 46, die Schule besuchende Kinder. Es hat wenige, aber gute Wiesen-Gründe. Es geräth der Roggen auf der Markung des Orts am besten. Aber es hat kein Holz.

Binsberg, oder Pinzberg, ritterschaftl. Dorf, 2 Stunden von Beerchheim.

Binsenmühl, (die) im Ansbachischen Kreise des Fürstenthums Ansbach.

Binswangen, katholisches Pfarrdorf des deutschen Ordens. Es gehört zum Amte Neckar-Sulm.

Binzelberg, Hohenloh-Langenburgischer Weiler von 8 Wohnhäusern, ist eingepfarrt nach Michelbach an der Heyde. Allhier wohnen 53 Personen. Er liegt auf der Ebne; der Viehstand ist beträchtlich, indem er aus 10 Pferden, 53 Ochsen, 21 Kühen, 42 Stück jungem Rindvieh, 83 Schaafen und 15 Schweinen bestehet.

Binzenhof, Einzeln im Culmbacher Kreise, die Einwohner pfarren nach Trebgast.

Binzenleithen, Weiler im Kammer-Amte Bayreuth; die Einwohner pfarren nach Mengersdorf.

Binzenmühle, (die) Bayreuthische Mühle, 1/2 Stunde von Burg-Bernheim.

Binzenweiler. Weiler im Ansbach. Kameral Amte Feuchtwang mit 5 dahin gehörigen Unterthanen.

Binzwang, Marktflecken im Bayreuthischen an der Gränze gegen das Vogtamt Colmberg, liegt an der Altmühl 4 Stunden von Wahrberg gegen Norden hin. Das eichstättische Ober- und Vogtamt Wahrberg-Mirach hat alda Gericht, Recht und Vogtey, den Gassenfrevel, den Kirchenbschutz, die Ehhaft, die Gemeindsherrlichkeit und den Hirtenstab, dann etlich und 40 Unterthanen, das fürstliche Steueramt des Collegiatstifts Herrieden aber 1.

Die dortige Kirche zu St. Sebastian mit einem schönen und massiven Thurm gehört sammt dem Pfarr- und Schulhaus ebenfalls dem Bisthume Eichstätt.

Im Jahre 1601 den 18ten Hornung eben an einem Sontage nahm Markgraf Georg Friedrich von Brandenburg Onolzbach die Pfarr gewaltyätig und setzte statt des catholischen Pfarrers, dergleichen jederzeit daselbst war, einen evangelischen mit bewaffneter Hand ein, worauf von dem kaiserlichen Kammergericht wider den Markgrafen den ersten September des nemlichen Jahrs ein kaiserliches Pönal mandat de restituendo erkannt wurde.

Ueber den dortigen Amanhof trat schon im Jahre 1455 Meister Thomas Pirkheimer Probst zu Herrieden dem eichstättischen Bischoffe Johann von Eych die probistliche Lehenherrschaft und die Gerichtsfälle ab, welche Abtretung aber erst im Jahre 1468, weil sich des Kapitels Einwilligung

gung verzog, vollends zu Stand kam. Im Jahre 1537 und 1538 übergab Probst Ludwig Eyb zu Herrieden dem Eichstätrischen Bischoffe Christoph, einem gebohrnen Reichsgrafen von Pappenheim, diesen Amanhof selbst gegen eine gewiße jährliche Geld und Getraidsumme, bis solcher endlich sammt den übrigen im Jahre 1578 mit päbstlicher Bewilligung ganz zur bischöfflichen Tafel gezogen wurde. Im Jahre 1628 verkaufte Johann Höfelein, Aman zu Binzwang, dieses Amt sammt allen Zugehörungen für 4300 und 100 Thaler Leykauf an Eichstätt.

Birk, Bayreuthisches Dorf in die Kirchfahrt Hof gehörig, 1 Stunde von Hof gegen Bayreuth an der Landstraße. Diesen Ort übergaben die von Reizenstein an das fürstliche Haus. Die Häuser gehören mit den 66 Einwohnern in das Hospitalamt.

Birk, Bayreuthisches Pfarrkirchdorf 1 1/2 Stunden von Creussen. Hieher pfarren verschiedene benachbarte Dörfer und Weiler. Im Orte selbst sind 43 Häuser nebst einem Gemeindehaus und fünfzehn Scheuren. Der Einwohner sind 106, meistens Bauern und Taglöhner. Sie besitzen 191 Tagwerk Land, darunter sind 8 Tagwerke freyes Ritterland, 126 1/2 Aeckerfeld, 31 3/4 Wiesen, 1 1/4 Gärten, 2 Hutben, 21 1/2 Wald. Sie ernähren darauf 72 St. Rindvieh und eben so viele Schaafe. Die Aecker geben nur das 4 — 5 Korn, weil Wiesenwachs und Viehbestand mit dem Feldbaue in keinem richtigen Verhältnisse stehet, der Kleebau und die Stallfütterung noch verworfen, also wenig Heufutter gewonnen, und zur Sommerszeit der beste Dünger noch verschleppt wird. Die Erdprodukte sind die gewöhnlichen. Hülsenfrüchte werden wenig gebaut. Was die Einwohner an Getraide übrig haben, verfahren sie entweder nach Creussen oder Bayreuth.

Birk, Weiler im Wunsiedler Kreise, die Einwohner pfarren nach Weissenstadt.

Birkach, bey Gemeinfeld an der Baunach, über welche hier eine hölzerne Brücke geht, ein Kirchdorf, dem Ritterorte Baunach steuerbar. Die Herren von Truchseß auf der Bettenburg haben daselbst 14 Unterthanen. Es wohnen außer den Katholiken auch Evangelische hier, die für ihre Kinder einen eignen Lehrer halten. Die Acta parochial. versieht der Pfarrer zu Gemeinfeld. In den herrschaftlichen Wiesen steht eine von Truchseßische Heuscheuer.

Birkach, Weiler im Ansbachischen Kameral - Amte Feuchtwang, 1/2 Stunden südlich v. Aurach zwischen Steinbach und Grabenwind gelegen, zählt 11 Haushaltungen, wovon 5 mit aller vogteylichen Bottmäßigkeit zum eichstätrischen Vogt - Amte Turach, mit der Lebenbarkeit aber zu den Pfarreyen Weinberg und Elbersroth gehören.

Birkach auf der Haide, schwarzenbergisches Dorf ins Amt Marktscheinfeld gehörig, 1/2 Stunde von Korn - Höfstadt auf einem Berge gegen Osten, hat 13 Häuser, 14 Haushaltungen, von denen 2 evangelisch lutherisch sind. 3 Höfe gehören dem Freyherren von Künsberg in das Amt Steinbach. Der Vorsteher des Dorfs ist ein Bürgermeister, den Schultheißen siehe bey Kornhöfstadt, pfarrt nach

nach Markſcheinfeld. Dem Gottes-
dienſte wohnen die Orts-Ein-
nohner zu Korn-Hoͤfſtadt bey,
ſo wie auch die Kinder in die
Schule dahin gehen. Die Markung iſt groß genug, hat aber
ſchlechtes Feld. Gebaut wird
Korn, Haber, und Kartoffel. Der
Wieſen iſt wenig, daher auch geringer Viehſtand. Die Waldung
der Gemeinde iſt gering: aber
einige Bauern beſitzen betraͤchtli-
che Stuͤcke Waldung eigenthuͤm-
lich.

Birkach, Bambergiſches Dorf im
Amte Burg-Ebrach an der Landſtraße 1 1/2 Stunden von Bamberg gelegen. Es enthaͤlt 14
Kammerlehen, 1 dem Kloſter Michelsberg ob Bamberg, und 4
dem Freyherren von Seefried zu
Batteuheim lehen, u. vogtbare
Hoͤfe und Soͤlden. Die Summe
der Hoheits-Rechte uͤbt das
Amt Burg Ebrach. Nur von einem haͤuslichen Leben erhebt Herr
Seyfried die Ritterſteuer. Die
Zahl der Einwohner belaͤuft ſich
auf 79 Seelen. Der Viehſtand
iſt 27 Ochſen, 29 Kuͤhe, 4 Stiere, 12 Kaͤlber, 3 Pferde. Der
Boden iſt kalt und ſproͤde, daher iſt der Getraidbau nicht ſonderlich: Der Mangel des Fut-
ters verhindert die Aufbringung
der Viehzucht.

Birkach, Birkenau, vermiſchter
Weiler, welcher mit Nordenberg
an Rothenburg gekommen. Die
Fralſch-Gerechtigkeit wie auch
der Schaaftrieb iſt, vermoͤg Vertrags von 1525 zwiſchen Rothenburg und Brandenburg, letzerm
zuſtaͤndig; die Dorfs Herrſchaft iſt Rothenburgiſch. Der
Weiler hat ſechs Gemeindrechte,
darunter ſind 3 Rothenburgiſch.
Der Zehend gehoͤrt zu 2/3 denen
von Forſter und 1/3 der Pfar-

rey zu Buͤrgel. Die Rothenbur-
gliſchen Unterthanen leiſten ihrer
Herrſchaft 7 Dienſte und ſtellen
2 Waͤgen.

Birkach, Dorf im Kameral-Amts
Roth an der Pfaͤlziſchen Graͤnze
gegen Hilpolſtein.

Birkach, Ansbachiſches Dorf, eine
halbe Stunde von Colmberg.

Birken, Bayreuthiſches Schloß mit
einem Fraͤulein-Stift, eine halbe
Stunde von der Stadt Bayreuth.
Es hat eine Pfarrkirche, welche
in die Superintendentur dahin ge-
hoͤrt.

Birkenau, im Ritter-Orte Od-
tenwald.

Birkenau, ſ. Birkach.

Birkenbuͤhl, nahrhaftes Dorf im
Wunſiedler Kreis, wo viele Baum-
wollenſpinner und Weber ſind.
Die Einwohner pfarren nach
Thierſtein am Tietersbach.

Birkenfeld, Birchanefeld, evangeliſch-lutheriſches Kirchdorf von
29 Haushaltungen des Ritter-
Orts Baunach, 2 Stunden von
dem Wuͤrzburgiſchen Staͤdtchen
Hofheim, mit einem ſchoͤnen
Schloß, eintraͤglicher Gaͤrtnerey
und koſtbaren Fiſchteichen. Die
Mutter-Kirche iſt Walchenfeld.
Nach Abſterben des letzten Herrn
von Hutten zu Frankenberg kam
es an ſeine Allodial-Erben,
Voit von Salzburg und zwar der
Frau Obermarſchallin von Wildenſtein, der Frau Comitial Ge-
ſandtin von Gemmingen in Guttenberg und der Frau Kammer-
praͤſidentin von Woͤllwarth ge-
bohne von Fitzgerald. Die geſammte herrliche Waldung iſt herr-
ſchaftlich, und von gemiſchten
Holzarten, hat 2 unbedeutende
Wirthshaͤuſer.

Birkenfeld auch Pirkenfeld, war
ein adeliches Frauenkloſter Ciſter-
cienſer Ordens, und ſoll von
Burg-

Burggraf Friedrich III. und seiner zweyten Gemahlinn Helena Herzoginn von Sachsen 1276 für adeliche Jungfern gestiftet worden seyn. Nach dem Absterben der letzten Aebtissinn Dorothea von Hirschhaid wurde es 1540 unter Albrecht dem Jüngern einegezogen. Es liegt eine halbe Stunde oberhalb Neustadt an der Aisch, hat zwar keinen Wein- noch Hopfenbau, aber vorzüglichen Getraidbau und Viehzucht, und ist nun dem Kammeramte zu Neustadt einverleibt. Die ehemalige Klosterkirche ist nun eine Filialkirche des gegenüber liegenden Pfarrdorfes Schauerheim.

Birkenfeld, Würzburgisches katholisches Pfarrdorf im Amte Rothenfels, 2 Stunden von diesem Städtchen gegen Würzburg. Es hat 14 Häuser und 2 Mühlen. Der Schullehrer hat 113 Gulden Frk. Gehalt. 1791 hatte er 100 Schulkinder.

Birkenfels, Weiler mit dem schönen Ruin eines Hohenlohe und von Seckendorfischen Schlosses, im Kammeramte Onolzbach, zwey Stunden von der Residenz. Es wurde erkauft von Appel von Seckendorf. Die Einwohner pfarren nach Flachslanden.

Birkenhof, Onolzbachischer Hof von zwey Unterthanen in dem jetzigen Kameral-Amte Windsbach.

Birkenhof, einzelner Hof in der ehemaligen Vogtey Wirsberg, die nun das Kammer-Amt Culmbach in sich begreift.

Birkensee, kleines nürnbergisches Dorf im Amte Engelthal, eine Stunde davon gegen Altdorf, welches ehemals einen eigenen Adel hatte.

Birkig, Einzeln im Bambergischen Amte Cronach, ward im 30 jährigen Kriege, den 29 May 1632 von den Culmbachischen Völkern abgebrannt.

Birklein, kleiner eichstädtischer zum Pfleg- und Kasten-Amt Landsee Pleinfeld gehöriger Weiler, besteht in einzigen 2 Höfen, und liegt eine kleine Stunde von Pleinfeld nordwestlich zwischen Allmerstorf, Erlingsdorf und heiligen Blut am Walde Kühzagel genannt.

Birklingen, auch Neu-Birklingen, ehemal. Kloster Augustiner-Ordens, jetzt ein neu angelegtes Würzburgisches Dorf am Steigerwalde eine Stunde von Ippshofen, zu dessen Amte es gehört. Im 16 Jahrhundert war eine Wallfarth zu diesem Kloster sehr berühmt. Im Bauern-Kriege wurde das Kloster verwüstet und die Bewohner desselben fielen unter den Händen der Schwärmer auf eine unmenschliche Art. Um den Anbau der neuen Orts-Bewohner hat sich Fürst Franz Ludwig sehr verdient gemacht. Sie bestehen aus 15 Haushaltungen, und pfarren nach Ipphofen.

Birkthal, Thal im eichstädtischen Amte und Forste Kipfenberg, welches von dem Marktflecken gleichen Namens sich westsüdlich zwischen dem Michelsberge, und der sogenannten Schweinsucht, dann dem Saufang hinzieht, darnach aber theilet. Es steht in demselben eine eichstädtische Sallitterhütte und die Birkthalmühle, letztere aber ohne Wasser bb, und ganz trocken da. Sie wurde sonst von einer Bergquelle getrieben, welche auch schon einmal 7 Jahre lang ausgeblieben, sodann wieder gekommen. Nun hat dieses Wasser schon wieder seit 2 Jahren her, einen andern unbekannten Gang genommen, und ist bis diese Stunde noch nicht unidgekehrt, obwohl Herr geiſtlicher Rath und Pfarrer Beck in Kipfenberg mit dem Venerabill proceſſionaliter ſich auf dieſen Platz begeben hat.

Birnbaum, Bayreuthiſches zum Neuſtädter Kreis gehöriges Dorf, 2 Stunden von Neuſtadt, 1 von Markt Dachsbach gelegen. In dem daſigen Laboratorium (deſſen jetziger Beſitzer Müller heißt) wird außer Schwefelſäure, Vitriolſäure ꝛc. vorzüglich ſchönes Berlinerblau gemacht.

Birnbaum, Pfarrdorf im Bambergiſchen Amte Cronach. Die Pfarrey gehört zur bambergiſchen Diöceſe, und unter das Landkapitel Cronach.

Birnfeld, unter dem Haßberge, katholiſches Pfarrdorf ohnfern Wetzhauſen. Die Univerſität Würzburg hat daſelbſt ein Schloß, und anſehnliche Güter, auch einen Beamten, der gegenwärtig den Titel Amtskeller führt. 70 Häuſer, von 142 Menſchen bewohnt, gehören zur Würzburgiſchen Cent nach Stadt Laueringen. 3 Unterthanen ſind ganz Würzburgiſch, 2 Truchſeßiſch. Im Orte iſt eine Mühle, und auf der Markung ein ſchöner Sandſteinbruch.

Birnſtengel, Bayreuthiſches Dorf am weißen Mayn, 2 Stunden von Goldcronach. Die Einwohner pfarren nach Biſchoffsgrün.

Birnthon, Zeidelgut und Herrnhaus, auf der Straße nach Altdorf im Nürnberger Walde, vier Stunden von Nürnberg, der Familie von Ebner gehörig. Die Gegend iſt reich an Wildpret und Fiſchen. Der Unterthanen ſind vier.

Birx, reichsritterſchaftliches Dorf auf der Rhön zum Kanton Rhön

und Werra gehörig. Es beſitzen es die Herren von der Tann, als ein HennebergRomhildiſches Lehen.

Biſchberg, Dorf im bambergiſchen Amte Hallſtadt mit einem Schloſſe des Geſchlechtes von Zollner auf dem Brande, und einer zur bambergiſchen Diöceſe und dem Landkapitel Hallerndorf gehörigen Pfarrey. Letzte war vor 150 Jahren noch ein Filial der Pfarrey Wallsdorf. Nachdem aber Wallsdorf zur proteſtantiſchen Religion übergieng, wurde Biſchberg eine eigene Pfarrey, und die Ortſchaften Mühlendorf, Seehöflein, Kreutzſchuh, Troſdorf, Weipoldsdorf und Rothhof dazu gezogen. Ein zeitlicher Domdechant zu Bamberg hat das Präſentationsrecht. Biſchberg liegt gegen Aufgang am Mayn, gegen Mittag zieht ſich die Flurmarkung nach Rothhof, einem einzelnen Hofe oberhalb der Reſidenzſtadt, gegen Niedergang an Weipoldsdorf und Trosdorf, gegen Mitternacht an Oberhayd, iſt eine Stunde von Bamberg entlegen, zählt 86 Häuſer mit ſo viel Gemeinderechten, 40 Scheunen, 129 Haushaltungen, 430 chriſtliche, u. 133 jüdiſche Seelen. Hierunter ſind 3 Bäcker, 1 Bader, 3 Wirthe, 18 Fiſcher, 2 Schmiede, 1 Maurer, 1 Schloſſer, 1 Schneider, 4 Schuſter, 1 Wagner, 4 Weber, 1 Hebamme. Hier ſtehet ſich der nächſte Fuhrweg von Bamberg nach Eltmann. Die Viehzucht iſt aus Abgang der Wieſen gering, der Getraidbau mittelmäßig, der Obſtbau wird ſeit einigen Jahren eifriger betrieben. Der Verkehr des Ueberſchuſſes geſchiehet in Bamberg.

Biſcheldorf, würnbergiſches Dorf im

im Amte Engelthal, 1 Stunde davon gegen Ardorf.

Bischoffsheim vor der Rhön, das Würzburgische Oberamt. Seine Grenzen sind gegen Norden die dem Ritterort Rhön und Werra steuerbare Herrschaft Geroseld, die Würzburgische Universitäts-Vogtey Wüstensachsen und das Würzburgische Oberamt Flabungen; gegen Osten das Kloster-amt Wechtersrwinkel und das Würzb. Oberamt Neustadt an der Saale; gegen Süden das Würzburgische Oberamt Aschach, und endlich gegen Westen die Fuldaischen Vogteyen Meyers, Motten und Rönnershaag. Das Klima in diesem Amte ist rauh und unfreundlich. Das kommt von den vielen Waldungen und dem fortlaufenden Kettengebirge der Rhön. Unter diesen Wäldern ist der Salzforst, der nach seinem ehemaligen Umfang nicht nur die Waldungen dieses Oberamtes, sondern auch der Oberämter Aschach und Neustadt an der Saale in sich begriffen hat. Im Winter ist das Gebirg oft fast ganz unwegsam, im Frühling und Herbste fast täglich in Nebel gehüllet. Im Junius sieht man gewöhnlich noch die Reste des Schnees in den Winkeln und Höhlungen mit schwarzer Kruste überzogen. Das Klima noch mehr zu verschlimmern, tragen die Moore vieles bey. S. unter dem Worte Moor. Die Gebirgs Produkte sind Eisenstein, Stein- und Pechkohlen. Zu Oberbach wird auf herrschaftliche Kosten seit 1770 eine Rauchbäckerey betrieben. Eben daselbst ist auch eine ansehnliche Papiermühle und zu Silberhof eine Pottaschensiederey. Mit den übrigen Versuchen, die Gebirgsprodukte zu verarbeiten, hat man nach und nach wieder aufgehört. Dahin sind zu rechnen der Eisenhammer und 2 Glashütten auf dem Holzberge. Die Eisengießerey zu Bischoffsheim. Die 1769 erst eingegangene Glashütte im Sinngrunde. Die Stahlhütte bey Oberbach. Das Kohlenwerk auf dem Bauersberg. Die Eisenschmelz und Hüttenwerk bey Oberbach. Der Feldbau im Amte erfordert viele Anstrengung der Ackerleute, eine größere Menge Zugvieh, und demungeachtet gedeihen wenig Früchte. Hieran ist theils die Lage der Felder, theils der schlechte Gehalt des Bodens, hauptsächlich aber das rauhe Klima schuld. Unter den Getraidarten wird selbst auf dem Gebirge vorzüglicher Hafer gebauet, welcher in den neuesten Zeiten seinen Eigenthümern reichen Ertrag verschaffte. Die Wiesen in den engen Thälern sind selten gut und ertragen gewöhnlich nur saures Futter. Das hievon erzielte Heu und Grommet würde nicht einmal hinreichen, das übrige Zugvieh zu ernähren, viel weniger eine so starke Viehzucht zu befördern. Die zahlreichen Viehherden finden ihre Nahrung auf dem Gebirge, dessen Oedungen eine sehr beträchtliche Weide darbieten. Auf dem ganzen Flächenumfange des Gebirgs wird eine sehr große Menge Heu von den benachbarten Gemeinden gedrittet. Diese Aernte ist im Julius. Man sieht da Zelte aufschlagen, unter deren Schatten die Arbeiter ihr karges Mahl an Brod, Käs, Bier und dergleichen genießen. In den neuern Zeiten hat man zwar viele 100 Morgen an die Nachbarn der Dörfer eigenthümlich gegen jährli jährliche Erbzinsen abgegeben. Die Viehzucht verlohr aber hierbey nichts, indem entweder mehr Körner und Stroh oder Futterkräuter erzielt werden. 1792 waren im Amte 76 Pferde 633 Ochsen, 1938 Kühe 1574 Stiere 1187 Kälber. Auf 13 Schäfereyen hatte man:

	Stück überwintert.	Lämmer gewonnen.	Im Lande blieben.	Verkauft ins Ausland.	Eingeschlagen.	Im Juni us verrechlg.	Gewinn der Wolle. Ctr. Pf.
1790.	3947.	2002.	495.	55.	15.	5769.	74 84
1791.	3803.	2196.	490.	259.	6.	5266.	73 99
1792.	3684.	1832.	180.	115.	15.	5242.	63 89
1793.	3446.	2014.	536.	149.	—	5352.	65 3

Der häufige Flachsbau und dessen Verbreitung verschaffet den Einwohnern nebst dem, daß er ihnen verdienstliche Beschäftigung giebt, die Mittel, sich das nöthige Getraide anzukaufen. Die Verfertigung hölzerner Teller und Löffel, auch hölzerner Schuhe ist für viele ein ergiebiger Nahrungszweig. Manche verfertigen auch, wie im Amte Fladungen, aus den jungen Stangen der Esche Peitschen, oder Geißelstecken, die zu hohen Preisen verkauft werden.

Der Bauer webt in diesen Gegenden sein Kleid selbst. Gewürze und dergleichen Waaren sind hier nicht viel im Gebrauche. Die Rhönbewohner überhaupt, also auch die Einwohner des Amts Bischoffsheim sind ziemlich gutartige Geschöpfe. Wer mit der gewöhnlichen Hauskost mit Brod, Branntwein und gutem Willen vorlieb nimmt, ist ihnen in ihren Hütten willkommener Gast. Wenige Gemüsarten, geronnene Milch, und Kartoffeln sind fast tägliche Speisen. Das Hausbrod ist mit Gerste und Kartoffeln gemischt. Diese erscheinen durchaus in vielerley Gestalten in den Haushaltungen. Wer am Sonntage Fleisch im Topfe hat, ist schon ein bemittelter Mann. Von dem Genuße der vielen Vegetabilien mag es herkommen, daß man fast durchgehends blasse Gesichter sieht. Der Getrank, ist Wasser rein und frisch von dem Brunnen weg oder größern Theils schlechtes Bier. Wein ist eine seltene Gabe, weil er sehr theuer in dieser Gegend ist. Branntwein aus Korn ist gewöhnlicher. Der Knabe, der die Heerden seines Vaters am frühen Morgen auf die Weide treibt und erst wieder bey einbrechender Nacht nach Hause kommt, gewöhnt sich frühe an das Gebirge und schützet sich, wenn er mitten auf demselbigen hütet, durch eine Hütte mit Moos gedeckt gegen Wind und Wetter. Unter ihrem Schatten genießt er mit seinen Gespielen sein kärgliches Mittagsbrod. So gewinnt der Mensch seine Heymath lieb, findet zwar das flache Land ebner, mag es aber doch nicht mit seinen Wäldern und Bergen vertauschen, die ihm eben so viele frohe Erinnerungen aus seiner Jugend in's Gedächtniß rufen.

Der

Der Feuerstellen sind in der Stadt Bischoffsheim und allen Dörfern zusammengenommen 1302. Im Jahre 1794 erstreckte sich die Seelenzahl auf 6737 Seelen benderley Geschlechtes. Das Verhältnis der Armen zur Seelenzahl war wie 1:102 5/66.

Das Amt selbst wird in das obere und untere eingetheilt. Zu dem obern Amte gehören die Stadt Bischoffsheim, die Dörfer Haßelbach, Frankenheim, Oberweissenbrunn, Oberbach, Reußendorf, Rothenrain, Silberhof und Wildflecken. Zu dem untern aber: Burgwallbach, Kilianshof, Schönau, Sondernau, Unterweißenbrunn, Wegfurt und Weißbach.

Bischoffsheim vor der Röhn, Würzburgisches Städtchen am Fuße des Rhöngebirges. Der Sitz eines Oberamts, eines Kellers, der zugleich Centgraf, Forstmeister und Zunftrichter ist, und eines Gegenschreibers; mit Neustadt hat das Amt einen gemeinschaftlichen Amts- und Cents Physicus. Die Stadt liegt 6 Stunden von Fulda, 8 von Meinungen über Ostheim, 20 von Würzburg, 4 von Neustadt an der Saale. Ungeachtet die Wege in der Gegend äußerst schlecht sind: so gehen doch viele Fuhrleute aus Oberfachsen mit schwerer Fracht vorbey über Geröfeld nach Frankfurth und zurück. Hätte man nach dem 1781 von der herzoglichen Regierung zu Eisenach gemachten Vorschlage eine Straße zu bauen angefangen, so wäre ein großer Theil der Frachten von der Frankfurter Meße hier durch nach Sachsen gegangen. Der Nahrungsstand hätte in der Gegend viel gewonnen und diese selbst wäre lebhafter und freundlicher geworden. Der Freyherr von Weyhers zu Geröfeld hatte sich damals anheischig gemacht, so weit sein Gebiet reicht, eine dauerhafte Straße zu bauen, und sein Versuch fiel vortheilhaft aus. Vor dem unglücklichen Brand am 30 September 1795 zählte man daselbst 257 Häuser, die jetzt größtentheils wieder aufgebaut sind. Unter den Einwohnern sind 48 Tuchmachermeister, welche wöchentlich 115 Ellen Wollentuch und 585 Ellen Flanel verfertigen. Sie brauchen dazu jährlich gegen 623 Centner Wolle. 1791 arbeiteten 101 Weiber, Söhne und Töchter, welche wöchentlich zusammen 62 fl. 45 kr. verdienen konnten. 16 Gesellen verdienten wöchentlich 9 fl. 40 kr. 160 arme Personen verdienten dabey wöchentlich 94 fl. 57 kr. nebst dem wurden noch 4 Haushaltungen in Wollbach, und 5 in Rubenschwinden und 1 zu Lebenhahn durch Arbeiten ernährt. Wenn man sich gewöhnen wollte, lieber inländisches als ausländisches Tuch zu tragen, so würden diese Tuchmanufakturen bald auch feinere Waaren zu liefern im Stande seyn. Zur Geschichte der Stadt gehört.

Conrad III Dynaste von Trimberg übergab 1279 sein Schloß Trimberg sammt der dahin gehörigen Herrschaft dem Hochstifte und starb im Kloster. Sein Sohn Konrad der 4te forderte diese Güter von dem Bischoffe Mangold wieder zurück, ließ aber von seiner Forderung nach, trat noch über dieses das Schloß Arnstein, das ihm sein Vater zum Erbtheil hinterlassen hatte, ab, und bekam dafür die Stadt Bischoffsheim mit allem Zubehör nebst 100 Pf. Heller jährlicher Ein-

Einkünfte zum Leibgeding so lange, bis das Stift selbige mit 80 Mark Silber wieder ablösen würde. 1376 starb mit Konraden, dem Jüngern, der Mannsstamm der Trimbergischen Familie aus, und die Stadt fiel an das Hochstift zurück. Die Herren von Haim, von Weyhers und von Ramrod hatten ehemals Freyhöfe in der Stadt. Die Letztern verkauften den Ihrigen 1599 an Würzburg. Der Burgsitz, wo jetzt die Kellerey steht, gehörte sammt der Kemnaten und dem dabey liegenden Garten ehemals den Herrn von Forstmeister und war von ihnen auf die Herren von Gebsattel gekommen, welche ihn 1663 an die fürstliche Kammer verkauften. Im Schwedenkriege wurde sie von Gustav Adolph der Wittwe und den Kindern eines seiner im Felde gebliebenen Obristen, des Barons Adolph Dietrich von Effern geschenkt, der Großvater dieser Kinder, Hans Wilhelm von Effern, schwedischer Rath und Gouverneur von Würzburg, nahm auch im Namen derselbigen Besitz von dem Amte. Mit den Schicksalen der königlichen Armee war auch jenes der neuen Güterbesitzer entschieden. Es kam wieder an das Hochstift.

Bischoffsheim, Bambergisches Dorf im Amte Zeil, hat ehedem zum Canton Baunach gehört, und ist 1695 von dem Hochstifte von der Familie von Mausbach erkauft worden. Alle Landeshoheits Befugnisse übt das Hochstift Bamberg unbeschränkt aus. Die Steuer wird von dem bambergischen Steueramte Zeil nach bambergischem Anschlag erhoben, von demselben aber nach dem Ritterschaftlichen Anschlag an den Canton Baunach bezahlt. Die Episcopalia übt das Amt Zeil Namens der weltlichen Regierung zu Bamberg aus; die Ortseinwohner sind protestantischer Religion und auf Uebertragung des Amts versieht die Würzburgische Pfarrey zu Zeil provisorisch die geistlichen Verrichtungen daselbst. Im J. 1730 ist allda eine Füllenwarte angelegt worden. Die halbjährige Mutterfüllen werden allda eingestellt, und kommen von da nach 3 1/2 Jahren in den Marstall zu Bamberg. In dem Flure zu Bischoffsheim finden sich Schleiffsteinbrüche.

Bischoffsgrün, zwey Stunden von Gold-Cronach nach Weissenstadt zu, ein Pfarr-Kirchdorf mit einer Zoll- und Umgeldbeinnahme und einer Flößverwalterey, welche die von hieraus auf dem weissen Mayn bis Culmbach gehende Holzflöße zu besorgen hat. Die hiesige Glashütte liefert eine Menge gefärbter Glasknöpfe, Glasperlen oder Corallen zu Rosenkränzen, Schmelz und ꝛc. und ihr Absatz erstreckt sich außer Deutschland bis nach Ungarn, Italien, Spanien, Ost- und West-Indien. Auch befindet sich hier unweit dem Fichtelberge eine zum Gold-Cronacher Bergamtsrevier gehörige Zeche auf Eisenglimmer.

Bischoffsmühl, einzelne Mühle im Bambergischen Amte Eschenreuth.

Bischoffsroda, kursächsisches Dorf im Antheil Henneberg und liegt 1 1/2 Stunde von Schleusingen an der Thomarischen Amtsgrenze und bestehet in 27 Wohnungen, 1 Mahl- und Schneidmühle, 2 Gemeindehäusern und 2 Schmieden. Die Zahl der Einwohner belauft sich auf 100 Seelen. Nach dem Zeugnisse einer Urkunde vom Jahre 1262 verpfändete Heinrich III. (VIII.) von Henneberg seine Mühle zu Bischoffsroda dem Kloster Veßra, welches in der Folge (1332) auch den dasigen Zehend von Graf Poppen IX. (XV.) Hartenberger Linie um 36 Pfund Heller an sich kaufte. Die Gemeinde besitzet ein ansehnliches Gehölze und eine Kanzley-lehenbare Schäferei von 375 Stücken, mit welcher sie ihre Fluren und einen Theil des Schleusinger Forsts betreibet. Ehedessen war daselbst eine Kapelle, die aber (1740) in eine Kirche verwandelt wurde, worinn der Pfarrer zu Lengfeld jährlich viermal den Gottesdienst halten muß. Die übrigen Sonn- und Festtage besuchen die Einwohner die Kirche zu Lengfeld, in welche sie eingepfarrt sind, und wohin auch ihre Kinder in die Schule gehen.

Bischwind, bey Brünn am Bromberger Wald, hat 45 Unterthanen, wovon 1 Gülthof, 1 Edelden und 4 Tropfgütlein Fuchssisch, 1 Mann Erthalisch, 8 Altenstainisch, 7 von Thüngen und von Eibisch 24 Würzburgisch sind. Im Orte ist eine katholische Kirche, die Einwohner pfarren aber nach Jessendorf.

Bischwind, Würzburgisches Dorf im Amte Gerolzhofen von 47 Häusern, es hat mit Obgnitz einen Schullehrer gemein. Er hat 49 fl. Frl. Gehalt, und 1786 42 Schulkinder gehabt. Nach der Conscription von 1794 sind hier 229 Seelen, die würzburgischen Unterthanen, (denn auch die Hrrn Ebrach hat deren daselbst) gehörten ehemals der Familie von Lichter. Siehe Hausenhausen.

Bischwind, s. Bischoffswind.

Bischwind, eigentlicher Bischoffswind, evangelisches Kirchdorf von 24 Häusern und 128 Seelen im Ritter-Orte Baunach, der Freyherrlichen Familie von Lichtenstein gehörig, die es als Coburgisches Lehen besitzet, und welcher die Dorfs- und Kirchenherrschaft allein zusteht, obgleich die Freyherren von Greifenklau 7, und der Graf Volt ein Lehen darin hat. Würzburg übt durch das Amt Seßlach die Cent-Gerechtigkeit, jedoch sind 4 Häuser ganz centfrey. Es liegt 1 kleine Stunde von Seßlach gegen Königsberg. So lange Memmelsdorf eine Freyherrlich Lichtensteinische Pfarrey war, war Bischwind ein Filial von Memmelsdorf. 1725 zog der Pfarrer dieses Orts, um den dortigen Verfolgungen auszuweichen, hieher. Unter Bischoff Christoph Franz von Würzburg geschah 1720 von Seiten des Amtes Seßlach mit bewaffneter Mannschaft ein gewaltsamer Einfall in das hiesige Dorf und Kirche, um die fortdauernde Filialität zu behaupten. Der Pfarrer wich der Gefahr wieder aus. Durch ein Kaiserliches Pönal-Mandat von Carl VI. b. d. 3 Februar 1727 wurde aber Bischwind von aller Filialität freygesprochen und erhielt seinen Pfarrer wieder. 1735 ward die Schloßkirche zu Lichtenstein und die Kirche zu Bischwind mit einem eignen Lichtensteinischen Pfarrer besetzt, der zu Lichtenstein seine Wohnung hat und nur den 3 Sonn- oder Festtag in der hiesigen Kirche Gottesdienst hält. In seiner Abwesenheit gehen die Bischwinder in die Kirche zu Heilgersdorf. Die hiesige Markung wird

wird von der beträchtlichen Eichstensteinischen Waldung eingeschlossen, bis auf die Seite, wo sie an die Heilgersdorfer gränzt. Die Einwohner sind größtentheils arm und nähren sich mit Feldbau, der, besonders wegen Mangels an Futter, nicht sehr ergiebig ist. Doch haben sie seit 15 Jahren ihren Feldbau und ihren Viehzustand merklich verbessert und nichts von der letzten Viehseuche erlitten.

Bisenhard, eichstättisches, zum Landvogteyamte in Eichstätt gehöriges Filial-Kirchdorf von Ochsenfeld, liegt 1 1/2 Stunde von Eichstätt gegen Süden, zählt nebst der Kirche, dem Schul-Forst- und Hirtenhause, dann der Gemeindschmidte noch etlich und 20 Gebäude und Unterthanen, wovon einer zum fürstlichen Steueramte der Caoumie Rebdorf gehört. Diesen Ort begreift auch der im Jahre 1305 zwischen Eichstätt und Bayern errichtete Vertrag in sich.

Bißlohe, Bißloe, nürnbergisches Dorf, zwey Stunden von dessen Stadt, ohnweit Poppenreuth; der dasige Herrensitz ist mit einem ausgefütterten Wassergraben verwahret. Die Familie der Haller ist jetzt im Besitz dieses Orts.

Bißwang, evangelisches Pfarrdorf, 2 Stunden von Eichstätt westlich an der Grenze zwischen Eichstätt und Pappenheim gelegen, darinn hat das eichstättische Pfleg- und Kasten-Amt Mörnsheim viele Unterthanen.

Bitterbach, Deutschordischer Weiler im Fraisch-Bezirke des Ansbachischen Amtes Windsbach von 10 Unterthanen. Sie gehören in das Amt Eschenbach.

Bttilbraun, evangelisches Pfarrdorf, liegt 4 Stunden von Eichstätt an der Grenze der Grafschaft Pappenheim gegen die Pfalz-Neuburgische Lande, wovon 4 Unterthanen zum eichstättischen Pfleg- und Kasten-Amt Mörnsheim gehören. Es giebt allda mehrere Nadler.

Blaich, Weiler, dessen Einwohner in die Stadt Culmbach eingepfarrt sind.

Blanckenfels, im Bezirke des Bambergischen Amtes Welschenfeld, gehört den Herren von Schlammersdorf.

Blankstadt, auch Plankstadt, Bayreuthisches Dorf, das nach Emtkirchen pfarrt, zu dessen Kammer-Amte es auch gehört, daselbst nimmt das Flüßchen Fembach seinen Anfang. Es liegt 3/4 Stunden von Embskirchen gegen Langenzenn.

Blankstätten, eichstättisches Steueramt, mit dem dortigen Kloster-Richteramte verbunden, gränzt nördlich an das Berchinger- und westlich an das Gredinger-, südlich und östlich aber an das Beilngrieser Amt an, oder ist vielmehr vom letztern fast ganz umgeben. Es zählt in seinem kleinen Umfange gegen achtzig 100 Seelen, weil es seine fast anderthalb 100 Unterthanen in 23 mit andern Aemtern vermischten Ortschaften allenthalben herum zerstreut hat, nemlich in einem Flecken, 20 Dörfern und 2 Einöds-höfen. Lage, Boden, Fruchtbarkeit, Viehzucht ꝛc. hat es mit den beyden Aemtern Berching und Beilngries, zwischen welchen es liegt, und wobey solche beschrieben sind, gemein. Unter der Regierung des eichstättischen Fürst Bischoffs Johann Anton I. eines Knebels von Katzenellenbogen grub man in Blankstetten edlen

edlen Ertzen nach. Nach dem officiellen Bericht des Johann Christoph Pleyers, wies der Rauschengänger den Arbeitern den Platz unter der Schleifmühl-Radstube des dortigen Wagners an, sie arbeiteten in den Letten hinein, in welchem schöne und artige Kliese brachen, wie sie aber ein Stück hinter dem Rad hinauf den Be g zukamen, und der Letten den Berg immer mehr und mehr einnahm, hielt sich derselbe nicht mehr, und, als zu Nachts noch dazu ganz unvermuthet ein starker Regen fiel, so gieng auf beyden Seiten sowohl an hangenden als liegenden wieder viel ein. Man verwahrte indessen alles mit Holz, und führte, wie die Gänge tiefer wurden, einen ordentlichen Stollenbau. Weil vom Dache nieder sich weniger Kiesstufen, als in der Tiefe zeigten, so wurde die Arbeit beständig in die Tiefe und zugleich in das Feld fortgesetzt, allein man fand, anstatt Silber, nur Schwefelkiese, die der Ausbeute nicht lohnten. Bey der Eglofsmühle giebe es Sandsteine, welche ein talkartiges Bindungs-Mittel haben.

Blankstetten, ansehnliche Benedictiner-Abtey, liegt im untern Stifte Eichstätt am Salz-Flusse im Ober-Amte Hirschberg zwischen den zwey eichstättischen Städtchen Berching und Beylngries mitten innen an der westlichen Berghöhe ober dem Flecken gleiches Namens, der von Salzburg und München nach Franken und Böhmen führenden Landstrasse gegen über. Die 3 Gebrüder und Grafen von Hirschberg, Ernst, Hartwig und Gebhard, damaliger Bischof zu Eichstätt, stifteten solche im Jahre 1129, und liessen mil eine Stunde von ihrem Schlosse Hirschberg gegen Norden die Gebäude nebst einer Kirche dazu aufführen, welche zu Ehren Mariens eingeweihet wurde. In wie ferne die Geschichte des nur 2 Stunden davon noch weiter gegen Norden hin ehemals gestandenen Abtey Baringen (Berching) mit dem Ursprunge dieser Abtey verbunden sey, lässt sich aus Mangel gar aller Daten nicht mehr bestimmen. Gebhard der Mitstifter bestätigte im Jahre 1131, als Bischof von Eichstätt, diese Stiftung, welchem Beyspiele Bischof Otto im Jahre 1191 und im Jahre 1206 Hartwig, ebenfals ein Graf von Hirschberg und Bischof zu Eichstätt, gefolgt sind. Im Jahre 1304 wurde die Kirche von Raitenbuch mit jener in Blankstetten vereiniget, wogegen Abt Hartung und das gantze Convent erklärten, dass es nur aus Gnaden und ohne alle Minderung geschehen sey. Die Urkunde, worinn Kaiser Heinrich die Advocatie über dieses Kloster der eichstättischen Kirche übergeben hatte, bestätigte im Jahre 1313 Erzbischof Peter zu Mainz, in soferne ihm daran gelegen war. Was Hypolit von Stain der ältere und sein Sohn diesem Kloster wegen, und zu der Kapelle, genannt das Grab am Schliefenberg, für Höfe, Grundstücke, Renten etc. geschenkt haben, enthält die Urkunde vom Jahre 1459 bey Falkenstein Nro. 334 umständlich.

Im Jahre 1587 zeichnete der eichstättische Fürst Bischof Martin von Schaumberg dem Prälaten zu Blankstetten, welcher ein grosses Verzeichniss aller ihm vom Gotteshause wegen von Alters her zur kleinen Jagdbarkeit gebühführenden Plätze vorgelegt hatte, nur einige derselben zum kleinen Weidwerk nach Füchsen, Hasen, Hüner aus, doch ohne Pürsch und ohne Ausschluß des Pflegers zu Hirschberg. Dieses Kloster hat auch nach der Erklärung vom Jahre 1730 im Amte Beylngries einen vermarkten, und nach der neuen Declaration von 1769 in etwas bis in den Beylngriesfischen Burgfrieden erweiterten niedern Vogteybezirk, als den Flecken Blankstetten, Eglofsmühle, Wissenthal, Leere Stauden und Pirkhof, dann in verschiedenen Hirschbergischen und andern vermischten Dörfern und Ortschaften viele Unterthanen, auch gewissermaßen die Gemeindsherrlichkeit zu Wollenstorf und Littershofen. Es geschah diese jüngste Declaration unter dem Eichstättnischen Fürst-Bischoffe Raimund Anton, einen Grafen von Strassoldo, und weil dieser ein besonderer Guttthäter dieses Klosters war, wird für ihn und seine Familie jährlich ein Jahrtag gehalten. Der Prälat Dominikus IV. ließ einen schönen Garten und Lustort, auf der Staude genannt, anlegen; er machte sich auch, als selbst ein Literator, um die dortige Bibliothek durch Anschaffung neuer Bücher viele Verdienste. Die Zahl der Geistlichen allda steigt selten über 20 Köpfe. Sie haben einen hübschen Ornat, und ganz ansehnliche Einkünfte, as der auch noch die alte klösterliche Gastfreundschaft, welche durch das gefällige Wesen dieser Herren und besonders durch den angenehmen Umgang mit dem dermaligen Herrn Prälaten Marian, einem gar lieben Manne, noch mehr gewürzt wird. Der Obrey-

der Convent- und der Gastbau, welche zusammenhängen, ist zweystökig, das Bräuhaus, die Pfisterey und der Getraidkasten sind ebenfals zusammen gebaut. Nebst diesen Gebäuden ist noch der Bauhof mit Zugehörungen, dann Heu- und Fruchtstädeln. Ober der Prälatur ist des Herrn Prälaten Zierd- und Lustgarten, den Berg hinan scarpirt, artig angelegt, und von einer herrlichen Aussicht, unten und seitwärts des Klosters aber liegt der Convent- und Baumgarten. Vor dem Eingange des Klosters stehet in einiger Entfernung von demselben das Haus des Kloster-Richters, der zugleich fürstlicher Straasbeamte ist, und jenes des Amtsdieners. Das Wappen des Klosters hat oben 2 und unten ein kleines Schildlein, rechts im ersten stehe ein Hirsch, das Wappen der Grafen von Hirschberg, im zweyten dem ersten gegen über ein Männchen mit 3 Rosen in der Hand, im untern des zeitigen Prälaten Familien Wappen. Die obern 2 Schildchen deckt ein Engelskopf mit einer Abts-Inful, linfs ragt der Abtstab daran hervor.

Blankstetten, eichstättischer Flecken im Oberamte Hirschberg, zum Blankstetter Steueramte gehörig, liegt von Berching und Beylngries gleich weit, 1 Stunde nemlich, entfernt, unter der Abtey Blankstetten im Thale, und wird in 2 Theilen parallel in einem durch die Sulz, worüber eine Brücke führt, und im andern durch die Chaussee durchschnitten, welche sich über besmelte 2 Städte ziehe. Der Ort zählt 40 Gebäude; die Pfarrkirche St. Johannes wird vom Kloster aus versehen, und es giebt darin

darin arbeitsame Leute, auch werden darin viele Hölzer zu Bleystiften verfertiget. Dieser Flecken, von dem sich nicht findet, wie er an Eichstätt gekommen, hat vermuthlich dem Kloster sein Daseyn zu danken. Es siedelten sich nemlich in vorigen Zeiten gemeiniglich um die Klöster herum Leute, theils aus Andacht, theils des neuen Verdienstes halber gerne an; wie nun beren mehrere zusammen kamen, bildete sich nach und nach ein Dorf oder Flecken von selbst, und so kamen mehrere Orte an eben die Herrschaft, wozu die Klöster selbst gehörten, ohne daß es eines andern Ankunfts Titels bedurfte.

Blasenhof, (der) im Ansbachischen Kameral-Amte Gunzenhausen, einzelner Hof mit einem Ansbachischen und mit einem Teutschherrischen Unterthanen.

Blechschmiedehammer, 1 nach dem Bayreuthischen Städtchen Lichtenberg gepfarrter hoher Ofen und Staabhammer. Er besteht aus den Hammergebäuden und acht Personen und wird vom Selbitzflusse getrieben.

Bleitershof, (der) mit einem in das Ansbachische Kammer-Amt Cadolzburg gehörigen Unterthanen.

Bleimers-Schloßhof, eichstättischer dem Frauen-Kloster de la Congregation de notre Dame in Eichstätt eigenthümlich zugehöriger Einbohof, im Ober- und Richteramte Hirschberg; Greding liegt vom letztgenannten Orte 1 Stunde gegen Eichstätt hinein ganz an einer Berghänge, unweit Linden.

Bleiweis, Weiler im Ansbachischen Kameral-Amte Burgthann, mit 2 nürnbergischen Unterthanen.

Blindhöflein, (des) im Ansbachischen Kameral-Amte Crailsheim.

Blobach, gemeinschaftlicher Weiler von 23 Gemeindrechten, wovon 12 Wollmershäuserisch, 9 Brandenburgisch, 3 Rothenburgisch und 1 Hohenlohisches, von welchen jeder Unterthan und Besitzer seiner Herrschaft Vogtgericht- und schatzbar ist. Es ist nach Blaufeld eingepfarrt. Nach dem Landes-Vergleiche von 1796 ist der Hohenloh-Neuenstellische Theil ganz an Ansbach abgetreten worden.

Blomweiler, Reichsstadt Rothenburgischer Weiler innerhalb der geschlossenen Landheeg, welcher 1 1/2 Stunden von der Stadt gegen Welckersheim liegt. Er wurde 1465 von Rothenburg mit Licheel und andern Orten erkauft, ist nach Leuzenbronn eingepfarrt und entrichtet Würzburg den Zehenden. Hat acht Dienste und stellt 7 Wägen.

Bloß, Bayreuthisches Schloß und Dorf am rothen Mayn, 2 Stunden von der Stadt.

Bl.Arnhof, s. **Blasenhof**.

Blumenau, Weiler, dessen Einwohner in das Bayreuthische Städtchen Berneck eingepfarrt sind, am weißen Mayn, unweit davon ist eine Mühle, die Blumenmühle genannt.

Blumenberg, so heißt der bem Schlosse St. Willibaldsburg gegenüber stehende und dasselbe auch bestreichende Berg, 1/4 Stunde westlich von Eichstätt gelegen, welchen das sogenannte Tiefenthal vom Winterohofer-Berge trennt; auf demselben standen im Jahre 1632 die Schweden, als sie durch einen Trompeter die Stadt aufforbern ließen, und 90000 fl. Brandsteuer im Vorbeygehen auf ihrem Zuge nach Nürnberg mit sich fortnahmen. Am Fuße dieses Berges liegt das fürstliche Jäger- und Jagdzeughaus,

haus, weiter südlich aber das Kloster und Dorf Marienstein.

Blumenthal, Weiler, dessen Einwohner nach dem Bayreuthischen Marktflecken Thierstein am Isterobach pfarren.

Blümleins-Mühle, (die) Bayreuthische Mühle 1/2 Stunden vom Markt Erlbach.

Bobachshof, Hohenloh-Ingelfingischer Weiler von 5 Haushaltungen. Er pfarrt nach Crispenhofen, hat guten Feldbau, Wieswachs und Schafweide.

Bobenbad, Weiler von 4 Wohnungen und 23 Seelen in dem von Rosenbachischen Gerichte Schackau, zum Buchischen Quartier steuerbar.

Bobengrün, Dorf im Kammeramte Nalla von 30 Häuser, 103 Einwohner, nebst einer Wehrzollstätte. Es ist nach Steben eingepfarrt.

Bochsthal, Würzburgisches Dorf im Oberamte Freudenberg. Der Sitz einer Zollstätte. Es hat 54 Häuser, einen Schullehrer mit 60 fl. fr. Gehalt, der 1797 48 Schulkinder hatte.

Bockefeld, Filial-Kirchdorf von der Anebachischen Pfarrey Lohr. Es enthält 19 Hohenlohe-Schillingsfürstl. Unterthanen, die übrigen sind Ansbachisch und Rothenburgisch. Nach dem mit Preußen eingegangenen neuesten Vertrage sollen die Hohenlohischen Unterthanen an Preußen abgetreten werden. Bey dem besten Getreidboden und hinreichenden guten Wieswachs würde auch hier der an sich gute Nahrungsstand noch besser werden, wenn man überhaupt in dem ganzen Bezirke des Oberamts Schillingsfürst und den angränzenden Orten das alte Vorurtheil gegen die Stallfütterung besiegte. Binnen 9 Jahren sind hier 20 Personen mehr gebohren als gestorben.

Bockelsbahn, im Bezirke des Würzburgischen Amtes Neustadt an der Saale gegen Brückenau.

Bockenrod, Erbachisches Dorf, zwey Stunden von dem Städtchen Erbach gegen Darmstadt.

Bocklet, Würzburgisches Dorf im Amte Aschach, 14 Stunden von Würzburg, 8 von der Reichsstadt Schweinfurt, 9 von Meiningen und 2 von dem KurOrte Kissingen. Es hat 60 Häuser. Seinem Schullehrer giebt es 40 fl. fr. Bestallung. Es hatte im Jahre 1798 nur 33 Schulkinder. Der Gesundbrunnen, an dessen Quelle der Fürst-Bischoff, Franz Ludwig von Würzburg, sich durch die schönen Anlagen verewigt hat, ist 1727 von Johann Adam Stephan, Stadtphysikus zu Kissingen zuerst beschrieben worden. Die Gesundheitsquelle hat 1727 der damalige Pfarrer, Johann Schöpper, entdecket, und vorläufig auf seine Kosten mit hölzernen Planken umfassen lassen. Man achtete, da die Einfassung bald verfallen war, nicht mehr auf die Quelle, und sie ging gleichsam verlohren. Im J. 1754 wurde sie gleichsam aufs neue gefunden und unter der Regierung des Fürstbischoffs, Philipp Karl von Greiffenklau, das erstemal eigentlich gefaßt. 1766 wurde sie unter Adam Friedrich von Seinsheim in eine engere Fassung gebracht. 1782 ließ Franz Ludwig neben dem vorhandenen kleinern Kurgebäude ein neues und größeres aufführen, und sorgte für bessere Anstalten bey dem Verlaufe der Kurzeit. Dieser weise Fürst, der diese Wasser selbst verschiedene male mit Nutzen gebraucht hatte, sich bewogen, die Quelle 1785 nochmals durch den berühmten Würzburgischen Professor der Chemie, Hrn. Dr. Pickel, untersuchen zu lassen. Er ließ nach dieser Untersuchung die Fassung des Brunnen nicht nur erweitern, und, so viel als möglich, verbessern, sondern auch die ganze Gegend verschönern, die Gebäude vermehren, und die Einrichtung so vortheilhaft treffen, als es immer der heutige Geschmack von einem KurOrte fordern kann. Da die Pickelischen Untersuchungen gelehrt hatten, daß hier mehrere Quellen seyen, deren Wasser sehr verschieden von einander gefunden wurde, so wurden die Quellen nicht mehr, wie zuvor, zusammen gefaßet, sondern eine jede besondere in einem eigenen Rohre eingetheilt. Dadurch erhielt man nun zu Bocklet neun Quellen, welche, da sie in ihrem Gehalte von einander verschieden sind, größtentheils besondere Benennungen haben, und zwar entweder von den ehemaligen Fürsten in Franken, welche diese heilsame Quelle in besondern Schutz genommen hatten, oder von ihrem vorzüglichsten Bestandtheile. Andere, deren Bestandtheile nicht wichtig genug schienen, sind ohne Nahmen geblieben. Man hat also zu Bocklet die Ludwigsquelle, die Karlsquelle, die Friedrichsquelle, die Schwefelquelle wegen ihres flüchtigen Schwefelleber = Geruchs und Geschmacks, die Luftquelle, weil bey einer getrageten Menge Wassers unaufhörlich eine sehr große Menge Luftsäure hervorbricht. Eine nähere Beschreibung der sämmtlichen Quellen findet man im Journal von und für Franken, VI B. S. 472.

Topogr. Lexic. v. Franken, L Bd.

Diese sämmtlichen Quellen entspringen an dem Fuße des Dorfes in einem welchen Wiesengrunde, welcher ein heiteres Thal bildet, wodurch sich der Saal = Fluß in großen Wendungen langsam hindurch schlängelt. Um dieses Thal herum erheben sich theils kleine Hügel, theils höhere Berge; Sie sind größtentheils angebauet, oder von dem schönsten Laub = und Buschholz bewachsen. Gegen Norden öfnet sich das Thal und bietet in den heissesten Sommertagen einer kühlen und ermunternden Lebens = Luft den freyen Eingang dar. Die getroffenen Anstalten bey dem Brunnen selbst sind folgende: An dem Ursprung dieser Quellen ist ein steinernes einfach verziertes Postement, auf dessen Höhe 2 Genii angebracht sind. Der sitzende hat in der einen Hand eine Schreibfeder und in der andern ein Blatt, mit den Worten: Wir schreiben für die Nachwelt. Der stehende Genius scheinet dem sitzenden in die Feder zu dictiren. Auf beyden Seiten stehen 2 Vasen, und an der Hauptseite des Postementes ist eine schwarze Marmor = Platte angebracht, worauf die ganze Geschichte dieses Brunnens mit kurzen Worten eingegraben ist. Unter dieser Marmorplatte sowohl, als auf der Rückseite des Postementes lauft die Ludwigs = Quelle aus ihren Röhren, an der rechten Seite desselben die Friedrichs = und an der linken die Carls = Quellen. Um diese Fassung ist eine 2 Treppen versenkte Vertiefung geführet, in welche die sogenannten Quellen ablaufen. Siehet man in dieser Stellung vor der Ludwigs = Quelle gerade rückwärts, so fällt einem die Vorrichtung der Luft =

D Quelle

Quelle in die Augen. Diese besteht aus einer einige Schuhe über den Boden erhöhten Vase, aus welcher von beyden Seiten ein mit einem Hahne versehenes Rohr herabsteiget. Unten an dem Fuße des Stockes, worauf die Vase stehet, läuft die Quelle.

Wenn man weiter um sich her siehet, so bemerkt man noch mehrere Quellen in einem Kreise um das angeführte Postement aus ihren Röhren hervorlaufen. Einige derselben wird man unbedeutend finden, bis man hinter den Rücken des Postementes 2 Schwefel = Quellen antrift, welche sich, dem Geruche und dem Geschmake nach, besonders auszeichnen. Hebet man das Auge empor; so wird man sich in einem vertieften Tempel bemerken, dessen vordere = und hintere Seite von einer Colonnade gebildet, die Nebenseiten aber von 2 großen anstoßenden Gebäuden geschlossen werden, und das Ganze ist von einer einfachen Kuppel gedecket. Zu den beyden Hauptausgängen durch die Colonnaden führen zwey mehrere Stufen hohe Treppen. Gehet man aus diesem ehrfurchtsvollen Orte auf der gegen Norden liegenden Treppe heraus; so locket eine wohlgeordnete Faßade unsere Aufmerksamkeit an sich. Die Mitte dieser Faßade bildet die schon bemerkte Colonnade, welche aus Säulen nach toscanischer Ordnung mit dazwischen angebrachten Festonen bestehet, und die vorderen Auffenseiten der Nebengebäude vollenden dieselbe. Von stiller Verwunderung zu heißen Gefühlen der Dankbarkeit gegen den großen Stifter dieses Gebäudes reissen die in dem Giebelselbe mit goldenen Buchstaben geschriebenen Worte — Zum Wohl der leidenden Menschheit erbauet — jeden gefühlvollen Menschen unvermuthet hin, und unter beständigen Seegenswünschen für den Wohlthäter des Menschen = Geschlechtes wandelt man getrost in die Gebäude hinein. Die beyden anstoßenden Gebäude sind von massiv und anögehauenen Steinen erbauet. In dem Gebäude auf der linken Seite des Brunnens findet man in dem untern Stockwerke viele Zimmer, welche ganz allein zum Baden eingerichtet sind. In jedem derselben ist eine Badwanne angebracht, an welcher zwey mit Hahnen versehene Röhren befindlich sind, aus deren einer man durch Oeffnung des Hahnen warmes, aus der andern aber kaltes Wasser nach Belieben in die Wanne fließen lassen kann. Dadurch hat der Badende die Bequemlichkeit, sich sein Bad nach eigner Empfindung einzurichten. In demselben Stockwerke befinden sich auch die Behälter des kalten und erwärmten zum Baden bestimmten Mineral-Wassers. In dem obern Stockwerke sind für Cur = Gäste bestimmte, gesunde, geräumige und meublirte Zimmer angebracht, von deren Fenstern die Natur eine etwas melancholisch feyerliche Landschaft hingemahlet hat. In dem Gebäude rechter Hand trit man gleich bey dem Eingange in dasselbe in einen schönen großen Saal, an welchen ein großes Zimmer stoßet. Das obere Stockwerk dieses Gebäudes ist ebenfals zu Zimmern für Cur = Gäste eingerichtet. Diese Zimmer geben in aller Rücksicht denen im andern Gebäude nichts nach. Nur hat man hier die Aussicht in eine offene sene und belebtere Gegend. Kommt man nun wieder aus den Gebäuden in die freye Luft, so überschauet man einen großen Platz, welchen eine doppelte Allee in vier Quadrate abtheilet; diese sind mit Pappelweiden und den verschiedensten Buschhölzern und Pflanzen besetzet, so, daß diese Quadrate von aussen das Ansehn einer Wildniß haben. Folget man aber den einladenden Schatten der Alleen; so wird man hie und da von muthwillig ulkenden Wegen in die Gebüsche eingeladen: und hier überhaschet den Angelockten ein spielender Teich, dort ein einsames Berceau, hier ein vertrautes Cabinetchen, dort Trägheit heilende Spielmaschienen. Am Ende dieses angenehmen Platzes sind noch zwey Gebäude befindlich, von denen das größere im oberen Stockwerke die fürstlichen Zimmer, einen schönen Speisesaal und ein Billard-Zimmer, im untern Stockwerke eine kleine Capelle und die Wohnung des Inspectors enthält. Das anstoßende kleine Gebäude ist zu Zimmern für Cur-Gäste eingerichtet, welche die Annehmlichkeit haben, daß sich vor den Fenstern derselben die ganze neue Anlage ausbreitet, welche von einem vesten, breiten mit Pappelweiden besetzten Damme umgeben ist, der zu sanften Spazierfahrten die angenehmste Gelegenheit darbietet. Diesen großen Gaben der Natur, diesen wichtigen Geschenken der Kunst geben die besten öconomischen Einrichtungen die Vollendung. Wer an diesen heilsamen Quellen seiner Gesundheit pflegen will, kann, weil Kost, Wohnung, Bäder und die übrigen wichtigsten Bedürfnisse ihren bestimmten und möglichst wohlfeilen Preis haben, die zu seiner Cur erforderlichen Kosten voraus mit seinem Beutel berechnen.

Bockmühle, (die) Mühle von einem Hause, einer Scheune und 8 Einwohnern, die nach Haag pfarren, im Bayreuther Kreise.

Bocksalb, nach der Wetterschen Charte Bocksalb, Weiler im Deutschherrischen Amte Virnsberg.

Bocksbrunn, Bayreuthisches Dorf des Kloster-Amts Frauen-Aurach. Die Einwohner pfarren nach Kairlindach.

Bocksdorf, auf der Wetterischen Karte Paxdorf, im Bezirke des Bayreuthischen Kameral-Amtes Bayersdorf.

Bockstrück, Weiler im Bayreuthischen Kreise der nach Haag pfarrt, von 3 Häusern, 2 Scheunen und 20 Einwohnern. 1672 wurde hier bereits ein Eisen-Bergwerk betrieben.

Bodelstadt, im Itzgrunde, gehört der Abtey Banz, die es als eröffnetes adeliches Lehen einzog. Sie übt in demselben die niedere Gerichtsbarkeit durch ihre Kloster-Kanzley, und das Hochstift Bamberg die Landeshoheit aus, weswegen Bodelstadt seine Berufungen von den Urtheilen der Kloster-Kanzley an die Bambergische Regierung einlegt, und in Steuersachen an das fürstliche Steuer-Amt angewiesen ist. In Bodelstadt liegt ein dem Geschlechte Greifenklau zustehender Hof, auf dem es eigene Jurisdiction ausübt.

Boden, ein in die Pfarrey des Bayreuthischen Städtchens Creussen gehöriges Dorf von 8 Häusern und 1 Scheune mit 44 Einwohnern.

Bodengrub, Bambergisches Dorf an der Schwabach, im Amte Neunkirchen.

Kirchen.

Bodenhof, Hof und freyherrlich von Stettenischer Ritterſiz im Ritter-Kantone Ottenwald, bey Oehringen. Er iſt (am 10 Dezember 1796) ganz abgebrannt, der Schaden wird auf 20000 fl. gerechnet.

Bodenhof, (der) Hof im Buchiſchen Quartier, unweit Geröſfeld, wohin auch die Einwohner deſſelbigen pfarren.

Bodenlaube, altes, in ſeinen Ruinen liegendes Heuerberg. Schloß auf einem Berge vor dem Würzburgiſchen Landſtädtchen Kiſſingen. S. daſ. mehr. 1230 verkaufte es Graf Otto von Heueberg an Würzburg und gieng nach Frauenroda, wo er auch begraben liegt. S. Weinrichs Henneberigiſcher Kirchen- und Schulen-Staat.

Bodenmühle, (die) Im Kameral-Amte Bayreuth, pfarrt nach Neunkirchen.

Bodes, ein dem Ritter Orte Rhön und Werra ſteuerbares Dörfchen von 1¼ Wohnungen und 65 Seelen, im Buchiſchen Quartier im Gerichte Buchenau.

Böbr, ſ. Dettwar.

Böcka, Böckau, eichſtättiſcher zum Kapitul Herrieden gehöbriger Weiler von 9 zum dortig fürſtlichen Steueramte ſteuerbaren Unterthanen, liegt 2 Stunden von Herrieden weſtſüdlich nicht fern vom Wiſeth-Fluß.

Bödigheim, ein evangeliſch-lutheriſches Pfarrdorf, im Ritter-Orte Ottenwald; an der Landſtraſſe von Würzburg über Waldthüren nach Heydelberg, zwey Stunden von dem kurmainziſchen Städtchen Buchen gegen Moßbach zu. Die Zahl der Nachbarn beläuft ſich auf 100; auch ſind einige Juden-Familien mit einem Oberrabiner für die benachbarten reichsritterſchaftlichen Juden hier.

Ackerbau und Viehzucht ſind blühend; man baut Korn, Dinkel, Hafer, alle Sorten von Gemüß. Die Wirthe beziehen ihren Wein aus den Jagſt- und Tauber-Gegenden, haben aber wenige Einkehre, ſondern die Reiſenden gehen lieber noch einige Stunden weiter nach Buchen, unterdeſſen würde man auch hier im Wirthshauſe zum Roffe gut bedient werden. Im dreyzehenden Jahrhunderte vertauſchte Weippert Rüd ſein Dorf Weckbach an den Prälaten zu Amorbach gegen Bbdigheim und legte hier eine Burg an, wovon man noch einige Gebäude ſieht; ſeit dem blühte hier immer eine Linie der Familie von Rüd, die ſich daher Rüd von Bödigheim nennte. Die Bödigheimer Rüde nennen ſich nun auch Rüd von Collenberg; ſ. Collenberg, und theilen ſich in zwey Linien, wovon die eine das Dorf Bödigheim, nebſt einem neuen Schloſſe, beträchtlichen Gute, wozu die hieſigen Bewohner ſtarke Frohnen leiſten müſſen, und vorzüglich ſchönen und ſehenswerthen Fichten- und Tannen-Waldungen in geiſt- und weltlicher Herrſchaft als würzburgiſches Lehen beſizt. Die andere Linie ſ. unter Eberſtadt. In peinlichen Fällen ſteht das Dorf nach den Normen eines Receſſes vom Jahre 1617 unter dem kurmainziſ. Zent-Amte Buchen.

Böblas, Weiler, deſſen Einwohner nach Oberrößla im Wunſiedler Kreiſe gepfarrt ſind.

Böhmenſtein, Büſching in der neueſten Auflage unrichtig Böhenſtein, ein verwüſtetes Schloß beym Urſprung der Pegniz, an-
weit

weit dem Bayreuthischen Städtchen Creußen.

Böhmling, Eichstättisches zum
Pfleg- und Kastenamte Kipfenberg gehöriges Filialkirchdorf von
der nur eine kleine halbe Stunde weiter unten ebenfalls im
Altmühlgrunde gelegenen Mutterkirche Kipfenberg, hat etlich und
20 Unterthanen und Gebäude;
das Gotteshaus liegt in einer
ziemlichen Entfernung westlich
von dem Dorfe weg, und es soll
einst ein Kloster daneben gestanden seyn, wie denn auch wirklich noch der Grund eines großen
Gemäuers um dasselbe herum
vorhanden ist. Feldbau, Wies-
grund und Viehzucht ist dort vortrefflich, deßwegen auch die Unterthanen wohlhabend sind, und
Böhming der beste Ort im ganzen Amte Kipfenberg genennt
wird.

Böhmweiler, Rothenburgischer
Weiler, 1 1/2 Stunden von der
Stadt gegen Schrozberg, hat
13:15 Gemeindrechte. Ist nach
Leuzenbronn eingepfarrt, und der
Zehend ist Würzburgisch. Er
wurde von Rothenburg mit Lich-
tel, Schmerbach und Rimbach
1465 für 3024 fl. erkauft. Hat
35 Dienst und stellt 6 Wägen.

Böllermühle, eine und zwar von
der Hirschberger Straße an gleich
die erste der eichstättischen 6
Mühlen an der Schambach im
Pfleg- und Kastenamte Kipfenberg zwischen Gungolding und
Arnsperg, in einem südlich sich
hinziehenden Grunde gelegen.

Boßenbechhofen, Bechhofen vor
der Mark, Abtey Michelsbergi-
sches Dorf, 1 Stunde von Höchstadt, unter bambergischer Landeshoheit, die das fürstliche Amt
Höchstadt handhabt. Die Dorfs-
Gemeinde- und Flurherrschaft mit
der Vogteylichkeit steht dem Ab-
teylichen Amte Germsdorf zu.
Pfarrt nach Eselskirchen.

Boßenbirkach, eigentlich Beßen-
birkach, Bambergisches Dorf
im Amte Obbweinstein, dessen
Einwohner theils dem fürstlichen
Kasten, theils dem Spitale zu
Pottenstein lehenbare Güter besitzen.

Boßeneck, ein unfern dem Bayr.
Marktflecken Gefrees liegender
Weiler. Die Einwohner pfar-
ren nach Gefrees.

Bösen Nördlingen, Reichsstadt
Rothenburgischer Weiler, innerhalb der Landsheg, 3 1/2 Stunden von der Stadt gegen Feuchtwang gelegen. Er hat 8-10
Gemeindrechte, welche theils preus-
sische, theils hohenlohische, und
theils rothenburgische Unterthan-
nen sind, und wovon jeder seiner
Herrschaft vogt- und schatzbar ist.
Er ist nach Wörnitz eingepfarrt,
Rothenburgischer Fraisch unterworfen und hat 4 Dienst. Nach
dem Vertrag von 1796 trat Hohenlohe seine Unterthanen an Preussen ab.

Böttersmühl, Deutschherrische
Mühle, im Amte Virnsberg.

Böttigheim, katholisches Pfarrdorf
des deutschordischen Amtes Horn-
egg.

Böttigheim, katholisches Pfarrdorf
im würzburgischen Amte Horn-
burg am Mayn, einige Stunden
unterhalb Bischoffsheim an der
Tauber seitwärts. Es besteht
aus etwa 150 Nachbarn und
130 Häusern. Die Schulbesol-
dung ist gegen 177 fl. angeschlagen und die Schule ist mehr als
100 Kinder stark. Die peinliche
Gerichtsbarkeit gehört, vermöge
eines Recesses von den Jahren
1592 und 1598 zwischen Mainz
und Leuchtenberg zum Mainzischen

schen Oberamte Bischoffsheim an der Tauber. Damals zählte man im Dorfe Obtrigheim 92 Nachbarn und 108 Häuser.

Bofsheim, evangelisch-lutherisches Pfarrdorf in dem zum Ritter-Orte Ottenwald collectablen fürstlich Löwensteinischen Amte Rosenberg, eine Stunde von dem Amts-Orte Rosenberg gegen Buchen zu. Die Anzahl der Nachbarn erstreckt sich auf 100. s. Rosenberg.

Bogengrün, Bayreuthisches Dorf im ehemaligen Amte Thierbach, das nun zum Kammer-Amte Naila geschlagen ist, im Hofer Kreise des Fürstenthums Bayreuth.

Bohrsbach, Weiler im Kammer-Amte Ansbach, mit 20 dahin gehörigen Unterthanen.

Bollingen, Deutschmeisterisches Pfarrdorf von 200 Seelen im Umfang des Gebiets der Reichs-Stadt Ulm. Es gehört zum deutschherrischen Amte Ulm.

Bollnthal, ein mit Holz bewachsenes Thal im Eichstättischen Forste Adelschlag zwischen der Neuburger- und Seegenfarther Steig, zieht sich von Meilnhofen östlich her gegen Westen auf Bisenhard zu und über den Seegenfurther Steig in den Bisenharder Forst hin.

Bolzhausen, katholisches Filialdorf von 30 Häusern im Würzburgischen Ober-Amte Ahrtingen, welche von 150 Seelen bewohnt werden. Es besitzt 1150 Morgen Ackerfeld, 50 M. Wiesen, 14 M. Weinberge, 60 M. Gärten. Den Zehend hat das Stift St. Burkard zu Würzburg. Die Schäferey ist in Erbbestand dahin gegeben. An Handwerkern sind hier 7. Der Schullehrer hat 72 fl. Frl. Gehalt. Er hatte 1786 15 Kinder.

Bonifaciushof, (der) Hof im Badischen Quartier unweit Gersfeld, wohin es auch pfarrt.

Bonlanden, Weiler im Ansbachschen Justizamte Feuchtwang, nicht weit davon, 4 Unterthanen gehören dahin.

Bonndorf, Bayreuthisches Dorf im ehemaligen Amte Osternohe, ist eine Viertelstunde davon, und mit Bayreuthischen und Nürnbergischen Unterthanen besetzt.

Bonnerod, der freyherrlichen Familie von Klebesel gehöriges Dorf von 23 Wohnungen und etwa 115 Seelen im Gerichte Altenschlirf. Es steuert zum Ritterorte Rhön und Werra.

Bonnhofen auch Bonnhof, bey Kloster Haülsbronn gelegen, gehörte vorhin zum bayreuthischen Amte Dietenhofen, ist aber jetzt nach Ansbach überlassen worden, zu dessen Justizamt Windsbach im Ansbacher Kreise es gehört. Es hat 18 Unterthanen. Ehedem war hier ein schönes Schloß das dem Abt zu Kloster Haülsbronn zum Landhause diente.

Bonnland, evangelisch-lutherisches Pfarrdorf mit dem nächst dabey liegenden Schloß Greifenstein, der Wohnort der Herren von Gleichen genannt Rußwurm, die hier ein grosses eigenes Gut haben. Es liegt an der Grenze des Oberrheinischen Kreises 2 Stunden von Hammelburg und steurt zu dem Reichsritterorte Rhön und Werra. Die Seelenzahl belauft sich auf 225, worunter viele Juden sind.

Boppenweiler, Weiler, 1 Stunde von Feuchtwang, zu dessen Kameralamte 2 Unterthanen gehören.

Borbath, Dorbet, vermischtes Dorf in bayreuthischer Fraisch. Es sind auch nürnbergische Unterthanen wo darinnen. Die Einwohner pfarren nach Emskirchen.

Bordenberg, Weiler im Ansbachischen Kameralamte Feuchtwang, wohin 10 Unterthanen gehören.

Borſtall, ein am Mayn gelegenes Dorf, 1 Stunde von dem bambergiſchen Städtchen Lichtenfels gegen Burgkunſtadt.

Bosaker, Ansbachiſcher Weiler im Kameral Amte Waſſertrüdlingen.

Boßendorf, Rothenburgiſcher Weiler, 1 Stunde von der Stadt, gegen Langenburg. Er hat 6—8 Gemeindrechte und pfarret nach Leuzenbronn. Der Zehend gehört mit 2/3 in das Rothenburgiſche Frauenkloſter, und mit 1/3 nach Würzburg in die Pfarrey Leuzenbronn. Hat 14 Dienſt und ſtellt 4 Wägen.

Boßenmühle, Reichsſtadt Rothenburgiſche unterſchlächtige Mühle, die an der Tauber liegt, zum Pfarrdorfe Bettwar gehört, und 3 Mahlgänge nebſt einem Gerbgang hat.

Bottenbach, Bayreuthiſcher Weiler, 1 gute Stunde von Neuſtadt gegen Embskirchen, gehört in das Neuſtädter Kameramt. Der Ort hat gute Viehzucht und liefert ſchmackhafte Krebſe.

Bottenweiler, Weiler im Bezirke des Ansbachiſchen Kammer Amtes Feuchtwang.

Bovenzenweiler, Reichsſtadt Rothenburgiſcher Weiler, innerhalb der Landheg, 2 Stunden von Rothenburg gegen Schrozberg gelegen. Er hat 5—6 Gemeindrechte, pfarret nach Spielbach und giebt an die Bonifacius-Kirche zu Oberſtetten, wohin er ehemals eingepfarrt geweſen, jährlich etwas ab. Der Zehend gehört nach Debringen. Er hat 9 Dienſte und ſtellt 4 Wägen.

Bowieſen nach andern Bonwieſen, kleiner deutſchordiſcher Weiler im Amte Balbach.

Boxberg, Bayreuthiſches Schloß, nicht weit von Wunſiedel, kam 1313 durch Kaufhandlung an das Burggrafthum.

Boxhauſen, ſoll ein Würzburgiſches Dorf ſeyn.

Boxbrunn, Bocksbrunn. Bocksbrunn, kleines nürnbergiſches Dorf im Amte Lichtenau, 1/2 Stunde davon, jenſeits der Rezat.

Borsdorf, Weiler, iſt nürnbergiſch, und liegt 1/2 Stunde gegen Erlangen, zwiſchen Nürnberg und Gründlach, nach Krafteshof gepfarrt.

Boyendorf, 2 Stunden von dem Bambergiſchen Städtchen Weißmayn.

Boynenburg, das Stammhaus der berühmten Freyherrlichen Familie dieſes Namens.
Es gehörte zu dem Theil des Ritterkantons Rhön und Werra, welcher das Buchſche Quartier genennet wird.

Bozenweiler, Ansbachiſcher Weiler im Kameralamte Waſſertrübingen.

Brachbach, Weiler unweit Unterzenn, im deutſchherriſchen Amte Virnsberg.

Brachting, eine Stunde von Staffelſtein gegen Bamberg.

Brackenfels, Weiler im Freiſchbezirke des ansbachiſchen Kameralamtes Burgthann, 3 Unterthanen ſind Nürnbergiſch.

Brackenhof, Bayreuthiſches Dorf, nahe bei Embskirchen, wohin es auch pfarrt.

Brackenlohe, Weiler im Kammeramte Uffenheim mit 9 dahin gehörigen Unterthanen.

Brau

Bräuningshof, auch Breuningshof, und Breunleinshof, Bambergisches dem Hochstifte ganz parisirtes zustehendes Dorf im Amte Ramlkirchen.

Braidbach, Breitungbach in Salagewe, Breisbacum, Kirchdorf. Es gehört in die Cent zu Neustadt an der Saale. Die vogteyliche Gerichtsbarkeit besitzt der Probst des secularisirten Klosters Wechterswinkel, wohin es auch pfarrt. Das Dörfchen hat nur 19 Häuser. Zu einem in der dasigen Kirche befindlichen Marienbild wird stark gewallfahrtet.

Der Schullehrer hat 35 Gulden frl. Gehalt, u. 19 Schulkinder.

Braibach, (der) entspringt in der Herrschaft Limpurg Speckfeld, und fällt bey Markt Breit in den Main.

Brailbach auch **Breisbach**. Die eine Hälfte des Schloßes kauften die Fuchs von Struen von Schaumberg 1487, die andere hatten sie schon früher an sich gebracht. Als die Fuchs Brailbachische Linie erlosch, kam es an die fuchsische Linien zu Bimbach, Gleißenau, Wahnfurth und Schweinshaupten. Das Kloster Ebrach hat verschiedene Unterthanen daselbst.

Brailenfurth, Eichstädtisches zum Pfleg= und Kastenamt Dollnstein gehöriges Filialkirchdorf von Dollstein, liegt 1 1/2 Stunden ober Eichstädt am Altmühlgrunde hinauf, zählt gegen 40 Gebäude und Unterthanen.

Nebst der, den englischen Fräulein in Eichstädt (dem Klosterfrauen de la Congregation de notre Dame) gehörigen Zehendscheure ist auch ein herrschaftliches Forsthaus allda, wovon der Brailenfurther über 1000 Jauchert große Forst seinen Namen her hat. Es wird derselbe in den Mühlberg,

in den Römersberg, und in den Neufang, oder das Fürstenbüschl abgetheilt, und gehört unter das Waldvogtamt in Eichstädt. Die Güter, welche ehemals die Canonie Rebdorf hier hatte, ertauschte Bischoff Wilhelm von Reichenau 1466 gegen den Zehend zu Dollnstein.

Brailenthal. Es giebt ein Vorder= und Hinter= oder, wie es auch genannt wird, ein Innerund Außer Brailenthal, beide einen starken Büchsenschuß von einander entfernte Weiler, einer von 13, und der andere von 11 Haushaltungen, liegen 2 Stunden von Aurach an der Straße gegen Feuchtwang, im dortigen Kammeramte. Darin sind N eichstädtische Unterthanen zum Vogteamte Aurach steuerbar, auch die Herrn von Rottenburg haben 2 Unterthanen darinn. Der Ort gehört mit aller pfarrlichen Gerechtsame nach Aurach, und ist auch dahin eingepfarrt. Im Jahre 1283 entsagte Heinrich von Reichenbach sammt seiner Gattin und Erben dem Streite, den er mit dem eichstädtischen Bischoffe Reimbott, einem Edlen von Mühlenhart, wegen des Guts in Brailenthan hatte, und all seinem Recht darauf, in soferne es, und was immer daran dem Weinward von Ahrberg gehörte.

Brand, vermischtes Dorf im Kastenamte Bayersdorf, das jetzt zum Kammeramte Erlangen geschlagen ist, bey Eschenau am Flüßchen Schwabach. Die Familie von Gugler hat auch hier verschiedene Besitzungen.

Brand, 2 Weiler im Bambergischen Amte Neuhaus, s. Oberund Unterbrand.

Brand, Bayreuthisches Dorf, 3 Stunden von Wunsiedel gegen Wald=

Waldsachsen, gehört den Herren Marschallen von Brand. Der Pfarrer stehet unter der Superintendentur Wunsiedel.

Brand, von Leuterheimischer Weiler im Onolzbachischen Kameralamte Gunzenhausen.

Brand, Pfarrkirchdorf, oberhalb dessen sich ein Staalhammer des Kammerguts Wellau befindet; in dem jenseits des Ebssels gelegenen Theile des Dorfes Brand wohnen viele Baumwollenspinner und Weber. Das abgestorbene Geschlecht der Jbsner von Brand hatte hiervon den Nahmen.

Brandenburger, (der) s. St. Georgen.

Brandenburger Weiher (der) s. Ebendaselbst.

Brandenburger, (der) Weiher, eine halbe Stunde von Bayreuth, einer der grösten Teiche des ganzen Fürstenthums.

Brandenstein, Rittersitz im Bayreuthischen Kreisamte Hof, anderthalb Stunden von der Stadt, gehört jetzt einem Herrn von Schönfeld. Es ist das Stammhaus des alten Geschlechts derer von Brandenstein. Vor kurzem wurde das alte Schloß abgetragen, und nicht weit davon ein neues erbauet. Es ist amtssäßig. Brandenburg-Bayreuthisches Rittermannlehen, einige wenige Unterthanen und Wiesen in Saalenstein ausgenommen, welche gräflich Reußisches Mannlehen sind. Zu dem Rittersitze und dessen Gebäuden gehören 30 Menschen.

Branders, Dörfchen von 10 Wohnungen und etwa 50 Seelen im Buchischen Quartier, im Gerichte Buchenau.

Brandhof, kleines Dorf von 51 Einwohnern in der Graffschaft Limpurg. Salm-Assenheimischen Antheils.

Brandholz, Bayreuthisches Dorf im ehemaligen Amte Gold-Cronach.

Brandlohe, Dorf beym Einfluß der Aisch in die Rednitz unterhalb Vorcheim.

Brandmühl, (die) im Fraisch-Bezirke des Onolzbachischen Kameral-Amtes Burgthann. Sie wird von der Schwabach getrieben. Die Einwohner pfarren nach dem Marktflecken Eschenau.

Brandmühlen, (die) zwey Mahl-Mühlen, jede von 2 Gängen an der Lauer, zwischen Poppenlauer und Meßbach. Sie gehören dem Herrn von Rosenbach und steuern zum Ritter-Orte Rhön und Werra.

Brastelburg, auch **Prastelburg**, Deutschmeisterischer Weiler unweit der Reichsstadt Aalen. Er gehört in das Amt Kapfenburg.

Brauersdorf, Dorf im Bambergischen Amte Cronach, hat gute Schweinzucht.

Brauerishof, im Würzburgischen Amte Hilters. Dieser Hof bestehet in 4 Hofbauern und einem Müller, liegt von Hilters aus nächst an Lahrbach, wohin es zur Pfarren sowohl, als zur Gemeinde gehöret und untergeben ist.

Brauneck, altes, größtentheils zerstörtes Schloß; auf demselben wohnen jetzt 3 Onolzbachische in das Kameral Amt Creglingen gehörige Unterthanen. Das Haupt-Gebäude ist 1525 im Bauernkriege zerstört worden. Jetzt findet man daselbst nur noch einige Ruinen. Im Jahre 099 besaß diese Feste Brauneck Graf Hermann von Hohenlohe, der Stamm-Vater dieses berühmten Hauses. 1399 gelangte dieselbe durch Heurath an Johann III Burggrafen zu Mapdburg (Magdeburg) und 1429 an dessen Sohn Michael

1148 erkaufte es Markgraf Albrecht Achilles von Graf Michel von Maydburg, nebst der ganzen Herrschaft.

Brauneck, im ehemaligen Bayreuthischen Verwalter-Amte Himmelcron. Die Einwohner pfarren nach Harsdorf.

Braunersberg, im Kameral-Amte Bayreuth, pfarrt nach Obernsees.

Braunersgrün, Bayreuthisches Dorf des ehemaligen Gerichts Thierstein oder Thiersheim im Kreis-Amte Hof, das nun zum Kammer-Amte Naila geschlagen ist.

Braunersreuth, Dorf im Amte Stadtsteinach, dem darüber alle Territorial-Rechte samt der Vogtey zustehen. Die Zent hingegen übt das Bambergische Amt Wartenfels. Die Einwohner sind der Pfarrey Wartenfels eingepfarrt.

Braunsbach, Nürnbergisches Dorf, davon ein ausgestorbenes adeliches Geschlecht vormals seinen Namen bekommen, liegt eine starke Stunde von Nürnberg gegen Erlangen. Es hat den Namen von einem Bache, welcher aus dem Walde durch Buch, von da zwischen Braunsbach und Fronnhof auf Eronach fließt und bey Stadeln in die Grundlach fällt.

Braunsbach, (der) kleiner Bach. Er entspringt im Sebalder-Wald, fließt durch Buch, zieht nach Braunsbach und Frommhof und fällt bey Stadeln in die Grundlach.

Braunsbach am Kocher, Domkapitularisch-würzburgisches Dorf bey Künzelsau, mit einer katholischen Curatie; gehört eigentlich der Familie von Greifenklau

und ist pfandsweise an das Domkapitel zu Würzburg gekommen, welches daselbst einen Beamten hält.

Braunthälein, mit Holz bewachsenes Thal im fürstlichen Landvogteyamte zum Hofstetter Forst gehörig nnd am westlichen Ende des großen Hofstetter-Waldes gegen Pfinz zu gelegen. Es ziehet sich von Norden gegen Süden auf den Weg von Pfinz nach Hofstetten hinein.

Breienbrunn, **Breuerbrunn**, Erbachisches Dorf drey Stunden von Erbach gegen Aschaffenburg.

Breinersberg, Weiler im Ansbachischen Kameral-Amte Creilsheim.

Breinersfeld, Bayreuthisches Dorf, liegt 3/4 Stunden von Burgbernheim gegen Windelsbach.

Breit, Eichstättisches Pfarrdorf zum fürstlichen Steuer-Amte der Abtey St. Walburg in Eichstädt gehörig, liegt auf dem Berge, eine Stunde nordöstlich von Eichstädt zwischen der Residenzstadt und dem Pfarrdorfe Pollnfeld. Es zählt dieses Dorf ohne Pfarrhof sammt Stadel und einer Zehend-Scheune, ohne dem Gemeinds-Schul- und Hirtenhause, dann der Schmiede noch 42 Gebäude, worunter ein hübscher Mayerhof ist und gehört ganz zur Abtey St. Walburg in Eichstätt, bis auf einen einzigen Unterthanen, der unter dem Domkapitelschen Richter-Amte in Eichstädt stehet.

Breitenau, ein der Abtey Bronnbach zustehender einzelner Hof in einer sehr angenehmen Lage, 1 1/2 Stunden von Hardheim im sogenannten Katzenthale.

Breitenau, evangelisch lutherisches Pfarrdorf an der Wörnitz, 1wey Stun-

Stunden von Feuchtwang, wohin es mit 36 Unterthanen gehört, gegen Rothenburg. Die Grafen von Geyern hatten ehemals Theil daran.

Breitenau, Kirchdorf im Deutschmeisterischen Amte Virnsperg.

Breitenau, Bayreuthisches Dorf, bey Oberzenn.

Breitenbach, Dorf im Bambergischen Amte Ebermannstadt; es ist zwischen dem Städtlein und diesem Dorfe der Wiesentfluß nur die Scheidung. Dieser Ort ist vermischt, nebst dem größern Theil der Bambergischen zum Vogtey-Amte Ebermannstadt gehörigen Unterthanen, befinden sich auch einige, zum Land-Almosen-Amt in Nürnberg, gehörige, einige Domkapitulische, auch ein der Familie von Seckendorf lehenbare Unterthanen. Das Vogtey-Amt Ebermannstadt übet daselbst alle Rechte aus, wenn schon manchmal diese oder jene Einwurfe haben gewagt werden wollen. Es soll auch dieser Ort in ältern Zeiten denen von Breitenbach zugehörig gewesen seyn, und daher den Namen haben.

Breitenbach, Breitingbah, ansehnliches kursächsisches Dorf im Antheil Henneberg von 76 Wohnhäusern und 465 Einwohnern. Es liegt 1/2 Stunde von Schleusingen und ist meistens mit Wald umgeben. Schon im Jahre 1144 kommt dieser Ort in einer Urkunde vor, nach welcher Graf Gottwald I. (III.) von Henneberg die dasigen Novalzehenden dem Kloster Veßra zueignet. Die Einwohner nähren sich meistens vom Holzhauen und Kohlenbrennen, auch befinden sich unter ihnen 1 Schlosser, 2 Huf- und 12 Nagelschmiede. Durch das Dorf fließet der sogenannte Breitenbach, welcher daselbst 2 Mahl- 2 Schneidemühlen und 1 Sensenhammer treibet. Eine von diesen Mahlmühlen gehöret der Gemeinde, als ein Kauslen-Lehen, die andere ist ein Privat-Eigenthum und hat zugleich auch die Backgerechtigkeit. Die Einwohner sind nach St. Kilian eingepfarrt. Im Dorfe liegt ein adelicher Hof, welcher ehedessen dem Hennebergischen Oberaufseher, Humpert von Langen, zuständig war, jetzo aber 2 dasigen Einwohnern in der Eigenschaft eines Freyhofs zugehöret. Auch wohnt hier ein herrschaftlicher Förster.

Breitenbach, der Universität Würzburg gehöriger Hof, ganz nah an Altenstein gegen Königshofen gelegen. Der jetzige Pachter giebt 160 fl. Pachtgeld. Er gehört zum Pfarrweisacher Kirchspiel und war ehemals der Sitz eines Altensteinischen Amtes, wovon man in den nahen Orten Geroldswind und Güdelhürn noch manchmal den Namen: Breitenbacher Aemtlein höret.

Breitenbrunn, ein mit dem St. Catharina-Spital zu Lauberg und dem Kanton Baunach vermischter Ort von 30 Mann, wo die Herren von Guttenberg 3 Unterthanen haben.

Breitenbrunn, Bayreuthisches Dorf im Kameral-Amte Wunsiedel. Es pfarrt nach Wunsiedel.

Breitenbrunn, Nürnbergisches Dorf im Amte Engelthal, ist 1 Stunde von diesem gegen Neumarkt befindlich; es entspringt in der Nähe eine Quelle, welche in den Offenhauser Bach fließt.

Breitengrund, Einzelnes mit 4 Einwohnern in dem ehemaligen Kameralamte Bernstein, von den Kammerämte Nalla.

Breitengußbach, s. Gußbach.

Breitenlesau, Bambergisches Amts Weischenfelder Zentdorf. In das bayreuthische Amt Streitberg mit Gemeind und Flurherrschaftlicher Gerichtsbarkeit eingehörig; alldort behauptet das Amt Weischenfelden Kirchweihschutz, übt auch das Zollregale aus, besitzt aber übrigens nur einen vogtbaren Unterthanen.

Breitenlohe, Weiler im Schwabacher Kreise und der Pfarre zu Wilschenbach eingepfarrt; darinn hat das eichstättische Pfleg- und Kastenamt Abenberg einige Vogteyunterthanen, den groß und kleinen Zehend aber außer 1 Hof das Domkapitul in Eichstätt. Graf Gebhard von Hirschberg verkaufte dem Bisthume Eichstätt im J. 1302 zugleich mit dem Schlosse Sandsee auch alle seine Besitzungen in Breitenlohe nebst ihrem Fischteiche allda und einem Walde daselbst. 6 Unterthanen daselbst sind ansbachisch, überdieß einige deutschordisch, andere nürnbergisch.

Breitenmühl, (die) im Erdlöheimer Kreise des Fürstenthums Ansbach.

Breitenreuth, ein den Freyherrn von und zu Guttenberg gehöriges, und dem Ritterorte Gebürg einverleibtes Schloß, worüber das bambergische Amt und Gericht Kupferberg die Zent ausübt. Die Volksmenge besteht in einem Pacht mit seinem Gesinde und einem Schäfer. Es befindet sich daselbst eine Brauerei, und eine beträchtliche Schaafszucht.

Breitensee, ein dem Kanton Rhön-Werra steuerbares katholisches Pfarrdorf von 44 Häusern und 189 Seelen, bestehend aus 92 männlichen Geschlechts, worunter 4 Wittwer und 22 Kinder: aus 97 weiblichen Geschlechts,

worunter 6 Wittwen und 25 Kinder. Das Dörfchen wurde gegen das Jahr 1680 von der Familie von Echter an das Julius Universitäts Receptoratamt zu Würzburg auf Wiederkauf veräußert, *) worauf die Freyherren von Eiltingen als Erbherren fortwährend Ansprüche haben, und ist ein Grenzort des Hochstifts Würzburg. Es grenzt östlich an Hindfeld; südlich an Eicha und Trappstadt; westlich an Herbstadt; und nördlich an Milz.

Die Hochfürstliche Kammer zu Würzburg besitzt daselbst 3 Theile des Zehenden, dagegen die Erbherren nur einen Theil desselben, nebst dem verpachteten Gute von 180 Äcker Artfeld, etwas Wiesen. Holz und alle übrigen Gefälle, Jagd rc. haben. Es versieht die Verwaltung und Gerechtsame der Amtsvogt von Birnfeld. In ältern Zeiten war der Ort eine eigene Pfarrey, wurde nachmals ein Filial von Herbstadt, unter der Regierung des Fürsten Joh. Philipp von Greiffenklau wieder zu einer eigenen Pfarrey gemacht, und wird daher von Würzburg aus als eine dahin gehörige Pfarrey besetzt. Der Schullehrer hat 22 Schulkinder und eine Besoldung von 90 Gulden. Kaum ist die Feldmarkung, die aus einem Lehmboden mit vielem weichem Sande und dergleichen Steinen besteht, hinlänglich für die Bewohner des Orts; doch baut man allerhand schönes Getreide, vorzüglich Korn (Roggen) und ärndtet, seitdem man durch den Aufauf des vielen Düngers von Milz und Rbmbild die Felder sehr verbessert, das 6 — 7 Korn; wodurch sich der

*) In frühern Zeiten waren die Herren von Milz und Schott, den Schottenstein daselbst begütert.

der sonst klägliche und verarmte Zustand der Einwohner in Kurzem sehr gehoben hat.

Man hat fast zur Genüge Bauholz, meist Nadelholz, sowohl Gemeinde- als Eigenthümerholz; dagegen äußerst wenig und magere Wiesen; geringe, doch durch den verbesserten Zustand der Felder vermehrte Rindvieh- und gar keine Schaafzucht. Demohnerachtet hat der Futterkräuterbau noch nicht beginnen wollen, sondern man behüret die Brache und Hutrainen lieber mit Rindvieh. Der Obstbau aber ist beträchtlich, und wird fleißig betrieben, der, nebst dem Getreidebaue, den alleinigen Nahrungszweig der Breitenseer, die sich durch ihre hervorstechende Kargheit in der Gegend ganz besonders auszeichnen, ausmacht. Es fehlt dem Orte an fließendem Wasser; außer dem schönen, wohlgelegenen, jetzt unbewohnten Schloße und einem erst an der Straße nach Miltz angelegten Steinbruche, hat er weiter nichts Merkwürdiges.

Breiter See Hof, neuerrichteter herrschaftlicher Limpurg Speckfeldischer Meyerei Hof an der Nürnberger Straße, eine halbe Stunde oberhalb Postenheim.

Brembach, einzelner Hof im Badischen Quartier unweit Gersfeld, wohin auch die Einwohner pfarren.

Bremen, Dorf von 70 Nachbarn in dem zum Ritterorte Ottenwald steuerbaren fürstlich Löwensteinischen Amte Rosenberg, 1 1/2 Stunden von dem Würzburgischen Amtsitze Hardheim, und 2 Stunden von Bischoffsheim an der Tauber. Die Einwohner sind theils der evangelisch lutherischen, theils der katholischen Religion zugethan; beyde Theile zankten sich lange um die Kirche, Pfarrey und Schulgüter; endlich wurden diese den Evangelischlutherischen eingeräumt und der Pfarrer zu Hohstadt muß nun von Sonntagen zu Sonntagen abwechselnd daselbst und hier predigen s. Hohstadt. Dagegen bauten sich die Karholischen eine neue Kirche, in welcher der Pfarrer zu Pülferingen von 6 — zu 6 Wochen an den Sonntägen pfarrlichen Gottesdienst halten muß. s. Pülferingen. Die Abtey Amorbach hat hier 2/3 und der Pfarrer zu Hohstadt 1/3 am Zehnden. s. Rosenberg.

Bremenhof, einzelner Hof, dessen Bewohner Bayreuth mit Unterthans Pflichten zugethan und bas hin steuerbar sind; mit der Zent gehört dieser Hof zum Bambergischen Amte Neunkirchen. Uebrigens hat das Hochstift einige Leben daselbst, die zum Amte Neunkirchen versteuert werden.

Bremenhof, zwischen Obererlbach und Winkelheid, 2 Stunden westlich von Spalt, liegen im Windspacher Oberamte 3 Einödhöfe, wovon der hinterste Bremen, oder Bremmhof heißt, und zum eichstättischen Pfleg- dann Kastenamt Wernfels Spalt gehört. Unweit davon ist das Bremmenloch.

Bremenmühl, (die) im Kameral-Amte Bayreuth. Die Einwohner pfarren nach Bindlach.

Bremenstall, im Ansbachischen Kameral-Amte Cadolzburg.

Bremeusel, auch Premeusel, ein dem Ritter-Orte Gebürg steuerbares Dörfchen von ungefähr 20 Haushaltungen in der Herrschaft Wilbenstein, gehört dem Grafen Volt von Riened.

Brenneisenmühl, (die) im Fraiichbezirke des Ansbachischen Verwalteramts Treuchtlingen, mit einem dahin gehörigen Unterthan.

Brennenhof, (der) im Onspachischen Kameral-Amte Windsbach.

Brennershof, nach Leonhardi **Brünerodorf**. Weiler im Neustätter Kreise. Die Einwohner pfarren nach Hagenbüchach.

Brennhof (der) im Wassertrüdinger Kreise des Fürstenthums Onspach.

Brent, die) Flüßchen, entspringt auf den Rhön-Gebirgen in dem Würzburgischen Ober-Amte Bischoffsheim an der Rhön beym Dorfe Oberweissenbrunn. Sie fließet bey Franckenheim, Bischoffsheim, Unter-Weissenbrunn, Wegfurt und Schönan vorbey und fällt bey Neustadt in die Saale.

Brent, gemeiniglich **Brend**, in einem vom Kaiser Ludwig, dem Frommen, dem Stifte Würzburg ertheilten Begnadigungsbriefe heisset es Brende in Westergen, ein großes Würzburgisches Pfarrdorf an der Landstraße nach Melrichstadt von 171 Häusern, 1 Stunde oberhalb Neustadt an der Saale, zu dessen Amte es gehört. Die Pfarrey wird von einem Mönche aus Kloster Bildhausen versehen. Der Schullehrer hat 30 fl. Frk. Gehalt. 1786 hatte er 91 Schulkinder. Hier war eine der ersten zum Bisthume Würzburg gehörigen Pfarreyen.

Brenz, Deutschmeisterisches Dorf 2 Stunden von Mergentheim gegen Würzburg. Auf der Karte stehet man blos Brenzfelden.

Brettach, (die) kommt aus der rothenburgischen Landwehre in den Crellsheimischen Kreis des Fürstenthums Onspach und vermischt sich in jener Gegend mit der Jagst.

Breuberg, Schloß auf einem Berge mit einem sehr tiefen Brunnen, am Fluß Mümling. Die Grafen von Erpach und Wertheim besitzen es gemeinschaftlich, und jedes von diesen beyden gräflichen Häusern hat auf diesem Schloß seinen besondern Amtmann. So bald einer von diesen Häusern abstirbt, müssen dessen Erben bey dem andern Mitganerben, vermöge aufgerichteter Verträge oder Burgfriedens die Oeffnung suchen, den Burgfrieden geloben und sich die gemeine Unterthanen zur Huldigung anweisen lassen. Um das Jahr 1296 überkam Graf Rudolph zu Wertheim die Herrschaft Breuberg, mithin obiges Schloß. Im Jahr 1540 wurde von Abt Johann zu Fulda Graf Georg zu Erpach mit diesem Schlosse belehnt.

Brennersfeld, ein Weiler, unweit dem bayreutischen Städtchen Creussen, wohin es auch pfarrt.

Breunolzfelden, Bruingartsfelden ehemals, Breunzfelden in verderbter Sprechart, ein Dorf von 12 Gemeindrechten, darunter 11 rothenburgisch und 1 deutschherrisches, nach Virnsberg vogt-steuer- und schatzbar. Die Fraisch, ingleichen der Schaftrieb laut Vertrags mit Rothenburg von 1525 ist braudenburgisch; die Dorfsherrschaft und der Hirtenstab ist Rothenburgisch. Daselbst ist ein Kirchlein; die Pfarrey ist Virnsbergisch und muß der Pfarrer zu Windelspach sich bey der Commenturie Virnsberg um Installirung anmelden. Am Zehend gehören 2/3 denen von Berlingen zu Illesheim, und 1/3 dem Deutschorden nach Virnsberg. Vom kleinen Zehenden 2/3 denen von Berlingen und 1/3 dem Heiligen. Der Ort leistet Rothenburg 24 Dienst und stellt 5 Wagen.

Breußling, ein nach dem Bayreuthischen Städtchen Creußen eingepfarrtes Dorf.

Breymühle, (die) eine deutschherrische Mühle, an der schwäbischen Retzat, im Oberamte Ellingen.

Bretdorf, im Bezirke des Bayreuthischen Kreises Neustadt an der Aisch. Die Einwohner pfarren nach Münchsteinach.

Brettzingen, katholisches Pfarrdorf des würzburgischen Amtes Hardheim, von 120 Nachbarn, etwa 120 Häusern und einigen guten Mühlen, am Flüßchen Erf, eine Stunde nordwärts vom Amtsflecken Hardheim. Das Kloster Amorbach hat einige Gefälle da. Der Pfarrer hat einen Kapellan wegen des Filialdorfs Erfeld, welches eine halbe Stunde weiter oben liegt, zur mainzischen Vogtey Waldthüren gehört und eine wehlbesuchte Wendelinuswallfahrt hat. Die Schule ist über 100 Kinder stark, der Schullehrer hat 127 fl. fränk. Besoldung.

Bröcklingen, ein Dorf von 182 Einwohnern in der Grafschaft Limpurg-Gaildorf, wurmbrandischen Antheils.

Brodel oder **Brundel**, s. Brunnenthal, im Bezirke des würzburgischen Oberamts Lauda eine Stunde davon gegen Würzburg.

1009 gelangte dieses Dörfchen durch einen mit der Gräfin von Alberade getroffenen Tausch an das Stift Würzburg.

Brodswinden, ein Pfarrdorf im Kameralamte Ansbach von 26 Unterthanen. Ein Gut allda ist eichstättisch, wurde im J. 1611 zum Bisthume angekauft und gehört in die Ebhaft Großenried zum Kastenamte Herrieden.

Brombach, ein Filialkirchdorf im ansbachischen Kameralamte Gunzenhausen mit zehn dahin gehörigen Unterthanen, 5 sind fremdherrisch.

Brombach, (der) auch **Brama** genannt, ein Bach, entsteht bey dem Weiler dieses Nahmens im ansbachischen Kameralamte Gunzenhausen aus einem Berge, wo er von einer Strecke zur andern absatzweise einen Weiher bildet, bey den meisten derselben eine Mühle treibt und im eichstättischen Amte Pleinfeld, wo die Mantles, Meisleins und Belzmühle noch von ihm getrieben werden, sich ober Pleinfeld, nach der zweyten Mühle an der Mühlstraße gegen Mühlstetten hin mit der schwäbischen Retzat vereiniget. Er hat sehr schmackhafte Krebse. Die seinen Ufern zunächst liegenden Wiesen sind meistentheils dreymädig; denn die Einwohner haben Stemmungen oder sogenannte Whrde, durch die Kunst angelegt, wodurch sie gewässert werden können.

Bromberg, Würzburgisches Dorf von 30 Häusern im Bromberger Wald, Honn kennt es nicht. Die Würzburgischen Unterthanen stehen unter dem Amte Hofheim. Hier befindet sich auch ein von Truchsessischer Hof mit einem angesessenen Unterthan. Es zahlt seinem katholischen Schullehrer 6 fl. Gehalt. 1796 hatte er 24 Kinder. Würzburg ist Dorfsherr.

Bronn, Bayreuthisches Dorf mit einer Kirche, unter die Superintendentur Bayreuth gehörig.

Bronnbach, Cistercienser-Mannskloster von 45 Conventualen, unter den Würzburgischen Kirchsprengel gehörig, in einem angenehmen mit Waldungen umschlossenen Wiesenthale, am Flüßchen

chen **Tauber**, zwischen dem Mainzischen Oberamte **Bischoffsheim** und der Graffchaft **Werthheim**, zwey kleine Stunden von **Werthheim** und 1 Stunde vom Mainzischen Städtchen **Külsheim**. Der Markungs-Bezirk des Klosters ist ansehnlich und besteht aus vielem Ackerfelde, schönen Wiesengründen, Klee- und vortreflichen Weinbergen Gemüß- und Obstgärten und Waldungen; das Kloster hat daher eine weitschichtige Oekonomie, eine ausgebreitete Viehzucht; zum Behufe der nothwendigsten Bedürfniße hat es alle erforderlichen Profeſſioniſten, eine beträchtliche Mühle, vortrefliche Bierbrauerey und vor dem Eingange der Kloster-Gebäude wegen des dort vorbeyführenden stark besuchten Weeges nach **Werthheim** ein gut conditionirtes Wirthshaus. Die übrigen Gefälle des Klosters sind beträchtlich an eigenen Ortschafften und an Zehenden und Gülten im ganzen Umkraise; selbst in der Residenzstadt Würzburg hat es einen Hof mit vielen Gefällen. Das Kloster hat seiner Besitzungen u. Landeshoheit halber mit seinen Nachbarn ewige Prozeße, vorzügl. mit **Werthheim** noch aus den Reformations-Zeiten her. In der Klosterkirche sind einige Denkmäler dort begrabener Herren aus der erloschenen Familie von **Ueſſigheim**, ſ. Gropp Collect ſcrp. Wůrc. Der Ort **Ueſſigheim** liegt eine kleine Stunde von hier. Die Vorsteher des Klosters sind 1 Abt, 1 Prior und 1 Burfarius oder Haushälter. Die Canzley hat einen Geiſtlichen zum Director, 1 weltlichen Consulenten, 1 Amtsvogt und 1 Sekretär. Die Klosterschule, welche 2 Lectoren hat,

ist beynahe noch ganz peripathetisch; Kants Philosopheme dürfen sich nicht über die Schwelle wagen. Es giebt hier noch vielen Glauben an Teufelsbesitzungen p. p. — doch auch ganz versteckt einige Aufklärung. Das Kloster besetzt mehrere Würzburgischen und Mainzischen Pfarreyen aus seinem Mittel.

Bronnenmühl. (die) im Bezirke des Ansbachischen Richter-Amtes Roßstall.

Bronnenmühle, Reichsstadt Rothenburgische dem Steueramte zuständige unterschlächtige Mühle an der Tauber, in der sogenannten Zorche, zwischen der Stadt und Derwang. Sie hat 3 Mahlgänge 1 Gerbgang u. 1 Schneidwerk zu Brettern. Dabey ist ein künstliches Wasserwerk, welches 1596, nach andern 1599 errichtet worden und wodurch 2 am Fuß eines Bergs, Engelsburg genannt, entspringende, unter der Tauber weggeleitete Quellen bis auf den Klingen Thurm der Stadt 1400 Schuh hoch getrieben wird, und von wo aus dann 2 öffentliche Brunnen der Stadt mit Wasser versehen werden.

Bronnholzheim, Filial-Kirchdorf, hat 18 Ansbachische Unterthanen, 13 sind Fremdherrisch.

Broterode, Heſſiſches Dorf in der gefürsteten Grafschaft Henneberg mit einer Kirche und hat 305 Häuser, drey Stunden von Schmalkalden.

Bruchles, Bayreuthisches Dorf, zwey Stunden von Culmbach gegen Bayreuth.

Brüchlingen, Hohenloh-langenburgischer Weiler von 7 Wohnhäusern, ist eingepfarrt nach Billingspach. Er hat 18 Einwohner. Liegt auf einer Anhöhe; einige Ziehbrunnen müssen die

Einwohner mit Waſſer verſehen. Sie nähren ſich gut; denn ſie haben, auſſer Fruchtbau und Viehzucht, ſehr reichliches Obſt, ſo ſie theils verkaufen, theils Branntenwein daraus brennen; und noch überdieß ziehen ſie, durch das Wegführen der Holzkohlen aus den nahen Waldungen, beträchtlichen Vortheil, weshalb ſie viele Zug-Ochſen halten. Ihr Viehſtand beſtehet aus einem Pferde, 29 Ochſen, 16 Kühen, 24 Stück jungem Rindvieh, 54 Schaafen und 23 Schweinen.

Bruck, Marktflecken an der Regnitz mit einer darüber gehenden Brücke, 3 Stunden von Nürnberg gegen Erlang, die Pfarrey iſt Nürnbergiſch, die Zollſtadt aber Bayreuthiſch und die Fraiſch nebſt verſchiedenen (auch Welſeriſchen) Unterthanen, Seuberiſch. Dieſer Marktflecken iſt im Poſſeſſorio dem Fraiſch-Bezirke des Bayreuthiſchen Oberamtes Baiersdorf beygezählt, im Petitorio aber unentſchieden, indem auch Nürnberg auf die Fraiſchgerechtſame Anſpruch macht. Unter den Einwohnern ſind weit mehr Nürnbergiſche Unterthanen, als Bayreuthiſche. Die Juden daſelbſt haben eine Synagoge; Ihrer waren im Jahre 1784 in allem 160 Seelen. Dieſes Bruck iſt einer der älteſten Orte in daſiger Gegend, indem Kaiſer Karl der Groſſe Wenden hieher führte, und der Biſchoff von Würzburg ſchon im Jahre 823 eine Pfarre für ſie errichtete. Die Kirche iſt zu Ehren St. Peters geweiht. Kaiſer Heinrich, der Heilige, befreyte dieſe Pfarre von der Verbindung mit Würzburg, und verleibte es dem von ihm errichteten Bisthume Bamberg ein, von welcher Zeit an ſie unter den Rectoren Topogr. Lex. v. Franken. 1 Bd.

und nachmaligen Pröbſten zu St. Sebald zu Nürnberg ſtund. Eingepfarrt iſt das Dorf Buckenhof.

Bruck, Ritterſchaftliches Dorf von 28 Häuſern mit Einſchluß einer Mühle, die von 117 Einwohnern bewohnt werden, im Bayreuthiſchen Kreis-Amte Hof. Es iſt meiſtens Gräflich Reußiſches Mannlehn.

Bruck bey Fornvorf, Weiler im Fürſtenthum Anſpach, zum Kameralamt Feuchtwang gehörig, von 10 Unterthanen, wovon 1 zum fürſtlich eichſtättiſchen Steueramte des Collegiatſtifts Herrieden gehört.

Bruckberg, Weiler mit einem fürſtlichen Luſtſchloſſe im Kameralamte Anſpach, mit 30 dahin gehörigen Unterthanen, die nach Großhaßlach gepfarrt ſind, drey Stunden von der Reſidenz. Erſt ſeit 1720 iſt das Schloß nach dem Koppenhagener zu bauen angefangen worden, aber noch immer unvollendet. Gegenwärtig iſt es den Arbeitern der feinen Porzelanfabrike eingeräumt, und zwar ſeit 1762. Den Thon zur gewöhnlichen Erde erhält man im Lande, der Thon zu ſeinen Maſſen kommt aus Paſſau. Seit einigen Jahren hat dieſe Fabrike ſo unglückliche Zufälle erlitten, daß ſie jetzt nicht mehr als 30 Perſonen — ſonſt 70 Perſonen — Arbeit geben kann, und ihren ſonſt guten Verſchluß in der Türkey größtentheils verlohren hat.

Bruckhof, ein herrſchaftlicher Umpurg-Speckfeldiſcher Meyerhof, 1 Stunde von Speckfeld gegen Schainfeld; zu 2 Wirthſchaften eingerichtet, mit dazu gehörigen Oekonomiegebäuden.

Bruckmühl, (die) im bayreuthiſchen Kameralamte Bayreuth. Die

Einwohner pfarren nach Neuen-kirchen bey Bühl.

Bruckmühl, (die) im bayreuthischen Kameralamte Neustadt an der Aisch. Die Einwohner pfarren nach Diespeck.

Bruder-Hartmann, Bruder-Haart, vor Zeiten auch Frauenhausen genannt. Ein Hof, welcher 2 1/2 Stunden von der Stadt Rothenburg gegen Kirchberg liegt. War ehemals ein Kloster, welches von Leubold von Bebenburg seinen Ursprung 1338 gehabt hat, vom Prämonstratenserorden. Nachdem es 1525 im Bauernkrieg zerstört worden und ausgestorben ist, hat es der Rath von Rothenburg dem basigen Spital mit allen seinen Einkünften inkorporirt, und befindet sich jetzt ein Bestandbauer daselbst. Der Hof ist nach Hausen eingepfarrt, wohin nebst Brettheim auch der Zehend gehört.

Brück, kleines Dörfchen, zum würzburgischen Oberamte Dettelbach gehörig, von etwa 18 Familien. Sie sind nach Dettelbach gepfarrt. Die Kinder gehen nach Schnepfenbach, eine halbe Stunde davon entlegen, zur Schule. Feld- und Weinbau sind die Nahrungsquellen.

Brückenmühle, (die) Bayreuthische Mühle, liegt am Flüßchen Ehe bey Diespeck.

Brücklaß, Dorf im Kammeramte Wunsiedel. Die Einwohner pfarren nach Ober-Röslau.

Brücklein, in der Homannischen Karte Brückles, an der Landstraße von Culmbach nach Bayreuth auf dem linken Ufer des rothen Mains. Die Einwohner pfarren nach Neudrossenfeld.

Brückleinsmühl, (die) im ansbachischen Kameralamte Roth, mit einem nürnberg. Unterthan.

Brückleinsmühle, Eichstättische Einödmühle im Pfleg- und Kastenamte Abenberg.

Brücks, Würzburgisches Dorf, zum Amte und zur Pfarrey Fladungen gehörig, liegt eine halbe Stunde von Fladungen nordostwärts und gränzt an die Eisenachischen Dörfer Schaafhausen und Erbenhausen. Der Ort hat 34 Häuser, zählt in diesem laufenden Jahre 1797 125 Seelen, und schickt 25 Kinder in die Schule. Die Einwohner bauen viel Haber, haben aber wenig Wieswachs und gar kein Holz. Viele sind Leineweber.

Brüderig, Weiler im Kammeramte Bayreuth. Die Einwohner pfarren nach Birken.

Brühl, liegt zwischen dem castellischen Orte Thierbach und dem bambergischen Amtsdorf Oberscheinfeld. Es pfarrt nach Stierhofstädt. Ein Theil der Bewohner sind schwarzenbergische Unterthanen, und gehören in das Amt Geißelwind. Oberhalb Brühl entspringt der Bach, welcher den Grund hinunter vor Oberscheinfeld, Hörlersdorf, Schmiedsenbach, Marktscheinfeld, Oberkrimbach vorbey und endlich in die Aisch lauft.

Brühlmühle, nach der provinziellen Aussprache Brühmühl, eine Reichsstadt Rotenburgische unterschlächtige Mühle bey Wettringen, welche 2 Mahlgänge und 1 Gerbgang hat.

Brünau, Weiler, im ansbachischen Kameralamte Roth mit 5 dahin gehörigen Unterthanen, 15 sind Nürnbergisch.

Brünberg, ein Ort, in bambergischer fraisch- und zentbaren Jurisdiktion des Amts Pottenstein gelegen, die Dorf- und Gemeindherrschaft ist Freiherrlich von Bran-

Brandisch, das Amt Welschenfeld zählt allda einige vogtbare Unterthanen.

Brünn, Dorf im Baunachsgrunde, 4 Stunden von Königsberg gegen Coburg, worinn die Freyherrn von Lichtenstein 2, von Altenstein 2, von Erthal einige, und die von Rothenhahn zu Eyrichshofen 3 lehenbare Häuser besitzen. Würzburg hat hier 16 Häuser und 78 Seelen, und übt durch das Amt Ebern die Zent und die Dorfsherrschaft ausschliessend. Die Katholiken pfarren nach Pfarrweissach.

Brünnau, gemeinhin Brünn, evangelisch-lutherisches Filialkirchdorf, im Bezirke des würzburgischen Oberamtes Gerolzhofen. Die Mutterkirche ist zu Bimbach, es steuert zum Ritterorte Steigerwald und gehört in das Freyherrlich von Fuchsische Amt Bimbach. In demselben wohnen 28 Christen- und 8 Judenhaushaltungen. Letztere haben eine Schule und einen Schulmeister. Die Schwarzach fließt durch das Dörfchen und treibt in demselbigen eine Mühle. Auf der Markung des Orts, dessen Boden gut ist, findet sich ein guter Sandsteinbruch.

Brünnhausen, nach andern Braunhausen, evangelisch-lutherisches zum Ritterort Rhön u. Werra gehöriges Dorf, mit einem Schloße, den Freyherren von Bibra zuständig, eine halbe Stunde von Königshofen gegen Königsberg.

Brünnhof, einzelner Ganerbschaftlicher Hof, 2 1/2 Stunden von der Reichs-Stadt Schweinfurt gegen Poppenlauer im Bezirke des Würzburgischen Amtes Ebenhausen. Die Ganerben wählen unter sich einen Schultheißen, durch den die allgemeinen Angelegenheiten besorgt werden, der gegenwärtige ist ein Nachbar zu Pferdsdorf. Unter seinen Befehlen stehet zunächst der Förster, der auf dem Hofe wohnt und durch ihn wird das dabey befindliche Bauerngut verpachtet. Die Waldungen dieses Hofes sind sehr beträchtlich und werden jetzt fast zur Hälfte von Schweinfurtischen Bürgern besessen.

Brünst. Eichstädtischer zum Collegiatstift Herrieden gehöriger Weiler von 9 Unterthanen, liegt 1/2 Stunde westlich von Herrieden. Im Jahre 1265 trat Burggraf Friedrich von Nürnberg die Güter in Brünst dem Stifte Eichstätt ab, und behielt solche nur Bittweis noch auf seine Lebenstage, und im Jahre 1301 that er auch auf diejenigen Verzicht, welche sein Vater bey dem Rindsmaul erworben hatte. Dieser Rindsmaul erhielt nämlich im Jahre 1285 für das Schloß Wernfels auch unter andern eichstätischen Besitzungen Brünst, ohne daß er aber doch damit schalten und walten konnte.

Brünst, auch Brünster-Nutzung genannt, ist ein bey dem Pfarrdorfe Brünst südlich gelegener Wald. Im Jahre 1298 erklärte die vom Albert Rindman dem ältern Ministerialen des Kaiserlichen Hofes zurückgelassene Wittwe Adelheid, daß sie den Nutzen der Bienen vom Bisthume Eichstätt in dessen Walde Brünst nur Bittweis, und so habe, daß nicht einmal ihrem Sohne Hartmann ein Recht dazu gebühren soll.

Brünst, Weiler mit 5 in das Kameral-Amt Ansbach gehörigen Unterthanen.

Brünzenberg. Reichsstadt Hallischer

scher Weiler im Fraisch-Amte Crellsheim.

Brumberg, Dorf im Bambergischen Amte Euchenreuth.

Brummbach, (der) quillt an der Grenze des Ansbachischen Kameral-Amtes Reth hervor, und senket sich dort in die Rednitz.

Brunleiten, ein mit Holz bewachsene Berghänge im Eichstättischen Amte und Forste Greding bey Röckenhofen, ist von den Waldungen der Röhlenhofer Gemeinde umgeben.

Brunmühl, Eichstättische zum Domkapitelischen Richter-Amte in Eichstätt gehörige Mahl- und Sägmühle, wird von einer Bergquelle getrieben und liegt im Altmühlgrunde zwischen Imbing und Walting unweit der Altmühl, über welche eine hölzerne Brücke dahin führt, die nur einen grossen Bogen ohne Joch hat, ganz bedekt, und die einzige in ihrer Art im ganzen Fürstenthume ist.

Brunn, Nürnbergisches Dorf zwischen Altdorf und Nürnberg, Röthenbach und Fischbach, welches von dem Waldstromerischen Geschlechte, dem es Herzog Schwantibor in Pommern vorhero verkaufte, an dem neuen Spital zu Nürnberg gekommen ist. Wobey eine Burg und ein altes kaiserliches Jagdhaus zur Zeit Karls V. fast mitten im nürnbergischen Wald gestanden, nun aber bis auf das Gemäuer zerfallen ist, nachdem es in dem Kriege mit Markgraf Albrecht von Brandenburg im J. 1449 zerstört worden war.

Brunn, in der ehemaligen Landeshauptmannschaft, dem jezigen Kreisamte Neustadt an der Aisch, 2 Stunden davon gelegen, dem Gräflich Püklerschen Hause gehörig, hat ein schönes Schloß, Pfarrei und Amt.

Brunn, Ganerben Dörfchen 1 1/2 Stunden von Hof im Vogtlande. 1 Haus gehört in das bansge Kasten nun Kammeramt. 4 Häuser und 26 Einwohner in das Klosteramt, 2 Häuser mit 12 Einwohnern gehören dem Herrn von Oertel zu Hohendorf, 7 Häuser mit 35 Einwohnern, dem Herrn von Beulwitz zu Ibven. Die Einwohner pfarren nach Erlbitz.

Brunn, auf dem Landkarten Prun, eine dermalig bayerische Hofmark, dem Herrn von Prchmau gehörig, unweit Denkendorf an der westlichen Gränze des Ober- und Kastenamts Hirschberg Beylnngries im bayerischen Pflegamte Abching gelegen. Den Edelsitz allda kaufte im Jahre 1475 der eichstättische Bischoff Wilhelm von Reichenau um 300 Gulden, zugleich mit dem Schlosse Arnsperg vom Herzog Albrecht in Bayern. Daß aber diese Hofmark nexu feudali ac clientelari schon lang vorher zur Markung Beylngries, und also zum Bisthum Eichstätt gehört habe, beweiset der im Jahre 1305 zwischen Eichstätt und Bayern wegen des Schlosses Hirschberg und dessen Zugehörungen errichtete Vergleich, worinn ausdrücklich stehr, daß der eichstättische Bischoff Bruna und Zent gehabt habe, und ferner haben solle.

Brunn, Weiler im Wunsiedler Kreise. Die Einwohner pfarren nach Kirchenlamitz.

Brunn, Dorf im bambergischen Amte Hollfeld, dem darüber die fraischliche Jurisdiction zusteht. Dorf und Gemeindherrschaft, so wie die mittelbare Vogtey, über die Familie Schenk von Stauffenberg, die sich deswegen zum Ritterwerke Gebirg hält.

Brunn, Bayreuthisches Dorf im Kameral-Amte Streitberg. Der Pfar-

Pfarrer dieses Orts stehet unter der Superintendentur Bayreuth.

Brunn, Ansbachischer Weiler im Wassertrüdinger Kreise mit 2 dahin gehörigen Unterthanen.

Brunn, Eichstättischer zum Pfleg- und Kastenamte Abenberg gehöriger Weiler von 13 Unterthanen, wovon 3 ausbachisch sind, und 2 zum reichen Almosenamte in Nürnberg gehören; liegt in der Fraisch des ehemaligen Oberamts Windspach, 2 Stunden westwordlich von Abenberg, und ist nach Velts Auracb eingepfarrt. In dortigen Zehend hat das Kapitel in Spalt 2, und das Spital zu Schwabach ein Drittheil.

Brunnbach (der) auf d. Landkarten **Prumbach,** quillt an der Gränze des Ansbachischen Kameral-Amts Roth im Pfalz-Neuburgischen unweit Altenfelden aus vielen Weyhern heraus, lauft durch den Weiler Brunnan hervor und senket sich endlich in die Rednitz.

Brunneck, hieß das alte Bergschloß, dessen Ueberbleibsel noch auf einer ganz mit Bäumen überwachsenen Anhöhe ober dem Dorfe Erlingshofen im eichstättischen Pfleg- und Vogtamte Titting Raittenbuch stehen, aber durch die zwischen den eingefallenen Mauern aufgewachsenen Bäume ziemlich versteckt sind. Es standen an dem Anlauter-Grunde hinab auf den benachbarten Bergen oder Anhöhen vor Alters 4 Schlösser, das erste Waldeck genannt bey Bechthal, das zweyte Wiesel mit Namen, bey Altorf, das dritte eben bemeldes Brunneck, und man konnte von einem dieser drey Bergschlösser auf das andere sehen, endlich ober Enkering das Schloß Rhumburg. Das Schloß Brunneck, auch Burgstall zu Erlingshofen genannt, ließ der Eichstättische Bischoff Philipp von Rathsamhausen im Anfange des 14 Jahrhunderts als ein Raubneßt zerstöhren, und im Jahre 1332 verkaufte diesen Burgstall sammt Zugehörungen Rudger von Erlingshofen dem Eichstättischen Bischoffe Heinrich V einem Schenck von Reicheneck, um 200 Pf. Heller. Nach Falkenstein soll Bischoff Friedrich IV. ein Graf von Oettingen im Jahre 1413 das Schloß Brunneck sammt der Vogtey über Altorf vom Johann Herrn zu Heideck zum Bißthume Eichstätt angekauft haben. Da aber Brunneck nicht bey Altorf, sondern bey Erlingshofen gestanden ist, und der Burgstall zu Erlingshofen documentenmäßig im Jahre 1332 von obbemeltem Rudger von Erlingshofen angekaufet wurde; so muß Falkenstein Wiesel mit Brunneck verwechselt haben, oder es geböhren, wie es auch öfter geschah, diesem Rudger und dem Herrn von Heideck jedem der halbe Theil des Schlosses Brunneck.

Brunnenberg, Berg im Eichstättischen, ganz mit Holz bewachsen, zum Forste Altorf und zum Pfleg- und Vogtamte Titting Raittenbuch gehörig; an der östlichen Spitze desselben stehen die Ruinen des Schlosses Brunneck, wovon unter Brunneck mehr gemeldet wurde.

Brunnenberg, auch **Brunn am Berg,** Weiler im Ansbachischen Kameral-Amte Cadolzburg, mit 10 dahin gehörigen Unterthanen.

Brunnenthal s. Unterkotzau, mit dem es eine Gemeinde ausmacht. Es liegt eine Stunde von Hof und besteht aus 7 Häusern und 30 Einwohnern, die in das Kasten-Amt gehören.

Brunnhaus, Bayreuthischer Weiler; die Einwohner sind in den Marktflecken Weidenberg gepfarrt.

Brunnmühle, heißen jene 4 Mühlen in der Westen zu Eichstätt, welche durch den Mühl=oder sogenannten Rappelbach getrieben werden. Dieser entspringt hinter der Marien=Hülfkapelle am Fuße des Galgenberges, auf welchem mehrere trichterförmige Vertiefungen und große Kesseln=ähnliche Erdfälle sind, in denen das Wasser von der ganzen Anhöhe zusammenfließt, sodann durch Berghöhlungen und Klüften in einem großen innerlichen Behälter sich sammeln und da einen ganzen See im Berge bilden muß, weil die Bergquelle unausgesetzt und stark immer fortfließt. Ein Theil davon wird in das laufende Brünnlein vor gedachter Kapelle geleitet und nach den Mahlereyen dieses Kirchleins zu urtheilen, müssen ehedem (denn jetzt hört man nichts mehr davon) manchmal einige durch dieses Wasser, welches durch einen Kalkberg geseiget worden ist, geheilt worden seyn. Der größte Theil aber lauft in einem ziemlich breiten Rinnsaale eine lange Strecke an der Anhöhe fort, und treibt, wo er herabstürzt, um sich mit der Altmühl zu vereinigen, vier Mühlen, die obere 2 Ueberschlächtige, deren eine zum Wicedom=Amte, die andere aber zum Kloster St. Walburg in Eichstätt gehört, heißen die obern Brunnmühlen, die untere 2 aber die untere Brunnmühlen, diese sind unterschlächtig und eine davon ist ebenfals Vicedomisch, die andere aber Domkapitelisch.

Brunst, oder **Weißen=Kirchberg,** Pfarrdorf. Es sind nur 2 Hohenlohe=Schillingsfürstliche Unterthanen darinn, die nach dem Vertrage von 1796 an Preusen vertauscht wurden.

Brunnstatt, Brunnon Stettin, im Bezirke des Würzburgischen Oberamtes Gerolzhofen, gehört in das Ebrachische Klosteramt Sulzheim.

Brunthal, ein zum eichstättischen Amt und Forste Greding gehöriges Thal nördlich von Meitendorf am Lindner Gemeindholz gelegen, zieht sich unter dem Bleimerschloßhof in einer Krümme bis zur Mospacher Leiten, wo das Ringlthal queer über dazwischen kommt.

Brunzendorf, rothenburgischer Weiler, eine Stunde von der Stadt gegen Schrozberg. Hat 3 Gemeindrechte, und ist nach Leuzenbronn eingepfarret. Am Zehenden haben die Herren von Seefried 2 und die Pfarrey Leuzenbroon 1 Theil. Er hat 16 Dienst und stellt 3 Wägen.

Bubenheim, evangelisches Pfarrdorf von 29 Unterthanen im Gunzenhauser Kreise des Ansbachischen Fürstenthums, eine starke Stunde westsüdlich von Weißenburg im Altmühlgrunde, und ganz an diesem Flusse, der dort eine Brücke hat, gelegen; darinn sind 17 ansbachische, 1 weißenburgischer, und 11 eichstättische Unterthanen, wovon zum eichstättischen Pfleg= und Kastenamte Sandsee Pleinfeld 10, und einer zum Domkapitelischen Kastenamte in Pleinfeld gehört.

Durch den Tod des Freyherrn von Fur zu Möhrn, des letzten dieses Namens und Stammes, fiel dem Bisthume Eichstätt ein Gut allda, der Kirchensatz und der Kirchweyhschutz heim, welch letzterer aber im Jahre 1660 gegen den zu Neunstetten an Ansbach aus=

ausgewechselt worden ist. Im J. 1422 wurde Bubenheim in der Fehde verwüstet und abgebrannt, welche Herzog Ludwig von Bayern Ingolstatt mit Markgraf Friedrich von Brandenburg hatte.

Bubenmühl, (die) im Erellsheimischen Kreise des Anspachischen Fürstenthums.

Bubenmühl, (die) im Anspachischen Kameral Amte Cadolzburg.

Bubenreuth. Bambergisches Dorf in dem Dompropsten Amte Büchenbach, auf der billichen Seite der Regnitz zwischen Erlang und Bayersdorf, 1 1/2 Stunden von Büchenbach.

Bubenrod. Bubenrad, Eichstättische beträchtliche Mahl- und Sägemühle an der Altmühle, 1/4 Stunde unter Dollnstein gelegen, und zum dortigen Pfleg- und Kastenamte gehörig. Es bricht in dem nah dabey stehenden Berge einer der schönsten Marmorn im ganzen Fürstenthume, er ist ungleich hoch und blaßgelb gefleckt, auch oft dem britisch, die schönste Art davon ist der grünlich graue mit großen gelblich weißen Flecken. « Er ist meist fein löcherig, verliehrt aber vielleicht in der Tiefe seine löcherige Bildung.

Von der Höhle in dem dieser Mühle gegenüberstehenden Felsen ist die im fränkischen Merkur im 23. Stücke des dritten Jahrganges enthaltene Volkssage, daß sich darinn kleine 5 bis 6jährigen Knaben ähnliche Männchen, Wichtele genannt, aufgehalten haben, alle Tage Abends nach dem Gebetbläuten in die Mühle herüber, und Morgens vor dem ersten Glockenzug wieder in den Felsen zurückgegangen seyn, die ganze Nacht durch aber alle Mühlarbeiten so versehen haben, daß der Müller und seine Knechte ruhig schlafen durften, und doch alle Verrichtungen derselben ordentlich geschahen; dieses habe so lang gedauert, bis einmal die Müllerin aus Mitleid mit diesen armen Wichtelen, welche immer nur zerrissene und verlumpte Kleider trugen, und aus Dankbarkeit für die guten Dienste, welche solche in der Mühle leisteten, ihren Mann beredet habe, denselben neue Kleider machen zu lassen. Als diese neue Kleider Abends auf dem Stege, über welchen die Wichtele auf die Mühle gehen mußten, gelegt wurden, seyn dieselbe zwar wieder ihren gewöhnlichen Weeg hergegangen, als sie aber auf dem Stege zu diesen Kleidlein gekommen, darüber traurig geworden, unter starken Weinen gleich wieder in ihre Felsenkluft zurückgekehrt, und seither nicht mehr wiedergekommen. Von diesen leitet man den Namen Bubenrad oder Bubenrod her, weil das a in dieser Gegend häufig wie e ausgesprochen wird. Außer der Mahlmühle ist hier auch eine Nadelschuer und Oehlschlag.

Büberg. Eichstättisches zum Pfleg- und Kastenamte Kipfenberg gehöriges Filialkirchdorf von Schelldorf, liegt von der Mutterkirche eine halbe Stunde entfernt, auf dem Berge gegen Krut zu, und zählt bey 20 Haushaltungen.

Dieses Dorf ist unter dem Namen Piburch im Vergleich zwischen Eichstätt und Bayern im Jahre 1305 enthalten, und die Güter, welche ehedem allda dem Domkapitel in Eichstätt zuständig waren, hat Bischoff Wilhelm von Reichenau zu Eichstätt im Jahre 1484 gegen Zehenden eingetauscht.

Büburg. Eichstättisches zum Pfleg- und Vogtamte Titting- Raitenbuch gehöriges Filialkirchdorf liegt

3 Stunden abendlich von Eichstätt an der Anlauter, und zählt etlich und zwanzig Gebäude, deren einige im Thale liegen, einige aber, so wie auch die Kirche, an der Berghänge stehen. Eines davon gehört zum domkapitelischen Richteramte in Eichstätt.

Dieses Dorf steht in dem zwischen Eichstätt und Bayern Ao. 1305 errichteten Vertrage und in der Entscheidung des römischen Königs Alberts vom Jahre 1306 wird dem Bisthume Eichstätt das Dorfgericht wegen Bilburg, und allen Dörfern zwischen der Dolach und Anlauter zuerkannt.

Uebrigens ist Bilburg eines der vier königlichen Reichspflegsdörfer, wovon unterm Buchstaben K mehreres vorkommt.

Buch, nach andern Bug, zwey Stunden von Hof, ist Brandenburg Bayreuthisch, etwas weniges aber gräflich-Reußisches Mannlehn und Amtssäßig. Zu dem Schlosse gehören 3 Gebäude und 22 Einwohner; im Dorfe sind 16 Häuser und 81 Einwohner.

Buch, im jetzigen Kammer-Amte Münchberg, 4 Stunden von Hof, ist Brandenburg-Bayreuthisches Mannlehn und Amtssäßig. Das Rittergut hat in Weißdorf das Patronatrecht über Kirche und Schule, so, wie auch die Dorf und Gemeindherrschaft gemeinschaftlich mit diesem Rittergute. Das Schloß besteht aus 2 Häusern, 10 Einwohnern und der Ort selbst aus 8 Häusern und 35 Einwohnern.

uch, Würzburgisches Filial-Dorf vom Oberamte Röttingen, eine Stunde von Reichelsberg gegen Röttingen von 31 Häusern, in welchen 191 Seelen wohnen. Die Markung besteht aus 797 Morgen Ackerfeld, 11 Morgen Wiesen, 72 Morgen Weinberg, 200 Morgen geringer Waldung, 30 Morgen Garten. Der Zehend gehört dem Stifte St. Burkhard zu Würzburg. Die Schäferey ist ein Erbbestand. An Handwerkern findet man hier 7. Der Schullehrer hat 80 fl. frk. Besoldung. 1796 hatte er 17 Kinder.

Buch, bey MarktErlbach, die Einwohner pfarren nach Trauteskirchen.

Buch, Dorf in der Gegend des würzburgische Fleckens Marktsteinach, gehört der Benediktiner Mannsabtey Theres. Ein Klostergeistlicher von Theres versieht allda den Gottesdienst. Es hat gegen die 40 Nachbarn in 34 Häusern. Die Felder sind nicht sonderlich, denn es ist ein Wald daselbst.

Buch, ehemals ein hohenloh-Kirchbergisches Dorf, eine Stunde von Kirchberg gegen Schwäbischhall; durch den zwischen dem Königl. Preußischen Fürstenthum Ansbach und Hohenlohe-Neuenstein geschlossenen Landesvergleich kam es ganz an Ansbach.

Buch, bey Lichtenstein, Weiler von 12 Mann; er ist halb Lichtensteinisch, halb Würzburgisch. Die Lichtensteinischen Unterthanen gehören in das Amt Lahm; die Würzburgischen in das Amt Ebern.

Buch, Pfarrdorf im Ansbachischen Kameralamte Colmberg mit 55 dahin gehörigen Unterthanen.

Buch, eine Stunde von Neumarkt gegen Nürnberg, ein vermischter Weiler im Ansbachischen Kameralamte Burgthann, 4 Häuser liegen in Pfalzneuburger Fraisch. Die meisten Unterthanen sind aber deutschherrisch.

Buch, Nürnbergisches Dorf an der Leipziger Straße, 1 Stunde von Nürnberg, linker Hand von Altes-

Almeshof, gegen Erlang, ist wegen seiner guten Wirthshäuser bekannt. Im Jahre 1552 wurde dieser Ort im markgräflichen Kriege in Brand gesteckt.

Buch, Dorf im Bambergischen, 1 Stunde von Höchstatt, den Freyherren Winkler von Mohrenfels zuständig, welches sie von der Abtey Michelsberg zu Bamberg als Lehen empfangen, worüber die Flur, Dorf- und Gemeindherrschaft, nebst der vogteylichen Jurisdiktion obbesagten Freyherren, die Zent aber dem Hochfürstlich Bambergischen Amte Höchstatt zuständig. Hier befinden sich auch 3 Abtey Michelsbergische Unterthanen unter Bambergischer Landeshoheit. Sie stehen in Vogteysachen unter dem Abtey Michelsbergischen Amte Gremsdorf, wohin sie auch eingepfarrt sind.

Buch, Dorf mit einem Schlosse an der Regnitz, im Bambergischen Amte Schlüsselau, das über dasselbe die Oberlandespolizey und Hoheitsrechte ausübt. Die niedere Vogtey- Dorfs- und Gemeindeherrschaft steht dem Krankenspitale zu Bamberg und dem domkapitelischen Werlamte daselbst zu. Das Dorf liegt drey Viertelstunden von Bamberg, wohin ein angenehmer Spaziergang führt, und ist der hauptsächlichste Erlustigungsort der Bamberger. Die Zent handhabt das Bambergische Stadtzentamt. Uebrigens gehört es zur Pfarrey der obern Pfarrkirche in der Residenzstadt. Der Flur ist an Getreide-, Wies- und Obstwachs so ziemlich ergiebig.

Buch, bey Hausen, ein Weiler innerhalb Rotenburgischer Landwehr, 2 Stunden von der Stadt gegen Kirchberg. Hat 13 Gemeinbrechte, lauter Brandenburgisch-Preußische Unterthanen, welche die Schatzung von eignen Gütern nach Rothenburg entrichten. Er ist nach Insingen eingepfarrt, und ist daselbst ein eigenes Kirchlein.

Buch am Ahorn, evangelisch-lutherisches Pfarrdorf von 80 Nachbarn im Werthheimischen Amte Gerichtstetten, zunächst an dem zum würzburgischen Forstamte Lauda gehörigen ausserhalb dem Laubaer Amtsorte Heikfeld gelegenen Walde Ahorn, wovon es sich auch nennt. Der Holzhandel ist ein beträchtliches Erwerbsmittel der hiesigen Gemeindsglieder; die Gemeinde besitzt so viele und schöne Waldungen, daß jedes Gemeindsglied ausser dem, was es selbst bedarf, noch mehrere Klaftern Brennholz, so wie auch vieles Stangenholz zu Wagnersarbeiten ꝛc. zum Verkaufe in die südwärts von hier einige Stunden entfernte Orte Gissigheim, Königheim und Bischoffsheim an der Tauber übrig behält; die vielen Eichen- und Buchenwaldungen geben ausgebreitete Gelegenheit zur Schweinsmastung, wodurch ebenfalls vieles Geld auswärtsher ins Dorf kommt. Ausserdem halten die Einwohner auf schönes Rindvieh; daher ist der Kleebau beträchtlich und der Feldbau gut bestellt; man baut Korn, Dinkel und Haber; die Wiesen sind sumpfig, und das darauf erzielte Heu wird von auswärtigen Pferdebauern erkauft; hierzu kömmt der gänzliche Mangel von Furne, und die Einwohner sind also durchgehends im Wohlstande. Die peinliche Gerichtsbarkeit gehört hier dem kurmainzischen Zentamte Bischeffsheim an der Tauber; den hierunter maaßgebenden Receß von den Jahren 1592 — 1508 f. bey Grünsfeld. Damals zählte man hier 30 Nachbarn und 32 Häuser, und die Ritter von Rosenberg waren unter gräflich-werthheimischer Lehensherrlichkeit Vogteyherren; als diese 1632 im Mannsstamme erloschen, fiel das Dorf als ein eröffnetes Lehen an die Grafschaft Werthheim. Eine kleine halbe Stunde vor Buch am Ahorn liegt gegen Heckfeld zu ostwärts mitten im Walde Ahorn der Hof

Buch am Ahorn, insgemein der Meistershof genannt, auf einem sehr angenehmen Platze; er besteht aus 2 Hauptgebäuden, schönen Gärten, einigen Wiesen und Ackerfelde. Seine Bewohner sind eigentlich Waasenmeister und Nachrichter im Schüpfergrunde, haben aber längst ihrem Berufe eine weitere Ausdehnung gegeben; sie sind nämlich Afterärzte und Urinbeschauer von der ersten Klasse, und haben von den entferntesten Gegenden her so vielen Zuspruch von hülfesuchenden Patienten, daß sie jährlich für mehrere tausend Gulden Arzneyen brauchen; ausserdem ist dieser Hof für die benachbarten Orte ein Belustigungsort, wo im Frühlinge und Sommer viel getanzt und gezecht wird. Der Hof gehörte dem Fürsten von Hatzfeld, und ist nach dessen Tode 1794 Kurmalnz als ein vermanntes Lehen heimgefallen. S. Schüpfergrund.

Buch im Buch genannt, Einzeln im Bambergischen Amte Cronach unweit Steinberg.

Buch am Forste, Ganerbschaftliches Dorf. Die Ganerben sind: die Abtey Banz, die da ein besonderes Vogteyamt hält, das fürstlich-bambergische Amt Lichtenfels, das Seniorat des reichsadelichen Geschlechts Redwitz rc. welche die Rechnungsabhör cumulative haben. Ju Buch am Forste scheidet eine Säule die Gränzen des Hochstifts Bamberg und des Fürstentums Coburg. Von den Aussprüchen des Vogteyamtes gehen die Appellationen an die Klosterkanzley zu Banz, von da an die Bambergische Regierung. Das Hochstift Bamberg übt die Landeshoheit, Zent- und Kirchweihschutzgerechtigkeit durch das Amt Lichtenfels und die Steuerbefugnisse durch seinen Steuereinnehmer zu Banz aus. Die Zugehörungen zu diesem Amte liegen auf Coburgischem Territorium, und diese Banzische Lehenvogteyleute sind Coburgische Landunterthanen. Die Steuer von den Sächsisch-coburgischen Landesunterthanen hier und im ganzen übrigen Amte nimmt der zeitliche Amtmann ein und liefert solche nach Coburg, wohin auch die Appellation nach vorgängiger Instanz bey der Stiftskanzley zu Banz gediehet.

Buch am rothen Mayn, im Bayreuthischen Kameralamte Culmbach. Die Einwohner pfarren nach Hutschdorf.

Buch am weissen Mayn, die Einwohner pfarren nach Himmelskron.

Buch am Wald, im Wunsiedler Kreise an der böhmischen Gränze.

Buchau, Herrschaft, Amt und (evangel.) Pfarrdorf der Reichsgrafen von Giech, welche sich Herren zu Thurnau und Buchau schreiben. Ehemals war Buchau die Residenz der ältern Linie derselben. Sie ward aber im Jahre 1729 nach Thurnau verlegt, nachdem die dasige jüngere Linie mit dem Grafen Karl Gottfried ausgestorben war. Da diese ganze unmittelbare Herrschaft in der Zent des Hochstifts Bamberg liegt; so hat das Amt mehr katholische Amtsuntergebene, als evangelische, dann in den bambergischen Orten Burgkunstadt, Altenkunstadt und Maineck 25 jüdische Unterthanen und 4 Schutzverwandte.

Das herrschaftliche Schloß, das von den Beamten (welche den Charakter Amtsverweser und Amtsaktuar haben), bewohnt wird, liegt vom Dorfe ganz abgesondert, und zwar, wider die Gewohnheit, ohngefähr um so viel tiefer, als sonst die Schlösser höher zu liegen pflegen, in einem schönen Thale, und zunächst am Walde. Um so unerwarteter ist die reizende Aussicht in die Gegend des Maingrundes, welche man daselbst findet. Der Ort Buchau ist 1 1/2 Stunden von Weißmain, 2 Stunden von Thurnau und eben so weit von Culmbach entfernt. Der gemeine Mann in der Gegend nennt ihn auch Kirchbuchau, ohne Zweifel zum Unterschiede von dem nahe dabey liegenden geringern Dorfe Wüstenbuchau. Die Einwohner desselben nähren sich eigentlich alle von dem Feldbaue und der Viehzucht, obgleich nur einige derselben bloße Bauern, die meisten hingegen Handwerker sind, nämlich Schuhmacher, Schneider, Weber, Büttner (zugleich Bierbräuer), Bäcker, Metzger, Maurer, Zimmerleute, Wagner, dann 1 Schreiner, 1 Häfner (Töpfer), 1 Huf- und 1 Sägeschmid. Die gemeinsten Früchte sind hier, so wie in der Thurnauischen Herrschaft, Waizen, Korn (Roggen), Gerste, Haber, Erbsen, Linsen, Wicken, Kraut, Rüben, auch etwas mehr Hopfen, Flachs und Hanf, als sonst, besonders aber eine Menge Kartoffeln, hier zu Lande Erdäpfel genannt. Nicht nur in und um Buchau, sondern auch in dem ganzen Amte wird viel Obst gebauet und mit einigen Sorten ein einträglicher Handel getrieben. Noch vor 30—40 Jahren war die Bienenzucht im Amte von einiger Bedeutung. Denn es gab bei geringen Bauern Bienenstände von 10—20, mitunter von 50—60 und mehrern Stöcken. Allein seit unsern vielen gelinden und unbeständigen Wintern scheinen, aller Aufklärung zum Trotze, weder die Bienen noch die Hasen mehr gedeihen zu können; und dieß aus dem ganz natürlichen Grunde, weil sich jene bey gelinder Witterung aufzehren und diese durch unzeitige Begattung ruiniren, dann im folgenden Frühjahre darben und im Sommer (wenn sie den anders erleben) statt der gewünschten Vermehrung sich selbst kaum wieder erholen können. Noch verdient die vorzügliche Qualität des buchauischen (braunen) Biers gerühmt zu werden, die jedoch aus der Beschaffenheit des Wassers, von welchem es gebraut, und der Keller, darinn es aufbewahret wird, ebenfalls natürlich zu erklären ist. Jenes nämlich kommt aus einem reinlichen kleinen Teiche und diese sind in der Tiefe in den solidesten Fels gebrochen. Uebrigens zählt das Amt im Orte Buchau 34 Unterthanen und darunter 2 Wirthe und 1 Bader, dann 31 Lehenleute und 8 Schutzverwandte; ingleichem ist daselbst ein gräflicher Revierjäger angestellt und eine herrschaftliche Schäferey befindlich. Die sogenannte Dorf- und Gemeindherrschaft

schaft hat das Amt nur in Buchau, Krbgel, Lopp, Wallersberg und Wizmannsberg: aber ausserdem steht es noch mit 60 Ortschaften in der Verbindung, daß es Unterthanen oder Lehenleute und Hinterfassen darinn hat, so wie es beträchtliche Zehnden, Gülten und Pachtgelder einzunehmen und zu verrechnen hat.

Buchau, Gräflich Giechisches, mit der Zent zum Bambergischen Amte Welßmann gehöriges Dorf.

Buchbach, im gräflich Castell Rennlingischen Amte Burghaßlach.

Buchbach, Kirchdorf im Bambergischen Amte Teuschnitz, 2 Stunden vom Städtchen gleiches Namens, ebensoviel von Rothenkirchen, an der Grenze des Meiningischen Gebiets, und des Bayreuthischen Amtes Lauenstein.

Buchbach, Dorf im Wunsiedler Kreise. Die Einwohner pfarren nach Schönwalde.

Buchbrunn, Würzburgisches Dorf zum Ober- und Zent-Amte Kitzingen gehörig, 1 Stunde davon gegen Bibergau. Ehemals standen hier nur 4 Bauernhöfe, welche dem nun erloschenen adelichen Benedictiner-Frauenstift zu Kitzingen eigen waren. Durch Unterstützung der Bekitzinnen entstund dieses Dorf. Bis 1506 waren die Einwohner Filialisten von Maynstockheim. Die Aebtissin Margaretha IV. eine gebohrne Truchseß von Baldersheim, errichtete in eben diesem Jahre eine eigene Pfarrey und gab dem Pfarrer seinen Unterhalt aus den Mitteln des Klosters. Dagegen sie die Unterthanen verbindlich machte, sich mit dem Pfarrer zu Maynstockheim jährlich durch eine Abgabe von 3 Eymer Wein und 1 fl. 45 kr. an Geld abzufinden. Diese Abgabe besteht noch heutiges Tages. 1545, als das Kloster mit Gewalt von Seiten Anspachs säkularisirt wurde, ward auch hier die Lutherische Lehre eingeführt, wie zu Kitzingen. Anfangs wurde die Gemeinde von K. aus versehen, in der Folge hielt sie sich einen eigenen Prediger, der aber des geringen Gehaltes wegen nicht bestehen konnte. 1624 war kein ordentlicher vom Landesherrn aufgestellter Prediger daselbst befindlich, es wurde daher das Hochstift Würzburg 1629 wieder in die Stadt K. und deren Zugehör eingesetzt, folglich auch in Buchbrunn und dessen Pfarrey Besetzung. Es wurde wieder ein Filial von Kitzingen. Man erhielt sich aber nicht lange dabey. Der jetzige Pfarrer daselbst muß aus Ermanglung an Pfarrgütern, die ehemals verprocessirt wurden, von seiner Gemeinde und den Filialisten zu Reppersdorf unterhalten werden. Das Wenige der Pfarrbesoldung, so man von dem erloschenen Kloster noch gerettet hat, wird unter die beyden Religionsverwandten Pfarrer aus Landesfürstlicher Vergünstigung gleichmäßig vertheilt. Bey der nunmehr bestehenden Ortspolizey Commission daselbst hat der katholische Pfarrer von Kitzingen oder dessen Kaplan den Vorsitz. Die Kirche ist gemeinschaftlich und der Gottesdienst wird von 14 zu 14 Tagen wechselsweise gehalten.

Gegenwärtig befinden sich daselbst 87 Familien, welche aus 429 Köpfen bestehen. Darunter sind ungefähr 100 Katholicken. Die Nahrung ist Weinbau, Getraidbau u. Wiesewachs. Schwarzenberg hat auch Unterthanen daselbst, die einen Schultheißen zum

zum Vorsteher haben, und in das Amt Marktbreit gehören.

Bucheck, Bayreuthische Mühle mit 2 Häusern und 6 Einwohnern im Kammer-Amte Münchberg. Es pfarren die Bewohner nach dem Marktflecken Zell an der Saale.

Buchelbrunn, Dorf am Flüßchen Auffeeß, 2 Stunden von Hohlfeld gegen Bamberg.

Buchen, auch Maria-Buchen, Fränkisches Kapuziner-Kloster im Speßhard, eine Stunde von Lohr. Es liegt am Abhange eines mit Wald begrenzten Berges, dessen Fuß ein kleines enges Wiesenthal von einem Bache durchschnitten, auch zugleich den Fuß des jenseits wieder aufsteigenden Berges bildet. Es geschehen zur Kirche daselbst viele Wallfahrten, wo ungefähr seit 100 Jahren ein wunderthätiges Marienbild aufbewahrt werden soll.

Buchen, Dorf 3/4 Stunden vom Markt Erlbach gegen Neustadt, hat eine Zollstädte.

Buchenau evangelisch-lutherisches Pfarrdorf des Kantons Rhön und Werra, 4 Stunden von Schlit. Das Stammhaus der Familie dieses Namens, die nebst denen von Scheuk und von Warnsdorf daselbst eigene ansehnliche Güter haben. Auch Fulda besitzt in Buchenau, das aus 36 Wohnungen und etwa 190 Seelen besteht, einige Unterthanen. Zu dem Gerichte Buchenau gehören die Dörfer Gießenheim, Saßleiben, Bodes, Fischbach, Erdmannsrode, Brandlos. Dieses Gericht grenzt gegen Norden an das Heßen-Casselsche, gegen Westen und Süden an das Fuldaische, gegen Morgen an das Ritterschaftliche Gericht Mannsbach.

Buchenbach, an der Jart, Schloß und Dorf im Ritter-Ort Odenwald, gehört der Familie von Stetten.

Buchenhof, ehemals Buchen, fürstliches Kammergut im Henebergischen Amte Römhild.

Buchenhüll, Eichstädtisches zum Domkapitelischen Richteramte in Eichstädt gehöriges Filial-Kirchdorf, nach Preit gepfarrt, von etwa 20 Haushaltungen, liegt 1 Stunde Nordöstlich von Eichstädt fast ganz mit Waldungen umgeben auf einem Berge zwar, doch in einiger Vertiefung desselben, hat ein eigenes Schul-und Forsthaus. Zu der dortigen Marienkirche geht die Wallfahrt besonders im Dreysigsten sehr stark.

Buchhaus, s. hinter-und vor der Buchhaus.

Buchhaus, Weiler im Kameral-Amte Bayreuth. Die Einwohner pfarren nach Bindloch.

Buchhaus, Weiler, nicht weit von Buchbach. Die Einwohner pfarren nach Schönwalde.

Buchheim, Pfarrdorf zwischen Schwebheim und Pfaffenhofen in die Superintendentur nach Uffenheim gehörig. Der Graf von Castell Rüdenhausen hat daselbst ein Zinsgut.

Buchheim, ansehnliches katholisches Pfarrdorf. Von diesem Dorfe führt ein Landkapitel des Hochstifts Würzburg den Nahmen.

Buchhof, einzelner Hof aus einer Schenk-und Braustätte und einem Bauernhause bestehend, an der Regnitz 3/4 Stunden von Bamberg, zum Bambergischen Amte Hallstadt gehörig und ein Erlustigungs-Ort der Einwohner Bambergs. Er ist nach der Residenzstadt in die obere Pfarre eingepfarrt. Die Lehenherrschaft besorgt das Bambergische Amt Schlüsselau. Zu dem Buchhof hofe gehbren 45 Morgen Acker-feld, 47 7/8 Tagwerk Wiesen, 18 Tagwerk Waidplätze.

Buchhorn, Hohenloh-Bartensteinischer Weiler des Oberamts Pfedelbach, wohin auch die Einwohner pfarren. Er besteht aus 16 Haushaltungen, hat guten Feldbau und besonders gute Schafzucht. Binnen 9 Jahren sind daselbst 12 mehr gebohren, als gestorben.

Buchloch, Weiler im Culmbacher Kreise. Die Einwohner pfarren nach Hutschdorf.

Buchmühl, (die) im Ansbachischen Kameral-Amte Feuchtwang.

Buchthal, langes Thal zwischen dem Galgen- und Kugelberge, macht zugleich einen Theil der nördlichen Vorstadt von Eichstätt aus und giebt dem dortigen Stadtthore den Namen. Es ist weit hinaus mit Häusern besetzt, hinter welchen gleich an den Berghängen hinauf Gärten und Felder angebracht sind. Man findet allda 2 große Steinbrüche von Kalksteinen und am Ende eine Kalk- und Ziegelhütte, der nunmehr eingegangenen untern Köpfstätte gegen über. Dort theilt sich das Thal durch einen quer überliegenden dritten Berg abgeschnitten in 2 Aeste, wovon der westliche das Galgengesteig genannt wird, der östliche aber auf Buchenhäll zu führet.

Buchwald, bey Selb, s. Buch am Walde.

Buckemühl, Eichstättische, zum Pfleg- und Kastenamt Abenberg gehörige Mühle an der Aurach im Ansbachischen Kameral-Amte Roth gelegen, ist nach Veith-Anrach eingepfarrt, den großen und kleinen Zehend allda erhebt das Collegiatstift in Spalt.

Buckemühl, (die) im Schwabacher Kreise des Ansbachischen Fürstenthums.

Buckendorf, Bambergisches Dorf, worinn die Abtey Langheim die meisten Unterthanen hat. Diese stehen in Steuer-Musterungs-Aufschlags- und Umgeldsachen unter dem fürstlichen Steueramte zu Langheim, in Civilsachen in erster Instanz unter der Abtey Langheimischen Stifts und Klosterlanzley, in zweyter Instanz unter der Landesregierung, und in Amtsachen, unter dem fürstlichen Amte Weißmayn, welchem auch die desigen unmittelbaren Bambergischen Unterthanen untergeordnet sind.

Buckenhof, Nürnbergisches Dorf an der Schwabach, eine kleine Stunde von Erlang, Erlang zur Rechten, gehört einer Linie der Haller, welche es den Nothen ablaufte, und im J. 1505 zu einer Vorschulung machte. Buckenhof ist nach Bruck gepfarrt.

Buckenhofen, Dorf im Bambergischen Amte Eggolsheim, pfarrt nach Dorcheim, liegt eine Stunde südwest von Eggolsheim, 1/4 von Dorcheim. Dem Amte Eggolsheim stehen alle Arten hoher und niederer Jurisdiction sammt der Dorfs-Flur- und Gemeindherrschaft zu. Allda sind 27 Senftenberger- 3 Dorcheimer Kasten-Amts, 1 Dorcheimer Engelmeß- 2 Dorcheimer Spital- 3 Dorcheimer Raths- 10 Abtey Michelsberg, 4 dem Nürnbergischen Reichsalmosenamte, 1 der nürnbergischen Familie von Tucher zuständiges, 1 Gemeindlehen. In allem 52 Häuser und 241 Seelen.

Der grosse Zehend gehört dem Domprobsteykastenamte zu Dorcheim, ein kleiner dem fürstlichen Kastenamte zu gedachtem Dorcheim, abermal ein kleiner dem Domkapitel.

Bucken-

Buckenholz, dermal unbebauter Hof, im Bambergischen Amte Vortenstein, und der Bambergischen Hofkammer zehendpflichtig. Zent und Territorium wird gedachtem Bambergischen Amte von Seiten Bayreuths streitig gemacht, und ist bey der Preussischen Besitznehmung der Brandenburgischen Fürstenthümer in Franken dem Hochstifte gewaltthätig entrissen worden.

Buckenmühl, (die) im Anöbachischen Kammeramte Windsbach.

Buckenmühl, Mühle mit einem Anöbachischen Unterthan im Schwabacher Kreise.

Buckenmühl, (die) im Bezirke des ehemaligen Anöbachischen Verwalteramts Merkendorf.

Buckenreuth, Dorf im Bambergischen Amte Ebermannstadt, woselbst auch das Amt Regensperg und der Graf Volk von Rieneck Unterthanen haben. Das Amt Ebermannstadt hat dort die hohe Gerichtsbarkeit, auch Vogtey- und lehenbare Unterthanen, ist 1 1/2 Stunden von dem Städtchen Ebermannstadt entlegen; den Hirtenstab hat bisher das Schloß Burg Gaillenreuth, dem Grafen Volk von Rieneck zugehörig, ausgeübt, und der ganze Zehend ist dem Gr. Erlnsheimlischen Schlosse Pretzfeld zugehörig.

Buckenweiler, Oettinglischer Weiler, im Bezirke des Creilsheimischen Kreises im Fürstenthum Anöbach.

Buckmühle, (die) S. Neuseelingsbach.

Buech, Eichstättisches zum Pflegund Kastenamt Alpfenberg gehöriges Dorf, liegt auf dem Berge, 1 Stunde östlich von Alpfenberg, hat ein Kirchlein, und gegen 20 Gebäude, dann Unterthanen, wovon 3 zum Richteramte Ibging gehören. Der eichstätische Bischoff Martin von Schaumberg kaufte den dortigen Zehend im Jahre 1561 nebst andern mit dem Dorfe Kinting von Wilhelm, und Hanns Christoph von Hillenhausen.

Buech, welches in der Entscheidung des römischen Königs Alberts vom Jahre 1306 bey Falk. Cod. dipl. nro. CLVI. nach dem Orte Kalldorf vorkommt, ist das jetzige Petersbuch.

Ferner kommt allda Nro. CCIII in einem Kaufsinstrument vom Jahre 1322 eine Burg zu Buch bey Grebing vor, welche Conrad der alte Vicedom in Eichstätt vom dortigen Domkapitul um 535 Pfund Heller gekauft, und vom Bischoffe Marquard I. von Hageln zu Lehen empfangen hat.

Büchelberg, ansehnlicher Berg, an dessen Rücken das dem Ritterorte Bamach steuerbare, der Frau von Eyb und von Thüngen gehörige Rittergut Dittersreuth gehört.

Büchelberg, Weiler von 14 Haußhaltungen zum Hohenloh. Neuensteinischen Amte Michelbach gehörig. Er pfarrt in die Waldenburg-Schillingsfürstl. Pfarrey Untern-Steinbach. Der Nahrungserwerb besteht in Feldbau und Holzhandel.

Büchelberg, Weiler im Anöbachischen Kameral-Amte Leutershausen, mit 18 Unterthanen.

Büchelberg, Weiler im Anöbachischen Kameralamte Gunzenhausen, wohin 8 Unterthanen gehören, 13 sind fremdherrisch.

Büchenbach, ein der Bambergischen hohen Dompropstey zustehendes Amt, gränzt an das Anöbachische und Bayreuthische Gebiet, und das Bambergische Amt Herzogenaurach. Es ist kein geschlossenes Amt, sondern mit Brandenburgischen Ortschaften vermischt

mischt. Der Ackerbau wirft reichlich Korn, Weitz, Hafer, Kartoffeln und Schrotgetreide ab. Die Fischzucht ist eine neue Nahrungsquelle für die Amtsuntergebenen. Die Fische werden theils im Inlande, theils in das Nürnbergische abgesetzt. Die Einwohner sind sehr betriebsam. Durch das Baumwollen- und Tobakspinnen verdienen sie viel Geld, auch dadurch haben sie einen Erwerbszweig, daß sie für Rechnung der Erlanger Fabriken Zwickel in die Strümpfe nähen. Der Distrikt, der das heutige Amt Büchenbach ausmacht, war ein ansehnliches Prädium in dem Rangaue, und eine Reichsdomäne. 99. schenkte sie Otto III. dem Erzbisthume Mainz, Heinrich II. tauschte sie wieder ein, und schenkte sie dem Hochstifte Bamberg. Büchenbach gehört daher unter die ältesten Stiftungsgüter des Hochstifts. Als Abschoff und Domcapitel die Stiftsgüter abtheilten, kam Büchenbach an das letztere. Es bestellte darüber seine eigene Schirmvögte, worunter mehrmals, besonders zu jenen Zeiten, wo das Domcapitel seine Unabhängigkeit von dem Landesherrn durchzusetzen sich bestrebte, Markgrafen von Ansbach waren. Auch entstanden bald in Ansehung Büchenbachs mit diesen Grenz- und Hoheitsdispute. In dem bekannten Vorcheimer Recesse suchte man die Gerechtsame jeden Theiles zu bestimmen. Da sich in neuern Zeiten Staatsgrundsätze und Systeme veränderten, so war ihre Anwendung auf vorhandene Verfassung neuer Zunder zu Irrungen zwischen Bamberg und Brandenburg. Die Verhältnisse des Domcapitels zum Hochstifte in Ansehung Büchenbach sind folgende: Das Domcapitel übt alle niedere Jurisdiktion zu Haus, Dorf, Flur und Feld über die Amtseinwohner. Dem Hochstifte steht die Landeshoheit, Oberlandespolicey, Zent, Steuerbarkeit, Heerßfolge zu. Die Handhabung dieser Rechte, und zwar der Steuerbarkeit, Heerßfolge ist kraft besonderer Verträge, theils dem Domprobsteyamte selbst, theils dem fürstlichen Amte Herzogenaurach übertragen. Von den Aussprüchen des Domprobsteyamtes gehen die Appellationen an die hohe Domprobstey, und von dieser an das Bambergische Hofgericht. Daß diese Verfassung von dem dermaligen auf geschlossenes geographisches Territorium gebauten Brandenburgischen Systeme durchkreuzt und zerrüttet werde, ist dem fränkischen Beobachter hinlänglich bekannt.

Das Amt umfängt 12 Dörfer, 3 Einzeln.

Büchenbach, großes Pfarrdorf, 4 Stunden von Bamberg und 3/4 Stunden von Erlang, der Sitz des Domprobstey-Amtes, das seinen Namen von diesem Dorfe hat. Zur Zeit, wo noch die Eintheilung in Gaue bestand, hieß es Buochinebach und, war als curtis der Hauptort des ganzen Prädiums gleiches Namens. Die Pfarrey, wozu ein zeitlicher Oberpfarrer, welcher ein bambergischer Domcapitular ist, das Präsentationsrecht hat, gehört zum Würzburger Kirchensprengel.

Büchenbach, evangelisch-lutherisches Pfarrdorf im Schwabacher Kreise des Fürstenthums Ansbach an der Retnitz von 33 Unterthanen. Darinn hat das eichstädtische Pfleg- und Kastenamt A-

hern

benberg nebst einigen Lehens-
auch einen Steuerunterthanen, einer aber gehört zum Domkapitels-
schen Kastenamte Kleinfeld, welches auch die Hälfte des Pfarrhauses von den Gefällen des Heiligen zu unterhalten hat. 12 Unterthanen sind Onolzbachisch, 21
Nürnbergisch.

Büchhof, (der) im Kameralamte
Feuchtwang des Fürstenthums
Onolzbach, mit 1 Unterthanen.

Büchlein, das Obere und Untere,
liegen an der Straße von Nürnberg, auf Kloster Hailsbrunn gegen Roßstall, und sind mit Ons-
bachisch- und Nürnbergischen Unterthanen vermischt.

Büchold, Bubuledi. Würzburg-
sches Amt und Marktflecken, eine Stunde von Arnstein, gegen Hammelburg zu, drey
Stunden von letzterm Orte, zum
Ritter.Kantone Rhön und Werra steuerbar. Der Nahme dieses Orts war schon im 8ten Jahrhunderte bekannt. Es gehörte
ehemals dem Johanniter Orden,
wurde 1364 von demselben der
Familie von Thüngen verkauft,
und von dieser über 100 Jahre
als Allodium besessen. Hildebrand von Thüngen trug es
1471 und 1476 dem Hochstifte
Würzburg zum Lehen auf, so,
daß ein Theil dem Hochstifte,
ein anderer dem Domkapitel lehenbar war. 1596 kam es durch
Kauf an den Bruder des Bischoffs Julius zu Würzburg,
Dietrich Echter von Mes-
pelbrunn um 125,000 fl.; im
Jahre 1652 wurden mit demselben Wolfgang und Johann von
Dalberg, Söhne des Wolf-
gang von Dalbergs, der 1618
starb, belehnt; als nun die Kla-
nien dieser Vasallen ausstarben,
zog Würzburg dieses, an Sem.
Topogr. Lexic. v. Franken. I. Th.

Weinbergen und Gütern sehr
beträchtliche, Rittergut 1719 als
ein vermanntes Lehen ein, und
belehnte damit — der damalige
Bischoff war ein gebohrner von
Greiffenklau — seines Bruders
Sohn, Lothar Gottfried. Dieser trat es wieder gegen Braunsbach und Groß-Eßlingen an das
Hochstift ab. Dieses hatte nun
Büchold bis 1747. In diesem
Jahre wurde der Graf von Ingelheim, als Gemahl der einzigen
Erbin des letztern Dalbergs,
Besitzer von Büchold, welche
Ansprüche darauf machte, und nach
langen Verhandlungen damit belehnt, mit der Bedingung, daß
er es als Mannlehen anerkennen
und andere ihm vorgelegte Punkte erfüllen sollte. Während des
folgenden Interregnums im Februar 1749 wurde der Graf seines Besitzes von dem Würzburgischen Domkapitel entsetzt. Dieß
veranlaßte einen langen Rechts-
streit am Reichshofrathe, welcher
mehrere rechtliche Ausführungen
erzeugte und 1753 für Würzburg entschieden ward. Ueberhaupt gab es damals unter diesen
Zwistigkeiten im Orte viele Un-
ordnungen, so, daß man in der
ganzen Gegend von einer zerrüt-
teten Haushaltung das Sprichwort sagt: Es ist eine Haußhal-
tung wie Büchold. Zu dem Marktflecken gehört noch der Sachser-
hof von 6 Bauern, eine halbe
Stunde weiter gegen Hammels-
burg zu. Würzburg hatte hier
lange einen eigenen Beamten.
1777 fing man an das weitläufige dabey liegende Schloß einzu-
legen, verkerbte die Scen-, Güter, Schäferey und den schönen
am Schloße liegenden Garten,
nur die Weinberge wurden beybehalten und stehen unter der Auf-
Q sicht

ſicht des hier im ehemaligen Amt-
hauſe wohnenden Jägers und
Gegenſchreibers; zugleich ward
das Amt Buchold dem Amte
Ernſtein einverleibt, doch muß
der Amtkeller zu Ernſtein jährlich zu Buchold das eigene peinliche Gericht des Orts beſitzen.
Die Bewohner ſind theils Bauern, theils Söldner, jene 31,
dieſe über 50. Die Pfarrey
wurde ehemals durch a Franzi-
ſcaner verſehen, nun iſt ein würz-
burgiſcher Clericus Pfarrer. Die
alte Kirche mitten im Dorfe iſt
zuſammen gefallen, ſie hatte viele merkwürdigen Grabſteine. Dietrich Echter liegt da begraben.
Die Nikolauskirche mit dem Begräbnißplatze liegt in einer kleinen Entfernung vom Flecken auf
einem Berge, im Altarblatte iſt
das alte Schloß und der Marktflecken, wie ſie vor einigen Jahrhunderten waren, abgemahlt.
Der Schullehrer hat 140 fl. Be-
ſoldung. Ehemals wohnten auch
Juden hier. 3 Mühlen und 1 Ziegelbrennerey gehören zum Flecken.

Büdenhof, ein der Familie von
Greifenklau zuſtändiges Guth an
der Rodach, eine halbe Stunde
unter Seßlach, das hinreichen-
des und gutes Wieſenfutter aus
dem nahen Grunde erhält.

Bug, ein den Freyherren von und zu
Guttenberg gehöriger, und dem
Ritterorte Gebürg einverleibter
Weiler, worüber dem Bambergi-
ſchen Gerichte und Amte Kupfer-
berg die Zent zuſteht.

Bug oder Mittel-Bug, Weiler an
der Pegnitz, 2 Stunden von Nürnberg gegen Lauf.

Bügelhof, ein innerhalb Reichsſtadt Rothenburgiſcher Landsberg
umweit Reinsbürg 2 1/2 Stunden
von Rothenburg gegen Crailsheim
gelegener Hof, deſſen Beſitzer ein
Ansbachiſcher Unterthan, und nach

Infingen eingepfarrt iſt. Die
Fraiſch hat Rothenburg.

Bügenmühl (die) im Kammeramte Ansbach.

Bügenſtegen, Weiler mit ſieben
Ansbachiſchen Unterthanen im
Crailsheimer Kreiſe des Fürſten-
thums Ansbach.

Bühl, Dorf im Bambergiſchen Amte
Scheßlitz.

Bühl, Dorf im Bambergiſchen Amte
Weißmayn.

Bühl, Hof mitten im Bromberger
Walde. Er hat mit Bromberg
einen Würzburgiſchen Schulthei-
ſen. Der Hof iſt jetzt in einige
Sölden und Häuſer zertheilt. Die
Kinder gehen in die Schule nach
Bromberg, ſo wie die Einwohner,
als Mitfilialiſten von Bromberg,
nach Jeſſerndorf eingepfarrt ſind,
a gute Stunden von Kbnigsberg
und 3 von Hofheim.

Bühl, Weiler im Ansbachiſchen
Kameralamte Feuchtwang mit den
dahin gehörigen Unterthanen.

Bühl, auch Auf dem Bühl
Weiler, unweit dem Bayreuthiſchen
Städtchen Creuſſen.

Bühl, gemeiniglich der Bühlhof, im
Ansbachiſchen Kammeramt Burgtham.

Bühl, im Kammeramte Bayreuth,
1 1/2 Stunde von Neudrkirchen,
wohin es auch eingepfarrt iſt. Auf
einigen Karten heißt es Pühl; auf
dem heil. Bühl.

Bühl, im Ritterorte Gebürg, gehört der Familie von Brand.

Bühler, Buhuledl, Buchſtedl in
Pago Weringewe Sebann. p.
416. Würzburgiſches katholiſches Pfarrdorf von 29 Häuſern
im Ober-Amte Homburg
an der Werra. Der Bo-
den iſt mittelmäßig. Die weiſten
Felder liegen an Bergen. Die
Weinberge ſind gut. Der Wieſen ſind viele, ſie tragen aber
feiche

leichtes Futter. Die Eichen und Buchen Waldungen sind beträchtlich. Sie schälen ihr Eichenholz und haben gute Eichel- und Buchern Mastung. Die meisten Einwohner sind bey guten Mitteln. Sie nähren sich vom Feldbaue und Viehzucht. Häcker und Taglöhner sind wenige unter Ihnen. An Handwerkern findet man hier nur 1 Schneider, 1 Schuster und 1 Bäcker. Die Einwohner stehen in einem besondern Rufe der Arbeitsamkeit. Zum Orte gehört 1 Mühle. Der Schullehrer hat 62 fl. Gehalt. 1786 hatte er 17 Kinder.

Bühler, (die) Fläßchen, berühret nur die Grenzen des Creilsheimischen Kreises im Fürstenthum Anöbach.

Bühlerthann, von diesem Dorfe hat ein Würzburgisches Landkapitel den Nahmen.

Bühlhof, Hohenloh-Ingelfingenscher Weiler von 5 Haushaltungen, der nach Dürren-Zimmern pfarrt. In der Nähe desselbigen ist ein ziemlich beträchtlicher Steinbruch von Sandsteinen.

Bühlhof, (der) im Jurisdictionsbezirke des ehmaligen Ansbachischen Vogt-Amts Schönberg.

Bühlhüttenmühl, (die) im Lasbachischen Kameral-Amte Heubentrübingen.

Bülfrigheim, zwischen Scheinsberg und Möckmühl. 1372 gelangte es durch den Kunz Daring von Bülfrigheim an die Grafen von Wertheim. Nach deren Absterben kam es an Würzburg.

Büllspach, Weiler im Kameral Amte Casbach, darinn hat das Eichstättische Vogtamt Lehrberg 5 Unterthanen.

Bürckenhof, (der) im Ganzenhauser Kreise des Fürstenthums Ansbach.

Bürckenmühl, (die) im Ganzenhauser Kreise des Fürstenthums Ansbach.

Bürg, unsern Dehringen, Schloß und Dorf im Ritter-Orte Odenwald, der Familie von Gemmingen von der Bürger Linie.

Bürg, Eichstättischer zum Pfleg- und Vogtamte Titting Rauttenbuch gehöriger Weiler von 5 Unterthanen.

Bürg, die Obere und Untere, zwey Herrensitzer an der Pegnitz oberhalb Mögeldorf, 1 Stunde von Nürnberg; davon dieses vor Alters Rauffenholz geheissen, und das Stammhaus seiner 1568 ausgestorbenen adelichen Familie gleiches Namens gewesen. Die Unter-Bürg gehört jetzt dem Herrn von Petz, und die Ober-Bürg der Familie von Waller. Beyde sind nach Mögeldorf gepfarrt.

Bürglein, auch Bürgles, Bayreuthisches Pfarrdorf zwischen Hailsbrunn und Langenzenn im ehmaligen Ansbachischen Richteramte Roßstall, von 21 Unterthanen.

Bürrach, ganz eichstättischer Weiler von 12 Unterthanen im Wassertrübdinger Kreise des Fürstenthums Ansbach 2 Stunden südlich von Herrieden zwischen Oberköhigshofen und Rottenbach gelegen, gehört zum Collegiatstiftischen Steueramte in Herrieden. Im Jahre 1058 vermachte der Erzdiakon und Probst Heppso zu Herrieden dem dortigen Collegiatstifte, was ihm in Bürrach erblich zugefallen ist, und im Jahre 1387 gab Ulrich Truchses von Wahrberg, Domherr in Eichstätt und Probst zu Spalt, zur Stiftung der andern Frühmess in Herrieden 12 Leibeigne in Bürrach und seine eigne adeliche Güter in

Bürrach

Bürlach, dann Oberkrumbachhofen mit 3 Wäldern bey Bürlach, als dem Wolfsbühl, der Schopflache und dem Ellenbache her.

Bürlach, Weiler im Ansbachischen Kammeramte Roth, mit 9 dahin gehörigen Unterthanen. Ist nach Stetberg eingepfarrt.

Bürlach Eichstättischer zum Vogtamte Lehrberg gehöriger Weiler von 4 Unterthanen, liegt 1 Stunde etwas nordwestlich von Lehrberg gegen das Schloß Kolmberg zu.

Bürkelbach, Weiler im Ansbachischen Kammer-Amte Crailsheim, mit einem dahin gehörigen Unterthanen; neun gehören theils dem Stifte Comburg, theils Hohenlohe-Schillingsfürst. Letztere sind in dem 1796 geschlossenen Austausch-Verein mitbegriffen und werden nun Preußisch.

Bürkenlach, Kloster Seligen Pförtischer Weiler von 6 Unterthanen, im Schwabacher Kreise des Fürstenthums Ansbach.

Bürkenmühl, (die) im ehemaligen Ansbachischen Vogt-Amte Leutershausen.

Büttelshof, Bayreuthischer Weiler mit einem masiven Hause und Scheune. Er besteht in einer Haushaltung von 8 Personen und ist 1/4 Stunde von Creussen entfernt. Der Besitzer ist ein bloßer Bauersmann und hat 43 Tagwerke an Land, als: 14 Tgw. Ackerfeld, 10 Tgw. Wiesen, 1 Tgw. Garten, 4 Tgw. Huthen und 4 Tgw. Wald, 13 Stük Rindvieh vom Mittelschlag und 15 Stük Schaafe. Er bauet das 6 Korn. Bauart des Feldes und Viehzucht ist wie zu Creussen.

Büttharde, auch Buttert, Würzburgisches Amt, Schloß und Markt, 4 Stunden von Mergentheim gegen Würzburg. 1377 kam es durch einen Tausch mit dem Grafen von Hanau an Würzburg. Der Ort hat 82 Häuser und zahlt seinem Schullehrer 130 fl. Frk. Besoldung. In der Schule waren 70674 Kinder.

Bütillhof, eichstättischer zum Vogtamt Aurach gehöriger kleiner Weiler, nur von einem paar Haushaltungen; liegt im Feuchtwanger Kreise des Fürstenthums Ansbach bey Elbertsroth, wohin er eingepfarrt ist, 1 Stunde südlich von Aurach. Die Gemeindherrschaft und der Hirtenstab sind Eichstättisch, 1 Unterthan davon gehört zum fürstlichen Steueramt des Collegiatstifts Herrieden.

Büttnersdorf, einzelner Hof mit einem Unterthanen, im Bezirk des Ansbachischen Kameral-Amts Colmberg.

Büg, Eichstättisches zum Ober- und Kastenamt Hirschberg Beilngries gehöriges Filial-Kirchdorf von Dbrndorf, liegt auf dem Berge zwischen Dbrndorf und Kirchbuch ganz gegen die Bayerische Grenze hin, 3 Stunden südöstlich von Beylngries und hält bey 20 Haushaltungen. Dieser Ort ist im Vergleiche zwischen Eichstätt und Bayern vom Jahre 1305 enthalten. Vorher gehörte das dortige Gotteshaus quoad parochialia zur Pfarre Griesstätten nächst Dietfurth respective den Benediktinern des Schottenklosters zu Regensburg, wie dann noch von zwey Gütern die Gült zum Schotten Benediktinerstifte, nach Griesstetten geliefert werden muß. S. Gnaden-Brief Kaiser Friedrich II. d. d. Ratisbonae 14 Kal. Marty 1210. Der fürstliche mensal-Zehend allda, ein lokal-Zehend und in einem Drittel groß und kleinen Zehend bestehend, wurde in diesem Jahrhunderte von einem gewießen Pettenkofer angekauft und heißt der Pettenkoferloserische. An die Bützer-Flur gränzte der in Bayern gelegene, ehedem zum Kloster Scharnhaupten, hernach zum Hohenschul-Kastenamte in Ingolstadt grund- und vogtbare sogenannte Degelhof, der vor mehr als 200 Jahren abgebrannt ist, und dessen Feldungen, Wiesen, dann Gehölze an einige Dorfsleute in Butz verkauft wurden. Dort hat der Fürst von Eichstätt auch einen Zehend, den Waltersperger genannt. Der Nahme Degelhof kömmt von dem Degel, einer Thon-Art her, welche in dortiger Gegend gegraben wird, und wovon die Sauer-Brunnen-Flaschen verfertiget werden.

Bug, Weiler am Flüßchen Zenn, gehört in das Deutschordische Amt Virnsberg.

Bug, ein dem Herrn von Dobeneck gehöriges 2 Stunden von Hof entlegenes Rittergut. Es ist Brandenburg-Bayreuthisches, etwas weniges Gräflich-Reussisches Mannlehen und Amtsäßig. Zu dem Castrum gehören 3 Gebäude und 22 Einwohner. In dem Dorfe sind 16 Häuser u. 81 Einwohner.

Bug auch **Buch**, ritterschaftliches Dorf 4 Stunden von Hof im Kameralamte Münchberg. Es gehört einem Herrn von Lindenfels, ist Brandenburg-Bayreuthisches Mannlehen und Amtsäßig. Das Rittergut hat in Weißdorf das Patronatrecht über Kirche und Schule, so wie auch die Dorf und Gemeindherrschaft gemeinschaftlich mit diesem Rittergute. Das Castrum besteht aus 2 Häusern und 10 Einwohnern und der Ort selbst aus 9 Häusern und 35 Einwohnern.

Buchbach, Weiler im Ansbachischen Kreise mit 4 dahin gehörigen Unterthanen, 3 sind Fremdherrisch.

Bullach, Nürnbergisches Dorf, liegt 1 Meile von Lauf gegen Gräfenberg.

Bullenheim, Schwarzenbergisches Dorf im Amte Wässerndorf, liegt zwischen Seinsheim und Ippesheim, eine halbe Stunde von Frankenberg, und hat katholische und protestantische Einwohner, 2 Schullehrer, einen von dieser, den andern von jener Parthei. Die Katholiken besorgt der Pfarrer zu Marktsteinsheim; die Protestanten der Pfarrer zu Snbßheim. Beyde halten in einer u. der hämlichen Kirche den Gottesdienst nach der in einem Rezesse festgesetzten Ordnung. Dieser wird von dem Orte, wo er errichtet wurde, der Kitzinger Rezeß genannt. Auch 2 Schulzheißen sind da, ein Schwarzenbergischer und Pöllnitzischer; denn ein großer Theil der Bewohner sind Unterthanen des Freyherrn von Pöllnitz zu Frankenberg. Hier wird ein ziemlich guter Wein gebaut. Dieses Dorf ist jetzt von Ansbach in Besitz genommen, und der Herrschaft von Schwarzenberg entrissen. Ob es wieder dahin zurück kommt oder nicht? wird die Zukunft lehren.

Bundorf, **Bondorf**, großes Würzburgisches im Amte Hofheim gelegenes katholisches Pfarrdorf von 84 Häusern, ohin Neusees, Seefeld und Kimmelsberg pfarren, ober dem Haßberge; unweit von diesem Dorfe entspringt das Flüßchen Baunach. Die Herren von Truchseß haben daselbst ein Schloß mit einem sehr ansehnlichen Hofgute, durch das die Baunach durchfließet. Sie halten hier einen evangelisch-lutherischen Schloßprediger, der, vermöge eines Privilegiums, die Pfarr-Verrichtungen an allen

Bewohnern des Schloßes verrichten darf. Die Truchseßischen Unterthanen im Dorfe erkennen den
Geiſtlichen des Orts für ihren eigentlichen Pfarrer. Würzburg iſt
unſtreitig der einzige Dorfsherr.
Der Schullehrer dient über 10 fl.
Jrl. 1790 hatte er 57 Schulkinder.
Der Truchſeßiſchen Unterthanen
ſind 32. Sie ſtehen unter dem
hier wohnenden Truchſeßiſchen
Amtmanne. Im Orte befinden
ſich auch 2 Truchſeßiſche und 1
Würzburgiſches Wirthshaus, darin
2 Wohnungen mit Juden.

Bunzendorf, erkauft von Grafen
Johann von Truhendingen 1325
an das Hochſtift Bamberg.

Burdig, liegt, als ein zum Neu-
ſtädtiſchen Kreis gehöriges Dorf,
zwiſchen Hagenbüchach und Bu-
ſchudorf.

Burg, gehört dem Kloſter Ebrach.

Burg, am Flüßchen Weiſſach, 2
Stunden vom Bambergiſchen
Städtchen Hochſtädt. Die mei-
ſten Unterthanen ſind Nürnbergiſch.

Burg-Ambach, auf der Wetteriſch.
Charte heißt es Unter-Ambach,
3/4 Stunden von Marktſcheinfeld, gehörte ehedin zum Theil
nach Schnodſenbach; ſeitdem a-
ber Schwarzenberg dieß Rittergut an ſich gekauft hat, ganz
ins Amt Marktſcheinfeld. Es
pfarrt nach Schnodſenbach, wohin auch die Kinder zur Schule
gehen. Der größte Theil der
Einwohner ſind Proteſtanten,
die wenigen Katholiken werden
von der Pfarrey Marktſcheinfeld
beſorget. Das Dorf liegt an einem Bächlein, welches von O-
ber-Ambach, zum Bambergiſchen
Amte Ober-Scheinfeld gehörig,
kommt, und in den Bach bey
Schnodſenbach fällt. Auch Juden ſind in Ambach.

Burgberg, auch **Burberg** (der)
im Creilsheimiſch. Kreiſe des Ansbachiſchen Fürſtenthums. Es iſt
der höchſte Berg dieſes Amtes,
dem Städtchen Creilsheim gegen
Abend. Von demſelben genieſet
man einer herrlichen Ausſicht tief
in das Würtembergiſche hinein.

Burgberg, Dorf im Bambergiſchen
Amte Lichtenfels, hart an der
Stadt gleiches Namens. 3 Einwohner ſind ritterſchaftlich, die
übrigen genannten Amte Lichtenfels mit aller hohen und niedern
Jurisdiction unterworfen. Auf
der Spitze des Berges, um welchen das Dorf herum liegt, ſind noch
die Trümmer eines ehemaligen
Meraniſchen Schloſſes erſichtlich.

Burg-Bernheim, Bayreuthiſcher
Marktflecken und Schloß, drey
Stunden von Windsheim gegen
Rothenburg. Es iſt ein ural-
ter Ort, der bereits 908 in einer Urkunde K. Arnulphs vorkommt mit einer Superintendentur. Das ehemalige hieſige
Schultheiſen-Amt iſt nun dem
Kammer-Amte Jpsheim ein-
verleibet. Nahe an dem Orte
(1/2 Stunde davon) findet ſich
ein Wildbad, das aus 5 Brunnen beſteht. Es wird theils zum
Trinken, theils zum Baden gebraucht und hat von Karl dem
Großen, Lothar II. Heinrich IV.
Karl IV. Ludwig IV. und Chur-
fürſten Albrecht zu Brandenburg
Privilegien empfangen. Bey
dieſem Brunnen ſind 3 Wohngebäude, einige Schemen und Stallungen. Neben den Handwerken,
beſonders Ledergerbererey, treiben
die Einwohner in Burg Bernheim
auch ſtarken Viehhandel. Von
der Markung des Orts beſitzt
der Graf von Caſtell Rüdenhau-
ſen einen kleinen Zehend.

Burgbreitungen, Brey[ungen],
B[r]aungen, auch Regis [Breitungen],
von dem Fränkiſchen Könige Pip[in]

welches Monument in dasiger Kirche stehen soll, also genennet, ist ein großes Hessisches Dorf in der Grafschaft Henneberg, Frauenbreitungen gegen über, hatte ehedessen ein berühmtes Mönchsklosterr, Benediktiner Ordens, gehabt, das 1553 seculariſiret worden, und nun ein Schloß iſt, welches **Burgbreituungen** genennet wird. Dieser Name iſt auch dem ganzen Ort beygeleget worden. Dieſer Ort hat eine reformirte Gemeinde.

Burgebrach, Ober-Vogtey-Kaſten- und Forſtamt im Hochſtifte Bamberg, gränzt an das Hochſtift Würzburg, die Gräfliche Schönbornische Herrschaft Pommersfelden, die Bambergischen Aemter Wachenroth, Schlüſſelau, Vechofen, Zeil und einige ritterſchaftliche zum Canton Steigerwald gehörige Gebiete, von denen es mehrmals durchkreuzt ist. Die Aurach, mittlere und reiche Ebrach ſind die Flüßchen, die ſich durch dieses Amt wälzen. Es zieht reichlich Korn, Hopfen, Spargel. Die herrſchaftlichen Forſte gehören unter die wichtigeren im Hochſtifte, und warfen 1789 eine reine Revenue von 6,230 fl. 19 1/4 kr. ab. Der Wießwachs iſt gut, und die Schaaf- und Pferdzucht anſehnlich. Die Amtseinwohner handeln mit Getreide und Brennholz. Das Amt Burgebrach ward 1390 von dem Hochſtifte Würzburg eingetauscht. Mit ihm iſt das Amt Schönbrunn verbunden, von deſſen Schloſſe gleiches Namens der Oberamtmann ſeinen Namen führte. In dem Umfange dieſes Amtes liegen auch jene Güter, die zur Ebermannischen Verwaltung gehören. Sie haben ihren beſondern mit Gerichtsbarkeit verſehenen Verwalter, und ihre Verhältniſſe zu dem Amte Burgebrach werden bey den dieſe Verwaltung ausmachenden Dörfern näher angegeben werden. Die Jurisdictions- und Kameralgeschäfte versieht der fürstliche Vogt unter dem bey allen Bambergiſchen Oberämtern gewöhnlichen, und bey dem Amte Bannach näher beſtimmten Einfluſſe. Dem aus den 3 Revieren, Burgebrach, Schönbronn und Theurnheim bestehenden Forſtamte iſt ein beſonderer Forſtmeiſter vorgeſezt. Es hieß ehedem Forſtamt Umpferbach. Die Jagd im Amte ſteht dem Bambergiſchen Domcapitel zu.

In dem geographiſchen und politiſchen Umfange des Amtes liegen 1 Marktflecken, 26 Dörfer, 6 Höfe. In dem eigentlichen Jurisdictions- und Vogteyregamte Burgebrach gehören 6 parificirte Dörfer, und 1 dergleichen Hof; 2 Mediatdörfer und 4 dergleichen Höfe; 1 Marktflecken und 5 Dörfer, die mit ausherrſchischen Unterthanen, 3 Dörfer, die mit fremden, aber landsäſsigen Vogteyleuten vermiſcht ſind, 6 fremdherriſche Dörfer und 1 Hof, worüber das Amt die Ausübung einiger Regalien beſizt. Nebſtdem hat es in dem Bambergiſchen Amte Schlüſſelau einige Unterthanen zu Frensdorf, daſelbſt und zu Eichenhof, Knottenhof, Neuhaus, Untermrach, Weißendorf die Zent. Ferner liegen in dem Umfange des Amtes 4 zur fürſtl. Bambergiſchen Ebermänniſchen Verwaltung gehörige Dörfer, zu denen es in verschiedenen Verhältniſſen ſteht, die bey der Beſchreibung der Dörfer bemerkt ſind.

Burgebrach, Marktflecken, am Fluſ-

Flüßchen Mittelebrach, die sich nicht weit davon mit der rauhen Ebrach vereiniget, 3 Stunden von Bamberg mit einem Schlosse, Sitz des Amtes. Nach Ludewich Script. Bamberg Th. I. Seite 219 und Hbny ward in der Vorzeit jährlich am Aschermittwoch ein Gericht auf freyem Felde gehalten, wobey ein in Mannsgestalt angekleidetes Bild aller Uebelthaten, welche an Orte oder der Gegend ausgeübt worden, beschuldiget, und durch einen dem Bilde bestellten Fürsprecher vertheidiget wurde. Die Absicht dabey soll gewesen seyn, die Verbrechen jedermann kund zu thun, und andere mit Abscheu dagegen zu erfüllen. Die Pfarrey zu Burgebrach gehört zum Würzburgischen Kirchensprengel. Die Herren von Pöllnitz zu Aßbach besitzen in Burgebrach vogteybare Lehnsleute, die dem Ritterorte Steigerwald einverleibt sind. Burgebrach hat 4 Jahr- und Viehmärkte, 114 Häuser, und beyläufig 450 Seelen, worunter 20 Juden. Die Flurmarkung ist von sehr großen Umfange, und unter den Getreidgattungen geräth auf deren sandigem Boden das Korn vorzüglich. Die Viehzucht ist beträchtlich. Die durch den französischen Einfall im J. 1706 entstandene Viehseuche rafte 350 Stücke Rindvieh auf. Gegenwärtig besteht der Stand des Rindviehes in 04 Zugochsen, 157 Kühen, 74 Stieren, 70 Kälbern. Ueberdieß befinden sich daselbst 68 Pferde. Die der fürstlichen Hofkammer zustehende Schäferey, welche die Gemeinde jetzt im Pachte hat, ist mit 800 bis 1000 Stücken beschlagen.

Hieher gehört annoch Försdorf, 1/2 Stunde von Burgebrach entlegen. Försdorf machte ehemals ein eigenes Dorf und Gemeinde aus. Jetzt besteht es aus Brandstätten und einem einzigen Hause, und da die dahin eingehörigen den Hofrath Degenschen Erben zu Bamberg lehenbaren Güter gegenwärtig von Burgebracher Innwohnern besessen werden, so bilden die Försdorfer Gütterbesitzer eine eigene Gemeinde. In dessen Flurbezirke wird besonders guter Weizen gebaut.

Burgellern, ein zur hohen Dompropstey gehöriges Amt im Hochstifte Bamberg, ist von den Bambergischen Aemtern Scheßlitz und Memelsdorf umschlossen. Es hat guten Feldbau an Waitzen, Korn, Gerste, Hafer und Schrotgetreide, auch Hanf und Flachs, Rindvieh und Schweinszucht, schöne Jagden. Der jedesmalige Dompropst ist Erb-Lehen- und Gerichtsherr; das Hochstift Bamberg aber Landesherr. Die Steuer erhebt in des Hochstifts Namen der dasige Dompropsteyamtsvogt, die Zent und übrigen Hoheitsrechte handhabt das fürstliche Amt Scheßlitz. Die Berufungen gehen von den Urtheilen des Amtes an die Dompropstey zu Bamberg, und von da an das fürstliche Hofgericht.

Zum Amte Burgellern gehören 2 purificirte Dörfer, und 8 die mit Unterthanen anderer vermischten fürstlichen Aemter vermischt sind. Ferner hat das Amt Burgellern im Amte Scheßlitz k Unterthanen zu Ehrmhofferlos, zu Ehrl die gemeinschaftl. Dorfs- und Gemeindherrschaft nebst der Hälfte der Unterthanen, ebenfalls Unterthanen zu Schwiedorf, Windischletten, dergleichen, ferner dergleichen

Amte Lichtenfels zu Ebensfeld, und im Abtey Langheimischen Gebiete zu Schneeberg.

Burgellern, Kirchdorf, 3 Stunden von Bamberg, 1/2 von Scheßlitz, Sitz des Bambergischen Domprobsteyamtes, das von dem Dorfe seinen Namen führt. Das Schloß und der schöne Garten, ehehin eine Besitzung der Förtsche von Thurnau, gehört dem jedesmaligen Domprobste.

Burgerroth, nach andern Bunkenroth, Dorf im Würzburgischen Oberamte Röttingen von 25 Häusern, in welchen 126 Seelen wohnen. Sie pfarren nach Baldersheim. Ihre Flurmarkung enthält 645 Morgen Ackerfeld, 40 Morgen Wiesen, 40 Morgen Weinberg, 46 Morgen geringer Waldung, 20 Morgen Garten. Den Zehend hat das Hochstift. Die Schäferey ist im Erbbestand. Der Schullehrer hat 70 fl. fränk. Gehalt. 1786 hatte er 14 Kinder. Handwerker zählt man hier nur 3.

Burg Farrenbach, Fahrenbach, über der Regnitz hinüber, ein offener Ort, 3 Stunden von Nürnberg auf der Poststraße nach Würzburg. Der Burgstall hieß ehehin Rosenberg, als aber dieser Burgstall nachher das Stammhaus des schon abgestorbenen Geschlechtes der Farrenbacher worden, hieß das Dorf auch Farrenbach, und wegen des Burgstalls daselbst, zum Unterschied des Untern-Farrenbachs, Burg-Farrenbach. Es hat der Ort nicht gar 100 Häuser, am Wasser Farnbach, 1 Stunde von Fürth, gegen Abend, ist ein Lehen der Domprobsteu zu Bamberg. Die Besitzer haben sich zur unmittelbaren Reichsritterschaft, und zwar zum Canton Altmühl, gehalten, und die jetzigen Besitzer, die Reichsgrafen von Pückler, haben die hohe Jurisdiction erlanget. Die Domprobstey Bamberg hat, wie auch die Stadt Nürnberg, allda Unterthanen. Letzterer gehört auch die Kirche, Pfarrey und Gotteshaus.

Die Kirche ist dem Joh. dem Täufer gewidmet, und eine uralte Capelle, indem sie schon im J. 1280. den 7 Jun. mit großem Ablaß begnadiget worden ist. Die beyden Capellen daselbst, sowohl ober- als unterhalb des Dorfs, hat ein Nürnbergischer Bürger, Berthold Volcamer, im J. 1420 erbauen lassen. Im J. 1730 ist die Kirche neu erbauet worden. Eingepfarrt sind: 1) Unter-Farrenbach, 2) Bernbach, 3) Taubenhof, 4) Hiltmannsdorf, 5) Atzenhof, 6 und 7) Ober- und Unter-Filrberg (Vorwerk), 8) die Zigelhütten.

Es ist zu Burg-Farrenbach ein herrschaftliches Schloß, mit weitläufigen Gärten, der Burghof, wovon aber die Burg eingegangen, eine sehr beträchtliche herrschaftliche Brauerey, ein Amt, ingleichem eine Poststation.

Als die Bierbrauerey unter dem Groß-Vater des jetzt regierenden Grafen noch verpachtet war, trug die Pachtsumme 16000 fl. Rhn. jährlich. Die kaiserliche Commißion, welche dem Herrn Grafen von Pückler in der Person des verstorbenen Grafen Christian von Castell-Remlingen gesetzt wurde, zog, nach Ablauf der Pachtzeit, die eigene Verwaltung vor. Der damalige Subdelegatus der kaiserlichen Commißion, der jetzige Herr geheime Rath und Kreisgesandte von Zwanziger, wurde gleichsam der

der zweyte Schöpfer dieser Anstalt. Im 7ten Administrations-Jahre, b. i. den 1 Aug. 1778 war der Ertrag dieser neuen Schöpfung 40,167 fl. 44 kr. Rhn. In den folgenden Jahren kam zwar der Ertrag nicht wieder so hoch, doch verringerte er sich auch nicht um beträchtliche Summen. S. Insätze zu der kleinen Schrift: Die Bierbrauerey zu Burg-Farrenbach. Nürnberg 1792 im fränk. Merk. Jahrg. 1794. S. 65.

Burgfarrenbacher Ziegelhütte, (die) im Ansbachischen Kameral-Amte Cadolzburg.

Burggailenreuth, auch schlechthin Gailenreuth, Reichs Ritterschaftliches Dorf, des Kantons Gebürg an der Wisent mit einem Schlosse, dem Grafen Voit von Rieneck gehörig, der hier ein Amt hat. Nahe bey diesem Orte ist die berühmte Gailenreuther Höhle zu sehen, die ungemeine Naturschönheiten und eine Menge versteinerter Knochen enthält. Sie liegt 2 Stunden von Strcitberg. Dem Amte Ebermannstadt steht über das Dorf Burggailenreuth die Zent zu. Es ist ein Irrthum, wenn manche glauben: der bekannte Eppela (Apollonius) von Gailingen habe hier gehauset. Man sehe das Weitere hierüber unter dem Artikel Gailnau, oder Gala.

Burggrafenhof, Weiler im ehemaligen Ansbachischen Vogtamte Langenzenn, mit 12 dahin gehörigen Unterthanen.

Burggriesbach, Eichstättisches zum Pfleg- und Kastenamte Obermässing Jettenhofen gehöriges Pfarrdorf von etlich und 20 Haushaltungen, liegt im Unterlande, und nur 1/2 Stunde von Jettenhofen gegen Norden entfernt. Unter den Gebäuden nehmen sich aus die Kirche zu St. Gangolf, der Pfarrhof, das Schul- und zugleich Mesnerhaus, dann das Forsthaus, worinn ein Eichstättischer Förster wohnt, und wovon der burggriesbacher Forst seinen Namen her hat. Den dortigen Sitz oder Burgstall, welchen die Herren von Hirnheim von Hagmeran Wiechtnern von Hilpoltstein erkauft hatten, verkauften im Jahre 1596 den 10 Nov. Agnes Lochingerinn, Anna von Wöllwart, Barbara von Bernhausen, und Maria von Welden sämtliche Wittwen und gebohrne von Hirnheim dem Eichstättischen Fürstbischoffe Martin von Schaumberg, mit dem Sitz Lauterbach, sammt allen Thürmen, Gräben, Vorhöfen, Mauern und Hoggen, Vogtey, Renten, Gehölzen und andern Zugehörungen um 14000 fl. Im Jahre 1595 bis 96 vertauschte Eichstätt an Brandenburg einige Güter zu Egenhausen und an andern Orten im Oberlande gegen die Hirnheimischen Lehngüter zu Burggriesbach.

Burggriesbacher Forst, Eichstättischem zum unterstiftischen Ober- und Forstamte Kipfenberg Beilngries gehöriger Forst gegen anderthalb 1000 Jauchert groß im Pfleg- und Kastenamte Obermässing Jettenhofen, hat seinen Namen vom Pfarrdorfe Burggriesbach her, worinn der burggriesbacher Förster ein herrschaftliches Haus bewohnet. Es gehören dazu folgende, um Burggriesbach auf allen Seiten herum liegende Waldplätze: 1 der kalte Bach. 2 der Letternschlag. 3 das Pfaffenholz. 4 die Buchleite. 5 Die Ziegelleite. 6 das Buch, in welchem ein Platz, wo am Georgftutze von Burggriesbach auf Erdbing ein Baum von vier Stämmen steht, zu den 4 Brüdern genannt wird, auch 7 das Holz bey der gebrannten Eiche, nebst dem daran hängenden Holze. Der ganze Forst ist aber nur in 4 Districte eingetheilt. Im Buch schlägt das Nadelholz bey weitem vor, auf dem Berge und in der Pfaffenleite aber ist gemischtes Laubholz. Das Buch als der größere Theil liegt auf einer Ebene, alle übrigen Forstdistricte aber sind Berghängen. Es entspringt in diesem Forste eine Bronnquelle, der Mühlbach genannt, auch ist in dieser Forstey ein Steinbruch.

Burggrub, Dorf mit einem Schlosse, und einem unter Bambergischer Diöcesanaufsicht stehenden Kapuziner Hospitium dem Reichsadelichen Geschlechte der Schenke von Stauffenberg zugethan, dem Kanton Gebürg einverleibt, und mit der Zent zum Bambergischen Amt Ebermannstadt gehörig, nach dem zwischen dem Fürstenthum Bamberg und der gefreyten Reichs-Ritterschaft in Franken, Orts Gebürg, im Jahre 1700, geschlossenen Receß.

Burggrumbach, s. Grumbach, um das Jahr 845 Grnombah, Würzburgisches kathol. Pfarrdorf im Amte Proselsheim von 38 Häusern, die 1796 bey der Schlacht vor Würzburg gräßtentheils abbrannten. Der Schullehrer hat 66 fl. Frl. Gehalt. Im Jahre 1790 hatte er 44 Schulkinder. Es gehörte der Familie von Grumbach.

Burghaß, bey Enimbach am welschen Meyn gegen das Bambergische Amts-Städtchen Steinach, Bayreuthisches Dorf. Nach Absterben des Herrn von Bareß 1766 fielen dem Hochstifte Bamberg seine dort besessenen Güter heim. Diese sind dem Bambergischen Amte Stadt-Steinach steuerbar. Seit 1797 aber verbot Bayreuth die Verabreichung der Steuer und des Wegfrohngeldes, und läßt nur die lehenherrliche Gibigkeiten zahlen.

Burghaßlach, die Herrschaft. Versteht aus dem Amte Burghaßlach auf dem Steigerwalde, vier Stunden von Castell an der rehchen Ebrach. Zu dem Castellschen Amte dieses Namens gehören die Dörfer, Weiler und Mühlen, 24 an der Zahl: Unterrimbach, Kirchrimbach, Seitenbach, Sixtenberg, Haag, Rosenbirlach, Rehweiler, Wasserberndorf, Holzberndorf, Ilmenau, Freyhaßlach, Gleisenberg, Fridenhöchstädt, Kleinweisach, die hohe Mühle, Breitenlohe, Buchbach, Niederndorf, Dietersdorf, Prezdorf, Münchhof, Kahnblatt, oder Kühnfeld, Duttendorf.

Burghaßlach, Marktflecken (der) hier ist der Sitz eines besondern Zent- und Fraisch-Amtes, das einen Gerichts-Bezirk von etlichen 60 Dörfern und Weilern hat. Die dortige evangelisch- lutherische Ober-Pfarrey hat mehrere eigene Unterthanen und Lehen mit der vogteylichen Obrigkeit. Würzburg setzt hier einen Landwegdüner.

Burghaun, Fuldaisches Dorf und Gerichte im Buchischen Quartier, wohin auch die Einwohner steuern. Dieses Gericht grenzt an das Fuldaische, Hessen Casselsche und Ritterschaftliche. Zum Gerichte gehören 1) Steinbach, 2) Rothenkirchen 3) Großennöhr,

4) Klaus Marbachshöfe, 5) Mahlertshöfe. 6) 3 Mühlen von 3 Wohnungen und etwa 15 Seelen.

Burghauſen, katholiſches Pfarrdorf im Würzburgiſchen Amte Aura Trimberg von 24 Häuſern, 150 Seelen. Die Pfarrey beſitzet der Fürſt zu Würzburg. Die Deutſchordenſche Commenthurey zu Münnerſtadt hat hier mancherley Gefälle. Der Schullehrer hat 45 Gulden frl. Gehalt. 1794 hatte er 25 Schulkinder. Der Boden iſt gut und in Art Felder, Wieſen, Waldungen und Wehuberge eingetheilt. Klee und Kartoffelbau wird immer blühender. Nahrungszweige der Einwohner ſind Getreid und Viehhandel. Der Boden bringt gute Winter- und Sommerfrüchten hervor, die Holzarten ſind die gemeine. Die Ortsnachbarn ſind emſig und wohlbemittelt, ihre Sitten ſind gut. Die Viehſeuche ſtellte groſſe Verheerung an.

Burghöchſtatt, im Bezirk des Würzburgiſchen Amtes Schlüſſelfeld, zu deſſen Gerichtsbarkeit auch die daſigen Würzburgiſchen Unterthanen gehören.

Burgkunſtadt, Amt im Hochſtifte Bamberg, iſt mit dem Amte Weißmann einem Oberamtmanne anvertrauet, und gränzt an das Bambergiſche Dompropſteyamt Mayneck, die fürſtlichen Aemter Weyßmann und Lichtenfels, die Abtey Langheim, und einige ritterſchaftliche zum Ort Geburg gehörigen Beſitzungen. Es baut ſein Bedürfniß an Korn, Gerſte, Schrotgetrieben, Kartoffeln, Klee. Der erzielte Hafer reicht zur einheimiſchen Fütterung nicht hin, und der Abgang wird aus den Bambergiſchen Aemtern Kupferberg und Stadtſteinach erſetzt. Waiz erzeugt das Amt mehr, als es bedarf, und mit dem Ueberſchuſſe wird ein glücklicher Verkehr getrieben. Der Mayn und die Robach flieſſen durch das Amt, daher auch der Floßhandel ziemlich lebhaft betrieben wird. Die Holzhändler erhalten hiezu die Stämme aus den Bambergiſchen Forſtämtern Lichtenfels und Braud, und auch aus Ritterſchaftlichen Wäldern. Sie führen auch zur Zeit der Frankfurter Meſſe allerley Sächſiſches Gut auf ihren Flöſſen nach Frankfurt. Das Korbflechten iſt ein ausgebreiteter Zweig ländlicher Induſtrie. Die Körbemacher bilden unter ſich eine Zunft von mehr als 100 Meiſtern, die ihre ſchönen Korbarbeiten ſelbſt nach Schleſien, Berlin und Hamburg verführen, von wo ſie weiter nach Preuſſen und Rußland verſchicket werden. Die herrſchaftlichen Geldgefälle dieſes Amtes betragen jährlich über 7000 Gulden reine Einnahm. Nach dem Erlöſchen der Herren von Kunſtadt und der Marſchälle von Ebnet zog das Hochſtift die von jenen beſeſſenen Lehen ein, und vereinigte damit das Vogteyamt Braud. In der Folge gelangten an das Hochſtift mehrere Künsbergiſche und Wildenbergiſche Lehenſchaften, die ſämmtlich dem Amte Burgkunſtadt einverleibet wurden. Die Handhabung ſämmtlicher Hoheitsrechte, ſo wie die Adminiſtration aller Landes- und Kammergefälle iſt unter dem bey den übrigen Bambergiſchen Aemtern näher bemerkten Einfluſſe des Oberamtmanns einem fürſtlichen Vogte übertragen.

Das Amt begreift 1 Stadt, 2 Marktflecken, 18 Dörfer, 5 Weiler, wovon die 2 Flecken, 2 Dörfer, 4 Einzeln in allem zurückſind, 1 Dorf fremde, jedoch der Lan-

Landeshoheit unterworfene, die Stadt, 8 Dörfer, 1 Einzeln fremde der Landeshoheit nicht unterworfene Vogteyleute in sich faßt, und 7 Ortschaften ausherrisch sind, worinn das Amt Burglunstadt die Zent hat. Ferner hat Burglunstadt die Zent über einen Theil des Dorfs Schney, über das ganerbschaftliche Dorf Schwürblitz.

Burglunstadt, ein auf Felsen gebautes Bambergisches Städtchen am Mayn 1c Stunden von Bamberg, 4 von Koburg, Sitz eines vereinigten Vogtey-Steuer- und Kastenamtes, einer Pfarrey, die zur Bambergischen Diöcese und dem Landcapitel Stadtsteinach gehört, eines Bürgerrathes, der unter dem Vorsitze des Oberamtmannes, oder in dessen Abwesenheit des fürstlichen Vogtes, als Oberamtsverwesers, die niedere Vogteylichkeit auf den Stadtleibern ausübt, einer lateinischen und teutschen Freyschule. Hier ist auch ein Reichsadelich von Schaumbergisches Schloß, zu dem vogteybare, und dem Kanton Gebirg einverleibte Lehenleute gehören. Vermuthlich war die Burg Kunstadt der Stammort der alten Familie von Kunstadt, von welcher er gegen das Jahr 1160 an das Hochstift Bamberg kam. Die andern Acquisitionen machte das Hochstift 1728 nach dem Absterben der Familie von Ebnet, die mit dem Erbuntermarschallamte des Hochstifts belehnt war. Das Geschlecht der Marschälle von Ebner soll eine Linie der Familie von Redwitz gewesen seyn, vor der sich jenes, als es das Erbuntermarschallamt erhielt, durch eine Todtheilung trennte, und daher auch die Wappen auf folgende Art verändert, daß bey Marschall die Herolds- und gemeine Figur links gewendet war. Burglunstadt hat 12 Jahrmärkte, 3 Kirchen, 1 Rathhauß, 2 auf den Thoren erbaute Thürme. Die Marienklause, welche halb in Felsen gebaut ist, ist ihres Alterthumes und sonderbaren Bauart bemerkenswerth. Die Volkmenge beträgt gegen 900 Seelen, wozu noch 78 Judenhaushaltungen kommen. Die Gewerbszweige der Bürgerschaft sind der Feldbau und die Brauerey. Der erzielte Hopfen gleicht an Güte dem Böhmischen. Sowohl dieser Umstand, als die Felsenkeller, deren fast jedes Haus einen hat, tragen zur Güte des hier gebrauten, und in der Nachbarschaft gerühmten Bieres bey. Die Bürger haben freye Jagd, und freyes Fischen im Mayne und einer Länge von 3/4 Stunden. Die Gemeine Stadt hat die Zollgerechtigkeit, aber auch die Last, Wege und Stege sammt der Maynbrücke zu unterhalten, dann einen ansehnlichen Wald, die Stadtsichte genannt, auch viele Steinbrüche. Die von der Bürgerschaft unterschiedene Gemeinde steht ausschlißlig unter dem fürstlichen Vogteyamte.

Burglauer, oder **Burklauer**, katholisches Kirch- und Ganerbendorf von 111 Häusern, in welchen gegen 600 Seelen wohnen, im Ruralkapitel und Amte Münnerstadt im Würzburgischen, liegt nicht ferne von seiner Amtsstadt an dem Flusse Lauer, und hat außer Würzburg folgende Herrschaften: A) die Freyherren von Gebsattel zu Lebenhahn, welchen 21 Häuser zu Lehen gehen, und über deren Bewohner sie auch die Gerichte haben. B) die Freyherren

Herren von Münster zu Euerbach, welch 6 Lehenleute und Unterthanen daselbst besitzen. C) das St. Stephan-Kloster zu Würzburg. Letzterem gehen 4 Häuser zu Lehen. Ehemals waren hier mehrere von Adel, unter andern die Steinau von Steinrück ansäßig, auch war das deutsche Haus zu Münnerstadt hier begütert. Die Kellerey und das Hospital zu Neustadt an der Saale, ingleichen das Kloster zu Münnerstadt, erhebt hier allerley Gefälle, und der Canton Rhön u. Werra steuern von den ritterschäftlichen Einwohnern. Der Ort hatte ehemals 3 Sculther. Die Hauptburg, von welcher der Ort seinen Namen haben mag, soll im Bauernkriege zerstört worden seyn. Die Gemeinde besitzt ansehnliche Waldungen, schöne Wiesbwachs, gute und weitschichtige Getraidfluren und baut auch etwas Wein. Von den zwey Mahlmühlen zu Burglauer hat jede 3 Gänge, nemlich zween zum Getraid, und 1 zu Oel. Das vormalige Gemeindewirthshaus ist neuerer Zeiten wegen öffentlicher Schulden an einen Privatbesitzer verkauft worden. Zur Tilgung derselben hat der Ort aus den Commun-Waldungen mehr Holz schlagen lassen müssen, als es den Nachkommen gut seyn kann. Die Seelsorge zu Burglauer versieht Herr Eubactus Roth, ein Mönch aus dem Augustiner-Kloster zu Münnerstadt.

Burglesau auch Lesau, an der Eller, 1 Stunde von Scheßlitz gegen Weißmayn, ein der Freyherrlichen Familie von Eggloffstein zu Kunreuth gehöriger Ort, der in der Mitte der nach Weißmayn, und jener nach Bayreuth führenden Straße liegt. Es ist daselbst ein Schultheiß aufgestellt, der in kleinern Zank- und Streithändeln in der Gemeinde das Recht hat, solche abzuwandeln und zu bestrafen. Die größern aber werden zu dem von Eggloffsteinschen Amte Mühlhausen gezogen, und daselbst entschieden. Man findet daselbst auf einem nahe gelegenen Berge uralte Ueberbleibsel von einem ehemals allda gestandenen Schlosse, und läßt sich vermuthen, daß unter dem Fürsten von Eggloffstein dieser Ort dem Hochstifte Bamberg heimgefallen, und von ihm seine Familie, die dermal der protestantischen Religion zugethan ist, damit belehnt worden sey. Das Geschlecht von Eggloffstein übt daselbst alle Gattung von Jurisdiction aus, die zenbarliche Gerichtsbarkeit ausgenommen, die dem Fürstlich-Bambergischen Amte Scheßlig in gedachten Orte zusteht. In diesem Orte befindet sich auch ein Fürstlich-Bambergischer Unterthan, der dem Amte Scheßlig, nebst der Steuer, mit aller Gattung von Gerichtsbarkeit unterworfen ist.

Burgoberbach, Eichstädtisches Pfarrdorf im Ansbachischen Kreise des Fürstenthums Ansbach, 2 Stunden östlich von Herrieden auf dem Berge gelegen, darinn hat Eichstätt erlich und 30 Unterthanen, theils zum Stabvogteyamte Herrieben und zum Fürstlichen Steueramte des Collegiatstifts, theils zum Kastenamte Ohrnbau, und zur Vogtey Eybburg gehörig. Es ist allda, nebst der Pfarrkirche zu St. Nikolaus, auch noch außer dem Dorfe die St. Barnabarkapelle, in welcher auch zuweilen der Gottesdienst gehalten werden muß, ein Pfarrhof und ein Schulhaus. Im Jahre 1713 vergleich verglich sich der eichstättische Bischoff Philipp von Rathsamhausen mit Adelheid, der Wittwe des Grafen Konrads von Oettingen und ihrem Bruder Krafts von Hohenlohe in Gegenwart des Königs Johannes von Böhmen und Pohlen, als Reichsverwesern, daß der Bischoff, wenn er die Zugehörungen des zerstöhrten Schloßes Oberbach behalten wolle, die zur Zeit der Zerstöhrung bemelter Adelheid gehörten, ihr dafür eine Vergütung herausgeben müßte, nachdem das Jahr zuvor doch dieser König selbst auf eben dieses Schloß Anspruch gemacht hatte. Im Jahre 1316, als Friedrich von Oesterreich, und Ludwig von Bayer um das Reich stritten, und Hohenloh ersterm, Eichstätt aber leztern anhieng, vertrieb Ludwig der Bayer den Grafen von Hohenlohe aus Burgoberbach, und räumte es dem Bischoffe von Eichstätt ein. Im Jahre 1317 gewährten Ludwig Graf von Oetting, dann Ludwig und Friedrich seine Vettern, dem Bisthume Eichstätt das mit ihrer und anderer Hülfe von der Gewalt des Grafen von Hohenlohe wieder genommene Gut zu Oberbach mit allen Lehen und Ansprüchen gegen ein großes eichstättisches Seits dagegen gemachtes Opfer. Im Jahre 1318 traten auch die Gebrüder Konrad und Heinrich, (die Strasse genannt) der Eichstättischen Kirche ihren Anspruch auf Oberbach ab, dessen Güter ihnen durch den Tod des Grafen Konrad von Oettingen ledig wurden. Im Jahre 1323 traten Graf von Hohenlohe seiner Schwester Adelheid, und Margaretha ihrer Tochter mit Anforderungen auf Oberbach ꝛc. nochmal auf, wo der Eichstättische Bischoff Marquard I. von Ha-

gel nach der Entscheidung des König Ludwig nochmal eine ansehnliche Summe Geldes dafür erlegen mußte. 1417 machte Albert Hiller von Burg-Oberbach, was er allda besaß, dem Bißthume Eichstätt lehenbar. Im Jahre 1523 kaufte Bischoff Gabriel von Eyb 2 Güter zu Oberbach vom Burghard von Wollmershausen mit Einwilligung seiner Gattinn einer gebohrnen Adelmännlerin von Adelmansfelden. 12 Unterthanen sind daselbst Ansbachisch, und gehören in das Kammer- und Justizamt Ansbach.

Burgpreppach, auch Markt-Burgpreppach, Marktflecken mit einem prächtigen Schloße der Herren von Fuchs im Ritter-Orte Baunach, 2 Stunden von Königsberg gegen Coburg. Die Einwohner sind evangelisch-lutherisch, und haben eine Kirche am Ende des Dorfes mit einem Pfarrer. In einem der 4 Pavillons des Schloßes wird katholischer Gottesdienst von einem Kapuziner aus dem Hospitium zu Reuzendorf gehalten. Es wohnen hier auch viele Juden, die ihren eigenen Gottesacker haben.

Burgsalach, von Schenkisches Pfarrdorf von 57 Unterthanen in Ritter-Orte Altmühl.

Burgsinn, Sinn, am Flüßchen dieses Namens, sehr ansehnliches Dorf mit 3 Schlößern, im Kanton Rhön und Werra gelegen, den Forstherren von Thüngen zuständig, welche hier zween Amtleute haben. Die Kirche ist evangelisch-lutherisch, doch hat Maynz als Ordinarius mit Zuziehung Würzburgs schon längerer Zeit das Simultaneum eingeführt. Die Herren von Thüngen ertauschten diese Burg vor vielen Jahrhunderten vom Stifte Würzburg, gegen

gegen die Flecken Vollstedt, Nehliebe und Sammeringen, welchen Tausch Kaiser Otto, 1001 durch eine besondere Akte bestätigte. Die Unterthanen waren alle lutherisch nach der Reform, bis zween sehr böse Herren von Thüngen, Neidhart und Philipp Caspar, wegen ihrer Unthaten vom Kaiser in die Acht und Aberacht erkläret wurden, und Chur-Mainz den Auftrag erhielt, diese Herren zu vertreiben, und die beschädigten Unterthanen in die herrschaftlichen Güter zu immittiren. Bei dieser Gelegenheit wurde der lutherische Pfarrer vertrieben, und alle Einwohner bis auf eine Haushaltung in einem Tage katholisch. Mainz war nun Schutzobrigkeit, bis der General Hanns Carl von Thüngen dieses Gut wieder einklagte, und die lutherische Religion neben der katholischen zugleich einführte. In dem Kirchenwesen liegt ein bekannter und sehr merkwürdiger Reilglossererey zwischen Mainz und den Herren von Thüngen zum Grunde, der nicht verleget werden soll. Von jener Zeit an wurden nach und nach wieder evangelische Unterthanen aufgenommen, so daß sich jetzt die Zahl auf 350 Seelen belaufen kann, ohngefähr der dritte Theil von der katholischen Gemeinde. Der Boden ist sandig und sehr mager, und das Dorf im ganzen arm, die Holzungen aber so beträchtlich, daß sie nebst den propren Gütern der Gesammtherrschaften bei 16000 Gulden jährlich eintragen.

Burgstall, Bambergisches Dorf im Amte Herzogenaurach. Dieses liegt im Onolzbacher Amt eine halbe Stunde von Herzogenaurach. Es pfarrt nach Herzogenaurach, und ist in jenem Distrikt Landes über dem Kanalfluß begriffen, wo Brandenburg nichts als die Zent hat. Es bestehet aus dreyen unmittelbar Bamberg steuerbaren, mehrern Nürnbergischen nach Bamberg aber afterlehenbaren, und einem einzigen Reichsstadt Nürnbergischen Almosenamtlichen Unterthanen. Bamberg und Nürnberg wollten vor etwan 30 Jahren eine Dorf- und Gemeindordnung publiciren, Anspach aber verjagte die versammelte Unterthanen und Beamten. Nächst an diesem Ort ist der dem Hochstift Bamberg eigenthümliche Bürwald.

Burgstall, Weiler an der Wbrnitz, im fürstlich Ansbachischen Kameral Amte Feuchtwang, mit einem dahin gehörigen Unterthanen, 9 sind fremdherrisch.

Burgstall, Weiler mit 12 Ansbachischen Unterthanen des Kameral-Amtes Cregliugen.

Burgstallmühle, (die) im Ansbachischen Kammeramte Wassertrüdingen.

Burgstein, ist der Name eines hohen kahlen Felsens im Eichstättischen Kastenamte Dollnstein und Breitenfurther Forste, welcher an der westsüdlichen Spitze des Mühlberges unweit des Breitenfurther Gangsteiges steht.

Burgthann, an der Schwarzach, ehemaliges Ansbachisches Amtsdorf von 39 Unterthanen, jetzt im Schwabacher Kreise, der Sitz eines Justiz-Amtes mit einem vesten Bergschloße. Hier ist weder die Kirche noch Pfarrer, sondern es pfarrt nach dem nahe gelegenen Orte Ferrieden. In mittlern Zeiten hatten die von der Tann ihren Sitz daselbst. Von diesen kam es im Jahre 1227 an Herzog Ludwig in Bayern, gleich darauf aber an Kaiser Rudolph von Habsburg und 1248 schon von diesem an Burggraf Friedrich III.

III. von Nürnberg. Bey diesem Platz sind 3 Mühlen. Die Pulvermühle von geringem Belange, außer der bey Lehrberg im Ansbachischen Kreise, die einzige im Lande. Zwey Papiermühlen, die eine gehört jetzt einem gewißen Leschge, der zum Zeichen einen Bischoff führt, hat 5 Stampfen und 1 Holländer; die andere hat 7 Stampfen und 1 Holländer.

Burgwalbach, Würzburgisches katholisches Pfarrdorf im Ober Amte Bischoffsheim vor der Rhön von 30 Häusern. Es giebt seinem Schullehrer, der 1796 25 Kinder hatte, 60 fl. frl. Besoldung. Hier wohnt ein Würzburgischer Wildmeister. Es gehörte ehemals der Familie von Bibra. Anton von Bibra hat 1489 das Schloß Walbach mit aller Zugehör von Bernhard von Marschalf gekauft. 1602 fiel es nach Absterben Heinrichs von Burgwalbach mit andern Lehenstücken dem Hochstifte Würzburg heim.

Burgweisach, Weiler im Ritter-Orte Steigerwald, die Unterthanen pfarren nach Schornweisach.

Burgwindheim, gewöhnlich Burgwinnm, auch Burgwinnem, großes katholisches Pfarrdorf an der Poststraße, von Würzburg nach Bamberg an der rauhen Ebrach, 3 Stunden oberhalb dem Kloster Ebrach gegen Burg-Ebrach. Das Kloster Ebrach hat hier einen schönen Hof, welchen gewöhnlich ein Ordensglied bewohnt und die vogteylichen Rechte übt. Auch die Pfarrey bestellt das Kloster aus seinen Mitteln. 1332 schenkte Bischoff Ludwig von Windheim besagtes Dorf dem Kloster Ebrach.

Burk, Evangelisch-Lutherisches Pfarrdorf im Wassertrüdinger Kreise des Fürstenthums Ansbach,

2 Stunden westlich von Uhrberg gelegen, darinn gehört das Patronat- und Collaturrecht, kann der Kirchweyhschutz und der Pfarrhof zur eichstättischen Vogtey Abnigshofen, und es bis 7 Unterthanen zum fürstlich-eichstättischen Steueramte des Collegiatstifts Herrieden. Die übrigen 43 sind Ansbachisch und gehören nach Wassertrübingen.

Burk, Weiler von 23 Unterthanen im gewesenen Vogtey Amte Gixern.

Burk, Kirchdorf im Bambergischen Amte Vorchheim der Stadt gegenüber gelegen, von der es 1/2 Stunde entfernt, und wohin es eingepfarrt ist. Nebst den Bambergischen Unterthanen sind hier einige dem Patriciat-Geschlechte Kreß von Kressenstein zu Nürnberg gehörige. Der Ort ist volkreich, hat aber keine seiner Größe angemessene Markung. Eine große Berghäuge, die den größten Theil ihres Flurbezirkes ausmacht, ist mit Obstbäumen besetzt. Die Ebene ist sandig und erzeugt Korn und Hirsen. Gute Obstjahre sind der einzige Vortheil der Einwohner.

Burkardroth, sonst schreibt Burgenroth, Würzburgisches katholisches Pfarrdorf im Amte Aschach. Der Ort kam durch Tausch von Beatrix, Grafen Ottens von Henneberg Gemahlinn, an den Bischoff Hermann zu Würzburg und hat 73 Häuser. Zahlbach und Wollbach schicken ihre Kinder dahin in die Schule. Der Schullehrer hat 100 fl. frl. Besoldung und seine Schuljugend erstreckte sich im J. 1786 auf 115. Hier werden viele Gänse gezogen und heerdenweise nach Würzburg und Schweinfurt zum Verkauf getrieben. Viele der Einwohner haben auch Handmühlen, und be-

reiten

reiten darauf ihren selbst erbauten Hafer und Heidel zu Mehl u. Gries, mit dem sie hernach in den Gegenden b. Maynstroms haufirt.

Burkersdorf, evangelisches Pfarrdorf mit einem Schloße, einer Linie des Geschlechtes von Redwitz zugehörig, dem Ritter-Orte Gebirg einverleibt, und mit der Zent dem Bambergischen Amte Weißmayn zugethan.

Burkersreuth, Weiler im ehemaligen Bayreuthischen Vogteyamte Helmbrechts.

Burkheim, Bambergisches Dorf, 1 1/2 Stunden oberhalb Langheim im Amte Weißmayn. Gemeindherrschaft u. Vogtey steht der Abtey Langheim, die Zent mit Einfallsbeschränkung nebst der Steuer auf 10 häusliche Lehen dem Bambergischen Amte Weißmayn, dann gleichfalls die Steuer Befugnisse auf 10 Lehen dem Bambergischen Amte Lichtenfels zu. Burkheim ist unter den Amtsdörfern im Kleebau am weitesten gekommen.

Burkstall, Bambergisches Dorf, 2 Stunden oberhalb Lichtenfels. Die niedere Gerichtsbarkeit übt die Bambergische Abtey Langheim durch ihre Stifts-Kanzley, die Zent-Steuer-und Hoheitsrechte das Bambergische Amt Lichtenfels.

Burkstall, oder Burgstall, Reichsstadt Rothenburgisches Burgergut, welches statt der jährlichen Steuer und Schatzung ein gewißes Recognitionsgeld giebt; es ist eine gute Stunde von Rothenburg gegen Schrozberg gelegen. Daselbst befinden sich zwey Halbbauern und ein Schäfer, welche nach Lenzenbronn eingepfarrt sind. Die Grudbesitzer haben eine Schaafweide. Gerechtigkeit auf die Güter mehrerer Ortschaften. Beym Ort ist eine Mühle, die Mittelmühle genannt. 1300 haben dieß Gut die von Seldeneck und Stau-

fened besessen. 1400 kaufte es Johann Stetter, von dem es ums Jahr 1425 an Ulrich Horgen, Rothenburgischen Bürger, und von diesem an die Lessnerische Familie gekommen. 1670 hat es der Königlich-Schwedische Major Caspar Wilhelm Erhard für 6000 fl. erkauft.

Burgstall, im Rothenburgischen, s. Tauber-Burgstall.

Burkstein, im Hofer-Kreise des Fürstenthums Bayreuth, pfarrt nach Steben.

Burleswagen, auch Burleswaag, Weiler mit 6 Ansbachischen Unterthanen, die in das Kameral-Amt Creilsheim gehören, und 3 Würzburgischen. Es ist der Sitz eines Würzburgischen Verwalter-Amtes, das von dem Stift Comburgischen Amtmann zu Gebsattel mit versehen wird. 1078 hieß dieser Ort Burlongeswag auch Burleswac. In der Folge nannte man ihn Burleinschwab und Burglackwack. (Georgis-Uffenheim. Nebenstunden Thl. 4 S. 203.

Buschendorf, Nürnbergisches Dorf auf der Straße von Nürnberg nach Neustadt an der Aisch, 1 1/2 Stunden von Embskirchen gegen Langenzenn, hat seine eigene Kirche und Pfarrer, welcher letztere nach Neustadt in das Kapitel gehört. Dieser Ort ist im Jahre 1480 zu einer Pfarre gemacht worden. Der Prior der Karthäußer in Nürnberg hatte einen Burgstall daselbst, welchen er zur Erbauung einer Pfarrkirche hergab, welche sodann im Jahre 1491 am Veitstage zur Ehre des H. Wolfgangs geweyhet wurde. Zwey nach Herzog Aurach gepfarrte Dörfer: 1) Zweisläng, und 2) oben hrhl:n hier ihre Sacra.

Buschschwabach, vermischtes Fi-
lial-

llasirchdorf, 4 Stunden von Nürnberg, im Bezirke des Ansbachischen Richteramtes Roßstall.

Busendorf auch Pursendorf, Bambergisches Dorf im Itzgrunde, 1 Stunde von Rattelsdorf gegen Coburg im Domprobsteyamte Dhringstadt.

Busendorf, katholisches Dorf, 5 und eine halbe Stunde an der Landstraffe von Coburg nach Bamberg im Bambergischen Territorium und gehört zum Amte Dhringstadt, doch übt Wirzburg die Centgerechtigkeit durch seinen Centgrafen zu Medlitz. Es hat 32 Häuser und ein Gemeindhaus, und pfarrt nach **Mirßbach.**

Bußbach, Bayreuthisches Dorf am Flüßchen Truppach mit einer Kirche 3 Stunden von Bayreuth gegen Holfeld.

Buttelstatt, auch Budelstadt, im Itzgrunde ober Mertzbach, Dörfchen von 8 Häusern und 48 Einwohnern, die sich sehr gut durch Feldbau und Viehzucht nähren, gefällig und brav sind. Es liegt ganz an der Coburgischen Gränze, eine Viertel Stunden unter Gleussen an der Ihr. Kloster Banz hat hier 7 Lehen, und die Herren von Grellenhau einen Hof. 1 Sölden sind Banzisch und geben keine Steuer zum Kanton Baunach, 2 halbe Höfe und 3 Sölden geben aber ihre Steuer dahin. Es steht unter Würzburgischer Landeshoheit und gehört zum Amtsbezirke Ebern. Das Dörfchen pfarrt nach Unter-Merzbach. Bey dem öftern Austritt des Wassers im Itzgrunde, besuchen die Kinder die Schule, und die Erwachsenen die Kirche auf Stelzen.

Buttendorf, FilialKirchdorf an der Bibert, mit 13 in das gemeine Ansbachische Richter-Amt Roßstall gehörigen Unterthanen. Drey sind fremdherrisch.

Buttenheim, beträchtliches Dorf im Bambergischen Amte Eggolsheim, liegt nordwärts Stunde von Flecken gleiches Namens. Hier ist eine schöne, aus der Casse der Senftenberger Kapelle neu erbaute Kirche, Pfarr- und Schulhaus. An der Pfarrey, die zur Bambergischen Diöces, und dem Landcapitel Eggolsheim gehört, und wohin 5 Dörfer eingepfarrt sind, ist ein Oberpfarrer aus der Mitte des Bambergischen Domcapitels angestellt. Dieser hat das Recht, einen Pfarrer zu präsentiren, welcher nebst einem Kaplane die Seelsorg: versieht. Die Freyherren von Seefried haben hier ein schönes neu erbautes Schloß, und ein eigenes Amt. Ihre Besitzungen gehörten ehdin der fränkischen Linie des Geschlechts von Stiebar als Allodium, von welcher sie an die dermaligen Besitzer durch Heyrath einer Stiebarischen Tochter gelangten. Ferner ist alda eine Judenschule, die nach Ableben der fränkischen Stiebare der Bambergischen Hofkammer heimfiel, und dieser nachmal noch mit einem angebauten Judenhause lehenbar ist. Nebst diesen sind in Buttenheim 28 Senftenberger- 32 Neubeimgenfallene Kammer- 3 Buttenheimer Pfarr- 7 Bayreuthische- 65 Freyherrl. von Seefriedische Lehen, in allen 129 Häuser, welche gegen 645 Seelen enthalten.

Auf den Lehen der zwey ersten Klassen handhabt das fürstliche Amt Eggolsheim, auf den übrigen jede Lehenherrschaft die Vogtey. Die Dorfs-Gemeinde und Flurherrschaft gehört vermöge

Recesses von 1763 dem Amte Eggolsheim und dem Freyherrl. Seefriedischen Amte gemeinschaftlich, die Zent dem Amte Eggolsheim ausschlüssig, so wie dasselbe auf den Leben der 3 ersten Klassen alle Territorialrechte in Ausübung bringt. Der große Zehend gehört zur Hälfte der Pfarrey Buttenheim, zur andern Hälfte dem Geschlechte von Pöllnig. Ein kleiner Zehend steht dem Amte Eggolsheim zu.

Burheim, Eichstättisches zum Pfleg- und Kastenamte Nassenfels gehöriges großes Pfarrdorf, etlich und 80 Haushaltungen stark, liegt 1 1/2 Stunden oftnordlich von Nassenfels gegen Eitensheim zu; die große Michaelskirche, der Pfarrhof, des Beneficiatens und das Schulhaus, der den Dominikanern in Eichstätt zuständige Zehendstadel, und das fürstliche Bräuhaus allda sind unter den Gebäuden die vorzüglichere, letzteres ist ein großes viereckiges Gebäude, worinn weißes, und vorzüglich gutes braunes Bier für die ganze Gegend herum gebräuet, Brandwein gebrannt, und eine starke Mastung, dann großer Marstall gefunden wird. Das domkapitulische Richteramt in Eichstätt hat allda einige Unterthanen, und das Domkapitel einigen Zehenden, welche Pabst Alexander demselben schon im Jahre 1179 bestättiget hat.

Dieser Ort gehört auch unter diejenigen, worüber sich Eichstätt mit Bayern im Jahre 1305 verglichen hat, und im Jahre 1309 erklärt Graf Ludwig von Oettingen, als Vatter der verwittibten Gräfin Sophien von Hirschberg, daß 5 Gütlein auf dem Ert, als zu Puchsenheim :c. dem Gottshaus Eichstätt gehören; Man nennt noch heute zu Tag die dortige Gegend auf dem Moos, weil sie etwas sumpfig ist.

Ein Instrument über die Einkünfte des heil. Gundekars allda vom Jahre 1313 findet man bey Fallenstein Cod. dipl. Nro. CLXXVII.

Burgenhof, (der) einzelner Hof mit 5 Seelen in der Gegend von Merkendorf.

Burgenmühl, (die) im Ansbachschen Kameralamte Windsbach, mit einem dahin gehörigen Unterthanen.

Burgenstein, Weiler im Kammeramte Bayreuth, die Einwohner pfarren nach Neustädtlein am Forste.

Burgmühle, Eichstättische Mühle, wovon im Instrument vom Jahre 1302, wodurch Graf Gebhard von Hirschberg, dem eichstättischen Bischoffe Konrad II. einem Edlen von Pfeffenhausen das Schloß Sandsee sammt Zugehörungen zu kaufen gab, Meldung geschieht, ist vermuthlich die jetzt genannte Uezmühle in der Mitte der von Pleinfeld bis Mühlstetten gehenden Mühlstraße zwischen der Macken- und Prechsl-Mühle an der schwäbischen Rezat gelegen, und zum Pfleg- und Kastenamte Sandsee Pleinfeld gehörig.

C.

Was unter dem Buchstaben E umsonst gesucht wird, suche man unter K nach.

Cadolzburg, das ehemalige Ansbachische Oberamt, jetzige Kameralamt. Seine Gränzen sind gegen Mittag die jetzigen Kameral-Aemter Schwabach und Windsbach, gegen Mitternacht das Brandenburg-Culmbachische und die Lande des Hochstifts Bamberg

berg; gegen Morgen wiederum das Knobauchische Kameralamt Schwabach und das Bayreuthische; gegen Abend der Ansbachische Kreis und die dem Kanton Altmühl einverleibte Herrschaft Wilhermsdorf. Die Größe desselbigen beträgt 6 Stunden in die Länge und 5 in die Breite. Die Lage ist meistens angenehm, eben, bis auf den Berg bey Zirndorf, wo die alte Vestung in Ruinen liegt.

Der Boden ist größtentheils sandig und steinig. Nur hier und da leimig und kalchartig, selten von Natur fett, sondern durch Fleiß. Man baut hier alle Sorten Getraid, Korn, Walzen, Gersten, Hafer, Dinkel selten; außer Hülsenfrüchten und den Gemüsen aller Art wird hier auch Tobak, Flachs, Krapp oder Färberröthe und Hopfen gebauet. Letzterer ist vorzüglich ein Erzeugniß der Gegend um Langenzenn, wo er auch von besonderer Güte ist, und in beträchtlicher Menge ausgeführet werden kann. Außer dem Hopfen werden bloß aus dem Amte Cadolzburg Krapp und Tobak ausgefahren.

Dieser Amtsbezirk wird von den Flüssen Biebert, Rednitz, Regnitz, Zenn und Farrnbach durchflossen. Man benutzt diese Wasser zur künstlichen Wässerung der Wiesen, welche daher größtentheils dreymal gedünget werden können. Außer dieser künstlichen Bewässerung liegende Wiesen sind nur zweyschürig und von geringem Ertrag.

Die Fischerey ist bey all den vielen Gewässern mittelmäßig. Ein gleiches gilt von der Rindvieh- u. Bienenzucht dieses Amtes; Die Pferdezucht ist dagegen in Aufnahme, wozu die herrschaftliche Bescheelstatiouen vieles beytragen.

Aeußerst wenig Laubholz findet man hier in den Waldungen; sie nähren bloß Fichten, Tannen, Forln. Die Größe aller Waldungen steigt auf 3103 Morgen.

Fürth ist der einzige Ort des ganzen Amts, wo man von Fabriken und Manufacturen reden kann. Die Einwohner sind ein arbeitsames und geselliges Völkchen, und unter den Landleuten trift man auch auf sehr wohlhabende. Die verunstaltende Nürnbergische Bauerntracht kömmt bey dem Landvolke mehr und mehr in Abnahme. Gegenwärtig tragen sich die meisten Weibspersonen, wie sie sich ausdrücken, städtisch. Verheurathete und unverheurathete Mannspersonen unterscheiden sich bey ihren runden Hütchen durch die Farbe der Bänder. Die der erstern ist schwarz, der letztern grün. Wenn der unverheurathete als Hornkant bestraft wird, ist das grüne Band auf immer verlohren.

Das ehemalige Oberamt enthielt zusammen 1 Stadt, 3 Marktflecken, 14 Pfarr- und 13 Filialkirchen, Dörfer, 33 einzelne Höfe und Mühlen. Darinn befunden sich 964 unmittelbare Ansbachische Unterthanen, 1620 ausherrische. Folgende Unterämter sind demselbigen einverleibet gewesen:
1) das Kasten- und Richteramt Cadolzburg.
2) das Stadtvogteyamt Langenzenn.
3) das Richteramt Roßstall.
4) das Glaitsamt Fürth.
5) das Richteramt Hn. Haberrsdorf.

Cadolzburg, (eigentlich Raboldsburg) am Farrnbache, Marktflecken mit einem Schloße, der

Sitz des Kameralamts. Man zählt darin 115 Wohnhäuser mit 200 Familien. Der Marktflecken wird in 4 Quartire eingetheilt, nemlich 1) in das Schloß. 2) in den Markt oder Marktflecken selbst. 3) in den Kraftstein, und 4) in das Thal. Er ist mit einer Mauer umgeben und durch 3 Thore verschlossen. Das in einer Ovallinie erbaute Schloß, das auf einem hohen und felsigen Berg liegt, und in das alte und neue abgetheilt wird, war in vorigen Zeiten die Residenz der beyden Churfürsten, Friedrich des ersten und Albert Achilles. Bey demselbigen befindet sich ein langer und geräumiger Vorhof, dessen 3 Seiten lauter schöne herrschaftliche Gebäude einnehmen. An der vierten Seite steht das Schloß, welches durch eine Aufzugsbrücke mit dem Schloßhofe verbunden wird. Das alte Schloß oder die ältere Burg entstand bereits im neunten Jahrhunderte, wo sie Cabolfus, des Kaisers Arnulph natürlicher Sohn, erbauet haben soll. Sie steht noch unverletzt, indessen so manches alte Schloß aus jenen und noch neuern Zeiten eingeschert worden oder eingefallen ist, und kann, vermöge ihrer festen oder dauerhaften Bauart, noch lange der zerstöhrenden Zeit Trotz bieten. In diesem ältern Schloße findet man außer sehr vielen Gewölbern und Gefängnissen einen weitläufigen gewölbten Saal, woraus man in ein Vorgemach, dann in das Wohnzimmer und in das große allgemeine Schlafgemach kommt.

In allem sind nur neun Zimmer im alten Schloße, wovon einige die Oberamts-Registratur verwahren, das Laboratorium,

die große Küche, ein Keller, fünf Gewölbe, ein außerordentlich tiefer Rohrbrunnen, alles mit schöner, aber riesenmäßiger Schlosserarbeit versehen, und im zweyten Stockwerke die ganz unverändert gebliebene Schloßkapelle, worinnen Bethstunden gehalten werden, und welche noch einen aus dem Pabstthume herrührenden Altar mit daran befindlichen guten Gemählden und einem Marienbilde nebst dem Portrait des Stifters und damaligen Pfarrers Kelt aufzuweisen hat. Ueberhaupte aber befindet sich an diesem Theile des Schlosses ein bedeckter Gang mit Schleßscharten, worinnen zuweilen Doppelhacken gestanden haben. Das neue Schloß oder der jüngere Theil des Schlosses soll vom Burggrafen Friedrich dem 6ten von Nürnberg, dem nachmaligen Churfürsten, Friedrich dem I. von Brandenburg zu Anfange des 15ten Jahrhunderts erbauet worden seyn und enthält 56 Zimmer und Kammern, eine Küche, zwey Keller und zwey Gewölbe. An und in dem Markte steht das 1486 erbauete Rathhaus, und von den obgedachten 3 Thoren stehen zwey selbst mit dem Schlosse in Verbindung.

Am Fuße des Schloßberges auf der Ebene nordwärts liegt der 3te Theil dieses Marktfleckens, das Thal, worinnen einige schöne massive privat- und öffentliche Gebäude nebst der neuen Pfarrkirche sich befinden. Sie wurde erst in den Jahren 1750, 1751 neu erbauet. Dann ist hier der Pfarrhof, die Schulhäuser und der Sitz des Wildmeisters. Endlich unter dem Marktflecken ostwärts ist der etwas abgesonderte, theils eben, theils auf einer Anhöhe angebauete te Krafftstein, zwischen dessen Häusern der Besitzer seinen Garten hat und auch Weiher liegen, so, daß der Krafftstein das Ansehen eines zerstreuten Dorfes hat. In diesem Theile liegt der Kirchhof und das Hochgericht.

Die Nahrung der Einwohner besteht hauptsächlich im Feld- und Obstbaue, indem sie sehr viel Obst auswärts versenden, worunter die Zwetschen oder Pflaumen, die Borsdorfer Aepfel und die welschen Nüsse einen sehr guten Geschmack und eine vorzügliche Größe haben. Vor ungefähr 10 Jahren fand man umweit Cadolzburg bey Grabung eines Kellers einige römische Urnen mit dem Deckel, welche zu Onolzbach auf dem Gymnasium aufbewahrt werden.

Urkunden gedenken der hiesigen Burg schon im Jahre 1157. Es mag der nemliche Kadold gewesen seyn, der im neunten Jahrhunderte das Kloster Herrieden an der Altmühl gestiftet und in dieser Gegend mehr Güter besessen hat.

Ob übrigens Wetter in seiner gegründeten Nachricht von dem ehemaligen Burggräflich Nürnbergischen und churfürstlich Brandenburgischen Residenzschlosse Kabolzburg 1785 die seitdem hergebrachte Meinung:

„Kadolzburg sey mit andern Herrschaften, nach Absterben Herzogs Otto des II. von Meran im Jahre 1248 durch Erbschaft an das Burggräfl. Haus gekommen, gehörig widerlegt habe, lasse ich unentschieden. Die zuverläßigste Auskunft könnte wohl aus den Gräflich Ebersbergischen Urkunden im Hochstift Eichstädtischen Archive gegeben werden.

Cadolzhoffen, Cadolshoffen, Brandenburgischer Weiler von 21 Gemeindrechten; darunter sind 9 Brandenburgisch, 11 Rothenburgisch und 1 Teutsch-Ordisches. Jeder ist seiner Herrschaft vogt-, steuer- und schazbar. Brandenburg stellt den Schultheissen, wohin auch die Fraisch und der Hirtenstab gehört. Der Ort war ehedem nach Steinberg eingepfarrt, jetzt nach Bürgwang. Am Zehenden hat der Pfarrer zu Windelspach 2/3. Die Rothenburgischen Unterthanen haben 32 Dienst und stellen 4 Wägen. Der Schaftrieb und die hohe fraischliche Obrigkeit ist laut Vertrags zwischen Brandenburg und Rothenburg von 1525 Brandenburgisch.

Cairlindach, Kayrlindach, Bayreuthisches Pfarrkirchdorf im ehemaligen Amte Dachsbach, dessen Pfarrer unter der Superintendentur zu Bayersdorf stehet.

Calmreuth, Weiler, dessen Einwohner nach St. Georgen pfarren.

Camberg, soll den Herren von Fuchs gehören.

Cammerberg, Sachsen-Weimarisches Dorf in der Grafschaft Henneberg, 1/2 Stunde von dessen Amte Ilmenau, wohin es auch eingepfarrt ist, hat ein Bergwerk von sehr guten Steinkohlen, welche der berühmte Kräuterschiefer, (Schieferthon mit Kräuter abdrüken) bedeckt.

Cammerforst, Weiler mit 7 in das Kameral Amt Onolzbach gehörigen Unterthanen.

Cammerstein, evangelisch-lutherisches Pfarrdorf im Schwabacher Kreise mit 23 dahin gehörigen Unterthanen. einer ist fremdherrisch. 1296 erkauften es die Burggrafen zu Nürnberg von Graf Hanns zu Nassau.

Capel, auch Cappel. Im Kanton Eisigenwald unterm Weingartsgereuth. Die Einwohner pfarren

ren nach Schauernheim. Würzburg soll auch Unterthanen daselbst haben.

Capersberg, Bayreuthischer Weiler bey Markt Erlbach, die Einwohner pfarren dahin.

Capsdorf, Weiler im Ansbachischen Kameralamte Windsbach, 2 Unterthanen sind Ansbachisch.

Carlsholz, Weiler von 3 Unterthanen im Wassertrüdinger Kreise des Fürstenthums Ansbach.

Carlsmühle, (die) in der Nähe des Bayreuthischen Marktflecken Arzberg, wohin auch die Einwohner pfarren.

Carolsgrün, Bayreuthisches Dorf im Kammer-Amte Nalla von 30 Häusern, und 148 Einwohnern, die nach Steben gepfarrt sind. Sie treiben guten Feldbau und Viehzucht. Hier ist eine Mahlzollstätte.

Casendorf, Bayreuthischer Marktflecken, 3 Stunden von Culmbach gegen Bamberg. An der Kirche steht ein Pfarrer mit einem Diacono. Hier ist eine Bayreuthische Verwaltung, die zum Kammeramte Sanspareil gehört. Man baut vorzüglich in dem hasigen Gebirgen viele Erbsen und Linsen. Der Ort erhielt von den Kaisern Ludwig und Karl dem 4ten Stadtrecht.

Casperg, Nürnbergisches Dorf im Amte Hilpoltstein, hat 20 Unterthanen. Von da gehet die Gränze bey Stegenberg, das ehemals den Stiebern, nunmehr den Wiesenthauern gehört, hinab auf Diesbrunn, an die Trappach. Von da, ungefähr eine halbe Meile über die Gränze hinaus, liegt Eggloffstein.

Castell, Comitatus Castellensis, Eine Reichsgrafschaft, deren Landesbestandtheile in dem eigentlich sogenannten Franken, in der Gegend der Würzburgischen Stadt Kitzingen, dem Brandenburgischen Städtchen Prichsenstadt am Mayn, zwischen Würzburg und Wertheim, auf dem Steigerwalde und sonst in der Nähe und Ferne herum zerstreut liegen. Deswegen können auch keine eigentliche Grenzen derselben angegeben werden. Einige und funfzig Flekken, Dörfer und Weiler gehören der Landesherrschaft theils ganz, theils in grössern und kleinern Antheilen, theils mit vollen, theils mit beschränkten Gerechtsamen. Ausserdem besitzt sie ansehnliche Jagden und Waldungen. Die Nahrungsquellen der Einwohner sind von grosser Mannichfaltigkeit und deswegen bey jedem Orte besonders bemerkt. Die Reichsgrafen von Castell gehören unter die Aeltesten ihres Standes in Deutschland. Ihre Besitzungen waren ehehin in den Zeiten des Mittelalters weit beträchtlicher als jetzt, durch unglückliche Fehden, Klosterstiftungen, Familienzwist und anderes Ungemach sind aber solche so sehr zusammen geschmolzen, daß die da und dort befindlichen gräflichen Güter nur noch als Ueberbleibsel von der ehemaligen Grösse der Grafschaft anzusehen sind. Auf dem Fränkischen Kreistage und im Reichsgrafenkollegio haben sie Sitz und Stimme zwischen Hohenlohe und Wertheim. Zu einem Römermonat zahlen sie 12 Gulden, zu einem Kammerziel 14 Rthlr. 84 1/2 Kr. Ihr einfaches Kreiscontingent besteht in 5 Mann zu Roß und in 12 Mann zu Fuß. Die Regierungsverhältnisse der Grafen bestimmt eine von den gräflichen Brüdern Conrad Heinrich und Georg im Jahre 1560

1560 geschlossene und von den Kaisern Ferdinand I. und Max II. bestättigte Erbvereinigung, so wie ein neueres 1754 errichtetes, auch mit kaiserlicher Bestättigung versehenes Haußgrundgesetz. Vermög dieser Familien-Gesetze ist der jedesmalige Senior familiae zugleich Administrator der vielen vom Hauße Castell relevirenden Lehen. Die vornehmsten Vasallen sind: Der Fürst von Schwarzenberg, der Graf von Schönborn zu Wiesentheid, der Graf von Giech, der Abt des Klosters Schwarzach, die Freyherren von Berlichingen, von Creilsheim, von Dalberg, von Frauenstein, v. Fuchs, v. Knußberg, von Pöllnitz, von Schrottenberg, von Seckendorf, von Jobel, die Carthauß Astheim bey Volkach, und viele andere adeliche Familien und Stifter. Im Jahre 1547, nach Absterben Graf Georgs, theilte sich das Gräfliche Haus in zwey Linien, in die ältere oder Remlingische, und in die jüngere oder Rüdenhäusische. Jene hatte sich 1709 wieder in die Castellische Special- und Remlingische Nebenlinie gespalten. Die letztere starb aber 1762 schon wieder aus. Das Wappen dieser Grafen ist sehr einfach. Im Wesentlichen besteht es blos in einem von Roth und Silber quadrirten Schild. Der Älteste der Familie wird vom Hochstifte Würzburg nur allein mit dem Erbschenkenamte belehnt, das sie 1408 erhalten haben.

Castell, Castellum, Schloß und Stammhaus der alten gräflichen Familie dieses Namens auf dem Steigerwalde, 3 Stunden von dem Ansbachischen Städtchen Birkenstadt, an dessen Fuße das Dorf, gleiches Namens, mit noch zwey gräflichen Schlößern, liegt.

Der Sitz der gräflich Castell-Remlingischen Regierung. Sie besteht aus einem Kanzleydirector, verschiedenen Hof-Kammer- und Regierungsräthen. Neuerer Zeit gieng man damit um, daselbst ein Erziehungs-Institut anzulegen. Man hat auch daselbst eine Gypsbrennerey.

Castenreuth, Weiler mit Ansbachischen und Nürnbergischen Unterthanen, im Kameral-Amte Cadolzburg, 3 Stunden v. Nürnberg.

Catharagrub, K. Jaragrub. Einzelnt im Bambergischen Amte Erbnach, ward im 30jährigen Kriege den 1. May 1632 von den Culmbachischen Völckern abgebrannt.

Catharinenberg, (der) Kapelle im Ansbachischen Kameral-Amte Hohentrüdingen.

Cremmertz, Bayreuthisches Dorf, in dem Kreisamte Culmbach gegen Buchau unfern des rothen Mayns.

Charhof, (der) im Ansbachischen Kameral-Amte Feuchtwang mit 2 Unterthanen.

Charlottenberg, war ehemals ein artiges Schlößchen auf einer Anhöhe von Pfedelbach. Es hat seinen Namen von der Gräfinn Charlotte, Gemahlinn des letztern Grafen Ludwig Gottfried von Hohenlohe-Waldenburg zu Pfedelbach und diente blos zur vergnügenden Aussicht. Gegenwärtig ist beynahe der ganze Umfang dieser Anhöhe, ehemals eine dürre Haide, angebauet u. so durch mehrere Wohnungen erweitert worden. Schon wohnen hier gegen 50 Seelen.

Charmühl, (die) im Ansbachischen Kameral-Amte Feuchtwang, mit einem Unterthanen.

Christanz, Dorf im Bambergischen Amte Pottenstein, welches allda nebst der Zent einige Unterthanen hat. Die übrigen Einwohner

wohner sind mit unmittelbarer Vogtey der Familie von Brand, der die Dorfs- und Gemeinbherrschaft zustehet, und dem Grafen von Schönborn zugethan.

Christes, dieses kursächsische Dorf im Antheil Henneberg lieget 1 Stunde von Kühndorf gegen Norden, an der Grenze des Hessischen Amts Hallenberg, und bestehet, mit Einschluß der Schalwohnung und 2 Gemeindehäusern, in 37 Feuerstellen und 230 Einwohnern. Die Gemeinde besitzet eine Kanzleylehenbare Schäferey von 350 Stück, welche unter den begüterten Nachbarn zerschlagen ist. An der Flurmarkung des Orts stößet die Wüstung Trenfried oder Trenfers, und begreifet 325 1/2 Alter Feld, von welchem im Jahre 1613 den Einwohnern zu Christes 226 Äcker und den Nachbarn des S. Meiningischen Dorfs Mezels 99 1/2 gegen Erlegung eines jährlichen Erbzinnßes à 3 Groschen von jedem Äcker eingeräumet worden sind. Ohnweit dem Dorfe ist eine gute Wasserquelle anzutreffen, welche man in ältern Zeiten für einen Wunderbrunnen hielte, und ihr daher den Namen Brunnen Christi beylegte. Es geschahen dahin große Wallfahrten, und wahrscheinlich mag der Ort diesem damaligen Gesundbrunnen seinen Ursprung und Namen zu verdanken haben. Jetzt hat derselbe seinen Ruf ganz verlohren, und nach dem Zeugnisse der Naturkündiger bestehet diese Quelle nur in einem guten gemeinen Wasser. Indessen gab ihre vormalige Entdeckung ohne Zweifel Gelegenheit, daß man hier sehr frühzeitig eine Kirche erbaute, welche durch die Mildthätigkeit der Wallfahrenden zu beträchtlichen Einkünften gelangte. Urkundlichen Nachrichten zu Folge verkaufte Carl Truchses, Ritter zu Wildberg (1441) dem Gottes haus zu unsrer lieben Frauen zum Christus verschiedene Gülter zu Dreßigacker, Rippershausen, Mellers, Walbach, Wellershausen und Steuerschlag (eine Wüstung im Amte Wasungen) um 350 Gulden, und im Jahre 1442 geschahe ein gleiches von Dietterich Kieselingen zu Oberstand mit 1 Gut zu Rodemwinden. Nach der Reformation wurde diese Kirche mit ihren Einkünften zu den beiden Parochien Schwarza und Mezels geschlagen, dergestalt, daß die dasigen Pfarrer wechselsweise den Gottesdienst zu Christes zu besorgen hatten. Als aber das Kurhaus Sachsen mit den Grafen von Stollberg, als Innhabern des Fleckens Schwarza, wegen der Episcopalgerechtsame, in mancherley Irrungen gerieth, und die Pfarrer zu Schwarza den kursächsischen Verfügungen keine Folge leisten wollten; so wurde ihnen die Seelsorge zu Christes ganz entzogen, und solche dem Pfarrer zu Mezels allein übertragen, wobey es auch bis jetzt verblieben ist.

Cristesgrün, Bayreuthisches Dorf im Kammer-Amte Lichtenberg von 12 Häusern und 64 Einwohnern. Darunter sind ungefähr 10 Bauern-Familien. Die übrigen sind Korbmacher, Stockgräber rc.

Christians, s. Christanz.

Clasheim, Weiler mit 16 in das Ausbachische Kameralamt gehörigen Unterthanen. 5 sind fremdherrisch.

Clarhof, (der) im Ausbachischen Kreise

Kreise Wassertrübingen, mit 1 Unterthanen.

Clarmühle (die) im Anspachischen Kreise Wassertrübingen mit 1 Unterthanen.

Clarsbach, Weiler im Anspachischen Fraischbezirke des ehemaligen Richter-Amtes Roßstall mit 2 dahin gehörigen Unterthanen. 5 sind nürnbergisch.

Claus-Aurach, Bayreuthisches ins Amt nach Markt-Erlbach gehöriges Dorf, führt seinen Namen von der Aurach, welche daselbst aus mehrern Weihern entspringt, und liegt bey Markt-Erlbach, wohin es auch pfarrt, gegen Neustadt.

Clausberg Nürnbergisches Dorf im Amte Bezenstein, zwey Stunden davon gegen Gräfenberg.

Clausen, das Untere, Dörflein im Amte Velden am Hirschbach gelegen, worinnen die Unterthanen Bayerisch, die hohe Obrigkeit aber, so viel am Bach gegen Velden lieget, Nürnbergisch zu ersagtem Pflegamt gehört.

Clausen, Weiler in der Gegend vom Arzberg, wohin die Einwohner pfarren. S. Seuffen vom Maunwerke, treue Freundschaft in der Clause.

Claushof, (der) im ehemaligen Anspachischen Vogtamte Langenzenn.

Cleba, (die Vordere und Hintere) sind Weiler im Kameral-Amte Bayreuth, die Einwohner pfarren nach St. Georgen.

Cleedorf, Weiler im nürnbergischen Amte Herspruck, zwischen diesem Städtlein und Kirchensittenbach gelegen, in welches letztere Ort es auch eingepfarrt ist.

Cleußdorf, Schloß und Dorf von 44 Häusern an dem rechten Ufer der Itz, eine Stunde von dem Würzburgischen Oberamts Städtchen Ebern. Es gehört der Benedictiner Manns-Abtey Banz, die es um das Jahr 525 nach Aussterben der adelichen Familie von Füllbach erhalten. Hier ist der Sitz eines Banzischen Vogtey-Amtes. Würzburg hat hier nur 2 Unterthanen, die zum Amte Ebern gehören, jedoch übt es die Centgerechtigkeit durch seinen Centgrafen in Meblitz aus, obgleich Cleußdorf im Bambergischen Territorium liegt. Die hiesige Judenschaft besteht aus 28 Seelen, und hat eine Synagoge. Die übrigen Einwohner sind katholisch und pfarren nach Mirßbach. Ihre Nahrung besteht in Feldbau, der aber deswegen weniger ergiebig ist, als er es seyn könnte, weil das nahe Wiesenfutter des Itzgrundes meistens der Abtei Banz und auswärtigen Eigenthümern zugehört. Die Viehseuche tödtete hier nur 3 Stücke. In der hiesigen Schule waren 1798 aus dem Dorfe 32 und aus nahen Orten 10 Kinder.

Clonspach, Weiler im ehemaligen Anspachischen Vogtamte Leutershausen mit sieben Anspachischen Unterthanen. Zwey sind fremdherrisch.

Cobach, das Obere und Niedere, Weiler im Kameralamte Culmbach; das erstere pfarrt nach Maugersreuth; das letztere nach Mellendorf.

Cößtein, (der) Berg im Wunsiedler Kreise des Fürstenthums Bayreuth, gegen die Bayerische Gränze.

Colbenmühl, (die) (Vulgo, Klobenmühle) unterhalb Neustadt an der Aisch, gegen Diespeck. Lag ehehin jenseits der Aisch, ist vor 2 Jahren ganz abgebrannt und nun diesseits neu aufgebaut worden.

Col.

Collenberg, ehemalige Burg und Herrschaft der adelichen Familie von Rüd, bey Stadt-Prozelten am Mayn. Seit die hiesigen Herren von Rüd im vorigen Jahrhunderte ausgestorben sind, und Maynz ihre Güter als vermannte Lehen eingezogen hat, nahmen die Herren von Rüd zu Bbbigheim die Lehensfolge in Anspruch. Die Burg Collenberg selbst besteht nur noch in Ruinen; es steht ein kurmaynzisches Jägers- und Bauernhaus daselbst, und in den traurigen Ueberresten der alten Pferdeställe haben einige Holzhacker sich Wohnungen eingerichtet. Von der Herrschaft sind vorzüglich die Dörfer Fechenbach und Reistenhausen zu bemerken, welche am Fuße des Berges, wo die Burg stand, nur eine Viertelstunde voneinander liegen, und ziemlich beträchtlichen Weinwachs haben. Der ehemalige Kanzler von Reichersberg zu Maynz erwarb sie aus der Rüd CollenbergL Verlassenschaft, und dieser Familie gehören sie dermal noch zu; biese hat aber verschiedener Landesherrlicher Rechte halber mit Maynz viele Irrungen. Es ist richtig, daß die ganze Herrschaft ehemals zum Ritterorte Ottenwald Beyträge lieferte, allein sie contribuirt heut zu Tage nicht mehr dahin, daher kommen mag, weil bey ihrer Consolidation noch keine Steuer-Matrickel eingerichtet gewesen ist. Die Herren von Reichersberg tragen übrigens zu Fechenbach den Blutbann vom Kaiser und Reiche zum Lehen.

Colmberg, das ehemalige Ansbachische Oberamt, nunmehrige Kameralamt, ist 4 Stunden lang und 2 breit. Gegen Morgen grenzt es an das Kammer-Amt Ansbach; gegen Abend an das Gebiet des Fürsten von Hohenlohe-Schillingsfürst und der Stadt Rothenburg; gegen Mittag an das Ansbachische Kameral-Amt Feuchtwang und die eichstädtischen Lande; gegen Mitternacht an die Bayreuthischen Aemter Burgbernheim und Markt-Bürgel. Wiesengründe und bergige Gegenden wechseln in diesem Amte ab. Die vorzüglichsten unter den erstern sind:

a) Der Waldgrund; er zieht links von Colmberg gegen die Rothenburgische Gränze u. schließet sich hinter Geßlau und Windelspach. Die Fläche desselbigen beträgt im Umkreise ungefähr 4, und im Durchschnitt 2 Stunden. Die Altmühl schlängelt sich durch denselbigen.

b) Der Hagenauer Grund. Eine angenehme weitläufige Ebene. Vom Dorfe Jochsberg zieht sie bis auf eine halbe Stunde an denjenigen Berg hin, auf welchem das Hohenlohe-Schillingfürstische Residenz-Schloß erbauet ist. Durch ihn zieht ein kleiner, aber an schmackhaften Krebsen reicher Bach.

c) Der Brunster Grund; eine Ebene von 3 Stunden. Bauern von 20-30000 fl. Vermögen sind hier keine Seltenheiten.

d) Der Altmühl-Grund, wenig breit, dafür aber desto länger; das forschende Auge schließet sich in demselben bey dem Hesselberg, der Feste Wülzburg und der Fürstl. Oettingischen Schloße Spielberg.

Im Walder- und Brunster-Grunde findet man starkes und fettiges Erdreich; der Landmann banet hier meistens Spelz und Hafer; der Hagenauer und Altmühler Boden ist aber mit Sand vermischet; daher wird mehr Korn und Hafer als Dinkel gebauet. Hafer und Dinkel werden ausgefahren und zur Viehmastung verwendet, die hier sehr beträchtlich ist. Das Mastvieh geht nach Augsburg und Frankreich. Die meisten Wiesen dieser Gegend liegen an der Altmühle. Die Wiesen im Brunster Grunde sind zwar geringhaltiger, aber das Futter ist besser.

Die herrschaftliche Füllenzucht ausgenommen, ist die Pferdezucht fast eigentlich im Verfall. Die Rindvieh- und Schaafzucht ist desto beträchtlicher. Die schönen Wiesen werden zur Bienenzucht nicht so benutzt, wie es seyn sollte.

Die Waldungen dieses Amts rechnet man auf 2677 Morgen. Sie enthalten größtentheils Fichten, nur an einigen Orten finden sich Buchen, Birken, Eschen und Forlnholz.

Die Tracht des Landvolks gleicht der völlig im Kameralamte Ansbach. Luxus und Schwelgerey will auch hier einkehren. Der Reichthum der Bauern im Altmühlgrunde soll sie sehr Prozeßsüchtig und aufgeblasen machen; im Brunster Grund rühmt man höflicheres Betragen und bessere Sitten.

Das ehemalige Oberamt war in folgende 5 einverleibte Aemter getheilt:

1) in das Kastenamt Colmberg. 2) das Vogtamt Colmberg. 3) in das Stadtvogteyamt Lentershausen, welches seinen eigenen Fraischbistrict hatte und in das Vogtamt Jochsberg nebst dem Kastenamte Insingen. Das ganze Amt enthält 1 Stadt, 1 Marktflecken, 9 Pfarr- und zwey Filialdörfer, 49 Weiler, 10 einzelne Höfe oder Mühlen. Darunter befinden sich 806 Ansbachische, 185 ausherrische Unterthanen.

Colmberg oder **Kolmberg**, ein schön gebauter Marktflecken, jezt der Sitz eines Ansbachischen Kameralamtes mit einem ansehnlichen vesten Berg-Schlosse, drey Stunden von Ansbach am Anfang des Waldgrundes. Im Schlosse hatte der jedesmalige Kastner seine Wohnung. Außer der Kirche sind hier 60 Häuser, worinn 55 Ansbachische und ein fremdherrischer Unterthan wohnt. 1318 kam dieser Ort durch Kauf von dem Grafen Friedrich von Truhendingen an den Burggrafen Friedrich IV. von Nürnberg für 6200 Pfund Heller. Zunächst an dem Flecken ist ein ansehnlicher herrschaftlicher Füllenhof, in welchem beständig 70-80 junge Pferde unterhalten werden.

Colmdorf, oder **Kolmdorf**, 1/4 Stunde von St. Johannes, an dem auf die Krensttage führenden Königswege gelegen, ist nach St. Johannes eingepfarrt, ein Rittergut mit einem schönen massiven Lustschlosse, Gemüs- und Obstgarten. S. Dürschnitz.

Conenweiler, ein boher Weiler, dessen Güter die umliegenden Ortschaften besitzen, im Bezirke des Ansbachischen Kameralamtes Creilsheim.

Conhalden, kleiner Ort von 22 Seelen in der Grafschaft Limpurg Solmsassenheimischen Antheils.

Conradsreuth, gemeinhin **Cunnersreuth**, Ritterschaftliches großes Kirchdorf, 2 Stunden von Hof auf der Landstraße nach Bayreuth. Es sind hier 2 Rittergüter tr, welche einem Herrn von Reitzenstein gehören. Sie sind Brandenburg-Bayreuthisches Mann-Lehen und Amtsläßig. Sie haben die Obergerichte und den Bierverlag im Dorfe. Die zwey Schlösser bestehen aus 4 Gebäuden und 12 Einwohnern. Im Dorfe sind 14 Häuser und 730 Einwohner, mit Einschluß der dazu gehörigen Cluseln auf dem Berge, auf der Schwarzenfurt, Schollenreuth, Schallerhof, Frauenhof.

Conradsreuth, auch **Cunnersreuth**, Bayreuthisches Dorf, eine kleine Stunde von Bayreuth gegen Creusen, es wird in das obere und untere eingetheilt. Die Einwohner pfarren nach St. Georgen.

Coppenwind, Dorf, der Cistercienser Manns-Abtey Ebrach gehörig, auf dem Steigerwalde.

Corbersdorf im Wunsiedler Kreise, die Einwohner gehören in das Kirchspiel nach Arzberg.

Coßbach, Bambergischer Weiler im Dom-Probsteyamte Büchenbach, zwischen Herzogen-Aurach und Vorcheim, 1/2 Stunde von Büchenbach, allda wohnt der Domprobstey-Revierjäger.

Coßbrunn, Roßbrunn zum Amte Ebsmeinstein gehöriges Bambergisches Dorf am Fuße des Bergs Warrnberg, auf dessen Höhe die Trümmer des ehemaligen Schlosses Warrnberg noch zu ersehen sind, von welchem der Ober-Amtmann seinen Namen führte. Die Zent gehört dem Bambergischen Amte Pottenstein, welche Befugniß aber das Oberpfälzische Amt Tharmdorf in Anspruch nimmt, und daher die Dorfs-Einwohner bey jeder Gelegenheit neckt, und sogar in die Territorialrechte des Amtes Ebsmeinstein Eingriffe macht.

Cottenau, Ritterschaftliches Dorf des Cantons Gebürg. Besitzer sind die Herren Oberländer. Die Einwohner pfarren nach Wirsberg am Fichschen Schorgast.

Cottenbach, Bayreuthisches Dorf des Kreisamts Bayreuth, daselbst ist ein Oberförster. Die Einwohner pfarren nach St. Georgen.

Cottmansweiler, Weiler im Bezirke des Ansbachischen Kameral-Amtes Creilsheim, wohin 1 Unterthan gehört, 4 gehören zu dem Hohenlohischen.

Crafft, Bayreuthisches Dorf, ins Kammer-Amt Neuhof gehörig, vorzeiten Monöfada genennt. Liegt 1/2 Stunde von Trautskirchen gegen Ansbach zu.

Crailshausen, Hohenlohe-Ingelfingisches Filial-Kirchdorf im Amte Schrozberg von 23 Haushaltungen, in welchen 138 Seelen wohnen. Ihre Nahrungsquellen sind, bey einem sehr kultivirten und ergiebigen Boden, Feldbau und Viehzucht.

Crainthal, in verderbter Sprechart Cranti, Brandenburgischer Weiler, welcher jetzt 26 Gemeindrechte, oder 32 Mannschaften hat. Von den Gemeindrechten gehören, 4, Rothenburgischen, 1, einem teutschherrlichen, 1, einem Johannitterischen, und die übrigen, Brandenburgischen Besitzern. Außer den Rothenburgischen, welche nach Rothenburg vogt- und schatzbar sind, geben die andern ihre Schatzung nach Creglingen, und sind auch dahin vogtbar. Er ist theils nach Creglingen, theils nach Freudenbach eingepfarrt. Der Getraid-Zehend ist Brandenburgisch. Der Wein-Zehend gehört zum Theil in die Pfarrey zu Creglingen, zum Theil in die Pfarrey zu Freudenbach nach Districten.

Craisdorf, auch **Kraisdorf**, eine

Stun-

Stunde von Ebern gegen Hoſheim an der Baunach, welche das Dorf in zwey Theile theilt. Die Nachbarſchaft ſteigt auf 50 Mann. Der Ganerben ſind 6. Die Herren von Rothenhahn beſitzen 6 Häuſer; die von Altenſtein 29; die von Erthal 1; Voit von Salzburg 3; das Amt und die Pfarrey Ebern zuſammen 12. Mit den gemeinſchaftlichen Häuſern zählt man hier 56, eine jüdiſche Synagoge und ein Gemeindhaus. Unter den 340 Seelen, die hier wohnen, befinden ſich 67 Judenſeelen. Die Chriſten ſind theils katholiſch, theils evangeliſch-Lutheriſch, welche letztere ihren Gottesdienſt meiſtens in Burgpreppach ſuchen. Das gantze Dorf aber gehört zur Würzburgiſchen Pfarrey Pfarrweiſach. Es befinden ſich in der Gemeinde 52 Rechte, wovon jeder Beſitzer jährlich ein Fuder Heu und Grummet, eine Klafter Holtz, und einige Schleuſſen-Bäume erhält. Jährlich wechſelt das Directorium unter den Ganerben, und die Dorfsherrſchaft iſt gemeinſchaftlich, wobey der Stadtpfarrer zu Ebern gleiche Rechte mit den übrigen Ganerben beſitzt. Die Kraisdörfer nähren ſich mit Aderbau, wozu es ihnen nicht an Wieſenfutter fehlt. Die Juden treiben, wie gewöhnlich, zur Nothdurft Handel. Die Zent gehört zum Würzburgiſchen Oberamte Ebern. Die Schäferey gehört dem Herrn von Rothenhahn zu Eyrichshof, wie auch der Feldzehend, wovon jedoch der Stadtpfarrer zu Ebern den 4 Theil erhält.

Craſſach, Flüßchen, das, unfern des Bambergiſchen Städtchens Weißmayn, in den Weißmayn fällt.

aſſach, eine halbe Stunde von dem Bambergiſchen Städtchen Weißmayn, am Flüßchen Craſſach.

Crayſch, Bambergiſches Dörfchen im Amte Lepenfels.

Credenbach, evangeliſch-lutheriſches Dörfchen von 15 Haushaltungen, in der Grafſchaft Werthheim, an der Speſſarter Landſtraße nach Frankfurt; es hat 2 gute Wirthshäuſer, und wird von dem Würzburgiſchen mit einer Poſt verſehenen Dorfe Eſſelbach nur durch einen kleinen Graben geſchieden.

Creglingen, das ehemalige Ansbachiſche Oberamt, das jetzt dem Uffenheimer Kreiſe einverleibt iſt. Seine Grenzen ſind gegen Morgen das Ansbachiſche Kammeramt Uffenheim, das Reichsſtadt Rothenburgiſche Gebiet und das Fürſtenthum Schwarzenberg; gegen Abend das Hochſtift Würzburg und die Hohenlohiſchen Lande; gegen Mittag ebendieſelbigen, nebſt dem Rothenburgiſchen Gebiete; gegen Mitternacht das Hochſtift Würzburg. Da dieſes ehemalige Amt nicht zuſammenhängt, ſo läßt ſich von ſeiner Gröſſe, Länge und Breite nicht wohl reden. Unter den Ansbachiſchen Oberämtern war es eines der kleinſten; denn man ſchätzt Länge und Breite nur auf zwey und eine halbe Stunde. Die meiſten Gegenden deſſelbigen ſind bergig, abhängig und wenig eben. Der Erdboden in der Gegend um Creglingen enthält ein leichtes, röthliches, auch weißes Erdreich, das durchgängig mit Steinen vermiſcht iſt, und ſich nur einen Schuh tief bearbeiten läſſet, weil man ſchon in dieſer geringen Tiefe auf rauhe Felſen, rothen Leimen, und blauen Letten ſtößt. Dagegen haben

haben die Felder im ehemaligen Ober-Schultheißenamte Steft, wo sie vom Mayn entfernt liegen, mehrentheils schweren und leimigen Boden. Man giebt sich in hiesiger Gegend viele Mühe, den Erdboden zu verbessern. Ein glücklicherer Erfolg würde längst diese Bemühung gekrönt haben, wenn man sich nicht mit dem durchaus nöthigen Dung in die Weinberge und auf die magern Wiesen Einhalt thun müßte. Man baut Roggen und Gersten, ersterer wird in der Gegend um Creglingen gewöhnlich mit Dinkel vermischt, wenn man reichlich draxten will. Für Waitzen ist der Boden nicht fett genug. Sonst bauet man Hafer, Erbsen, Linsen, Wicken, Kraut, Erdbirnen, und Rangeres, oder Burgunder-Rüben. Dinkel, oder der aus solchem gegerbt werdende Kern, und Gersten, werden und allein im Ueberflusse gewonnen. Die Wiesen im Taubergrunde und an der Rimpach sind meistentheils zweyschürig, tragen ein fettes hafermäßiges Gras. Die sogenannten Hochwiesen, oder die, so auf Anhöhen liegen, sind mager. Im Ober-Schultheißenamte Steft behaupten die Obernbreiter, Gnodstatter und Martinsheimer den Vorzug. Die Stefter-Wiesen selbst sind zwar an guten Kräutern reich, aber äußerst mager. An Wässerung der Wiesen, die der nahe Mayn so sehr erleichtern würde, hat man noch nicht gedacht. Man hat seither noch alles der Natur überlassen. Aus Mangel an Weide kann hier keine beträchtliche Pferdezucht erwartet werden. In der Gegend des Mayns ist auch die Viehzucht unbeträchtlich, wichtiger ist sie um Creglingen. Die Bienenzucht ist auch unbedeutend. Das Oberamt enthält zusammen 3079 Morgen Waldungen; meistentheils Laubholz, Fichten und Forlnbäume sind selten. Erlholz wächst häufig an den Bächen, und die vielen lebendigen Hecken, mit welchen die Wiesen und Felder umfangen sind, desgleichen die unzähligen Weichselbäume im Amte Steft geben der dortigen Gegend ein sehr malerisches gartenmäßiges Ansehen. In Steft ist der Weinbau die Hauptnahrung. Der Handel ist noch in der Kindheit, so viel Vorschub die Nähe des Mayns und die schöne Chaussee dazu gewähren. Auch um Creglingen wird es mit dem Weinbaue besser, seitdem man Absenker von vorzüglicherer Güte auswählt und den Weinstock besser bearbeitet.

Die Lebensart der Weinhäcker, (Weingärtner,) ist meistentheils sehr einfach. Sie trinken den allerwenigsten Wein, den sie bauen. Ihre Kleidung besteht aus geringem Zeugen und Tüchern. Im Ganzen genommen ist hier, wie überall, der Weinhäcker immer arm, und die seit 12 Jahren erfolgten vielen Wein-Mißjahre haben diese Wahrheit besonders erprobet.

In diesem Oberamte sind man 1 Stadt, 1 Marktflecken, 11 Pfarr- und 4 Filialkirchdörfer 8 Weiler, 1 altes Schloß, 6 einzelne Mühlen und Höfe. Der Brandenburg Ansbachischen Unterthanen befinden sich daselbst 1108. Der fremdherrschaftlichen sind 410.

Dieses Oberamt bestund:
a) aus dem Kasten- und Schultheißen Amte Creglingen,
b) dem Ober-Schultheißen Amte Markt Steft.

c) dem Verwalter Amte **Reinsbronn** und **Ingolstadt**,
d) dem Schultheißen Amte **Seegaiß**, und
e) dem Amtchen **Tauberzell**.

Creglingen, Ansbachische Stadt von 125 Häusern und 815 Einwohnern an der Tauber, mit einer Mauer und 3 Thoren. Es ehemals der Sitz eines Ansbachischen Oberamts. Der Oberamtmann wohnte allzeit in dem seit 1734 erneuerten Schlosse. Ferner findet man an öffentlichen Gebäuden hier die Stadtkirche, das Rathhaus, die alte Hergottskapelle ausserhalb der Stadt am Gottesacker. Sie ist schon 1384 von Conrad und Gottfried von Brauneck gestiftet worden. Aussen an der Kanzel sieht man noch eine 60 Treppen hohe Kanzel, von welcher vor der Reformation dem stark dahin wallfahrenden Volke der Ablaß verkündiget wurde. 1448 erkaufte es Graf Albrecht zu Brandenburg von Graf Michael von Magdburg (Magdenburg) für 24,000 fl. 1349 erhielt Creglingen vom Kaiser Karl dem IV Stadt- und Marktgerechtigkeit, und die Befugniß, Stock und Galgen aufzurichten.

Creiendorf, purificirtes Dorf in Bambergischer Zent und Territorium zum Amte Höchstadt gehörig, 1/2 Stunde von der Stadt gleiches Namens an der Aisch gegen Dachsbach gelegen.

Creilsheim der Ansbachische Kreis begriff ehemals als Oberamt nicht so viel, als ihm nun als Kreis zugeordnet worden ist. Das Creilsheimer Oberamt schloß in sich:

a) das **Kasten- und Stadt Vogtey- Amt Creilsheim**.
b) ———— **Amt Werdeck** und

Gerabronn.
c) ———— **Bernberg** oder **Wiesenbach**.
d) ———— **An- und Lobenhausen**.
e) das **Renthey-Verwalteramt Goldbach**.
f) das **Verwalteramt Marktershofen**.

Zum jetzigen Kreise gehören aber zwey Justizämter: a) das Justizamt Creilsheim, ausser dem bisherigen kastenamtlichen Bezirke das bisherige Kastenamt Gerabronn, Wiesenbach, An- und Lobenhausen, Goldbach und Markterhofen. b) das Justizamt Feuchtwang, ausser dem bisherigen kastenamtlichen Bezirke das Vogtamt Lechsosen und Forndorf, Walzendorf, Sulz, dann den von Hohenlohe Bartenstein eingetauschten Ort Schnelldorf und das von Oettingen abgetretene Amt Dürwang.

Creilsheim das ehemalige Ansbachische Oberamt, der nunmehrige Kreis einer der weitläufigsten untergebürgischen Kreise. Gegen Morgen gränzt er an das Eichstädtische und den Ansbacher Kreis; gegen Abend an die Hohenlohisch und Limpurgischen Lande; auch an das Gebiet der Reichsstadt Schwäbischhalle; gegen Mittag an die Probstey Ellwangen, das Fürstenthum Oettingen und an die Reichsstadt Dünkelsbühl; gegen Mitternacht wieder an das Hohenlohische und das Reichsstadt Rothenburgische Gebiet. Die Jagst, in welche sich viele kleine Bäche ergiesen, durchströmt eine beträchtlichen Theil dieses Kreises von Mittag gegen Abend, und bildet ein ungemein fruchtbares Thal, dessen Wiesen reich an Futterkräutern sind, und dabey den Vorzug haben, daß sie wegen des

des höhern Ufers des Flusses nicht so leicht, wie die an der Wörnitz und Altmühl gelegenen, überschwemmet werden. Von Lenckerßhausen bis Creilsheim ist die Lage berglg. Die Berge sind aber mit den trefflichsten Waldungen besetzt. Der höchste Berg des Landes ist der gegen Abend gelegene Burgberg. Von Creilsheim bis an die Hallisch und Ellwanglsche Grenze ist ebnes Land; gegen Rothenburg und Blanfelden (irrig Plofelden) findet man Anhöhen und wenig Wald. Die Erde ist in diesem Kreise von verschiedenem Gehalte. In der Ebene ist der Boden von fruchtbarem schwarzen Thone, hier und da etwas zu schwer, lettig und gypsartig; auf der Höhe meistens sandig, doch mehr schwer, als leicht. Im ehemaligen Amte Goldbach findet sich thonartiger lettiger Boden, weswegen auch dort die Aecker nicht sehr fruchtbar sind, und nur Dinkel und Haferfrüchte tragen. Hin und wieder trift man auf der Oberfläche der Aecker, welche an den Hügeln liegen, Bohnerze an. Auf der Höhe und in Thälern an den Bergen sind die Quellwasser von sehr gesunder Beschaffenheit. Im flachen Lande aber sind sie hart und führen vielen Tophus bey sich. Auf den in der Ebene gelegenen Aeckern wird größtentheils Dinkel und Haser gebauet; im leichtern Erdboden, wie gegen Dinkelsbühl und Feuchtwang, bloß Korn. Gerste wird nicht so viel gebauet, als man braucht, und wird aus dem Ries oder der Gegend des Hesselberges beygeschafft. Der übermäßige Kartoffelnbau verdrängt manche edlere und gesundere Fruchtgattungen. Das Bedürfniß des Krauts ersezt das Krautland um Merkendorf im Kameral=Amte Windsbach, woher es Wagen weise gefahren wird. Für Hülsenfrüchte ist der Boden fast zu schwer. Flachs und Hanf wird nicht hinreichend gebauet. Ein großer Theil wird aus dem Hallischen Gebiete bezogen, der Lein von der Gegend des Rheinstromes; vorzüglicher ist der Obstbau und die Viehzucht, welche gleich der Hohenlohischen ungemein viel fremdes Geld in das Land bringt. Die Pferdezucht wurde sonst stärker als jezt betrieben; Ursachen des Verfalls sind die größere Nutzbarkeit des Rindviehes, und der eingeschränkte Handel mit den gebrennten Ernten. Für die Schaafzucht sind an manchen Orten überfüllige Waiden, man hat aber seither noch nicht an die Veredlung der Schaafe durch ausländische Böcke, wozu im Anßbachischen so schöne Gelegenheit ist, mit allem Ernste denken mögen. Auch wird die Bienenzucht in verschiedenen Gegenden mit Nutzen betrieben. Seit man die vielen Seen eingehen lieffe, und sie zu tragbaren Wiesen und Aeckern umschuff, sind die Fischereyen nicht mehr so beträchtlich. Man hat bloß die Fische und Krebse der Jagst und einiger Bäche. Die Waldungen dieses Oberamts betragen zusammen 5642 Morgen, und bestehen aus Eichen, Buchen, Fichten, Tannen, und etwas weniges an Forln. Aus Mangel des Verschlusses stand sonst hier ein großer Theil aus Alter ab, oder verdarb. Diesem Forstgebrechen ist man nun seit längerer Zeit durch Errichtung von Schneid= und Sägmühlen von der Jagst begegnet.

begegnet. Große Bäume schifft man nach Holland. Ein Alaun- und Vitriolwerk und das Salzwerk bey Gerabronn schützen auch vor Verderben des Holzes. Der Abgang wird durch pflegliche Behandlung und gute Cultur der Wälder von Zeit zu Zeit wieder ersetzt, so, daß man überall die schönsten jungen Anflüge und Laubholzschläge findet. Die Fabriken ernähren nicht nur viele Menschen, sondern bringen auch viel fremdes Geld in das Land. Sie sind

a) eine Fayencefabrik zu Creilsheim.
b) zwey Kattun- und Zizfabriken.
c) das Alaun- und Vitriolwerk bey Creilsheim.
d) das Salinenwerk im Brettachthale bey Gerabronn.

Zwischen Creilsheim und Roßfeld ist auch ein Sauerbrunnen. Unterhalb Creilsheim, wo die Jagst zwischen Bergen fortläuft, findet man häufig schöne Versteinerungen von Fischen, Krebsen und andern Insecten. Ehemals gehörten zum Oberamte, ausser der Stadt Creilsheim, 2 Marktflecken, 30 Pfarrdörfer, 10 Filialdörfer, 135 Weiler, 100 einzelne Höfe und Mühlen, 2 verfallene Schlösser, und ein eingegangenes ehemaliges Kloster. In diesem Oberamte befinden sich 2101 Ansbach unmittelbar zugehörige Unterthanen, 1697 fremdherrschaftliche. Jurisdiction, Kameralwesen und dgl. ist vertheilt: a) in das Kasten- und Stadtvogteyamt Creilsheim, b) in das Kastenamt Werdeck oder Gerabronn, c) in das Kastenamt Bembach, oder Wiesenbach, d) in das Kastenamt Anhausen und Lobenhausen, e) in die Reutereyverwalterey Goldbach, und f) in das Verwalteramt Marktertz-

befurt. Die Tracht des Landvolkes ist sehr einfach. Bey den Männern ein schwarzer oder brauner, bey Professionisten ein hellblauer Rock von eigen gezogener Wolle, oft selbst gewebt. Zwilchene Hosen, ein grober Filzhut und mit Nägeln beschlagene Schuhe. Bey den Weibern ein wollener brauner Rock mit einer glatten Haube, und wenn es festlich hergeht, ein seidenes Halstuch. Eben so einfach ist die Speise des gemeinen Mannes. Gewöhnlich Erdbirn und Sauerkraut, Speck und geräuchertes Fleisch, grobe Mehlspeisen; der Trank ist Wasser und Branntwein. Bey festlichen Gelegenheiten Wein. Die Reichern trinken Caffe. Der Tobak scheint auch dem Taglöhner unentbehrlich. In dieser Gegend denkt man gewöhnlich so langsam, als man spricht. Die Kröpfe am Hals sind sehr gewöhnlich. Man giebt dem Wasser und dem Tragen schwerer Lasten auf dem Kopfe die Schuld davon. Man verbinde damit, was von diesem Kreise noch unter dem Artikel das Kameralamt Feuchtwang gesagt wird.

Creilsheim, Haupt- und Legstadt des Burggrafthums Nürnberg unterhalb Gebürg an der Jagst, in einem ungemein fruchtbaren Thale, der Ulmgrund genannt, mit einem Schlosse, vier Stunden von Dünkelsbühl. Sie ist nach Schwabach und Fürth, sowohl in Ansehung der Zahl ihrer Einwohner, als des Wohlstandes und der bürgerlichen Gewerbe und Nahrung, die vorzüglichste Landstadt. Ueber die Jagst geht hier eine wohlgebaute steinerne Brücke, und in den ausgetrockneten ehemaligen Stadtgräben hat man niedliche Gärten

Gärten angelegt. Vorzüglicher, als die Stadt selbst, sind die 3 Vorstädte gebaut, sie enthalten zusammen 378 Häuser. Zu den öffentlichen Gebäuden gehören das alte fürstliche Schloß mit einem daran gelegenen Lust- und Küchengarten. Es ist zwar altgothisch, aber doch sind die Zimmer geräumig und von dem großen Saal genießet man eine vorzügliche Aussicht. Die im Jahre 1400 erbaute Pfarrkirche. Die Kapelle zu unserer lieben Frau auf dem Markte. Das mit reichen Einkünften versehene Hospital mit der daran stehenden, dem heiligen Geiste geweiheten Kirche. Die 1579 erbaute geräumige Gottesacker-Kirche. Das 3 Geschoß hohe Rathhaus. Die öffentlichen Getraidschrannen. Hauptnahrungsquellen der Stadt sind: a) der Viehhandel b) der Bretter- und Weinpfahlhandel. Sie kommen meistens aus dem Ellwangischen und werden hier abgesetzt. c) ansehnliche Färbereyen bey den zwey Katun- und Zizfabriken d) der Strumpfhandel in der Stadt und auf dem Lande e) die Bierbrauerey f) der Getraidhandel. Die mehresten in Schwaben gelegenen Reichsstädte versehen sich von da aus mit Früchten, vorzüglich mit Kern; denn hier suchen Rothenburger, Deutschordische und die Bewohner des sogenannten Uffenheimer Gaues ihre Frucht abzusetzen. g) die Fayencefabrik. Ihr Errichter war ein armer redlicher Hafner oder Töpfer. Sie hatte sonst großen Absatz nach der Schweiz und in das Hannoversche. Man errichtete dort nach und nach selbst Fabriken, und nun genügt an dem Absatze in Schwaben und Oesterreich.

Die Arbeiten grenzen sehr nahe an ächtes Porcellan, sowohl in Ansehung der Erde, als der Mahlerey. h) das Alaun- und Vitriolwerk oder die Christians-Fundgrube. Im Sudhause ist eine geräumige Wohnung für den Bergmeister und die erforderlichen Nebengebäude. Man siedet daselbst dreyerley Gattungen Vitriol F. F. Kupfer, F. Kupfer und gewöhnliches oder Eisenvitriol. Der Absatz ist erwünscht. Ausser dem Bergmeister unterhält das Werk einen Berginspector, zwey Schür- oder Sudknechte und 6 Karrenläufer. In Rücksicht der Cultur bleiben die Einwohner nicht zurück. Man liebt hier Lectüre und der fränkische Merkur Jahrgang 1790. S. 55 giebt von einer wohlthätigen Anstalt daselbst Nachricht. Unter den Gasthöfen ist der zur goldenen Krone zu empfehlen. Das Stift Ellwangen hat die Obliegenheit, das Hochgericht in Creilsheim im Bau zu unterhalten, bey Executionen die benöthigten Werkzeuge beyzuschaffen und den Nachrichter zu belohnen.

Creitenbach, Kretterbach, Kreitenbach, Dorf, welches ehemals dem Hochstifte Bamberg mit aller Jurisdiction zuständig war, aber an die Grafen von Kastell vermöge Permutationsrecesses vom 1597 in der Art abgetreten worden, daß es an gedachtes Hochstift nach Erlöschung des Kastellischen Mannsstammes wieder heimfallen sollte. Das Bambergische Amt Oberscheinfeld hat die Zent zu Dorf und Flur, in letztern auch die Hutgerechtigkeit, und mehrere lehen- und steuerbare Grundstücke.

Cremin, Bayreuthisches Dorf im ehemaligen Klosteramte Himmelcron.

eron, das nun zum Kameralamte Culmbach geschlagen ist; die Einwohner pfarren nach Gefrees.

Creniggraben. ſ. Grüngraben.

Creų Cereų, Bayreuthisches Dorf, in dem Kreisamte Bayreuth; die Einwohner pfarren nach Mistelgau.

Creußen Crusna ſ. Crusena, ist ein Städtchen in dem Fürstenthume Bayreuth, und liegt drey Stunden von der Hauptstadt Bayreuth. Durch die Vorstadt gehet eine ansehnliche Heerstraße nach Regensburg und Nürnberg, die sehr frequent ist. In den ältern Zeiten war das Städtchen ein Dorf, stund unmittelbar unter dem Kaiser, wurde aber 1251 den 12 October vom Kaiser Konrad dem IV. und zwar von München aus, Friedrich dem III. Burggrafen zu Nürnberg und dessen Nachkommen geschenket und zu Lehen gegeben, darauf wurde das Dorf mit Mauern umgeben und in ein befestigtes Städtchen verwandelt. A 1358 aber erhielt es erst vom Kaiser Karl IV. das Stadtrecht und die damit verknüpften Privilegien. Es hatte vor der Königl. Preußischen Aemter-Organisation, die vorm Jahre erfolgte, ein Stadtvogteyamt, welchem der Umgelds-Einnehmer als Actuarius assistirte, einen Stadtrath und Syndikus. Bey der Organisation wurde in Creußen ein Stadtgericht errichtet, und der bisherige Stadtvogt zum Justizbürgermeister ernannt, so, daß jetzt dieser, der Syndikus, als Actuarius oder Stadtgerichts-Secretär, vier Bürgermeister und acht Rathsherren nebst vier Vorstehern den Stadtrath ausmachen, somit erstere alle Arten der hohen und niedern Jurisdiction im Stadt-

bezirke auszuüben haben, letztere aber unter der Direction der erstern die Polizey besorgen. Das Städtchen hat ferner eine Kirche, in welche viele auswärtige Dorfschaften gepfarrt sind, und zwey Geistlichen, nehmlich einen Pfarrer und Diaconum, ferner einen Rector und Organisten, welche beyde den Schulunterricht und zugleich die Kirchenmusik mit zu versehen haben, desgleichen einen Küster, der zugleich Stadtmusikus ist. Auch sind in demselben eine Kaiserliche Post, eine Apotheke und einige Kaufleute. Es enthält mit Inbegriff der Vorstadt 130 Häuser, und 900 Einwohner. Diese besitzen nach einer ziemlich genauen Berechnung an Ländereyen 471 5/8 Tagwerk, das Tagwerk zu 300 Quadratruthen gerechnet, nehmlich 264 Tagwerk Aecker, und 160 Tagwerk Wiesen, 8 1/8 Tagw. Gärten und 5 Tagw. Wald. Diese Ländereyen sind meistens nur in kleinen Portionen unter die Bürger vertheilet. Nur etliche derselben besitzen größere Districte. Der Rindviehbestand ist 271 Stück und der Schaafe 88. Die Schweinszucht ist nicht fixirt, sondern hat bald Ab- bald Zugang. Es wohl Ackerbau als Viehzucht werden noch nach dem Schlenbrian und alten Herkommen getrieben, d. i. man dunget die Aecker mit Mist, so viel man dessen auftreiben kann, pflüget, besäet und bepflanzet sie mit gewöhnlichen Früchten und Gewächsen, als Getreid, vorzüglich Roggen, Gerste und Haber, mit Weißkohl, Erdrüben, Kartoffeln, und etwas Flachs. Die natürlichen Wiesen überläßet man ihrem Schicksal und thut nichts zu

ihrer

ihrer Verbesserung. Der Kleebau ist erst im Werden. Daher man auch annehmen kann, daß im Durchschnitte bey dem an sich guten Boden nur das fünfte und sechste Korn geärndet wird. Das Vieh treibt man zur Sommerszeit auf die Weide, läßet die Kühe von kleinen anderthalb= höchstens zweyjährigen Bullen belegen und betrachtet die Stallfütterung als ungesund und unzuträglich für das Vieh, daher man auch gewöhnlich nur Vieh von der Mittelklasse siehet. Jedoch machen seit ein Paar Jahren zwey unternehmende Männer, nehmlich Herr Neuper, vormals Graf Egloffsteinischer Beamter und Herr Wenß, welche ein benachbartes adeliches Gut, Haidhof genannt, gemeinschaftlich besitzen, glückliche Versuche in Verbesserung der Landwirthschaft, und es ist zu hoffen, daß sie mit der Zeit unter den Bürgern zu Creußen Nachahmer finden werden. Die Gewerbe, welche in dem Städtchen getrieben werden, sind die gewöhnlichen, nemlich Bierbrauer, Branderweinbrenner und Ausschenker. Die Handwerker bestehen aus Metzgern, Beckern, Loh- und Weißgerbern, Schlossern, Schmieden, Tischlern, Büttnern, Wagnern, Tuch- und Zeugmachern, Schneidern, Schustern, Webern, Zimmerleuten und Maurern, Töpfern, einem Sägeschmiedt und Glaser. Ihre Anzahl erstreckt sich auf 190, unter welchen 50 Gesellen und 24 Lehrjungen mit begriffen sind. Besondere Künstler sind darinnen nicht anzutreffen. Vor ungefähr 20 Jahren aber lebte ein Töpfer Namens Schmidt in dem Städtchen, der eine vortreflich=

Art Trinkkrüge verfertigte, die weit und breit gesucht wurden und unter dem Nahmen Creußner Krüge bekannt waren. Er starb ohne Kinder und war eigensinnig genug, auch gegen eine ihm ausgebothene Erkenntlichkeit des Landesfürsten seine Kunst niemand zu lehren, so, daß sie auch mit ihm abstarb. Die Bürger sind im Durchschnitte sehr emsige Leute, haben halb städtische und halb ländliche Sitten und nähren sich gut. Die Honoratioren unterhalten unter sich gewisse Clubs, und bringen da ihre Mußestunden zu. Gebohren wurde in Creussen der berühmte Herr geh. Kirchen- und Ober=Consistorialrath Georg Friedrich Seiler zu Erlangen. Alle Jahre wird im Monat Junius der Schuljugend zum Vergnügen ein Fest, welches sie Gregorifest betiteln, angestellt. Diese Feyerlichkeit besteht darinnen, daß Knaben und Mädchen schön gepuzt mit ihren Lehrern von Haus zu Haus vor den Thüren singen, und, wenn dieser Act zu Ende ist, auf einem großen ebenen Plaz unter freyem Himmel tanzen, worunter sich auch oft erwachsene Personen mischen und mit den kleinen eine bunte Reihe machen.

Die vorzüglichsten Gasthöfe sind der goldene Hirsch und die Post.

Creußbühl. Weiler im Bayreuthischen Kreise; die Einwohner sind nach Osternohe eingepfarrt.

Creußfeld. Weiler von 5 Haushaltungen mit Einschluß einer Ziegelhütte im Hohenloh=Ingelfingischen Amte Schrozberg. Er hat guten Feldbau und Viehzucht. Seine Benennung stammt von einem ehemaligen daßigen Frauenkloster Prämonstratenser=

Cr=

Ordens, von welchem aber in den Hohenlohischen Archiven keine Nachrichten vorhanden sind.

Creutzmühle, (die) im Culmbacher Kreise des Fürstenthums Bayreuth, die Einwohner sind nach Seubelsdorf eingepfarrt.

Creutzstein, (der) die Einwohner pfarren nach Bayreuth.

Criesbach, ein zum Justizamte Ingelfingen gehöriges Dorf am Kocher von 91 Haushaltungen, das nach Ingelfingen pfarrt. Durch Feld- und Weinbau besitzt es eine reiche Nahrungsquelle, und wo jetzt der Häcker, der ehmals den Herbstgewinn seinen Lehenleuten überlassen mußte, sein Brod durch Emsigkeit und Fleiß meistens selbst bauet. Graf Kraft der VII. von Hohenlohe kaufte dieses Dorf im Jahre 1499 vom Stifte Amorbach. Zu Anfang der Siebenziger Jahre ließ die Gemeinde eine steinerne Brücke über den Kocher bauen, da vorher nur ein hölzerner Steeg die Fußgänger darüber führte. Binnen den jüngsten elf Jahren sind daselbst 60 Personen mehr gebohren als gestorben.

Crispenhofen, ein zum Justizamte Ingelfingen gehöriges Pfarrdorf von 61 Haushaltungen, gehörte ehemals dem Stifte Amorbach und pfarrte nach Forchtenberg, ward aber 1344 eine eigene Pfarrey. Der Nahrungsstand, da durch Industrie immer mehr verbessert wird, besteht in Acker- und Weinbau. Binnen 9 Jahren sind 68 Personen mehr gebohren, als gestorben.

Crobehof, (der) im Ansbachischen Kammeramte Roth mit 2 dahin gehörigen Unterthanen.

Crohrmühl, (die) ebendaselbst mit 1 Ansbachischen Unterthanen.

Cronach, auch **Kronach,** Amt im Hochstifte Bamberg, gränzt an die Bambergischen Aemter Fürth am Berge, Teuschnitz, Rothenkirchen, Nordhalben, Wallenfels, Burgkunstadt, das vom Territorium des Hochstifts Bamberg umschlossene Bayreuthische Amt Seubelsdorf, das Herzoglich Sächsische Gebiet, das Bayreuthische und Reußische Vogtland, und wird vom Ritterschäftlichen durchkreuzt. Die Cronach, Haßlach und Rodach durchfliessen das Amt. Die beyden ersten Flüßchen vereinigen sich bey der Stadt Cronach, wälzen sich eine kleine Strecke in einem Beete fort, und werden endlich unterhalb genannter Stadt von der Rodach aufgenommen. Diese 3 Flüßchen sind für das Amt Cronach von der größten Wichtigkeit. Sie treiben nicht nur eine Menge Mahl- und Schneidmühlen, auch beleben dadurch die innländische Industrie; sondern vermittelst ihrer können auch die zum Werflößen tauglichen Commerzialstämme aus den entlegensten Gegenden nach der Stadt Cronach herbey geschwemmet werden, und dadurch öffnet sich der Speculation die schönste Weg nach den Mayn- und Rheingegenden. Das Amt hat eine abweichende Lage, und baut daher sein Bedürfniß an Getreid nicht, aber desto mehr erzielt es Kartoffel und Hafer, mit welchem leztern ein lebhafter Handel nach den Bayreuthischen, Reußischen, Meiningischen, Saalfeldischen und den übrigen Herzoglich-Sächsischen Gebieten geführt wird. Ansehnlich ist die Rindvieh- Schweins- u. Schaafzucht. Ersteres muß jedoch aus Mangel von Wiesen und Futterkräutern triftenreichern Gegenden mager

mager überlassen werden, und von leztern wird jährlich eine ziemliche Anzahl nach den Sächsischen und Thüringischen abgesezt. Auch die Bienenzucht wird etwas betrieben, ob man gleich das hier beobachtete Verfahren nicht Bienenpflege heissen kann. Diese nützlichen Thierchen waren in der Vorzeit, da die Gegend umher noch mit dichten Wäldern überdeckt war, einheimisch, und daher ward jährlich in der Stadt Cronach das Triebgericht, Judicium mellicidarum gehalten. Das Amt Cronach hat ansehnliche Forste. Sie sind eines der wichtigsten Kammergefälle, und betrugen im J. 1789 nach Abzuge der Ausgaben 19,955 fl. 1 kr. Die Wälder sind die eigentliche Nahrungsquelle der Amtseinwohner, indem das Ackerland nicht hinreichet, die Menschenmenge zu nähren, welche in diesen Gegenden Industrie und Handel hervor gebracht hat. In diesen Waldgegenden werden jährlich viele hundert tausend Wehrpfähle, Latten u. dgl. von den Einwohnern bereitet, und die in diesen Bezirken häufig angelegten Schneidmühlen liefern jährlich eine zahllose Menge von Brettern, Blöcken zc. Hier wird auch eine beträchtliche Anzahl kleiner Nachen gebaut. In dem Handel mit Commerzialholze sind jährlich 340 bis 350000 fl. im Umlaufe. Dasselbe wird von den sogenannten Flössern aus den obern Hochstiftsgegenden auf den Flüssen: Haßlach, Cronach und Rodach herbeygeschwemmt, und auf dem Mayn nach Frankfurt, Mayn), hie und da noch weiter verführt. Wie lebhaft der Floßhandel getrieben werde, beweisen folgende Daten: den 7

Jul. 1760 wurden 145 Floßherren aus den Waldgegenden ob Cronach verzeichnet; darunter waren 119 Bambergische, 26 Ritterschaftliche Unterthanen. Von den Bambergischen saßen 24 zu Cronach, 7 zu Friesen, 11 zu Steinberg, 1 zu Neufang, 9 zu Höffles, 5 zu Vogtendorf, 3 zu Unterrodach, 8 zu Oberrodach, 12 zu Zeyern, 10 zu Steinwiesen, 8 zu Wallenfels, 12 zu Neusses, und von Ritterschaftlichen 2 zu Steinberg, 5 zu Unterrodach, 2 zu Oberrodach, 2 zu Neusses, 2 zu Kups, 2 zu Hummendorf. 5 Jahre darnach 1765 war allein die Zahl der Bambergischen Floßherren auf 145 gestiegen, die ihr Vermögen auf 91,125 fl angaben. Davon saßen 35 zu Cronach, 8 zu Wallenfels, 32 zu Steinwiesen, 13 zu Zeyern, 3 zu Oberrodach, 5 zu Unterrodach, 9 zu Höffles, 7 zu Vogtendorf, 16 zu Neusses, 10 zu Friesen, 7 zu Steinberg. Die Zahl der Floßknechte belief sich auf 244. Vom J. 1779 bis 1789 wurden nach den Cronacher Zollrollen verflößt 518,636 Schock Bretter, 8–817 Böden, 128660 Bürden Pfähle, 432400 Schindel. Nach dem 11 jährigen Durchschnitte wird also jährlich verflößt 51863 Schock Bretter, 8781 Böden, 128660 Bürden Pfähle, 43240 Schindel. Nach dem in diesen Gegenden herrschenden Einkaufspreise kömmt das Quantum der jährlich auszuführenden Bretter auf 207457, der Böden auf 61467, der Pfähle auf 15432, der Schindel auf 476, somit das Ganze auf 284827 fl. fr. An dieser Summe bleibt als Arbeitslohn für die Bretter zu schneiden, die Böden und Pfähle zuzubereiten 2c. im Lande 71907

71097 fl. ferner 36000 für Holz, das aus den fürstlichen Forstämtern Cronach und Nordhalben abgegeben wird. Die übrigen 176830 fl. gehen für erkauftes Holz theils für die einheimischen Besitzer von Privathölzern, theils ins Ritterschaftliche und benachbarte Ausländische. Im Amte Cronach trift man durchaus Schieferberge an, bey Stockheim Kohlengebürge, und in der Gegend des Rosenberges häufig die schönsten Steinarten, die zu Wetz- und Schleifsteinen auch andern Werkzeugen zum Gebrauche der Künstler dienen. In Steinwiesen ist ein Eisenhammer. Eisenschiefer und Steinkohlen werden hauptsächlich als Ladungen auf die Flöße von den Flößern nach den Rhein- und Maynegenden geführt. Man darf darauf rechnen, daß aus den Kohlengruben zu Stockheim jährlich über 12000 fl. Steinkohlen ins Ausland gehen. Die Weinpfähle, Bretter, Latten, Bohlen, Blöcke werden von den Flößern nach den Mayn- und Rheingegenden geschwemmt. Sie schlagen auch auf ihrer Wasserreise die kleinen Kähne los, die sie zum Behufe derselben, und für diese Speculation in der Heymath verfertigen ließen. Sie verführen auch das im Innlande bereitete Eisen, und nehmen noch überdieß eine beträchtliche Quantität den Bayreuthischen und Reußischen Hammerwerken ab, um es auf ihrer Floßfarth mit Gewinne umzusetzen. Das Amt Cronach verfertigt gleichfalls viele Zeugweberarbeiten, und gebraucht hiezu meistens ausländische Wolle. Schloß Rosenberg, Stadt und Amt Cronach wurde von Ulrich von Marherrn an Kaiser Heinrich IV. übergeben, und von dessen Sohne Heinrich V. 1112 dem Hochstifte Bamberg geschenkt. Ueber das Amt Cronach ist mit dem im Hochstifte gewöhnlichen Einflusse ein Oberamtmann gesezt, der zugleich auch die Aemter Nordhalben und Wallenfels unter seiner Oberaufsicht hat. Diese Aemter haben den gemeinschäftlichen Namen der Hauptmannschaft Cronach, weil ehedem 1 Hauptmanne oder Commandanten der Veste Rosenberg die Befugnisse eines Oberamtmannes in diesem Bezirke zustanden. Der fürstliche Vogt handhabt die Jurisdictions- Zent-Steuer und übrigen Hoheitsbefugnisse. Dem Kastner ist die Verwaltung der fürstlichen Kammer- so wie dem Zolleinnehmer jene der Zollgefälle anvertraut. Das Forstamt zu Cronach hat die Aufsicht über 7, und jenes zu Steinwiesen, auch das Forstamt Nordhalben genannt, über 6 Revieren. In Hinsicht auf kirchliche Verfassung bilden die Aemter Cronach, Nordhalben, Fürth am Berg, Rothenkirchen und Teuschnitz mit den eingeschlossenen ritterschäftl. Besizungen ein eigenes Landcapitel von 20 Pfarreyen.

Das Amt Cronach umfängt 1 Stadt, 29 purificirte, 1 mit Unterthanen eines andern fürstlichen Amtes vermischte, 4 einer einheimischen landsässigen Körperschaft zugethane, 6 mit fremdherrischen Unterthanen vermischte Dörfer, und 21 Einzeln.

Cronach, Kronach, durch die Landessprache so aus Cronach, Kranach gebildet, lat. Coronacum, eine Stadt mit Mauern, Thürmen und 3 Vorstädten, an dem Zusammenflusse der Cronach, Haßlach

Haßlach und Robach, am Fuße der Veste Rosenberg, 14 Stunden von Bamberg, Sitz eines Ober-, Vogtey-, Kasten-, Forst- und Zollamtes, dann eines Bürgerrathes. Zu den öffentlichen Gebäuden gehören die Pfarrkirche, die deutsche, lateinische und Mädchenschule, das Franziskanerkloster, der Kastenhof, das Rathhaus, eine Kapelle, das Spital, das Lazareth- und Siechhaus. Die Pfarrey, an der ein Pfarrer, ein Beneficiat, 3 Kaplänie angestellt sind, gehört zur Bambergischen Diöcese, und von ihr hat ein eigenes Landcapitel seinen Namen. In Cronach herrscht viel Betriebsamkeit. Hiezu trägt die Landstraße von Nürnberg nach Leipzig, und der Zusammenfluß der genannten drey Flüßchen vieles bey. Holz-, Bretter-, Steinkohlen-, Schiefer-, Eisen-, Pfahlhandel, die Zeugmacherarbeiten, die Braneren, der Haferhandel sind die vorzüglichsten Erwerbszweige. Es ist hier auch eine Post angelegt, und jährlich werden 13 Waaren- und Viehmärkte gehalten. Unter den Handwerkern der Stadt machten sich die Büchsenmacher berühmt. Lucas Cranach, den Deutschland als einen seiner ersten Mahler schätzt, war aus dieser Stadt gebohren. Die Bürgerschaft, die dermal noch die Stadtwachen selbst besetzt, zeigte in allen Belagerungen großen Muth, Klugheit und Standhaftigkeit. Sie vertheidigten ihre Stadt 1430 gegen die Anfälle der Hussiten, späterhin gegen die Anfälle des Markgraf Albrecht von Brandenburg, dann im 30. jährigen Kriege gegen 5 Angriffe der Schweden, der Markgrafen von Culmbach, der Herzoge von Coburg, und der mit ihnen verbündeten Bambergischen Edelleute, worunter 3 regelmäßige Belagerungen waren, ohne alle Unterstützung vom Militär. Für eine so ausgezeichnete Tapferkeit schenkte Wallenstein der Stadt die 2 vom Kaiserl. Fiscus eingezogenen Redwitzischen und Wilbensteinischen Rittergüter. Theilsewort und Weißenbrunn, welche Schankung auch Ferdinand III. 1634 bestättigte. Allein da der Fürstbischoff Franz von Hatzfeld, besonders aber das Domcapitel sich der beyden nun wieder zur catholischen Religion und der kaiserl. Parthey übergetretenen von Redwitz und Wildenstein als ihrer Vettern treulich annahmen, so erhielt die Stadt 1638 statt jener beyden schönen Güter die 2 dem Hochstift heimgefallene Güter, Stockheim und Haßlach, mit dem Bedinge, 10 Soldaten für den Fürsten zu halten, und von den auf dem Gute Haßlach haftenden 6000 fl. Schulden die Hälfte zu übernehmen. Die Stadt erhielt noch überdieß vom Fürstbischoffe Melchior Otto Voit von Salzburg ein neues Stadtwappen, eine schwere goldene Kette mit seinem Brustbilde, und die Erlaubniß, daß der Stadtrath bey Feyerlichkeiten solche Kleidungen tragen dürfe, als die Rathsherren zu Köln und Nürnberg, und daß mit dieser Kette jeder regierender Bürgermeister nach seiner Wahl investirt würde. Auch Ferdinand III. schenkte in der Folge dem Stadtrathe eine goldene Kette mit seinem Brustbilde, und beyde trägt bey Feyerlichkeiten nebst dem vorbeschriebenen Habite der regierende Bürgermeister um dem Hals. Die Bür-

Bürgerschaft erhielt das ausschließende Braurecht in der ganzen Hauptmannschaft Cronach, und ist jetzt dieses eines der wichtigsten Nahrungszweige der Stadt.

Cronau, s. Alten Cronau.

Cronhof, (der) im Anspachischen Kammeramte Hohentrübingen mit 1 Unterthanen.

Crossenau auch Grossenau, einem Herrn von Hirschberg gehöriges Dorf im Kammer-Amte Münchberg, das die Gerichtsbarkeit hier hat.

Crottendorf, Weiler im Kameralamte Bayreuth. Die Einwohner pfarren nach Bindloch.

Crumbach, ein mit der niedern Vorhmäßigkeit der Abtey Langheim, mit der Landeshoheit dem Hochstifte Bamberg zugethanes, und zum Amte Tambach gehöriges Dorf.

Crumbach fränkisch im Ritterorte Odenwald, gehört der Familie von Gemmingen.

Culenfells, Bayreuthisches Dorf bey Pegnitz, eine Stunde davon gegen Erlang.

Culmhof Bayreuthisches Dorf, in das Kreisamt Bayreuth gehörig.

Culm, die Rauhe- und Culm die Schlechte oder Hohe, sind 2 Schlösser, in deren Mitte das Städtlein Neustadt liegt. Beyde gelangten in der brüderlichen Erbtheilung an Burggraf Albrecht.

Culmbacher. (der) Kreis, ihm sind einverleibet:

1) das Kammeramt Culmbach. Es begreift in sich
  a) das Kastenamt Culmbach mit der Verwaltung Burghaig.
  b) das dasige Klosteramt und
  c) das Abteramt Himmelcron, soweit deren Unterthanen in dem Culmbacher Kammeramtsbezirke liegen.
  d) die Vogtey Wirsberg und
  e) die Vogtey Seubelsdorf.

2) das Kammeramt Sanspareil. Dahin gehört
  a) das Kastenamt Sanspareil
  b) die Verwaltung Casendorf.

Culmbach, die Stadt, Culmnach, auch Kulm a, Culmenhachium, auch Culmen Bacchi, wegen des an den Bergen befindlichen Weinwachses, die zweyte unter den sechs sogenannten Städten des Fürstenthums Bayreuth und ehemalige markgräfliche Residenzstadt. Sie liegt am weissen Mayn in einem fruchtbaren und schönen Thale, das sehr fruchtbar an Wiesen zur Viehzucht ist, die Berge sind hoch hinauf mit lauter Obstbäumen bepflanzet, deren Früchte, wegen der guten Lage an der Sonne, sehr schmackhaft sind. Man nennt diese Plätze hier allgemein R e l t h e n. Die Culmbacher Zwetschen sind unter dem Namen Wein- oder Bergzwetschen vor allen andern beliebt, und werden ganze Wagen voll nach Hof und Bayreuth grün und getroknet, getroknet allein aber, nebst anderm getrokneten Obste, nach Böhmen und Sachsen gefahren. Zwey hohe aber sanft gewölbte Bergrücken längs dem Mayn, findersk vor 6 oder 8 Jahren urbar gemacht, und mit Obstbäumen und Weinerben bepflanzt worden. Die Stadt besteht aus 402 Häusern, worin 2670 Seelen wohnen. Leonhardi nimmt 450 Häuser an, wenn die Strassen größtentheils gerade, rein, hell und gut gepflastert. 1791 waren hier 29 Getraute, 14 Gebohrne und 80 Gestorbene, und gegen 3000 Einwohner. Der Markt ist ein großer, ganz ebener, viereckigter Platz, der sehr gut in das Auge fällt. Die Häuser sind zwar nach alter Art gebauet, aber massiv. Die Hauptnahrung ist Brauerey, Viehzucht auf den benachbarten sehr schönen Wiesen, Obstbau, viele Gerbereyen und Lederarbeiten. Die hiesigen Rothgerber handeln stark mit Leder auswärts, besonders auf die Leipziger Messen. In der Stadt ist auch eine schöne Buchdruckerey von 3 Pressen. Sie ist jetzt der Sitz eines eigenen Kreisamts, welches aus zwey Kammerämtern besteht. S. Bayreuth das Fürstenthum. Sie hat einen Superintendenten mit 3 Diaconis, unter dem 24 Pfarrer stehen. S. ebenfals B. das Fürstenthum. An der hiesigen lateinischen Schule arbeitet ein Rector, der den Titel eines Professors führt, ein Conrector mit 2 Collegen. Das Stadt-Rathscollegium besteht aus vier Bürgermeistern, dem Syndicus, 8 des innern- und 6 des äußern Rathes. Hier wohnt auch ein Kreis- und Stadtphysicus. Die Katholiken haben in dem nach Langheim gehörigen Mönchs-hofe ihre gottesdienstliche Uebung. Der sogenannte Pater Kanzley-director besorgt die vielen Einkünfte an Gülten und Zehenden in der Stadt und den vielen Orten der dasigen Gegend. Auf dem Platze des Mönchshofs mag das Augustinerkloster gestanden haben, das Burggraf Johann zu Nürnberg 1340 in Culmbach gestiftet hat, dessen auch in Luthers Leben gedacht wird. Die Stadt kam 1248, nach Absterben der Herzoge von Meran, an die Grafen von Orlamünde. Leztere verpfändeten es anfänglich an die Burggrafen. 1338 wurde die Verpfändung dahin vergrößern, daß, wenn Graf Otto von Orlamünde ohne Erben stürbe, dieser Ort, nebst einigen andern, an Burggrafen Johann den II. fallen solle, welches auch geschehen ist. 1430 wurde die Stadt von den Hußiten verheeret. 1554 wurde der Ort, nebst der Festung Plaßenburg, nach langwieriger Belagerung erobert und geschleift. S. Plaßenburg. 1634 wurde sie durch den kaiserlichen General Lamboy erobert, und 1708 durch einen großen Brand sehr verwüstet.

Culmberg, Einzeln im Bayreuther Kreise. Die Einwohner pfarren nach Gesees.

Culmhof (der) eigentlich der Obere, hat 2 Häuser und 2 Scheunen mit 14 Einwohnern, die nach Mistelgau pfarren.

Culmiz, ritterschaftliches Dorf, 2 Stunden von Schauenstein, gegen Schwarzenbach am Wald und 4 Stunden von Hof, kam von den von Reitzenstein an das fürstliche Haus. Jetzt besitzen solches die Herren von Waldeck als ein Brandenburg-Bayreuthisches Mannlehen u. Amtsäßig. Die Obergerichte hat das Vogtey-Amt Naila, dahin auch die Wehr Zollstätte gehört. Es besteht aus 24 Häusern u. 130 Einwohnern. Darunter sind 2 Mahl- u. 2 Schneidmühlen, am Flüßchen Selbiz.

Cunreuth, evangelisches Pfarrdorf mit einem Schlosse und Amte des gräflichen und freyherrlichen Geschlechts von Egglofstein, dem Ritterorte Gebürg einverleibt, und mit der Zent hinter das Bambergische Amt Vorcheim gehörig.

Cunreuth oder Runreuth, Dorf im Bambergischen Amte Stadt-Steinach

Steinach. Die Unterthanen sind ganz der Bambergischen Landeshoheit, welche das Amt Stadt-Steinach ausübt, unterworfen, und pfarren nach Wartenfels.

Custenlohr, evangelisch-lutherisches Pfarrdorf im Uffenheimer Kreise des Fürstenthums Ansbach, mit 26 dahin gehörigen Unterthanen; einer ist fremdherrisch.

D.

Was unter dem Buchstaben D umsonst gesucht wird, schlage man unter dem Buchstaben T nach.

Daberobach, Weiler, im deutschmeisterischen Amte Virnsberg.

Dachsbach, an der Aisch gegen Höchstädt zu, 4 Stunden von Neustadt, ist ein grosser Marktflecken mit einer Pfarrkirche, ehemals der Sitz des Kastenamts, nebst einer Steuer- und Accis-Einnahme, das nun dem Kammeramte zu Neustadt an der Aisch einverleibt ist.

Dachsbach, auch Darbach, das Obere und Untere. Die Einwohner pfarren nach Dottenheim. Es liegt zwey Stunden von Neustadt an der Aisch gegen Windsheim.

Dachstadt, Nürnbergisches Dorf und ehemaliges Stammhaus eines ausgestorbenen adelichen Geschlechts gleiches Namens, an dem Flüßchen Schwabach bey Gräfenberg gelegen, im Amte Hiltpoltstein, hat 20 Unterthanen. Das Hochstift Bamberg besitzt hiervon nur einen einzigen, der in das Amt Regensperg gehört, nebst mehreren Lehen, die dahin versteuert werden müssen.

Dächheim, ein der Würzburgischen Probstey Heydenfeld zugehöriges Dörfchen am rechten Ufer des Mayns, 3 kleine Stunden unterhalb Schweinfurt, von 10 Häusern und 9 Unterthanen, die meistentheils vom Getraidbaue sich ernähren. Es ist eine Tochterkirche von Wipfeld. Die Felder sind hier sehr ergiebig. Es wächst auch etwas Wein. Die Einwohner haben ungewöhnlich starke Abgaben an das Kloster zu entrichten.

Däffermühle, auch Pretrmühle genannt, Eichstättische zum Pfleg- und Kastenamte Sandsee Pleinfeld steuer- zur Kanzley Rebdorf aber lehen-zins- und gültbare Stabmühle, liegt an der sogenannten Mühlstrasse zwischen Pleinfeld und Mühlstetten, um welche, als den gemeinschaftlichen Mittelpunkt, die Betz-Meisleins- und Seemansmühle in einem halben Zirkel herum liegen.

Dällheim, Dälheim, in gemeinen Leben Dälem, darf mit Thalheim bey Randersacker nicht verwechselt werden. Zum Unterscheiden wird es daher oft Thalheim ob Schwanfeld, Markttheilheim geschrieben. Man sollte D á l h e i m schreiben; denn es liegt auch in einer Vertiefung, nach einer fränkischen Spracheigenheit Dalle und soll also wie Thalheim einen Ort bezeichnen, der in einer Vertiefung von kleinen Bergen umschlossen liegt. Dieses katholische Kirchdorf, die Mutterkirche ist zu Wipfeld, liegt zwischen den Würzburgischen Amtssitzen Schwanfeld und Werneck und ist eine Domkapitelische sogenannte Erbolei. Seit 1780 besitzet es der Würzburgische Domherr Friedrich Karl Josef von Giebelstadt Darrstadt. 1474 besassen es, als Domherren zu Würzburg, die Herren von Grumb und von Lichtenstein gemeinschaft-

Dällheim

meinschaftlich. Unter ihnen kam der ganze Zehend des Dorfes an die Probstey Heydenfeld, den Gottesdienst dafür zu besorgen. Dann waren gemeinschaftliche Besitzer die Herrn Grafen von Stamm und von Brand, hierauf ein Herr von Thüngen, dann ein Volk von Rieneck. Durch diesen kam es bis auf das Jahr 1780 an die Familie von Erthal. Die Zent in den 4 hohen Rügen gehört in das Würzburgische Zentamt Clingenberg = Schwanfeld. Seit 1748 sind dem Orte zwey Krämer = Märkte und alle vier Wochen ein Viehmarkt gestattet. Man zählt hier 62 grosse und kleine Häuser, in welchen 420 Seelen wohnen, darunter 180 jüdische sind, die an die Erbobley-Herrschaft Schuz erhalten und bezahlen. Der Wohlstand der Juden ist gering. Die Christen nähren sich vom Ackerbau und etwas Weinbau. Die Abgaben der Einwohner sind mannichfach. Die Erbobley = Herrschaft erhebt hier 30 Malter Korn = und Hafergült, etwas Grundzinns, von allen verkauften Gütern den Handlohn zu 5 Pr. Cent Laesio, und geniesset die Jagd. Das Hochstift Würzburg erhebt Schatzung, Rauchpfund und Servise, die Probstey Heydenfeld und die Pfarrey zu Wipfeld den grossen und kleinen Zehenden, über dieses das Dietericher Spital zu Würzburg, Heydenfeld und das Domcapitellsche Receptoratamt zu Würzburg zusammen bey 90 bis 100 Malter Gült. Die Kirche ist 1760 neu erbaut. Die Juden haben eine Synagoge und die Erbobleyherrschaft ein ansehnliches 1748 neu erbautes Haus, das aber Privateigenthum ist. Nach einer alten Sage soll in hiesiger Ge-

Daffersbach

gend vor vielen 100 Jahren ein Dörfchen, Namens Etelshofen, gestanden haben. Das Dörfchen versank, und die Flurmarkung desselben soll unter den benachbarten Dörfern, Dählheim, Schwanfeld, Eßleben und Waigoldshausen vertheilt worden seyn. Auf der Markung von Dählheim scharrten lange nachher die Schweine eine Glocke aus der Erde, die vor 1K Jahren noch daselbst geläutet wurde. Daher soll die Glocke im Dorfs = Siegel zu Dählheim ihren Ursprung haben.

Daffersbach, auf der Vetterischen Karte Dabrisbach, Weiler im Bezirke des Neustädter Kreises im Fürstenthum Bayreuth, pfarrt nach Trautskirchen.

Daggenbach, auch Daggenbach, im Deutschmeisterischen Amte Virnsberg. Die Einwohner pfarren nach Trautskirchen, im Neustädter Kreise des Fürstenthums Bayreuth.

Dahefeld, auch Dahenfeld, katholisches Pfarrdorf des deutschen Ordens. Es gehört in das Amt Neckarsulm und der Pfarrer in das Würzburgische Landkapitel gleiches Namens.

Daibach, auch Dainbach, deutschordisches Kirchdorf im Amte Bobach.

Dallau, katholisches Pfarrdorf des Würzburgischen Landkapitels Moßbach.

Dambach, gemeinhin Donbach, auf der Vetterischen Karte Thornbach, Pfarrdorf an der Regniz bey Zirndorf, eine Stunde von Nürnberg; es ist meistens Nürnbergisch, doch sind auch 12 Ansbachische Unterthanen darinnen.

Dambach, Pfarrdorf von 31 Unterthanen im Ansbachischen Kameralamte Wassertrüdingen; dahin

tum hat Eichstätt 6 zum Ober- und Vogtamte Ahrberg Kronheim gehörige Absperg 1, Deunenlohe 1 und Dinkelsbühl 1 Unterthanen.

Dammelhof, einzelner Hof im Budischen Quartier unweit Geröfeld, wohin die Einwohner pfarren. Er hat 4 Wohnungen und 24 Seelen.

Dammühl (die) unfern dem Bayreuthischen Marktflecken Schnabelwaid. Die Einwohner pfarren ebenfals dahin.

Dampfach, ist ein ganerbschaftlicher Ort von 50 Häusern; die Ganerben sind Graf von Castell zu Rüdenhausen, Baron Fuchs zu Bimbach, nebst den Abteyen Ebrach und Therés: Würzburg hat 2 Jahre nach einander das Direktorium, einmal wegen seines Antheils, das andere mal, wegen eines von Bamberg eingetauschten Antheiles. Er hatte 1794 143 Seelen. Castell kaufte seinen Antheil an diesem Dorf im 16ten Jahrhunderte von dem Herrn von Vestenberg. Die Einwohner nähren sich hauptsächlich vom Getraidbaue. Die von Fuchs besitzen 9 Haushaltungen, die in das Amt Bimbach gehören.

Dangeshäuser, Weiler, unweit des Bayreuthischen Fleckens Thierstein am Tietersbach im Wunsiedler Kreise.

Danhausen, ein Ansbachisches Pfarrdorf im Gunzenhauser Kreise bey Absperg gelegen. Den Kirchensatz allda hat im Jahre 1667 der eichstättische Fürstbischoff Marquard II ein Schenk von Kastell dem Herrn Gottfried zu Holz zu Lehen verliehen.

Danhausen, Weiler im ehemaligen Ansbachischen Richteramte Stauf von 11 Unterthanen. Darinn sind 2 eichstättische zum

Pfleg- und Vogtamte Titting-Raittenbuch gehörige Unterthanen.

Dannberg, Dorf im Bambergischen Amte Herzogenaurach von einigen Häusern. Gehört zu denen Oblay-Ortschaften, wo das Bambergische hohe Domkapitel Lehenherrlich- und niedere Vogteylichkeit, das Amt Herzogenaurach aber die Landesherrlichkeit, Steuer, Handwerks-Sachen, Zent ꝛc. ꝛc. auszuüben hat.

Danndorf, im Ritterorte Gebürg, gehört den Herren von Eglofstein.

Dannhausen, eine bayerische Hofmark zum eichstättischen Kastenamte Jettenhofen gehörig, von etlich und 30 Haushaltungen, liegt eine Stunde von Jettenhofen gegen Norden entfernt, zwischen der Freystatt, und Ohausen. Es ist darinn ein Gottes-Pfarr- und Schul- zugleich Mesnershaus, eine 2 stöckige herrschaftliche Wohnung für die Hofmarksamtirung, und eine fürstliche Zehend-Scheune.

Dannhausen war ein adelicher Sitz, und das Stammhaus der adelichen Familie, die sich davon schrieb. So hat z. B. Albrecht von Dannhausen, der Räuber genannt, im Jahre 1255 die von seinen Voreltern ererbte Zinsleute zum Affra-Altar in der Domkirche zu Eichstätt hergeschenkt. Im Jahre 1398 verkaufte Schwaiger der jüngere von Gundelfingen die Veste, und das Dorf Dannhausen um 1900 Rhn. Gulden an Bischoff Friedrich IV. in Eichstätt, einem Grafen von Oettingen.

Im Jahre 1459 vermachte Hilpold von Stein der ältere und sein Sohn Hilpold dem Kloster Plankstetten zur Kapelle, genannt: das Grab am Schlüssen-berg, 1 Gut zu Dannhausen.

Dannhof, (der) im Ansbachischen Kameralamte Windspach von einem Unterthanen.

Dannstein, s. Tannstein.

Dannwerig zwey kleine Stunden vom Bambergischen Amte Herzogenaurach.

Dantel, Eichstädtischer zum Pfleg- und Kastenamte Obermässing gehöriger Weiler von einem Paar Haushaltungen, liegt gleich hinter der nördlichen Seite des Obermässinger Schloßberges.

Danzenheid, oder vielmehr Kellerhof, Dörfchen im Bambergischen Amte Herzogenaurach. Danzenhaydt ist ein Reichslehen des Hrn. Grafen von Pückler, mit einem Schlosse, 3 Stunden von Neustadt an der Aisch. Zu dem dort stehenden Kellerhause gehört ein ganzes Feld-Lehen, dem Hochstifte Bamberg mit Steuer, Lehenherrschaft ꝛc. ꝛc. gleich einem andern Baurenguth zugethan; und wird per portatorem verliehen.

Darmbach, im Ritterorte Odenwald.

Darrstadt, katholisches Pfarrdorf im Ritterorte Odenwald, in der Gegend von Ochsenfurt und Winterhausen, dem adelichen Geschlechte Zobel von Giebelstadt von der Messelhäuser Linie gehörig; diese hat hier ein schönes Schloß, Seen, Schäferey und Hofguth. Der Vormünder der damals minderjährigen Herrschaft, Domdechant Zobel zu Würzburg, hat hier überhaupt eine musterhafte Oekonomie angelegt, vorzüglich im Kleebaue. Es war eine gewisse Art von Schneid-Mühlen eingerichtet, worauf man den Klee in eine bey 90 Fuhren haltende große Kufe einschnitt, diesen wie Sauerkraut einsalzte und zum größten Nutzen verfütterte; die Schweizerey war daher eben so schön, als zahlreich. Nach des Vormunders Tode ist diese Einrichtung eingegangen und die ganze Masse des Guthes verpachtet worden; auch hat die Schweizerey vieles durch die Viehseuche gelitten; die Familie Zobel hat einen Amtsverwalter hier und übt über die Pfarrey, welche unter dem würzburgischen Landkapitel Ochsenfurt steht, die Patronats Rechte aus. Die Zahl der Bewohner ist beyläufig 70, welche Söldner heissen, mancherley Frohndienste an dem herrschaftlichen Guthe leisten müssen, dessen ungeachtet aber doch ziemlich bemittelt sind; es herrscht unter ihnen der bekannte Luxus der sogenannten Gau-Bauern; die Männer tragen am Festtage einen blauen Rock, sonst schwarze, auch weißgebleichte leinene Kittel; die Weiber feine Kopftüchelchen, Spitzenhauben, bordirte Mieder. Der Ackerbau erstreckt sich über folgende Getraid-Sorten: Korn, Waitzen, Gersten, Schottenwaaren, und wird meistens mit Pferden verrichtet; der wenige Weinbau ist ganz unbeträchtlich. Ansbach und Würzburg haben hier auch einige Unterthanen.

Daschendorf, ein an das Hochstift Bamberg gediehenes Rittergut, in einem Schlosse und Dorfe bestehend. Das Schloß ist mit einer Kirche versehen. Es gehört dermal unter das Amt Baunach. Von allen an das Hochstift gediehenen Rittergütern giebt dieses den Rittercantonen die Rittersteuer. Sind es aber heimgefallene Lehen, so zahlt das Hochstift an den Canton nur zwey Drittel der Rittersteuer. Das dritte Drittel fließt in die Hochstiftscaffe. Der ganze Ort besteht aus 21 Mann.

Daschendorf, ein zum Bambergischen Domprobsteyamte Burgellern gehöriges Dorf, worinn auch das Bambergische Amt Memelsdorf Unterthanen besitzt.

Dasenbach, Erpachischer Weiler, 3 Stunden von Erpach gegen Aschaffenburg am Flüßchen Breltenbach.

Dattelhof, (der) Einzeln mit 1 Unterthanen, unweit Schwaningen im Fürstenthum Anßbach.

Dattensol, der Hof Dattensoll, von 6 Bauern, in der Markung des zum Würzburgischen Amte Ernstein gehörigen Dorfes Rüdesheim.

Dautenwind, Eichstädtischer zum Stadtvogtey- und Probstamte Herrieden gehöriger Weiler, liegt eine Stunde nördlich von Herrieden, theils auf dem Martinsberge, und zur dortigen Martinskirche eingepfarrt, theils unterhalb desselben. Es wird deßwegen dieser Weiler, Weiler in dem Obern und Untern, oder in Ober- und Unter-Dautenwind eingetheilt, wovon jener aus 10, dieser aber aus 4 Haushaltungen besteht.

Debernborf, Weiler in einer höchst angenehmen Gegend mit einem fürstl. Lustschlosse, Garten u. Eremitage und eilf in das Anßbachische Kammeramt Cadolzburg gehörigen Unterthanen, zwey sind ritterschaftlich. Die dort befindliche ansehnliche Bierbrauerey wird für herrschaftliche Rechnung geführt. Anßbach erkaufte diesen Ort 1756 von dem kurköllnischen Kammerherren und Vasallen Georg August Karl von Diemar.

Debersdorf, im Bezirke des Würzburgischen Oberamts Schlüsselfeld liegendes Dorf, hinter dem Steigerwald. Die Würzburgischen Unterthanen stehen unter einem Burgermeister.

Debring, Dorf im Bambergischen Amte Schlüßlau, das darüber die Hoheits- und Oberlandesvogtey rechte handhabt. Debring gehört in die Pfarrey Aurach und in Zentfällen nach dem Stadt-Zentamte in Bamberg. Die niedere Vogtey gehört dem Bambergischen Domcapitel, und die Einwohner legen, wie es in dergleichen Fällen immer ist, ihre Berufung von den Aussprüchen des domcapitelichen Kasners bey hochfürstlicher Regierung ein. Es befindet sich allda eine Mühle und ist der Flur dieses Orts an Getraid, Wiesen und Obstwuchs von mittelmäßigem Ertrage.

Dechendorf, Eichstädtischer Weiler in dem Fraischbezirke des ehemaligen Anßbachischen Oberamts Schwabach gelegen, und zum Pfleg- dann Kastenamte Abenberg gehörig, welches nebst 5 Unterthanen die Dorfs- und Gemeindsherrlichkeit, dann den Hirtenstab allda hat; das Collegiatstift Spalt erhebt daselbst den großen und kleinern Zehend, das Kastenamt Abenberg aber jährlich den Schutzwaizen. Es liegt dieser Weiler 3 Stunden von Abenberg gegen Norden, wovon auch der zwischen demselben und Veitsaurach gelegene Eichstädtische Wald seinen Namen her hat. 4 Unterthanen sind Anßbachisch und gehören nach Schwabach.

Deckerreuth, Bambergisches Dorf im Amte Stadt-Steinach; die Pfarr-

Pfarrgerechtigkeit und Zentgerichtsbarkeit gehören nach dem Bambergischen Amte Wartenfels, die übrigen Landeshoheitsrechte über das Amt Stadtsteinach aus.

Deckersberg. Nürnbergisches Dorf zwischen Engelthal und Reicheneck, 1 Stunde von Hersbruck, wohin es auch mit der Obrigkeit gehörig.

Deegendorf auch **Teckendorf,** Bambergisches Dorf oberhalb Lichtenfels, seitwärts der nach Sachsen führenden Landstraße. Die Vogteylichkeit übt die Bambergische Abtey Langheim durch ihre Stiftskanzley, die Fraiß, Steuer und Hoheitsrechte das Bambergische Amt Lichtenfels.

Defersdorf, kleines Dorf, mit einem in Ruinen liegenden Burgstall, nahe an der Straße von Nürnberg nach Heilbronn, und seitwärts an Buschschwabach und Weißmannsdorf, im Amte Rostall, nun Cadolsburg, gelegen. Ehedin besaßen dieses Rittergut die Herren von Schobbes, dann kam es an einem Mußnamen in Ansbach, und 1566 erkaufte es Albrecht von Scheurl, mit den Rechten der Vogteilichkeit und Gemeinherrschaft. Im Jahre 1649 machte es Gabriel von Scheurl der jüngere, zu einem FamilienFideikommiß, und Christoph Wilhelm Scheurl der erste, schuf es im J. 1687 mit mehrern Gütern zu einem Majoratsgute. Der Ort selbst hat nur 10 Mannschaften, eine Ziegelbrennerei und ein sehr unbedeutendes Herrenhaus. Das Dorf liegt in einem Thale zwischen zween Hügeln, hat keinen Fluß, aber mittelmäßigen kalten Sand und Mergelboden, welcher durch häufigen Dung verbessert werden kan. Die wenigen Wiesen sind meist

mager, aber der Holzwachs ist gut. Die Einwohner nähren sich von Getraidbau und Viehzucht, und sind nach Rostall gepfarrt. Im J. 1796 hat der König von Preußen diesen Ort occupirt, und alle landeshoheitliche Rechte der Reichsstadt Nürnberg, nach einem 230 jährigen ruhigen und unangefochtenen Besitz, entzogen.

Deffersdorf, Weiler mit 14 Ansbachischen Unterthanen im Cameral Amte Feuchtwang.

Degelhof, s. das Mehrere davon unter dem Worte Bütz.

Degenreuth, Bayreuthisches Dörflein in dem Kreisamte Hof, und zu eben demselbigen Cameral Amte gehörig von 5 Häusern und 21 Einwohnern.

Deggersheim, evangelisch lutherisches Pfarrdorf, im Bezirke des Ansbachischen Cammer Amts Herrentrüdingen, wohin es mit 42 Unterthanen gehört.

Degmarn am Kocher, katholisches Pfarrdorf, dem deutschen Orden zuständig. Es gehört in das Amt Heilbronn.

Dehnberg, Denberg, Nürnbergisches Dorf im Amte Lauff, eine Stunde davon gegen Gräfenberg, hat eine Capelle.

Deidenberg, soll eine Stunde von Ebrach gegen Schweinfurt seyn.

Deinfeld s. **Theinfeld.**

Deiningen, großes Dorf im Oberpfälzischen, 1 Meile von Neumarkt gegen Regensburg, worinnen auch Nürnberg Unterthanen hat.

Deinsdorf, liegt im Nürnbergischen Amte Hersbruck, 3 Stunden davon gegen Sulzbach.

Demantsfurth s. **Diemetsfurth.**

Demetshof, Dietmannshof, Eichstädtischer Hof, und ein geringes Gütlein dabey, in der Fraische des Ansbachischen Kammer Amts

Gunzenhausen, zum Pfleg- und Kastenamte Wernfels Spalt gehörig, liegt 1/2 Stunde östlich von Altenmuhr zwischen einem Berg und Wäldlein.

Demmelsdorf, Bambergisches Dorf im Amte Scheßlitz, eine halbe Stunde von dem Städtchen gleiches Namens. In diesem Orte befinden sich auch 10 gräflich Blechische häusliche Lehen, auf welchen den Grafen von Blech zu Thurnau die vogteyliche Gerichtsbarkeit innerhalb der 4 Pfählen zustehet. Alle übrige Gattungen von Gerichtbarkeit, wie solche immer Namen haben mögen, übt im Amt Scheßlitz daselbst aus. In diesem Orte sind auch viele Juden, die gegen 26 Familien ausmachen.

Denkendorf, Eichstättisches Pfarrdorf von etlich und 50 Haushaltungen zum Ober- und Kastenamte Hirschberg Beilngries gehörig, macht eine eigne Ehhaft mit den Ortschaften Bdz und Dörndorf aus, und liegt von Eichstätt 5 Stunden östlich, von Beilngries aber 2 1/2 Stunden südlich entfernt an der bayerischen Gränze auf einem Berge zwar, doch in einer starken Vertiefung, die fast einem kleinen ganz flachen und kurzen Thale gleichet. Unter den Gebäuden ist die Laurenzi Pfarrkirche, der Pfarrhof, das Mesner und zugleich Schulhaus, dann das Wirthshaus zu bemerken, welches eine starke Losung hat, weil die Straße von München über Ingolstatt nach Böhmen und Franken durch dieses Dorf der Länge nach geht. Es wäre zu wünschen, daß diese Straße chaussirt, und bayerisch dann eichstättischer Seits mit dem Chausseebau gegen einander angebunden würde, weil diese einzige kleine Strecke von etlichen Stunden durch einen höchst elenden Weeg eine übrigens mehrere Reichskreise ununterbrochen durchlaufende Chaussée ganz allein unterbricht.

Dieses Dorf übergab Graf Gebhard von Hirschberg im J. 1304 mit dem Schlosse Hirschberg dem Bißthume Eichstätt und ist im Vergleiche vom Jahre 1305 ausdrücklich enthalten, welchen Eichstätt mit Bayern wegen des Schlosses Hirschberg, und dessen Zugehörungen geschlossen hat, so wie auch im Instrumente des Advocaten Hertwigs von Sinnenbach zu Hirschberg vom Jahre 1312 unter dem Namen Tenchendorf, worinn derselbe bekennet, daß seine Wirthin Anna die Güter allda zu einem rechten Seelgeding von dem Bißthume Eichstätt habe.

Denkendorfer Bühel, ist ein ganz isolirter, etlich und 40 Jauchert großer, fast ganz runder mit Holz bewachsener Hügel bei dem eichstättischen Pfarrdorfe Denkendorf im Amte Beilngries und gehört zur Forsten Kipfenberg.

Denkenfeld, im Bezirke des Bambergischen Amtes Burg Ebrach.

Dennenlohe, Tännenlohe, Tennelohe, Brandenburgisch auch Nürnbergisches Dorf im Walde, auf der Straße von Nürnberg nach Erlangen, 1 Stunde von letzterer Stadt, hat seine eigene, der Maria Magdalena geweihte Kirche, nach Nürnberg gehörig, welche von dem Nürnbergischen Pfarrer zu Eltersdorf versehen wird, dem ein Vikar zur Beyhülfe gegeben ist, und vor Alters seinen eigenen Adel, so sich davon geschrieben hat. Die Mannschaften gehören meistentheils nach Nürnberg, einige wenige gehören

in das Bayreuthische Amt Bay＝
reuthdorf. Eine Linie der Volkamer
hat einen Herrensitz in Tännen＝
lohe. Die Frühmesse daselbst hat
Johann Jpelthaler, Bürger in
Nürnberg, gestiftet, und das Pa＝
tronatrecht dem Magistrat in
Nürnberg am 3. Junius des J.
1468 übergeben. Eingepfarret ist
der Hasselhof.

Dennenlohe, Gräflich Griesisches
Rittergut mit 17 Unterthanen, hat
seinen eigenen von Ansbach zu
Lehen tragenden Fralschbezirk im
Kameral Amte Wassertrüdingen.

Dennenlohe, bey Bierbaum ge＝
gen Neumarkt, gehört dem Klo＝
ster Seligen Pfort.

Dennich, Tänig auf einigen Kar＝
ten, im Kammeramte Bayreuth;
die Einwohner pfarren nach Mi＝
stelgau.

Dennich, Weiler im Kameral＝
Amte Culmbach, wohin es auch
gepfarrt ist.

Denelein, evangelisch＝lutherisches
Pfarrdorf von 27 in das Ansba＝
chische Kameralamt Feuchtwang
gehörigen Unterthanen.

Denzhof, war ehemals ein Ho＝
heiloh＝Bartensteinischer eigen＝
thümlicher Hof im Amte Main＝
hard mit einer Schmelzerey.
Seit 50 Jahren aber ist er an
andere Eigenthümer verkauft. Er
besteht aus fünf Haushaltungen,
worunter ein herrschaftlicher Wild＝
meister ist. Aecker und Wiesen
sind hier gut.

Deps, Bayreuthisches Dorf im Kreis＝
amte Bayreuth. Die Einwohner
pfarren nach Harschdorf.

Dertlingen, evangelisch＝lutherisches
Pfarrdorf in der Grafschaft Werth＝
heim zwischen Holzkirchen und der
Stadt Werthheim, eine Stunde
von dem Würzburgischen Ober＝
amtsorte Homburg am Mayn ge＝
gen Bischoffsheim an der Tauber
gelegen. Die Lehenbarkeit aber die＝

ses Dorf erhielt der eichstättische
Bischoff Berchtold, ein Burggraf
von Nürnberg, im Jahre 1355
von den Grafen Rudolph und E＝
berhard von Werthheim, weil er
dagegen den Kirchensatz zu Et＝
chel, welcher dem Bißthume Eich＝
stätt zu Lehen rührte, an das
Carthäuser＝Kloster zu Neuenzell
bey Werthheim überließ, und als
Graf Michael von Werthheim, der
letzte dieses Namens und Stam＝
mes, mit Tode abgieng, fiel be＝
meldtes Dorf dem Hochstifte Eich＝
stätt heim. Wie aber der eichstät＝
tische Bischoff Eberhard II von
Himbheim von den Unterthanen
allda Pflicht und Huldigung ein＝
nehmen lassen wollte, nahm Lud＝
wig Graf von Stollberg im Na＝
men seiner Tochter, der Wittwe
des letzten Grafen Michaels von
Werthheim, dieses Dorf in An＝
spruch, und kaufte dasselbe end＝
lich auf Vermittlung des Bischoffs
Melchiors zu Würzburg im Jah＝
re 1559 vom Bißthume Eichstätt
um 7500 fl. rheinisch. Die An＝
zahl der Nachbarn dieses Orts
und ihr Wohlstand ist beträchtlich.

Desmannsdorf Weiler, 1 Stu＝
be von Ansbach, wohin 14 Un＝
terthauen desselbigen gehören; ei＝
ner ist fremdherrisch.

Deßuben, die Einwohner pfarren
nach Bayreuth.

Dethau, Bayreuthisches Dorf. Da＝
selbst ist ein Oberförster.

Dertelbach, das Würzburgische O＝
beramt. Es grenzet gegen Mor＝
gen an das Würzburgische Ober＝
amt Oberschwarzach, und das e＝
hemalige ansbachische Kastenamt
Kleinlangheim; gegen Abend an
das Oberamt Proselsheim und
an die ritterschaftlichen Orte
Biebergau mit Euerfeld, ge＝
gen Mittag an das Ober＝ und
Zentamt Kitzingen; gegen Mit＝
ter

ternacht an das Oberamt Prosselsheim, ist größtentheils auf dem rechten Ufer des Mayns gelegen, und hat einen zum Feldbau sehr geschickten Boden, von schwerer Thonart. Die Hügel sind mit Weinstöcken bepflanzt, und die Einwohner nähren sich reichlich vom Wein und Fruchtbau. Die Gegend hat weiche, und harte Steine. An Holzungen ist kein Ueberfluß; die Einwohner des Amtes müssen ihre ansehnlichsten Holzbedürfnisse vom linken Maynufer aus dem Steigerwalde beziehen. Zum Feldbau und Zuge werden Ochsen gebraucht. Das Schlachtvieh wird größtentheils in diesem Oberamte selbst gezogen. Ausser dem Weinhandel und Brandwein-Brennereyen bestehen keine besondere Nahrungsgewerbe unter den Einwohnern dieses Oberamtes. Zu diesem Oberamte gehören zwey Städtchen, nämlich Dettelbach und Schwarzach mit 4 Dörfern, als Brück, Horblach, Neuses am Berg und Schnepfenbach mit einigen Mühlen und Höfen.

Dettelbach, in alten Urkunden Dietlibachum, Würzburgisches Städtchen am rechten Ufer des Mayns 4 Stunden von Würzburg und 2 Stunden ober Kitzingen gelegen, der Sitz eines fürstlichen Oberamts und Erzpriesters oder Landdechants, unter welchem 37 Würzburgische Pfarreyen nebst dabey befindlichen Beneficiaten u Kaplänen gehören. Die Zahl der bürgerlichen Familien beläuft sich auf 365, so ungefehr 1600 Seelen ausmachen. Diese nähren sich meistens vom Wein- und Getraidbaue. Die ausser dem Städchen befindliche Wallfahrtskirche, wohin jährlich zur Sommerszeit, zu dem dort befindlichen Marienbild, unter dem Kreuze des sterbenden Christus, ein grosser Volkszulauf geschiehet, verschaffen dem Orte vorzügliche Nahrung. Die Wallfahrt besteht seit 1504. Wirthe, Bäcker, Metzger, Kramer, Zuckerbäcker, Buchbinder u. dgl. stehen sich sehr wohl dabey. Bey dieser Kirche haben die Franziskaner Geistlichen den Gottesdienst zu versehen, und haben von daher in dem dabey gelegenen Kloster ebenfals ihren Unterhalt. Die Kirche sammt dem Kloster ward vom Bischoff Julius im Jahre 1613 erbaut. Unter dem Fürst-Bischoff Peter Philipp Graf von Dermbach, ward diesem Kloster untersagt, keine fremde Mönche, sondern nur Landeskinder dahin aufzunehmen. Daß die Theatiner Mönche allda sollen eingeführt worden seyn, wie Pastor. in Franon. rediv. sagt, hievon ist nichts bekannt. Es befindet sich auch ein bürgerliches Spital dahier, worinn gegenwärtig bis 40 Pfründner sind. Sonst hatte dieser Ort seine eigene Herren, die auch davor den Namen führten. Im 13 Jahrhundert erlangte das Hochstift Würzburg einen Theil daran, und ein gewißer Ritter Hanns von Dettelbach war im Jahre 1357 in so guten Umständen, daß er dem damaligen Bischoffe Albert II. zu Würzburg, gegen Verpfändung dessen Antheils an Dettelbach, dann an Brück und Schnepfenbach, zweyen dermaligen Amts-Ortschaften dieses Amts, dann gegen gewiße Gefälle zu Kitzingen, Maynbernheim und Reppersdorf, 1800 Pfund Heller geliehen hatte. Bald darauf kam aber das Hochstift zum gänzlichen Besitze von Dettelbach, und ward dieser Ort im Jahre 1484 vom Kaiser Friedrich zur Stadt erhoben.

Dettelsberg, Bambergisches Dorf. **Dettendorf,** liegt im Bayreutischen Amte Neustadt an der Aisch, eine Stunde davon gegen Dachsbach und ist denen zu Dangrieß zuständig; auffer einem bequemen herrschaftlichen Wohnhause, ist auch das Sartoriussche Laboratorium daselbst zu bemerken, worinnen besonders Vitriol- u. Schwefelsäure, dann auch Sublimat bereitet wird.

Detter, evangelisch-lutherisches Kirchdorf, das nach Zeitlofs pfarrt, im Kanton Rhön und Werra, der Familie von Thüngen gehörig. Es grenzt an das Fuldaische Amt Hammelburg, und liegt 2 1/2 Stunden davon gegen Nordwesten. Die Unterthanen, 140 Seelen, gehören in das Amt Zeitlofs.

Detwang, Rothenburgisches Dorf an der Tauber, eine viertel Stunde von der Stadt gegen Creglingen. Die Müller und mehrere Bewohner daselbst, sind mit dem Bürgerrechte belehen. 1744 wurden in der Pfarrey Detwang 435 und 1781, 555 Seelen gezählt. Der Gottesdienst wird daselbst abwechselnd von zwey Stadtdiaconis versehen. 1266 waren die Detwanger in die Rothenburgische Pfarrkirche eingepfarrt. Ehemals war daselbst eine Clause, oder Kloster, Benedictiner Ordens, welches sich 1397 in der Stadt Rothenburg Schutz begeben und jährlich 2 fl. Recognition entrichtet hat. 1399 wurde dieses an das Kloster zu Rothenburg verkauft, und in damaligen Kriegen hart mitgenommen, so, daß es gänzlich einging. Detwang wurde von Rothenburg 1383 von Leibold, Küchenmeister zu Nordenberg, nebst andern Orten und Befugnissen, für 7000 fl. erkauft. 1335 ist die Weyde zu Detwang vom K. Ludwig dem Teutschen Orden verliehen worden. Alle 6 bis 8 Jahren wird vom Rothenburgischen Steueramte daselbst Gericht gehalten. Dieses Gericht war in alten Zeiten lange halb mit Rothenburgischen, halb mit Teutschherrischen Personen besetzt, und wurde alle Jahre am Montage nach Purificationis Mariä den 3 Febr. in früherer Zeit aber zweymal des Jahrs, nemlich Montag nach Erauli und nach Allerheiligen zu Folge der eignen alten geschriebenen Detwanger Gerichtsordnung abgehalten. Das daselbst befindliche Zucht- und Waisenhausgebäude, welches der Stadt Rothenburg zugehört, ist seit kurzem eingegangen; die Waisen, die der Staat versorgt, werden nun auf eine zweckmässere Art der Aufsicht und Erziehung einzelner Familienväter oder Pflegemütter von unbescholtenem Ruf gegen gewisses verhältnißmäßiges Kostgeld anvertraut, und steht das Waisenstift unter guter Aufsicht. 942 nach Christi Judd hat Herzog Conrad III. von Franken, der sein Hoflager zu Rothenburg gehalten, bey Detwang auf der jetzt noch so benannten Turnierwiese, ein Turnier gehalten, welches durch die dabey anwesend gewesene viele Herzoge, Grafen u. Edelleute sehr glänzend gewesen; 538 Helme wurden dabey aufgetragen, die alle turnieren wollten; es dauerte mehrere Tage. In der sogenannten Zniche ist eine unterschlächtige Mühle, welche drey Mahlgänge und einen Gerbgang hat. Die Pulvermühle liefert weit und breit gesuchtes gutes Pulver.

Deuenbach, Weiler von 13 Steinbachischen in das Kameral-Amt Feuchtwang gehörigen Unterthanen.

Deulenberg. Eichstättisches zum Pfleg-

Pfleg- und Kastenamte Wernfels Spalt gehöriges Pfarrdorf von einem Dutzend Haushaltungen, nebst dem Gotteshause zu St. Wenzeslaus, dem Pfarrhofe und einem Schulhause; liegt auf einem hohen Berge, eine starke Stunde nordwestlich von Spalt, nicht weit ober dem Bergschloße und Dorfe Wernfeld, wie dann auch beyde Dorfschaften nur eine Gemeinde zusammen ausmachen.

Ehedem war ein starker Weinbau allda, dermalen wird aber da, wie im ganzen Fürstenthume Eichstädt, kein Wein mehr gebauet, in dieser Gegend tritt nebst dem Getreid vorzüglich der Hopfenbau an dessen Stelle, dagegen verdienen jetzt die unweit Deulenberg nördlich hin in und an den Feldern stehende gute Kastanienbäume, die einzige dieser Art im ganzen Bisthume Eichstädt, so wie auch die Mispeln, (Moespili) eine Meldung, welche in eben der Nachbarschaft der Kastanienbäume an Hecken und Stauden um die Felder herum häufig wachsen, und so gesund als geschmackvoll sind.

Die Güter dieses Dorfes kamen so nach und nach an Eichstädt; denn zwey Güter mit einem dazu gehörigen Weinberge allda kaufte der eichstädtische Bischoff Reimbolt ein Edler von Mülteuhar im Jahre 1284 von Albrecht von Rindsmaul zugleich mit dem Schloße Wernfels, und im J. 1301 Bischof Konrad II. ein Edler von Pfeffenhausen zwey Weinberge, zwischen dem Dorfe Deulenberg und dem Schloße Wernfels gelegen, vom Prämonstratenser Kloster in Rottenburg zum Hochstifte an. Im Jahre 1303 verkauften die Brüder Sibeto und Heinrich von Seylried das Lehen in Deulenberg, welches Hr. Kaufmann besaß, an eben diesen Bischoff und Herman von Breitenstein Engelhard von Stein, dann Hilpold von Solzburg und von Heimberg übertrugen denselben all ihr Eigenthums- und Lehensrecht darüber, als eine ewige Schankung, so, wie auch im nemlichen Jahre die Brüder Friedrich und Ulrich Grafen von Truhendingen gleiche Rechte an Eichstädt über 2 Lehen und 2 Weinberge allda abtraten, die benelter Bischof nebst andern Gütern um 100 Pfund Heller von den Kindern und Erben des Sibert Truchseß von Spielberg erkauft hatte. Im Jahre 1598 traf der eichstädtische Bischoff Johann Konrad von Gemmingen mit den Rittern von und zu Koraburg einen Tausch wegen etlicher Güter, Rechte und Nutzungen zu Deulenberg.

Drupellis, Bayreuthisches Dorf im Hofischen Kreis; solches besaßen vor Zeiten die Herren von Wallenfels.

Dtuedorf, Dorf, eine Stunde ober Eltmann. Das Bambergische Amt übt über dasselbe alle hohe und niedere Gerichtsbarkeit. Ein einziger Hof ist einer am Dome zu Bamberg gestifteten Vicareyleenbar, und derselben darüber die niedere Vogtey eingeräumt. Uebrigens ist bey allen dergleichen vom Domcapitel vogtbaren Lehenleuten zu bemerken, daß ihre Berufungen von den Urtheilssprüchen der aufgestellten Domcapitelschen Kastenämter unmittelbar an die Landesregierung gehen.

Deutenheim Dyttenheim in pago Regabucazui, herrschaftlich von Seckendorfisches evangelisch lutherisches Pfarrdorf an seuten

Ufer der Ehe, dem Ritterorte Steigerwald steuerbar. Das Dorf selbst hat 40 Häuser und ohngefähr 200 Seelen. Der Wiesenwachs ist sehr gut, das Ackerland hingegen verschieden. Doch gerathen alle Früchte. Die Gemeinde hat eine ansehnliche Waldung, die in 22 Schläge eingetheilt ist, und den Gemeindsleuten hinlängliches Brennholz gewährt.

Deutsche Hof, (der) ein dem Spital zu Schweinfurt gehöriger einzelner Hof, 1 Stunde von der Stadt gegen Osten. Er besteht aus einem ansehnlichen Bauernhause und der Wohnung eines Schäfers nebst den dazu gehörigen ansehnlichen Wirthschafts-Gebäuden. Der Mangel an Wiesen wird durch den Anbau des Klees ersetzt. Die Zugänge zu diesem Hofe sind meistentheils Alleenweise mit Obstbäumen der besten Sorten besetzt, und gewähren einen reichlichen Ertrag. Der deutsche Hof ist im Sommer ein Erlustigungsort der Schweinfurter.

Dichterthal, Thal im eichstättischen Landvogteyamte vor dem Baumfelder Hof gegen Pfintz her zwischen dem Eltersheimer Thal, wovon es durch die Reutschaft, und dem Geisenthal, wovon es durch die 12 Buchen getrennt ist.

Dickersbronn, Weiler, hat zwey zum Ansbachischen Kammeramte Fruchtwang gehörige Unterthanen, 13 sind fremdherrisch.

Didingen an der Tauber im Bezirke des Würzburgischen Oberamts Lauda.

Diebach, evangelisches Pfarrdorf auf Hohenlohischem Gebiete, welches 41 Gemeindrechte hat. Darunter sind 17 Hohenlohisch, 13 Rothenburgisch, 8 Brandenburgisch, und 1 Lochingerisches. Jeder Unterthan ist seiner Herrschaft gericht-, vogt- und schatzbar. Die Vogtey auf der Gassen und die Pfarrey ist Brandenburgisch. Die Fraisch, das Gemeindrecht und der Hirtenstab Hohenlohisch laut Vertrags von 1539. Der Zehend gehört laut Vertrags 1702 dem Rothenburgischen Spital. Die Erbschenkstatt und Badstube steht Hohenlohe zu. Die Untersuchung der Vergehungen und Verbrechen der Rothenburgischen Unterthanen hat Hohenlohe, hingegen die Strafe wird von beiden Herrschafften in separato eingezogen. Im Ort befindet sich ein Rothenburgisches Burgergut mit einem Schlößlein, welches für 3050 fl. vom Georg von Thein 1520 an Rothenburg verkauft worden. 1554 besaß es Wolfgang Gresser, und von diesem kam es an die jetzt ausgestorbene Familie der Fürbringer. Jetzt ist die Adamische Familie zu Rothenburg Besitzer davon, welche aber die Hälfte davon für 1000 fl. an das Kloster zu Rothenburg verkauft hat. Das Ganze besteht aus 30 Morgen Acker, 9 Tagwerk Wiesen, und etliche Morgen Holz. Alles ist Zehendfrey. Die Rothenburgischen Unterthanen haben ihrer Herrschaft 20 Dienste zu leisten und 4 Wägen zu stellen. Bey dem Dorf befindet sich die Oblers- und Schwarzenmühle. Vermöge der zwischen Hohenlohe und Ansbach 1796 geschlossenen Uebereinkunft sind die Hohenlohischen Unterthanen ganz an Ansbach abgetreten. Aus einem Dokument von 1445 ist zu ersehen, daß die in benelbtem Jahre von dem St. Gumpertsstifte zu Ansbach mit dem Kloster Sulzverwechselte Pfarrey unter der Diöces zu Augsburg stund. In 9 Jahren ist die Volksmenge um 42 gewachsen.

Dietach, Bayreuthisches Dorf im Kammer-Amte Neustadt an der Aisch, zwischen Langenfeld und Neustadt.

Diebolsberg, gemeinhin Diepersberg) Bayreuthisches Dorf, ins Kammer-Amt Neuhof gehörig. Liegt 1/2 Stunde davon gegen Wilhermsdorf zu, am Zenngrunde.

Diebsgraben, eigentlicher Obermeiersbach, einzelner Hof im Burchischen Quartier, unweit Gerolfeld, wohin die Einwohner pfarren. Er besteht aus einer Wohnung und 6 Seelen.

Diebsleiden, ist der eigene Name einer eichstättischen holzreichen Berghänge in dem Enferinger Forste, an dessen Fuße die Anlauter fließt, und ober welcher der Ort Berlezhausen liegt. Das Ansehen dieser Berghänge entspricht ganz ihrem Namen; denn das große und starke dicht in einander verwachsene Holz, die nahten schauerlich auf einander sitzenden hohen Felsen und die Klüften; dann Höhlungen, welche sie mitsammen bilden, geben einen fürchterlichen Anblick, und der Name Diebsleiden erhöhet den Eindruck noch mehr, der ganz darauf paßt, weil es der sicherste Aufenthalt für derley Gesindel wäre.

Diedendorf, Bambergisches Dorf im Amte Schönbronn, bildet eine Gemeinde mit Empferbach, besteht aus 10 Haushaltungen und enthält 45 Seelen. Der Getraidbau ist jenem des Empferbacher Flures gleich.

Diefenbach, Pfarrdorf, s. Tiefenbach.

Diefenthal, s. Tiefenthal.

Diefsbrunn, Bayreuthisches Dorf im Amte Streitberg, zwey Stunden davon.

Diemetsfurth, Demantsfurth, Diamantsfuhrt, Dorf an der Aisch, 6 Stunden von Nürnberg bey Dachsbach gelegen, die meisten Unterthanen sind Nürnbergisch.

Diepelsdorf, Diepoltsdorf, Nürnbergisches Dorf mit 2 Herrensitzen so Pömerisch und Gugisch, eine Stunde von dem ehemaligen Bauernschloß Rothenberg, gegen Mitternacht auf Hippolstein, am Flüßchen Schnaitbach. Auch haben die Herren Tucher, Lochner und Löffelholz, wie auch das Amt Rothenberg etliche Unterthauen daselbst. Es ist nach Bühl eingepfarrt.

Diepersberg, Bayreuthisches Dorf im Oberamte Neuhof, eine Stunde davon gegen Langenzenn, darin auch Nürnbergische Unterthanen sind.

Diepersrieth, Nürnbergisches Dorf auf dem Gebirge an der Sulzbachischen Grenze bey Traunfeld, wohin es auch pfarrt.

Diepoldszell, ist der eigene Name eines Eichstättischen im Schelldorfer-Forste zwischen Schelldorf und Kipfenberg gelegenen Waldbistricts. Vielleicht stand einst ein Ort dieses Namens allda, denn in dem Vergleichs-Instrumente vom Jahre 1305, welches zwischen Eichstätt und Bayern wegen des Schlosses Hirschberg und dessen Zugehörungen errichtet worden, steht unter andern Diepoldszell.

Diepurg, im Ritterorte Odenwald in den Mayngegenden unterhalb Miltenberg, gehört der Familie von Groschlag.

Dierbach, Weiler mit zwey ins Kommerciat Sulzbach gehörigen Unterthanen.

Dietersdorf, Weiler von 12 Unterthanen im Kammeramte Ansbach; darinn sind ein Paar Eichstättische Unterthanen, zum Stadtregier- oder Probstamte Herrieden gehörig.

Dietlammen, Riedeselisches Dorf im Gerichte Engelrod von 62 Wohnungen und etwa 310 Seelen.

Diesbeck. Bayreuthisches Dorf an der Aisch, 1/2 Stunde von Neustadt gegen Dachsbach, hat eine Pfarrkirche, zur Superintendentur Neustadt gehörig. Unter den Einwohnern zählt man 30 Judenfamilien. Ziehet viel und schönes Rindvieh.

Diesselbach, Diestenbach, Dieselbach, Weiler im Amte Hersprug, zwey Stunden davon an einem Bache, der in die Pegnitz fließt, gegen Velden gelegen.

Dietelmühle, (die) pfarrt nach Biengarten, im ehemaligen Bayreuthischen Amte Münchberg, im Hofer-Kreise.

Dietenbronn, Weiler im Ansbachischen Kameralamte Colmberg. 6 Unterthanen gehörten in das Vogtamt Leutershausen; 4 sind fremdherrisch.

Dietenhahn, evangelisch-lutherisches Filialdorf von der Pfarrey Lempach, in der Grafschaft Werthheim, etliche Stunden von Homburg am Mayn gegen Bischoffsheim zu.

Dietenhofen, am Flusse Biebert, Marktflecken mit einer Pfarrkirche und Schlosse, war der Sitz des gemeinschaftlichen Amtmanns von Bonn- und Dietenhofen und eines Superintendenten. Ist 3 Stunden von Ansbach entfernt, und jetzt dem Kammeramte Neuhof angefügt.

Dietenholz, gemeinhin Dörrenholz, Bayreuthisches Dorf, liegt eine Stunde von dessen Kammeramte Neuhof, gegen Dietenhofen zu, wohin es auch pfarrt.

Dietenrieth. Weiler an der Sulzbachischen Gränze, 1 Meile vom Nürnbergischen Amte Velden, wohin die meisten Unterthanen gehören, etliche sind sulzbachisch.

Dietersdorf. Pfarrdorf im Bezirke des Ansbachischen Kameralamts Schwabach, mit 7 dahin gehörigen Unterthanen; sieben sind nürnbergisch.

Dietersdorf, Dietrichsdorf, Dittersdorf, ein der Abtey Langheim gehöriges, und mit der Landeshoheit dem Hochstifte Bamberg ungethanes Dorf im Amte Tambach.

Dietersdorf. Bayreuthisches Dorf im Klosteramte Frauenaurach.

Dietersgrün. Bayreuthisches Dorf im ehemaligen Amte Arzberg 1 Stunde davon gegen Hohenberg.

Dietersheim. liegt 3/4 Stunden von Neustadt gegen Windsheim, im Aischgrunde; hat sehr guten Feldbau, und gehört ins Kammeramt nach Neustadt an der Aisch.

Dietershofen, Diebershofen. Dörflein im Nürnbergischen Amte Hersprug, an dem kleinen Fluß Sittenbach gegen Hohenstein gelegen; ist nach Kirch-Sittenbach eingepfarrt, und hat 14 Unterthanen, welche der Probstey Hersprug zugehören.

Dietfurth, an Hannenkam; in diesem Pappenheimischen zwischen Treuchtling und Pappenheim an der Altmühl gelegenen Pfarrdorfe hat Eichstädt einen Unterthanen zum fürstlichen Steueramte des Klosters St. Walburg in Eichstädt gehörig, nemlich dem jeweiligen Zehendmayer dieses Klosters, welches auch einen Zehendstadel allda hat.

Diet-

Dietges, ein der freyherrlichen Familie von Rosenbach gehöriger im Buchischen Quartier gelegener Weiler, von 8 Wohnungen und 48 Seelen.

Dietgeshof, Dörfchen im Ritterorte Rhön und Werra, gehört den Herren von der Tann, liegt eine halbe Stunde von der Stadt Tann gegen Nordost zu, auf einem Berge, besteht aus 5 Wohngebäuden, zählt jetzt 30 Menschen, der Boden ist sehr gemischt, auch baut es alle Arten von Früchten.

Dietigheim, katholischer Marktflecken, im fürstlich Würzburgischen Amte Grünsfeld, 1/4 Stunde oberhalb Bischoffsheim an der Tauber; die Anzahl der Bürger ist beyläufig 160 und es enthält 155 Häuser. Der Dompropst zu Mainz hatte ehemals die Patronatsrechte über die hiesige Pfarrey; heut zu Tage wird sie von Würzburg besetzt, wogegen der Dompropstey-Factor zu Bischoffsheim jedesmal protestiren muß; der Pfarrer hat ergiebige Einkünfte, vorzüglich in guten Jahren an Wein. Auch ist hier eine Frühmesse gestiftet, über welche die Gemeinde das Patronatsrecht fortbert; der Frühmesser hat mit der Seelsorge nichts zu thun, sein Hauptgeschäfft ist die Abhaltung der Engelmessen an Donnerstägen. Am Veitstage ist hier großes kirchliches Fest; da wird den ganzen Tag über eine Glocke, die St. Veitsglocke genannt, geläutet. und von dem großen Zusammenlaufe des andächtigen Volks, wie es sich versteht, tapfer gezecht; sonst halten gewöhnlich die Bischoffsheimer-Städter an Feyertägen hier ihre Sommerplaisir. Der Schulmeister hatte im Jahre 1786 112 Kinder in der Schule, und seine Besoldung ist auf 120 fl. frl. angeschlagen. In der Dietigheimer Markung liegt westwärts auf einem angenehmen Platze eines Berges der Hof Steinbach von 6 Bauern. Im Jahre 1598 zählte man zu Dietigheim, mit Inbegriffe des Hofes Steinbach, 84 Nachbarn und 90 Häuser. S. Grünsfeld.

Dietletsrode, oder **Dietlofsroda,** evangelisch-lutherischer Pfarrdorf im Canton Rhön und Werra, dem Herrn von Thüngen gehörig, zwischen Burgsinn und dem adelichen Fräuleinstifte Waizenbach. Es grenzt an das Fuldaische Amt Hammelburg und liegt 2 1/2 Stunden von diesem Städtchen gegen Nordwesten. Die Einwohnerzahl belauft sich auf 150 Seelen.

Dietrichshof, (der) Bayreuthischer einzelner Hof bey Neuhof, in dessen Amt er gehört.

Dietzhausen, mittelmäßiges kursächsisches Dorf im Antheil Hennenberg, zwischen Nebendorf und Wichtshausen, und besteht, mit Inbegrif der Schulwohnung, eines herrschaftlichen Forsthauses und einiger Gemeindehäuser, aus 50 Feuerstellen und 290 Einwohnern. Unter leztern befinden sich 5 Nagelschmiede, 1 Hufschmied und 2 Mahlmüller. Das Wirthshaus hat die Brau- und Schenkgerechtigkeit, und gehört der Gemeinde, welche, auch eine Kanzleylehenbare Schäferey von 600 Stück besitzet, und mit selbiger die Fluren zu Nebendorf und Dietzhausen zu betreiben hat. Auch fehlt es dem Ort nicht an eigenthümlichen Gemeindewaldungen, woraus die Einwohner ihre Bedürfnisse an Bau- und Brennholz erhalten. Vor dem Dorf lieget eine Papiermühle, welche neuerer Zeiten angelegt worden.

den, und der kurfürstlichen Oberaufsicht zu Lehen rühret. Die hasige Kirche wurde beym Croatischen Einfall im Jahre 1634, nebst dem grösten Theil des Dorfes, in die Asche gelegt, und erst im Jahre 1684 wieder aufgebaut. Sie ist eine Tochter von der Kirche zu Albrechts im Amte Suhla. Zwischen den Diezhauser- und Siebendorfer Fluren liegt die Wüstung Siegerts, welche in ältern Zeiten mit einem Vorwerk angebauet war. Im Jahre 1357 vertauschten selbiges die Landgrafen zu Thüringen mit ihren Rechten zu Albrechts, Heinrichs und Diezhausen, dem Kloster Reinhardsbrunn gegen 1 Stück Wald bey Friedrichroda. Lange nachher (1571) erscheinet Wolf Grim zu Benshausen im Besitz dieses Hofes, seit dem aber finden sich keine weitere Nachrichten von dessen Schicksalen. Dermalen gehören die Feldgüter zu Siegerts den Einwohnern zu Diezhausen.

Diezhof, Bambergisches Dorf, dessen Einwohner mit der Vogtey theils zum Amte Vorcheim, theils zum Aegidiushospitale zu Bamberg gehören. Zent-Dorfs- und Gemeindeherrschaft, Ober-Polizey handhabt das fürstliche Richter, so wie die Steuer- und Militärrechte das fürstliche Steuramt zu Vorcheim. Der Ackerbau und Wieswachs ist gut, und die Viehmastung im Schwunge.

Diezhofen, Bayreuthisches Dorf im Amte Neukirchen, eine Stunde davon.

Dillbrunn, evangelisch-lutherisches Pfarrdorf im Odenwalde.

Dillsberg, katholisches Pfarrdorf des Würzburgischen Landcapitels Mosbach.

Dillstädt, auf den Homannischen Karten unrichtig Lißstadt, ein zur Kloster-Vogtey Schwarzach gehöriges Dorf, nicht weit von dem ernannten Kloster und dem Ansbachischen Dorfe Klein-Langheim.

Dillstädt, kursächsisches Dorf im Antheil Henneberg, liegt 1 Stunde von Kühndorf gegen Mittag in einem engen Thal, durch welches die Hasel fliesset. Es umfasset 59 Wohnhäuser, 1 Schulwohnung, 1 Wirthshaus, zwey Mahlmühlen und 3 Hufschmieden. Die Zahl der Einwohner belauft sich auf 290 Menschen. Ausserhalb dem Dorfe ist auch eine Ziegelbrennerey anzutreffen. Das Kloster Rora hatte hier viele Lehen- und Zinngüter, deren Besitzer verbunden sind, auf dem nunmehrigen Kammergute in der Schmiernbde das Getraide abzuschneiden, und andere Hand-Bau-und Geschirrfrohnen zu verrichten. Die dasige Kirche war ehedem eine Tochter von der Kirche zu Marisfeld, im Amte Themar, sie wurde aber 1709 davon abgesondert und nach Wichtshausen geschlagen. Im Jahre 1766 entstand hier durch einen Wetterstrahl eine Feuersbrunst, welche viele Wohnhäuser in die Asche legte. In Urkunden des mittlern Zeitalters hiesse dieser Ort Distelstab, und hatte seine eigene Herren, welche eben diesen Namen führten, und mit dem Grafen von Henneberg im Lehenverbande standen. Schon im Jahre 1206 erscheinet Albertus de Distelstad in einer Urkunde, worin er dem Kloster Veßra seine Leibeigenen zu Themar schenket, und 1275 vermachte Conrad von Distelstad seine allda gelegene Lehengüter, mit Bewilligung des Grafen Bertholds von Henneberg, dem Kloster Rora. Auch in Zeugenunterschriften findet man noch verschie-

verschiedene Herren aus dieser Familie, die aber wahrscheinlich im 14 Jahrhundert ausstarb. Zur Flurmarkung des Dorfes Dilstädt gehört noch die in dortiger Gegend gelegene Wüstung Germelshausen, welche in ältesten Urkunden von den Jahren 800 und 845, als ein Villa in pago Grabfeld, unter dem Namen Geruvineshusen vorkommt, worinnen einige Güter dem Stifte Fulda übergeben wurden. Im Jahre 1267 versetzte Graf Berthold V. (VII) von Henneberg diesen Ort nebst einer Mühle zu Schwarza an Heinrich von Wachsenhaussen um 20 Mark Silbers, nachher aber (1410) wurde derselbe vom Graf Friedrich I. an Steywin von Marisfeld als ein Mannlehen überlassen. Von dem Untergange dieses ehemaligen Dorfs finden sich keine weitere Nachrichten, als daß solches in dem Erbzinsenregister des Klosters Rora vom Jahre 1464 schon eine Wüstung genannt wird. Sie bestehet aus 7 1/2 Hufen, welche meistens dem Kloster Rora lehnbar sind, außerdem auch der Pfarrey Leutersdorf jährlich 1 Malter, 1 Metze Korn und 5 Malter Haber abgeben müssen.

Dimbach, Würzburgisches Dorf auf dem linken Maynuier, eine starke Stunde von dem Kloster Schwarzach gegen Preppach gelegen. Gedachtes Kloster übt die Vogteyrechte und unterhält daselbst eine Wallfahrtskirche. Die Zahl der Einwohner beläuft sich ungefähr auf 36 Familien, die sich vom Feldbaue nähren.

Dinbott, Dienboth, an der Jagst, eine halbe Stunde von Kirchberg, ein Weiler. Ausbach hatte auch sonst hier Unterthanen und Ge=

rechtsame, sie sind aber ganz durch den Landesvergleich vom 21sten Jul. an Hohenlohe überlassen worden. Der Ort gehört nun zu dem Hohenlohe Kirchbergischen Amte Lewfels, und enthält 14 Haushaltungen. Der Nahrungsstand ist Feldbau und Viehzucht.

Dingfeld, im Bezirke des Bambergischen Amtes Wachenroth, eine halbe Stunde von dem Würzburgischen Oberamte Schlüsselfeld.

Dinglesmad, kleiner Ort von 29 Einwohnern in der Grafschaft Limpurg, des Wurmbrandischen Antheils.

Dingolshausen, auch **Dingelshausen** und **Dinkelhausen,** großes Würzburgisches Dorf im Amte Gerolzhofen von 87 Häusern, eine Stunde davon gegen Kloster Ebrach, an dem großen Forste, die Michelau genannt, zwischen Oberschwarzach und dem Schlosse Zabelstein.

Es hatte 1794 444 Seelen. Hier hat der Graf von Ingelheim einen Freyhof, den er vom Hochstifte als Sohn= und Tochterlehen besitzet. Der Schullehrer hat 127 fl. frl. Gehalt. 1786 waren 66 Schulkinder.

Dingsleben, dieser Gotha= und Saalfeldische Ort im Antheil Henneberg kömmt schon in der Emhildischen Uebergabsurkunde vom Jahre 800 unter dem Namen Tingeslela vor, und wurde damals dem Stifte Fulda geschenket, welches demselben nachhero den Grafen zu Henneberg zu Lehen gab. Im Jahre 1181 entsagte Abt Conrad seinem Lehenrecht und überließ die dasigen Güter dem Grafen Poppo VI. (XI.) als Eigenthum. Die Herren von Herbelstadt besaßen hier=

ehedessen einige Güter, die sie aber 1339 dem Kloster Trostadt schenkten. Die natürlichen Gränzen dieses Dorfs sind gegen Morgen Neurieth; gegen Mittag das Amt Romhild; gegen Abend Obendorf und gegen Mitternacht St. Bernhardt. Es lieget in einem engen Thale am Fuße des kleinen Gleichbergs und seine Fluren enthalten 2146 Acker Feld, 60 Acker Wiesen und 603 Acker Gehölz, welches theils den Güterbesitzern, theils der Gemeinde zugehört. Letztere besitzet auch ausserdem noch einige Feldgüter, und ein mit Brau- und Schenkgerechtigkeit privilegirtes Wirthshaus, welches dem herzoglichen Hause zu S. Koburg lehenbar ist. Das Kammergut Trostadt ist berechtiget, den Dingsleber Flur mit 300 Stück Schafvieh zu betreiben, wovor die Güterbesitzer den Pferchschlag auf ihren Feldern zu geniessen haben, und dagegen den Schäfer unterhalten müssen. Das Dorf selbst bestehet gegenwärtig, mit Inbegriff der Pfarr- Schul- und Gemeindehäuser, in 60 Wohnungen, und die Zahl der Einwohner belauft sich auf 196 Seelen. Von 1788 bis 1793 zählet man 12 Ehepaar, 26 Gebohrne und 28 Gestorbene. Ausserhalb des Dorfs ist eine Mahlmühle erbauet, die aber wegen Wassermangels nur bey anhaltendem Regenwetter gängbar ist.

Dingsleben hatte schon vor der Reformation seine eigene Kirche, welche von dem Kloster Veßra mit Ordensgeistlichen besetzt wurde. Zu Anfang der Reformation verkaufte Abt Wolfgang das Kirchenlehen der Gemeinde um 50 fl. und dieses trat es bald darauf dem Graf Wilhelm zu Henneberg wieder ab. Im 30 jährigen Krieg erlitte dieser Ort eine gänzliche Verwüstung, so, daß 1635 nicht mehr, als noch 2 Menschen daselbst wohnten, weswegen derselbe, bis zu seiner Erhohlung in die Kirche zu Neurieth eingepfarrt, aber im Jahre 1680 wieder getrennt und mit einem eigenen Pfarrer versehen wurde. Die jetzige Kirche ist im Jahre 1730 vom Grund aus neu erbauet, und 1742 eingeweyhet worden.

Dipbach, Dippach, kleines evangelisch-lutherisches Dörfchen, das nach Schweinshaupten pfarrt. Die von Huttenschen Allodial Erbinnen, (Frau von Wildenstein und Frau von Fitzgerald) besitzen davon 3/4 und das Hochstift Würzburg 1/4 in ungetheilter Gemeinschaft, jedoch in der Maaße, daß von den Einwohnern und Gefällen 3/4 den vorbenannten Besitzerinnen, und 1/4 dem Hochstifte, ins Amt Hofheim und Rottenstein gehörig, zustehet, und so alle Jahre vertheilt wird. Felder und Wiesen sind schlecht. Auch ist die Gegend dieses Dörfchens äusserst Wasser arm. Man sagt daher in der Gegend Scherzweise, wenn es nur ein wenig heiß ist, so werde zu Dippach das Wasser Maas weiß vertheilet. Hier ist auch eine Kalch- und Ziegelbrennerey.

Dippach, Hochfürstlich-Würzburgisches im Amte Eltmann 3/4 Stunden von diesem Städtchen am Mayn gelegenes Dorf von 21 Häusern, wovon 4 dem Herrn v. Heinrich mit Lehen und Eigenthumsrecht zustehen. Die Dorfsmarkung begreift einen Gemeindewald, Wiesen und Ackerfeld in sich, dessen Boden zwar schlecht ist, doch seine Bewohner ernähret
und

… ſchenweizen mittelmäßigen Wohlſtand giebt. Der Ort hat eine mit den Dörfern Weißbrunn und Eſchenbach gemeinſchaftl. Schäferey, und eine nicht unbeträchtliche Viehzucht. Es iſt ein Filial von der Pfarrey Elmann und beſoldet einen eigenen Schullehrer mit 30 fl. fränk.

Dippach, Würzburgiſches katholiſches Pfarrdorf, eine Stunde von Klingenberg in einer fruchtbaren Gegend, zum Amte Proſelsheim gehörig, von 56 Häuſern. Der Schullehrer hat 103 fl. frk. Gehalt, und 1790 waren in ſeiner Schule 42 Kinder.

Dippach, Kirchdorf im Bambergiſchen Amte und zur Pfarrey BurgEbrach gehörig, wovon es 3/4 Stunden entfernt liegt. Auf den 17 Häuſern, woraus das Dorf beſtehet, und welche theils der fürſtlichen Hofkammer, theils dem Domkapitel, dem Stifte zu St. Gaugolph zu Bamberg, dem Kloſter Ebrach, dem Grafen von Schönborn, dem Grafen zu Kaſtell, dem Kloſter zum Heil. Grabe, dann dem Seelhauſe zu Bamberg zu Lehen rühren, behauptet das fürſtliche Amt BurgEbrach ſämmtliche Hoheitsrechte. Kloſter Ebrach, Graf von Schönborn und Kaſtell beziehen jedoch von ihren Lehen die Ritter-Steuer. Man zählt darinn 77 Seelen, 29 Ochſen, 20 Kühe, 29 Stiere, 31 Kälber, 5 Pferde. Da es zwiſchen Gebürgen liegt, ſo iſt der Boden nicht ſehr fruchtbar, auch der Wiesswachs gering.

Dippach, Ein den Herren von der Tann gehöriges Dorf, das 3/4 Stunden von dem Städtchen Tann gegen Süden zu liegt. Es gränzt gegen Süden an das Eiſenachſche Amt Kaltennordheim, gegen Weſten an das Würzburgiſche Oberamt Hilters, und beſteht aus 11 Wohnungen.

Dippertsdorf, Weiler, 1 Stunde von Lauf, Mittagwärts gegen Leimburg am Moritzberg. Es pfarrt nach Leimburg und liegt im Juriſdiktionsbezirke des ehemaligen Ansbachiſchen Vogtamts Schönberg, mit 7 dahin gehörigen Unterthanen. 41 ſind fremdherriſch.

Diſtelhauſen, katholiſches Pfarrdorf von 100 Nachbarn im Würzburgiſchen Amte Lauda, 1 Stunde oberhalb Biſchoffsheim an der Tauber an der Landſtraſſe nach Mergentheim. Die reiche Familie Abendtanz hat hier ein ſchönes und großes Haus, und einen ausgebreiteten Weinhandel. Der Pfarrer wird vom Domprobſte zu Maynz ernennt, gehört aber unter den Würzburgiſchen Kirchſprengel. Jenſeits der Tauber ſteht auf der hieſigen Markung eine WolfgangsKapelle, wohin die nahe liegenden Pferdebeſitzer jährlich mit ihren Pferden eine Pferds-Wallfart anſtellen; es wird da unter freyem Himmel geprediget und dann in einer Prozeſſion um die Kirche herum geritten. S. Journal von u. für Fr. Bd. V. S. 256. Bd. VI. S. 510.

Dittelbrunn, ein in das Würzburgiſche Amt Maynberg gehöriges geringes Kirch-Dörfchen, deſſen Einwohner nach Maibach pfarren, eine halbe Stunde von der Reichsſtadt Schweinfurt nordwärts. Die ganze Markung beſteht aus 959 Morgen, als 750 Morgen Aeckerfeld, 29 M. KrautGärten, 20 M. Wieſen, 10 M. Wein

Weinberg, 100 M. Wald, 50 Morgen Oedung. Seit 5 Jahren besteht der Viehstand schon aus 73 Stücken. Die letzere Seuche nahm 18 Stücke weg. Den großen und kleinen Zehend der Markung hat das Kollegiatstift Haug in Würzburg.

Dittenbrunn, Eichstättischer Weiler von 10 bis 12 Haushaltungen, eine kleine halbe Stunde von Aurach nordwestlich entfernt, wohin derselbe in die Pfarr und Ehhaft, zum Ober- und Vogteiamte zu Wahrberg-Aurach aber mit der Helfte der Unterthanen, mit der Gemeindsherrlichkeit und mit dem Hirtenstab gehört.

Dittenheim, Ansbachisches Pfarr- und sogenanntes Freydorf von vermischten Unterthanen, vielerley Herrschaften, worunter auch Eichstätt 10 steuerbare Unterthanen hat, die zum Pfleg- und Kastenamte, theils von Ahrberg Ohrnbau, theils von Sandsee Pleinfeld, theils auch zum Wolferstätter Richteramte des eichstätrischen Domcapitels gehören. Ueber die dortige Tabern ist ein Spruch vom kaiserlichen Landgerichte zu Gunsten Conrads von Leuteroheim im Jahre 1391 gefället worden.
Der Ansbachischen Unterthanen sind 68. Sie gehören nach Gunzenhausen.

Dittersbrunn, auch Dietrichsbrunn, Bambergisches Dorf auf dem Veitsberge gelegen, 1 Stunde von Staffelstein, gegen Scheßlitz, zum Amte Lichtenfels mit Zent, Steur und den übrigen Hoheitsrechten gehörig, mit der Vogteylichkeit aber, als ein Obleyort, dem Bambergischen Domcapitel zugethan. Auf der Spitze des Bergs ragt eine dem H. Veit gewidmete Kapelle hervor, nach der der Berg Veitsberg genannt wird.

Dittersdorf, Ganerbschaftliches Kirchdorf, eine Stunde von Seßlach gegen Heldburg an der Rodach, die hier die Kreck aufnimmt. Die Ganerben sind Würzburg 1/3, dessen Unterthanen zu dem Amte Seßlach gehören, der Langheimische Klosterhof Dambach 1/3, und der Herr von Lichtenstein 1/3. Viehzucht und Feldbau nährt die Bewohner. Die hiesige Kirche ist eine Tochter der Seßlacher und wird von einem Kaplan versehen. Die evangel. lutherischen Einwohner suchen ihren Gottesdienst zu Gemünd an der Kreck; über die Rodach geht eine steinerne Brücke. Im Orte sind zwey Wirthshäuser.

Dittersdorf, Ganerbisches Dörfchen in gräflich-kastellischer Zent. Die Dorf-Gemeind- und Flur-Herrschaft gehört dem Bambergischen Amte Wachenroth, dem Brandenburg-Bayreuthischen Amt Frauen-Aurach, dem Nürnbergischen Land-Almosenamte, und der Pfarrey Burg-Haßlach gemeinschaftlich, und hat jeder Lehenherr die Vogteylichkeit auf seinen Lehen. Bambergische Unterthanen, die dem Amte Wachenroth lehen- und steuerbar sind, befinden sich hier zwey.

Dietterrsheim, kam 1324 von dem Grafen Heinrich zu Hohenlohe an Bamberg.

Dietterswind, evangelisch-lutherisches Pfarrdorf. Würzburg besitzt daselbst auch 1/4, der Unterthanen, die in das Amt Hofheim gehören. Die übrigen 3/4 sind Thüng- und Elbisch, und steuern zum Ritterorte Baunach. Die Zent hat das Würzburgische Amt Ebern.

Die

Die weiblichen Nachkommen des Herrn von Altenstein, die nunmehrigen Frauen von Thüngen und von Eyb, haben hier ein Amt und Schloß von zwey Stockwerken, auch viele Meyerei-Gebäude. In Hinsicht der Dorfsherrschaft haben weder die Altensteinischen Allodial-Erbinnen, Frau von Thüngen und von Eyb, noch Würzburg einen Vorzug.

Im Orte sind zwey Wirthshäuser, ein adeliches und ein Würzburgisches, 2 Kalch- und Ziegelbrennereyen. An Handwerkern zwey Schneider und ein Zimmermann.

Doberneck, ein Einzel von einem Hause und 4 Einwohnern. Sie gehören nach Regnitzlosa-Nürnberg, einem Rittersitze im Hofer-Kreise.

Dobenreuth, Dorf im Bambergischen Amte Vorchheim. Viehzucht und Ackerbau ist die Beschäftigung der Einwohner.

Dobenreuth, Bayreuthisches Dorf, worinnen die Herren von Beulwitz einen Rittersitz haben.

Doctorshof, ein einzelner Hof im Bambergischen Amte Baunach.

Döberlitz, Bayreuthisches Dorf, in das Klosteramt Hof gehörig.

Döberschütz, Bayreuthisches Dorf im bayreuthischen Kreise. Die Einwohner pfarren nach Weidenberg.

Doeditsch, Weiler im Kammer-Amte Bayreuth, pfarrt nach Benk.

Döbra, ein evangelisches Pfarrdorf im Bambergischen Gerichte und Amte Enchenreuth, 1 Stunde von Schauenstein gegen Hof. Der Diaconus zu Schauenstein, im Bayreuthischen, ist jederzeit Curatus der Pfarrey zu Döbra, über die dem Hochstifte Bamberg die Episcopal- und Kirchenherrschaft zusteht.

Döbrastöcken, ein Vorwerk von 5 Häusern und 36 Einwohnern, gehört zum Rittergute Culmitz im Hofer Kreise.

Döckingen, Ansbachisches Pfarrdorf von etlich und 70 Haushaltungen im Jurisdictionsbezirke des Justiz- und Kameralamtes Hohentrüdingen. Daselbst sind 2 eichstättische Unterthanen zum domkapitelischen Richteramte in Wolferstatt, der Pfarrhof aber ist sammt dem Nebenhause und der Zehendscheune zur Domscholasterie in Eichstätt gehörig.

Das Baugeding in Döckingen und Heidenheim, eine uralte Gerechtsame, gehört zum Hofkastenamte in Eichstätt, und verdienet eine umständlichere Meldung: Es wird dasselbe alle Jahre den 18 und 19ten des Christmonats, als am Wunibaldi-Tage, und Tages darauf gehalten. Alle 7 Jahre muß der Hofkastner selbst, in den 6 Zwischenjahren aber ein zeitlicher Amtsvogt von Arnheim statt seiner und in seinem Namen diesen sogenannten Pfefferritt mit 5 oder 7 Pferden vornehmen, und ein offenes Baugeding halten. Wenn er in den Mayerhof am Vorabende eintrit, (in Döckingen ist der Mayerhof in 2 Halbe abgetheilt, und wird darunter mit Haltung des Baugedings gewechselt) so muß ihm der Mäyer den Hof aufgeben, er ihm aber, wie er vergnüget, denselben wieder verleihen, dann fragt er, ob die Lehen- und Zinsleute, welche in das Baugeding gehören, auf Morgen frühe alle gefordert seyen, und wenn es noch nicht geschehen ist, schafft er, daß es noch geschehe.

Wie diese erscheinen, verließt er das Baugedingsbüchlein öffentlich, erhebt die Zinse, und, wenn indessen ein Gut verändert worden ist, auch das Haublohn mit einem Viertel Wein, alles nach Ordnung des Baugedings, setzt sich darauf mit dem Mayer und Dienern zu Tisch, fragt, ob einer etwas zu klagen oder Mangel habe, und, wenn sich eine Irrung ergiebt, die er durch einen Baugedingsartikel entscheiden kann, so liest er denselben öffentlich vor.

Darnach bringen der Mantlesmüller und der Müller zum hohen Rad zwey große Semmel, davon schneidet der Hoffaßner oder sein Abgeordneter, der Amtsvogt von Kronheim, zuerst ein Stück herab, und gibt solche alsdann dem Mayer, um sie unter die Diener und Lehen = dann Zinsleute Stückweis auszutheilen. Zum Schlusse schickt er einen seiner Diener in das Kloster Heidenheim zum Verwalter, und läst ihm anzeigen, er wolle des Baugedings halber nach altem Gebrauche zu ihm kommen, und um die Baugedingsrechte bey ihm freundlich ansuchen, derselbige ist schuldig Essen, Fische, ein Viertel Wein und 4 Pfund Pfefferkörner als einen jährlichen Zins. Man kann auch, wenn der Verwalter keinen Pfeffer hat, je für ein Pfund 3 Ort, oder am Gelde 3 fl. nehmen, und denselben zum Morgenmal laden.

Von dem Baugeding und Mayerhofsrechte selbst ist hier der Ort nicht, umständlicher zu handeln, deswegen werden nur einige Stellen davon ausgehoben:

„Wenn man Baugeding hält, „soll der Mayer weiße Be= „cher denen aufsetzen, die im „Baugedinge sind. Die Maye= „rin soll dem Hirtenknecht al= „le Tage Brod geben, daß „er und ein Hund des Mit= „tag genung haben, er soll „aber das Brod nicht heim= „tragen, sondern auf den drit= „ten Rain legen bey dem „Dorf. —

„So lang das Baugeding wäh= „ret, hat der Vogt von Ho= „henträblingen kein Recht, so „bald es aber ausgeht, und „kam dann ein Herr oder sein „Bothschafter und der Vogt „auch, und bänden an die „Etter, und der Vogt auch, „so soll ein Herr ausziehen, „und binden an die Etter, „und der Vogt an seine „Stätte sitzen. ꝛc. ꝛc.

Döckingen, evangelisch lutherisches Pfarrdorf des Ansbachischen Oberamts Hohenträblingen zwey Stunden davon, 59 Unterthanen sind Ansbachisch.

Döhlau, evangelisch lutherisches Pfarrdorf 1 Stunde von Hof, mit zwey Rittergütern, der Familie von Pühel zuständig. Sie sind Bayreuthische Sohn = und Tochterlehen und Amtsäßig. Die von Pühel haben das Patronatrecht und den Bierverlag. Das Ganze besteht aus 38 Häusern und 182 Einwohnern.

Döhlein, Bayreuthischer Weiler im Kameralamte Bayreuth. Die Einwohner pfarren nach Nemmersdorf.

Döllnitz, (Dölz) Gräflich Giechisches Dorf im Amte Thurnau am Quellbache von 36 Unterthanen, 5 Einzelnen und 25 Herbergern, 1½ Stunde von Thurnau an der Straße nach Culmbach. Gleich unter dem Dorfe ist die Thurnanische Pulvermühle. Beyde pfarren nach Casendorf.

Dölz, Dorf im Bambergischen Zentamte Weißmayn.

Dörbel, nach der Homannischen Landkarte Türtel, Dorf im Bezirke des deutschordischen Amtes Wachenbach. Ein Drittheil der Unterthanen gehören in dieses Amt, 2/3 besitzen die Herren von Adelsheim.

Dörflein, Weiler an der Rezat gehört mit drey Unterthanen in das Kammeramt Ansbach, 4 sind deutschmeisterisch und gehören in das Amt Virnsperg.

Dörflein. Weiler von 7 Unterthanen im Kammeramte Ansbach, darinn ist ein eichstättischer zum Ober- und Vogtamte Wahrberg Lehrberg gehöriger Unterthan; derselbe gehörte zum Kollegiatstifte Spalt, und wurde im Jahre 1695 nebst andern unter dem eichstätterischen Fürstbischoffe Johann Eichar einem Grafen Schenk von Cassell gegen einige dieser Kollegiate näher gelegene Zehenden bey Spalt zu bemeldten Vogtamte eingetauscht.

Dörfles, Dorf im Bambergischen Amte Weißmayn.

Dörfles, Bayreuthisches Dorf des Kastenamts Wunsiedel.

Dörfles, Bayreuthisches Dorf, gegen Streitberg, 2 Stunden von Nürnberg.

Dörfles, Weiler von 3 Häusern im Bayreuthischen Kameralamte Naila mit 18 Einwohnern, sie pfarren nach Lichtenberg.

Dörfles, Weiler im Kameralamte Bayreuth. Die Einwohner pfarren nach Bindloch.

Dörfles, Weiler im Wunsiedler Kreise. Die Einwohner pfarren nach Kirchenlamitz.

Dörfles, Dörfleins, nach der Urkundensprache Turphilin, Dorf im Bambergischen Amte Hallstadt, mit einer Kirche, ist eigentlich nach Baunach eingepfarrt, wird aber nach einem 1599 zwischen den Pfarreyen Baunach und Hallstadt errichteten Vertrage von der letzten Pfarrey versehen. Es gränzt gegen Aufgang an den Mayn; gegen Mittag an den Hallstadter und Biegenhöfer Flur; gegen Niedergang an Oberbaib, Amts Hallstadt; gegen Mitternacht an die Hallstadter Markung, und hat Wein- und guten Getreidbau. Die Viehzucht ist mittelmäßig, und der Obstbau unbedeutend. Die Strasse nach Schweinfurt zieht sich hier durch. Dörfles liegt 1 Stunde von Bamberg am rechten Ufer des Mayns, hat dermal 42 Häuser mit Gemeindrechten, 33 Scheunen, 46 Haushaltungen, 225 Seelen, sämmtlich katholischer Religion. Hierunter sind 1 Schmid und 1 Schuster, nebst 1 Brau- und Wirthschaftsrechte. Dörfles ist eines der ältesten Dörfer in Franken, wo sich die Wenden ansiedelten. Auch findet sich aus dem 12ten Jahrhundert, daß der Priester Hacho von Hallstadt ein unbebautes Stück Land zu einem Weinberg umschuf, und der Abtey Michelsberg schenkte.

Dörfles, Evangelisch-Lutherisches Dorf mit 33 Wohnhäusern, einem Pfarrhaus und Schule, 2 Stunden von Königsberg und eine kleine Stunde von Kirchlauter.

Die von Guttenbergische Familie zu Kirchlauter hat die vogteyliche Jurisdiction und einen Hof daselbst; Sachsen-Hildburghausen hingegen die hohe Jurisdiction und Zent. Bey Bestellung eines zeitlichen Pfarrers präsentirt solchen Guttenberg in Hilburghausen, allwo solcher confirmirt wird.

Es wohnen daselbst geschickte Pro-

Profeſſioniſten, worunter vorzüglich die Uhrmachere Hofmann als der Guttenbergiſche Schultheiß Hofmann und die 3 Gebrüdere Hofnamn, wegen ihrer guten und dauerhaften Arbeit von Kirchen = Stock = und Pendul=Uhren verdienen bemerket zu werden, die ſie ins Ansbachiſche, Würzburgiſche und andere Gegenden hin verfertigen. Der geſchickte Mechanicus und Uhrmacher Homburg daſelbſt hat ſich eine künſtliche Spinnmaſchine verfertiget, worauf Baumwolle geſponnen wird, und wodurch ſchon manche Perſonen in Nahrung und Thätigkeit geſetzet worden. Die Einwohner ſind ſo ziemlich bemittelte Leute, die ſich von verſchiedenen Gewerben gut fortbringen. Der Boden hingegen iſt ſandigt und mager, daher auch die Getreidfrüchte nicht ſonderlich ergiebig ausfallen.

Unterhalb des Dorfs gegen Bettſtadt iſt die ſogenannte Klaub-Mühle, Fürſtl. Bamberg. Lehen.

Dörfles, Dörfchen im Bambergiſchen Amte Wolfsberg, beſteht in 5 Kammerlehenbaren Gütern und 1 Frohnhofe, und macht mit Sorg eine Gemeinde aus.

Dörfles, Dorf im Bambergiſchen Amte Cronach, das darüber die Landeshoheit, Steuer = und Zentbefugniſſe ausübt. Die Dorfs- und Gemeindeherrſchaft gehört Bürgermeiſtern und Rath der Stadt Cronach, und der vom Regiment abgehende Burgermeiſter ihr Namens deſſelben die Vogteylichkeit.

Dörfles Bayreutiſcher Weiler bey Münchaurach.

Dörflesmühl Einzeln im Amte Herzogenaurach, nächſt dem Dorf Dörfles. Die Mühle iſt Burgermeiſter und Rath zu Her-

zogenaurach Lehen = dem Hochſtift ſteuerbar, und mit der Zent dem bayreuthiſchen Amte Markterlbach zugethan.

Dörfling, nn J. 1015 ſchenkte es Kaiſer Heinrich II. dem Kloſter Michelsberg ob Bamberg.

Dörlbach, Nürnbergiſcher Weiler im Bezirke des Ansbachiſchen Kammeramtes Burgtham, es pfarrt nach Altdorf. 6 Unterthanen ſind Ansbachiſch.

Dörlesberg, ein der Abtey Bronnbach mit aller Gerichtsbarkeit zuſtehendes katholiſches Pfarrdorf von mehr als 100 Nachbarn, 1/2 Stunde von der Abtey Bronnbach ſeitwärts, und 1 ſtarke Stunde von Werthheim, am Abhange eines Berges.

Döringſtabt, Domprobſteyamt im Hochſtifte Bamberg, gränzt an die Aemter Rattelsdorf, Zapfendorf, Staffelſtein, das Abtey Banziſche Gebiet, und das Hochſtift Würzburg. Der Mayn und die Jtz durchflieſſen das Amt. Der Theil des Amtes, der ſich in den Jtzgrund erſtrecket, iſt ſehr fruchtbar, beſonders iſt der Wießwachs vortrefflich. Der Kleeban ſteht auf einer vorzüglichen Stufe, und die Viehzucht, Viehmaſtung und Viehhandel iſt anſehnlich. Der von der hohen Domprobſtey aufgeſtellte Amtsvogt beſorgt zugleich in des Hochſtifts Namen die dieſem über das geſammte Amt zuſtehenden Steuer = Zent = und Hoheitsrechte. Nur hat über einige Amtsdörfer das Hochſtift Würzburg die Zent, und das Amtsort Medlitz oder Mblz iſt eine eigene Würzburgiſche Zentmahlſtabt.

Das Amt beſteht aus 1 Marktflecken, 5 puriſirirten, 2 vermiſchmischten Dörfern, und 1 Einzeln.

Döringstadt, im gemeinen Leben Düringstadt, Bambergischer Marktflecken, unweit des Maynflusses, fünf Stunden von Bamberg und eine Stunde von Staffelstein. Es ist der Sitz des Dompropsteyamtes. Der Dompropstey Beamte bewohnt das Schloß. Die Pfarrey ist Würzburgisch. Bischoff Heinrich zu Würzburg hatte sich die geistliche Jura davon besonders vorbehalten, nach dem bekannten Reim.

Zu Kirchlauter und Steffelbach,
Rattelsdorf, Ewing und Baunach,
Kloster Banz und Düringstatt
Und wie der Weg nach Coburg geht.
Daß wir der Geistlichen Vater seyn rc.

Wahrscheinlich ist's das Turistodla, dessen die Tradition, Fuldens gedenken.

Dörmenz, Hohenlohe Kirchbergischer Weiler zum Amte Leofels gehörig, er pfarrt nach Lendsiedel und enthält mit Ausschluß fünf fremdherrschaftlicher Unterthanen, 28 Haushaltungen, hat 3 Gasthöfe, eine Ziegelhütte und Gypsmühle. Der Nahrungsstand, der aus Ackerbau und Viehzucht besteht, ist vortrefflich. Kleinbrinnenz enthält bloß die Wohnung des Nachrichters. Noch im 15ten Jahrhundert findet man ein adeliches Geschlecht von Dörmenz. Es hatte seine Güter in der Gegend von Maulbrunn im Würtembergischen, wovon der schöne Marktflecken Dörmenz im Oberamte Maulbrunn an der Enz seine Benennung hat.

Dörnach, Dörfchen im Bambergischen Amte Wallenfels, 1/2 Stunde vom Dorfe gleiches Namens, besteht aus 5 Gütern und 41 Seelen, pfarrt nach Zeyern, und macht mit Kleinzeyern, Kirchbühl, Forstlohe, eine Gemeinde aus. Dörnach liegt auf einem hohen Berge, hat kalten Boden, geringen Feldbau und Wieswachs, und daher eine unbedeutende Viehzucht. Der Ackerbau fordert das ganze Jahr hindurch den angestrengtesten Fleiß, wenn er den nöthigen Unterhalt abwerfen soll.

Dörndorf, Eichstättisches zum Ober- und Kastenamte Hirschberg Beilngries in die Ehhaft Dendendorf gehöriges, und vom letztern Orte nur 1/2 Stunde gegen Aufgang entfernt: auf dem Berge gelegenes Pfarrdorf von etlich und 40 Haushaltungen mit einem Pfarr-, Schul- und Forsthause. Ein Unterthan alda gehört zum Pfleg- und Kastenamte Kipfenberg. In dem zwischen Eichstätt und Bayern wegen des Schloßes zu Hirschberg, und dessen Zugehörungen geschlossenen Vergleiche vom Jahre 1305 kömmt auch dieser Ort unter dem Namen: Burgstall Torendorf vor.

Dörndorf, Eichstättischer zum unterstiftischen Ober- und Forstamte gehöriger, und im Ober dann Kastenamte Hirschberg Beilngries gelegener, gegen 400 Jauchert großer Forst, enthält folgende Forstplätze, als: den Kirchbacher Schlag, den Hengenberg, das Hirnlohe, das Hölzel am gramperstorfer Weg, das Leitwiesleit, den Premdritsbühel und den Thiergarten.

Der darüber gesetzte Förster bewohnt ein herrschaftliches Haus im Pfarrkirchdorf Dörndorf, wovon auch dieser Forst seine Benennung erhalten hat.

Dörnhof, Bambergisches Dörfchen im Amte Burg-Ebrach, liegt an der Landstraße und besteht aus 5 häußlichen Kammerlehnbaren Gütern und einer dergleichen Mühle, aus 19 Seelen und hat 6 Pferde, 4 Ochsen, 6 Kühe, 4 Stiere, 9 Kälber. Der Boden ist gut, und an Getreid ergiebig, auch der Wießwachs erträglich. Ein vorzüglicher Nahrungszweig ist für die Einwohner der Handel des Holzes nach Bamberg.

Dörnhof, Einzeln im Bambergischen Amte Hollfeld.

Dörnhof, einzelner Hof im Kreisamte Bayreuth. Die Einwohner sind nach Eckersdorf gepfarrt.

Dörnhof, an der Truppach, auf den Karten auch Dürrnhof; hat 57 Tagwerk Feld, 4 Tagwerk Wiesen, 4 6/8 Tagw. Holz, 6 Feuerstätten und 6 Mannschaften. Die Einwohner pfarren nach dem Bayreuthischen Flecken Thusbronn.

Dörnhof, Einzeln im Bambergischen Gerichte und Amte Aupferberg.

Dörnwasserloß, auch Dürnwasserloß, Bambergisches Dorf im Amte Scheßlitz, liegt eine starke Stunde von Scheßlitz, und besteht aus 24 Lehen, wovon 8 dem Herrn Grafen von Giech, 8 dem Dompropsteyamte Burgellern, und 8 nach Scheßlitz gehören. Die hohe Jurisdiction, dann Dorf- und Gemeindherrschaft gehört dem Hochstifte Bamberg, die Namens desselben das Amt Scheßlitz ausübt. Die vogteyliche Gerichtsbarkeit übt eine jede der obenbenannten Lehenherrschaften auf ihren 4 Pfählen aus. Das Kloster Michelsberg zu Bamberg hat daselbst den lebendigen- und Dorfzehend. Die Unterthanen gehören zur Pfarrey Stübig.

Dörrenhof, eigentlich ein Theil von Presten, der nur wegen seiner Abgelegenheit diesen besondern Nahmen führt.

Dörrenthal, auch Dörrenthal, Dorf mit einem Rittergute 1 1/2 Stunden von Hof, ist Brandenburg-Bayreuthisches Mannlehen und Amtsäßig, die Dorf- und Gemeindeherrschaft war ehedem gemeinschaftlich mit dem Verwaltungsamte Selbitz, zum Schloß gehören 2 Gebäude. Im Dorfe selbst sind 14 Häuser, 75 Einwohner.

Dörschenhof, ist ein Bayreuthischer Weiler, eine halbe Stunde von Creussen; er besteht aus zwey Häusern und einer Scheune, und enthält eine Familie von 6 Personen. Der Besitzer desselben hat 15 Tagwerk Land, nemlich 8 Tgw. Feld, 3 Tgw. Wiesen, 1 Tgw. Weide und 3 Tgw. Wald. Darauf ernährt er nicht mehr als sechs Stücke Rindvieh, und ärntet daher auch nur das vierte Korn.

Dörzbach, starker Marktflecken, mit einer evangelisch-lutherischen Pfarrey, drey Stunden von Mergentheim und eine Stunde vom kurmainzischen Oberamts-Städtchen Krautheim, im Ritterorte Odenwald, an der Jagst. Die Anzahl der Bürger beläuft sich auf 200, worunter sich mehrere Handwerker befinden; auch giebt es hier mehrere Juden-Familien. Der Weinbau ist beträchtlich, der Wein gut und wird vorzüglich in den Gegenden von Schwäbisch-Hall abgesezt. Ehemals hatte die Familie von Terlichingen Dörzbach und Leibbach besessen; nun gehört Dörzbach der Familie von Eib, welche hier ein

ein schönes Schloß hat. Vor dem Marktflecken ist auf einem über die Jagst hervorragenden Felsen eine bei'm theil. Wendelin gewidmete Kapelle erbaut, wo vom andächtigen Volke manches Opfer fällt, zu dessen Bewachung ein alter Küster bey dieser Kapelle wohnt. Ueber dieser Kapelle befindet sich rechts an einem schwer zu ersteigenden in Felsen gehauenem Fußsteige ein gemauerter Giebel von einem vormals daselbst gestandenen Hause, hart am Felsen und, wenn man weiter hinaufsteigt, eine schwarze Höhle, wahrscheinlich der Aufenthalt eines Einsiedlers. Fürchterlich schön ist von hier aus die Aussicht in die Jagst. Zu Dörzbach hatte ehemals der Canton Odenwald seinen Sitz und es sind mehrere Plenar-Conventen und gesetzliche Recesse daselbst gehalten und verfertigt worden.

Döttingen, ansehnliches Hohenloh-Ingelfingisches Amts- und Pfarrdorf am Kocher von 400 Seelen. Es hat jährlich 3 Krämer- und 2 Viehmärkte, ein neuerbautes herrschaftliches Jagdschloß, eine herrschaftliche Viehhaltung, Kellerey und Fruchtkasten. Es ist auch daselbst ein Spital für 12 Pfründen, wovon das Kapital auf Andreä 1793 13,260 fl. 1ß 1/4 kr. betragen hat. In dem nahe gelegenen Walde siehet man noch die Trümmer des verfallenen Schlosses, der alten Herren von Bachenstein, von welchen unter andern Bacho de Thetingen in Urkunden vorkommt, auch der bey Crusius in seiner Schwäbischen Chronik sogenannte reiche Bach von Döttingen wegen der Armuth, in welcher er zuletzt durch seine Verschwendung starb, zu bemer-

ken ist. Hanns von Bachenstein verkaufte 1488 den Ort sammt seinen Zinsen, Gülten und Gerechtigkeiten zu Goggenbach und Jungholzhausen an Graf Kraft VII von Hohenlohe, welcher auch im Jahre 1503 eine Badstube daselbst vererbte. (Eine alte Sitte und medicinisches Vorurtheil, das sich lange erhalten hat.) Krafts Sohn, Graf Albrecht, brachte 1533 durch Kraft auch das an sich, was die Reichsstadt Hall an Gütern in Döttingen hatte. Durch das ganze Dorf fließt in einem tiefen Bette ein unversiegender Bach, der bey Wolkenbrüchen und Regengüssen Schaden anrichtet. Er ergießt sich am Ende des Dorfs in den Kocher, über welchen Graf Friedrich Eberhard eine steinerne Brücke bauen ließ, die von den jetzigen Fürsten schön erweitert wurde. Der Nahrungs-Gewerbsstand und Industriefleiß ist in Döttingen seit 40 Jahren ungemein gestiegen. Der Ackerbau ist wegen der bergichten Lage der Aecker unzureichend; eben dies gilt auch von dem sonst guten Obst- und Weinbaue, und von der Viehzucht. Indem aber ein Nahrungszweig dem andern die Hand bietet, jedes Gemeindrecht 5 Morgen 40 Ruthen Holz hat, alle Hügel und Steinklippen mit erstaunender Mühe umgerissen worden sind, und noch immer umgerissen werden, alle Plätze mit Gersten, Haber, Klee, Grundbirn, angebaut werden, die Stallfütterung vor etlichen zwanzig Jahren eingeführt worden, die Gemeindhut getheilt, die Anzahl des Wildprets vermindert ist, und die Einwohner überhaupt sehr frugal und gewerbsam sind; so bringt

bringt sich fast jedermann daselbst, so gut fort, daß er wenigstens etwas Geld auf Zinsen hat, und der Ort um viele 1000 fl. reicher geworden ist, als er vorher war. Sonst war die Schaafzucht beträchtlicher als jetzt, da durch die Urbarmachung der öden Plätze die Schaafweide sehr verengt wurde. Auch die Bienenzucht war sonst einträglicher, woran, wie es erfahrne Bienenväter versichern, die Ausrottung der vielen Lindenbäume schuld seyn solle. (Ob es überhaupt Gewinn sey, unsere edelen Lindenalleen und Bäume den italienischen Pappelbäumen aufzuopfern? Ist ein kameralistisch ökonomisches Problem, das Aufmerksamkeit verdient. Im Fald alschen muß jeder neuer Unterthan drey Lindenbäume pflanzen.) Der Mostgewinn zu Döttingen im Herbst 1794 betrug, nach einem mäßigen Geldanschlag, 3400 fl. den herrschaftlichen Zehenden nicht gerechnet. An Handwerkern findet man daselbst: Schuhmacher, Schneider, Schreiner, Maurer, Zimmerleute, Nagelschmiede, Bäcker, Weber, Büttner, einen Sackler, Schmied, Wagner, Schmalkmacher, Schönfärber, Hafner, die neben ihrem Handwerk fast alle auch Wein- und Ackerbau haben. Außer einer Gassenwirthschaft sind zwey Gasthöfe, deren einer, wegen seiner Lage an der Landstraße, starke Einkehr hat. Vor ungefehr 3 Jahren wurde eine Bierbrauerstätte errichtet, die vieles Bier in das Ausland verschließt. Eben so setzt auch eine Specerey- und Eisenhandlung jährlich für einige 1000 fl. Waaren um. In einem Zeitraume von 9 Jahren, hat die Bevölkerung um 40 Seelen zugenommen.

Dollmar, ein Berg, s. Kühndorf.
Dollnstein, Eichstättisches Pfleg- und Kastenamt im mittlern Hochstifte, ist von den eichstättischen Aemtern Landvogtey Wernsheim und Welheim fast ganz umgeben, zwischen welchen es auf einigen Punkten südlich an das Pfalzneuburgische, und westlich an das Ansbachische Verwalteramt Sollnhofen auch an das Pappenheimische stößt. Dieses Amt hat 1 Marktflecken sammt einem Schloße, 1 Pfarrdorf, 3 Filial-Kirchdörfer, 4 Weiler, 1 Einödhof, und 2 Einödmühlen gegen anderthalb tausend Seelen, und gegen 300 Unterthanen. Nebst dem Getreidbau verschaft die Altmühl, welche dieses Amt der Länge nach durchfließt, den Thalbewohnern einen großen Theil der Nahrung, indem mehrere Fischer, die Besitzer der 3 beträchtlichen Mühlen Attenbrun, Braitenfurth und Hagenaker, dann sämmtliche Laboranten auf dem großen Eisenhammerwerke allda demselben ihre Nahrung verdanken. Die ganze Lage bestehet in Bergen und Thälern. Der Boden ist daher auch größtentheils steinigt, auch vieler Orten mit röthlichen Thon vermengt, der besonders in der Gegend von Haunsfeld einen bald härtern bald weichern, mehr oder minder Eisenhaltigen Bolus bildet, und in das eigentliche Eisensanderz, wie solches bey Pfraunfeld bricht, übergeht. In eben diesem Amte bricht auch ein Marmor, der diesen Namen im eigentlichen Verstande vor allen andern eichstättischen verdient, und wovon das mehrere unter dem Worte Bubenrod schon angeführt worden ist. Den größten Theil dieses kleinen Amts machen

machen die Waldungen aus, in dem 2 beträchtliche Förste, der Breitenfurther und Dollnsteiner mitsammen gegen 2000 Jauchert groß nebst Gemeind privat- und andern Hölzern in demselben liegen.

Dollnstein auch Collenstein, ein Eichstättischer Marktflecken und zugleich der Sitz des dortigen Pfleg und Kastenamts, liegt 2 1/2 Stunden ober Eichstätt westlich im Altmühlgrunde hinauf, und hat vermuthlich seinen Namen von dem Stein oder Felsen, der mitten im Thale isolirt dasteht, und das Pflegschloß trägt, dann von den Dohlen, welche sich auf demselben in großer Menge aufhalten, wie dann auch ein hoher kahler Felsen ober Dollnstein im nemlichen Altmühlgrunde hinauf, dem Eisenhammer ober Hagenacker gegenüber, als ein Lieblingsaufenthalt der Raben, und gleichsam als ein Seitenstück zu Dollnstein, der Rabenstein, oder Rabenfels genennet wird. Dieses Schloß ist ein hohes 3 stöckiges Wohngebäude, mit Stadel, Stallungen und Böden versehen, auf einer einzelnen Felse, welche durch die Altmühl von dem nächsten Berge getrennt ist, am südwestlichen Ende des Marktes, der am Fuße desselben in einem Halbzirkel herumliegt. Da ein zeitiger Hofmarschall Pfleger allda ist, so pfleget derselbe nicht für gewöhnlich, sondern nur dessen Jäger, weil die Pfleger die kleine Jagdbarkeit in ihren Zentern haben, und ein Thorwart daselbst zu wohnen. Wer das erstemal in dieses Schloß kommt, soll nach einem alten Herkommen ein Scheit Holz mit über die Schneckenstiege hinauftragen. Dieses that einst selbst Philipp Ludwig Pfalzgraf zu Neuburg, auch jeder in seiner Gesellschaft; und als der eichstättische Fürstbischoff Marquard Schenk von Kastell bey der am 3-ten August 1638 allda eingenommenen Huldigung dieses innen geworden, gieng auch er mit einem Scheit Holz in der Hand das Schloß hinauf, und alle Domkapitulare, Officier und andere Diener, die in seinem Gefolge und noch nie in diesem Schloße waren, thaten ein gleiches.

Unter diesem Schloße quillt ein Wasser hervor, welches Sal mirabile glauberianum mit sich führen soll, und näher untersucht zu werden verdiente.

Die Peters Pfarrkirche mit dem Freyhofe umgeben, und der Pfarrhof mit seinen Nebengebäuden stehen auch auf einer kleinen Anhöhe, unter demselben ein massives Kastenhaus mit dazu gehörigen Oekonomiegebäuden einer- und anderer Seits das Rath- und Schulhaus. Ferner hat die Kanonie Rebdorf allda 2 Zehend-Scheunen, weil Bischoff Wilhelm von Reichenau im Jahre 1466 den Zehend allda an Rebdorf gegen dessen Güter zu Breitenfurth, Oberschwang und Attenbrunn vertauschet hat. Dieser Markt ist mit einer Mauer umgeben, und hat 2 Thore, eines südlich an der Altmühl, worüber eine Gemeindsbrücke geschlagen ist, das andere nördlich, beide führen nach Eichstätt letzteres über dem Berg, ersteres dem Thale nach. Vor dem nördlichen Thore stehet gegen den Berg hin eine Ziegelhütte, vor dem südlichen aber bilden mehrere Häuser jenseits der Altmühl eine Art Vorstatt, oder Vormarkt, mit dessen Einschluß dieser Flecken gegen anderthalbhundert

dert Haushaltungen, u. darunter auch allerley Handwerker, als Weber, Rothgerber, Färber, Pfeifenmacher ꝛc. nebst den gewöhnlichen zählt.

Dollnstein, das Schloß sammt dem Marktflecken gehörte einst dem Grafen von Hirschberg, die sich Grafen von Hirschberg Kreglingen und Dollnstein schrieben; so kömmt Gerhard Graf von Tolnstein in einem Diplom vom Jahre 1186 bey Falkenstein Cod. Dipl. nro. XXVI. pag. 40. vor. Im Vergleich, den Eichstätt mit Bayern im Jahre 1305 wegen des Schlosses Hirschberg, und dessen Zugehörungen geschlossen hat, sagen Rudolph und Ludwig Pfalzgrafen von Rhein und Herzoge in Bayern:

„Uns ist auch ausgelassen die „Vogtey zu Tollenstein, über „des Klosters Gut zu Bergen.

Wie Gebhard der letzte Graf von Hirschberg gestorben ist, dessen zurückgelassene Wittib eine Tochter des Grafen Ludwigs von Dettingen war, nahm sich dieser um seine Tochter an, und was die Veste, dann den Kirchensatz zu Dollnstein betrift, wurde im Jahre 1309 ausgemacht, es solle vorderhand untersucht werden, ob solche eigen, oder Lehen seyn, was Lehen ist, das habe Bischoff Philipp von Rathsamhausen zu Eichstätt ihm Grafen von Dettingen, seinen Kindern und Erben zu rechten Lehen verliehen, was aber eigen erfunden wird, sollen sie auch als eigen haben. Es mag aber eigen oder Lehen seyn, so sollen doch alle, die zu Dollnstein gewesen sind, in Eichstätt von Kaufen und Verkaufen keinen Zoll geben, als er vor beym Grafen von Hirschberg herkommen war.

Im Jahre 1360 kam Dollnstein an die Herrn von Heydek, von diesen im Jahre 1440 an die Familie von Rechberg, und vom Wilhelm von Rechberg im nemlichen Jahre unter dem Bischoff Albrecht II, ebenfalls einem gebohrnen von Rechberg, um 3000 fl. käuflich an das Bißthum Eichstätt. Von der alten Ehhaftsordnung dieses Marktes verdienen einige Stellen bemerket zu werden. „Der „Mayer soll mer warten stättigs „unserm Herrn mit einem halben Wagen, und mit 2 Pferden, „also das die Deixes auswärts stee, wen unser her „raisen mus oder will, es sey „uffwarts oder abwarts in das „Land zwischen den vir Wäldern. „Sol man kain sanghen, dann „um dreyerlay sach, das ist ersten Diebstal, das ander Noth„zwang, das drit ist Mörderey, „item all, die in dem Gricht „gesessen seyndt, haben die Recht „in der Stadt Eichstädt, das „man irer kain darin bekum„men noch fankhen sol, dann „um dreyerlai sach, das erst ist, „um yberalch, das ander ist, „ob ainer ain Zech in Gefahr „außträukh, das drit ist, ob ainer was mit wasender Hand „verschuldiget.

„Auch haben die von Tollen„stein die recht in dem Spittal „zu Eichstätt zu dem Peth, das „des grafen Peth heist von „Hirsberg, ob das wer, das „Ymand an dem Peth lege, ge„scheh dan ainen von Tollenstein „deß Noth, so sol jener darob „weichen, der an dem Peth lie„ge, ain von Tollenstein ꝛc.

Dollnstein, der Forst, s. Behrenhard, welches der eigentliche Name dieser Forstey ist.

Don:

Dombach, s. Ober- und Nieder-Dombach.

Dombach, Weiler mit 5 in das Ansbachische Kameralamt Cadolzburg gehörigen Unterthanen. 5 sind fremdherrisch.

Dombach im Loch, Weiler mit 5 in das Kameralamt Ansbach gehörigen Unterthanen.

Domeneck, Schloß und Hofguth, im Ritterorte Odenwald, an der Kreßbacher Straße nach Heilbronn, im Bezirke des Würtembergischen Oberamts Mechmühl, ehemals der adelichen Familie von Herba — nun dem Tan von Craichgauischen Consulenten Uhl gehörig.

Dominikanerinsel, ist eine kleine Insel, welche 1/4 Stunde westlich ober der Stadt Eichstätt nur einen Büchsenschuß weit unter der sogenannten Schlagsbrücke von einem Arm des Altmühlflusses, mitten in den Wiesgründen gebildet, und weil sie dem Dominikanerkloster in Eichstätt gehört, die Dominikaner-Insel genannt wird. Es steht darauf ein Fischhäusel, worauf bemeldtes Kloster einen eigenen Fischer, ebenfalls der Dominikaner-Fischer genannt, hält, ist fast ganz mit Weidenbäumen umgeben, und liegt gar angenehm, weil einer Seits die Chaussee auf Bartlwag zu, anderer Seits aber jene um das Freywasser, beede von Wasenburg her und mit Allem besezt vorbeygehen.

Dominikanerkloster in Eichstätt. Im Jahre 1279 stiftete Sophia, eine Gräfin von Hirschberg und gebohrne Herzogin von Bayern unter dem eichstättischen Bischoffe Reymbotto von Mühlenhardt dieses Kloster für 5 Predigermönche. Die Stifterin liegt mit ihren 2 Söhnen in der Kirche eben dieses Klosters beym Hochaltar begraben, und hat ein Epitaphium vom rothen Marmor.

Zwey Jahre darnach, nämlich im Jahre 1281 erlaubte Kaiser Rudolph von Habspurg diesen 5 Vätern täglich aus dem weißenburger Walde einen Karren Holz zu ihrer Nothdurft abholen lassen zu dürfen; Ihre Anzahl wuchs mit der Freygebigkeit ihrer Guthäter, unter denen sich vorzüglich der Eichstättische Fürstbischoff Kaspar von Seckendorf auszeichnete, der nebst andern milden Schankungen zu Ende des 16ten Jahrhunderts ihre Kirche verschönern und erweitern ließ.

Was ihnen die Schweden im Jahre 1634 an dem Kloster uud der Kirche ruinirten, ersezte Fürstbischoff Marquard Schenk von Kastell großentheils wieder — und durch fromme Vermächtnisse stiegen ihre Einkünfte so, daß sie nun über 20 Köpfe stark sind, und mehr ihres Instituts wegen, als aus Noth Almosen zu sammlen gezwungen sind.

Die Kirche ist ein schönes, helles Gebäude, das Gewölb hat keine Säulen, und schöne Deckenstücke, vom Melchior Steidlin in Fresko gemalt, das Chor und die erste 2 Seiten Altar-Blätter sind von Bergmüllers Hand. An die Kirche stoßt nördlich das Kloster an, und reichet mit dem klösterlichen Bräuhause, in welchem weises und braunes Bier für das Kloster gebrauet wird, — bis an das Buchthalthor hin — darinn findet man eine schöne Bibliothek, welche im Jahre 1786 einen sehr starken Zuwachs erhielt, da der bischöfliche Offizial H. Debatius in Eichstätt seinen kostbaren Büchervorrath dahin vermacht hat.

Donbühl, ein Eichstättischer Marktflecken, liegt im Fraischbezirke des Ansbachischen Kameralamts Feuchtwang, an der Gränze von Hohenlohe-Schillingsfürst, 3 1/2 Stunden westlich von Wahrberg-Aurach, zu welchen Ober- und Vogtamte derselbe sammt der Dorfs- und Gemeindsherrlichkeit, dem Hirtenstab, Markt und Kirchweihschutze, Recht und Gericht dann Gassenfrevel nach dem Ansbachischen Rezeß vom Jahre 1537 gehört.

Es sind allda 3 Jahrmärkte, der 1ste Mitfasten, der 2te an St. Veits- und der 3te am Egidi-Tage, da ist auch Käs- und Schmalz- am Vorabende aber Viehmarkt. Waag und Gewicht, Maas und Elle sind wie in der Stadt Rothenburg. Das Rathhaus steht mitten auf dem Platze, dabey auch ein schön eingefaßter Springbrunnen. Nebst dem Freyhofe, wohin auch jene, welche im Kloster zu Sulz sterben, begraben werden, ist die Veitskirche noch zu bemerken, welche auf dem Berge steht, und worinn ehedem am Veits- und am Kirchweih-Tage Gottesdienst gehalten wurde. Zwey Unterthanen allda sind Ansbachisch, seit dem die dortige Pfarrey Ansbachischer Seits de facto eingezogen, und das Pfarr- dann Schulhaus zu Güllein gemacht worden sind; die übrige etlich und 50 aber alle eichstättisch.

Donbühl war eines von den 7 Amanns-Aemtern, welche einst zum Kloster Hasenried, und nach dessen Umwandlung in ein Kollegiatstift, zur Probstey Herrieden gehörten, und wovon schon im Jahre 1455 Probst Thomas Pirkheimer die Lehenschaft und Gerichtsfälle dem Eichstättischen Bischoff Johann III. von Eych abgetreten hat. Im Jahre 1468 erhielt Bischoff Wilhelm von Reichenau die Einwilligung des Kapitels darüber, und von solchem zugleich den Donbühler-Wald. Im Jahre 1538 überließ Probst Ludwig Eyb zu Herrieden die probsteyliche Unterthanen und Einkünfte zu Donbühl, so wie auch von den 6 übrigen Amannshöfen dem eichstättischen Bischof Christoph I. einem Reichserbmarschall von Pappenheim gegen gewiße jährliche Geld- und Getreid-Summen. Im Jahre 1578 aber wurden solche vollends zur bischöflichen Tafel unter Bischoff Martin vom Schaumberg mit päbstlicher Bewilligung geschlagen, weil dieser Bischoff der erste geistliche Fürst war, welcher nach der Verordnung des tridentinischen Kirchenraths zu Eichstätt ein Seminarium errichtet hat.

Der letzte Aman zu Donbühl war Johann Jakob von Löwen, dieser verkaufte mit Einwilligung seiner Gattin, Anna Maria Regina, den dortigen Amanshof mit 23 Unterthanen, 12 Morgen Aecker, und allen Renten, Zinsen, Zehenden und Lehen dem Bißthume Eichstätt unter dem Bischoffe Johann Christoph von Westerstetten im Jahre 1624, um 5100 fl. und 50 fl. Leykauf, und im Jahre 1627 eine frey eigene Behausung allda mit Baumgarten, Weyher und Zugehörungen um 1800 fl. inzwischen aber im Jahre 1625 Burggraf Christian von Nürnberg eben diesem Bischoffe den Heinzenhof daselbst mit allem, was dazu gehörte, um 1740 fl.

Donhof oder **Thonhof**, Eichstättischer zum Pfleg- und Kasteuamte Wernfels Spalt gehöriger Einödhof, in dem Fraischbezirke des Ansbachischen Kameralamts Windspach, eine kleine halbe Stunde westlich von Deulenberg, von Veeshofen aber nur einen Büchsenschuß weit nördlich entlegen.

Donn, Nürnbergischer Weiler, 4 Häuser liegen in Bayreuthischer Fraisch.

Donndorf, Bayreuthisches Dorf mit einem Schlosse. Der ehemalige Sitz eines Amtsverwalters, eine halbe Stunde von der Stadt Bayreuth; die Einwohner pfarren nach Eckersdorf. Am Ende des Dorfes ist das Lustschloß Fantaisie, s. diesen Artikel. Bey dem Dorfe war 1790 eine ungemein dicke Linde, deren Umfang im Stamme gegen 24 Ellen betrug. Es gehörte sonst der adelichen Familie von Lüchau, und fiel, als ein eröffnetes Lehen, nach Bayreuth heim. Sonst besaßen es die abgestorbenen Herren von Plaffenberg. Es steuert noch zum Ritterorte Gebürg.

Donnersdorf Würzburgisches Dorf im Amte Gerolzhofen gegen Haßfurth, von 82 Häusern. Der Schullehrer hat 90 fl. Gehalt, und 1780 77 Kinder. Es hatte 1794 662 Seelen: auch die Abtey Ebrach hat hier Vogtey-Unterthanen, 6 gehören in das Freyherrlich von Fuchsische Amt Bimbach. Von diesem Dorfe hat eine Zent den Namen, welche die Dörfer **Kleintheinfeld, Dampfach, Wonau, Reinhardswinden**, (einen freyherrlich Seckendorfschen Hof) **Haubesmoor** (eine gleichfals Seckendorfische Wüstung) **Dugendorf** (einen Ebrachischen Vogteyort) **Obrhausen** (einen Theresschen Vogteyort) **Altmannsdorf und Fallenstein** be-

greift: der Zentgraf und Stadtvogt zu Gerolzhofen hat seit langer Zeit auch diesen Zentdistrict mit versehen.

Donnersreuth, Bayreuthisches Dorf im Kammer-Amte Culmbach; die Einwohner pfarren nach Maugersreuth.

Dorfgrub, auch schlechthin Grub, Bayreuthisches Dorf im Wunsiedler Kreise, zwischen Wunsiedel und Weißenstadt, wohin es auch pfarrt.

Drsgütingen, evangelisch-lutherisches Pfarrdorf im Ansbachischen Kameralamte Feuchtwang mit 29 dahin gehörigen Unterthanen, einer ist fremdherrisch.

Dorfkemmathen, evangelisch-lutherisches Pfarrdorf im Ansbachischen Kammeramte Wassertrüdingen, mit 22 dahin gehörigen Unterthanen, 30 sind fremdherrisch.

Dorfmühle, (die) oberschlägige Mühle von 2 Mahl- und 1 Lohgang, unweit dem Würzburgischen Dorfe Hausen im Amte Mainberg.

Dorfmühle, (die) oberschlägiges Werk von 2 Mahlgängen unweit Marktsteinach, im Würzburgischen Amte Mainberg.

Dorfmühle, (die) Bayreuthische Mühle zwischen Hasenlohe und Unterneffelbach.

Dorfwendern, s. Großwendern.

Dorgendorf, Dorf, in welchem das Bambergische Amt Baunach die mehrsten, das freyherrlich Rotenhausche Geschlecht zu Rentweinsdorf einen vogtbaren Hof und Sölde besitzen. Erstere gehören unter die Landeshoheit des Hochstifts Bamberg, letztere sind dem Rittercantone Baunach einverleibt. Das Bambergische Amt Baunach hat die Zent über das gesammte Dorf.

Dor-

Dormitz, am Flüßchen Schwabach, Kirchdorf im Bambergischen Amte Neunkirchen. Es gehört mit hoher = und niederer Botmäßigkeit dem Hochstifte zu. Doch sind daselbst einige Nürnbergische, K. Preusische, Ritterschaftliche, und einige zum Bambergischen Dompropsteyamte Büchenbach vogteybare Unterthanen. Auch befinden sich hier mehrere Juden, die zum theil auf Nürnbergischen, Bayreuthischen und Ritterschaftlichen Lehen sitzen. Die Bayreuthischen genießen auch bambergischen Schutz; und entrichten das jährliche Schutzgeld an das Bambergische Oberamt zu Marloffstein.

Dornbach, kleines deutschordisches Dörfchen im Amte Hernegg.

Dornberg, Weiler mit 15 in das Kameralamt Ansbach gehörigen Unterthanen. 1232 wurde er von den Grafen von Oettingen erkauft. Auf der dabey befindlichen steilen Anhöhe (liefet man in mehreren Erdbeschreibungen Ansbachs,) endecket man noch die alten Grundmauern der ehemaligen im Bauernkriege 1525 zerstörten weitläufigen Veste gleiches Namens. Im 13 Jahrhunderte bewohnten dieselbe noch die ausgestorbenen Grafen oder Advocaten von Dornberg. Von der Veste Dornberg sind gänzlich keine Ueberbleibsel mehr vorhanden. Die Grundmauern derselben wurden vor einigen Jahren zum Bau neuer Häuser daselbst verbraucht. Nur an dem Wall erkennt man noch die Lage der Veste.

Dornberg, einzelner Hof im Ansbachischen Kreise.

Dorndorf, Weiler mit 6 in das Kameralamt Ansbach gehörigen Unterthanen.

Dornhausen, Ansbachisches Pfarrdorf im Oberamte Gunzenhausen, wohin 20 Unterthanen gehören, 4 Stunden westsüdlich von Pleinfeld gegen die Altmühl zu gelegen. Das eichstättische Pfleg= und Kastenamt Sandsee Pleinfeld hat hier 2 Unterthanen, die übrigen sind deutschherrisch. Ehemals hatten die von Absberg hier einen Sitz, von dessen Ruinen aber nun nichts mehr, als der Platz gezeigt werden kann, worauf er stund. Nahe bey diesem Dorfe fand man vor 30 Jahren bey Ausreutung eines Holzes römische Begräbnißplätze mit Aschenkrügen, und an der Straße nach Gundelsheim finden auf einer Hutrweide mehrere 8 bis 10 Schuhe im Durchmesser haltende Vertiefungen neben einander, deren Entstehungsursache man zur Zeit noch nicht entdeckt hat.

Dornhausen, Weiler mit 15 in das Kameralamt Colmberg gehörigen Unterthanen.

Dornheim, Schwarzenbergisches Dorf in das Amt Markt Scheßfeld gehörig, hat 42 Häuser. Die Einwohner sind theils Katholiken, theils Protestanten. 55 Haushaltungen sind katholisch und 25 protestantisch, dazu kommen noch 8 jüdische Bürgerrechte. sind 72. Der Boden der Markung ist zur Helfte gut, zur Helfte schlecht, (als lettiges, oder wie man sagt, kipperiges Erdreich.) Die Markung enthält 2084 3/4 Morgen Ackerfeld, von denen aber mancher Morgen auswärtig gehört. 36 3/4 Morgen Weinberge. (Ehedem gab es mehrere, wurden aber, vorzüglich des Frostes wegen, in Aecker umgeschaffen.) 303 3/4 Morgen Wiesen. Die Helfte der Weinberge, und manche Morgen Wiesen besitzen Auswärtige. Die Wiesen, besonders im Grunde, sind der Ueberschwemmung stark ausgesetzt; auch sind ihrer mehr schlechte, als gute. Unter den Morgen sind kleine Morgen zu verstehen, nämlich zu 160 Gerten. Der Morgen Getraidfeld wird mit 2 Metzen besäet, und bringt in guten Jahren gegen 20 Metzen, in mittlern 16, in schlechtern 12, an Korn oder Dinkel. An Haber in guten Jahren 16, in mittlern 12, in schlechtern 10 Metzen. Nebst Korn, Dinkel und Haber, wird hie und da auch etwas Erbsen, Linsen, Wicken, Gersten, Flachs, Hanf, gebaut. Den größten Theil des Zehendens hat das Bürgerspital zu Iphofen, den kleinern das Domcapitel zu Würzburg. Auch ein gutes weiß Kraut wird in Dornheim gebaut, das dem ostheimer Kraut noch vorgezogen wird, und den Dornheimern manchen Thaler einbringt. Sie verkaufen es gemeiniglich zu Marktscheinfeld. Die Gemeinde zu Dornheim besitzt gegen 2000 Morgen Waldung, in der die häufigsten Holzarten, Eichen, Buchen, Espen sind, Birken werden wenig, nochweniger Tannen gefunden. Aus dieser Waldung erhält jeder Bürger sein nöthiges Bauholz, und jährlich eine Maas, von der er, je nachdem sie gut oder schlecht ausfällt, 5 — 2 Klafter Scheite, 600 — 300 gute Wellen, und eben so viele Dornwellen herabnimmt. Der Ueberschuß des Holzes wird meistens nach Marktbreit geführt und verkauft. In Dornheim sind 21 Handwerker, als: 4 Schneider, 2 Schuster, 2 Wagner, 2 Bäcker, 1 Seiler, 3 Weber, 1 Schmied, 1 Zimmermann, 1 Büttner, 1 Färber, 3 Maurer. Zu diesen ist noch ein Müller zu zählen. Dornheim hat einen katholischen Pfarrer, der auch die dasigen Lutheraner tauft, copulirt und begräbt. Zum Gottesdienst gehen die Lutheraner nach Hellmitzheim, eine viertel Stunde davon in der Grafschaft Limpurg. Die Einkünften der Pfarrey betragen 400 fl. frk. An der Schule steht ein katholischer Lehrer, der auch die protestantischen Kinder im Lesen, Schreiben und Rechnen unterrichtet; den Religions-Unterricht giebt ihnen der Pfarrer zu Hellmitzheim. Die Anzahl sämmtlicher Schulkinder war 1797. 53. Die Besoldung des Schullehrers beträgt 100 Rthlr. Das Gericht besteht aus 12 Mitgliedern, davon 8 Katholiken, und 4 Protestanten sind. So besteht auch das Siebneramt aus Mitgliedern von beyden Religionspartheyen. Die hohe Zentgerichtsbarkeit hat Limpurg-Speckfeld; so wie die kleine Jagd-Gerechtigkeit. Die Jagd des großen Wilds besitzt Würzburg und Castell. Schwarzenberg hat mit Limpurg die Hasenkoppel.

Die Viehzucht hat sich seit 20 Jahren um die Hälfte vermehrt. Sonst hatte mancher Bauer nur einen Ochsen; um die Arbeit zu verrichten, spannten mehrere zusammen. Nun hat jeder Bauer, nebst 1, 2 Kühen, sein Paar Ochsen oder Stiere, manche 2 Paar. Gewöhnlich verkauft der Bauer seine Ochsen, und verrichtet seine Arbeit mit einem Paar nachgezogenen Stieren. Wenn man die wenigen, und meistentheils schlechten Wiesen, den sehr geringen Kleebau betrachtrachtet, so sollte man denken, der Viehzustand müßte in Dornheim sehr schlecht seyn; aber den Mangel der Wiesen und des Klees ersetzet das Holzgras, mit dem die Dornheimer ihr Vieh größtentheils ernähren. Es giebt Leute, die einen halben Morgen Wiesen besitzen, und doch sechs bis sieben Stücke Vieh im Stalle haben. Die leidige Viehseuche hat diesen Viehzustand freilich etwas verschlimmert; er wird aber, so ferneres Unglück außen bleibet, bald wieder verbessert seyn.

Auf der Markung werden auch Gyps und Kalchsteine gegraben, letztere von vorzüglicher Güte.

Dornheim liegt gegen Osten eine starke Stunde von Ulmannshausen, anderthalb Stunden von Marktbibert, gegen Süden eine Stunde von Krasselsheim, dreyviertel Stunden von Nenzenheim; gegen Westen 5/4 Stunden von Hüttenheim, 1 St. von Münchsondheim, gegen Norden 1/2 St. von Hellmitzheim. Die Luft ist gesund. Es glebt da ziemlich alte Leute; selten herrschen um sich greiffende Krankheiten. Die benachbarten Wälder und das Trinkwasser mag dazu beytragen.

Eine Viertelstunde von Dornheim an dem Wege gegen Ulmannshausen zu liegt ein fürstl. Hof mit Wohnung, Stallung und Scheunen. Um den Hof herum Getraidfelder und Wiesen, die dazu gehören. Am Platze desselben stand vorhin ein kleines Häußchen, worinn ein Auffeher über die fürstlichen Weyher wohnte. Die sind nun zu Wiesen und Felder umgeschaffen. Auch im Walde hatte der Fürst Weyher, nachher in Wiesen verändert, zu 40 Morgen. Diese wurden an die Gemeinde zu Dornheim vertauscht gegen bhes Feld, das nun urbar gemacht ist. Die Dornheimer benutzen ihre Waldweyher zu Fischen, und zur Tränke für ihre Viehheerde. Die Felder des Hofes taugen zum Dinkel- und Haberban.

Dornhof, (der) hn Kammeramte Culmbach, die Einwohner pfarren nach Unter-Steinach.

Dornlach, das Obere, mittlere und untere, Bayreuthisches Dorf im Kameralamte Culmbach, pfarrt nach Kirchleiß.

Dornmühl, (die) im Ansbachischen Kameralamte Hohntrübingen, mit einem dahin gehörigen Unterthanen.

Dornndorf, Thorndorf, auf der Wetterischen Karte Donndorf, Weiler an dem Flüßchen Aurach bey Herzogen-Aurach, welcher meist nürnbergisch und etwas bambergisch ist.

Dorschbronn, Filialkirchdorf im Ansbachischen Kameralamte Gunzenhausen; 6 Unterthanen sind Ansbachisch 20 sind fremdherrisch.

Dorschenknoch, ein den Freyherren von und zu Guttenberg gehöriger, und dem Ritterorte Gebürg einverleibter Weiler, worüber dem Bambergischen Gerichte und Amte Kupferberg die Zent zusteht.

Dorschenmühle, (die) Bayreuthische Mühle im Kammeramte Naila, unweit Schwarzenbach. Sie besteht aus 2 Häusern und 10 Einwohnern.

Dorschenmühle, (die) Bayreuthische Mühle unweit Lichtenberg. Das Mühlgebäude bewohnen 3 Personen.

Dos, Bayreuthisches Dorf an der Trupach im Amtsbezirk Neukirchen bey dem Städtlein Erdsenberg.

Doos,

Dooß, zum Toß, ohne Zweifel von dem Getöße der dasigen Mahl- Säg- Schleif- und Polier-Mühle, des Hammerwerks und des Kupferhammers; 1/2 Stunde von Nürnberg, dahin er und zwar in das Spitalamt gehört, an der Pegnitz gegen Fürth gelegen.

Ein Handelsmann zu Nürnberg, Namens Wolff Kern, erbaute daselbst einen Herrensitz, welchen er Kern-Stein nannte, und dessen Besitzer jezt ein Nürubergischer Handelsmann, mit Namen Kießling, ist.

Dottenheim, Bayreuthisches Dorf in dem Amte Neustadt an der Aisch, 2 Stunden davon gegen Windsheim. Hier hat Windsheim auch 5 Unterthanen. Der Pfarrer stehet unter der Superintendentur Neustadt.

Drachenhöchstett, Weiler im Ansbachischen Kameralamte Windsbach von 3 Unterthanen.

Draitmeußel, s. Trameisel.

Draindorf, Weiler, im Kammer Amte Streitberg; die Einwohner pfarren nach Mtuggendorf.

Draisdorf, ein der Abtey Banz, und in erster Instanz unter die Banzische Kloster-Kanzley gehöriges Dorf im Territorium des Hochstifts Bamberg. Es pfarrt nach Dbringstatt.

- **Draisendorf**, H. Traisendorf, andere Dreisendorf, Hbim Dressendorf, Bayreuthisches Dorf im Kreisamte Hof, 2 Stunden von der Stadt mit einer Wehr-Zollstätte. Ins Kastenamt gehören 3 H. 17 E. ins Klosteramt 14 H. 76 E. Ins Stift Kastenamt Himmels-Cron 3 H. 19 E. Ins Gotteshaus Hof 1 H. 7 Einw. 1 H. mit 9 E. gehört der Familie von Pübel, 1 H. 7 E. den Freyherrn von Loyost. Feric. v. Frankm. L Band,

Rotzau. 4 H. 20 E. dem Herrn von Feilitsch. Die Einwohner pfarren nach Nemmersdorf. Hier findet man Anbrüche von schönen rothen, weißen und schwarzen Marmor.

Draisenfeld, Weiler im Bayreuthischen Kreise, pfarrt nach Whrl.

Drehershof, Hof in der Grafschaft Limpurg, des Solmsasenheimischen Antheils von 4 Seelen.

Dreißigacker, ein Meiningisches Pfarrdorf, eine halbe Stunde von der Stadt gegen Südwesten mit einem Fürstlichen Sommer-Schlosse und Kammergute. Es sind da 54 Häuser, worinnen 202 Christen und 92 Juden wohnen. Der Jud Israel treibt als Mechsler ansehnliche Geschäfte. Beyde, das Lustschloß sowohl, als das Kammergut nebst den niedern und höhern Gerichten gehörten eine zeitlang nach Gotha; wurden aber 1785 von denselben durch einen Vergleich Meiningen wieder zurück gegeben. Dieses Dorf und Kammergut hat große ebene Felder, allein da sie größtentheils aus schlechten leimichten Kies bestehen und noch dazu auf diesem hohen Berge ein kaltes Klima herrscht, so ist doch der Getraidebau zumal im Winterfeld zuweilen schlecht genug. Im Sommerfeld ist die Erndte, besonders in Hülsenfrüchten, als Erbsen, Linsen und Wicken ergiebiger. Wiesen gehören zu dieser Flur keine als das kleine Stück unterm Dorf, doch haben die Bauern schöne Wiesen in den Wüstungen Nieder-Sülzfeld, Berkes und Räumels. Diese lezte gehört zur Dreißigacker Flur und hat schöne Wiesen am Sülzfelderwasser, als auch zu beiden Seiten der Werra und auch etwas

etwas Gehölz. Die Aecker aber an der Chaussee bey der Eisgruben haben Ihro Durchl. der Herzog zu Meiningen seit einigen Jahren von den Eigenthümern erpachtet, und ohngeachtet ihres schlechten Bodens dennoch durch eine kluge und geschickte Kultur zum besten Getraidefeld umgeschaffen. Die zum dreißigackerischen Kammergute gehörigen Aecker und Wiesen, welche letztere in verschiedenen Gründen zerstreuet liegen, müssen von den Dörfern Herpf, Stepferßhausen, Solz, Hermansfeld und Dreißigacker mit Geschirr und Hand befrohnet werden, doch sind die Frohnen seit vielen Jahren an die Dienstleute um ein billiges verpachtet.

In der Wüstung Räumles gehet eine steinerne Brücke über die kleine Hasel, gleich bey derselben theilet sich die Chaussee in zwey Theile. Rechter Hand gehet sie nach Frankfurt, linker Hand aber auf Nürnberg.

Im Jahre 1329 trug Hartmund von Haselbach 7 Güter im Dorfe Dreißigacker von Henneberg zu Lehen, und die Schrimpfe von Berg eine Getraid- und Geldabgabe.

Dreppendorf, s. Treppendorf.

Dreschen, auch Treschen, im Culmbacher Kreise des Fürstenthums Bayreuth, die Einwohner pfarren nach Hutschendorf.

Dreschenau, Weiler im Culmbacher Kreise, die Einwohner pfarren nach Neu Drosenfeld.

Dreßelhof, auch Dreßhof, (der) einzelner Hof im Hochischen Quartier unweit Gersfeld, wohin auch die Einwohner pfarren, von einer Wohnung.

Dreuschendorf, Dorf im Bambergischen Amte Eggolsheim, ei-

ne Stunde nordostwärts vom Flecken gleiches Namens, und eine viertel Stunde von Buttenheim, wohin jenes eingepfarrt ist. Hier sind: 1 Senftenberger, 2 neugekaufte Kammer, 9 nenbeimgefallene Kammer, 1 Gemeind, 2 zur bomcapitelischen Oblen Unterelbach gehörige, 3 Freyherrlich von Seefriedische, 1 Freyherrlich von Seckendorfisches, 1 Freyherrlich von Karglsches Lehen, in allem 40 Häuser, mit beyläufig 200 Seelen. Auf den Lehen der 4 ersten Klassen hat das Amt Eggolsheim, auf den übrigen jeder Lehenherr die Vogtey. Die Lehenleute der 5 ersten Klassen sind Bambergische Territorial-Unterthanen, die übrigen gehören zur Reichsritterschaft. Die Zent-Dorfs-Flur- und Gemeindeherrschaft übt das Amt Eggolsheim. Der Zehend gehört dem Reichsadeliche Geschlechte Schenk von Stauffenberg.

Dreutelmühle, (die) im Ausbachischen Kameralamte Feuchtwang mit einem Unterthanen.

Dreyelberg, einzelner Hof im Bambergischen Amte Wilseck.

Dreygrün, einzelner Bayreuthischer Hof im Kammeramte Ralla von 7 Häusern und 24 Einwohnern; 2 Häuser mit 11 Einwohnern darinn gehören zu dem Klosteramt Hof.

Dreyschwingen, eine Fallmesterey, 3/4 Stunden von dem Würzburgischen Städtchen Haltenbergstetten, 1 1/2 Stunde von der Hohenlohischen Residenz Bartenstein, unweit der Straße, welche von Mergentheim nach Dünkelsbühl führt. Der Besitzer trägt den Hof, welchen 9 Seelen bewohnen, mit den nahelegenden Feldern und Gärten von dem Hochstifte

stifte als ein Mannlehn. Er giebt sich besonders mit dem Obstbau ab und verbessert dadurch sein Einkommen reichlich. Dieser Hof stand immer wegen des sich daselbst aufhaltenden Gesindels in einem übeln Rufe.

Drimeisel (der) ein eine Stunde vom Kloster Banz entfernter Berg am Mayn, der für die Versteinerungen merkwürdig ist; das Merkwürdigste von diesem Berge ist ein dunkelgrauer Mergel oder Grinkschiefer, wovon sich ein starkes Lager vorfindet. Er besteht aus unzähligen kleinen und großen Jakobsmuscheln oder Pektiniten, die sehr deutlich ausgedrückt sind und sich vor andern Produkten dieser Art durch einen Glanz auszeichnen. Zuweilen findet sich auch in diesem Schiefer eine Art Chamiten mit sehr dünner weißer zartgestreifter Schaale, die noch unversteinert und sehr mürbe ist. Zwischen eben diesem Schiefer finden sich öfters breite Schichten von Erdharz, in diesen zuweilen Mohnblattdünne Fragmente von Muscheln, vermuthlich von eben diesen Chamiten, welche noch ganz unverändert, aber so zerbrechlich sind, daß sie sich wegblasen lassen. S. Martius Wanderungen durch einen Theil von Franken und Thüringen. Erlangen 1795, S. 13.

Drogenau, H. Trogen, ganerbliches Dorf im Kreisamte Hof, 2 Stunden von der Stadt mit einer Wehrzollstätte. Zum Kastenamte gehören 7 Häuser, 37 Einwohner. Zum Stiftskastenamte Himmelcron 3 Häuser, 19 Einwohner; 2 Häuser, 11 Einwohner gehören dem Herrn von Reitzenstein zu Gartendorf, 2 Häuser, 8 Einwohner dem Hrn. von Reitzenstein zu Regnitzlosa hinter der Kirche, 7 Häuser, 36 Einwohner dem Herrn von Brüningl zu Regnitzlosa Holzberg.

Drosendorf, ein Pfarrdorf im Bambergischen Amte Eggolsheim, 1 Stunde ostwärts vom Flecken gleiches Namens entlegen, gehörte ehemals dem adelichen Nonnenkloster zu St. Theodor in Bamberg. Die Pfarrey gehört zur Bambergischen Diöcese und dem Landkapitel Eggolsheim. Drosendorf pfarrte ehedem nach Eggolsheim. Es besteht aus einer Pfarrkirche, 1 Pfarr= und 1 Schulhause, 58 Theodorischen Lehen und 298 Seelen. Das Amt Eggolsheim hat hier alle Zweige der Jurisdiktion mit der Dorfs= und Flurherrschaft. Ein Theil des Zehendens gehört zum Amte Eggolsheim, auch haben das Domprobsteykastenamt zu Borcheim und die obere Pfarr zu Bamberg allhier Zehenden.

Drosendorf, ein in die Pfarrey Memelsdorf eingehöriger, dem Stuhlbruderkastenamte vogtey= und lehenbarer Ort, 1/4 Stunde von Memelsdorf entlegen. Die hohe Gerichtsbarkeit hierüber übt das Amt Memelsdorf aus. Der Unterthan nährt sich vom Feldbau, der zu allem empfänglich ist. Der Ellerbach durchfließt den Ort und treibt 2 Mühlen. Nur an Holz leiden die Bewohner dieses Orts einigen Mangel.

Drosendorf, ein Kirchdorf im Bambergischen Amte Hollfeld an Flüßchen Auffees, 2 Stunden von Hollfeld gegen Bamberg an der Landstraße gelegen.

Drosenfeld, s. Alte und Neu-Drosenfeld, am rothen Mayn, mit einem Rittersitze, ein Bayreu reutlisches Dorf mit einer Kirche, 2 Stunden von Bayreuth an der Culmbacher Straße.

Drudenfurt, f. Druidenbaum.

Drügendorf, Bambergisch katholisches Pfarrdorf im Amte Memelsdorf, welches zum Bambergischen Kirchensprengel und dem Landkapitel Eggolsheim gehört. Die hohe Gerichtsbarkeit übt der Vogt zu Memelsdorf und die niedere ein zeitlicher Obleyherr aus der Mitte des Bambergischen Domkapitels allda aus. Dieser sonst nahrhafte Ort wurde durch die ab Seiten eines ehemaligen Obleyherrn bewilligte Güterzerschlagung also herabgewürdiget, daß eine Menge zerschlägener Felder allda öde liegen. Die Gegend ist rauh und gebirgigt. Walzen und Haber sind die erträglichste Früchten allda.

Druidenbaum heißt ein Ort in der zum Eichstättischen Ober- und Probstamte Hirschberg-Berching gehörigen Irdingstorfer Flur. S. Pickels Beschreibung verschiedener Alterthümer, welche in den Grabhügeln alter Deutschen nahe bey Eichstätt sind gefunden worden, Seite 55 und 56, wo er nebst andern auch diese Spur zu einer Muthmaßung auffaßt, daß in dieser Gegend Druiden nach Cäsars Zeiten gewesen seyn. So führet auch ein Holzdistrikt im Eichstättischen Forste Pfalspaint noch heut zu Tage den Namen Drudenfus.

Druidenstein, f. Dillenberg bey Cadolzburg.

Duckelhausen, auf den Charten fälschlich Tuchelhausen, Dorf, eine Stunde von dem Würzburgischen Städtchen Ochsenfurt und dem Unken Maynufer gegen Königshofen im Gau, worinn eine Karthause ad cellam salutis; in derselben war um das Jahr 903 die erste Schule in den Würzburgischen Landen angerichtet worden. S. Ludwigs Geschichte von Würzburg, S. 444. Im Jahre 1363 ward dieses alte Kloster durch eine reichliche Schenkung aus der Verlassenschaft des damaligen Würzburgischen Dombdechants Eberhard von Riedern zur Karthause gemacht, was es noch heutiges Tages ist.

Dunkelhammer, im Wunsiedler Kreise mit einer bekannten Papiermühle an der Rößla.

Dünkelsbühl, das deutschmeisterliche Amt, das unter dem Oberamte Ellingen steht. In demselbigen gehört das Dorf Wimmelbach.

Dünsbach, auch Dünzbach, an der Jagst zwischen Kirchberg und Langenburg, ein ritterschaftliches Dorf.

Dürhof am Mayn im Bezirke des Würzburgischen Oberamtes Freudenberg.

Durlas, Weiler im Wunsiedler Kreise; die Einwohner pfarren nach Thierstein am Dittersbach.

Dürnhof, (der) im Jurisdictionsbezirke des ehemaligen Anöbachischen Vogtamts Schönberg, auf dem Sandbühl, oberhalb der Vorstadt Wöhrdt, gehört jetzt der verwittweten Frau von Mahler zu.

Ditternhof, kleiner Ort von 7 Häusern am Fuße des Lichtensteiner Berges gegen Abend, 2 Stunden von dem Würzburgischen Städtchen Ebern gegen Heldburg, mit dem jure castri begabt. 1560 verkauften es die Herren von Truchseß an die von Lichtenstein. Leztere haben hier ein ziemlich einträgliches Rittergut. Die Einwohner gehören zum Würzburgischen Zentamte Ebern

Ebern, zum freyherrlich Lichtensteinischen Vogteyamte Lahn, und zur Würzburgischen Pfarrey Pfarrweisach.

Dürrbach, Dürrbcach, Würzburgisches Dörfchen, eine Stunde von der Hauptstadt entlegen, hinter den berühmten Steinigeburgen gegen Mitternacht. Das Domcapitel zu Würzburg übt die Vogteyrechte daselbst, und bezieht die Gefälle. Bis zum Jahre 1780 war diese ohngefehr aus 90 Familien bestehende Gemeinde ohne einen ordentlichen Pfarrer. Ein Augustiner-Mönch von Würzburg theilte ihnen sparsam das Wort Gottes zu gewissen Tagen mit; und doch bezog jedesmal ein Domherr die jährlichen Abgaben der armen Layen. Ein gewisser Joseph Abniger, Priester aus dem Würzburgischen Seminarium, beglückte das bedrängte Völklein, und stiftete aus seinem ansehnlichen väterlichen Erbtheil eine eigene Pfarrey dahin; der Obleyherr, das ist, derjenige Domherr, der die Renten des Dörfcheus zieht, gab etwas weniges dazu, und so ward dieser Abniger, der aus dem Amte Gerolzhofen gebohren war, der erste Pfarrer und Wohlthäter zu Dürrbach. Der Obleyherr Wilhelm Beat Joseph zu Rhein, durch das Beyspiel seines nicht von Geburt adelichen Mitbruders gerührt, vermachte in seinem Testament noch ein ansehnliches zu dieser Kirche und einer Schule daselbst. Die Einwohner nähren sich durch den Weinbau und Tagloh auf der Würzburger Marktung.

Dürrbronn, auch Dörrbronn, Dorf im Bambergischen Amte Ebermannstadt. Hier übt das Nonnen-Kloster zur H. Claren zu Bamberg die Dorfs-Flur u. Gemeindherrschaft aus, welches auch mehrere, zugleich vogteybare Unterthanen dort hat; auch hat das löbliche Collegiatstift zum H. Gangolph zu Bamberg verschiedene Leheuleute, und die vogteyliche Gerichtsbarkeit ist zwischen gedachtem Collegiatstifte, dann dem Vogteyamte Ebermannstadt annoch strittig; dieser Ort ist zur Pfarrey Dringendorf gehörig. Die hohe Gerichtsbarkeit gehört zu dem Amte Ebermannstadt, welches einen einzigen vogtey- und lehenbaren Unterthanen dorselbst zählt; übrigens wird auf diesem Bergdorf ziemlich Getraid erzielet, welches, nebst der Herbst Viehmastung, eine Nahrungsquelle ist.

Dürre Einfarth, ist im Eichstädtischen der Name sowohl gewisser Waldplätze, als auch des Holzrechtes selbst, welches einige Gemeinden und einzelne Unterthanen auf dergleichen bestimmten Districten der herrschaftlichen Forsteyen haben.

Dürre Leithen, ist die Benennung einer mit Holz bewachsenen Berghöhe im Eichstättischen Forste Ibging.

Dürre Wiesen, unfern des rothen Mayns im Culmbacher Kreise des Fürstenthums Bayreuth; die Einwohner pfarren nach Neu Drößenfeld.

Dürren, Anspachisches Filial-Kirchdorf im Wassertrüdinger Kreise von 7 Unterthanen, wovon einer Eichstätisch und zur Vogtey Königshofen gehörig ist.

Dürrenast, Hohenloh-Wartensteinischer Weiler von 5 Haushaltungen, im Amte Mainhard. Er liegt in einer waldigen Gegend auf kaltem Boden, der aber durch

durch den Fleiß der Einwohner gut angebaut wird.

Dürrenberg, Bayreuthisches Dorf im Kammeramte Naila von 7 Häusern und 32 Einwohnern, die nach Steben pfarren.

Dürrenberg, Dorf im Wunsiedler Kreise; die Einwohner pfarren nach Ober-Röslau.

Dürrenberg, Marktflecken im Bezirke des Bambergischen Amtes Staffelstein im Ritter-Orte Baunach. Er gehört den Freyherren von Rotenhahn, bestehet aus ein und zwanzig Haushaltungen, u. lieget auf einem Berge.

Dürrenberg, eine Wohnung von 5 Seelen, in der zum Ritterorte Altön und Werra steuerbaren Herrschaft Geroßfeld.

Dürrenbreuersdorf, s. Breuersdorf.

Dürren-Buch, gemeiniglich Buch, kleines gräflich Castell-Rüdenhausisches evangelisches Dorf auf dem Steigerwalde, welches größtentheils im J. 1571 Graf Hanns von Schwarzenberg an Graf Georg von Castell gegen etliche Güter zu Geißelwind vertauscht hat. Der Boden ist sehr mit Steinen und Ripper vermischt, doch bauen die Einwohner Getraid, Erdäpfel, Flachs und Obst.

Dürrenfarrnbach, Weiler, worinnen verschiedene Herrschaften Unterthanen haben. Die 2 Ansbachischen gehören in das ehemalige Vogtamt Langenzenn.

Dürrengrün, Weiler im ehemaligen Vogteyamte Schauenstein; die Einwohner pfarren nach Helmbrechts.

Dürrenhambach, Weiler im Ansbachischen Kasteramte Schwabach mit 4 dahin gehörigen Unterthanen.

Dürrenhof, Hof innerhalb Rothenburgischen Gebieth, 1/2 Stunde von der Stadt gegen Mergentheim, wird von mehrern Theilhabern aus der Stadt Rothenburg besessen, die 2 Bestandbauern darauf halten. Er ist nach Detwang eingepfarrt; der Zehend war ehemals teutschherrisch, und ist seit 1671 den Besitzern zuständig.

Dürrenhof, (der) einzelner Hof im Buchischen Quartier unweit Geroßfeld, wohin auch die Einwohner pfarren.

Dürrenhof, Weiler und gräflich Türkheimisches Rittergut, von 16 Unterthanen im Ansbachischen Kammeramte Feuchtwang.

Dürrenloh, im Wunsiedler Kreise des Fürstenthums Bayreuth, pfarrt nach Selb.

Dürrenmühl, (die) im Ansbachischen Kammer-Amte Windsbach mit 1 dahin gehörigen Unterthanen.

Dürrenmungenau, Dorf, der Nürnbergischen Familie der Kressen gehörig, zu dem Ritter-Kanton Altmühl gezählet, zwischen Abenberg und Windsbach, hat ein Schloß, eine eigene Pfarre und Kirche. Anfänglich gehörte dieser Ort zur Pfarre Wassermungenau, kurz vor dem dreyßigjährigen Kriege aber erlangte ein Markgräflischer Edelmann, Namens Westernacher, der diesen Ort gekauft hatte, die Erlaubniß, eine Kirche hieher zu bauen, und eine eigene Pfarre hier aufzurichten. Es wurde aber dieses Dorf sammt der Kirche im dreyßigjährigen Kriege ganz zerstört, und ist der Ort sammt der Pfarre geraume Zeit öde gestanden. Endlich haben nach dem dreyßigjährigen Kriege die Kressen diesen Ort sammt dem

Patronatsrecht an sich gekauft, doch mit dem Beding, daß ein jetziger Pfarrer, wie vorhin, in das Kapitel nach Schwabach gehen soll. Dieser Ort und die Kirche wurde also von den Kreßen ganz neu erbauet, daher die Kirche in keines Heiligen Ehre geweihet worden ist.

Dürrenrain, einzelner Hof im Buchischen Quartier unweit Gernsfeld, wohin die Einwohner pfarren.

Dürrenrieth, Dorf von zwanzig Häusern mit einem neuen Schlosse und einem Hofhauße dem Staatskanzler Freyherrn von Albini zu Maynz gehörig, dessen Gemahlin hier wohnt. Vorher gehörte es den Herren von Wiegenden, die es an den jetzigen Besitzer verkauft haben. Herr von Albini hat hier die Jurisdiktion, doch sind 2 Freyherrlich von Lichtensteinische Lehen hier. Würzburg übt durch das Amt Seßlach die Landeshoheitsrechte. Es liegt eine Stunde von Seßlach gegen Königshofen. Die Kirche ist eine Tochterkirche von Seßlach, und wird von einem dasigen Kaplan versehen. Die evangelischen Familien gehen nach Käßliz und Poppenhausen in die Kirche. Feld, Wiesen und Waldung sind gering. Das dasige Wirthshaus gehört dem Herrn von Albini. Es ist auch eine Ziegelbrennerey daselbst.

Dürrenthal auch **Dörenthal,** ein Bayreuthisches Dorf in dem Kreisamte Hof und Kammeramte Naila, 1 1/2 Stunden von Hof; 7 Häuser mit 42 Einwohnern gehören in das Kammeramt Naila, die übrigen nebst dem Castrum gehörten einem Herrn von Dobeneck. Das Rittergut ist Brandenburg Bayr. Mannlehen und Amtssäßig.

Dürrenwald, Bayreuthisches Dorf, dessen Einwohner nach Gerolsgrün

pfarren, im ehemaligen Amte Lichtenberg, im jetzigen Kammer Amte Naila von 16 Häusern und 101 Seelen. Der größte Theil der Einwohner nähret sich von Kohlen, Holzhauen, Erdefgraben. In der Nähe ist ein guter Schieferbruch, dessen schlechte Zugänge aber die Herauschaffung sehr erschweren.

Dürrenzimmern, oder **Ober- und Unterzimmern, Hohenlohe-Neuensteinisches Pfarrdorf** im Amte Weikersheim, eine Stunde von Ingelfingen. Die Seelenzahl erstreckt sich etwa auf 500. Sonst war es ein Filial von Marlach. 1475 aber wurde es durch Bischoff Rudolph zu Würzburg zu einer eigenen Pfarrei gemacht. Der Nahrungsstand, der in Feld- und Weinbau besteht, erfordert gegenwärtig gedoppelten Fleiß, indem durch viele und heftige Wolkenbrüche die ehemals so gute Lage ganz umgeändert und zum Theil beynahe verödet wurde. Bereits im 3ten Jehent des 16ten Jahrhunderts fieng hier der damalige Pfarrer Wild den Etzartsett zu bauen an und führte den Anbau desselbigen auch unter seinen Pfarrkindern ein. In den letzten 9 Jahren sind hier 67 mehr gebohren als gestorben. Im Würtembergischen und Dettingischen findet man auch ein Dürrenzimmern.

Dürrfeld, Würzburgisches Dorf im Amte Gerolzhofen, 3 starke Stunden von Schweinfurt von 54 Häusern, hatte im Jahr 1794. 283 Seelen. Der Schullehrer hat 70 fl. frl. Gehalt, und im Jahre 1786 waren der Schulkinder 39.

Dürrhof, (der) ein einzelner Hof, nebst einer Wohnung eines Jägers vom Cramschatzer Walde, eine halbe Stunde von Arnstein gegen Würzburg zu, zum Amte Arnstein gehörig.

Dürrhof, Fürstlich Würzburgische sehr ansehnliche Schäferey in dem neuerworbenen Amte Haltenbergstetten, eine Viertelstunde von Laubenbach an der Vorbach. Sie war von jeher in Bestand gegeben. 1796 wurden daselbst überwintert 500 Stük, an Lämmer gewonnen 160, verkauft an Schaafen im Lande 50, an Lämmern eingeschlagen 150. Im Ganzen zählte die Schäferey 650. An Wolle wurde gewonnen 9 Centner. Im J. 1797 wurden überwintert 430, an Lämmer gewonnen 150, verkauft an Schaafvieh ins Ausland 100, im Lande 9, an Lämmern eingeschlagen 150. Im Ganzen zählte man 516 Stücke. Sie gaben 7 Ctr. Wolle, die gut ist, und im Lande verarbeitet wird.

Dürrnbuch, ein verruschtes Dorf, in der ehemaligen Klostervogtey Langenzenn, erkaufte Markgraf Christian zu Brandenburg. Es liegt eine Stunde von Langenzenn gegen Neustadt. Die Unterthanen sind deutschordisch, bayreutisch, ansbachisch und nürnbergisch, und pfarren nach Schornweisach.

Dürrnhof, Dorf im Bambergischen Centamte Weißmayn.

Dürrnhof, oder Dörrnhof, ein einziger Hof im Nürnbergischen Amte Hilpoltstein am Flüßchen Truppach bey Egglofstein, so vor diesem ein Herrensitz gewesen.

Dürrnhof, Reichsritterschaftlicher dem Orte Rhön und Werra steuerbaren Weiler im Bezirke des Würzburgischen Amtes Neustadt an der Saale, 1/2 Stunde von diesem Städtchen. Es enthält 75 Seelen und gehört der Familie von Borie.

Dürrnhof, 4 Wohnungen und 22 Seelen in der zum Ritterorte Rhön und Werra steuerbaren Herrschaft Gersfeld.

Dürrwang, Fürstlich Oettingischer Flecken von 78 Unterthanen an der Sulz, der nun, nach geschehener Austauschung Oettingen-Spielbergs mit Ansbach Ansbachisch geworden ist. Ehemals war er der Sitz eines Oettingen-Spielbergischen Amtes. Das dortige Schloß übergab unter dem eichstättischen Bischoffe Hildebrand, einem Edlen von Mörn, im Jahre 1162 Ulrich von Wahrberg der Mutter Gottes und dem heiligen Willibald, dem Stifter des eichstätischen Bisthums, sammt Konrad, Graffto, Hermann und andern Obbern Heinrichs von Dinkelspiel, die bisher seine edle Dienstmanne waren, von nun an aber ebenfalls nichts anders als edle Dienstmanne der eichstättischen Kirche seyn und bleiben sollen. Hier ist auch eine kaiserliche Freyung. Die ehemaligen Herren von Dürrwangen nannten sich davon. Waren auch die Besitzer derselbigen. 1433 verkauften die Freyherren von Dürrwang ihre Herrschaft an die Grafen Ludwig und Johann von Wallerstein um 3500 fl.

Dürschbrunen, Dürschbrunner Leithen, diesen Namen führet eine waldigte Bergablage in der eichstättischen Forstey Emlering.

Dürschbrunner-Leiten, ein mit Holz bewachsener Berg in der eichstädtischen Forstey Emlering des unterstiftischen Ober- und Forstamts Kipfenberg Brilngries, hält über 300 Jauchert und liegt im Amte Kipfenberg, zwischen Emlering und Bersshausen, darin ist das sogenannte Hengestelg. Bemeldte Dürschbrunner Leiten stößt südlich an das emleringer Gemeindholz, das Osing genannt, gegen Norden aber ist sie durch den Finstern Graben oder das Vieh-

Pleinleinsthal von der Pleinleins-
leiten des Gredinger Forstes getrennt, welches Thal die Emles-
ringer von der Gredinger Forstey
scheidet.

Dürschnitz, auch **Thierschnitz,** unweit dem Lustschlosse Colmdorf,
heißen eine grade Reihe kleiner
Häuser mit schmalen fruchtbaren
Gärten, wo sonst die Fallenjä-
ger wohnten. Im Jahre 1760
gab es Markgraf Friedrich seiner Gemahlin Sophie Karoline
Marie eigenthümlich.

Düttesfeld, 3 Haushaltungen sind
Fuchsisch und gehören in das Amt
Birnbach, wohin sie auch zur
Kirche gehen.

Dugendorf, in das Würzburgische
Amt Donnersdorf gehöriger
Ort. Die Vogteylichkeit über die
Unterthanen übt die Cisterzienser
Mannsabtey Ebrach, zu deren
Klosteramt Schwappach er gehört.

Dullenau, (die) Papiermühle bey
der nürnbergischen Vorstadt Wöhrd
im Jurisdiktionsbezirke des ehemaligen Ansbachischen Vogtamts
Schönberg.

Dumpfeld, ansehnliches Dorf im
Bezirke des Würzburgischen Amtes Schlüsselfeld.

Dundorf, Tundorf, auch **Thundorf, (Tundtorf, Thungdorf)**
ansehnliches Dorf des Ritterorts
Rhön und Werra zwischen dem
Würzburgischen Oberamts Städtchen Mellrichstadt und Stadtlauringen. Der Herr von Rosenbach hat hier ein geräumiges
Schloß mit Gräben umgeben, die
nicht ausgetrocknet werden können, und halten sich sehr viele
wilde Enten daselbst auf. Es ist
hier ein katholischer und ein lutherischer Pfarrer. Es wohnen auch
Juden d. Es hat 53 Häuser,
42 Katholiken, 5 Protestanten
und 6 Juden. Dann hat es 2
Kirchen eine lutherische und eine
katholische. Sonst waren mehrere
Protestanten da und nur wenig
Katholiken. weil aber der Herr
Katholisch ist, so nehmen die Protestanten immer mehr ab. Es
war das Stammhaus des alten
freyherrlichen Geschlechtes von
Thundorf. Die Herren von Dundorf oder Thundorf waren eines
Geschlechts mit den Grafen von
Wildberg und besaßen Oberlau-
ringen, Stadtlauringen, Thundorf, Maßbach guten Theils, dann
Wetterungen, Bundorf, Thahn-
feld, Völkertshausen, das Stammschloß Wildberg, welches nach
der Hand an die Trudseßische
Familie von Wetzhausen kam,
von ihr an das Julierspital nach
Würzburg verkauft wurde, jetzt
aber ganz wüste liegt, es liegt
ohnweit Zeinach Sulzfeld ganz
im Wald. Nachher kam diese
Herrschaft an die Herren von
Maßbach und von diesen Anno
1623 an die Herren von
Schaumburg Rauenstein'scher Linie, und wurde ihnen per privilegium Cæsareum der Burggräfliche Titel ertheilet, als ein
Burggravium Equestre. Diese
Herren von Schaumburg legten
ein Institut zur Erziehung für
junge Adeliche an. Das dazu
bestimmte Haus bewohnt jetzt der
Pfarrer. Ehemals war es Säch-
sisches Lehen, gegenwärtig Würzburgisches. Das Forum daselbst
des Herrn von Rosenbach ist noch
immer ziemlich beträchtlich, und der
in dem dasigen Schloß wohnende
Amtsverweser hat die Justitz zu
besorgen, außer Thundorf, in
Maßbach, so weit es Rosenba-
chisch ist, in Völkertshausen, in
Popenlauer eines Theils, in Rothhausen und Thainfeld, welches
letztere auch nach Thundorf pfarret.

ret. Poppenlauer aber und Rothhausen trennte sich bekanntlich und bekam einen eigenen würzburg. evangelischen Pfarrer. Die Katholiken aber von Thainfeld, Rothhausen und Maßbach gehören noch hin. Auch ist ein eigener Zentgraf da mit den übrigen Bedienten, welcher jedoch seit 1616 Poppenlauer nichts mehr unter sich hat, weil es Würzburg übernahm. Herr von Rosenbach hat auch noch mehrere Zehende, einzelne dazwischen liegende Mühlen und Höfe, sehr viele Waldungen und ansehnliche Jagden. Der Boden ist ergiebig und bringt schönes Korn und guten Waizen hervor. Sonst waren mehrere Weyher bey Thundorf, welche aber jezt ausgetrocknet und urbar gemacht werden. Die Viehzucht und der Ackerbau machen den Nahrungs- und Erwerbstand der Einwohner aus.

Dunstorf, Eichstättisches Filialkirchdorf von Kipfenberg, auch zum dortigen Pfleg- und Kastenamte gehörig, von etlich und 20 Haushaltungen, liegt auf dem Berge, eine halbe Stunde südlich von Kipfenberg entfernt. Die Güter, welche einst dem eichstättischen Domkapitel allda gehörten, hat im Jahre 1484 Bischoff Wilhelm von Reichenau auch unter andern gegen gewisse große und kleine Zehenden eingetauscht, die er dafür dem Domkapitel überließ.

Dunzendorf, Filialort von der evangelisch-lutherischen Pfarrey Kinderfeld im Würzburgischen Amt Haltenbergstetten, 2 Stunden davon, u. eine Stunde v. Laudenbach, dessen Vogtey es ehemals gehörte, und mit ihr gleiches Schicksal hatte. Die Markung des Orts ist nicht groß. Die Dunzendorfer besitzen daher ihre meisten Felder auf der Markung des oben Weilers Hohenweiler. Ihr Gemeindholz hält 25 Morgen; der gemeine Wasen 20. Dieser Wasen würde zu den besten Wiesen umgeschaffen werden können, wenn die Gemeinde zur Stallfütterung zu bereden wäre. Der Boden ist hier gut, und lohnt bey mäßiger Arbeit hinreichend. Korn, Spelz, Gerste, Hafer, Hülsenfrüchte, Burgunder-Rüben, weißes Kraut, Kartoffeln, Flachs und Hanf, werden gewöhnlich hier gebauet, und gedeyhen sehr gut. Im Orte wohnen 11 Bauern, 1 Handwerker, 2 Taglöhner. An Vieh fand man 1796 100 Stück Rindvieh und 4 Pferde. Man baut viel Klee, das hat die Menge des Viehes zwar nicht vermehrt, aber doch verbessert. Zu Ende dieses Dörfchens steht eine alte dem Einsturze nahe Kapelle, in welcher zu Behauptung des öffentlichen und alleinigen Exercitii relig. cathol. der Pfarrer von Laudenbach, im Beyseyn des Beamten und mehrerer Laudenbacher, jährlich an dem Weyhtage dieser Kapelle eine Predigt und Messe abhält, wobey die Dunzendorfer den bey diesem frommen Akt unentbehrlichen Personen, nach geendigtem Gottesdienste, eine Mahlzeit abreichen müssen. Diese Kapelle hat ansehnliche Capitalien- und Grundstücke. Wie wohl würden sie zu Verbesserung der armen Schulmeister im Amte verwendet werden können, zu welchen Stellen des geringen Gehalts wegen, schier niemand zu finden ist, als ausgediente Handwerksleute.

Duttenberg, Katholisches Pfarrdorf, dem deutschen Orden zuständig, im Amte Haldyllingen; der Pfarrer steht unter dem Würzburgschen

burgischen Landkapitel Neckarsulm.

Duttenbrunn, Fürstlich Würzburgisches katholisches Dorf im Amte Karlstadt von 80 Häusern, pfarrt nach Urspringen. Der Schullehrer hat 98 fl. frl. Gehalt. 1797 hatte es 50 Schulkinder und etwa 354 Seelen. Das Erdreich ist theils gut, größtentheils mittelmäßig, doch trägt es alle Arten des Getraides: Korn, Dinkel, wenig und schlechten Waizen, Hafer, Gersten, Erbsen, Linsen, Wicken, Flachs von mittlerer Güte. Die Fruchtbarkeit des Bodens nimmt täglich durch den Fleiß der Einwohner zu. Es sind wenige Weinberge, doch wird da ein mittlerer Wein gebauet. Wiesen hat der Ort sehr wenig, allein der Kleebau wird da mit solchem Vortheil getrieben, daß es Ueberfluß am Futter giebt. Holz hat das Dorf zwar nicht im Ueberfluß, doch kann es sich beynah ganz verholzen, es giebt da Eichen-Buchen-Espen-und Buschholz. Der Nahrungs- und Erwerbsstand ist Feldbau, der jetzt mit Vortheil getrieben wird. Denn durch Zunahme der Fruchtbarkeit des Bodens kann der Ort ziemlich Getraid verkaufen. Vorzüglich geht da der Viehhandel gut. Handwerker hat der Ort, 1 Schmidt, 1 Schuster, einige Schneider, einige Leinenweber, Maurer, Wagner, Büttner. Der Viehzustand ist zwar jetzt gering, indem zweymal fast in einem Jahre die Viehkrankheit da wüthete, man traf vor derselben eine schöne Viehzucht an. Man sah das beste Vieh da, dieß ist um so mehr erfreuend, weil etwa vor 20 Jahren wenig und das elendeste Vieh da anzutreffen war, seit dem Kleebau aber der Ort sich durch Vieh große Vortheile machte. Auch hat der Ort eine eigene Schäferey. Die Grafen von Castell haben hier 3 Höfe, welche sie vor einigen Jahren vom Freyherrn von Sickingen erkauften. Die Sitten der Leute sind gut, der Ort eilte vor der Viehseuche seinen Wohlstand immer mehr zu verbessern. Denn ehemals war es ein armes Dorf, welches seine Felder nicht anbauen konnte, des Wildes wegen, welches in einem seiner Markung angrenzenden Walde gehegt wurde. Seit aber der Unvergeßliche Franz Ludwig das Wild wegschießen ließ, so ward der Ort, durch Fleiß seiner Einwohner, ein ziemlich wohlhabender Ort. Der Luxus ist so ziemlich noch begränzt. Eine harte Sache für den Ort ist es, daß er beym kalten Winter, oder sehr heißen Sommer, fast gar kein Wasser hat, und dasselbe eine halbe Stunde weit vom Orte Urspringen für Menschen und Vieh auf Wägen beygeführet werden muß, daher er auch einmal wegen Mangel des Wassers, einen großen Brandschaden erdulden mußte.

Duttendorf, Dorf, am Flüßchen Weißach, 2 Stunden von Hochstadt, zu dessen Amt die Bambergischen Unterthanen gehören. Die Grafen von Castell besitzen hier den größten Theil unter ihrem Amte Burghaßlach. Hier sind auch Brandenburgische, Bambergische, der Benedictinermannsabtei Michelsberg ob Bamberg zugehörige, und Freyherrlich von Warsterische Lehen.

Duzenthal, Freyherrlich von Seckendorfisches Rittergut an der Nordöstlichen Gränze des Königlich Preußischen Oberamtes Ipsheim von 3 Häusern, unter der nen ein herrschaftliches Schlößchen ist. Die übrigen zwey sind der herrschaftliche Meierhof und ein Unterthans-Haus. Der Meierhof ist ansehnlich. Der Boden trägt die besten Kartoffeln in jener Gegend, ausserdem noch Korn. Die Herrschaft besitzt mehrere Teiche und ansehnliche Waldung. Die Einwohner pfarren nach Deutenheim, welches 1/2 Stunde nördlich liegt.

Dutzenteich, (der) oder Luischenteich, eine halbe Stunde von Nürnberg im Walde an der Feuchter Poststraße, im Fralschbezirke des ehemaligen Ansbachischen Oberamtes Burgthann. Seinen Namen hat es von den vielen daselbst befindlichen großen und kleinen Weihern. Es ist ein Vergnügungsort der Nürnberger. Hier ist auch ein Hammer und eine Mühle.

E.

Ebelsbach, Ganerben Dorf unweit Eltmann am Mayn von 40 Unterthanen, 12 sind Rothenhahnisch, 9 von Großisch, und 19 Würzburgisch, in das Amt Eltmann gehörig. In allem sind daselbst 19 Häuser, nebst einem Judenhof, aus 3 Häusern bestehend. Das dasige Schloß gehört den Freyherren von Rothenhahn zu Eyringshof und Rentweinsdorf. Das Schloß ist alt, hat aber ausserhalb große Mayerey-Gebäude, eine Jäger- und Rentmeisters Wohnung. Von den beyden Wirthshäusern ist das eine Würzburgisch, das andere Rothenhahnisch. Für das Kirchlein im Schloßbezirke ist weder ein Pfarrer noch Schullehrer bestellt. Mit Juden, welche theils unter Rothenhahnischen, theils Großischen Schutze stehen, ist es in diesem Orte fast übersetzt. Es befinden sich 281 Seelen darinnen, sie ernähren sich, einige Handwerker und die Juden ausgenommen, von Feldbaue, und der nahe dabey liegende Berg, Ebelsberg genannt, ist mit Weinstöcken bepflanzet, welche ziemlich guten Wein hervorbringen. Zugleich ist in dem Orte ein Haus, welches Jungfern-Haus genennt wird, und der gemeinen Sage nach ehmals ein Frauenhaus war; ausser dem Orte sind 2 Mühlen.

Eben, Dorf am Mayn, 2 Stunden von Staffelstein.

Eben, auch auf der Eben, Weiler im Bayreuthischen Kameralamte, die Einwohner pfarren nach Bayreuth.

Eben, Dorf im Bambergischen Zentamte Weißmayn.

Ebenberg, Bayreuthisches Dorf, zum Kreisamte Culmbach gehörig; die Einwohner pfarren nach Neu-Droßenfeld.

Ebene, ist in dem Ritter-Orte Baunach steuerbarer Weiler, etwa 1/4 Stunde gegen Morgen von Altenstein, wohin sie pfarrt und ins Amt gehört; hier wohnt der herrschaftliche Oberförster, nebst noch 10 andern Haushaltungen.

Ebenhausen, Würzburgisches Oberamt von 14 Dörfern. Sie sind: Arnshausen, Ebenhausen, Eltingshausen, Hayn, Holzhausen, Kromingen, Maybach, Oberwehrn, Oerlenbach, Pfersdorf, Poppenhausen, Rannungen, Reiterswiesen, Rottershausen. Dieses Amt gränzt gegen Mitternacht an die Würzburgischen Oberämter Lauertingen, Münnerstadt und Kissingen, gegen Abend an das Oberamt Tr̃im-

Trimberg und Werneck; gegen Mittag an das Gebiet der Reichsstadt Schweinfurt; gegen Morgen an das Würzburgische Oberamt Mainberg. Mit Aura-Trimberg hat es einen Oberamtmann gemeinschaftlich, aber einen eigenen Amtskeller und Zentgraf, nebst einem Amts- Gegen-Zent- und Zunftschreiber. Albrecht von Hohenlohe der 52 Bischoff zu Würzburg kaufte es im 14 Jahrhundert von den Grafen von Henneberg. Die vorzüglichsten Nahrungsquellen der Bewohner dieses Oberamts sind Getraidbau, besonders Roggen, Hafer, Hülsenfrüchte; etwas Weinbau, viel Obstbau und Viehzucht.

Ebenhausen, Würzburgisches Dorf mit einem Schlosse. Der Sitz eines Amts von 14 meist wohlhabenden Dörfern, 3 Stunden von Schweinfurt auf dem gewöhnlichen Weg nach Kissingen. Würzburg kaufte es 1354 vom Grafen Otto von Henneberg, zuvor hatte ein adeliches Geschlecht, das sich von Ebenhausen schrieb, den Ort besessen. Von Conrad Bischoff von Würzburg wurden die Einwohner auch des Einverständnisses mit den aufrührischen Bauern schuldig erklärt, und 12 derselbigen zu Werneck enthauptet, als die übrigen aufs Neue huldigen mußten. Der Ort hat jetzt 54 Häuser. Im Jahre 1786 hatte er 36 Schulkinder, und einen Schullehrer mit 71 fl. frl. Gehalt. Er hatte vor 30 Jahren 4 Judenhaushaltungen. Sie sind zum Theil aber von da weg gezogen. Der Boden ist mittelmäßig, und wird benutzet zu Getraidfelde, etwas Weinberg, die nun vermehret werden, Hinlänglichen Wiesen und Wal-

dungen, welche theils dem Fürsten, theils der Gemeinde, und theils einzelnen Ortsnachbarn eigen sind. In den Wäldern wachsen Eichen-Birken- und Aschenholz. Das eilfte Korn wird im Durchschnitt von einem erzielet. Korn, Waizen, Gersten, Haber und Hülsenfrüchten, auch nach Güte der Witterung, Flachs wachsen reichhaltig auf der Markung. Der Hauptnahrungszweig der Bewohner ist Getraidhandel und Viehzucht. Zählet 5 Leinenweber, 2 Schneider, und 1 Schmied. Der gegenwärtige Viehzustand ist gegen den vorigen durch die Viehseuche um die Helfte verringert. Geistliche und weltliche Obrigkeit ist Fürst Würzburgisch. Ein Pfarrer und ein Kaplan, der die Filial-Ortschaften Ebingshausen, Hain, den sogenannten Kroatenhof und Poppenhausen, in der Seelsorge versiehet, machen das geistliche, und ein Oberamtmann, Amtskeller, ein Amtsschreiber und ein Schultheiß das weltliche Personale aus. Die Sitten der Inwohner sind gut, der Luxus ist den Kleidern wie in dem Schweinfurter-Gau. Die Gebräuche bey Hochzeiten und Kindtaufen sind gemein.

Ebenheit, Ebnet, Würzburgisches Dorf von 26 Häusern, im Amte Freudenberg. Schullehrers-Gehalt ist 60 fl. Im Jahre 1786 waren 48 Kinder. Es ist ein vom Graf Melchior von Wertheim heimgefallenes Lehen.

Ebenhof, (der) im Bezirke des Ansbachischen Kreises, einzelner Deutschordischer Hof, zum Amte Virnsperg gehörig, von einem Unterthanen.

Ebenried, Eichstättischer zwischen der Freystatt und Altenperg an der Schwarzach gelegener, und nach Mörsdorf gepfarrter Weiler, der 2 zum eichstättischen Pfleg- und Kastenamte Obermäßing Jettenhofen gehörige Unterthanen hat.

Ebensfeld, großes Bambergisches Pfarrdorf nächst dem Mayn an der Landstraße, 1 Stunde von Staffelstein gegen Bamberg zu gelegen im Amte Lichtenfels, dem die Zent, Gemeindeherrschaft, und größtentheils auch die Steuer und Vogtey zusteht. Auch hat hier das fürstliche Amt Zapfendorf und das Domprobsteyamt Burgellern vogtey- und steuerbare Lehenleute. Ferner sitzen hier Lehenleute der Bambergischen Abtey Michelsberg, der 1329 Bischoff Lampert die Burg- hat mit dem Vorbehalte der Oberbothmäßigkeit verlieh, der Dompropstey und der Probstey des Stifts St. Gangolph zu Bamberg, die genannten Lehenherrn zum theile auch vogtteybar sind. Die Pfarrey gehört zum Bambergischen Kirchensprengel, und unter das Landcapitel Lichtenfels.

Eberbach, Hohenlohe-Langenburgisches Filialdorf, welches nach Unter-Regenbach eingepfarrt ist, an der Jagst. Obgleich das Dorf ganerbschaftlich ist, so gehöret doch die Kirche unter die Langenburgische Inspection. Das ganze Dorf hat 48 Haushaltungen, in welchen 271 Seelen sind. 239 evangelische und 32 katholische. Von diesem Dorfe hat Langenburg 8 Haushaltungen. Die beyden andern ganerbschaftlichen Mitherrschaften sind: der Deutsche Orden, und der Herr von Stetten zu Kocherstetten. Der Zoll ist Langenburgisch; es liegt im Thal an der Jagst. Frucht- Wein-

und Obstbau, nebst Viehzucht, ist ihre Nahrung. In Hinsicht der fraischlichen Obrigkeit ist mit Hohenloh-Bartenstein Streit.

Eberhardtshof, (der) Bauernhof zwischen Fürth und Nürnberg.

Eberhardtsreuth, zum Kameral-Amte Culmbach gehöriges Dorf. Die Einwohner pfarren nach Neudrossenfeld.

Ebermannstadt, Amt im Hochstifte Bamberg, gränzt an die Bambergischen Aemter Weischenfeld, Gößweinstein, Wolfsberg, Pottenstein, Leyenfels, Regensperg, Vorchelm, das Bayreuthische Amt Streitberg, und wird von mehreren Ritterschäftl. zum Orte Gebürg gehörigen Besitzungen durchkreuzt. Die Wisent, Unterleinleiter, Truppach fliessen durch verschiedene Districte des Amtes, das eine abweichende Lage hat, indem es theils auf Geburggegenden, theils in einer ebenen Fläche bestehet. Dem ungeachtet sind die Erzeugnisse des Bodens an Waiz, Korn, Gerste, so ergiebig, daß dadurch nicht nur allein das Amt hinlänglich versorget, sondern auch noch jährlich eine ziemliche Quantität nach Bamberg, Bayreuth, Erlangen, Nürnberg, abgesetzt wird. Vorzüglich beträchtlich ist der Hanfbau, und der damit nach Bamberg, Bayreuth, Böhmen geführte Handel sehr einträglich. Eben so vortheilhaft ist die Nußbaumzucht, und das Commerz mit gedörrten wälschen Nüssen. Eigene Viehzucht hat das Amt wenig. Man kauft das magere Hornvieh zusammen, benutzt es zur Feldarbeit, und stet es alsdenn, und setzt es nach Bamberg, dem Würzburgschen, Nürnbergischen, zum Theil auch nach Augsburg ab. In dem den Gebürgen findet man weiſſen Marmor, den Kenner den ſchönern unter den ſeither bekannten Marmorarten beyzählen. Das Amt Ebermannſtadt war ehehin eine Beſitzung der Grafen von Schlüſſelberg, nach deren Erlöſchung es an das Hochſtift gedieh. Den Aemtern Ebermannſtadt und Neunkirchen iſt ein Oberammann vorgeſetzt, der in ältern Zeiten ſeinen Sitz im Schloſſe Neudeck hatte, und woher auch Ebermannſtadt Amt Neudeck benannt wurde. Ein zeitlicher Oberammtmann hat, wie im Bambergiſchen gewöhnlich iſt, den Vorſitz beym Bürgerrathe, und in bürgerlichen Sachen mit dem Vogte concurrentem jurisdictionem. Die Landes= und Kammergefälle adminiſtrirt der Vogt, eben ſo die peinliche Jurisdiction ohne den Einfluß des Oberammtmanns. Das Forſtamt Ebermannſtadt beſteht aus den 2 Revieren Ebermannſtadt und Veilbronn.

Zum Amte Ebermannſtadt gehören 1 Stadt, 33 Dörfer, 11 Höfe. Hierunter ſind 1 Stadt, 7 Dörfer, 6 Höfe purificirt, 1 Mediatdorf, 1 Dorf, 1 Hof mit Unterthanen anderer Aemter, 2 Dörfer mit fremden jedoch landſäßigen Vogteyleuten, 17 Dörfer mit fremdherriſchen vermiſcht, und über 5 außherrſche Dörfer, 4 Höfe übt das Amt Regalien aus. Ferner hat das Amt Ebermannſtadt in dem Amte Weiſchenfeld zu Neudorf die Zent, zu Siegritz die Zent nebſt vogteybaren Unterthanen, im Amte Gößweinſtein zu Hartenreuth Unterthanen, im Amte Wolfsberg Unterthanen zu Ober= und Untermorſchreut, im Amte Hollfeld zu Sachſendorf 4 Unterthanen, im Amte Vorcheim in einem Theile von Küſſenbach die Zent, zu Mittler=weilersbach einige Unterthanen.

Ebermannſtadt, Stadt an der Wiſent im Hochſtifte Bamberg, 6 Stunden von der Reſidenzſtadt gleiches Namens, Sitz eines fürſtl. Amtes, mit einer Pfarre und einem Bürgerrathe. Viehmaſtung, Hanfhandel, Bierbrauerey ſind die Nahrungsquellen der Bürger. Die jährlichen 7 Waaren= und Viehmärkte werden ſtark von Ausländern beſucht. Bey dem Rückzuge der Franzoſen aus der Oberpfalz 1796 litt die Stadt ſehr viel durch Einäſcherung. Sie kam theils durch Ausſterben des Gräflich=Schlüſſelbergiſchen Geſchlechtes, theils durch Umtauſch mit dem Hochſtifte Würzburg an Bamberg. Die Pfarrey gehört zum Bambergiſchen Kirchenſprengel u. dem Laubcapitel Eggolsheim. Ebermannſtadt hat eine öffentliche Stadtwaage, und den Bierzwang auf 2 Stunden umher.

Ebermergen, Büſching Ebermeegen, gemeinſchaftliches Dorf im Umfange der Grafſchaft Oettingen, wovon die eine Hälfte Oettingen=Spielberg, die andere dem deutſchen Orden gehört.

Ebern, Eberha. Städtchen an dem linken Ufer der Baunach, 5 Stunden von Bamberg gegen Hildburghauſen, von 195 Häuſern, excl. des Oberammtmannshauſes und der übrigen herrſchaftlichen Gebäude und einer Schule, an der ein Rector, Cantor und Mitgehülfe arbeitet. 1796 waren in der Schule 157 Kinder. Sie iſt der Sitz eines Würzburgiſchen Oberamts. Im Kriege des Herzogs Otto von Meran wurde gegen den Biſchoff

Ebersbach

schoff Herrmann zu Würzburg Stadt und Gegend verwüstet. Bischoff Conrads sogenannter Züchtiger schlug auch hier nach den bekannten Bauern-Unruhen 1525, eilfen die Köpfe ab. Das Eberamt Ebern und Geßlach bekleidet Freyherr von Groß, der aber nicht hier wohnt. Auch ein Kellereyamt, das hier befindlich ist, hat von diesem Städtchen seinen Namen, es begreift in sich 12 purifizirte Dörfer, 18 vermischte, und 8 Höfe und Mühlen. Im Jahr 1798 zählte es 615 Häuser und 2941 Seelen, mit Stadt und Land. Das Landkapitel Ebern besteht aus 18 katholischen Pfarreyen, dessen Dechant jetzt Pfarrer zu Mirßbach ist. In Ebern wohnen 969 Seelen, worunter 11 Handlungtreibende Bürger, 128 Handwerksleute und 17 fremde Handwerksgesellen sich befinden. Die hiesige Bürgerschaft hat ein beträchtliches Bürgerholz und gemeinschaftlich mit dem Herrn von Rothenhahn zu Eyrichshof das Holzungsrecht im Eberer Walde, auch besitzt sie das Dörfchen Reuteröbrunn allein. Durch die französische Division des Generals Lefebre, welche im Revolutionskriege hier durchzog und in der Gegend kampirte, noch mehr aber durch die darauf erfolgte Viehseuche hat das Städtchen viel gelitten. Die Einwohner sind thätige und gefällige Leute. Jährlich werden hier 7 Vieh- und Waaren-Märkte gehalten.

Eberobach, Bayreuthisches Dorf an dem weissen Mayn, 1 Stunde von Culmbach.

Ebersbach, Bayreuthisches Dorf im Neustädter Kreise, 1 Stunde davon gegen Herzog-Aurach gelegen, gehört ins Amt Emskirchen.

Ebersbach, Weiler im Anspachischen Kameral-Amte Windsbach, mit 4 dahin gehörigen Unterthanen. 9 sind frembdherrisch.

Ebersbach, Dorf in dem Bambergischen Amte Bielseck, worinn jedoch einige Oberpfälzische Unterthanen sind.

Ebersbach, Bambergisches Dorf im Amte Neunkirchen; dessen Unterthanen ohne Ausnahme zum Klosterverwaltungs-Amte zu Neunkirchen gehören.

Ebersbach, s. Ober- und Unter-Ebersbach.

Ebersberg, Weiler mit Limpurgischen Unterthanen vermischt; 2 Hohenlohische gehören in das Fürstlich-Bartensteinische Amt Maintharb; hat guten Feldbau, Viehzucht und Waldung. Was ehemals dem Kloster Schönthal daselbst gehörte, ist nun durch Kauf ein Besitz von Würtemberg.

Ebersberg, Gräflich Erbachisches Dorf, eine Stunde von Erbach gegen Ebersbach am Necker.

Ebersberg, altes verfallenes Bergschloß oder alte Ritterburg, vier Stunden von Fulda, und drey von Bischoffsheim an der Rhön gelegen. Gehörte vormals den Herren von Ebersberg, die auch ihren Namen daher führen, ist aber, und seit 1779, sammt allen dazu gehörigen Unterthanen auf der Neuwarth, Oberrath, Räderheid und übrigen Gegend des Ebersberges durch den Verkauf des Gerichts Lutter vor der Hard und des Vogteyamtes Weyhers an das Hochstift Fulda überkommen, welches alleine nunmehr alle Vogtey und Hoheit darüber hat, und dem Kanton Rhön-Werra nichts als das Steuerrecht über die vormals ritterschaftlich steuerbare Güter allda verblieben ist. Das alte Schloß, das die herrlichsten Aussichten gegen Fulda darbietet, ist gänzlich unbewohnt, und mußte ehemals nach dem Burgfrieden von 1430 jeder der Ganerben, deren zwölf waren, wozu nicht nur die Herren von Ebersberg, sondern auch die von Weyhers und Steinau, genannt Steinrück, gehörten, demjenigen, welcher von ihnen auf dem Ebersberg wohnte, zur Erhaltung und Besoldung der Thurmleute, Thorhüter und Wächter allda, jährlich halb zu Walburgis und halb zu Michaelis 2 fl. 45 kr. und 3 Viertel Korn, sodann zusammen für den Kaplan, welcher alle Woche daselbst in der Kapelle Messe lesen mußte, 12 fl. an Geld und 12 Viertel Korn geben. Auch mußte jeder dieser Interessenten, sobald vor dem Ebersberg gezogen, das ist, so bald derselbe belagert wurde, zwey gewafnete Männer, vier Viertel Korn, einen Armbrust, zwey Büchsen, 500 gute Pfeile, und 5 Pfund Pulver dahin schicken. Der erwähnte Burgfriede ist noch in dem Archiv zu Gersfeld vorhanden. — Die zu dem Ebersberg gehörige Nennmark pfarrte ehedem nach Gersfeld, kam aber bey dem Verkauf davon, und ist nun theils nach Hettenhausen, theils nach Poppenhausen eingepfarrt worden.

Ebersberg, altes Bergschloß im Bambergischen Amte Zeil, zwey Stunden vom Städtchen gleiches Namens gegen Schleichach oberhalb dem Orte Zeil, wovon ehehin ein Oberamtmann den Namen führte. 1011 brachte es Bischoff Otto an das Stift.

Ebersberg, kleines Dorf in der Grafschaft Limpurg Solmsgassen.
Topogr. Lexik. v. Franken I. Bd.

heimischen Antheils, hat 128 Seelen.

Ebersbrunn, ein dem Kloster Ebrach gehöriges Dorf unfern Rothelsen an der Quelle der reichen Ebrach. Es gehört in das Kloster-Amt Ebrach. 14 Unterthanen sind Fuchsisch und pfarren nach Bimbach, wohin sie auch in das Amt gehören.

Eberschwang, Eichstättisches zum Pfleg- und Kastenamte Dollnstein gehöriges Filial-Kirchdorf von Dollnstein, hält gegen 20 Haushaltungen und liegt 2 Stunden westlich von Eichstädt auf dem Berge zwischen Schernfeld und Dollnstein, von beyden gleich weit, eine halbe Stunde nämlich, entfernt.

Besonder ist es, daß in dem Brunnen, der mitten in diesem Dorfe steht, und ein selbst aufgehendes Wasser hat, dasselbe nie ausgeht, wenn auch die umliegenden Ortschaften Wassermangel haben, obgleich Eberschwang eine ungleich höhere Lage hat, als alle übrige Orte dieser Gegend.

Ebersdorf, Bayreuthisches Kirchdorf des Kreisamts Hof, eine Stunde von Lauenstein, wohin auch die Einwohner eingepfarrt sind. Es hat 70 Häuser nebst einer Wehr-Zollstatt und 1 Mühle und 405 Einwohner. Die Viehzucht ist beträchtlich und beträgt mehr als 350 Stück Rindvieh, über 300 Schaafe und bey 100 Schweine.

Ebersdorf, Dorf zum Ritterorte Almühl gehörig, im Bayreuthischen Amte Neuhof an der Blebert, eine Stunde von Dietenhofen.

Eberstadt, evangelisch lutherisches Pfarrdorf des Ritterortes Odenwald, im Bezirke des Lbwensteinischen zu diesem Cantone steuerbaren Amtes Rosenberg, mittagwärts 3 kleine Stunden von dem Wallfartorte Walddüren, und 2 Stunden nordwärts von dem mit einer Reichspost versehenen Städtchen Abelsheim. Die Zahl der Nachbarn beläuft sich auf 80, auch befinden sich 17 Judenhaushaltungen hier. Das Dorf gehört schon seit dem Anfange des 14ten Jahrhunderts der Familie von Rüd, wovon die andere Linie hier ihren Sitz hat, als ein kurmainzisches Lehen. Anschlüßig der herrschaftlichen Mayerey und des beträchtlichen Pfarrguthes betragen die Güter der Unterthanen 1404 Morgen Ackerfeld, 86 Morgen Wiesen, 11 Morgen Gras- und Baumgärten, 9 Morgen Krautgärten. Man hat hier Nürnberger Ruthe, Ellen und Gewicht, bey flüßigen Sachen aber Rastadter Gemäß. Wein wird hier nicht gebaut, sondern die Wirthe führen denselben aus den Jagst- und Kocher-Gegenden herbey; das Bier kann aber, aller gemachten Versuche ungeachtet, hier sein Glück nicht machen. Die Einwohner nähren sich durchgehends vom Ackerbaue und der Viehzucht. Der gegenwärtige Viehstand beträgt 250 Stücke, macht also gerade noch einmal soviel als vor 20 Jahren aus, und da der Kleebau hier ganz unbeschränkt und unbelastet ist, vermehrt er sich noch immer, besonders, da der Ort von der Viehseuche frey geblieben ist, und in dem ganzen Kriege völlig verschont blieb. Auch die Bienen- und Obstzucht sind ergiebige Nahrungszweige. Die Ortsherrschaft hat alle geistliche und weltliche Jurisdiction, nur sind bey lezterer die 4 hohen Rügen vermöge eines besonderen Recesses vom Jahre 1672 zur kurmaynzischen Zent Buchen gehörig; zur Beobachtung ihrer Gerechtsame hat die Ortsherrschaft einen Amtmann hier. Ausser dem im Dorfe befindlichen gemeinherrschaftlichen Schloße, das mit einem großen Baumgarten und See umgeben ist, und im Hainstadter Walde das Beholzungs-Recht hat, befindet sich noch ausserhalb des Dorfes gegen Buchen zu, ein erst im Jahre 1748 von einem Mitgliede der hiesigen Linie der Herren von Rüd, dem Kammerherrn und Ordenskapitulare, Gottfried von Rüd, im neuesten Geschmacke erbautes Schloß mit dazu gehörigen Oekonomie-Gebäuden, welches derselbige seiner verstorbenen Gattin zu Ehren Klarenhof genennet hat.

Ebertsbronn, Hohenloh-Neuenstein-Oehringisches Dorf, anderthalb Stunden von Weikersheim, ist vollends von Preussen an Hohenlohe verwechselte, hat 25 Haußhaltungen, guten Getreidboden, Viehzucht und Weinwachs.

Ebertshausen, Eburicheshuson, dieses kursächsische Dorf im Antheil Henneberg, welches in einem Fuldaischen Schenkungsbriefe vom Jahre 838, unter dem Namen Eburicheshusen, vorkommt, liegt 1/2 Stunde von Benshausen nordwärts, und besteht aus 25 Feuerstellen und 192 Einwohnern. Die Schwarza fließet durch das Dorf und treibet eine Mühle. Es befindet sich alda ein adeliches Rittergut, welches ehedem die Herren von Ostheim und nachher

(1583)

(1583) die Herren von Kralut von Henneberg zu Lehen trugen. Nach verschiedenen Abwechslungen seiner Besitzer, unter welchen die von Heldrit, von Kreuzburg und von Diemar bekannt sind, kam es an die Familie der Herren von Fischer, die es vor einigen Jahren dem Weinhändler Anschütz zu Beushausen verkauften. Dieser besitzet gedachtes Gut ohne alle Gerichtsbarkeit über die Dorfsunterthanen in der Eigenschaft eines Sohn- und Tochterlehns. Der Ort war schon in ältern Zeiten mit einer Pfarrkirche versehen, welche zum Würzburgischen Kapitel Mellrichstadt gehörte. Auch nach der Reformation hatte sie ihren eigenen Pfarrer, wurde aber im Jahre 1654 als eine Tochter nach Benshausen gewiesen.

Ebertshausen, im J. 838 Eburicheshufon, Sch. Würzburgisches katholisches Pfarrdorf im Amte Mainberg, drey Stunden von Schweinfurt gegen die Stadt Lauringen von 39 Häusern. Mit Einschluß des Gemeindholzes und der Oedungen enthält die ganze Markung 2621 Morgen, nämlich 1786 M. Ackerfeld, 335 M. Wiesen, 453 M. gemeine Waldung, 17 Morg. Gärten, 30 M. Huthplätze. Seit 5 Jahren zählt man hier in der Mitteljahl 10 P. Ochsen, 16 P. Stiere, 57 Stücke Kühe, 46 Stücke 1=jährige, 15 Stück Kälber, Summa 146 Stück Rindvieh. In der letzten Seuche verlohren wir nur 8 Stücke. Die Zuchtschäferey, ein hochfürstl. Würzburgisches Lehen, besteht aus 600 Schafen. Den großen und kleinen Zehnd hat das Hochstift Würzburg allein.

Der Schullehrer, der die Kinder von Otterhausen zugleich mit unterrichten muß, hat 46 fl. frl. Gehalt. Im Jahre 1796 hatte er 39 Kinder.

Ebertshof, (der) im Anspachischen Kameral-Amte Cadolzburg von einem Unterthanen.

Ebing, auch Eibing, Bambergisches Kirchdorf am Mayn, unter das Amt Rattelsdorf gehörig.

Ebner, Dorf mit zwey Schlößern. Rittergut und Schloß Oberhaus ist dermal einer Linie der Familie von Seckendorf zuständig, und dem Ritterorte Gebürg einverleibt. Schloß Unterhaus mit den dazu gehörigen Lehenleuten, welches dem Hochstifte Bamberg nach Ableben des letztern Marschalls von Ebner heimfiel, gehört mit der Vogtey, Steuer-Militärgewalt und Landeshoheit in das Bambergische Amt Burgkunstadt. Die Zeit über das gesammte Dorf übt das Bambergische Amt Weißmayn aus.

Ebrach, Eberach, lat. ebracum, Cisterzienser Mannskloster an der Mittel-Ebrach auf dem Steigerwalde an dem Straßendamm von Würzburg nach Bamberg, 3 Stunden von Prichsenstadt gegen Bamberg. Das Kloster mit seinen vielen Neben- und Wirthschafts-Gebäuden, Mauern und Thürmen gleicht in der Entfernung, wenn man von den Auhöhen in das Thal herunter fährt, in welchem es liegt, einem artigen Städtchen, und die Abtey-Gebäude mit ihren schönen Lust- und Nutzgärten mancher fürstl. Residenz. 1796 bestand das Convent aus 65 Mönchen, die aber nie zusammen darinn sind, sondern theils als Curati, theils als Amtleute und Oekonomie-Verwalter ausgesetzt sind. Die Besitzungen dieses Klo-

Klosters sind ungemein ansehnlich und bestehen aus Aemtern, als Ebrach, Schwappach, Weiher, Sulzheim, Maynstockheim, Würzburg, Nürnberg, Burgwindheim, Rabwang, u. Burgebrach. Im Kloster selbst haben sie eine wohleingerichtete Apotheke, einen eigenen Klosterarzt, und verschiedliche weltliche Consulenten. Die Kirche ist ein sehenswürdiges Gebäude mit vielen Altären und Nebenkapellen. Vor 5 Jahren hat man sie, zum grösten Bedauren aller Alterthumsforscher und Kunstkenner ihres majestätischen Alterthums entladen, und mit Vergoldungen und buntscheckigen Gypse überzogen. Die eigentliche Stifter dieses reichen Klosters waren die Brüder Berno und Richwin Edle von Ebrau, die es 1126 gründeten. Berno starb als Laienbruder daselbst. Konrad, Herzog von Schwaben, nachher römischer Kaiser, verdient der andere Stifter dieser Abtey genennt zu werden. Unter andern Wohlthätern dieses reichen Stiftes verdienen genennt zu werden: Herzog Friedrich von Schwaben und dessen Gemahlin, sie schenkten dem Kloster ihre Güter zu Schwabach; die Grafen von Henneberg, von Castell, von Rieneck, die Burggrafen Johann und Friedrich von Nürnberg, die Herren von Holzschuher ꝛc. 1525 wurden die Klostergebäude von den aufrührischen Bauern verheert. Die Kirche, an der seit 1600 = 12 = 5 gebauet wurde, blieb unversehrt. Die schlauen Aebte dieses Klosters wusten durch feine Kunstgriffe sich von Kaisern und Päbsten viele Privilegien zu erwerben, und wollten sich auch ihre Vogtei-Unterthanen mit wiederholten Versuchen der Gerichtsbarkeit der Fürstbischöffe zu Würzburg entziehen. Die Bischöffe wiedersetzten sich allzeit mächtig und wurden mittelst kaiserlicher Machtbriefe vom 16ten May 1521, den 3ten September 1552, und den 28 Jul. 1552 in ihrer Landeshoheit gedeckt, und das Kloster derselbigen Schutz unterworfen. Auch neuerer Zeiten sind darüber zwischen Würzburg und dem Kloster noch Schriften gewechselt worden, die öffentlich gedruckt erschienen sind — Der Abt dieses Klosters hat 7 benachbarte Mönchs- und 3 Nonnenklöster des Cisterzienser Ordens unter seiner Aufsicht. Die Herzen der meisten Bischöffe zu Würzburg sind in diesem Kloster beygesetzet.

Ebrach, (die reiche) entspringt bey dem seines vorzüglichen Weinwachses wegen berühmten Sauerbdorfes Rödelsee, geht durch das Würzburgische Amt Schlüsselfeld, tritt dann in das Bambergische, fließt bey Wachenroth und Pommersfelden vorbey, und fällt, unterhalb dem Dörfchen Ehrlich, unweit Kettensdorf in die Rednitz.

Ebrach, (die Mittel) Bach, entspringt bey der reichen Cisterzienser Prälatur Ebrach, sie nimmt auf ihrem kurzen Weg einige Bäche auf, und fällt bey Burg Ebrach in den Bach, die reiche Ebrach genannt.

Ebrach, (die rauhe) Bach, entspringt im Würzburgischchen bey den Oberfern Ober- und Unterstetnach, nimmt außer einigen Bächen bey Burg Ebrach die Mittel Ebrach auf, und fließt bey Pettstadt in die reiche Ebrach.

Eberchstein, Eäbrechstein, oder Eber=

Eberhardtstein, Bayreuthisches Schloß in dessen Amt Streitberg, eine Stunde davon. Die Burggrafen von Nürnberg erkauften es im Jahre 1358 von Herrn von Wildau und Seckendorf.

Schenzell, Eichstättisches zum Landvogteyamte, und zwar in dessen Gebiet Eltersheim gehöriges Filialkirchdorf bey Wettstetten, liegt zwischen Wettstetten und Hitzhofen 4 Stunden östlich von Eichstätt gegen Bayern zu, ganz an einem Walde an. Im Vergleiche, den Eichstätt mit Bayern im Jahre 1305 geschlossen hat, kommt dieser Ort unter dem Namen Südheuzelle vor. Die eignen Güter, welche das Eichstättische Domkapitel allda hatte, tauschte, im Jahre 1484, nebst andern Bischoff Wilhelm von Reichenau, gegen Zehenden ein.

Lchtershausen, gemeinhin Ettershausen, Gräflich-Schönbornisches Dörfchen von 18 Häusern, unweit Gaibach, zu dessen Amte es gehört. Die Christen pfarren nach dem Würzburgischen Dorfe Stammheim. Hier wohnen auch Juden. Die gräflichen Wirthschaftsgebäude hier sind beträchtlich. Die Seelenzahl belauft sich auf 100, worunter 30 Juden. Die Flurmarkung besteht aus 800 Morgen Ackerfeld, 100 Morgen Wiesen, 20 Morgen Weinberge; gegen 400 Morgen herrschaftliche Waldung, 70 Stuck Vieh.

Eckarts, ein zum Ritterorte Rhön u. Werra gehöriges Dörfchen, unfern dem Fuldaischen Städtchen Brückenau gegen Zeitlofs, von 52 Seelen. Seit 1469 besitzt es die Familie von Thüngen als Fuldaisches Lehen, und hat hier ein ansehnliches eignes Gut.

Eckarts, Filialdorf im Bezirke des Mehlrigischen Amts Sand, hat 46 Häuser und 235 Seelen. Es gränzt an der Abendseite an das Kloster Stinersbhausen, hat schlechte sandige Felder und auch schlechte geringe Wiesen, hinzwischen hat es eine schöne Lage, und man kann aus manchen Häusern die meisten Dörfer des Amts Sand oder wenigstens ihre Fluren übersehen. Nicht weit davon liegt eine Mahlmühle an den zwey Schildbachsteichen, von welchen sie die Schildbachsmühle genannt wird, sie ist Kanzleylehen und hat ihre Mahlgäste zu Eckarts.

Eckartshausen, Würzburgisches Dörfchen von 28 Häusern im Amte Werneck, von Werneck gegen Aura, Triimberg zu gelegen, 1 Stunde vom erstern. Der Schullehrer hat 43 fl. Gehalt und 16 Schulkinder. Hier ist eine uralte Marienwallfarth. Das gefundene Wunderbild stehet im Dörfchen, in einem von Alter hohl gewordenen Apfelbaum, mit Staketen umzäunet. Die alte nach Gothischer Art gebaute Kirche ist merkwürdig. Da der Boden hier nicht so ergiebig ist, als im mittäglgen, und der gegen Morgen gelegene Theil dieses Amts, so haben sich die Einwohner auf den Obstbau gelegt.

Eckartshausen, Dorf von 30 Häusern, 25 Gemeindrechten und überhaupt 132 Seelen, 2 Stunden von Seßlach gegen Hofheim an der Straße nach Koburg. Es hat eine Kirche, die eine Tochter der zu Altenstein ist, worinn der Pfarrer zu Altenstein jährlich nur sechsmal prediget. Die übrigen Sonn- und Festtage liest der Schulmeister zu Eckartshausen aus Postillen vor. Das ganze Dorf mit der ansehnlichen Waldung gehört der Familie von Altenstein, welche hier auch

auch einen Revierjäger hält. Die Leute nähren sich hier ganz vom Ackerbaue, und haben durch Fleiß seit 50 Jahren den Boden ihrer Markung sehr verbessert. Hier ist eine Potaschensiederey und 2 Hufnermeister.

Eckartshof, ein Stift Comburgtscher, von einem ehemaligen Besitzer, Hanns Eckart also benannter Hof, welcher innerhalb der Rothenburgischen Landheeg, eine halbe Stunde von der Stadt gegen Erellsheim liegt, und nach Gebsattel eingepfarrt ist. Die Fraisch ist Rothenburgisch.

Eckartsmühl, einzelne Mühle bey Oberalbach im Bambergischen Amte Wachenroth, S. Oberalbach.

Eckartsweiler an der Eppach, Hohenlohe Neuenstein-Oehringischer Weiler, von 15 Haushaltungen, eine halbe Stunde von Oehringen, wohin es pfarrt, hat sehr guten Feldbau und Viehzucht.

Eckartsweiler, hat 4 Schillingsfürstliche Unterthanen, die gegenwärtig mit Preußen verwechselt werden sollen. Durch Feldbau, Viehzucht und Waldung ist der dasige Wohlstand ganz vortreflich; pfarrt nach Brunst.

Eckenbach, (der) ein Bach im nürnbergischen Gebiete, der bey Ballach an der Bayerischen Grenze entspringt und in die Schwabach fällt.

Eckenberg, Bayreuthisches Dorf im Amte Münchaurach, 1 Stunde davon gegen Neustadt an der Aisch, die Einwohner pfarren nach Emskirchen.

Eckenfeld, Schloß, das Bischoff Otto zu Bamberg an sein Stift gebracht haben soll.

Eckenhaid, Nürnbergisches Muffelsches Schloß und Dorf am Flüßchen Eckenbach, bey Eschenau, 6 Stunden von Nürnberg, welches die Herren Muffel im Jahre 1387 von Ulrich Wolfeberg erkaufet, gehet dem H. R. Reich zu Lehen.

Eckenhofen, Weiler im Amte Dachsbach, eine halbe Stunde von Dachsbach gegen Neustadt zu.

Eckenmühl, eine zum Bambergischen Amte Herzogen-Aurach steuerbare- und Kostenlehenbare Mühle, an der Aurach. Hier fließen 3 Zentbezirke zusammen, nämlich die Ansbacher und Bayreuther, welche nach dem Strich von Steinbach her durch den Bambergischen eigenthümlichen Thonwald herunterkommen, und letztere bis an den Aurachfluß gehet. Erstere geht über die Aurach herüber auf den Zentgränzbach gegen Wellenbach zu. Die Herzogenauracherzent diesseits der Aurach schneidet sich an diesem Bach und Mühle also, daß diese auf Bayreuther, das Nebenhaus aber auf Bamberger Zentseite steht, wie dies der dreyfache Marktstein ganz deutlich zeigt.

Eckenteuth, Nürnbergisches im Amte Bezenstein, eine Stunde davon gegen den Rothenberg gelegenes geringes Dorf oder Weiler, mit 10 Unterthanen.

Eckerroth, Reichsstadt-Hallischer Weiler im Bezirke des Ansbachischen Kammer-Amtes Crellsheim.

Eckersbach, soll ein Bambergisches Dorf seyn.

Eckersdorf, Eggersdorf, Dorf in der Ansbachischen Zent nächst an Cadolzburg. Es ist mit Ansbachisch-Nürnbergische Dompropsteylichen und drey Bambergischen durch Absterben derer von Pfinzing heimgefallenen Unterthanen vermischt. Cadolzburg ist allein Dorf- und Gemeindherr.

Eder-

Eckersdorf, Bayreuthisches Pfarrdorf, eine Stunde von der Stadt. Ehemals war hier ein Schloß, das den Herren von Lüchau gehörte.

Eckershof, Weiler im ehemalig Anspachischen Fraischbezirke Roßstall von 3 Unterthanen.

Eckershof, (der) im Kammeramte Bayreuth. Die Einwohner pfarren nach Bindloch.

Eckershof, in der Nähe von Emskirchen, wohin auch die Einwohner pfarren.

Eckersmühlen, evangelisch-lutherisches Pfarrdorf nahe an der Pfalzneuburgischen Gränze, im Anspachischen Kameralamte Roth mit 11 in dasselbige gehörigen Unterthanen; 25 sind Nürnbergisch. Hier ist ein Kupferhammer, der sich nur damit beschäftiget, die zum Drathziehen bestimmten Kupferstangen in die Rother, Allersberger und Freystätter Leonische Dratfabriken auszuschmieden. Eine Eisenhammerschmidte, welche gute Nahrung hat.

Eckertsweiler, Weiler im Anspachischen Kameralamte Leutershausen mit 14 dahin gehörigen Unterthanen; 4 sind fremdherrisch. Hier wird ausserordentlich viel Kalch gebrannt.

Eckmannshofen, vermischter Weiler von 8 Haushaltungen im ehemaligen Anspachischen Ober- und Richteramte Stauf, darinn ist ein Eichstädtischer zum Domkapitelischen Richteramte in Eichstätt gehöriger Unterthan. Im Dokumente vom Jahre 1332 soll. Cod. Dipl. Nro. CCVII. über den Verkauf des Schlosses Erlingshofen ist Werner von Eckmannshofen als Bürge unterschrieben.

Eckwartshofen Equartshofen, Bayreuthisches Dorf des Klosters Frauenthal, das mit seiner Kirche hier, wo ehemals ein Amt und eine Verwaltung gewesen, eingepfarret ist.

Edweißbach, freyherrlich von Rosenbachisches Dorf von 48 Wohnungen und 240 Seelen im Gerichte Schackau im Buchischen Quartiere.

Edelbach, ist der Name eines Baches, der nur zuweilen aus dem Galgenberge beym Kloster St. Walburg in Eichstätt mit Gewalt hervorbricht, mit großem Geräusche aus einem etliche Klafter hohen weiten Felsenloche herabstürzt, durch den Klosterhof unter der Erde fort, neben dem Gasthof vorbey und hinter dem Gasthause zur Krone, nachdem er vorher unter dem Stadtpflaster durchgeleitet worden ist, in die Uermühl läuft. Auf dem Galgenberge, der eine große Oberfläche hat, sind nämlich mehrere Trichterförmige Vertiefungen, Reindeln genannt, wo sich das Wasser sammelt und bald in dem Berge einen See bildet, woraus eine immerwährende Quelle, wie z. B. eine hinter der Kapelle in der Westen, einen ununterbrochenen Zufluß hat, oder gleich unmittelbar, wenn sie durch die Bergklüften durchgedrungen, wieder einen Ausgang findet, welches hier beym Edelbach der Fall zu seyn scheinet, der nur nach einem langen oder starken Regen und nach Verhältniß desselben kürzere oder längere Zeit fortfließt. Vielleicht erhält er aber auch sein Wasser aus dem nämlichen im Berge verborgenen See, so oft derselbe zu einer gewissen Höhe auschwillt und auf dieser Seite überläuft. Dieser Edelbach trennt die Stadt von der Walburgi Pfarr, und wer über diesen Bach hinaus, zwischen demselben und dem sogenannten Zollthor stirbt, wird auf den Walburgi Freithof, Fuxhügel genannt, begraben, die aber über das Zollthor noch hinaus wohnen, werden wieder wie jene von der Stadt über den Edelbach herein auf dem zur eigentlichen Stadtpfarre gehörigen Gottesacker in der Osten Vorstadt beerdigt.

Edelbach heißt auch ein Bach im Eichstädtischen Pfleg- und Kastenamte Obermässing, der in dem an der westlichen Seite des dortigen Schloßberges sich hinziehenden Grunde in einem Unterthansgarten zu Offenbau entspringt, und 3 Eichstättische Mühlen, nämlich die Furmühle zwischen Offenbau und Lohe, die Wedelmühle in dem Filialkirchdorfe Lohe selbst, und endlich die Karamühle zwischen Lohe und Untermässing treibt, sodann zu Untermässig ober der Kirche in die Schwarzach fällt.

Edelbrunn, auch **Göbitzen,** Weiler von 4 Unterthanen. Sie gehören zum Guttenbergischen Amte Kirchlauter und steuern zum Kanton Baunach.

Edelfingen, gewöhnlich **Oedelfingen,** auch **Ottelfingen,** ansehnliches Dorf an der Landstraße von Mergentheim nach Frankfurt am Mayn, an der Tauber. Der Ort selbst liegt auf einem fruchtbaren Hügel, von dem das Auge eine reizende Aussicht genießt, indem man bey heiterm Himmel wohl auf 5 Stunden weit längs dem Taubergrunde hinab sehen kann. Zur Linken, am Fuße des Hügels, rieselt die Tauber in sanften Wellen durch fette Wiesen, reich an schönen Karpfen. Ueber dem Flusse ist eine steile Bergkette, die, so weit das Auge reicht, in gerader Linie bis

einige Stunden unterhalb dem Maynzischen Städtchen Bischoffsheim ununterbrochen fortläuft, und nur durch den Schüpfergrund, woher ein fischreicher Bach fließt, den die Tauber zu Königshofen aufnimmt, auf einige hundert Schritte einen Zwischenraum bekommt. Auf dem breiten Gipfel der Berge sind weitschichtige Waldungen, woran 6 Dörfer und 1 Stadt Theil haben. Den Zwischenraum zwischen dem Thale und dem Walde nehmen Weinberge von mittelmäßigem Ertrag, Ellern, Klee- und Kartoffelfelder ein. Zur Rechten des Dorfs steigt abermal eine Bergkette in langsam fortlaufender Erhöhung ostwärts auf, wo zwischen den Weinbergen und dem Dorfe einige fette Aecker liegen. Es hat dreyerley Herrschaften. Seit 1628 sind die Unterthanen oder eigentlich die Hofstätten abgetheilt, so, daß dem deutschen Orden 5/8, Würzburg (als Heimfall von den ausgestorbenen Grafen von Hatzfeld) 2/8 und den Herren von Adelsheim 1/8 zugehören. Jede Herrschaft hat hier einen eigenen Schultheißen, und Adelsheim auch einen Beamten. Die Familie von Adelsheim hat auf der ganzen Markung den Frucht- und Weinzehend. Die Gülten und Grundzinse werden von verschiednen andern Lehenherren eingenommen. Die Schatzung, welche seit der Abtheilung sowohl in Kriegs- als Friedenszeiten für immer auf 1000 fl. rhn. festgesetzt ist, wird jährlich in 2 Terminen durch die drey Schultheißen gemeinschaftlich eingenommen, sodann jeder Herrschaft ihr Antheil pro rata zugetheilt. Der Unterthanen sind 250, mit Einschluß der 25 Judendenfamilien, die alle, wie jene, ihr Gemeinderecht haben, ihre jährliche Bürgerlauben, und wenn sie bauen, ihre Holzsteuern aus dem Gemeindewald erhalten. In Rücksicht der Vermögensumstände kann man die Einwohner in 3 Klassen theilen, worunter die erste die vermöglichste ist, so daß sie nicht nur keine Schulden, sondern nebst ihren schönen Feldgütern noch ansehnliche Summen auf Interessen liegen haben. Die zweyte Klasse hat ebenfalls ihr gemächliches Auskommen, und auch der dritten fehlt es nicht an hinlänglicher Nahrung, indem sie fast mehrere Stückchen Feldes haben, welches sie gut benützen, daß ihnen der Ertrag desselben die Nahrung aufs ganze Jahr reicht. Minderbegüterte, oder solche, die gar kein Feld haben, arbeiten im Taglohn, entweder in Mergentheim oder im Dorfe selbst. Unter den 225 Haushaltungen ist nicht eine einzige gezwungen, ihr Brod ausserhalb durch ungestümmes Betteln zu suchen. Die Alters und Schwäche halber zur Arbeit untauglichen Wittwen, ein Paar Blödsinnige und ein alter Bürger, welcher die Stelle eines Bettelvogts vertritt, jedoch wegen der vortreflichen Armenanstalten im Deutschherrischen seit mehrern Jahren sein Ansehen zu gebrauchen nicht nöthig hatte, dürfen wöchentlich zweymal in dem Dorfe einen Umgang halten, wo ihnen hinlänglicher Unterhalt gereicht wird. Man zählt unter den Einwohnern 26 Leinweber, unter denen einige für wahre Künstler in ihrer Profession gelten können, 18 Schuhmacher, von welchen einige 3 bis 6 Gesellen haben, 7 Schneider, 3 Bäcker, 2 Schreiner, 3 Hufschmide, 1 Kupferschmid, 1 Nagelschmid, 1 Hafner, 2 Maurer, 1 Zimmermann und 1 Bader, nebst diesen noch a beträchtliche Gasthäuser und immerhin einige Huckenwirthe. Diejenigen Einwohner, welche im Sommer und Herbste ihr Brod durch den Taglohn verdienen, bauen dabey ihr kleines Eigenthum, ziehen allerley Saamenwerk, Stupfzwiebel, ꝛc. tragen selbiges zum Verkauf im Winter 10 bis 12 Stunden weit hinaus, und bringen durch ihre Handelschaft das Jahr hindurch ein schönes Stück Geld in das Dorf. Ich getraue mir, ohne die Sache zu übertreiben, sicher behaupten zu dürfen, daß jährlich aus den hier gezogenen Sämereyen und Pflanzen von allen Gattungen des Gemüses 1000 Rthlr. gelöset und herein gebracht werden. In der Feldökonomie, besonders in Gartengewächsen und der Menge der fruchtbarsten und ausgesuchtesten Obstbäume, ist unserm Edelfingen kein benachbartes Dorf gleich, wovon uns Mergentheim in Betracht der dortigen Wochenmärkte, welche größtentheils die Edelfinger im Sommer und Winter mit Butter, Käse, Eyern, Schmalz, Obst und grünem Gemüse anfüllen, das beste Zeugniß ablegen kann. Ich will eine einzige Haushaltung zum Beyspiel anführen, weil ich von derselbigen die zuverläßigste Nachricht habe, daß sie aus einem nunzdunten, ungefähr 1/4 Morgen haltenden Hausgarten in einem einzigen Sommer für Gemüs, als Salat, Zuckererbsen, Bohnen, Rettige, Kukumern, Wirsing, Kohlraben, gelben Rüben, Zwiebeln, Pflanzen und Ran-

Edelfingen

gerfaamen ꝛc. 48 fl. rhn. baares Geld erlößt habe. Wer hier ¾ Morgen Gartenfeld, so viel Kleefeld und eben so viel Wiesenfeld hat, kann wenigstens eine Kuh über Winter halten, und noch dazu ein oder zwey Stük Rindvieh mästen, und so sich einem großen Beytrag zur Nahrung verschaffen. Manche mästen schon den Sommer hinburch etliche Stücke Rindvieh, und verkaufen sie im Herbste an die Metzger. Das zur bloßen Erhaltung des Viehes nöthige Futter nehmen sie aus ihren Aeckern, Weinbergen und Gärten. In den Gemüsgärten entblättern sie die Rangersen und Kappispflanzen, so lange es dem Wachsthume derselben nicht schädlich ist; die Aecker und Weinberge hingegen reinigen sie von dem Unkraut, welches noch den Nutzen hat, daß die übrigen Früchte besto besser gedeihen. Auf die Menge des hier wachsenden Obstes kann man schon daher schliessen, daß in guten Jahren aus dem Zehenten von demselbigen 100 bis 125 fl. rhn. erlößt werden, obschon das Sommerobst gar nicht und vom Winterobst nur dasjenige ausgezehndet wird, welches außer dem Dorfgraben auf der Markung wächst, und man von einem Maltersack nicht mehr als einen Strohnapf mit Obst als den Zehenden nimmt. Sowohl im Innern des Hauses, als auch in der Kleidung herrscht bey den Einwohnern gute Ordnung und Reinlichkeit, besonders zeichnen sich die evangelisch=lutherischen Weilerleute aus. Ihre festtägliche Kleidung besteht bey den Mannsleuten in einem saubern schwarzen Mantel über dem blauen oder gleichfalls schwarzen tüche-

Edelkirchen

nen Rocke. Bey dem weiblichen Geschlecht nebst andern tüchenen Kleidern in einer schwarzsammetnen Haube mit einer drey Finger breit hervorstehenden weißen Spitze, die sie gemeiniglich die Nachtmahlshaube nennen, und öfters noch von der Urgroßmutter haben, dann einem schönen weißen holländischen Halstuche und wieder einer schwarzen Damlöschürze. Nur wenige weichen heutiges Tages von der alten Form ab. An Werktagen gehen die meisten in selbst bereiteter Kleidung aus Leinen und Wollenzeug. Die Einwohner sind friedfertig und gesellig, und unter Katholiken und Protestanten herrscht eine nachahmungswürdige Einigkeit.

Edelkirchen, eine halbe Stunde von dem Bambergischen Städtchen Hochstädt.

Edelmanslohe ist der Name eines Eichstättischen mit Holz bewachsenen Berges im Kipfenberger Forste, der von dem ihm nordlich gelegenen Eichelberge durch das Wässerthal getrennt wird, und zwischen Kipsenberg und Denkendorf liegt. Es müßte nicht nur allein einem Alterthumsforscher interessant, sondern auch ganz unterhaltend seyn, wenn man die Anekdoten alle ausfindig machen könnte, welche den verschiedenen Waldplätzen so besondere Namen, z. B. den Nonnenstein, der Pfarrkrift, die Bettelmannsleiten, der Pfeisterl, der kleine Rock, das Dumshirn, kurze Weck'l, Lorenzi Loch ꝛc. gegeben haben.

Edersdorf, Weiler im Onsbachischen Kameralamte Gunzenhausen mit 11 dahin gehörigen Unterthanen, einer ist freuedherrisch.

Edlen

Edlendorf, Bayreuthisches Dorf von 26 Häusern, darunter eine Mühle und 123 Einwohner, im Kameralamte Münchberg. Die Einwohner pfarren nach Ahornberg.

Edlaschwind, in der Vetterischen Karte Etlaswindern. Ein zum Nürnbergischen Pflegamte Hiltpoltstein gehöriges Dorf, woselbst das Hochstift Bamberg einige steuer- und vogteybare Unterthanen und mehrere einzelne Lehenstücke hat, die zum Amte Neunkirchen gehören.

Effeldorf, Effelndorf, im Bezirke des Würzburgischen Oberamtes Dettelbach, zwey Stunden davon gegen Würzburg.

Effelter, Kirchdorf im Bambergischen Amte Cronach, ein Filial der Pfarrey Lahm.

Effeltrich, Kirchdorf im Bambergischen Amte Neunkirchen, besteht aus ungefähr 66 Bambergischen, 6 Bayreuthischen, 2 Nürnbergischen und 11 Ritterschaftlichen Unterthanen. Es gehört zur Pfarrey Kerschbach. Effelrich zeichnet sich in der Obst- und Baumzucht unter den übrigen Amtsdörfern besonders aus. Es zieht jährlich allein nur für verkaufte Obststämme 20 bis 24000 fl. vom Auslande. Jährlich gehen aus demselben 40 bis 50 Baumhändler in diesem Handelsgeschäfte aus. 200, 250 bis 300 Karren fahren jede Frühlings- und Herbstzeit mit Obstbäumchen befrachtet aus. Die Ladung wird bis an die Regnitz gebracht, in Fahrzeuge gepackt und oberhalb der Stadt Bamberg wieder ausgeladen. Nun werden die Stämme in die grössern Fahrzeuge eingeladen, von da so weit geschifft, als es im Plane der Baumhändler liegt; dann geht es eine Strecke Landes auf der Are fort, um wieder am Strande eines Stroms abgeladen und in Fahrzeugen weiter verführt zu werden, bis die Absicht ihrer Bestimmung erreicht ist.

Eg. ein dem Freyherrn von und zu Guttenberg zustehender und dem Kanton Gebirg einverleibter Weiler, worüber das Bambergische Gericht und Amt Kupferberg die Zent handhabt. Es sind dermalen 5 Häuser daselbst angebaut.

Egelsee, Nürnbergischer Weiler im Amte Lauf, 1 Stunde von Rothenberg gegen Nürnberg befindlich.

Egenhausen, Würzburgisches Kirchdorf des Amts Werneck von 49 Häusern. In dieser Gegend wird ein schöner aschgrauer Sandstein gebrochen; daher die meisten Einwohner dieses Dorfes Steinmetzen sind. Die Kirche steht unter dem Pfarrer von Schlehrieth. Der Ort hat guten Feldbau, und sind die Einwohner daher meistens wohlhabende Leute. Der Schullehrer hat 80 fl. frk. Besallung und 1743 16 Kinder in der Schule.

Egenhausen, dermal freyherrlich von Seckendorfischer Rittersitz und evangelisch-lutherisches Pfarrdorf von 29 Unterthanen im Anebacher Kreise. Darinn hatte das Amt und die Kollegiate zu Herrieden mehrere Unterthanen, Renten und Gerechtigkeiten, wie dann auch der dortige Ammannshof mit allen Zugehörungen allda, und in Sundheim zur Herrleder Probstey lehen- denen von Seckendorf zu Unterzenn aber vogtbar gewesen ist.

Ein Vergleich zwischen der Lehen- und Vogtherrschaft über Egenhausen vom Jahre 1562 ist

in

in Fallensteins Codice diplomatica Nro. CCCXCIV enthalten.

Im Jahre 1585 und 86 aber gieng zwischen Eichstätt und Brandenburg ein Wechsel über diese Güter gegen die Hirnheimische Lehengüter zu Burggriesbach vor.

Egenhof, Bambergischer einzelner Hof im Domprobsteyamte Büchenbach, 2 Stunden von Büchenbach gegen Neunkirchen.

Egenmühle, Mühlwerk, das die Schwabach treibt.

Egenreuth, Weiler, im Kameralamte Culmbach. Die Einwohner pfarren nach Untersteinbach.

Egensbach, Weiler, gegen Aufgang, in dem Nürnbergischen Amte Engelthal, hat vor Alters eine adeliche Familie der Egensbachen, und nach ihnen die von Vorcheim und Mistelbach besessen.

Egensee, Eggenstes, Bayreuthisches Dorf zum Kammeramte Neustadt gehörig, 3/4 Stunden von Neustadt an der Aisch.

Egenthal, Weiler im Ansbachischen Kameralamte Hohentrüdingen mit zwey dahin gehörigen Unterthanen.

Eger, Egra, (die) entspringt aus einem zwischen Gefrees und Bischoffsgrün bey Heydles/ Stunden davon gegen Weissenstadt zu am Berge Heyde liegenden Brunnen, heißt der Kressen oder Krelsenbach, bis zur Straße und dem Dorfe Voitsummrach, wo er den Nahmen Eger erhält und vereiniget sich bey Weissenheyde, mit einem andern auf der rechten Seite des Schneberges aus einer Quelle, das Vntterfaß genannt, entspringenden Bache, die Eger genannt. Hierauf fließet sie abwärts nach Ebbmen und fällt nach einem Laufe von 22 Meilen, unweit Leutmeritz in die Elbe.

Egersdorf, Weiler mit 7 in das Ansbachische Kameralamt Cabolzburg gehörigen Unterthanen, von dem es eine halbe Stunde entfernt liegt. Acht Unterthanen sind Nürnbergisch, und der Dompropstey zu Bamberg zuständig.

Eggerbach, Bambergisches Kirchdorf, im Amte Raitelsdorf. Es ist ein Filial von der Pfarrey Ohringstadt, und gehört zur Würzburgischen Diöces.

Eggolsheim, Eckolsheim, Amt des Hochstifts Bamberg, ist von den Bambergischen Aemtern Hallstadt, Mernelsdorf, Ebermannstadt, Vorcheim und Hechhofen umschliessen, und hat einen geographischen Umfang von beyläufig 1 1/4 Quadratmeile. Die Lage des Amtes, gegen Süden der Hauptstadt, ist abwechselnd, bald fruchtbares Gefild, bald sandigter Boden, bald bergigte Gegend. Der Feldbau würde ergiebig seyn, wenn die vielen in den Feldern gepflanzte Obstbäume der Aernde nicht nachtheilig wären. Geräth das Obst, so wird damit, so wie mit Hirsen, ein lebhafter Activhandel nach Bamberg und Nürnberg getrieben. Der Hopfenbau ist so weit gediehen, daß von den Tausenden, die ehehin für diesen Artikel ins Ausland giengen, kaum so viele Hunderte auswandern. Das natürliche Mißverhältniß zwischen Ackerland und Wiesen hat den Amtseinwohnern die Speculation abgedrungen, sich auf den Bau der Futterkräuter zu legen. Denn da diese aus Abgang hinlänglichen Wiesenfutters ihr Anspannvieh den Winter über zu ernähren nicht im Stand

Stande sind, so laufen sie im Frühjahre magere Ochsen, mit denen sie ihr nöthigen Saat- und Holzfuhren verrichten. Sie lassen selbige hierauf 4 bis 6 Wochen ruhen, füttern sie mit Klee und Feldgras, und verkaufen sie mit einigem, obgleich unbeträchtlichen Vortheile. Mit dem Erbse werden nun, zwar auch magere, jedoch stärkere Ochsen angekauft, zur Werndte und Herbstsaat gebraucht, bis Weyhnachten in Ruhe gelassen, mit Erdäpfeln, Rüben, und andern Futterkräutern gemästet, und mit ziemlichen Vortheile verkauft. Da solchergestalt die Viehmastung stark betrieben, und das gemästete Vieh nach Nürnberg, Bayreuth, Bamberg, Würzburg, Frankfurt und Mayntz ausgeführt wird, so würde hierdurch der Wohlstand der Landleute einen hohen Grad erreichen können, wenn jeder Bauer sein Vieh mit baarem Gelde ankaufen könnte, und aus Abgang dessen nicht gezwungen wäre, in Contracten mit Juden seine Zuflucht nehmen zu müssen, bey welchen das so nachtheilige auf halben Gewinn und Verlust so stark im Schwunge ist. Uebrigens äussern die Amtseinwohner Anhänglichkeit an Religion und Staat, zugleich aber auch an Larus, den sie von den Städten Bamberg und Vorcheim, mit welchen sie fast in täglichem Verkehr stehen, hergeholten. Das ursprüngliche Amt Eggolsheim lag im Ratenzgaue, und bestand aus

151 Unterthanen, die den Grafen von Schlüsselfeld zugehörten. Sie besassen in der Nähe ¼ Stunde nordwärts von Eggolsheim ein Bergschloß, Namens Senftenberg. Nach dem Aussterben dieser Familie fielen gedachte Unterthanen dem Hochstifte Bamberg heim, die noch zur Stunde Senftenberger Unterthanen genennt werden.

199 Domprobstey- Lehenleuten, welche nebst der vogteylichen Jurisdiction vermög Vertrags von 1416 dem Amte Eggolsheim übergeben, und ein Theil der Erbzinnse und Gült sammt dem ganzen Handlohne abgetreten wurde.

52 Unterthanen erkaufte das Hochstift 1050 von der fränkischen Linie des Geschlechtes von Stiebar zu Buttenheim, nach deren Erlöschung gedachtes Amt 1762 annoch

59 Unterthanen durch Heimfall erhielt. Schon vorher, nämlich 1743 wurden demselben

71 Unterthanen zugetheilt, welche dem ehemaligen Jungfrauenkloster zum H. Theodor in Bamberg vogteybar, und zur Hochf. Hofkammer eingezogen waren. Nebst diesen übt das Amt Eggolsheim die vogteyliche Gerichtsbarkeit aus über

6 Vorcheimer Kanzley - 10 Vorcheimer Kasten - 9 domcapitelische Receptoratamts - 8 Eggolsheimer Gotteshaus - 1 Eggolsheimer Frühmeß - 7 Eggolsheimer Pfarr - 1 Vorcheimer Engelmeß - 1 Vorcheimer Collegiatstiftsobley - 6 Vorcheimer Spital - 6 Vorcheimer Raths - 3 Buttenheimer Gotteshaus - 4 Hirschaider Gotteshaus - 1 Pettstadter Pfarr - 10 Abtey Michelsbergische - 4 zum Nürnbergis. Reichalmosenamte gehörige - 1 der Nürnbergis. Patriciatsfamille von Tucher, 7 dem Nürnbergis. Geschlechte von Löffelholz zugehörige 10 Gemeinds-Lehen - und 2 freyeigene Leute. Die

Die gesammte Zahl der vogteybaren Unterthanen beträgt somit 624.

Nebst diesen behauptet das fürstliche Amt die vogteyliche Gerichtsbarkeit, welche jedoch von den Lehenherrschaften widersprochen wird, auf

2 Eggolsheimer Frühmeß= 4 Eggolsheimer Pfarr= 2 Buttenheimer Frühmeß= 2 Schcßliger Spital= 2 Vorcheimer Collegiatstifts=Dechantey= 4 Gangolphiter= 8 Jacobiter= 20 Stephaniter Stifts= 1 Stephaniter Dewantey= 9 Domcapitelischen Receptoraramtslehenleuten. S. 60.

Die hohe zentherrliche Gerichtsbarkeit übt das Amt nicht nur über alle vorstehende, sondern auch über nachfolgende Unterthanen, über welche die Civilgerichtsbarkeit den Lehenherrschaften unbestritten zusteht, als:

3 Senftenberger Frühmeß= 2 domcapitelische sogenannte Kunigundis= 10 Dompropstey= 4 Domcellariat= 2 Domcustorey= 13 Domcapitelische Receptoratsamts=2 zur domcapitelischen Obley Untererlach, 2 zur Domcapitelischen Obley Kessel, 2 zur domcapitl. Obley Tiefenbachstadt= 71 zur domcapitl. Obley Unterstürmig= 2 zur Gräflich Walderndorfischen Erbobley gehörige, 1 Abtey Michelsbergis. 8 Bamberg Bürgerspitals, 1 dem Frauenkloster zu St. Klara, 4 dem Frauenkloster zum heil. Grabe in Bamberg gehörige, 3 Buttenheimer Pfarr, 8 dem Waisenhause zu Bamberg gehörige= 37 Hochstift Würzburgische, 62 Preußische zum Fürstenthume Bayreuth gehörige= 14 Gräflich Seinsheimische, 5 Gräflich Sodenische, 88 Freyherrl. Seefriedische, 1 Freyherrl. v. Seckendorfischen= 2 Frey-

herrl. v. Kargischen, 5 Freyherrl. v. Eggoloffsteinischen, 2 v. Ledergerwischen, 1 Drugendorfer Pfarrlehenleuten. S. 354.

Nach der lezten Seelenconscription waren in diesem Amte vom 1ten bis zum 7ten Jahre 461 Kinder männlichen, 379 Kinder weiblichen Geschlechts, vom 8ten bis zum 14ten Jahre 317 Schulkinder männlichen, 277 Schulkinder weiblichen Geschlechts. Vom 15ten bis zum 36sten Jahre 342 unverheyrathete dem Landausschuß einverleibte, 148 dergleichen verheyrathete, 2 Wittwer, 348 ledige, 246 verehlichte Weibspersonen, 6 Wittwen, 6 für sich lebende Manns= 17 dergleichen Weibspersonen, 74 männliche= 175 weibliche Dienstboten. Vom 37sten bis zum 60sten Jahre 32 ledige 422 verehlichte Mannspersonen, 15 Wittwer, 20 ledige, 372 verheyrathete Weibspersonen, 65 Wittwen, 11 für sich lebende Männer, 42 dergleichen Weiber, 11 männliche= 17 weibliche Dienstboten. Von 61 und höhern Jahren 114 verehlichte Mannspersonen, 28 Wittwer, 3 ledige= 65 verehlichte Weibspersonen, 30 Wittwen, 23 für sich lebende Männer, 29 dergleichen Weiber. S. 4006.

Da vorstehende Seelenbeschreibung über 813 Territorialunterthanenfamilien gefertiget worden, so ergiebt sich, daß beynahe jedes Haus auf 5 Seelen angeschlagen werden könne. Werden nun zu diesen 813 Häusern annoch 62 zum Preußischen Fürstenthume Bayreuth, 37 zum Hochstift Würzburg gehörige, 118 Ritterschäftliche, sämmtlich in der Zent des Amtes Eggolsheim gelegen, 20 Domcustorey und 4

Gräflich

Gräflich Seinsheimische Häuser zu Weigelshofen, dann 59 domcustoreyhäuser zu Drugendorf gerechnet, die zwar im geographischen Bezirke und der Zent des Amtes Eggolsheim liegen, aber in das Amt Memelsdorf gehörig sind, so betragen sämmtliche auf 1 1/4 Quadratmeile gebaute Häuser die Zahl von 1113, welche zu 5 Seelen angeschlagen, die große Summe von 5565 Seelen herauswerfen, so daß auf eine Quadratmeile 4400 Seelen kämen. Ein Ansatz, der kaum in den gesegnetesten und bevölkertsten Gegenden die Wirklichkeit erreicht.

Dem Amte ist in Civil- und Polizeysachen ein Oberamtmann, der ehehin seinen Namen von dem Schlosse Seufrenberg führte, und Richter vorgesetzt, welchem letztern die peinliche Gerichtsbarkeit, die Territorialbefugnisse, sammt der Finanzadministration anvertrauet ist.

Das Amt Eggolsheim besteht aus 1 Marktflecken, 20 Dörfern, 2 Einzeln. Hierunter sind 5 Dörfer, 2 Einzeln purificirt, 2 Dörfer mediat, 1 Flecken, 5 Dörfer mit fremden, jedoch landsäßigen Vogteyleuten 8 Dörfer mit auswärtigen Unterthanen vermischt. Zum Amte gehören noch im Amte Memelsdorf 6 vogteybare, und 30 zentbare Unterthanen zu Weigelshofen, 1 Unterthan zu Frankendorf, 4 zu Friesen, 3 zu Kalteneggolsfeld, 3 zu Saigendorf, und im Amte Bechofen 11 Unterthanen zu Seußling.

Eggolsheim, Bambergischer Marktflecken, Sitz eines Ober- und vereinigten Richter-, Steuer- und Kammeramtes, liegt in einer angenehmen Gegend, 4 Stunden von Bamberg, 1 von Forchheim, erhielt 1456 das Vorrecht, sich einen Rath von 12 Ortsnachbarn zu führen, dann ein Pannier und öffentliches Innsiegel führen zu dürfen, hatte aber seit jener Zeit zweymal das Unglück, gänzlich abzubrennen, und besteht aus 749 Seelen, und 1 ziemlich alten und baufälligen, aber mehr als 40,000 fl. vermögenden Pfarrkirche, 1 altem und reichlich gestifteten Spitale, 1 Pfarr- und 1 Amthause, und 149 Wohnhäusern, wovon 130 Dompropstey- 8 Domkapitelische Receptoratamts- 7 Eggolsheimer Pfarr- 4 Domcellariatlehen sind. Das fürstliche Amt Eggolsheim hat hier die hohe Jurisdiktion, die Gemeind- und Flurherrschaft, dann die niedere Gerichtsbarkeit auf allen Häusern, die 4 Domcellariatlehen ausgenommen, auf welchen solche von dem Domcellariatkastenamte ausgeübt wird. Von den Dompropsteylehen erhebt das fürstliche Amt einen Theil an Erbzinsen, der andere wird abermal zur Hälfte dem Dompropsteykastenamte zu Bamberg, zur andern jenem zu Vorcheim entrichtet. Von der Gült erhält das Hochstift Korn und Gerste, das Domkapitel hingegen Waizen und Hafer. Das Handlohn erhebt das Amt Eggolsheim, die lehenherrliche Consense aber stellt das Domkapitel aus. Den Zehend bezieht die Dompropstey. An der Pfarrkirche ist ein Archidiakon aus der Mitte des Domkapitels angestellt, der aber weder diesen Titel führt, noch deswegen einige Functionen hat. Die Pfarrey, die zur Bambergischen Diöcese gehört, ist von den ältesten Zeiten her der Sitz eines Landcapicapitels, das dermal aus 15 katholischen und 2 protestantischen Pfarreyen besteht. Nach Eggolsheim sind noch 7 Dörfer eingepfarrt. Bey der Pfarrey sind noch 2 geistliche Pfründen, das Engel- und Frühmeß-Beneficium. Die Einkünfte des letztern sind zur Pfarrey geschlagen, weswegen dem Pfarrer die Verbindlichkeit aufgelegt ist, einen Kaplan zu unterhalten. Die Gemeinde besitzt beträchtliche Holzungen und Hutänger.

Egidienberg, Berg zwischen dem Eichstättischen Amtsdorfe Reitenbuch, und dem Weissenburger Wald gelegen.

Eglasmühle, (die) eigentlich Eglosmühle, ist der Name nicht nur allein einer Mühle, sondern zugleich auch des 20 Haushaltungen starken Dorfes, an dessen Ende bemelte Mühle steht; beyde sind Eichstättisch, zur Prälatur Plankstetten gehörig, und zum dortig fürstlichen Steueramte steuerbar; sie liegen nur eine halbe viertel Stunde von Plankstetten, wohin sie eingepfarrt sind, nordölich gegen Berching hin zwischen dem westlich sich hinziehenden Berge, an dessen Fuße sich das Dorf anlehnt, und dem Salzflusse, der die Eglosmühle treibt.

Eglmühle, (die) Eichstättische zum Pfleg- und Kastenamte Wernfels Spalt gehörige Einöbmühle, liegt 3/4 Stunde von Spalt gegen Osten entfernt an der fränkischen Rezat, und hart an dem Fuhrwege, der oben vorbey von Spalt nach Eichstätt führt; es ist eine doppelte Mühle mit 2 Städel- und einem Hofhause, macht mit dem noch 1/4 Stunde weiter östlich gelegenen Orte Wasserzell eine Gemeinde aus. Dieser Müller muß mit jenen von der Steinsfurter- und Hückelmühle Leiter und Rad zum Hochgericht führen.

Eglofstein, Schloß und evangelisch-lutherisches Pfarrdorf, den Grafen und Herren von Eglofstein, deren Stammhaus es ist, gehörig. Im Umfange des Bambergischen Amtes Leyenfels, das daselbst auch 1 steuer- und vogteybaren Unterthanen hat. Ueber einen Theil des Orts bis an die Brücke hat das Bambergische Amt Pottenstein, im übrigen Theile das Bambergische Amt Ebermannstadt die Zent.

Eglofsdorf, Eichstättisches, zum Ober- und Kastenamte Hirschberg Beylngries in die Kottingwörther Ehhaft gehöriges, und nach Kottingwörth eingepfarrtes Filialkirchdorf von etwa 20 Haushaltungen, liegt 2 kleine Stunden west- südlich von Beylngries auf dem Paulushofer Berge ganz an der Gränze von Bayern. Unter dem Namen Eylungsdorf, und nicht Keylungsdorf, wie es irrig bey Falkenstein heißt, kommt dieser Ort in dem zwischen Eichstätt und Bayern im Jahre 1305 gemachten Vergleiche vor.

Eglofswinden, Weiler im Kameralamte Ansbach mit 18 dahin gehörigen Unterthanen.

Eglsee, kleiner See in der eichstättischen Forstey Olsenhart Amts der Landvogtey ganz an dem westlichen Ende dieses Forstes gegen Bisenhart zu neben der Olsenharter Gesteig gelegen.

Eglser, ist der Name eines eichstättischen Walddistrikts im Olsenharter Forste.

Egweil, Eichstättisches, zum Pflege und Kastenamte Nassenfels gehöriges Pfarrdorf, liegt eine halbe viertel Stunde östlich gleich hinter Nassenfels an einer Anhöhe ganz

ganz an der Spitze der pfälzischen Gränze, wovon der Markstein hart an dem Dorfe steht. Nebst dem Gottes-Pfarr- und Schulhause ist auch allda eine Zehendscheure des Reichsstifts Kaisersheim, welches Zehenden und Gülten daselbst zu erheben hat. Der Ort ist etlich und 70 Haushaltungen stark, wovon 14 zum Domkapitelischen Richteramte in Eichstädt gehören.

Im eilften Jahrhundert schenkte ein edler Mann, Erchenfried genannt, sein Gut in Egweil im Zungaue in der Grafschaft des Grafen Heinrichs mit 10 Leibeigenen beyderley Geschlechts zur Johannistapelle im Dom, welche Bischoff Gundechar II. erbauet hatte. Im Jahre 1302 kaufte der Eichstättische Bischoff Conrad II. von Pfeffenhausen mit dem Schlosse Sandsee zugleich auch ein Gut in Egweil von Graf Gebhard zu Hirschberg. Im Vergleiche Eichstätts mit Bayern vom Jahre 1305 ist dieser Ort ebenfals enthalten, und im Jahre 1316 schenkte König Ludwig, als er eben zu Ingolstadt war, den Bauern Engilbrecht in Egweil der Eichstättischen Kirche zur Unterhaltung des Lichtes beym Grabe des H. Eichstättischen Bischoffs Gundechars. Dieses Dorf ist der Geburtsort des berühmten Professors zu Ingolstadt Niklaus Appoldes.

Ehe, Bayreuthisches Dorf zum Kammeramte Neustadt an der Aisch gehörig, im Ehgrunde am kleinen Flüßchen Ehe, eine Stunde von Neustadt gegen Münchsteinach zu gelegen.

Ehe, (die) entspringt ober Herboldsheim bey Krautostheim aus verschiedenen Quellen, fließet durch das sogenannte Ehgründlein,

Topogr. Lexic. v. Franken, I Bd.

bey Bautenbach und Markt Ergenheim vorbey, und fällt nach einem etwa 4 Stunden dauernden Laufe in die Aisch. Der Grund, den dieser Bach wässert, hat vortreffliche Wiesen, und er treibt viele, meistentheils sehr gute Mühlen.

Ehegarten, ist der Name eines Eichstättischen Waldplatzes im Pfallpainter Forste.

Eheleiten, ist ein mit Holz bewachsene Leiten im Eichstättischen Richteramte und Forste Abgaig. Es führt nämlich diesen Namen die südliche Berghänge des untern Artsperges, unter dem sogenannten Abginger Lämmerfeldern, weiter östlich hin ändert sie ihren Namen, und heißt der Weinberg.

Ehesberg, Dorf im Bambergischen Amte Wartenfels, ist bis auf 1/2 Hof evangelisch, und nirgendwo eingepfarrt. Die Familie von Aichner hat hier einige Lehenleute, und darüber die unmittelbare Vogtey.

Ehingen, großes evangelisch-lutherisches Pfarrdorf im Bezirke des Ansbachischen Kammer-Amtes Waßertrüdingen am Hesselberge mit 94 dahin gehörigen Unterthanen. Der dortige Pfarrhof ist Domkapitelisch, ein Unterthan aber fürstlich eichstättisch mit der Steuer und gehört zum Domkapitelischen Kastenamte in Wolferstatt, 35 sind eichstättisch. Unweit dem Dorfe zieht sich die sogenannte Teufelsmauer vorbey.

Bischoff Albrecht I. von Hohenfels zu Eichstätt ertauschte das Dorf und den Mayerhof samt dem Truhendinger Forst von dem Grafen Ludwig und Friedrich von Oettingen 1347, gegen das Dorf Obereichstätt und dessen Zugehör.

Ehla, Weiler im Ansbachischen Kammeramte Sunzenhausen, mit

8 dahin gehörigen Unterthanen; 3 sind fremdherrisch.

Ehlau, an der Altmühl, Weiler im Anspachischen Kammeramte Hohentrüdingen, mit 10 dahin gehörigen Unterthanen; drey sind fremdherrisch.

Ehrburg, Ehrenburg, eine Kapelle, dahin jährlich eine Wallfarth geschieht, 2 Stunden von Worcheim. Der Bischoff Conrad von Würzburg hatte der Marienkirche oder Würzburg daselbst einige Güter verehrt. S. Eckardt Commenr. de rebus franc. orient. T. I. p. 439.

Ehrenbachkirch, soll ein Bambergliches Dorf seyn.

Ehrenberg, Gotha- und Saalfeldisches Dorf im Antheil Henneberg, liegt seitwärts Grimmelshausen gegen Morgen, und gränzt auf dieser Seite an das kursächsische Amt Schleusingen. Graf Gottwald I. zu Henneberg, welcher dieses Dorf in der Eigenschaft eines Fuldaischen Lehens in Besitz hatte, schenkte es im Jahre 1141 dem von ihm kurz zuvor gegründeten Kloster Vessra, und machte dafür dem Stifte Fulda andere Güter lehenbar. Das Dorf lieget auf einer Anhöhe, und hat nicht mehr als 24 Häuser und 95 Einwohner, die ebenfals nach Themar eingepfarrt sind, und mit Grimmelshausen einen gemeinschaftlichen Schullehrer unterhalten. Seine Fluren begreifen 933 Acker, worunter 449 Acker Feld, 81 Acker Wiesen und 403 Acker Gehölz befindlich sind. Letzteres gehört der Gemeinde, welche auch eine bey dem Dorfe angelegte Ziegelbrennerey besitzet. Unweit Ehrenberg siehet man auf einer ziemlichen Anhöhe noch einige Rudera von einer alten Capelle, die ehedessen zur Wallfarth gedienet

haben soll, und der H. Utilla gewidmet war. Ihre Schicksale sind ganz unbekannt.

Ehrendorf, (das) einzelner Hof von einem Unterthanen, im Bezirke des ehemaligen Vogteyamts Leutershausen.

Ehrenhofen, Nürnbergisches Dorf des Amts Altdorf, 1 Stunde davon gegen Engelthal, besteht aus 2 Bauernhöfen mit 4 Unterthanen.

Ehrenmühle, (die) Bayreuthische Mühle bey Burgbernheim.

Ehrenschwind, Weiler im Anspachischen Kameralamte Wassertrüdingen, mit 3 dahin gehörigen Unterthanen. Darinn ist auch ein Eichstättischer zur Vogtey Abenigshofen gehöriger Unterthan.

Eherhardsmühle, Mahlmühle an der Schwarzach im Ritterorte Steigerwald, eine Viertelstunde von dem Fuchsischen Rittergute Bimbach.

Ebringshausen, Rothenburgischer Weiler innerhalb der Laubberg, 2 1/2 Stunden von Rothenburg gegen Langenburg; Er hat 13 — 15 Gemeindrechte, ist nach Gammesfeld eingepfarrt; entrichtet den Zehnden an Rothenburgische Privatbesitzern, hat 36 Dienst und stellt 6 Wägen.

Ehrl, ist ein im Amte Scheßlitz eine kleine Stunde von dem Städtchen gleichen Namens gelegenes Dorf. Die Landeshoheit und Zentgerichtsbarkeit stehet dem Hochstifte Bamberg alda zu, welche Gerechtsame das Amt Scheßlitz daselbst ausübt. Die Dorf- und Gemeindherrschaft ist zwischen diesem, und dem Domprobsteyamte Burgellern gemeinschaftlich, so daß die Gemeindrechnungen wechselsweis von diesem, und dann von jenem Amte gefertigt, und gemeinschaftlich abgehöri, auch alle

alle Vergehungen und Frevel auf dieſe Art abgewandelt und beſtraft werden. Das Dompropſteyamt Burgellern hat beynahe die Hälfte der daſigen Unterthanen; das Kloſter Langheim hat ebenfalls mehrere daſelbſt.

Eibach, Libich, Dorf im Bezirke des Bambergiſchen Amtes Baunach. Hier nimmt der Mayn die Itz auf. Ueber erſtern geht eine Brücke.

Eibach, Eybach, Nürnbergiſches Pfarrdorf, 1 1/2 Stunden von Nürnberg, ſüdweſtlich auf der Straße nach Schwabach. Die Kirche iſt im Jahre 1343 von den Mottern, welche zu Eybach gewohnet, erbauet, und dem H. Johannes dem Täufer gewidmet worden. Nürnberg hat auch eine Forſthube daſelbſt.

Die dahin gepfarrten Orte ſind:
1) Röhrnbach bei Schweinau. 2) Mayach, 3) Koppenhof, 4) Lohehof, 5) Weiherhaus bei Stein und 6) Hinterhof.

Elben, Bayreuthiſcher Weiler von 6 Häuſern und 29 Einwohnern, ſteht unter Burgermeiſter und Rath zu Münchberg; die Einwohner pfarren nach Weißdorf.

Eiben, Bayreuthiſches Dorf eine Stunde von Bayreuth; die Einwohner pfarren nach Bindloch.

Eibenberg, Dorf im Bambergiſchen Amte Cronach.

Eibigheim, Marktflecken des Kantons Odenwald, im Bezirke des Werthheimiſchen Amtes Gerichtſtetten. 2 Stunden vom Kurpfälziſchen Städtchen Dorberg. Der Hof Oberelbigheim iſt der Markung des Orts inclavirt, und vom Orte nordweſtwärts eine viertel Stunde entlegen. Zween Brüder, wie es in der Urkunde heißt, Edelknechte von Eubigheim, verkauften im 13ten Jahrhunderte einen hieſigen Wald an das Spital zu Biſchoffsheim, welches dieſes noch beſitzt. Im Jahre 1545 verkauffte Georg Jobel von Glebelſtadt die Hälfte des Fleckens ſammt dem Hofe Oberelbigheim, welche er als ein von der Grafſchaft Werthheim relevirendes Mannlehen beſaß, mit Genehmigung der Vormünder des Grafen Michel zu Werthheim an Joachim von Reideck, von deſſen Wittwe und Kindern ſie aber 1560 ebenfals durch Kauf an Sebaſtian Räd von Collenberg und Böhlgheim kamen, welcher ſie ſeinem Schwiegerſohne, Wilderich von Waldderdorf, abtrat; dieſer ward damit am 27. Jullus 1560 von dem Grafen Ludwig von Stollberg als Beſitzer der Grafſchaft Werthheim belehnt; 1561 veränderte darauf der Graf ihm zu Gunſten das bisherige Mannlehen in ein Erb- Söhne- und Töchterlehen, und hob 1579 ſogar gegen Erlegung von 2000 fl. die Lehensverbindung ganz auf. Nach Johann Werners von Waldderdorf, des letzten von der Eibigheimer Linie, 1694 erfolgtem Tode kam dieſer Theil von Eibigheim mit allen Zugehörungen an Johann Philipp von Bettendorf ſ. Giſſigheim, deſſen Söhne Franz Philipp und Chriſtoph Friedrich ſelben bis 1748 gemeinſchaftlich beſaßen, wo dieſer in der brüderlichen Theilung an erſteren und nachmals nach deſſen Tode 1772 an ſeine einzige an den Freyherrn Karl von Stingelheim zu Kürn vermählte Tochter fielen. Der Freyherr von Stingelheim verwüſtete die von ſeinem Schwiegervater ſo

ſehr

sehr geschonten Waldungen, verkauffte die Zehenden, das beträchtliche Schloßgut an mehrere Juden, die Schäfereyen und endlich 1796 die Ueberreste des Rittergutes an Christoph Friedrich von Bettendorfs zwey Söhne die Freyherren von Bettendorf zu Gissigheim. Da die von den Käufern des Schloßguts beygedrachten Erbbeständer sich auf dem Gute nicht behaupten konnten, wurde das an vortrefflichen Aeckern und Wiesen überaus beträchtliche Schloßgut an die hiesigen Nachbarn vererbt, wodurch der Viehstand um mehr als zwey Drittheile erhoben, und der Ackerbau, das einzige Erwerbsmittel, ungemein erweitert, so wie überhaupt eine ganz neue Epoche in dem Wohlstande des Orts herbeygeführt ward; nunmehr sind auch die Waldungen wieder ziemlich herangewachsen; ausserdem haben die Freyherren von Bettendorf zwey große Seen, ein schönes Schloß, mehrere große Gras- und Gemüßgärten mit vielem und vortrefflichem Obste, eine 1796 neu angelegte Mühle, welche aber den Marktflecken nicht ganz fördern kann. Die Freyherrlich von Bettendorfische Hälfte an der 64 firen Gemeinderechten starken Gemeinde beträgt 32 Nachbaren, die hier zu Lande Bürger genennt werden, dann sind unter dem Schutze dieser Herrschaften auf dem ehemaligen Schloßgute noch 10 Beysassen ansäßig, auch wohnt ein Revierjäger hier. Der dieser Herrschaft alleine zugehörige Hof Oberelbigheim enthält 8 Bauern, 1 Ziegelhütte und eine Schäferey. Die andere Hälfte gehört den Freyherren von Rüd zu Collenberg-Bödigheimer bey Eberstadter Linie, also

jener 16 und dieser 16 Nachbarn, als ein Mannlehen von der Grafschaft Werthheim, welche aber das Lehen seit langer Zeit schon als vermannt anspricht; jede Linie hat ein Haus und Gut hier, worauf Pächter sind, übrigens eben auch sehr schöne Waldungen, worüber ein gemeinschafftlicher Förster die Aufsicht hat. Jede Herrschafft übt über ihre Unterthanen die vogteyliche Obrigkeit aus; die übrigen Polizey- und Gemeindesachen werden von dem Freyherrlich von Bettendorfischen Beamten zu Gissigheim und den Freyherrlich von Rüdischen Beamten zu Bödigheim und Eberstadt collegialisch behandelt. Die Zent gehört unter das Kurmainzische Zentamt Burten. Die Ortsherrschafften lagen von jeher mit einander in ewigem Prozessen, der lezte, ein Ueberbleibsel aus den Reformationszeiten, ward 1781 verglichen. Die Freyherrlich von Bettendorfischen Unterthanen sind der katholischen Confession zugethan, und waren Filialisten von der Pfarrey Berolsheim, hielten aber mit unter ihren Gottesdienst in der herrschafftlichen Schlosse durch einen Schloßkapellan, nachmals stiftete der Freyherr Franz Philipp von Bettendorf aus seinen Revenuen eine eigene Pfarrey. Nunmehr ward ihnen also die freye Ausübung ihrer Religion, so wie den Freyherrlich von Rüdischen der Augsburgischen Confession zugethanen Unterthanen die freye Ausübung der ihrigen garantirt; der bisherige Zankapfel, die alte Kirche, ward niedergerissen, und von jeder Confession eine eigene neue Kirche einander gegenüber gebaut, welche dem Orte einen schönen Prospect geben; beyde Pfarr-

Pfarrer erhielten neue Wohnungen, und der evangelisch-lutherische Pfarrer und Schullehrer einige traurige Fragmente von den ehemaligen Kirchengütern, so wie der katholische Pfarrer und Schullehrer vom Fürstbischoffe zu Würzburg, unter dessen Kirchsprengel der katholische Theil gehört, aus dem Klosteramte Wechterswinkel eine Zulage; übrigens wird hier, in Rücksicht der Hurgetannahme, keine Rücksicht auf die Religion gemacht: denn der Freyherr von Bettendorf hat auf seinem Hofe seit neuern Zeiten mehrere evangelisch-lutherische Unterthanen. Die 12 Judenfamilien stehen unter Freyherrlich von Rüdischem Schutze. Der Nahrungsstand der hiesigen Unterthanen bekommt ausser dem beträchtlichen Ackerbaue von Rocken, Spelz und Haber, noch durch den Flachs-Obst- und Kartoffelbau einen großen Zuwachs. Den Wein erhalten die 4 Wirthe aus den Taubergegenden und dem nahen Schilpsgrunde; denn hier wächst keiner, auch hat man das Bierbrauen noch nicht versucht. Die hiesigen Einwohner sind durchgehends schön gebildete Leute, und, wie sichs von Condominatherrschaftlichen Oertern versteht, etwas ausgelassen, übrigens kluge, gutmüthige Menschen. Der Luxus steigt hier vorzüglich unter den Katholicken sehr, die Mädchen und Weiber müssen jetzt Biebermützchen, wohl auch Röcke davon und von Einzelsäuer Wollenzeugen haben; viele Mannspersonen tragen Sackuhren.

Eicha, (gemeiniglich Trág, welches eine verstümmelte Aussprache von den Wörtern an der Eich und Eiche ist.) Ein zu dem gemeinschafftlichen Amte Römhild gehöriges, an der Straße nach Nürnberg liegendes Dörfchen, grenzt gegen Morgen an Gleichamberg; gegen Mittag an Linden und Trappstadt; gegen Abend an Breitensee, und gegen Mitternacht an Milz. Seine 57 Häuser, mit Inbegriff der Pfarr-Schul-Schmids- und Schäferswohnung, ziehen sich zu gleicher Hälfte in zwey geraden Linien, von Morgen gegen Abend, und geben ihm das Ansehen einer Alle. Die Volksmenge von 206 Seelen begreift 8 Wittwer, 2 Wittwen, 55 Ehen, 26 erwachsene männliche und 18 erwachsene weibliche Jugend, 22 Schulknaben und 12 Schulmädchen, 13 Kinder männlichen, 28 Kinder weiblichen Geschlechts, 3 Dienstknechte und 10 Dienstmägde in sich. Der Boden des ganzen Flures von ungefehr 1084 Acker Artfeld, und 336 Acker Wiesen, ist fast überall Sand mit Lehm, auf dessen Oberfläche viele Eisensteine gefunden werden. Nahe bey der Hindbrücke auf der Straße nach Hundsfeld findet man ihn bis zu einem Röthel verwittert, den auch die Zimmerleute zum schnüren gebrauchen. An der Straße nach Trappstadt erblickt man, nach vorhergegangenen Regen, kleine Splitter von Feuersteinen von grauer, gelber und schwarzer Farbe, viele davon durchsichtig, mit brennbarem Feuer, aber selten so groß, daß man sie auf eine Pistole brauchen könnte. Des Bodens Fruchtbarkeit erhöht sich bey der steigenden Kenntniß der Einwohner fast jährlich. Die Natur, die diesem Dorfe alle Hutrasen entzogen hat, führte von seinem ersten Entstehen an die Stallfütterung und Kleebau ein, so daß ihre Viehzucht, mit Innbegriff der 38 Paar Zugochsen, im bluhendhendsten Zustand sich befindet, und nebst dem Getraide ein starker Nahrungszweig ist. Ungeschr von fremden Herrschafften, entrichtet es den Zehend und genießt die Wohlthat, frey vom Handlohn zu seyn. Der Nachbarn Wohlstand zeigt sich dadurch, daß seit undenklichen Jahren kein hiesiger Armer nach Brod gieng. Am Wege nach Gleichamberg liegt ein Telg von ungefehr 40 Acker, der aber den Herrschaften zu Römhild gehört. Könnte man diesem Orte, dem es zwar an Ziehbrunnen nicht fehlt, ein springendes Wasser verschaffen, und sie zum Gemeingeist bringen, den noch wüste liegenden Rasen mit Holz zu bepflanzen; so würde sein Wohlstand noch mehr erhöht werden. Von dem ehemals zu Elcha verehrten H. Antonius siehe Fr. Merk. Jahrg. 1796. S. 455. Unter den Einwohnern sind auch einige Kloster Langheimische Lehnungstheyleute. Diese sind an das Obertheyliche Amt Tambach angewiesen, und mit der Steuer, Musterung, Reisfolge und Landeshoheit dem Hochstifte Bamberg als Mediatunterthanen zugethan. Der Pfarrer steht unter dem Superintendenten zu Römhild.

Eichach, Hohenlohe Neuensteinischer Weiler, von 29 Seelen, pfarrt in die Hohenlohe Lehrlogif. Pfarrey Ohrnberg; Acker- und Weinbau nebst Viehzucht sind die Nahrungsquellen.

Eichberg, Dorf im Bambergischen Zentamte Weißmayn.

Eichbühl, einziges Haus im Walde, zwischen Seilershausen und Buch, gehört in das Würzburgische Amt Haßfurth.

Eichel, evangelisch-lutherisches Dörfchen von 20 Haußhaltungen in der Grafschaft Wertheim, eine kleine halbe Stunde oberhalb Werthheim, am Mayn.

Eichelberg, Bayreuthischer Weiler, im ehemaligen Amte Hoheneck, nicht weit von Ipsheim, wohin es auch eingepfarrt ist, von 8 Einwohnern. In guten Jahren löset man hier 1000 bis 1200 fl. aus den großen Schwarzkirschen. Andere schreiben es auch Aichelberg.

Eichelberg, im Ritter-Canton Odenwald, gehört der freyherrl. Familie von Meyler.

Eichelberg, Weiler im Kameralamte Bayreuth. Die Einwohner pfarren nach St. Johann.

Eichelberg, ein Hügel im Bezirke des Würzburgischen Amtes Arnstein, der an und für sich nicht hoch ist, aber doch in einer sehr hohen Gegend liegt, nicht weit von der berühmten Wallfahrtskirche Fährbrück. Die Aussicht vom Eichelberg würde sich in alle Gegenden des Hochstifts erstrecken, wenn sie nicht gegen Abend der Gramschatzer Wald beschränkte. Von diesem Berge hat eine Würzburgische Zent den Nahmen. Oben auf dem Berge ist noch der zur Zent gehörige Galgen.

Eichelbrunn, die Wüstung, s. Behrungen.

Eichelhain, ein den Freyherren von Riedesel gehöriges Dorf von 45 Wohnungen und 225 Seelen im Gerichte Engelrod.

Eichelhof, Hohenlohe-Kirchbergischer Hof, ohnweit Hall in Schwaben, zum fürstlich Hohenlohischen Lehnhof, und zur Pfarrey Munkheim gehörig, hat sehr guten Feldbau und Viehzucht.

Eichelmühl, eine zum Bambergischen Amte Herzogenaurach steuer- und lehenbare Mühle unterhalb der dem Städtchen gleiches Namens gegen Erlang zu.

Eichelsberg, Gemerben Dorfchen im Würzburgischen Oberamte Ebern von 15 Mann, wo der Freyherr von Rotenhahn zu Rentweinsdorff 3/4 und 1/4 Würzburg davon haben. Es pfarrt nach Ebern.

Eichelsdorf unter dem Haßberge, evangelisch-lutherisches Pfarrdorf. 1/4 Stunde von Hofheim gegen Königshofen. Das Hochstift Würzburg setzt den evangelischen Pfarrer. Es sind 48 Häuser daselbst.

Da in dem Orte Eichelsdorf auch katholische Einwohner sind, so ist in dem herrschaftl. Schloß, welches der zeitige Oberamtmann von Hofheim bewohnt, für den katholischen Gottesdienst eine Schloßkapelle befindlich, welchen ein Kapuziner von Friesenhausen als Curatus besorgt: In Hinsicht der zweyerley Religionsverwandten sind auch 2 Schullehrer daselbst aufgestellt, davon der Evangelische gegen 110 und der Katholische einige und 60 fl. bezieht. Die hohe Jent gehört nach Stadt Lauringen.

Eichelsee, Dorf, gehört der Probstey Haug zu Würzburg.

Eichen, Bayreuthisches Dorf, 2 Stunden von Bayreuth gegen Culmbach. Die Einwohner pfarren nach Neudrossenfeld.

Eichen, Weiler unweit dem Bayreuthischen Städtchen Creußen. Die Einwohner pfarren nach Birk.

Eichenau, Hohenloh-Kirchbergischer Weiler von 23 Haushaltungen, ins Amt Kirchberg und zur Pfarrey Lendsiedel gehörig, hat 3 gute Mahlmühlen, eine Weißgerberey und Schneidmühle. Den Nahrungsstand, der in vortrefflichem Feldbaue und Viehzucht bestehe, verbesserte auch der Kleebau. Binnen 7 Jahren übertrift die Zahl der Verstorbenen jene der Gebohrnen mit 4 Personen.

Eichenberg, ist ein kleines, aber wohlhabendes kursächsisches Dorf im Antheil Henneberg, von 21 Wohnungen und 104 Seelen. Die Gemeinde besitzt beträchtliche Waldungen und eine Schäferey von 325 Stücken, mit welcher sie theils ihre eignen, theils die angränzenden Fluren zu Grub und Lachbach zu behüten hat. Schon in ältern Zeiten befand sich zu Eichenberg eine Kapelle, welche der Parochie Leutersdorf, im Amte Meinungen, unterworfen war, und im Jahre 1349 von Bischoff Albrecht zu Würzburg die Erlaubniß bekam, einen neuen Taufstein (baptisterium) anzulegen. Dermalen ist diese Kapelle in eine Kirche verwandelt, worinn der Pfarrer zu Lengfeld jährlich siebenmal den Gottesdienst halten, auch die vorfallenden Tauf- und Trauungshandlungen allda verrichten muß. Der Begräbnißort ist zu Lengfeld, wohin auch die Einwohner zu Eichenberg auf den übrigen Sonn- und Festtagen in die Kirche gehen. Ohnweit dem Dorfe lag ehedessen noch ein Hof, welcher dem Grafen von Henneberg zugehörte, im Jahre 1419 unter dem Namen Alteneichenberg vorkommt. Nach dem Innhalt einer Urkunde hatte Graf Heinrich VIII (XIII) diesen Hof lange zuvor dem Kloster Vestra gegen einige, bey St. Kilian gelegene, Güter vertauscht, und die dasigen Mönche besaßen selbigen bis zur Zeit der Reformation, wo man es für zweckmäßiger fand, dergleichen Güter den Landeseinwohnern zur Kultur zu überlassen.

fen. Dermalen sind sie der Flur des Dorfs Getles einverleibt.

Eichenbirkig, Bambergisches Zentsdorf, Amts Weischenfeld. Die Dorf- und Gemeindherrschaft ist Graf Schbuboruisch.

Eichenhausen, Fürstlich Würzburgisches Kirchdörfchen, mit einem dem Hause Sachsen-Koburg-Meiningen mannlehenbaren schönen Schloße und Rittergute, liegt 2 Stunden östlich von Neustadt an der Saale. Ausser der im Schloßbezirke angebrachten langen Inwohnung (worinn auch zwey christliche Familien ihr Obdach haben) besteht das Dörfchen aus 52 Bauerwohhäusern und zweyen eingängigen schlechten Mühlen. Der Würzburgischen Nachbarn sind 48 und der jetzt gräflich Sodenischen Schutzverwandtenhaushaltungen 12, nämlich 10 jüdische und 2 christliche. Jene zählen 46 und diese 4 Seelen. Rechnet man dazu 195 Seelen, die Würzburgische Unterthanen sind, so hat das Dorf im Ganzen 245 Seelen. Das Alter desselben kann man daraus abnehmen, daß es bereits im Jahre 822 von 3 edeln Frauen dem Kloster Neustadt geschenkt worden ist. Eckardt führt in comment. Fr. oriental an, daß es vormals Isanhusen geheißen habe, und zum pago Salegewe gerechnet worden sey. In diesem muß es allerdings gehört haben; denn die Saale fließt nur eine halbe Stunde davon durch das Würzburgische Pfarrdorf Wülfershausen, wo der Pfarrer und Kaplan von Eichenhausen wohnt. Es ist aber doch noch die Frage: ob unter jenem Isanhusen nicht vielmehr das bey Mellrichstadt in pago Grabfeld liegende Eussenhausen zu verstehen sey?

Im Jahre 1144 übergab Bischoff Emmerich zu Würzburg dem Hennebergischen Kloster Veßra nebst mehrern Gütern den Novalzehenden zu Eichenhausen. Gruneri Opusc. T. II. p. 289.

Die zum Amts- und Zentbezirke Sälzfeld oder Wildberg gehörigen Würzburgischen Einwohner von Eichenhausen haben auf ihrer kleinen, meistens aus fruchtbarem Lehmboden bestehenden Feldmarkung hauptsächlich Korn und Gersten und etwas wenigen Waizen- und Weinbau. Der Wiesen sind wenige. Beträchtlich ist der Obstbau. Ein vor 7 Jahren verstorbener Flurknecht, Namens Peter Leicht, erwarb sich nicht geringe Verdienste um denselben. Ohne Aufmunterung und Belohnung bepflanzte er mehrere Wege und Gemeindeplätze mit jungen Obstbäumen. Die Gemeinde hat schönes Bau- und Brennholz, wovon sie dann und wann auch an Auswärtige etwas verkaufen kann.

Die Religion zu Eichenhausen ist die Römischkatholische. Die Dorfkirche ist klein und durch kein bedeutendes Monument merkwürdig. Die geistlichen Handlungen verrichtet der Pfarrer zu Wülfershausen durch einen Kaplan. Beyde sind jedesmal aus der Benediktinerabtey St. Stephan zu Würzburg. Dicht an der Eichenhauser Kirche liegt der Gottesacker, worinn noch im Jahre 1747 die Todten aus Mangel einer guten Polizey nicht viel über 2 Schuhe mit Erde bedeckt wurden. Dieß ist um so schlimmer, da die von 32 Kindern besuchte Schule die Ausdünstungen der Begrabenen täglich zu geniessen bekommt. Der Schullehrer hat einen Gehalt von 46 fl. frk.

Das moderne Schloß zu Eichenchenhausen ist zu Anfange dieses Jahrhunderts von einem Vogt von Salzburg erbaut worden, welche Familie noch von dem letzten Grafen von Henneberg 1559 mit 7 Gütern zu Eichenhausen beliehen wurde, und war eine kurze Zeit mit dem dazu gehörigen Gute in den Händen einer Seitenlinie der von Boineburgischen Familie zu Stadtlengsfeld. Nachdem es von diesen beyden Geschlechtern abgekommen und dem Hause Koburg-Meiningen heimgefallen war, wurde es dem im Jahre 1793 verstorbenen k. k. Staatsrath v. Borie auf lebenslang ins Lehen gegeben, weil er sich in Proceßangelegenheiten um Koburg-Meiningen verdient gemacht hatte. Nach dessen To d wurde es einige Jahre von Rombild aus administrirt, und endlich 1796 an den Grafen Julius von Soden zu Saffenfahrt verkauft. Ist die Sage gegründet, so ist das Schloß und Gut Eichenhausen erst seit diesem Verkaufe dem Kanton Röhn-Werra einverleibt, und zwar als ein Aequivalent für das bey Hermannsfeld im Meiningischen gelegene freyherrlich von Steinische Rittergut, der Thurm genannt, welcher aus dem ritterschaftlichen Nexus gerissen und an den Herzog von Meiningen verkauft worden seyn soll. — Die protestantischen Besitzer des Schloßes Eichenhausen ließen in diesem und in dem vorigen Jahrhunderte die im Castro und dessen Bezirke vorgefallenen Tauf- und Trauungshandlungen durch den 1 1/2 Stunden davon wohnenden evangelischen Pfarrer in Waltershausen bald in ihrem Schloße, bald in der Pfarrkirche zu Waltershausen verrichten, daher von den Voiten

zu Salzburg, Ebersbach, Rödelmaier und Eichenhausen viele genealogische Nachrichten in den Kirchenbüchern zu Waltershausen stehen. Das Rittergut hält 180 Morgen Artfelder, 30 Morgen Wiesen, 2 ansehnliche Gärten, einen ausgetrockneten Weyher und 90 bis 100 Acker Laub- und Nadelholz. Die oben berührte herrschaftliche Judenwohnung wurde 1797 den darinn wohnenden 10 jüdischen und 2 christlichen Familien vererbt. Der Hr. Graf Soden kaufte das ganze Gut um 30,000 fl. Die gräflichen Gerichte zu Eichenhausen versieht, von Neustädtles bei Ostheim aus, der Hr. Amtmann Eybam.

Eichenhof, einzelner Hof im Bambergischen Amte Schlüsselau, dem darüber die Landeshoheits- und Oberpolizeyrechte zustehen. Er pfarrt nach Pettstadt. Die niedere Vogtey gehört der Abten Michelsberg ob Bamberg, und die Zentjurisdiktion dem Bambergischen Amte BurgEbrach. Der Ertrag dieses Hofs ist sowohl an Getreide, als Wieswachs und Obstbau sehr gut.

Eichenbühl, Echobium, Dorf, im Bambergischen Amte Scheßlitz, zwey Stunden von Weißmayn. 1335 wurde es von Graf Johann von Truhendingen erkauft.

Eichernsleßt, gräflich Werthheimisches Dorf, 2 Stunden von Werthheim gegen das Würzburgische Amtsort Rotenfels.

Eichenstein, ein nach Issiga gepfarrtes Rittergut und kleines Dorf, 3 Stunden von Hof im Vogtlande, hat 9 Häuser und 49 Einwohner. Es ist gräflich Reußisches Mannlehn und Amtsfäßig, und gehört eigentlich zu dem im Reußischen gelegenen Rittergute Plankenstein.

Eichwind, 1 Wohnung von 8 Seelen im Fuldaischen Gerichte Poppenhausen, das zum Ritterorte Rhön und Werra steuert.

Eichenzell, ein dem Hochstifte Fulda zuständiges Gericht. Es verdient darum hier einer Erwähnung, weil die Unterthanen desselbigen zum Ritterorte Rhön und Werra steuern. Das Dorf Eichenzell hat 17 Wohnungen und etwa 85 Seelen. Zum Gerichte gehören: die Mühle bey Löschers, Wellers, Zellbach, Speicherts, Lüder an der Haard, Hildzbach, Hettenhausen, Altenfeld.

Eicherod, ein dem freyherrlichen Geschlechte von Riedesel gehöriges Dorf von 33 Wohnungen und etwa 160 Seelen im Gerichte Engelrod.

Eichfeld, sonst Aachtveld, gemeinhin Eßfeld, Uffeld, ein gräflich Castell-Rüdenhäusisches evangelisch-lutherisches Pfarrdorf, eine Stunde von dem Würzburgischen Städtchen Volkach. Der Boden ist mittelmäßig, und dient den Einwohnern zum Getreide-, Obst- und Weinbau. In dem Orte ist eine einzige Judenfamilie, und ihre Anzahl darf nicht erhöht werden. Schon in einer Urkunde König Ludwigs vom J. 906 wird dieses Dorfes gedacht. Der größte Theil desselben ist dem gräflichen Hause Castell im 16ten Jahrhundert theils als eröffnetes Lehen heimgefallen, theils von adelichen Familien verkauft worden. Der Zehenden daselbst gehört dem Domkapitel zu Würzburg und den Freyherren von Fuchs. Nach Beckers deutscher Zeitung, Jahrgang 1792, S. 792 sind seit 10 Jahren ungefähr alle wüsten Plätze mit Zwetschenbäumen angebaut, die hier, wie in den angränzenden Orten Rübenhausen, Kleinlang-

heim, Feuerbach rc. jährlich vielen Vortheil verschaffen.

Eichhammer, Weiler unweit dem Bayreuthischen Städtchen Creusen; die Einwohner pfarren nach Birk.

Eichhof, pfarrt nach Neuenstein, wovon die Einwohner zugleich Bürger sind. Er enthält 25 Seelen, hat guten Feldbau und Wieswachs.

Eichholz, in der Landessprache: Achholz, Weiler von 4 Schillingsfürstischen Haushaltungen, hat vortrefflichen Feldbau und Viehzucht, auch Waldung, pfarrt nach Brunst und soll mit Preußen verwechselt werden.

Eichig, auf den Karten Aichig, ein in Bambergischer Dorf- und Gemeindherrschaft, dann zentbaren Gerichtsbarkeit des Amts Weischenfeld gelegenes kleines, vorhin von Guttenberglisches Dorf, aus lauter Bambergischen Unterthanen bestehend.

Eichig, Bayreuthisches Dorf, 1/2 Stunde von Culmbach gegen Kupferberg.

Eichig, Aichium, Dorf, 2 Stunden von Weißmayn, der Abtey Langheim und in erster Instanz unter die Langheimische Stifts- und Klosterkanzley gehörig, im Territorium des Hochstifts Bamberg. In Steuer-Musterungs-Umgelds-Accise- und Aufschlagssachen ist es dem fürstlichen Steueramte zu Langheim zugethan.

Eichich, auf den Karten Aichig, Bayreuthisches Dorf, 1/2 Stunde von Bayreuth gegen Welbenberg. Die Einwohner pfarren nach St. Johannes.

Eichicht, Bayreuthisches Dorf in dem Kreisamte Hof. Der Pfarrer daselbst steht unter der Superintendentur Hof.

Eichiberg

Eichlberg ist der Name eines mit Holz bewachsenen Berges im Kipfenberger Forste des Fürstenthums Eichſtätt. Er liegt zwiſchen Kipfenberg und Denkendorf, iſt gegen Süden von dem Ebelmannsloherberg durch das Waſſerthal getrennt, weſtnordlich aber zieht ſich das ſogenannte Krumgeſteig um denſelben herum. Gleichen Namen führt auch ein Berg in der Eichſtättiſchen Forſtey Ahrberg.

Eichleiten, iſt eine mit Holz bewachſene Berghänge im Eichſtättiſchen Vogtamte und Forſte Raittenbuch, der Eichmühle nordöſtlich gegenüber gelegen, und wird durch das Titringer Thal, durch welches ſich die Aulanter ſchlängelt, von der öſtlichen Berghänge, die Waſſerleiten genannt, getrennt.

Eichleiten, Weiler im Bayreuther Kreiſe; die Einwohner pfarren nach Weydenberg.

Eichmühl, zu dem Nürnbergiſchen Amte Herspruck gehörig, zwiſchen Offenhauſen und Engelthal.

Eichmühle, Eichſtättiſche zum domkapiteliſchen Richteramte in Eichſtätt gehörige Einödmühle, 1/2 Stunde nördlich von Titting unter dem Weiler Burg im Thale, zwiſchen Keſſelberg in dem Manblinger Berg, im Bezirke des Pfleg- und Vogtamts Titting-Raittenbuch gelegen, wird von einer Bergquelle getrieben.

Eichmühle, (die) im Kameralamte Culmbach. Die Einwohner pfarren nach Trebgaſt.

Eichmühle, (die) im Kameralamte Ipsheim. Die Einwohner pfarren auch dahin.

Eichſtätt, das Fürſtenthum Eichſtätt, von welchem Johann Baptiſt Hofmann im Atlas von Deutſchland nro. 68 eine ſo unrichtige als unvollſtändige Charte geliefert hat, gränzt gegen Oſten an Bayern; gegen Süden an das Herzogthum Neuburg; gegen Norden an die alte Pfalz; und gegen Weſten an die Grafſchaft Pappenheim, Reichsſtadt Weiſſenburg, und das Fürſtenthum Onolzbach, von welchem das ganze Oberland in 5 Aemter zerſtückelt, und jedes derſelben wieder einzeln ganz umgeben iſt.

Es theilt ſich in das obere, mitlere und untere Stift, jedes derſelben iſt wieder in Ober- und Pflegämter, und dieſe in einzelne Kaſten-Vogt- oder Richterämter untereingetheilt.

Im Oberlande ſind:
1. das Oberamt **Wahrberg**, wohin das Kaſten- und Stadtvogtey; dann Kollegiatſtiftiſches Steueramt zu **Herrieben**, nebſt den Vogtämtern **Aurach** und **Lehrberg** gehört.
2. das Ober- und Pflegamt **Ahrberg**; zu jenen gehören die Vogteyen **Königshofen**, **Kronheim** und **Eybburg**, zu dieſen aber das Kaſten- und Stadtvogteyamt **Ehrnbau**.
3. Das Pfleg- und Kaſten- auch Kollegiatſtiftiſche Steueramt **Spalt**.
4. Das Pfleg- und Kaſtenamt **Abenberg**.
5. Das Pfleg- und Kaſtenamt **Sandſee-Pleinfeld**, wo auch das Domkapitl. Kaſtenamt von **Abenberg**, Nürnberg und Weiſſenburg, ſo wie ein anders domkapiteliſches Kaſtenamt auch noch zu **Wolferſtadt** iſt.

Im mittlern Stifte ſind das Landvogtey- das Stadtprobſtey- und Vizedomamt, die 3 Pfleg- und

und Kastendmter Raffenfels, Merusheim, und Dollnstein, das Pfleg- und Vogtamt zu Titting, Raittenbuch, das Pfleg- und Pflegsverweseramt Welheim, und das domkapitelische Richteramt zu Eichstätt, nebst den klösterlichen Steuerämtern Rebdorf und St. Walburg, dann dem Stadtrichteramte und Bürgermeister und Rath.

Im Unterlande ist 1) das Oberamt Hirschberg, wohin das Kastenamt Beylngries, das Probstamt Berching, die zwey Richterämter Ibging und Erbding, dann das klösterliche Steueramt Blankstetten gehören, zu Berching ist wieder ein Domkapitelisches Kastenamt.

2) das Pflegamt Obermössing, wohin die Kastenämter Obermössing u. Jettenhofen angewiesen sind.

3) dann das Pfleg- und Kastenamt Kipfenberg. Von den zwey Bayerischen nach Eichstätt gehörigen Hofmarken ist Dannhausen dem Amte Jettenhofen, Meyhern genannt, Fliegelsperg aber dem Amte Ibging zugetheilt.

Im ganzen Umfange des Fürstenthums findet man 1 Haupt- und Residenzstadt, 7 Munizipal- oder Landstädtchen, 15 Marktflecken, gegen 200 Pfarr- und Filialkirchdörfer, dann über 300 Weiler, Einzeln und Einöd-mühlen auch 18 Schlösser.

Das Areale wird auf 30 Quadratmeilen geschätzt, das mittlere und untere Hochstift ist größtentheils gebürgig, wo immer bald breitere, bald schmälere Berge, mit bald engen bald weiten Thälern wechseln; das Oberland aber wird, je weiter man hin-

auf kommt, desto flächer und ebner, auch ist dort der Boden von Pleinfeld, Spalt, Abenberg bis über Ohrnbau hinauf meist sandig; im Unterlande aber fest und schwer. Nebst der Altmühl, welche dieses Fürstenthum der Länge nach durchfließt, sind im mittlern und untern Lande noch die Flüßchen Sulz, Anlauter und Schwarzach, in einigen Aemtern des Oberlandes aber die Wieseth, die fränkisch und die schwäbische Rezat, dann der Bromsbach. Uebrigens kommen aus den wasserreichen Bergen auch mehrere Quellen, welche zu Mühlen und Wässerungen benutzt werden.

Die Haupthahrung ist der Getreidebau, dem die Viehzucht so lange nicht gleich kommen wird, als man die Stallfütterung und den Kleebau nicht einführet. — Wein wird keiner, dagegen aber viel, und vorzüglich guter Hopfen gebauet, der, wenn er in dieser Gegend an- in Böhmen aber eben umschlägt, vieles Geld in das Land herein bringt. An Waldungen ist das Fürstenthum so reich, daß solche beynahe 2 Drittheile vom ganzen Areale des Fürstenthums einnehmen, die aber freylich nicht die Hälfte Holz tragen, welches sie forstmäßig tragen sollten, weil das Wild und die Einhut, durch deren Aufhebung man die Leute eben am besten zur Stallfütterung und zum Kleebau zwingen könnte, jeden jungen Anflug verderben.

Von Laubhölzern findet man folgende Arten, denen die Linneische Namen beygesetzt sind.

Die Winter- oder Trauben-Eiche, quercus robur.

Die Sommereiche, quercus cum longo pediculo.

Die

Die roth= oder Maſtbuche, Fagus sylvatica.
Die Weiß= oder Hagenbuche, Carpinus betulus.
Die Eſche, Fraxinus excelſior.
Die Ruſte oder kleinblätteriche Ulme, Ulmus campeſtris.
Der Ahorn, Acer pſeudo platanus.
Die Lehne oder Spitzahorn, Acer platanoides.
Der Maßholder oder kleinblätteriche Ahorn, Acer campeſt.
Der wilde Birnbaum, Pyrus pyraſter.
Der wilde Apfelbaum, Pyrus malus ſylveſtris.
Der Arlsbeerbaum, Crategus torminalis.
Der wilde Kirſchbaum, Prunus ceraſus.
Der Mehlbeerbaum, Tragæus aria.
Der Vogelbeerbaum, Sorbus aucuparia.
Die Trauben=Kirſche, Prunus.
Die Birke, Betula alba.
Die Erle, Betula alnus.
Die Aſpe oder Zitterpappel, Populus tremula.
Die Linde, Tilia europæa.
Die Pappel, Populus alba.
Die Balſampappel, Populus balſamifera.
Der Roßkaſtanienbaum, Aeſculus hypocaſtanum.
Zwiſchen Deulnberg und Wernſels wachſen auch ſüße Käſtanien im Freyen.
Der Wallnußbaum, Juglans regia.
Weide die gemeine Weide, Salix alba.
die Bruch=Weide, Salix fragilis.
die rothe Weide, Salix rubra.
die gelbe Bandweide, Salix lutea.
die Saal= oder Palmweide, Salix caprea,

Buſch und Strauchhölzer von Laubholz.
Berberis oder Sauerdorn, Berberis vulgaris.
Kreutzdorn, Rhamnus catharticus.
Der Faulbaum, Rhamnus frangulus.
Geniſte oder Ginſter, Geniſta tinctoria.
Haſelnußſtaube, Corylus avellana.
Hartriegel, Cornus ſanguinea.
Kornel Kirſche, Cornus maſcula.
Schwarzer Hollunder, Sambucus nigra.
Trauben Hollunder, Sambucus racemoſa.
Waſſerhollunder, Viburnum opulus.
Acker Hollunder, Sambucus ebulus.
Spaniſcher Hollunder, Siringa vulgaris.
Maaſeholz, Solanum ſcandens.
Die Reinweide, Liguſtrum.
Die wilde Roſe, Roſa canina.
Schwartz= oder Schleedorn, Prunus ſpinoſa.
Der Weißdorn, Crategus oxhicantra.
Wildes gemeines Geißblatt, Lonicera periclymenum vulgare.
Der Spindelbaum auch Pfaffenkäppchen, Evonymus emopæus.
Nadelhölzer.
Der Lerchenbaum, Pinus larix.
Die weiß Tanne, Pinus abies tenuiore folio, fructu deorſum inflexo, ramis ſurſum verſis.
Die rothe oder Harztanne, Pinus abies tenuiore folio fructu et ramis deorſum verſis ligno rubente.
Die Kiefer oder Forl, Pinus foliis geminis tenuioribus glaucis comis ſubrotundis.

Staubengewächse von Nadelhölzern.

Der Wachholder, Juniperus communis.

Der Sevenbaum, Iuniperus sabina. Die edle Baumzucht hat jetzt viele Hofnung recht empor zu kommen: denn gleichwie Hermanns eber in Berching auf höchsten Befehl das Unterland mit den besten Sorten von Obstbäumen unentgeldlich versieht, so liessen der jezt regierende Fürstbischoff, ein Graf von Stubenberg, auch in seinem Hofgarten zu Pfünz eine ähnliche Baumschule zu gleichem Zwecke anlegen; und, da aus diesen beyden Baumschulen alljährlich einige 1000 Stücke abgegeben werden, so wird die edle Baumzucht gemein schnell verbreitet werden.

Eine gleich ähnliche Sorgfalt wendet dieser Regent auch auf die Stutereyen, um die Pferdezucht wieder empor zu bringen.

Von der Fischerey zieht das Land einen großen Theil der Nahrung. Nebst den vielen herrschafftlichen Weyhern liefert die Dismühl besonders gute Karpfen und schmakhafte Krebse, die fränkische Retzat Aale, die Anlauter, Schwarzach und der Mernsheimer auch Obereichstätter-Bach, Forellen, die übrigen Fischgattungen sind unter der Rubrik Dismühl beschrieben.

An Erzen findet man im Eichstädtischen nichts als Bohn- und Klaub-, dann Eisensumpf und Sanderz, nebst vielem Schwefelkiese, destomehr kann aber dieses Fürstenthum von Kiesel, Thon, und vorzüglich vom Kalkgeschlechte aufweisen, als:

Vom Kieselgeschlechte derben und fetten Quarz von verschiedener Farbe und Struktur, nebst ziemlich feinem Quak-Quellsand und gemischtem Quarzsande, im Oberlande sehr schöne Chalkidesel mit etwas Kalzedon, auch das eigentliche Plasma des abbé Estners, verschieden Crystallisirten Quarz oder Bergcrystall, röthlich- und schwärzlichen Jaspis, ausgewitterten Opal, weisblau- grün- gelben- und dendrittischen Kalzedon, Kachelong, Carniole, Punct-Moos u. Baubachate, vieles Horn- r und noch mehr Feuersteine, vorzüglich auch seltener Feuersteinschiefer in horizontalen Lagen zwischen Mergelartigem Saalbändern mit Versteinerungen und Abdrücken von Seepflanzen, dann eine Menge von allen Sorten versteinerten Hölzern.

Vom Kalkgeschlechte schöne Kalkspate von seltnen Crystallisationen, gar niedliche Tropfsteine, Mondmilch, Merkel, gute Kalchsteine, nicht allein zum Kalchbrennen und Bauen, sondern auch für Bildhauer und Steinmezarbeiter, ferner häufige Schieferstein zum Dachdecken sowohl, als Kirchenpflastern, auf welchen man schöne Fische, Krebs und Insekten Abdrücke, auch manchmal seltne z. B. von dem moluckischen Krebs (Monoculo polyphemo) schöne Medusenhäupter, auch die niedlichste Dendriten findet; von Gyps zeigte sich noch nichts, als Gypsnadeln, so wie auch von Salzen nur allein der Eisenvitriol, in den das Schwefel- und Wasserkieß auswittert. Nebst den vielen und feinen Thonarten, welche die Töpfer verarbeiten, findet man auch ziemlich reine Alaunerde, Tripel, und einem Bolus, der dem armenischen gleichkömmt.

Die Volksmenge belief sich im Jahre 1785, wo aber nur in der Residenz-

Residenzstadt allein die Geistlichkeit mitgezählt wurde.

Vom obern hohen Stifte auf 18208.
vom mitlern auf 24358.
vom untern auf 14617.

im ganzen also auf 57183 Köpfe. folglich etwa auf 11000 Familien. Nimmt man nun den Flächengehalt auf 20 Quadratmeilen an, so treffen immer auf jede derselben über 2700 Seelen.

Was Eichstätt im vorigen, und zum Theil noch im Anfange dieses Jahrhunderts von Manufakturen und Fabriken hatte, ist nun ganz dahin; so gieng die Glas- und Spiegelhütte zu Abenberg ein, und außer dem Namen des Hauses: die Fabrik in der Webergaße zu Eichstätt genannt, findet man keine Spuren mehr von der Goldschlägerey, Lederbereiterey, Strumpfwirkereyen, Sammet, Barchent- und Tapeten-Webereyen, dann anderen Fabriken, welche Bischoff Johann Anton I. ein Knebel von Katzenellenbogen zu Anfange dieses Jahrhunderts unter dem Fabrikamte des Herrn von Cletet angelegt hatte. Dagegen hat jetzt das Fürstenthum Eichstätt nichts, als eine Siamois Fabrik in Eichstätt, welche zwar mit Flachs- und Baumwollenspinnen armen Weibern und Kindern einen Verdienst verschaft, aber noch keinen festen Fuß hat, eine Eisenschmelz, und 2 Eisenhämmer, sammt einer Waffenschmiedte zu Obereichstätt, Altendorf und Hagenacker, 2 Pappier- 1 Pulver- 1 Schleif- und gegen 150 Mahlmühlen, zum Theil mit Sägen, Leinschlägen, und Rabelschurten, auch einem Lohstampf, 4 Salpeterhütten, sammt einer neu angelegten Plantage, viele

Nadel- und Spitzenarbeiter in Abenberg, einen Sigellack-Fabrikanten, viel Ziegel- und Kallbrennereyen, eine Stück- und Glockengießerey, mehrere Potaschensiedereyen, dann viele Gattungen Handwerker und Professionisten aufzuweisen, deren mancher seinem Gewerbe Ehre macht, auch manches Stück Geld vom Auslande hereinbringt. Die Hauptrubriken des Handels in das Ausland sind: Getreid, Vieh, Hopfen, Holz, gegossen dann geschmidtes Eisen und Steine, nebst kleinen Artikeln, als Potasche, Obst, Flachs, Häut, Fische und Krebse ꝛc. Das Commerce wird durch die Chausseen befördert, welche von Nürnberg nach Regensburg, Salzburg, München, Augsburg und Nördlingen das Fürstenthum allenthalben durchkreutzen, wie denn auch in denselben über 36000 Ruthen Wegs mit einem Kostenaufwande von mehr als einer viertels Million chaussirt, und bisher unterhalten worden sind.

Die Einwohner sind fast alle der römisch katholischen Religion zugethan. Von der Industrie derselben geben die vielen schlecht benützten Gemeindweiden, die große Anzahl öder Plätze, die Brache, der vernachlässigte Kleebau, und der Umstand, daß die zu derselben Vortheil aufgehobene viele Feyertage jetzt mehr als zuvor gefeyert werden, dann daß die Leute dem braunen Bier und Spiele so stark nachgehen, eben keinen vortheilhaften Begriff.

Den ersten Grund zu dem Fürstenthum Eichstätt legte Graf Swiger von Hirschberg in der Mitte des 8ten Jahrhunderts durch den Ort Eichstätt, welchen er dem H. Bonifaz, dieser aber dem

dem H. Willbald, ersten Bischoffe zu Eichstätt, schenkte. Bald darnach kamen Mühlheim, Pfalldorf, Eitensheim, Meckenlohe und Pietenfeld dazu, welche Orte unter die ersten Besitzungen der eichstättischen Kirche gehören. Die erste Hauptacquisition machte aber dieselbe durch die ansehnliche Abtey Hasenriet, welche Kaiser Arnulph dem Bischoffe Erchambold im Jahre 880 überließ, und wovon unter Hasenriet das mehrere vorkommen wird, die zwote im Anfange des 11ten Jahrhunderts, aber auf Kosten ihrer Diöcesan-Gränzen mit Berchlng und Beylngries durch den Tausch mit Bamberg, die dritte endlich durch den Tod des letzten Grafen Gebhards von Hirschberg, wo ihr nicht allein die Advokatie und der ganze ansehnliche Theil von Gütern, welche sie ihm zu Lehen aufgetragen hatte, zurück, sondern auch durch dessen Testament das Schloß Hirschberg sammt allen dessen Zugehörungen, und vielen Ortschaften zufiel, alles übrige wurde erst so nach und nach durch Kauf oder fromme Vermächtnisse noch dazu gebracht; indessen kann Eichstätt diesen 3 glänzenden Epochen eben so viele für sie unglükliche Perioden entgegensetzen. 1) Im Jahre 1296 machte Graf Gebhard von Hirschberg ein Testament, vermöge dessen nach seinem Tode auch das Schloß Sulzburg der Eichstättrischen Kirche zufallen sollte, wie denn auch dessen Kastellan Gottfried von Wolffstein mit einem körperlichen Eide versprechen mußte, nach Gebhards Absterben ohne eheliche Erben das Schloß dem Bischoffe von Eichstätt zu übergeben. In dem 7 Jahre später gemachten Testamente aber blieb Sulzburg aus. 2) Bald darauf, nämlich im Jahre 1324 ward Gebhard III. ein Graf von Graißbach Bischoff zu Eichstätt, und, weil er der letzte seiner Familie war, gedachte er die Grafschaft Graißbach der eichstättischen Kirche zu vermachen, allein, ohne vorher seinen letzten Willen schriftlich zu hinterlassen, folgte er dem Kaiser Ludwig nach Italien, und bey der Belagerung von Pisa rafte ihn die Pest so schnell weg, daß er ohne Testament starb, und also diese Grafschaft als ein Reichslehen eingezogen wurde. 3) Welche empfindliche Wunde endlich dieser Kirche durch die Reformation geschlagen wurde, wird unter dem Bißthume Eichstätt umständlicher vorkommen.

Welcher Bischoff von Eichstätt der erste Reichsfürst gewesen, ist noch nicht bestimmt, wohl aber so viel richtig, daß die Bischöffe viel früher schon der That, als dem Namen nach Reichsfürsten waren.

Nach Falkenstein Nordg. Alterth. Cap. V. §. III. machte Kaiser Ludwig der Fromme schon in der ersten Helfte des 9ten Jahrhunderts die meisten Bischöffe zu Reichsfürsten. Der Bischoff zu Eichstätt erhielt auch schon im Jahre 908 Münz- und Zollrecht; allein das erste bis nun zu bekannte Diplom, worinn der Kaiser einen eichstättischen Bischoff einen Fürsten des Reichs nennt, ist jenes vom Jahre 1234, worinn Kaiser Friedrich der II. den eichstättischen Bischoff Heinrich II. von Tischingen das Prädikat eines Reichsfürstens gab, auch dem Diplom das goldene Sigill anhieng, den ohn-

Eichstätt

ohngeachtet, und obwohl von dort an die Kaiser sowohl als die Reichsstände den Eichstättischen Bischöffen fortan den Titul Reichsfürst gaben, auch Johann I. von Dirpheim und nach ihm alle seine Nachfolger mit den Regalien überhaupt und mit dem Blutbann insbesondere belehnt wurden, führten doch die Bischöffe, vermuthlich aus geistlicher Demuth nie selbst den Fürsten Namen, und bemelten Johannes Nachfolger Philipp von Rathsamhausen nannte sich gar nur Bruder Philipps von Gottes Gnaden Bischoff, bis im vorigen Jahrhunderte Fürst Bischoff Marquard II. ein Graf Schenk von Castell sich des Fürstentituls selbst ordentlich prävalierte, solchen der erste auf seine Münzen setzen ließ, das Schwert zu dem Bischoffsstabe zur Wappenverzierung aufnahm, und die bisherige Titulatur Hochwürdig, gnädig und Bischoff, in Hochwürdigst, gnädigst und Fürstbischoff umänderte.

Seither ist der Titul der Fürstbischöffe: Von Gottes Gnaden Bischoff und des heiligen römischen Reichs Fürst zu Eichstätt; ihr Wappen ist ein silberner Bischoffsstab im rothen Felde, den Schild bedekt ein Fürstenhut, auf welchem das Erzbischöffliche Kreuz stehr, welches sich diese Fürstbischöffe seit 1745 vortragen lassen dürfen, rechts raget der Bischoffsstab und links das Schwerdt hervor. Der Bischoff wird durch eine freye Wahl des Domkapitels gewählt, und muß 2 Drittheile aller Stimmen für sich haben, auch eine Wahlkapitulation beschwören, die aber, nach den bekannten Kaiser Leopoldinischen und Pabst Innocentianischen Verordnungen, in weltlichen dem Kaiser, und in geistlichen dem Pabste vorher jedesmal zur Begnehmigung vorgeleget werden soll.

Der Fürstbischoff von Eichstätt sitzt im Reichsfürstenrathe auf der geistlichen Bank zwischen den Bischöffen von Worms und Speier, und beyden fränkischen Kreisversammlungen zwischen Brandenburg Kulmbach und Onolzbach. Sein Matrikularanschlag beträgt 246 fl. und zu einem Kammerziel giebt er 284 Rthlr. 14 1/2 kr.

Landstände sind nicht vorhanden; nur stellt das Domkapitel eine Art derselben in so ferne vor, als ohne dessen Einwilligung der Fürst keine Kapitalien aufnehmen, nichts vom Lande veräußern, und überhaupt nichts wichtiges oder schweres unternehmen darf.

Das Erbmarschallamt haben die Grafen Schenken von Castell, das Erbkämmereramt die Freyherren von Schaumberg, das Erbschenkenamt die Freyherren von Eyb, und das Erbtruchsessenamt die Herren von Leonrod.

Zum Hofstaat gehören 1. der Hofmarschallamtsstab, womit auch Hof = Küche = und Keller, oder Oberstküchenmeisterey vereinigt ist; unter jenem stehen die Hofkapläne, nebst fürstlichem Beichtvater und Schloßpfarrer, die Leib = und Hofmediker, die zwar ein medizinisches Kollegium ausmachen, aber nie Sanitätscommission halten, der Haußmeister und Hoffourier mit den Kammerdienern und Portiers, dann die Hofkünstler und Handwercker; unter diesem aber der Küchenmeister, die Köche, Hofmetzger, Müller, Fischer etc. der Kellerschreiber, Silberkämmerling, Conditor, die Hofgärtner, und die 38 Personen starke Hofmusik, endlich die Hoflaquaïs, Läufer und Heyducken,

Topogr. Lexic. v. Franken I. Bd. A a Haus-

Hausknechte und Liverebothen.

2. Der Obriststallmeisterrystaab, zu welchem die Edelknaben mit ihrem Hof- und Exercitienmeistern, Instructor und Bedienten, die Hoftrompeter, sammt Paucker und Ritterportieren, dann der Stallmeister mit den 18 Personen starken Hofstall-Personale angewiesen sind.

3. Der Obristjägermeistereystaab mit Oberjäger, Jagdschreiber, Büchsenspannern und 32 Oberdann Unterförstern, auch übrigen Jagdpersonale.

4. Endlich einige Hofkavaliers, die gleichsam Kammerherrendienste machen.

Zur Verwaltung der öffentlichen Geschäfte sind folgende Stellen angeordnet:

1. Das Cabinet mit der geheimen Kanzley, wo nebst den eigentlichen Cabinets und Gnadensachen die Protokolle der Dikasterien hin- und alle Geschäftszweige wie im Centro zusammen kommen. S. Hochfürstliche Gnaden besorgen das Meiste Selbst allein, u. haben in Reichs- und Kreissachen vorzüglich den dirigierenden Herrn Minister, in übrigen einen Cabinetssecretair nebst einem geheimen Registrator und Kanzlisten an Handen. Zur Besorgung auswärtiger Geschäfte hält Eichstätt einen Reichstagsgesandten in Regensburg, und einen Kreisgesandten in Nürnberg, dann in Rom, Wien und Wetzlar seinen Agenten.

2. Das Hof- und Regierungsrathskollegium besorgt die Regierungs- und Justizsachen; in Betref der leztern gehen die Appellationen vom Domkapitel, sämmtlichen Aemtern, dann dem Stadtrathe dahin, von dieser obersten Justizstelle aber unmittelbar an die höchste Reichsgerichte, oder man kann auch die Acten auf eine Universität versenden lassen; eben dieses Dikasterium vertrit auch die Stelle der Anträgen, und es kann der Landesherr selbst allda belangt werden. Es besteht dasselbe aus einem Präsidenten und einem Vicepräsidenten; beyde müssen nach dem Wahlkapitulationen Domkapitularen seyn; aus dem dirigierenden Herrn Minister, der vorzüglich die publica besorgt, 4 geheimen, und 8 Hofdann Regierungsräthen, dessen Kanzley-Personale ist 12 Personen stark; das Advokatenkollegium aber 8.

3. Das Hof- und Kammerrathsdikasterium besorgt sämmtliche Finanz- und Kameralgeschäfte des ganzen Landes, legt seine Protokolle dem Landesherrn unmittelbar vor, und besteht ebenfalls aus einem Präsidenten und Vicepräsidenten, vom Domkapitel einem Vorsitzenden und 8 Hofdann Kammerräthen, welche Hofräthe in der Kammer Titul, Rang Besoldung und alle Vorzüge mit den Hofräthen in der Regierung gemein haben, auch in gefährlichen Zeiten mit diesen vereinigt ein Collegium plenum bilden; endlich aus einem Fiskal; die Kanzley ist 10, das Kollegium der Rechnungsrevisoren aber 6 Personen stark.

4. Ausflüsse dieser beyden weltlichen Dikasterien sind:

a) Die Polizeydeputation, welche aus Hofräthen von der Regierung und von der Kammer zusammengesezt, nebst einigen Mitgliedern des Domkapitels und Stadtraths, vorzüglich das arme Wesen, die damit verbundene Siamoisfabrik, und das Zuchthaus, nebst andern höhern Polizeygegenständen besorgt.

b)

b) Die Deputation zu Untersuchung der Hochstiftsdämter, von Hofräthen der Regierung und Kammer combinirt, entwarf eine Beamteninstruction, wacht über derselben Befolgung und besorgt die dahin einschlägige Objecta.

c) Die auf gleiche Art vermischte Forstdeputation ließ sämmtliche Forsteyen vermarken, ausmessen, in Riß legen, und eintheilen, entwirft die Forsteratts- und sorgt für Forstpflege und Nahrung.

d) Eine wieder eben so von beyden Dikasterien im Jahre 1783 formirte Deputation zur Brandsocietät; der Idealfond steht schon auf 698,800 fl. und diese ganze wohlthätige Einrichtung ist umständlich im Journal von und für Franken IV. Tom. 305 — 313 pag. beschrieben.

e) Die auf gleiche Art gemischte Commission zur Untersuchung der 5 beträchtlichen herrschafftlichen Bräuhäuser, welche eine der grösten Kameralrevenüen ausmachen.

f) Der Lehenhof, welcher aus einem Probste, 2 Lehenräthen, 7 Leheninspectoren, und 1 Kanzlisten bestehet; dieser Lehenhof ist so ansehnlich als ausgebreitet. Falkenstein und Bucelin zählen im Jahre 1479 127 gräflich und adeliche Familien als Vasallen von Eichstädt; Jenichen in thesauro Iuris Feudalis liefert Tom. III. eine eigene Dissertation von den Eichstättischen Lehen, unter den die Heunenbergischen, womit die Herzoge von Sachsenkoburg belehnt sind, obenan stehen, und wohl bey anderthalb Tausend Lehenstücke nur allein in fremden Territorien liegen, wie denn auch 8 Lehenbücher darüber vorhanden sind, als das alte, das Heyde-

kische, das Bechthalische, das Absbergische, das Stanfische, das Dürmerische, das Ittelhofische, das Grüblische und das Edelmannslehenbuch.

g) Einzelne Kameralkommissariate, als das Zoll, dessen umständliche Geschichte im 23 und 32 Stück des Fränkischen Merkurs II. Jahrgangs, und Chauffee, deren Bau in Hirschingbarchiv für Völker- und Länderkunde I. Band p. 115. beschrieben ist. das Bau- und Umgelds-Aufschlags-Eisenwerker rc. Commissariat.

5) Der Stadtmagistrat in Eichstätt besteht aus dem Stadtprobst. als Präsidenten, einem Consulenten, 4 Bürgermeistern, einem Syndikus, 7 innern und 20 äussern Rathsherren nebst 2 Rathsdienern. Dieser Stadtrath hat bis nun zu von seinen alten grosen Vorzügen folgende 3 erhalten, daß noch immer 2 Rathsherren den Kriminalverhören beysitzen, und alle von der Regierung zum Tode verurtheilte Verbrecher auf das Rathhaus vor den Magistrat geführt, ihnen in dem Rathszimmer das Urgicht und das Urtheil vom Stadtsyndikus, sodann aber öffentlich vom Fenster aus dem Publikum vorgelesen werden, daß bey einer bürgerlichen Rathswahl die neue Bürgermeister und Räthe vom Fürsten unmittelbar, der unter dem Throne sitzt, einen Mantel um, und einen Hut auf hat, vor dem ganzen Hofstaab, und in Gegenwart beeder weltlichen Dikasterien in der Residenz öffentlich verpflichtet, dann daß darauf alle bey Hof ausgeweiset, und die Bürgermeister bey diesem Akte sowohl, als auch alle Jahre am Tage des Evangelisten

sten Johannes selbst zur fürstlichen Tafel, wie die Dikasterial-Räthe gezogen werden, an welch lezterm Tage sie jedesmal die gewöhnlichen 100 Ducaten dem Fürsten im Ritterzimmer überreichen. Uebrigens gehört dem Stadtrath der Mayerhof zu Wimpesing, der Ziegelhof sammt Forsthaus, die Inrisdiction über die Bürger, und die Vogtey inner der Stadt Bann, der über die Bruk nach der Waschettern bis an den Kniepaß, auf dem Berge bis an das steinerne Kreuz, zur Westen bis an das tiefe Thal, gegen Osten bis an die 2 Bäume. und im Buchthal bis an den Probühel sich erstreckt.

6) Das Vizedom- und Stadtprobsteyamt, zu welchem in der Stadt nebst dem Amthause und Lazareth, 1 Schleif- 1 Loh- 1 Säg- 4 Mahl- 2 Gußmühlen, dann 26 Gebäude gehören, welches in 4 Dörfern, einen Einöbhof und einer Einödmühl über 250 Unterthanen zählt, und welchem vorzüglich die niedere Stadtpolizey oblieget, weßwegen die Nacht- und Thorschreiber, auch Polizeydiener demselben untergeordnet sind. Der Fürst hält eine Leibgarde von der Kürassier- und Dragoner Schwadron, die er als Kreiscontingent stellen muß, dann ein Husaren-Korps von etlich und 30 Mann, 3 Compagnien zu Fuß, und eine Schloßquarde, nebst 1 Feuerwerker und 6 Konstablern. Das bürgerliche Schützencor aber formirt unter seinen eigenen Commandanten ebenfalls 3 Compagnien.

Die Steuern und Umgelder fließen in die Kriegscassa, wovon der Militär-Etat bestritten wird; eine einfache Steuer ist von 100 nur 1 fl. Es liegt aber nur der dritte Theil des steuerbaren Vermögens in der Steuer, so daß eigentlich nur 20 kr. auf 10 Gulden des gesammten Steuervermögens treffen, und dieses noch dazu nur nach einer äußerst geringen Schäzung, vom vorigen Jahrhunderte noch, so daß die dermalige 21/2 ordinäre, und 3/4 extra Steuer sicher nicht einmal eine einfache ganze Steuer vom eigentlich gesammten Steuervermögen nach dermaligem Werthe ausmachen.

Eichstätt, das Bisthum, hat einen ganz andern und viel weiter ausgebreiteten Umfang, als das Fürstenthum Eichstätt: denn es erstreckt sich nicht nur allein über das ganze Fürstenthum, mit alleiniger Ausnahme von Welheim und Lehrberg, deren ersteres in die Augsburger und lezteres in die Würzburger Dibces gehört, sondern dehnt sich auch noch über dasselbe weit hinaus, über einen großen Theil von Bayern, von Pfalz-Neuburg, dann des deutschen Ordens Balley Elingen, und doch hat dieses Bisthum nicht einmal die Hälfte mehr von seiner vormaligen Größe, ehe nämlich im Anfange des eilften Jahrhunderts der Eichstättische Bischoff Gunbakar der I. dem neu errichteten Bisthum Bamberg, von Nürnberg an, den ganzen zur Rechten der Pegniz gelegenen Theil seiner Diöces nebst dem Pago Ralenzgowe, das ist, was zu beyden Seiten der Rednitz gegen Bamberg liegt, abgetreten, und ehe dieses Bisthum durch die Reformation der seiner beträchtlichsten Ruraldekanate, nämlich das von Altorf bey Nürnberg, das von Gunzenhausen, das von Wassertrüdingen, auch von Königshofen genannt, endlich das von Weissenburg, auch von Pappenheim genannt, wo nicht mit allen, doch mit den meisten dazu — zum Theil auch noch mit einigen in andere Kapitel gehörigen Pfarren und Filialen sammt den Klöstern Zuhausen an der Wernitz, Bildenreuth bey Nürnberg, Engelthal, Heidenheim, Heilsbrunn, Solnhofen, Willzburg, der Kloster der Augustiner in Pappenheim und der Karmeliter in Weissenburg verlohren. Das Benediktinerkloster in Schweinfurt, welches das Hochstift Eichstätt mit all seinen Gütern in Besitz hatte, war gegen Ende des dreyzehnten Jahrhunderts schon ganz eingegangen, als Bischoff Reimboto solches dem deutschen Orden abgetreten, und sich dagegen nur die zum Stifte und Kloster gehörige Mannlehen, und daß das deutsche Haus zu Schweinfurt dem Bisthum Eichstätt jährlich auf Lichtmeß und vierzehn Tage darnach viertehalb Mark löthigen Silbers erlegen müsse, vorbehalten hat. Der Verlust nur durch die Reformation allein läßt sich leicht weit auf die Hälfte vom Ganzen berechnen, wenn man die alte Matrikel mit der neuen vergleicht; denn nach jener gehörten nur allein an Pfarreyen, ohne Benefizien, Frühmessen und Kapellen, 317 zur Eichstätischen Diöces, nach dieser aber sind deren, obwohl mehrere neue dazu kamen, nunmehr 190, also hat das Bisthum Eichstätt nebst obigen neun Klöstern sicher über 130 Pfarreyen, folglich mehr, als bemeldte vier ganze Ruraldekanate eingebüßt, welche zusammen 110 Pfarreyen enthielten.

Dermal ist das ganze Bisthum Eichstätt, worüber Pfarrer Hufnagel zu Greding im Jahre 1745 eine eigne Charte herausgegeben hat, und welches über 130,000 Seelen zählt, in acht Kapitel ein = und jedem derselben folgende Pfarreyen zugetheilt:

I. Das Berchinger Kapitel hat 31, als:
Alfalterbach, Bazhausen, Berching, Beilngries, Blankstetten, Breitenbrunn, Daßwang, Dietfurt, Eichenhofen, Ettenhofen, Euning, Gimpertshausen, Heinsberg, Hollnstein, Hormansdorf, Keimnathen, Kevenhüll, Klapfenberg, Kottinwörth, Luzmannstein, Paulushofen, Pollanden, Staßdorf, Stauferbruch, Tarschhofen, Täging, Welburg, Waldkirchen, Waltersberg, Wissing.

II. Das Gredinger Kapitel 24.
Altorf, Burggriesbach, Enssing, Erkertshofen, Ernsbach, Forchheim, Freystatt, Greding, Heimbach, Hübing, Kaldorf, Morsbach, Obermässing, Pfraumfeld, Pollnfeld, Preith, Kaltenbuch, Rupertsbach, Sondersfeld, Thanhausen, Titting, Untermässing, Wachenzell, Weidenwang.

III. Das Hilpoltsteiner Kapitel 17.
Allersperg, Ellingen, Eigenstall, Heideck, Hilpoltstein, Jahresdorf, Kalbstatt, Liebenstatt, Meckenhausen, Mörsdorf, Pleinfeld, Rettenbach, Stirn, Stopfenheim, St. Veit, Walting, Zell.

IV. Das Ingolstätter Kapitel 27.
Bergen, Burheim, Dollnstein, Egweil, Eitensheim, Gaimersheim, Gerolfing, Ingolstatt 2, Joshofen, Lenting, Mailing, Meilnhofen, Mühausen, Meckenlohe, Nassenfels, Oberreichstätt,

Oberhaunstatt, Oetting, Orenfeld, Perlheim, Pettenhofen, Pietenfeld, St. Salvater, Unterstall, Wettstetten.

V. Das Kipfenberger Kapitel 19.

Bemfeld, Denkendorf, Derndorf, Enkering, Gelbsee, Gumgolding, Haunstetten, Hofstetten, Irfersdorf, Irrlahüll, Kinding, Kipfenberg, Kirchanhausen, Kirchbach, Pfaldorf, Schambach, Schellborf, Walting.

VI. Das Monheimer Kapitel 28.

Altendorf, Ammerfeld, Beyerfeld, Buchdorf, Dagmersheim, Einsfeld, Emsheim, Flozheim, Fünfstett, Goßheim, Gundelsheim, Haunsfurth, Huisheim, Megesheim, Miudling, Monheim, Mähren, Mörnsheim, Otting, Regling, Rohrbach, Schönfeld, Sulzdorf, Treichtling, Weilheim, Wemding, Witteßheim, Wolferstatt.

VII. Das Neumarkter Kapitel 25.

Berg, Berngau, Castl. Dietkirchen, Fürnried, Sinching, Gnadenberg, Haußheim, Jlswang, Königstein, Lanterhofen, Lengenfeld, Lizlohe, Mäming, Neumarkt, Neunkirchen, Pelchenhofen, Pelling, Seligenporten, Sindlbach, Stekelsberg, Tetting, Tebwang, Traunfeld, Wiesenacker.

VIII. Das Ohrnbauer Kapitel 21.

Abenberg, Absberg, Ahrberg, Aurach, Cronheim, Elbersroth, Gnozheim, Großenried, Herrieden, Lellenfeld, Mitteleschenbach, Neunstetten, Oberbach, Oberelsbach, Obereschenbach, Ohrnbau, Rauenzell, Spalt, Teilenberg, Weitsaurach, Weinberg.

Dazu kommen noch die Stadt-Walburgis und heiligen Geist-Pfarr in Eichstätt, das Domstift alda, die Collegiatstifter zu Herrieden, und das alte davon neue zu St. Emeran und Nikolaus, jetzt mit einander vereiniget zu Spalt, das neue Pfarr-und das St. Wilibalds Chorstift in Eichstätt, die Canonie Rebdorf, die Prälatur Blankstetten, die Abtey St. Walburg, das Kloster der Religieuses de la Congregation de notre Dame zu Eichstätt und der Nonnenklöster zu Marienburg, Marienstein, Seligenporten und Ingolstadt. Das Dominikanerkloster zu Eichstätt, das Kapuzinerkloster zu Eichstätt, Berching, Neumarkt, und Wemding sammt ihrer Hospitien zu Sulzburg und Bierbaum, die Franziskanerklöster zu h. Blut, zu Ingolstatt, Ellingen, Dietfurth, und am Möningerberg bey der Freystadt, nebst dem Franziskanerhospizium zu Beylngries, und dem Kloster der Franziskanerinnen in Ingolstadt, das Augustinerkloster in Ingolstadt ꝛc. ꝛc.

Eingegangen sind: die Collegiata in Hilpoltstein, das Schottenkloster und die Tempelherren zu Eichstätt, die Nonnenklöster zu Bergen, Gnadenberg und Monheim, die Abteyen zu Berching, Kastell und Unhaus an der Altmühl, die Jesuitenklöster zu Eichstätt und Ingolstadt, nebst den neun durch die Reformation weggefallenen Klöstern. — Dieß ist eine generelle Uebersicht der ganzen eichstättischen Diöces, nach ihrer ehe- und vormahligen Gestalt, wovon der h. Wilibald im Jahre 741 erster Bischoff geworden ist.

Der h. Bonifaz, Erzbischoff zu Maynz, hat ihm den von Graf Swiger zu Hirschberg erhaltenen Platz Eichstätt geschenkt, wo Wilibald seinen Sitz aufschlug und seinem Onkel Bonifaz geweihet wurde. — Dieser räumte ihm und seinen Nachfolgern auch ganz besondere Vorzüge ein.

1) Solle Wilibald und alle nachfolgende Bischöffe von Eichstätt auf ewige Zeiten Erzkanzler des heiligen Stuhls zu Mayntz seyn (wie sie sich auch häufig in Urkunden so schrieben und nannten) und den Sitz und Rang gleich unmittelbar nach dem Erzbischoff vor allen anderen Suffraganen von Mayntz immerhin haben.

2) Wenn der Erzbischoff von Mayntz verhindert, verreißt, krank, oder eine Sedisvacanz eben zur Zeit einer Königskrönung ist, soll der Bischoff von Eichstätt solchen krönen — und als im Interregno nach des Erzbischoffs Gebhards Tod, König Albert seinen Sohn Rudolph als König in Böhmen krönen lassen wollte, so wurde einstimmig erkannt, daß dem Bischoffe von Eichstätt dieses Recht zustehe. Bischoff Philipp war auch wirklich schon auf dem Wege nach Böhmen, als Bischoff Peter von Basel als Erzbischoff gewählt wurde, und Bischoff Philipp von Eichstätt demselben auf Ansuchen und gegen Revers de non praejudicando diese Ehre freywillig überließ.

3) Bey Kirchenversammlungen soll auf einer Seite Niemand als der Erzbischoff zu Mayntz und ihm zur rechten Hand der Bischoff von Eichstätt, alle übrigen Suffraganei aber auf der andern Seite der Ordnung nach sitzen, und, wenn der Erzbischoff verhindert ist, der Bischoff zu Eichstätt präsidiren, wie denn auch Bischoff Friedrich II. von Parsberg im Juny 1243 auf dem Concilio zu Mayntz das Präsidium an den Tagen, wo der Erzbischoff abwesend war, wirklich geführet hat.

4) In diesen Fällen, und wenn sonst der Bischoff von Mayntz gerufen wird, des Erzbischoffs Stelle allda zu vertreten, muß er in Mayntz, und von Bergeln, welches eichstättisch ist, an, auf der Hin- so wie auch auf der Herreise wieder bis zu diesem Ort, vom Erzstift aus mit 26 reitenden Personen ganz verthoster, auch von den Domherren processionaliter empfangen werden. Diese beyde Vorzüge bestättigten zwey Pröbste und ein Decan, deren jeder bey hundert Jahr alt war, aus eigner Erfahrung und alter Observanz auf dem Concilio zu Mayntz den 25 July 1243, wo bemeldter eichstättischer Bischoff Friedrich II. selbst persönlich und durch diese drey Zeugen diese seine und seines Hochstifts Vorrechte standhaft vertheidiget und durchgesetzt hat.

5) Wenn der Erzbischoff nicht kann, oder nicht will, darf der Bischoff vor allen andern Suffraganen von Mayntz die neu erwählten Bischöffe consecriren, im Fall der Noth ein Concilium zusammen berufen, die Wahl der Aebte und Prälaten confirmiren, die Kirchen und Klöster im Erzbisthum einweyhen, wie denn der eichstättische Bischoff Friedrich II. von Parsberg im Jahre 1243 in Gegenwart König Konrads dieses Recht in Mayntz wirklich ausgeübt hat, das erzbischöffliche Sigill während dieser Zeit führen, und also das verrichten, was der Erzbischoff selbst, wenn er gegenwärtig wäre, in geist- und weltlichen Sachen thun kann.

Wie dieses umständlicher vom h. Bonifazius nicht allein bewilliget, sondern auch mit Rath seiner Suffraganen, mit Einwilligung seines Kapitels, aller seiner Ministerialen und Vasallen, dann mit Gutheißung des Pabsts und des ganzen Conciliums auf ewige Zeiten so fest gesetzt, in bemeldten Provinzialconcilio zu Maynz deducirt und allgemein vor vielen Zeugen anerkannt, endlich den 23ten Dezember 1320 vom Kanonifer Thoma aus Spalt im erzbischöfflichen Kapitel zu Maynz, wo er sede vacante die Abwesenheit des fränkischen eichstättischen Bischoffs Philipp entschuldigte, und, daß solche unpräjudicirlich sey, ein Zeugniß erhielt, ausführlich vorgetragen und neuerlich alles bestättiget worden ist.

6) Zu einem noch besondern Vorzugszeichen erhielt auch Wilibald und alle nachfolgende Bischöffe zu Eichstätt vom h. Bonifaz ein vor andern Mitbischoffen sie ehrenvoll auszeichnendes Oberkleid, Rationale genannt, welches an das erzbischöffliche Pallium angränzt und einst die Päbste trugen, wenn sie ad Sancta Sanctorum hinzu giengen. Alle diese Rechte bestättigte Erzbischoff Matthias im Jahre 1323 dem eichstättischen Bischoffe Marquard I. nachdem dieser ihn zu Aschaffenburg consecrirt hatte, und im Jahre 1401 belehnte Erzbischoff Johann von Maynz den Bischoff Friedrich IV. von Eichstätt, einen Grafen von Dettingen, mit dem Kanzellariat von Maynz und allen damit verbundenen Vorzügen. Im Jahre 1549 war der eichstättische Bischoff, Moritz von Hutten, auf der Synode zu Maynz persönlich, verwaltete allda das Amt eines Erzkanzlers, und saß dem Erzbischoffe zur Rechten. Die Lehenempfängniß über dieses Erzkanzleramt wurde auch von Zeit zu Zeit, und das letztemal vom Bischoffe Raymund Anton in der Person eines Grafen von Schenk erneuert.

In Folge dieses Vorzuges, behauptete auch der eichstättische Bischoff, Konrad II. von Pfeffenhausen im Jahre 1299 auf dem Reichstage zu Nürnberg seinen Vorrang vor dem Bischoffe von Worms, welcher Streit unter Bischoff Marquard II. von Eichstätt wieder erregt, aber zu des letztern Gunsten auf dem Reichstage ein für allemal entschieden wurde.

Im Jahre 1472 wurde vom Herzog Ludwig in Niederbayern die Universität in Ingolstadt gestiftet, der eichstättische Bischoff, Wilhelm von Reichenau, war bey derselben Einweyhung und ihr erster Kanzler, wie denn auch die Bischöffe von Eichstätt dieses Kanzellariat für beständig und noch immer fortführen, auch ein Porcancellarium, jederzeit in der Person eines Professors der Theologie, an ihrer Statt aufstellen, der zugleich Kanonifer im Dom zu Eichstätt ist, und einen Stand im Chor hat, aber nicht in den Domkapitel auch nicht in den Stiftskalender kommt, wo der Domherren Namen und Stämme aufgezeichnet sind, wiewohl darüber vor Kurzem ein Proceß entstanden ist, und der vorletzte Procancellarius den übrigen Domherren vollkommen gleich gehalten seyn wollte; vielleicht ist dies noch ein Rest eines Vorzuges, den einst die Doktoren hatten,

auf

auf Domſtifter, gleich den Adelichen, Anſpruch zu machen.

Im Jahre 1745, bey Gelegenheit des eichſtättiſchen Jubiläums, ertheilte Pabſt Benedikt aus eignem Antrieb dem eichſtättiſchen Biſchoffe, Johann Anton von Freyberg und all ſeinen Nachfolgern den Vorzug, daß, da ſie ohnehin ſchon gleich den Erzbiſchöffen mit dem Rationale gezieret ſind, ſie ſich auch gleich dieſen das Kreutz in der Stadt und ganzen Diöces bey allen Verrichtungen vortragen laſſen dürfen, nur nicht in Gegenwart eines Erzbiſchoffs, auſſer mit deſſen Erlaubniß.

Der Biſchoff hat einen beſtändigen Weyhbiſchoff zur Aushülfe in den biſchöfflichen Verrichtungen; erſt in dieſem Jahrhunderte wurde die Würde eines Weihbiſchoffs für immerhin dem Domkapitel ausſchlüſſig reſervirt, ſo, daß es allezeit ein Domherr werden muß.

Es beſtehet das Domkapitel aus fünfzehn Domkapitularn und dreyzehn Domicellarn, welche alle von deutſcher Geburt, von einem Stift- und Ritterrmäſigen Adel, dann mit acht Ahnen, ſowohl von väterlicher als mütterlicher Seite, alſo mit ſechzehn aufgeſchworen werden müſſen.

Einſt war ihre Zahl mehr als noch ſo hoch; Biſchoff Heribert reducirte ſolche im eilften Jahrhunderte von ſiebzig auf fünfzig, und Biſchoff Otto verwehrte im zwölften Jahrhunderte die Einkünfte ihrer Präbenden; dieſe wurden in ungleichen Monathen vom Pabſte, in den ſechs übrigen aber vom Domkapitel per turnos vergeben.

Die erſte Dignität iſt die Domprobſtey. Anfänglich hat das Domkapitel ſeine Probſte ſelbſt gewählt, dieſes Recht aber durch eine ſchiefe Auslegung der Konkordaten verlohren.

Aeneas Sylvius (Piccolomini) welchem als Pfarrer zu Matſis in Schwaben, das eichſtättiſche Domkapitel den verlangten Zutritt zu einer Präbende verſagt hatte, war ohnehin demſelben ſo abgeneigt, daß er, als er Pabſt geworden, öfter ſich verlauten ließ: Pabſt konnte ich werden, aber Domherr in Eichſtätt konnte ich nicht werden. Im Jahre 1575 erhielt das Domkapitel bemeltes Recht einer freyen Probſtswahl abermal, kam aber wieder, ohne ſelbſt zu wiſſen wie, darum, die Päbſte verliehen aber dieſe Würde nicht nur allein ſolchen Perſonen, die im Dom zu Eichſtätt nicht einmal präbendirt waren, ſondern nahmen auch das bey keine Rückſicht auf die vorgeſchriebene Ahnenzahl. das Domkapitel legte daher den Biſchöffen in der Wahlkapitulation auf, alles Mögliche zu thun, um dem Domkapitel die freye Probſtswahl wieder zu wege zu bringen. Biſchoff Marquard II. konnte aber mit vieler Aufopferung, nämlich gegen Auferbauung der von den Schweden abgebrannten Domprobſteywohnung und Vermehrung der Domprobſteyeinkünfte aus eigenem Mitteln, mehr nicht erhalten, als daß ſich Pabſt Clemens X. im Jahre 1668 verband, dieſe Würde keinem andern mehr, als einem Domherrn von Eichſtätt, zu verleihen.

Die andere Dignität iſt das Domdechanat, deſſen Einkünfte Biſchoff Rehmbolt von Mühlenhard im dreyzehnten Jahrhunderte anſehnlich vermehrt hat.

Der Dechant wird vom Kapitel gewählt, und vom Bischoffe confirmirt, er macht zugleich den Archidiakonus, und also die erste Instanz nicht nur allein von dem Domkapitelischen Personale, sondern auch von der ganzen nicht exemten Stadtklerisey, nur mit dem Unterschied, daß von ihm als Archidiakon die Appellation an den geistlichen Rath, als Dombechant aber an das Domkapitel und von dort in geistlichen Sachen an den geistlichen Rath, in weltlichen aber an die Regierung geht.

Dann kommen die Personaten, die Scholasterie, Cantorie, welche Bischoff Reimbolt von Mühlenhard im dreyzehenten Jahrhunderte angeordnet hat, Custorie und Cellarie, dann das Pacilicerat. Im Jahre 1791 fiengen die Domherren an, mit bischöfflicher Erlaubniß, die Cappam magnam zu tragen. Es verdient noch bemerkt zu werden, daß Bischoff Gundakar II. im eilften Jahrhunderte zwölf eichstättische Domherren zählte, welche mir, so lange er denken konnte, anderweitig zu Bischöffen erwählt wurden, worunter auch einer zuerst Bischoff in Eichstätt dann Pabst unter dem Namen Viktor II. geworden.

Canonici presbyterales, Vierherren genannt, sind zwey, und sechzehn Chorvikarien allda.

Uebrigens hat das Domkapitel einen Syndikus, in Eichstätt ein Richteramt, welches in 88. theils in=theils ausländischen Ortschaften gegen sechshalbhundert steuerbare Unterthanen zählt, wovon das Domkapitel die fürstliche Steuer einhebt, und dafür per Aversum ein paar tausend Gulden der fürstlichen Steuerkasse giebt, drey

Kastenämter auf dem Lande, als zu Pleinfeld, Wolferstatt und Brrching, auch eines in Eichstätt selbst, dann ein Obley=und Fabrikamt, nebst einem Forstmeister für seine schönen Waldungen. Zur Verwaltung des Kirchenwesens und der geistlichen Justiz war sonst immer ein eigner Vicarius in spiritualibus generalis aufgestellt. Nun ist das General=Vikariat dem Officialat und geistlichem Rathe einverleibet worden.

Das bischöffliche geistliche Rathskollegium besteht aus einem Präsidenten, der ebenfalls allemal ein Domkapitular seyn muß, den Official und acht geistlichen Räthen. Die Kanzley ist sechs Personen stark, ein Spitalmeister, Gefällverwalter, milder Stiftungsverwalter und sechs Gefäll= dann heiligen Faktorien sind die geistlichen Rathsofficianten.

Im Consistorium macht der Official den Präsidenten oder eigentlichen Richter, und sämmtliche geistliche Räthe sind zugleich Consistorial=Räthe, so wie alle acht Regierungsadvokaten zugleich auch Consistorialadvokaten sind. Leider sind die Winkelversprechen, obwohl sie in Bayern und Pfalz ganz ungültig sind, im eichstättischen noch nicht aufgehoben, und eine minorenne Person, welche keinen gültigen Contrakt über einige Gulden noch schließen kann, kann sich aus Unverstand oder Verführung dadurch auf ewig unglücklich machen, oder muß sich von einem jugendlichen Versprechen theuer mit einem Theile ihres Vermögens loskaufen, und sich auf dem kostspieligen Consistorio noch dazu herumziehen lassen.

Die Pflanzschule des gesammten

ten Klerus ist das bischöffliche Seminarium, welches aus einem Regens, Subregens, Repetitor, und etlich und zwanzig Alumnen besteht.

Für das Lycdum und Gymnasium in Eichstätt sind eilf Professoren und einer besonders von dem Domkapitel für die Principien aufgestellt; für die Normalschule aber drey Lehrer, und letztere stehen unter einer eigenen Schulcommission. Die Mädchen werden bey den englischen Fräulein, und die Waisen im Waisenhause auf gleiche Art unterrichtet.

Es ist auch seit einigen Jahren ein Bücher-Censur-Collegium von geistlichen und Regierungsräthen zusammengesetzt worden. Was die Aufklärung betrifft, würde solche ungleich besser gedeihen, wenn man nicht aus einem ziemlich allgemeinen Vorurtheile die wahre mit der falschen verwechselte, und aus dieser Vermengung der Begriffe eine mit der andern für die Religion und den Staat gleich gefährlich hielte, das doch wahre Aufklärung nicht ist, auch nie werden kann.

Die Reihe der eichstättischen Bischöffe ist folgende: 1) Der h. Wilibald, von 741 bis 786. 2) Geroch, bis 801. 3) Agan der Fromme, bis 819. 4) Adalung, bis 841. 5) Altan, bis 858. 6) Ortlar, ein Benediktiner-Mönch zu Niederalteich, bis 881. 7) Gebeschall, bis 885. 8) Erkanbold, vom Kaiser Karl des Großen Nachkommen, bis 918. 9) Ubalfrid, bis 933. 10) Starcand, ein Graf von Starcand und Haynburg, bis 965. 11) Reginald, bis 991. 12) Metugos, ein Graf von Lechs-gemündt, und Verwandter Kaiser Heinrichs II. bis 1014. 13) Gundaker I. bis 1019. 14) Walther, bis 1022. 15) Herlbert, ein Graf von Rothenburg an der Tauber, bis 1042. 16) Gottsman, des vorhergehenden Bruder, nur zwey Monathe und etliche Tage. 17) Gebhard I. ein Graf von Kalb, wurde Pabst unter dem Namen Viktor II. behielt aber das Bisthum bey, bis 1057. 18) Gundakar II. starb im Rufe der Heiligkeit im Jahre 1075. 19) Ulrich I. bis 1098. 20) Eberhard, ein Markgraf von Schweinfurth, bis 1112. 21) Ulrich II. ein Graf von Bogen, bis 1125. 22) Gebhard II. ein Graf von Hirschberg bis 1149. 23) Burkhard legte die Regierung nieder, Anno 1153. 24) Konrad I. ein Edler von Morspach, bis 1171. 25) Egilolph, bis 1182. 26) Otto bis 1195. 27) Hertwich, ein Graf von Sulzbach oder Hirschberg, 1223. 28) Friedrich I. ein Edler von Hauenstand, bis 1226. 29) Heinrich I. ein Edler von Zipplingen, bis 1229. 30) Heinrich II. von Tischingen, bis 1234. 31) Heinrich III. von Ravensburg, bis 1237. 32) Friedrich II. von Parsberg, bis 1246. 33) Heinrich IV. Graf von Würtemberg, bis 1259. 34) Engelhard, bis 1261. 35) Hildebrand, ein Edler von Mörn, bis 1279. 36) Reimbolt, ein Edler von Mühlenhard, bis 1297. 37) Konrad II. ein Edler von Pfeffenhausen, bis 1305. 38) Johann I. von Dierpheim, wurde Bischoff zu Strasburg, im Jahre 1307. 39) Philipp von Rathsamhausen, bis 1322. 40) Marquard I. von Hagel, bis 1324. 41) Gebhard III. ein Graf

Graf von Greispach, bis 1327. 42) Friedrich III. gieng in ein Cisterzienserkloster, Anno 1328. 43) Heinrich V. ein Schenk von Reichenneck, bis 1344. 44) Albert I. ein Edler von Hohenfels, bis 1351. 45) Berchtold, ein Burggraf von Nürnberg, bis 1365. 46) Raban, ein Edler Schenk von Wilburgstetten, bis 1383. 47) Friedrich IV. ein Graf von Dettingen, bis 1415. 48) Johann II. ein Graf von Helbeck, bis 1429. 49) Albert II. von Rechberg, bis 1445. 50) Johann III. von Epch, bis 1464. 51) Wilhelm von Reichenau, bis 1496. 52) Gabriel von Eyb, bis 1535. 53) Christoph, ein gebohrner Reichserbmarschall von Pappenheim, bis 1539. 54) Moritz von Hutten, bis 1552. 55) Eberhard II. von Hirnheim, bis 1560. 56) Martin von Schaumburg, bis 1590. 57) Kaspar von Seckendorf, bis 1595. 58) Johann Konrad von Gemmingen, bis 1612. 59) Johann Christoph von Westerstetten, bis 1636. 60) Marquard II. aus der Freyherrlichen itzt gräflichen Familie der Schenken von Castell, bis 1685. 61) Johann Euchar, ein Schenk von Castell, bis 1697. 62) Johann Martin von Eyb, bis 1704. 63) Johann Anton I. ein Knebel von Katzenellenbogen, bis 1725. 64) Franz Ludwig, ein Schenk von Castell, bis 1736. 65) Johann Anton II. von Freyberg, bis 1757. 66) Raymund Anton, Graf von Strasoldo, bis 1781. 67) Johann Anton III. von Zehmer, bis 1790. 68) Joseph, Graf von Stubenberg, dermaliger Fürstbischoff.

Eichstätt, die Stadt, die fürstbischöfliche Residenzstadt, von welcher das ganze Fürsten= und Bisthum seinen Namen führt, eine von ihrem Ursprunge an fränkische Stadt, liegt unter den 48° 53' 30'' nördlicher Breite, und unterm 28° 50' 45'' der Länge, im Nordgau, zwischen Nürnberg und Augsburg, von beyden gleich weit, und von jeder dieser Reichsstädte 18 Stunden entfernt, in einem schmalen Thale, welches von dem Altmühlflusse der Länge nach durchschnitten, und am nördlichen Theile mit 2 wasserreichen Bergen umgeben ist, deren mächtige Quellen zum Theil Mühlen treiben, zum Theil aber zum Springbrunnen auf dem Markte und in einige Klöstern Gärten das benöthigte Wasser mittelst unterirdischer Wasserleitungen liefern. Weil der Zug des Thales von Osten gegen Westen geht, und welches also von den Dünsten leicht gereiniget wird, so entstehet eben dadurch eine öfters abwechselnde frische, reine und gesunde Luft, wobey die Leute im Durchschnitte genommen ein ziemlich hohes Alter erreichen. Es kömmt diese Stadt unter verschiedenen Namen vor, als Dryopolis, Rubilocus ꝛc. die aber im Grunde immer das nämliche nur in griechischer oder lateinischer Sprache sagen, was Eichstätt auf deutsch heißt, nämlich eine Stadt, die ihren Namen von Eichen herleitet, oder vielmehr eine Stätte von Eichen, weil der Platz im 8ten Jahrhunderte schon Eystatt hieß, ehe Eichstätt noch eine Stadt war. Das größere Siegel der Stadt stellt auch ein Stadtthor vor, oder dem in der Mitte zwischen den 2 Thorthürmen ein Eichbaum mit Früchten steht. Die

Das kleine Stadtwappen aber führet einen gelben Sporn im blauen Felde, worüber noch keine nähere Auskunft ausfindig zu machen war.

Weniger kommen die Schriftsteller darinn überein, was ehedem auf diesem Platze gestanden sey; einige wollen das Aureat dahin setzen, welches von den Hunnen zerstöhrt worden seyn soll. S. Unregtum. Andere suchen da die urbem almocensem statt Ulmocensem in Ulm, S. Leipz. Lexikon, und erkennen Wilibald nicht, als den ersten Bischoff in Eichstätt. Daß nichts als Eichen dagestanden seyen, geben sie um so weniger zu, als ein Bischoff, um sein Ansehen nicht zu schwächen, nur in einem volkreichen Orte aufgestellt werden darf, und die einstimmigen Nachrichten sagen, es sey in dieser Gegend weit und breit alles verheeret gewesen. So viel ist gewiß, daß der Platz, worauf jetzt Eichstätt steht, den Grafen von Hirschberg gehört, daß einer derselben, Swiger mit Namen, solchen dem H. Bonifazius, und dieser seinem Schwestersohne dem H. Wilibald geschenket, dann daß Wilibald, der im Herbste 741 vom Bonifaz zum Bischoffe geweyht wurde, außer einer Muttergottes Kapelle seitwärts des Altmühlflusses, wo heut zu Tage die Beckenkapelle in der Pfarrkirche ist, nichts, als alles öd und wüst, angetroffen habe.

Unfern dieser Frauenkapelle ließ Wilibald, da, wo jetzt die Domkirche stehet, eine Kirche bauen, und um solche herum einige Wohnungen für sich und seine Leute errichten. Daß diese ein förmliches Kloster gebildet haben, ist mehr zu vermuthen, als zu beweisen. Die Vollendung der Kirche, die er nicht mehr erlebte, mußte er seinem Nachfolger Geroch überlassen. Nach und nach siedelten sich immer mehrere um diese Kirche und die Wohnungen der Geistlichen an, besonders nachdem schon gleich im nächsten Jahrhunderte darauf noch eine Kirche zum heil. Kreuze, auf dem Hügel, wo jetzt die Walburgiskirche steht, aufgeführt, und von Ottkar, dem 6ten Bischoffe von Eichstätt und Abte zu Niederaltaich, der die Gebeine der heiligen Walburg dahin übersetzen ließ, im Jahre 871 ein Gebäude für regulirte Chorfrauen hergesetzt wurde.

Im Anfange des zehenten Jahrhunderts, nämlich im Jahre 908 erhielt Erchambold, der achte Bischoff, auch schon wirklich die Erlaubniß, diesen Ort mit Mauern zu umgeben, und zu einer Stadt zu machen, auch eine Zollstätte, dann öffentlichen Markt halten und Münzen schlagen lassen zu dürfen. Gegen die Mitte des eilften Jahrhunderts ließ Bischoff Heribert, ein Graf von Rothenburg an der Tauber, die Dom- und Walburgiskirche erweitern und verschönern. Auch auf dem Wilibaldsberge soll durch seine Freygebigkeit ein Kloster, wovon keine Spur mehr übrig, aber auch kein hinreichender Beweis dieses Vorgebens vorhanden ist; nebst verschiedenen an dem Kapellen errichtet worden seyn. Der achtzehnte Bischoff Gundakar II. ein Graf von Nassau, vollendete den Bau der 2 großen Domthürme, welche sein Vorfahrer, ein Graf von Kalb, schon angefangen hatte, und auf seinen Befehl ward die steinerne Spitalbrücke über die Altmühl so wie auch das Johannisкirchlein auf dem Domfreithof gebauet, worinn seine Gebeine ruhen. Den größten Zuwachs erhielt die Stadt in der Mitte des zwölften Jahrhunderts, da sich die Domgeistliche von dem gemeinschaftlichen Leben der Wohnung und dem Tische des Bischoffes trennten, die Güter unter sich theilten, und eigne Wohnungen bezogen. Die Stadt gewann an Lebhaftigkeit und bald auch an Ansehen; Gewerb und Nahrungszweige wurden vermehrt, und das Ganze erhielt eine andere Gestalt.

Diese Metamorphose war aber auf der andern Seite von üblen Folgen; es gab bald Händel mit der Geistlichkeit und den Bürgern, diese wurden excommuniciret, dagegen wagten sie im Jahre 123. mit Beyhülfe anderer in Diensten des Bischoffs Friedrichs von Parsberg stehendem Personen, da sie schon ein ganzes Jahr im Kirchenbann waren, den Bischoff, Dompropst, Dechant ꝛc. abzusetzen, sie mit der ganzen Geistlichkeit aus der Stadt zu jagen, ihre Stellen mit Layen zu besetzen, die Domsakristey gewaltsam zu erbrechen und rein auszuplündern. Wenn einer ihrer Anhänger verstarb, begruben sie ihn mit ausgelassener Freude unter lautem Jubel und dem Getöne musikalischer Instrumente. Der Bischoff klagte darüber auf einer Synode zu Maynz, und bat den König Konrad und andere Fürsten um Beystand, deren Drohungen die Bürger wieder in Ordnung brachten; als man es ihnen aber in der Folge zu sehr entgelten und Graf von Hirschberg, der die Advocatie über Eichstätt hatte, sie fast wie Leibeigne behandeln wollte, so erwachte auch, wie die Zahl, der Wohlstand und das Ansehen der Bürger zunahm, das Gefühl ihres eigenen Werths, und gegen das Ende des dreyzehnten Jahrhunderts verschwuren sich alle in einer Nacht wegzuziehen und die Stadt zu verlassen. Damit sie von diesem ihrem Vorhaben abstunden, gieng Graf Gebhard von Hirschberg mit ihnen im Jahre 1291 einen Vertrag ein, daß sie 12 geschworne unter sich zu Besorgung der Stadtgeschäfte und der Gerichte wählen, sich in und außer der Stadt verehelligen, von der Stadt, und wieder in solche zurückziehen, die Uebelthäter unter ihnen nur nach alten Rechten der Stadt gebüßt werden dürfen ꝛc. Die Garantie darüber leistete der eichstättische Bischoff Reimbold, ein Edler von Mühlenhard, und der Graf Ludwig von Oettingen, des Graf Gebhard von Hirschberg Schwager.

Als der letzte des Namens und Stammens der Grafen von Hirschberg zu Anfange des vierzehnten Jahrhunderts gestorben, machte Bischoff Philipp von Rathsamhausen im Jahre 1307 einen neuen Vertrag mit den Bürgern, der im Fallenstein Cod. Dipl. Nro. CLVIII. enthalten, und woraus zu ersehen ist, daß dortmals auch Beginnen, Bettschwestern genannt, in Eichstätt waren. Diesen Vertrag bestätigte Bischoff Marquard I. von Hagel im Jahre 1322, Bischoff Gebhard III. ein Graf von Greispach im Jahre 1324, und Bischoff Heinrich der V. ein Schenk von Reichenek im Jahre 1331. Als aber dieser dessenungeachtet die Bürger und Stadt

Stadt sehr hart hielt, suchten leztere nicht nur allein den kaiserlichen Schutz dagegen, den sie auch vom Kaiser Ludwig im Jahre 1337 erhielten, nach, sondern verbanden sich auch im nämlichen Jahre mit dem Domkapitel gegen diesen Bischoff auf dessen ganze Lebenszeit. Im Jahre 1353 bestättigte Bischoff Berchtold, ein Burggraf von Nürnberg, den Philippischen Vertrag wieder neuerdings, und im Jahre 1360 erlaubte Kaiser Karl der Stadt, alle Jahre allda einen Jahrmarkt und eine Messe, 8 Tage vor und 8 Tage nach dem Willibaldi Tage, mit den nämlichen Rechten u. Freyheiten, welche die Messe zu Nördlingen hat, zu halten. In eben dieser Zeit durften noch heut zu Tage die Pfannenflicker, Scheerschleifer ꝛc. die ordentlich ein- und ausgeläutet werden, in der Stadt arbeiten. Unter eben diesem Bischoffe Berchtold gieng im Jahre 1363 so ein schrecklicher Wolkenbruch auf der obrigen Bergkette nieder, daß er ganz große Felsenstücke losriß, dieselbe in die Buchthalvorstadt, wo sie Häuser zertrümmerten, auch einige Menschen darinn zerquetschten, herabwälzte, und durch das in die Stadt eingedrungene Wasser einen Theil derselben verheerte. Im Jahre 1397 unter Bischoff Friedrich IV. einem Grafen von Dettingen, wüthete in der Stadt eine epidemische Seuche, die viele Menschen wegrafte. In eben diesem Jahre verordnete eben dieser Bischoff, wie es zwischen der Stadt und den Pfarrherrn gehalten werden soll, zwischen welchen immer große Irrungen vorwalteten. Im Jahre 1446 gab der römische König Fried-

rich der Stadt einen Brief, einen jeden übelthätigen Mann, der nach den Rechten den Tod verschuldet hat, mit 7 Eiden in Rechten zu überwinden, und mit dem Tod, oder an Leib und Geld nach Erfund zu verbüssen. Daß die Stadt jährlich am Gallustage nur für die Steuer von 500 Pfund Heller 500 rheinische Gulden gut an Gold und gerecht an Gewicht reichen sollte, zeigen die Briefe des Bischoffs Johannes II. eines Herrn von Heidel de Anno 1418, Bischoffs Albrecht II. von Rechberg de Anno 1429 und Bischoffs Johannes III. von Eych de Anno 1445 ꝛc. wobey zu bemerken ist, daß statt leztern 2 Briefen, weil sie nur mit dem kleinern fürstlichen Sigill versehen waren, andere gleichlautende mit dem größern Sigill ausgefertiget werden mußten.

Im Jahre 1460 schikte Herzog Ludwig von Landshut dem Bischoffe Johann von Eych und Kapitel zu Eichstädt einen Feindsbrief, weil es diese mit Albert Achilles Markgrafen von Brandenburg hielten, und die Stadt Donauwörth dem römischen Reiche zurükgaben, am Palmsonntage zu, am Montage in der Charwoche Abends berennte er die Ostenvorstadt, und brannte sie ab. Darauf nahm er die Buchthalvorstadt, und wollte die Stadt selbst stürmen; weil aber Graf Sigmund von Gleichen dieses Thor mit einem Terraß vermacht hatte, wurde der Angrif abgeschlagen, dagegen aber vom Feinde auch diese Vorstadt, in welcher 75 Häuser stunden, ganz abgebrannt. Am Dienstag brachte der Feind auf drey Plätzen große Haubitzen, und auf

auf der Spitze des Engelbergs einen großen Mörser an, aus diesem und etlich und 50 Wagen- und Karrnbüchsen, beschoß er ohne Unterlaß die Stadt. Drey Thürme stürzten mit der Brustwehr auf der Mauer ein, die Mauer selbst aber war noch nicht durchgeschossen, als der Markgraf am Mittwoche in der Charwoche bey 400 Ritter und Knechte der Stadt zu Hülfe schikte, welche 4 Hauptmänner aus der Ritterschaft zu Anführern erhielten, und auf den Mauern, dann den Zwingen (Gräben) so gute Dienste thaten, daß man bis am Ostertage zu Nachts sich halten konnte. Da kam Ritter Hans von Wolfstein, veranstaltete eine Unterredung zwischen dem Bischoff und dem Herzog, der auf dem Kugelberg vor dem Hasenwinkel mit seinem Heere lag, und da wurde zwischen ihnen Friede gemacht.

Als der nachfolgende Bischoff Wilhelm von Reichenau dem römischen Kaiser Friedrich vorstellte: es sey eine alte Gewohnheit der Stadt, daß, wenn ein Uebelthäter den Tod verschuldet, der Ankläger und noch 6 Mann einen Eid schwören müßten, daß er ein Uebelthäter und Beschädiger des Landes wäre, man könne aber derley Personen, die ihr Gewissen damit beschweren sollten, schwer zusammen bringen, so verordnete dieser Kaiser, daß der Bischoff Urtheilsprecher setzen, und diese nach Rechten richten soll.

Im sechzehenten Jahrhunderte drohte wegen Ausgelassenheit der Geistlichen, welchen die Bürger ihre Weiber und Töchter nicht Preis geben wollten, mancher Aufstand auszubrechen. Am ernstlichsten sah der Auftritt aus, als die Bürger, dem Domherrn Philipp von Waldenfels, welcher einem Bürger den von dessen Frau zum beliebigen Ein- und Ausgehen erhaltenen Schlüssel zeigte, und ihn noch obendrein mißhandelte, mit entblößten Schwertern, Messern und Spiesen, auf offner Gasse durch die Pfarr- und Domkirche bis in den dortigen Kreuzgang verfolgten, wo er ihnen verkommen ist: denn es nahmen sich auf 150 Ritter von der Waldenfelsischen, Wolfersdorfischen und andern Familien dieses Domherrns an, und schikten der Stadt einen Fehdebrief zu, welche die üblen Folgen davon durch die Vorstellung ableinte, daß dieses nur das Werk einzelner ohne Bewilligung der Obrigkeit gewesen sey.

Im Jahre 1546 rafte eine epidemische Krankheit gegen 2000 Menschen in etlichen Wochen weg.

Das siebenzehnte Jahrhundert nahm aber diese Stadt am übelsten mit. Im Jahre 1625 war eine schreckliche Theuerung. Im Jahre 1627 eine starke Seuche, und im Jahre 1632 den 14 Jänn. erschien König Gustav Adolph von Schweden zwischen 4 und 5 Uhr auf dem Blumenberge, ließ die Stadt durch einen Trompeter auffordern, und nahm 90000 fl. Brandschatzung mit sich fort. Dem ohngeachtet ließ im Jahre 1633 den 26 April Herzog von Weimar von Neuburg aus eine neue Brandschatzung fordern, und, obwohl er gegen 12000 Reichsthaler die Stadt zu schonen versprach, so kam er doch am 4 May Abends zwischen 4 und 5 Uhr auf dem Petrs-ietzigen Schloßberge mit seiner

seiner Armee an, und beschoß das Schloß, welches, weil der versprochene Entsatz von Ingolstadt nicht kam, sich am 11 May ergeben mußte. Der Stadt wurde gegen Erlag obiger 12000 Rthlr. für diesmal geschont. Am 15 October wurden die Schweden zwar wieder aus dem Schlosse vertrieben, allein am 7 December kamen wieder 600 Schweden, fielen ohne Wiederstand in die Stadt ein, brandschatzten das Jesuitencollegium um 1100 Rthlr. brannten eine Mühle in der Westen, das Spitalthor, 2 Domherrnhöfe und einige Häuser ab, und verübten viele Grausamkeiten, bis sie von einem Ausfalle aus dem Schloß verjagt wurden. Am 6 Hornung 1633 kamen sie aber wieder unter Commando eines Landgrafen von Hessen Darmstadt, und des Obristen Faßfurth Abends zwischen 8 und 9 Uhr, ganz unversehens von Regensburg an, setzten beym Westen- und Ostenthore an, drangen bey diesem durch die Mauern des Jesuitenkollegiums ein, bey jenem aber warfen sie sich, wie sie sich vom Hochgerichte herunter zogen, in den St. Michaels Freithof, und kamen mittelst einiger Pedarten nach 5/4 stündiger Beschürmung in die Stadt, besetzten da, um den Paß nach dem Schlosse abzuschneiden, die Spitalbrücke mit zwey Compagnien Cavallerie, raubten, plünderten und mordeten auf eine grausame Art, und drohten, wenn das Schloß nicht übergeben würde, die Stadt anzuzünden, die doch schon zweymal Brandschatzung bezahlt hatte. Kaum brachte der Trompeter die abschlägige Antwort vom Schlosse, so fieng der Feind gleich an, die Vorstädte anzuzünden,

Topogr. Serie. v. Franken, I. Band.

und die Stadtthore mit Bollwerken zu versehen, das einzige Buchthalthor ausgenommen, wodurch der Raub nach Weissenburg abgeführt wurde. Am 11 kam zwar Obrist Haßlang mit 1400 Reutern und 400 Musquetier von Ingolstadt an, zog aber nur vorbey, indessen die Schweden die ganze äußere Weste bis an den weissen Thurm, von da bis an das Kloster St. Walburg, den Stok von der Stadtrichterey und hinauf bis auf den Roßmarkt, den ganzen Stok, der die obere und untere Marktgasse scheidet, von des Kanzlers Haus bis zum Predigerkloster, die ganze Pfaffergasse sammt dem Wilibaldschor, den alten Hof, die Landvogtey, das Jesuitenkollegium sammt Kirche, die Dompropstey, einige Domherrnhöfe, kurz vom 6 bis 12 Hornung 444 Häuser und 7 Kirchen in die Asche legten.

Mit dem noch nicht zufrieden, kamen am 5 September Abends um 5 Uhr wieder 11 Compagnien Cavallerie, nebst vielem Fußvolke, fielen beym Buchthalthore ein, machten die Schildwachen nieder, verbrannten noch 44 Häuser, und plünderten alles vollends aus.

Im nächsten Jahre 1635 darauf folgte eine schrekliche Theurung und Hungersnoth, woran wochentlich über 100 Personen und unter diesen viele auf der Gasse dahin starben.

Im Anfange dieses Jahrhunderts, und zwar im Jahre 1703, als beym Ausbruche des fränkischen Successionskrieges der fränkische Kreis sich für den Kaiser, der benachbarte bayerische aber für Frankreich erklärt hatte, kamen am 16 des Heumonats Morgens um 5 Uhr 150 franzbſiſche Cavalleriſten mit 50 Churbayeriſchen Küraſſiern, unter Begünſtigung eines Nebels vor dem Spitalthore an, rißen, nachdem die Ausſchüſſer davon gelaufen, den Kreuzſtok des Thorſtube aus, ſchloſſen dadurch herein, beſezten die Thore, plünderten und bleſſierten viele Perſonen. Der franzbſiſche Commandant de Gonne forderte im Namen des General von Villars 150000 Livres und 900 fl. für ſich, und nahm, weil dieſe nicht gleich erlegt werden konnten, zween Hofräthe als Geiſel mit ſich in das franzbſiſche Hauptquartier nach Dillingen.

Im Jahre 1729 war im Jänner eine ſo große Kälte, daß das Wildpret in Wäldern und viele Menſchen auf den Straßen erfroren ſind; wie am Ende dieſes Monats die Kälte nachließ, fiel ein dichter Schnee, den ein warmer Regen und Leinwind ſo ſchnell aufl<ſten, daß die Altmühl austrat, die ganze untere Stadt unter Waſſer ſtand, und man in den Gaſſen auf Schiffen fahren mußte. Im Hornung 1784, und im Jänner 1789 trat der nämliche Fall wieder ein, und man konnte vom Weſtenthore durch die Fiſcher- und Pfallersgaſſe an die Reſidenz mit Kähnen herumfahren. Im September des Jahres 1796 hatten die Franzoſen die Stadt drey Tage lang innen, und nicht ſo faſt dieſe, als die ungleich länger da gelegenen Kaiſerliche fielen der Bürgerſchaft ſehr ſchwer zu Laſt.

Dieſes ſind in Kürze die Schikſale dieſer Stadt, welche mit Einſchluß der 4 Vorſtädte gegen 900 Gebäude und gegen 7000 Einwohner zählt. Unter den Ge-

bäuden zeichnen ſich aus in der Spitalvorſtadt die dreyſtökige Kaſerne ins Viereck gebauet, die vom Biſchoffe Johann von Eych gegen das Ende des 15 Jahrhunderts erbaute, von den Schweden abgebrannte und vom Biſchoffe Martin von Eyb im Jahre 1703 wieder aufgebaute Kirche zum h. Geiſt an der maſſiven ſteinernen Spitalbrücke nebſt dem Spital, wozu dieſer Biſchoff 62,000 fl. vermachte, und welches 61 Pfründner ernährt; das Bruderhaus mit der St. Sebaſtianskirche, einem anſehnlichen Getreidkaſten und großem Garten. Dieſe Stiftung für 12 Männer machte zu Anfang des 16 Jahrhunderts Baron Adelmann von Adelmannsfelden, ein Domherr zu Eichſtätt. Von dort kommt man auf den engliſchen Weg, den Graf Cobenzl, Domprobſt zu Eichſtätt, im Jahre 1784 an der ſüdlichen Berghänge anlegen, am freyen Berge ſowohl, als durch den Wald mehrere Spaziergänge ſcarpiren, auch allerley fremde Bäume und Staudengewächſe an einem hohen Hügel oder dem Ziegenhauſe, das an der Magdalenakirche ſteht, ſetzen ließ. Die Promenade geht bis zu dem in einem Thale im Walde gelegenen Soldatenlazareth hinab.

Von dieſer kommt man über die Altmühl, worüber Biſchoff Raymund Anton im Jahre 1776 eine maſſive ſteinerne Brücke bauen ließ, in die Oſtenvorſtadt. Darinn iſt bemerkenswerth das Arbeitshaus, worinn ſeit 1786 eine Siamwisfabrike, dieſe aber mit dem Armeninſtitute, welches die Aufhebung des Gaſſenbettels zur wohlthätigen Folge hatte, verbunden iſt; ehedem, ehe das Seminarium im Jahre 1783 mit dem

dem Jesuitenkollegium vereiniget wurde, war das Seminarium für Kleriker allda. Gleich daran stößt das Kapuzinerkloster samt Kirche und Garten. Dann kommt das Waisenhaus, vom Bischoffe Johann Anton von Freyberg gestiftet, und vom Bürgermeister Michael Gegg in Eichstätt noch ansehnlich dotirt, in dem jetzt statt der ehemaligen 12 wohl 30 Kinder unterhalten werden. Dem Waisenhause gegenüber ist der fürstliche Hofgarten, den Bischoff Franz Ludwig, ein Schenk von Kastell, anlegen, Bischoff Johann Anton II, ein Freyberg von Hopferau, und Johann Anton III von Zehmer erweitern und dessen Gebäude Bischoff Raymund Anton, ein Graf von Strasoldo, verschönern ließ. Ueberhaupt sind in dieser Vorstadt die schönsten, meisten und größten Gärten, welche die Stadt vorzüglich mit Zugemüß versehen. Am Ostenthore selbst steht die Reurschule und der Hofstall mit Nebengebäuden, im J. 1730 vom Bischoffe Franz Ludwig, einem Schenk von Kastell, aufgeführt. Weiter gegen die Buchthalvorstadt hinauf rechts ist die schöne Kirche und das Kloster der regulirten Chorfrauen de notre Dame, auf dem Platze, wo zu Anfange des 17ten Jahrhunderts Bischoff Christoph von Westerstetten ein Haus für Waisen erbauen ließ, das aber die Schweden in die Asche legten. Bischoff Johann Anton, ein Knebel von Katzenellenbogen, ließ den Bau zum Unterricht der Mädchen führen, und beschenkte das Kloster namhaft. Vor ältern Zeiten soll das Frauenhaus, die Wohnung der Beguinen, da, wo jetzt das Schulgebäude ist, gestanden haben. Hinter diesem liegt ein im Verhältnisse der Bevölkerung der Stadt allzu kleiner Freythof, auch viel zu nahe an den Wohnungen. Bis 1535 war solcher noch in der Stadt um den nördlichen Theil der Domkirche herum. Ober demselben ist die Schießstatt. Das mit dem Bürgers vereinigte Schützenchor macht 3 Kompagnien und über 200 Mann aus, hat seine eigne Fahne, Offiziers, Montur und Musik.

In der Buchthalvorstadt ist noch ferner die St. Josephskirche nebst dem Blatterhause, einer Stiftung für 12 alte arme Weiber.

Die Westenvorstadt ist von jener des Buchthals durch den Galgenberg, von der des Spitals aber durch die Altmühl getrennt. Es ist daselbst die Michaeliskirche mit einem Freythofe für die Walburgispfarr, an der Berghänge. Ob dem großen Kreuze ganz an der Anhöhe ist die Pestgrube, die bey der Seuche unter Bischoff Christoph von Westerstetten im Jahre 1627, wo eben der Freythof, der ehemals an der Walburgiskirche war, dahin verlegt worden ist, gefüllt wurde.

Die Stadt selbst hat 3 Hauptplätze, den Residenz- Markt- und Jesuitenplatz, dann acht Hauptgassen, die vordere und hintere Markt- die Roßmarkt- die Pfaller- die Rosen- die Fischer- die Webergasse, und innere Westen. In der Stadt verdienen folgende Gebäude eine Erinnerung. Das Wiltbaldschor mit einem schönen Portale, auf welchem die Hochstiftspatronen aus Stein gehauen stehen, vom Bischoff Knebel von Katzenellenbogen. Da ist die kostbare Monstranze, welche Bischoff Konrad von Gemmingen im Jahre 1611 in Augsburg verfertigen ließ, und wozu er das Gold sammt Perlen und Edelgesteinen von der Königin Elisabeth in England, wobey er einsl Knabe war, erhielt. Rechts vom Hochaltar ist die Hofkapelle. Uebrigens sind allda 8 Kanoniker. Bischoff Engelhard fieng im 13 Jahrhunderte diesen Chor zu bauen an, den sein Nachfolger Hildebrand, ein Edler von Möhrn, im Jahre 1276 vollendete.

Von diesem Chore geht man über einige Staffeln hinunter in die große Domkirche; am Rücken des Hochaltars sitzt Wilibald in Marmor gehauen in Lebensgröße in einer Nitsche. Bischoff Gabriel von Eyb ließ im 16 Jahrhunderte diese Statue setzen. Das Gewölbe des Doms ruht auf 14 von Quadersteinen aufgeführten Pfeilern. Der vordere Chor steht zwischen 2 spitzig zusammenlaufenden mit Kupfer bedeckten Thürmen. Den schönen Hochaltar von Marmor ließ Bischoff Johann Anton von Freyberg im Jahre 1740 zu seiner Primitz verfertigen. An die Kirche stoßt das Mortuarium, oder welchem das Kapitelzimmer, des Kapitels Archiv, Bibliothek und Syndikat ist.

An dem Dom ist die Residenz angebaut; da stand ehedem der alte Hof, und, nachdem ihn die Schweden abgebrannt, ließ ihn Bischoff Marquard II, ein Schenk von Kastell, im Jahre 1684 für die Rathssitzungen und sein Absteigquartier wieder herrichten: denn die Fürsten selbst wohnten damals noch in der Willbaldsburg auf dem Schloßberge. Bischoff Johann Anton von Knebel ließ ihn erweitern und verschönern, dessen Nachfolger, Franz Ludwig, ein Schenk von Kastell, aber erst zur förmlichen Residenz, wohin er seinen Sitz vom Schlosse verlegte, herrichten, welches eine reguläres dreystöckiges Gebäude, und seither immer noch mehr verschönert worden ist.

Dem Haupttore gegenüber, wo ehedem ein Bauernhof stund, ist ein prächtiger Bau für die Dikasterien von eben diesem Fürstbischoffe aufgeführt. Eben so sind auch das Generalvikariat, der Gasthof und die Ministershöfe unter ihm erbaut worden, welche eine ansehnliche Fronte gegen den Hauptheil der Residenz machen. Auf dem Residenzplatze selbst ließ Fürstbischoff Raymund Anton, ein Graf von Strasoldo, einen kostbaren Springbrunnen setzen, und in dessen Mitte eine 67 Schuh hohe Säule stellen, auf welcher ein 10 Schuh hohes aus Kupfer getriebenes und im Feuer vergoldetes Frauenbild steht. Gegen Morgen zeigt sich beim Brunnen ein artiges mit Laden und steinernen Geschirren besetztes Amphitheater, gegen Westen aber ist ein kleiner Springbrunnen angebracht.

Den Residenzplatz schliessen gegen Osten die Kanonikatshöfe, hinter welchen der fürstliche Getreidekasten steht. Links ist die kapitelische Trinkstube, rechts aber hübsche Domherrenhöfe und endlich die Dechaney sammt dem kapitelischen Seelenhause.

Um Ende kommt das Gymnasium, Jesuitenkollegium und Kirche. Der Grundstein zur Kirche wurde im Jahre 1616, zum Kollegium und Gymnasium aber im Jahre 1626 von Bischoff Christoph von Westerstetten gelegt, der die Jesuiten nach Eichstätt gebracht hat. Kaum waren diese Gebäude hergestellt, als die Schweden alles wieder rein abbrannten; allein Bischoff Marquard II, ein Schenk von Kaſtell machte bis 1640 wieder alle dieſe Gebäude noch herrlicher aus ihrer Aſche hervorſteigen. Biſchoff Johann Anton von Freyberg ließ im Jahre 1740 einen neuen Hochaltar ſetzen, der über 10000 fl. gekoſtet hat. Im Jahre 1772, als ſich die Bayeriſchen Jeſuiten von den übrigen Oberdeutſchen trennten, wurde ein neuer Bau zu einem Noviziate nebſt einem Bräuhmis aufgefuͤhrt, und, wie ſolcher fertig war, wurde der Orden aufgehoben.

Jetzt iſt es das biſchöffliche Seminarium; auch wohnen alle Profeſſoren in dieſem Kollegium. Im Neubau iſt die vom Schloſſe heruntergekommene fürſtliche Bibliothek vereinigt mit der Jeſuiten Bibliothek, ober derſelben ein vortrefliches Armarium, worauf ſchon mehrere 1000 fl. verwendet wurden, eine kleine Sammlung von Conchylien, eine Collection deutſcher Alterthümer, welche aus den Grabhügeln alter Deutſchen in der Gegend um Eichſtätt ausgegraben wurden, und dem Armario gegenüber ein Mineralien Cabinet, durch deſſen mühſame Sammlung, ſchöne Einrichtung, und ordentliche Beſchreibung Prof. Matth. Pickl ſich um Eichſtätt groß verdient gemacht hat. Es ſind noch 2 Sammlungen dieſer Art, aber minder ſtark, in Eichſtätt, die des Domherrn Freyherrn von Hompeſch, welche ſich durch einzelne ausgezeichnet ſchöne Stücke, und die des Hofrath Barths, welche durch vaterländiſche Verſteinerungen ſich auszeichnet.

Der Engelskirche nördlich gegenüber iſt das große Dompropſteygebäude, welches von den Schweden abgebrannt, von Biſchoff Marquard, einem Grafen von Schenk, aber wieder aufer-

baut wurde; dann kommen rechts und links den Roßmarkt hinauf, auf welchem ſchon im Jahre 1300 das erſte Pflaſter gelegt wurde, mehrere anſehnliche Domherrenhöfe, links ſtößt an den letzten des Hofdrerlers Haus, worauf das Bildniß des Jeſuiten Philipp Jenningen gemalt iſt, der am 5. Junius 1642 darinn gebohren, und im Jahre 1704 zu Ellwang im Rufe der Heiligkeit geſtorben iſt, und am Ende des Roßmarkts ſteht das hübſche Gebäude der Jägermeiſterey, hinter denſelben aber der geſfällamtliche Getreib- und der ſtädtiſche Salzſtadel, wo ehedem eine Salzniederlag war; gegen über iſt die Dominikanerkirche ſammt dem Kloſter, zwiſchen dieſem Platze und dem Markte iſt der ſogenannte Crok von 6 durchaus anſehnlichen Häuſern, welcher die Marktgaſſe in die vordere und hintere theilet. Mitten auf dem Markte ſteyet ein Springbrunnen, der beſſer erhalten zu werden verdient hätte. Fürſtbiſchoff Eichar, ein Schenk von Caſtell, ließ ſtatt der eichenen Schalten mit eichſtätter Werkſtein denſelben auffetzen. Eine Muſchel ſteigt verhältnißmäſig nach der andern in die Höhe, welche mit waſſerſpringenden Röhren und Delphinen beſetzt ſind. Auf der obern ſteht der H. Wilibald in Mannsgröſſe im biſchöfflichen Anzuge ganz in Bronze gegoſſen, über welchen aus den Delphinen das Waſſer etlich Schuh hoch hinausſpringt; dieſer Brunnen koſtete auf 40000 fl.

Zur linken Seite dieſes Brunnens ſteht das Rathhaus. Im Jahre 1444 unter Biſchoff Albert von Hohenrechberg fieng der Bau deſſelben an, im Jahre 1787

1787 wurde solches renovirt. Es hat einen festen ins Viereck gebauten Wachtthurm, auf welchem der Thürmer zum Zeichen seiner Wachsamkeit alle Stunden nachschlagen muß. Im großen Saale spielen fremde Komödianten, wenn welche herkommen. Unten ist die Platzwache, die Schranne und das Fleischhaus. Im Jahre 1786 wurde ein Pfand- und Leihhaus allda aufgerichtet. Auf der südlichen Seite des Marktes ist die Pfarrkirche. Das hohe von Quadersteinen aufgeführte Gebäude ruht auf 12 Säulen, und unter dem Musikchor ist die sogenannte Beckenkapelle, wahrscheinlich die nämliche, die ganz allein bey Wilibalds Ankunft auf diesem Platze gestanden, und worinn er vom Bonifaz geweyhet worden ist. Es ist darinn das neue Stift zu Unser Lieben Frau. Marquard von Hageln, Domkapitular und Coadjutor Bischoffs Philipp von Rathsamhausen, stiftete es im Jahre 1316 und bereicherte es noch mehr, als er im Jahre 1322 die bischöfliche Würde selbst übernahm.

Auf der entgegengesetzten nördlichen Seite des Marktes steht das im Jahre 1787 errichtete Normalschulhaus, dem zur Seite ein Paar ansehnliche Gasthäuser, darunter eines die Post ist, und dieser gegenüber die fürstliche Apotheke, vom Bischoffe Franz Ludwig, einem Schenk von Castell, errichtet. In der Gasse hinter der fürstlichen Apotheke (dern es ist auch eine domkapitelische in der Stadt der Trinkstube gegenüber) sind noch zwey Häuser zu bemerken; eines ist die fürstliche Buchdruckerey, ein altes großes, ehemals den Grafen von Pappenheim gehöriges Haus, das andere, welches dermal ein Schönfärber bewohnt, das Geburtshaus des berühmten Wilibald Pirkheimers, welcher allda den 5ten Dec. 1470 gebohren wurde. Unweit davon scheidet der Oedelbach die Stadt von der Walburgispfarr; er kommt nördlich von dem Hügel herab, wo nun die Kirche, das Kloster und die ansehnliche Klostergebäude von St. Walburg stehen.

Von dort kommt man durch den weißen Thurm, einen hohen viereckigen Thurm von Quadersteinen, in den Westen, worinn die Marienhilfskapelle und hinter dieser der Mühlbach, der reiche oder Eicharische Spital, von den Bischöffen Johann Eichar und Franz Ludwig, beyden Grafen von Schenk, für arme kranke Dienstbothen reichlich botirt, die Westenmühle, wobey ein Flußbad angebracht ist, die fürstliche Walk und eine Schleifmühle noch zu bemerken sind.

Es sind etlich und 70 Künstler und Handwerker in der Stadt, darunter auch mehrere sehr geschickte. Der Verdienst derselben ist wegen der Bevölkerung der Stadt und des Straßenzugs ziemlich groß: denn eine Chaussee führt einerseits von München über Ingolstatt, anderseits von Augsburg über Neuburg, die andere von Regensburg herauf in die Stadt, und von dort eine dritte über Weissenburg nach Nürnberg und in das Franken hinunter. Da alle diese Chausseen von der Stadt aus bis an den nächsten Wald oder das nächste Dorf, so wie auch die Spaziergänge um die Wiese und nm das Freywasser mit Alleen besetzt sind; so geben diese sammt den hübschen Gärten in den Vorstädten der Stadt eine angenehme Aussenseite.

Von den berühmten Männern, welche in Eichstätt gebohren sind, verdienen bemerkt zu werden:

Kaspar, Joseph und Balthasar Abelmann, 3 berühmte Professoren in Ingolstatt. Burkard, ein Eichstättischer Hofrathssohn, S. I. Provincial, vorher Professor in Ingolstatt.

Fürstbischoff Gabriel v. Eyb zu Eichstätt. Dionys Jerg, Prälat in Prislingen. Leyr, S. J. Poenitentiarius major. Mühlgraben, Professor zu Ingolstatt. Wil. Pirkhaimer, Senator zu Nürnberg. Ignaz Pill, Professor der Mathematik. Stein, Kanoniker in Rebdorf. Straus, ——— Theobald, Abt zu Kempten. Treyling, Prof. der Arzneykunde zu Ingolstatt.

Eichstätt, das Oberforst- und Waldvogteamt von Eichstätt, der Stadt, erstreckt sich über sämmtliche 17 Forsteyen des mittlern Hochstifts, über welche eben so viele Förster und noch 3 Unterförster besonders gesetzt sind.

Es nehmen diese 17 Forsteyen über 20,000 Jauchert ein, welche alle in den 1780ger Jahren ordentlich versteint, vermessen, und in Risse gelegt wurden. — Doch kann man jährlich keine 15,000 Klafter abgeben. Die vorzüglichen Ursachen davon sind:

1) Die viele und große öde Plätze darinn, welche theils in steinigten der Sonne ausgesetzten Berghängen, theils in sogenannten Mödern bestehen. Erstere hätten nicht ganz und so vom Holz auf einmal entblöset werden sollen, daß sie vollkommen ausbrennen mußten, könnten aber doch mit gehöriger Vorsicht wieder zur Kultur gebracht werden. Letztere nützen dem Eigenthümer des Grases durch die magere Weide wenig, und schaden dem Grundherrn ungleich mehr, weil das Vieh oder der Nutznießer des Grases keinen Baum aufkommen läßt, wovon nicht er, sondern der Grundherr den Nutzen ziehen würde. Man darf also nur, wie die Kammer bereits angefangen hat, solche einlösen oder eintauschen. Letztere Art ist der „erstern bann gar sehr noch vorzuziehen, wenn dafür die öde Plätze hergegeben und so auch diese dabey kultivirt werden.

2) Der Umstand, daß zwar gelernte Jäger, aber nicht gelernte Förster darüber gesetzt sind, wo doch die Jagd dem Forstwesen in aller Rücksicht weit nachstehen muß.

3) Das immer anhaltende Mißverhältniß des Holzpreises zu dem Preis der übrigen unentbehrlichsten Viktualien. Der auffallendste Beweiß davon ist, daß einer mit Erdgraben nicht einmal sein Taglohn herausarbeitet, deswegen solche verfaulen läßt, und lieber das Holz kauft. Wie aber verhältnißmäßiger Unwerth eines Artikels den Bau desselben mit Gewalt hindert und zurückhält, so wird auch die Forstpflege so lange nicht emporkommen, als lang das Holz nicht seinen verhältnißmäßig wahren Werth und die Forstwissenschaft die ihr gebührende Hochschätzung erhält.

Eichstätt, das Landvogteyamt. St. Willbaldsburg, eine Eichstättische Landvogtey auf der Burg dieses Namens.

Eichenreuth, Weiler im Kameralamte Bayreuth. Die Einwohner pfarren nach Gefees.

Eichhausen, s. Aichhausen.

Eierlohe, Eyerlohe, Weiler im Fraisch-

Kreisbezirks des Ansbachischen Vogtamtes Leutershausen im ehemaligen Oberamte Colmberg von 15 Unterthanen. Einer ist Eichstättisch und zwar zum Vogtamte Wahrberg = Aurach gehörig. Die Einwohner pfarren auch nach Aurach.

Eila, Dorf im Bambergischen Amte Cronach; hat gute Schweinszucht.

Eilersdorf, Dörfchen im Kameralamte Bayreuth. Die Einwohner pfarren nach Binbloch.

Eimersmühle, (die) besteht aus 2 Mahl- und einem Schneidgang und liegt eine Stunde von Trennfen im Fürstenthum Bayreuth. Zur Mühle gehören 7 Tagwerk Land, als 4 Feld- und 3 Tagwerk Wiesen, worauf der Besitzer 7 Stück Rindvieh ernährt und das 5te Korn baut. Sie wird gegenwärtig von fünf Seelen bewohnt.

Einersdorf, Weiler an der Zenn im Teutschmeisterischen Amte Virnsberg, unweit Trantskirchen.

Einfang, im Bayreuthischen Kameralamte Culmbach. Die Einwohner pfarren nach Lehenthal.

Einhausen, Meiningisches großes Kirchdorf im Amte Maßfeld an der Werra, eine Stunde von Meiningen, hat 57 Häuser und 244 Seelen.

Nächst an der Kirche steht ein allein von Steinen zugespitzter Thurm, daran weder Dach noch Holzwerk zu sehen ist.

Einöde, Weiler im Bayreuthischen Kreise. Die Einwohner pfarren nach St. Johann.

Einöde, im Culmbacher Kreise. Die Einwohner pfarren nach Wirsberg, wohin sie auch sonst zum Vogteyamte gehörten.

Einödhausen, vulgo Einertshausen, und beym Schannat in Trad. Fuld., No. 505. **Eintartesby-**

sen, ist ein dem Kanton Röhn u. Werra steuerbares evangelisches Dörfchen von 12 Häusern und 47 Seelen. Es liegt nicht weit von dem berühmten Hennebergischen Stammschlosse und pfarrt in die Kirche des Dorfes Henneberg. Das Haus Meiningen hat Einödhausen als Mannlehen zu verleihen. Aus dem gräflichen Hause Henneberg war Georg Ernst der letzte, welcher es im Jahre 1573 als einen Hof an die Familie von Diemar zu Wallorf verlieh. Im J. 1769 mußten es die Gebrüder Christoph Heinrich und Albrecht Ludwig v. Diemar Schulden halber an den Königl. Preußischen Oberjägermeister Wilhelm Hilmar v. Grapendorf auf Grapenstein, Lüble rc. überlassen. Bey dieser Gelegenheit wurde angenommen; das Dörfchen rentire

1) an beständigen Erbzinsen und Gefällen
Fränkisch
17 fl. 7 gr. 6 pf. an Geld von 2 Höfen.
 — 1 — vom Wirthshause.
8 — 1 — von der Schenkgerechtigkeit.
1 " 5 " 3 dergl. —
1 " 1 " 5 von —
      nern —
28 " 14 " 2 " Sum

2) In Früchten.
fl. gr. pf.
56 —   für 15 Ma—
    3 fl. —
22 10 6 für 18 Ma—
107 fl. 3 gr. 8 pf. —
13 — —

nach einem gemeinen Jahre.

120 fl. frk. 3 gr. 3 pf. Summa Summarum, welches die Zinse von 4000 fl. Kapital zu 3 Prc. wären.

Einböhausen blieb nicht lange bey der Grapendorfischen Familie, sondern es kam bald an den Kaiserl. Staatsrath Egidius von Borie auf Neuhaus, bey dessen Lehnsfolgern es noch ist. Die Eingesessenen zu Einböhausen gehören in Ansehung der hohen Rügen nach Maßfeld im Meiningischen, in Ansehung der Civiljurisdiktion stehen sie aber unter dem Gutsbesitzer.

Einödleite, s. Arusyurg.

Einsiedel, Weiler im Kammeramte Culmbach. Die Einwohner pfarren nach Kirchleuß.

Einsiedel, Wertheimisches Dorf, 3 Stunden von der Residenz gegen den Speßart.

Einweiler, Weiler von 21 Familien, zum Hohenlohischen Oberamte Waldenburg und zur Pfarrey Eschenthal gehörig, hat vortreflichen Feldbau von allen Getreidearten und den schönsten Viehstand.

Einziger Hof, liegt unfern dem Bayreuthischen Städtchen Creussen. Die Einwohner pfarren nach Birk.

Eischland, Hohenlohe-Neuenstein-Oehringischer Hof, der in das Justizamt und zur Pfarrey Weilersheim gehört.

Eisenbach, da in das Buchische Quartier gehöriges Dorf, gehört der Familie von Riedesel, deren Stammhaus es ist; hier ist ein schönes Schloß und weitläufige Oekonomiegebäude. Es gehört zu dem Theil der Riedeselischen Güter, die unter Hessendarmstädtischer Landeshoheit stehen.

Eisenbach, Wertheimisches Dorf unweit Oberburg am Mayn.

Eisenberg, einzelner Edelhof im Bambergischen Amte Stadtsteinach und gehört in das ganz nahe gelegene Dorf Jordenreuth. Allhier ist eine Eisensteingrube.

Eisenberg, Weiler im Kameralamte Culmbach. Die Einwohner pfarren nach Trebgast.

Eisenbühl, Bayreuthisches Dorf im Kammeramte Hof, 3 Stunden von der Stadt. Das Kastenamt hat 2 Häuser mit 10 Einwohnern, der Herr v. Reitzenstein zu Hadermannsgrün 1 Haus und 5 Einwohner und der Herr v. Oberländer zu Rudolphstein 23 Häuser und 97 Einwohner, darunter die Bartelsmühle, die an der Saale liegende Blumenauermühle und einzelnen Höfe, Kupfer und Mayenhof.

Eisenheim, auf der Karte heißt es Eyscheim, deutschmeisterisches Dorf, eine Stunde von der Schwäbischen Reichsstadt Wimpfen gegen Oehringen.

Eisenmühle, (die) Bayreuthische Mühle bey Illesheim an der Aisch.

Eisenwind, 2 Schaafhöfe im Bambergischen Amte Wartenfels. S. Auggendorf.

Eismansberg, zu dem Amte Altdorf gehörig, war ein Eigenthum der Rechen, im Jahre 1540 der Katzen, nachher der Fleckhofer, jetzt der Oelhafen.

Eitensheim, Eichstätisches großes und ansehnliches Pfarrdorf, zum Amte der Landvogtey gehörig, liegt 3 Stunden östlich von Eichstätt gegen Ingolstatt hin, im sogenannten Gau auf einer schönen Ebene, die ringsumher allenthalben mit Ortschaften besetzt ist, zählt gegen 100 Unterthanen, wovon aber 6 unter dem domkapitelischen Richteramte in Eichstätt stehen, hat nebst dem Gottes-Pfarr-und Schulhause noch ein Salvators-und Sebaſtianskirchlein, dann ein Frühmeßhaus und wird durch die Ingolſtätter Chauſſee der Länge nach durchſchnitten. Es iſt allda ein Eichſtättiſches Zoll- und Weggeldsbarriere: ein herrſchaftliches Amtsknechtshaus, (denn das Landvogteyamt hat einen eignen Amtsknecht für das Eitensheimer Gebiet) ein eignes beträchtliches Bräuhaus mit einer Roßmühle, eine Gemeindſchmidte, endlich ein gemeines Bad- und Hirtenhaus.

Im Feldbau iſt das Gau die Braut des Fürſtenthums, und Eitensheim könnte die Braut des Gaues ſeyn, wenn ſtatt dem bisherigen Wicken- der Kleebau daſelbſt eingeführt und damit der Mangel an Wieſen gedeckt würde. Indeſſen hat dieſer Ort doch eine ſtarke Viehzucht, gute Nahrung und wohlhabende Einwohner.

Eitensheim gehört unter die erſte und älteſte Beſitzungen des Bisthums Eichſtätt; es kommt ſchon in Dokument vom Jahre 908 vor, wo Eichſtätt noch keine Stadt war, und der dortigen Kirche die Jagd und das Geggerich (die Waldhut und Maſtung) in Eitensheim ausſchlüſſig vom Kaiſer Ludwig dem Kinde überlaſſen ward.

Im Jahre 1179 beſtätigte Pabſt Alexander dem Domkapitel zu Eichſtätt den Beſitz eines Bauernhofs ſammt Zugehörungen in Ebenuteßheim.

Im Jahre 1297 bekannte Heinrich Schenk von Hofſtetten, 10 Pfund Einkünfte an Getreid oder Herrngült bey Eitensheim für 500 Pfund Heller vom Eichſtättiſchen Biſchoffe Reimbolt von Mühlen-

hard lehenweis empfangen zu haben, welche aber Biſchoff Konrad II. von Pfeffenhauſen im Jahre 1300 wieder eingelöſet, und im Jahre 1302 des Ponſchaubs hof allda mit dem Schloſſe Sandſee zugleich auch vom Graf Gebhard zu Hirſchberg abgekauft hat.

Im Vergleiche Eichſtätts mit Bayern vom Jahre 1305 iſt Eitensheim ebenfalls enthalten, und im Jahre 1309 entſagte Ludwig Graf von Oettingen im Namen ſeiner Tochter Sophie, des letzten Grafen von Hirſchberg Wittwe, allen Anſprüchen an dem Gute auf dem See zu Itesheim.

Eitensheimer Thal, Thal im Eichſtättiſchen Landvogteyamte, durch die Reitſchaft vom Dichterthale getrennt, zieht ſich von Pfinz auf Eitensheim, nämlich von Norden gegen Weſten zwiſchen den Gausperg und der Sammetsleite hinauf.

Eivelſtadt, Eybelſtadt und **Eifelſtatt**, **Botolfeſtatt**, anſehnlicher Marktflecken, dem Würzburgiſchen Domkapitel gehörig, am Main, zwey Stunden von der Reſidenz gegen Ochſenfurt, von 225 Wohnungen. Der Sitz eines Kapitelkellers, zu deſſen Amtsbezirke auch die domkapiteliſchen Unterthanen zu Randersacker, Thalheim und Weſtheim gehören.

Hier wächſt ein vorzüglicher Frankenwein. Im Jahre 1771 und 1772 hatte eine anſteckende Seuche mehr als den halben Theil deſſen Einwohner getödtet.

Der hier aufgeſtellte Pfarrer mit einem Frühmeſſer ſtehen unter dem Landkapitel Dettelbach.

Ende des Erſten Bandes.